Größen und Einheiten

Mathematik

Technische Informatik

Physik

Technische Mechanik

Werkstofftechnik

Technische Thermodynamik

Wärmetechnik

Fluidmechanik

Elektrotechnik/Elektronik

Regelungstechnik

Maschinenelemente

Energietechnik

Werkzeugmaschinen

Fertigungstechnik

Taschenbuch der technischen Formeln

Autoren

Prof. Dr.-Ing. habil. *Wolfgang Bernstein*, Technische Universität Dresden
Energietechnik, Abschn. Dampferzeuger

Prof. Dr.-Ing. habil. *Manfred Dietz*, Hochschule für Technik und Wirtschaft Zwickau
Werkstofftechnik

Dipl.-Math. *Friedwald Enders*, Hochschule für Technik, Wirtschaft und Kultur Leipzig
Mathematik

Prof. Dr.-Ing. habil. *Karl-Friedrich Fischer*, Hochschule für Technik und Wirtschaft Zwickau
Technische Mechanik

Prof. Dr.-Ing. A. *Herbert Fritz*, Technische Fachhochschule Berlin
Fertigungstechnik

Prof. Dr.-Ing. *Friedrich W. Garbrecht*, Fachhochschule Gießen-Friedberg
Regelungstechnik

Dipl.-Ing. *Rainer Jacobi*, Leipzig
Maschinenelemente

Prof. Dr. rer. nat. *Heinrich Krämer*, Hochschule für Technik, Wirtschaft und Kultur Leipzig
Technische Informatik

Dr.-Ing. *Eberhard Kraus*, Technische Universität Dresden
Energietechnik, Abschn. Kältemaschinen und Wärmepumpen

Prof. Dr.-Ing. habil. *Joachim Lämmel*, Fachhochschule Frankfurt/Main
Elektrotechnik/Elektronik

Prof. Dr.-Ing. *Manfred Paasch*, Technische Fachhochschule Berlin
Werkzeugmaschinen

Prof. Dr.-Ing. habil. *Gerhard Sörgel*, Technische Universität Dresden
Energietechnik, Abschn. Dampfturbinen, Gasturbinen- und Gas-Dampf-Anlagen, Wasserturbinen, Windturbinen, Verbrennungsmotoren

Prof. Dr.-Ing. *Eckhardt Wiederuh*, Fachhochschule Gießen-Friedberg
Technische Thermodynamik, Wärmetechnik, Fluidmechanik

Prof. Dr.-Ing. habil. *Gotthard Will*, Technische Universität Dresden
Energietechnik, Abschn. Turboverdichter, Kreiselpumpen, Kolbenverdichter, Kolbenpumpen

Prof. Dr. rer. nat. habil. *Werner Wuttke*, Hochschule für Technik und Wirtschaft Zwickau
Physik

Taschenbuch der technischen Formeln

herausgegeben von
Prof. Dr.-Ing. habil. Karl-Friedrich Fischer

Mit 850 Bildern

 Fachbuchverlag Leipzig
im Carl Hanser Verlag

Die Deutsche Bibliothek – CIP-Einheitsaufnahme

Taschenbuch der technischen Formeln / hrsg. von Karl-Friedrich Fischer. [Autoren: Manfred Dietz ...]. – München ; Wien : Fachbuchverl. Leipzig im Hanser-Verl., 1996
ISBN 3-446-00860-8
NE: Fischer, Karl-Friedrich [Hrsg.]

Dieses Werk ist urheberrechtlich geschützt.
Alle Rechte, auch die der Übersetzung, des Nachdruckes und der Vervielfältigung des Buches, oder Teilen daraus, vorbehalten. Kein Teil des Werkes darf ohne schriftliche Genehmigung des Verlages in irgendeiner Form (Fotokopie, Mikrofilm oder ein anderes Verfahren), auch nicht für Zwecke der Unterrichtsgestaltung, reproduziert oder unter Verwendung elektronischer Systeme verarbeitet, vervielfältigt oder verbreitet werden.

Fachbuchverlag Leipzig im Carl Hanser Verlag
© 1996 Carl Hanser Verlag München Wien
Satz: Dr. Steffen Naake, Chemnitz
Druck und Bindung:
Ludwig Auer GmbH, Donauwörth

Printed in Germany

Vorwort

Der schnelle Zugriff zu gesichertem Grundlagenwissen gewährleistet nicht nur dem Studenten in der Ausbildung, sondern auch dem Ingenieur in der Praxis Erfolg bei der Lösung von Fachproblemen. Eine Übersicht zu technischem Grund- und Formelwissen in Buchform hat auch im Zeitalter des rasanten Siegeszuges des Computers ihre Berechtigung.

Der Student des Ingenieurwesens benötigt nicht nur ein zuverlässiges technisches Nachschlagewerk bei der Bewältigung von Klausur- und Belegaufgaben, sondern auch einen Background bei der Anwendung entsprechender Software. Der vor Ort tätige Ingenieur muß vielfach technische Probleme unter dem Aspekt einer Ganzheitsbetrachtung lösen. Anstehende Aufgaben werden interdisziplinär im Team bewältigt. Dies setzt ständig und schnell verfügbare Fakten und Formeln auf vielen Gebieten der Technik voraus.

Das vorliegende „Taschenbuch der technischen Formeln" vermittelt Formel- und Faktenwissen in konzentrierter und übersichtlicher Form und ist in Ausbildung und Praxis gleichermaßen ein zuverlässiger Begleiter. Es findet seinen Platz vor allen dort, wo erste und solide Abschätzungen zur Bewertung technischer Probleme erforderlich sind. Seine Stärken sind der vergleichsweise geringe Umfang, die Übersichtlichkeit der Darstellung und die damit verbundene schnelle Verfügbarkeit von Fakten und Formeln.

Das Taschenbuch ist im Anforderungsniveau so angelegt, daß es von Studenten in ingenieurwissenschaftlicher Ausbildung an Fachschulen, Fachhochschulen und Technischen Universitäten und auch von Technikern und Ingenieuren in der Praxis genutzt werden kann. Dies wird dadurch gewährleistet, daß als Autoren namhafte Lehrer aus vielen in der Art unterschiedlichen technischen Bildungseinrichtungen Deutschlands gewonnen werden konnten.

Februar 1996   Herausgeber und Autoren

Inhaltsverzeichnis

Größen und Einheiten	20
Mathematik	25
1 Elementarmathematik	25
1.1 Arithmetik	25
1.2 Vektoralgebra und lineare Algebra	29
2 Funktionen	36
2.1 Algebraische Funktionen	36
2.2 Transzendente Funktionen	39
3 Gleichungen	43
3.1 Polynomgleichungen, Wurzelgleichungen, transzendente Gleichungen	43
3.2 Numerische Lösungsverfahren	44
4 Geometrie	45
4.1 Planimetrie	45
4.2 Stereometrie	48
4.3 Trigonometrie	51
5 Analytische Geometrie	52
5.1 Analytische Geometrie der Ebene	52
5.2 Analytische Geometrie des Raumes	57
6 Differentialrechnung für Funktionen einer Variablen	58
6.1 Differenzen- und Differenzialquotient, Differential	58
6.2 Differentationsregeln	59
6.3 Tabelle der Ableitungen elementarer Funktionen	59
6.4 Untersuchung von Funktionen	60
7 Diff.-rechnung für Funktionen mehrerer Variablen	61
8 Fehlerrechnung	62
9 Integralrechnung für Funktionen einer Variablen	63
9.1 Unbestimmtes Integral	63
9.2 Bestimmtes Integral	64
9.3 Grundintegrale	64
9.4 Integrationsmethoden	65
9.5 Einige ausgewählte Integrale	67
9.6 Numerische Integration	69
9.7 Anwendungen der Integralrechnung	70
10 Unendliche Reihen	71

10.1	Potenzreihen	71
10.2	Fourier-Reihen	73
11	Gewöhnliche Differentialgleichungen	76
11.1	Differentialgleichungen 1. Ordnung	76
11.2	Lineare Differentialgleichungen n-ter Ordnung mit konstanten Koeffizienten	77
12	Wahrscheinlichkeitsrechnung und Statistik	79
12.1	Ereignisse, Ereignisalgebra	79
12.2	Wahrscheinlichkeit	79
12.3	Zufallsvariable und Verteilungsfunktion	80
12.4	Spezielle diskrete Verteilungen	82
12.5	Spezielle stetige Verteilungen	82
12.6	Elementare Statistik	85

Technische Informatik   86

1	Codierungstheorie	86
1.1	Theoretische Grundlagen	86
1.2	Codesicherungverfahren	87
1.3	Spezielle Codes	87
2	Zahlendarstellung	89
2.1	Binäre Zahlendarstellung im Festkommaformat	89
2.2	Darstellung negativer Zahlen	89
2.3	Binäre Zahlendarstellung im Gleitpunktformat	90
2.4	Gleitpunktdarstellung im IEEE-Format	90
3	Schaltalgebra	91
3.1	Eigenschaften der Schaltalgebra	91
3.2	Rechenregeln	91
4	Digitale Grundschaltungen	92
4.1	Schaltzeichen	92
4.2	Flipflops	93
4.3	Endliche Automaten	93
4.4	Arithmetische Komponenten	94
5	Schaltungstechnik	96
5.1	Bipolartechnologien	96
5.2	MOS-Technologien	97
5.3	Weitere Technologien	98
6	Speicher	98
6.1	ROM (Read Only Memory/Nur-Lesespeicher)	99
6.2	RAM (Random Access Memory/Schreib-Lese-Speicher)	100

7	Mikrorechner	102
7.1	Prinzipieller Aufbau	102
7.2	Speicherhierarchie	103
8	ASIC	104
8.1	Programmierbare Schaltungen	104
8.2	Semikunden-IC	106

Physik 107

1	Kinematik	107
1.1	Geradlinige Bewegung	107
1.2	Bewegung in der Ebene	108
2	Dynamik	110
2.1	Newtonsche Axiome	110
2.2	Translation	112
2.3	Rotation	115
3	Schwingungen und Wellen	117
3.1	Freie ungedämpfte Schwingungen	117
3.2	Gedämpfte Schwingungen	119
3.3	Erzwungene Schwingungen	120
3.4	Überlagerung von Schwingungen	121
3.5	Wellenausbreitung	122
3.6	Überlagerung von Wellen	124
4	Schallwellen/Akustik	126
4.1	Beschreibung von Schallwellen	126
4.2	Schallfeldgrößen	127
4.3	Bewertung der Schallintensität	128
4.4	Doppler-Effekt	128
5	Mechanik der Flüssigkeiten und Gase	128
5.1	Ruhende Flüssigkeiten und Gase	128
5.2	Strömende Flüssigkeiten und Gase	129
6	Optik	132
6.1	Ausbreitung des Lichtes	132
6.2	Reflexion und Brechung	132
6.3	Optische Abbildung	134
6.4	Interferenz	137
6.5	Beugung	139
6.6	Optische Instrumente	140
6.7	Polarisation	142
6.8	Strahlung und Photometrie	144

Inhaltsverzeichnis

7	Atomphysik	145
7.1	Beschreibungsgrößen	145
7.2	Welle-Teilchen-Dualismus	146
7.3	Atommodelle	148
7.4	Röntgenstrahlen	152
7.5	Laser	153
8	Radioaktivität	154
8.1	Atomkerne	154
8.2	Massendefekt und Bindungsenergie	156
8.3	Radioaktivität	157
8.4	Radioaktive Strahlung	158
8.5	Dosimetrie	162
9	Physikalische Konstanten	163

Technische Mechanik 165

1	Statik	165
1.1	Ebenes, zentrales Kraftsystem	165
1.2	Ebenes, allgemeines Kraftsystem	166
1.3	Räumliches Kraftsystem	169
1.4	Modelle starrer Körper	171
1.5	Modelle von Lager- und Verbindungsarten	172
1.6	Modelle der Belastung	173
1.7	Ebene Tragwerke	175
1.8	Schnittreaktionen	177
1.9	Reibung	179
2	Festigkeitslehre	182
2.1	Schwerpunktsberechnung	182
2.2	Flächenträgheitsmomente	183
2.3	Grundlagen	191
2.4	Zug/Druck-Beanspruchung	197
2.5	Biegung	200
2.6	Torsion	206
2.7	Querkraftschub	210
2.8	Zusammengesetzte Beanspruchung	213
2.9	Formänderungsenergien	215
2.10	Satz von Castigliano	217
2.11	Mehrachsige Spannungszustände	218
2.12	Stabilitätsprobleme	224
3	Kinematik	226
3.1	Kinematik des Punktes	226
3.2	Kinematik des starren Körpers	229

Inhaltsverzeichnis

4	Kinetik	231
4.1	Kinetik des Massenpunktes	231
4.2	Kinetik des Massenpunktsystems	234
4.3	Rotation des starren Körpers um feste Achse	235
4.4	Massenträgheitmomente	237
4.5	Mechanische Größen bei Translation und Rotation	240
4.6	Ebene Bewegung eines starren Körpers	241
4.7	Ebene Bewegung eines Systems starrer Körper	242
4.8	Stoßprobleme	243
4.9	Mechanische Schwingungen	245

Werkstofftechnik 250

1	Grundlagen	250
1.1	Übersicht zu den Werkstoffgruppen	250
1.2	Festkörperstrukturen als Basis der Werkstoffeigenschaften	250
1.3	Struktur und Eigenschaften der Metalle	251
1.4	Struktur und Eigenschaften der Kunststoffe	252
1.5	Struktur und Eigenschaften der Keramiken und Gläser	253
1.6	Legierungsbildung von Metallen (Kristalliner Aufbau)	254
1.7	Zustandsschaubilder binärer Systeme	255
2	Wärmebehandlung	257
2.1	Technologischer Ablauf der Wärmebehandlung	257
2.2	Wärmebehandlung der Stähle	257
2.3	Wärmebehandlung der Nichteisenmetalle (Ausscheidungshärten)	258
3	Werkstoffkennzeichnung	259
3.1	Bezeichnung der Stähle mit Kurznamen	259
3.2	Bezeichnung der Stähle mit Werkstoffnummern	260
3.3	Bezeichnung der Eisengußwerkstoffe	260
3.4	Bezeichnung der Nichteisenmetalle (Kurznamen, Werkstoffnummern)	260
3.5	Bezeichnung der Polymerwerkstoffe (Kurzzeichen)	261
3.6	Bezeichnung der Keramiken und Gläser (Kurzzeichen)	261
4	Ausgewählte Werkstoffgruppen	261
4.1	Eisenwerkstoffe	261
4.2	Nichteisenmetalle	263
4.3	Technische Keramik	264
5	Werkstoffprüfung	264
5.1	Ermittlung von Festigkeits- und Zähigkeitskenngrößen	264
5.2	Härtemessung	269

Inhaltsverzeichnis

5.3	Bruchmechanik	272
5.4	Technologische Prüfverfahren	272
5.5	Ultraschallprüfung	274
5.6	Magnetinduktive Prüfverfahren (Wirbelstromverfahren)	275
5.7	Magnetische Prüfverfahren	276
5.8	Radiographische Prüfverfahren	276
5.9	Penetrationsverfahren	277
5.10	Elektrische Prüfverfahren (Potentialsondenverfahren)	278
5.11	Gefügeuntersuchung	279
6	Qualitätsmanagement	280
6.1	Begriffe, Definitionen	280
6.2	Qualitätsmanagementsystem	281
6.3	Modell für die Auswertung von Prüfergebnissen	283
6.4	Statistische Prozeßregelung	284
6.5	Stichprobensysteme	285

Technische Thermodynamik 287

1	Umrechnungen und Stoffwerte	287
1.1	Umrechnungen	287
1.2	Stoffwerte wichtiger technischer Gase	287
2	Thermisches Verhalten idealer und perfekter Gase	288
3	Erster Hauptsatz der Thermodynamik	288
3.1	Erster Hauptsatz für das geschlossene, ruhende System	288
3.2	Erster Hauptsatz für das durchströmte System	290
4	Zweiter Hauptsatz der Thermodynamik	291
5	Zustandsänderungen perfekter und idealer Gase	293
5.1	Isobare Zustandsänderungen ($p=$ const, $\mathrm{d}p = \Delta p = 0$)	294
5.2	Isotherme Zustandsänderung ($T=$ const, $\mathrm{d}T = \Delta T = 0$)	294
5.3	Isochore oder inkompressible Zustandsänderung ($v = \frac{1}{\varrho} =$ const, $\mathrm{d}v = \Delta v = 0$)	295
5.4	Isentrope Zustandsänderung ($s=$ const, $\mathrm{d}s = \Delta s = 0$)	296
5.5	Polytrope Zustandsänderung	297
6	Zustandsbeschreibung im Naßdampfgebiet	299
7	Arbeitsprozesse	300
7.1	Adiabate Expansion in einer Turbine	300
7.2	Verdichtungsprozeß	301
8	Kreisprozesse	302
8.1	Carnot-Prozeß	302

Inhaltsverzeichnis

8.2	Idealer Otto-Prozeß	303
8.3	Idealer Diesel-Prozeß	303
8.4	Idealer Joule-Prozeß	304
8.5	Idealer Stirling-Prozeß	305
8.6	Rankine-Prozeß	305
8.7	Kombinierter Gas-Dampf-Prozeß	305
8.8	Kaltdampfprozeß	306
9	Gemische idealer Gase	307
9.1	Beschreibung von Gemischen	307
9.2	Thermisches Verhalten von Gemischen idealer Gase	308
9.3	Kalorisches Verhalten von Gemischen idealer Gase	308
9.4	Adiabate Mischungstemperaturen idealer Gase	309
10	Feuchte Luft	310
10.1	Bezeichnungen und Definitionen	310
10.2	Thermisches Verhalten feuchter Luft	310
10.3	Enthalpie der feuchten Luft	311
10.4	Mischung von zwei feuchten Luftmengen	312

Wärmetechnik 313

1	Stationäre Wärmeleitung	313
1.1	Eindimensionale, stationäre Wärmeleitung	313
1.2	Stationäre Wärmeleitung in einer Rohrwand	313
1.3	Stationäre Wärmeleitung in einer Kugelschale	314
2	Konvektive Wärmeübertragung	314
2.1	Erzwungene Konvektion	315
2.2	Freie Konvektion	315
3	Wärmedurchgang	315
3.1	Ebenes, stationäres Problem	315
3.2	Zylindrisches, stationäres Problem	316
3.3	Kugelsymmetrisches, stationäres Problem	316
3.4	Überschlagsformeln	316
4	Rippenberechnung	317
5	Wärmeübertrager	317
5.1	Gleichstromwärmeübertrager	317
5.2	Gegenstromwärmeübertrager	317
6	Wärmestrahlung	318
6.1	Strahlung eines einzelnen Körpers	318
6.2	Strahlungsaustausch	318

Inhaltsverzeichnis

Fluidmechanik 319

1 Physikalisches Verhalten der Fluide 319

2 Fluidstatik 319
2.1 Druck 319
2.2 Grundgleichung der Fluidstatik 319
2.3 Druckkräfte auf allgemeine Flächen.................. 320
2.4 Anwendung der Grundgleichung auf kompressible Fluide 321

3 Fluiddynamik reibungsfreier Strömungen 321

4 Impulssatz 323

5 Reibungsbehaftete Rohrströmung 324

6 Widerstand eines umströmten Körpers 324

Elektrotechnik/Elektronik 325

1 Elektrostatisches Feld 325
1.1 Feldgrößen im elektrostatischen Feld 325
1.2 Kräfte auf Ladungen im elektrischen Feld 326
1.3 Kondensator 326
1.4 Energie im elektrostatischen Feld 328
1.5 Bewegung von Ladungen im elektrischen Feld.......... 328

2 Elektrisches Strömungsfeld 329
2.1 Feldgrößen im elektrischen Strömungsfeld 329
2.2 Elektrischer Widerstand 329
2.3 Energie und Leistung im Strömungsfeld 336
2.4 Meßtechnik bei Gleichstrom 336

3 Magnetostatisches Feld (Permanentmagnete) 338
3.1 Feldgrößen im magnetostatischen Feld 338
3.2 Magnetischer Kreis mit Permanentmagnet............. 338

4 Magnetfeld konstanter Ströme 339
4.1 Feldgrößen im Magnetfeld konstanter Ströme 339
4.2 Kräfte im Magnetfeld.............................. 340
4.3 Induktivität, Gegeninduktivität 341
4.4 Energie im magnetischen Feld 342

5 Quasistationäres, elektromagnetisches Feld 342
5.1 Grundlegende Zusammenhänge bei periodischen Größen 342
5.2 Zusammenschaltung von Grundschaltelementen 345
5.3 Drehstrom 349
5.4 Leistung bei Wechsel- und Drehstrom................. 350
5.5 Induktionsgesetz 351

5.6	Schaltvorgänge	352
5.7	Kenngrößen von periodischen Vorgängen mit Oberwellenanteil	353
5.8	Meßtechnik bei Wechsel- und Drehstrom	354
6	Nichtstationäres elektromagnetisches Feld	356
7	Elektronik	357
7.1	Transistorgrundschaltungen	357
7.2	Vierpolparameter	359
7.3	Operationsverstärker	361
7.4	Gleichrichterschaltungen	364
8	Elektrische Maschinen	366
8.1	Transformatoren	366
8.2	Gleichstrommaschinen	370
8.3	Drehfeldmaschinen	371
9	Leistungselektronik	373
10	Antriebstechnik	373
10.1	Physikalische Zusammenhänge und das Antriebssystem	373
10.2	Betriebsarten	374

Regelungstechnik 377

1	Grundbegriffe	377
1.1	Aufgabe der Regelung	377
1.2	Blockschaltbild eines Regelkreises	377
1.3	Testfunktionen	377
1.4	Darstellungsart	378
2	Mathematische Beschreibung von Regelkreisgliedern	379
2.1	Wärmebilanz	379
2.2	Allgemeine Lösung der o. a. DGL für Aufheiz- und Abkühlvorgang	379
2.3	Formelzeichen in der Regelungstechnik	380
2.4	P-T_1-Strecke mit üblichen Formelzeichen	380
2.5	Graphische Darstellungen	381
2.6	Zusammenschaltung von einzelnen Regelkreisgliedern	381
2.7	Übergang vom Frequenz- in den Zeitbereich mit Hilfe der Laplace-Transformation	386
2.8	Grenzwertsätze	388
3	Regeleinrichtungen	388
3.1	PID-Regler	388
3.2	Wirkung einzelner Reglerbausteine (im Regelfalle)	389

Inhaltsverzeichnis

3.3 Führungs- und Störverhalten 390

4 Dämpfung 391
4.1 Polverteilung in der s-Ebene 391
4.2 Definition der Dämpfung 392

5 Stabilität 393
5.1 Stabilitätskriterium nach Hurwitz 393
5.2 Stabilitätskriterium von Nyquist 395
5.3 Vereinfachtes Nyquist-Kriterium 396
5.4 Phasenreserve, Stabilitätsgüte 397

6 Qualität einer Regelung 398
6.1 Beurteilung eines Regelvorganges nach Anregel-, Ausregelzeit und Überschwingungsweite 398
6.2 Lineare Regelfläche 398
6.3 Quadratische Regelfläche 399

7 Reglereinstellkriterien 399
7.1 Einstellregeln nach Ziegler/Nichols 399
7.2 Einstellregeln nach Chien/Hrones/Reswick 400

8 Kaskadenregelung, Unstetige Regler 401
8.1 Kaskadenregelung 401
8.2 Unstetige Regler 402

9 Stellwert- und Meßwertwandler 403

10 Abtastregelungen 403
10.1 z-Transformation 404
10.2 Einführung eines Haltegliedes 404
10.3 Anwendung der z-Transformation 405
10.4 Beschreibung von Strecken mit Totzeit 406
10.5 Wahl der Abtastperiode 407
10.6 Digitale PID-Regler 407
10.7 Digitale PI-Regler 408
10.8 Digitale P-Regler 408

11 Pole, Nullstellen und Stabilität bei Abtastregelungen ... 408
11.1 Stabilität von Regelkreisen 408
11.2 Bestimmung der Reglerparameter eines digitalen PID-Reglers durch Polvorgabe 409
11.3 Simulation von Regelstrecken 410

12 Systemidentifikation 410

13 Adaptive Regelung 411

14 Zustandsregelung 412

Inhaltsverzeichnis

14.1 Strukturbild und Vektordifferenzengleichung eines Prozesses ... 412
14.2 Zustandsregler ... 414

Maschinenelemente 415

1 Sicherheiten und zulässige Spannungen ... 415
1.1 Statische (zügige) Beanspruchung ... 415
1.2 Dynamische Beanspruchung ... 416

2 Schraubenverbindungen ... 421
2.1 Kräfte am Gewinde ... 421
2.2 Längsbeanspruchte vorgespannte Schrauben ... 422
2.3 Querbeanspruchte Schrauben ... 424

3 Bolzen- und Stiftverbindungen ... 425
3.1 Bolzenverbindungen ... 425
3.2 Stiftverbindungen ... 425

4 Welle-Nabe-Verbindungen ... 426
4.1 Paßfedern ... 426
4.2 Keilwellenverbindungen mit geraden Flanken ... 427
4.3 Preßverbindungen ... 427
4.4 Ringfeder-Spannverbindungen ... 429
4.5 Kegelverbindungen ... 430

5 Schweißverbindungen im Maschinenbau ... 430
5.1 Querschnittskennwerte ... 430
5.2 Nennspannungen in der Schweißnaht ... 431
5.3 Sicherheitsnachweis ... 432

6 Federn ... 433
6.1 Geschichtete Blattfedern ... 433
6.2 Drehstabfedern ... 434
6.3 Zylindrische Schraubendruckfedern ... 434
6.4 Tellerfedern ... 435

7 Achsen und Wellen ... 436
7.1 Biege- und Torsionsmomente ... 436
7.2 Spannungen ... 437
7.3 Dauer- und Gestaltfestigkeit ... 437
7.4 Formänderungen ... 438
7.5 Kritische Drehzahl ... 439

8 Radialgleitlager ... 440
8.1 Verschleißgleitlager ... 440
8.2 Hydrodynamische Lager ... 441

Inhaltsverzeichnis 17

9	Wälzlager	445
9.1	Dynamische Tragfähigkeit	445
9.2	Statische Tragfähigkeit	447
10	Bewegungsschrauben	447
10.1	Spannungen	447
10.2	Wirkungsgrad	448
10.3	Knickung bei Druckspindeln	448
11	Keilriemengetriebe	449
11.1	Abmessungen	449
11.2	Leistungsberechnung	450
11.3	Kräfte im Keilriemengetriebe	450
12	Zahnriemengetriebe	451
12.1	Abmessungen	451
12.2	Leistungsberechnung	452
13	Rollenkettengetriebe	452
13.1	Abmessungen	452
13.2	Leistungsberechnung	452
13.3	Kräfte im Kettengetriebe	453
14	Kupplungen	454
14.1	Kupplungsdrehmoment	454
14.2	Torsionskritische Drehzahl	454
14.3	Wahl einer elastischen Kupplung	455
14.4	Wahl einer schaltbaren Reibkupplung	456
15	Stirnradgetriebe	457
15.1	Verzahnungsgeometrie und -kinematik	457
15.2	Kräfte am Stirnrad	461
15.3	Tragfähigkeit	462
16	Geradkegelradgetriebe	468
16.1	Verzahnungsgeometrie	468
16.2	Kräfte am Kegelrad	469
16.3	Tragfähigkeit	469

Energietechnik 470

1	Dampferzeuger	470
1.1	Vereinfachte Energiebilanz am Dampferzeuger	470
1.2	Feuerungssysteme für feste Brennstoffe	470
1.3	Dimensionierung der Brennkammer von Dampferzeugern	473
1.4	Energieumwandlung im Feuerraum des Dampferzeugers	474
2	Dampfturbinen	477

Inhaltsverzeichnis

2.1	Energieumwandlung in der Turbinenstufe (Mittelschnittrechnung)	477
2.2	Kennwerte der Dampfturbine	481
2.3	Kennwerte des Dampfturbinen-Kraftwerksblockes	483
3	Gasturbinen- und Gas-Dampf-Anlagen	484
3.1	Aufbau einer Gasturbinenanlage (GTA)	484
3.2	Kennwerte des Gasturbinenprozesses	485
3.3	Zur Auslegung des Verdichters	486
3.4	Zur Auslegung der Gasturbine	487
3.5	Zur Auslegung der Brennkammer	487
3.6	Koppelung von Gas- und Dampfturbinenprozessen	487
4	Wasserturbinen	489
4.1	Zur Auslegung der (stets einstufigen) Wasserturbinen	489
4.2	Charakteristische Parameter der Wasserturbinen	490
5	Windturbinen	492
5.1	Zur Auslegung der Windturbinen	492
5.2	Bauarten und Einsatzbereiche	494
6	Turboverdichter (Kreiselverdichter)	496
6.1	Zur Auslegung der Verdichterstufe	496
6.2	Kennwerte des Verdichters	497
7	Kreiselpumpen (Turbopumpen)	498
7.1	Zur Auslegung der Pumpenstufe	498
7.2	Kennwerte der Pumpe	499
7.3	Kennwerte der Pumpenanlage	499
8	Verbrennungsmotoren	500
8.1	Kreisprozesse der Verbrennungsmotoren	500
8.2	Kennwerte des vollkommenen Motors	501
8.3	Kennwerte des realen Motors	502
9	Kolbenverdichter (Verdrängerverdichter)	504
9.1	Kennwerte der Stufen von Hubkolbenverdichtern	504
9.2	Kennwerte der Stufen von Umlaufkolbenverdichtern	505
9.3	Kennwerte des Kolbenverdichters	505
10	Kolbenpumpen (Verdrängerpumpen)	506
10.1	Kennwerte der Hubkolbenpumpen	506
10.2	Kennwerte der Umlaufkolbenpumpen	508
10.3	Kennwerte der Pumpenanlagen	508
11	Kältemaschinen und Wärmepumpen	508
11.1	Kennwerte von Kältemaschinen und Wärmepumpen	508

11.2 Hauptparameter unterschiedlicher Kältemaschinen(KM)- und Wärmepumpen(WP)-Bauarten 510
11.3 Zur Auslegung von Verdichter-Kältemaschinen (VKM) .. 512

Werkzeugmaschinen 514

1 Drehzahlstufung 514
1.1 Arithmetische Drehzahlstufung 514
1.2 Geometrische Drehzahlstufung 515

2 Schaltbare Getriebe 520
2.1 Drehzahlbild, Getriebeplan, Kraftflußplan, Aufbaunetze . 520
2.2 Kombination stufenloser und gestufter Getriebe 522
2.3 Vorschubantrieb einer Drehmaschine mit Leit- und Zugspindel 523

3 Stufenlose Hauptantriebe von Werkzeugmaschinen 523
3.1 Erforderliche Motorleistung 523
3.2 Stufenlos regelbarer Motor mit Schaltgetriebe.......... 524

4 Auslegung von Vorschubantrieben 526
4.1 Maximales Lastmoment............................. 526
4.2 Erforderliche Drehzahl für Eilganggeschwindigkeit 527
4.3 Hochlaufzeit auf Eilganggeschwindigkeit 527

Fertigungstechnik 529

1 Umformverfahren 529
1.1 Grundlagen 529
1.2 Druckumformen 531
1.3 Zug-Druck-Umformen 535
1.4 Biegeumformen 539

2 Trennen 540
2.1 Zerteilen 540
2.2 Spanen mit geometrisch bestimmten Schneiden 542
2.3 Spanen mit geometrisch unbestimmten Schneiden 551

Literaturverzeichnis 558

Sachwortverzeichnis 564

Größen und Einheiten

Physikalische und technische Gesetzmäßigkeiten werden durch mathematische Verknüpfungen der Größen dargestellt. Der Wert jeder physikalischen Größe ist das Produkt aus einem Zahlenwert und einer Einheit.

Wert = Zahlenwert mal Einheit

International wird weitgehend das Internationale Einheitensystem SI (Système International d'Unités) mit sieben Basiseinheiten benutzt. Es ist in der Bundesrepublik Deutschland seit 1969 durch das „Gesetz über Einheiten im Meßwesen" verbindlich. Darüber hinaus gibt es Einheiten, die in Spezialgebieten gebräuchlich sind bzw. in älterer Literatur benutzt werden, diese sind mit * gekennzeichnet.

Größe/Symbol	Einheit	Beziehung
Länge x, y, z, s, l, r	m Meter	SI-Basiseinheit
	AE Astronomische Einheit*	1 AE = $149,600 \cdot 10^9$ m
	Lj Lichtjahr*	1 Lj = $9,4605 \cdot 10^{15}$ m
	Å Angström*	1 Å = 10^{-10} m (Atomphysik)
	sm (Internationale) Seemeile*	1 sm = 1852 m
ebener Winkel α, φ	rad Radiant	1 rad = 1 m/m
	° Grad	1° = $(\pi/180)$ rad
	Vollwinkel	2π rad = 360°
Raumwinkel Ω	sr Steradiant	1 sr = 1 m² / m²
Fläche A	m² Quadratmeter	
	a Ar	1 a = 100 m²
	ha Hektar	1 ha = 100 a = 10^4 m²
	b Barn	1 b = 10^{-28} m² (Kernphysik)
Volumen V	m³ Kubikmeter	
	l Liter	1 l = 10^{-3} m³ = 10^3 cm³
	Fm Festmeter*	1 Fm = 1 m³ (Holzwirtschaft)
	Barrel*	1 barrel = 158,987 l (nur Rohöl)

Größen und Einheiten

Größe/Symbol	Einheit	Beziehung
Masse m	**kg Kilogramm**	**SI-Basiseinheit**
	g Gramm	$1\ g = 10^{-3}\ kg$
	t Tonne	$1\ t = 10^{3}\ kg$
	Ztr Zentner*	$1\ Ztr = 50\ kg$
	Kt metrisches Karat	$1\ Kt = 0,2\ g$ (Edelsteine)
Dichte ϱ	kg/m^{3}	$1\ kg/m^{3} = 10^{3}\ g/cm^{3}$
Zeit t	**s Sekunde**	**SI-Basiseinheit**
	min Minute	$1\ min = 60\ s$
	h Stunde	$1\ h = 60\ min = 3600\ s$
	d Tag	$1\ d = 24\ h$
Frequenz f, ν	Hz Hertz	$1\ Hz = 1/s$
Drehzahl n	1/min 1 Umdrehung pro min	$1/min = 1/(60\ s)$
Kreisfrequenz ω	$1/s$	
Geschwindigkeit v	m/s	$1\ m/s = 3,6\ km/h$
	kn Knoten*	$1\ kn = 1\ sm/h = 0,5144\ m/s$
Beschleunigung a	m/s^{2}	
	g_n Normfallbeschleunigung	$g = 9,80665\ m/s^{2}$
Winkelgeschwindigkeit ω	rad/s	$1\ rad/s = 1/s$
Winkelbeschleunigung α	rad/s^{2}	$1\ rad/s^{2} = 1/s^{2}$
Kraft F, Gewichtskraft G, F_G	N Newton	$1\ N = 1\ kg\ m/s^{2}$
	dyn Dyn*	$1\ dyn = 10^{-5}\ N$
	kp Kilopond*	$1\ kp = 9,80665\ N$
Drehmoment M	N m Newtonmeter	$1\ N\ m = 0,102\ kp\ m$
Impuls p	N s	$1\ N\ s = 1\ kg\ m/s$
Drehimpuls L	N m s	$1\ N\ m\ s = 1\ kg\ m^{2}/s$
Trägheitsmoment J	$kg\ m^{2}$	
Arbeit W, Energie E, Wärmemenge Q	J Joule	$1\ J = 1\ N\ m = 1\ W\ s$
	kW h Kilowattstunde	$1\ kW\ h = 3,6 \cdot 10^{6}\ J$
	eV Elektronvolt	$1\ eV = 1,602 \cdot 10^{-19}\ J$
	erg Erg*	$1\ erg = 10^{-7}\ J$
	cal Kalorie*	$1\ cal = 4,1868\ J$
Leistung P	W Watt	$1\ W = 1\ J/s = 1\ V\ A$
	PS Pferdestärke*	$1\ PS = 735,5\ W$

Größen und Einheiten

Größe/Symbol	Einheit	Beziehung
Druck p	Pa Pascal	$1\,\text{Pa} = 1\,\text{N/m}^2$ $= 1\,\text{kg}/(\text{s}^2\,\text{m})$
	bar Bar	$1\,\text{bar} = 10^5\,\text{Pa} = 10^3\,\text{mbar}$
	mmHg mm-Quecksilbersäule	$1\,\text{mmHg} = 133,322\,\text{Pa}$ (Medizin)
	Torr Torr*	$1\,\text{Torr} = 1,333224\,\text{mbar}$
	atm physikalische Atmosphäre*	$1\,\text{atm} = 1,01325 \cdot 10^5\,\text{Pa}$ $1\,\text{atm} = 760\,\text{Torr}$
	at technische Atmosphäre*	$1\,\text{at} = 1\,\text{kp/cm}^2$ $= 0,981\,\text{bar}$
	mWS Meter Wassersäule*	$1\,\text{mWS} = 9806,65\,\text{Pa}$
mechanische Spannung σ, Elastizitätsmodul E, Schubmodul G, Kompressionsmodul K	Pa Pascal N/m^2	$1\,\text{Pa} = 1\,\text{N/m}^2$ $1\,\text{MPa} = 1\,\text{N/mm}^2$ $1\,\text{MPa} = 0,102\,\text{kp/mm}^2$
Oberflächenspannung σ	N/m	$1\,\text{N/m} = 1\,\text{kg/s}^2$
dynamische Viskosität η	Pa s Pascalsekunde P Poise*	$1\,\text{Pa s} = 1\,\text{kg}/(\text{s m})$ $1\,\text{P} = 0,1\,\text{Pa s}$
kinematische Viskosität ν	m^2/s St Stokes*	$1\,\text{St} = 10^{-4}\,\text{m}^2/\text{s}$
elektrische Stromstärke I	**A Ampere**	**SI-Basiseinheit**
Stromdichte j, J	A/m^2	
elektrische Spannung U, elektrisches Potential φ	V Volt	$1\,\text{V} = 1\,\text{W/A}$ $1\,\text{V} = 1\,\text{kg m}^2/(\text{A s}^3)$
elektrischer Widerstand R	Ω Ohm	$1\,\Omega = 1\,\text{V/A}$
elektrischer Leitwert G	S Siemens	$1\,\text{S} = 1\,\text{A/V} = 1/\Omega$
spezifischer elektrischer Widerstand ϱ	Ω m Ohmmeter	$1\,\Omega\,\text{m} = 1\,\text{V m/A}$ $1\,\Omega\,\text{mm}^2/\text{m} = 10^{-6}\,\Omega\,\text{m}$

Größen und Einheiten

Größe/Symbol	Einheit	Beziehung
elektrische Leitfähigkeit κ	S/m	$1\ \text{S/m} = 1/(\Omega\ \text{m})$
elektrische Ladung Q	C Coulomb	$1\ \text{C} = 1\ \text{A s}$
Elektrizitätsmenge Q	A h Amperestunden	$1\ \text{A h} = 3600\ \text{C}$
Flächenladungsdichte σ, elektrische Flußdichte, Verschiebung D	C/m²	
elektrische Kapazität C	F Farad	$1\ \text{F} = 1\ \text{C/V} = 1\ \text{A s/V}$
Permittivität ε, Dielektrizitätskonstante ε	F/m	$1\ \text{F/m} = \text{A s}/(\text{V m})$
elektrische Feldstärke E	V/m	$1\ \text{V/m} = 1\ \text{kg m}/(\text{s}^3 A)$
magnetische Feldstärke H	A/m Oe Oersted*	$1\ \text{Oe} = [10^3/(4\pi)]\ \text{A/m}$
magnetischer Fluß Φ	Wb Weber M Maxwell*	$1\ \text{Wb} = 1\ \text{V s} = 1\ \text{T m}^2$ $1\ \text{M} = 10^{-8}\ \text{Wb}$
magnetische Flußdichte B, Induktion	T Tesla G Gauß*	$1\ \text{T} = 1\ \text{Wb/m}^2 = 1\ \text{V s/m}^2$ $1\ \text{G} = 10^{-4}\ \text{T}$
Induktivität L	H Henry	$1\ \text{H} = 1\ \text{Wb/A} = 1\ \text{V s/A}$
Permeabilität μ	H/m	$1\ \text{H/m} = 1\ \text{V s}/(\text{A m})$
Temperatur T	**K Kelvin**	**SI-Basiseinheit**
Celsius-Temperatur t, ϑ	°C Grad Celsius °F Grad Fahrenheit*	$t/°\text{C} = T/\text{K} - 273{,}15$ $t/°\text{F} = 1{,}8 t/°\text{C} + 32$
Wärmemenge Q (s. a. Arbeit)	J Joule	$1\ \text{J} = 1\ \text{kg m}^2/\text{s}^2 = 1\ \text{W s}$
spezifische Wärmekapazität c	J/(kg K)	
Wärmeleitfähigkeit λ	W/(m K)	
Wärmeübergangskoeffizient α	W/(m² K)	
Lichtstärke I	**cd Candela**	**SI-Basiseinheit**
Leuchtdichte L	cd/m² sb Stilb*	$1\ \text{sb} = 10^4\ \text{cd/m}^2$

Größen und Einheiten

Größe/Symbol	Einheit	Beziehung
Lichtstrom Φ	lm Lumen	1 lm = 1 cd sr
Beleuchtungsstärke E	lx Lux	1 lx = 1 lm/m^2
Bestrahlungsstärke E_e	W/m^2	
Strahlstärke I_e	W/sr	
Strahldichte L_e	W/(m^2 sr)	
Brechkraft D	dpt Dioptrie	1 dpt = 1/m (optische Systeme)
Aktivität A	Bq Becquerel	1 Bq = 1/s
	Ci Curie*	1 Ci = 3,7 · 10^{10} Bq
Energiedosis D	Gy Gray	1 Gy = 1 J/kg
	rd Rad*	1 rd = 0,01 Gy
Äquivalentdosis H	Sv Sievert	1 Sv = 1 J/kg
	rem Rem*	1 rem = 0,01 Sv
Energiedosisrate $\dot{D}$	Gy/s	1 Gy/s = 1 W/kg
Ionendosis J	C/kg	1 C/kg = 1 A s/kg
	R Röntgen*	1 R = 258 · 10^{-6} C/kg
Stoffmenge n	mol Mol	SI-Basiseinheit
molare Masse M	g/mol	1 g/mol = 10^{-3} kg/mol
molares Volumen V_m	l/mol	1 l/mol = 10^{-3} m^3/mol
molare Wärmekapazität C_m	J/(mol K)	

SI-Vorsätze

Potenz	Name	Zeichen	Potenz	Name	Zeichen
10^{24}	Yotta	Y	10^{-1}	Dezi	d
10^{21}	Zetta	Z	10^{-2}	Zenti	c
10^{18}	Exa	E	10^{-3}	Milli	m
10^{15}	Peta	P	10^{-6}	Mikro	µ
10^{12}	Tera	T	10^{-9}	Nano	n
10^{9}	Giga	G	10^{-12}	Piko	p
10^{6}	Mega	M	10^{-15}	Femto	f
10^{3}	Kilo	k	10^{-18}	Atto	a
10^{2}	Hekto	h	10^{-21}	Zepto	z
10^{1}	Deka	da	10^{-24}	Yocto	y

▶ DIN 1301 (Teil 1 - Teil 3) Einheiten
▶ DIN 1304 (Teil 1 - Teil 8) Formelzeichen

Mathematik

1 Elementarmathematik

1.1 Arithmetik

Mengen

Menge – Zusammenfassung von wohlunterschiedenen Objekten, den Elementen, zu einer Gesamtheit

Bezeichnungen:
$A, B, C, \ldots$	Mengen	$x \in A$	x ist Element von A
$a, b, c, \ldots$	Elemente der Mengen	$x \notin A$	x ist kein Element von A
$\emptyset$	leere Menge, enthält kein Element		

Beschreibung von Mengen:
– verbal	z. B. $\mathbb{N}$ = Menge der natürlichen Zahlen
– Aufzählung der Elemente	z. B. $M = \{a, b, c\}$
– Angabe der Eigenschaften der Elemente	z. B. $M = \{x \mid x^2 \leqq 1\}$

Rechnen mit Mengen:

$A \subseteq B$	Teilmenge („A Teilmenge von B")	Jedes Element von A ist auch Element von B.
$A = B$	Mengengleichheit	Jedes Element von A ist auch Element von B und umgekehrt.
$A \cup B$	Vereinigung („A vereinigt B")	Menge der Elemente, die zu mindestens einer der Mengen A, B gehören, auch „A oder B".
$A \cap B$	Durchschnitt („A geschnitten B")	Menge der Elemente, die sowohl zu A als auch zu B gehören, auch „A und B".
$A \setminus B$	Differenz („A minus B")	Menge der Elemente, die zu A, aber nicht zu B gehören.
$\overline{A}$, $A \subseteq M$	Komplementärmenge von A bez. M	Menge der Elemente von M, die nicht zu A gehören.
$P(A)$	Potenzmenge von A	Menge der Teilmengen von A.
$A \times B$	Produktmenge („A Kreuz B")	Menge der geordneten Paare (a, b) mit $a \in A$, $b \in B$.

Mathematik
1 Elementarmathematik

Zahlenbereiche

Natürliche Zahlen
$\mathbb{N} = \{0, 1, 2, 3, 4, \ldots\}$

Ganze Zahlen
$\mathbb{Z} = \{\ldots, -2, -1, 0, 1, 2, \ldots\}$

$\mathbb{Z}$ entsteht durch Erweiterung von $\mathbb{N}$ mit den negativen Zahlen.

Rationale Zahlen
$\mathbb{Q}$

$\mathbb{Q}$ entsteht durch Erweiterung von $\mathbb{Z}$ mit den Brüchen $\frac{p}{q}$, $p, q \in \mathbb{Z}, q \neq 0$. Rationale Zahlen sind im Dezimalsystem als endliche oder als periodische Dezimalbrüche darstellbar.

Reelle Zahlen
$\mathbb{R}$

$\mathbb{R}$ entsteht durch Erweiterung von $\mathbb{Q}$ mit den irrationalen Zahlen, die sich im Dezimalsystem als unendliche nichtperiodische Dezimalbrüche darstellen lassen.

Komplexe Zahlen
$\mathbb{C} = \{a + b\,\mathrm{i} | a \in \mathbb{R},\ b \in \mathbb{R},\ \mathrm{i}^2 = -1\}$

$\mathbb{C}$ entsteht durch Erweiterung von $\mathbb{R}$ mit den imaginären Zahlen $b\,\mathrm{i}$ mit $b \in \mathbb{R}$, $\mathrm{i}^2 = -1$, i imaginäre Einheit (in der Technik j).

Fakultät

$n! = n(n-1) \ldots 3 \cdot 2 \cdot 1, \qquad n \in \mathbb{N},\ 0! = 1$

Binomialkoeffizient

$$\binom{n}{k} = \frac{n!}{k!(n-k)!} = \frac{n(n-1)\ldots(n-k+1)}{k!} \qquad n, k \in \mathbb{N}$$

$$\binom{\alpha}{k} = \frac{\alpha(\alpha-1)\ldots(\alpha-k+1)}{k!} \qquad \alpha \in \mathbb{R},\ k \in \mathbb{N}$$

$$\binom{n}{k} = \binom{n}{n-k}, \qquad \binom{n}{k} + \binom{n}{k+1} = \binom{n+1}{k+1}$$

Binomische Formeln

$(a+b)^2 = a^2 + 2ab + b^2$
$(a-b)^2 = a^2 - 2ab + b^2$

Mathematik
1 Elementarmathematik

$(a+b)(a-b) = a^2 - b^2$

$(a+b+c)^2 = a^2 + b^2 + c^2 + 2ab + 2ac + 2bc$

$(a \pm b)^3 = a^3 \pm 3a^2b + 3ab^2 \pm b^3$

$(a+b)^n = \sum_{k=0}^{n} \binom{n}{k} a^{n-k} b^k$

$a^n - b^n = (a-b) \sum_{k=0}^{n-1} a^{n-k-1} b^k$

Höhere Rechenarten

Potenzieren

$a^n = \underbrace{a \cdot a \ldots a}_{n \text{ Faktoren } a},\ n \in \mathbb{N},\ n > 0 \qquad a$ Basis, n Exponent

Erweiterung

$a^0 = 1, \qquad a^{-n} = \dfrac{1}{a^n} \qquad$ für $a \neq 0$

Potenzgesetze

$a^m a^n = a^{m+n}, \quad a^n b^n = (ab)^n, \quad \dfrac{a^m}{a^n} = a^{m-n}, \quad \dfrac{a^n}{b^n} = \left(\dfrac{a}{b}\right)^n$

$(a^m)^n = a^{mn}$

Radizieren

$x = \sqrt[n]{a}$, falls $x^n = a$, $a \geq 0$,
$\qquad n > 0,\ n \in \mathbb{N}$

$\sqrt[n]{a} = a^{\frac{1}{n}},\ a \geq 0,\ n \neq 0,\ n \in \mathbb{N}$

Das Rechnen mit Wurzeln kann auf das Rechnen mit Potenzen mit rationalen Exponenten zurückgeführt werden.

Wurzelgesetze

$\sqrt[n]{a}\sqrt[n]{b} = \sqrt[n]{ab}, \quad \dfrac{\sqrt[n]{a}}{\sqrt[n]{b}} = \sqrt[n]{\dfrac{a}{b}}, \quad \left(\sqrt[n]{a}\right)^m = \sqrt[n]{a^m}, \quad \sqrt[m]{\sqrt[n]{a}} = \sqrt[mn]{a}$

Logarithmieren

$n = \log_b a$, falls $b^n = a$, $a > 0$, $n \in \mathbb{R}$, $b > 1$

b Basis $\quad b = 10$: dekadischer Logarithmus, $\log_{10} a = \lg a$
$\qquad\qquad b = \text{e}$: natürlicher Logarithmus, $\log_\text{e} a = \ln a$
$\qquad\qquad b = 2$: dualer Logarithmus, $\qquad \log_2 a = \text{ld}\, a$

Logarithmengesetze

$\log_b(xy) = \log_b x + \log_b y$ speziell: $\log_b 1 = 0$, $\log_b b = 1$,
$\log_b \dfrac{x}{y} = \log_b x - \log_b y$ $\qquad\qquad\log_b b^n = n$, $b^{\log_b a} = a$
$\log_b x^y = y \log_b x$

Komplexe Zahlen

Darstellung:

arithmetisch $\quad z = a + b\,\mathrm{i}$, a Realteil, b Imaginärteil,
$\qquad\qquad\quad$ i imaginäre Einheit mit $\mathrm{i}^2 = -1$ sowie
$\qquad\qquad\quad \mathrm{i}^{4n} = 1$, $\mathrm{i}^{4n+1} = \mathrm{i}$, $\mathrm{i}^{4n+2} = -1$, $\mathrm{i}^{4n+3} = -\mathrm{i}$, $n \in \mathbb{N}$

trigonometrisch $\quad z = r(\cos\varphi + \mathrm{i}\sin\varphi)$

$\qquad\qquad\qquad r = \sqrt{a^2 + b^2}$, $\tan\varphi = \dfrac{b}{a}$ bzw.
$\qquad\qquad\qquad \cos\varphi = \dfrac{a}{r}$ und $\sin\varphi = \dfrac{b}{r}$

exponentiell $\quad z = r\,\mathrm{e}^{\mathrm{i}\varphi}$

Konjugiert komplexe Zahl:

$\bar{z} = a - b\,\mathrm{i}$ konjugiert komplex zu $z = a + b\,\mathrm{i}$, $\quad z\bar{z} = a^2 + b^2$

Eulersche Formel

$\mathrm{e}^{\mathrm{i}\varphi} = \cos\varphi + \mathrm{i}\sin\varphi$

Folgen

Arithmetische Folge

$\{a_1, a_2, \ldots, a_n, \ldots\}$ mit $\qquad\qquad$ Die Differenz d zweier aufeinan-
$a_k - a_{k-1} = d$, $k = 2, \ldots, n, \ldots \quad$ derfolgender Elemente der Folge
$a_k = a_1 + (k-1)d$ $\qquad\qquad\qquad$ ist konstant.

Partialsumme $s_n = \displaystyle\sum_{k=1}^{n} a_k = \dfrac{n}{2}[2a_1 + (n-1)d]$

Geometrische Folge

$\{a_1, a_2, \ldots, a_n, \ldots\}$ mit
$\dfrac{a_k}{a_{k-1}} = q, \ k = 2, \ldots, n, \ldots$
$a_k = a_1 q^{k-1}$

Der Quotient q zweier aufeinanderfolgender Elemente der Folge ist konstant.

Partialsumme $s_n = \displaystyle\sum_{k=1}^{n} a_k = a_1 \dfrac{q^n - 1}{q - 1}, \quad \text{für } |q| \neq 1$

Summe $\quad s = \displaystyle\sum_{k=1}^{\infty} a_k = a_1 \sum_{k=1}^{\infty} q^{k-1} = \dfrac{a_1}{1 - q}, \quad \text{für } |q| < 1$

Partialsummen spezieller Folgen

$1 + 2 + 3 + \ldots + n \quad = \displaystyle\sum_{k=1}^{n} k = \dfrac{n(n+1)}{2}$

$1^2 + 2^2 + 3^2 + \ldots + n^2 = \displaystyle\sum_{k=1}^{n} k^2 = \dfrac{n(n+1)(2n+1)}{6}$

$1^3 + 2^3 + 3^3 + \ldots + n^3 = \displaystyle\sum_{k=1}^{n} k^3 = \dfrac{n^2(n+1)^2}{4}$

1.2 Vektoralgebra und lineare Algebra

Vektoren im dreidimensionalen Raum

dreidimensionaler Vektor   geordnetes Tupel von 3 Elementen (meist Zahlen)

Zeilenvektor $\boldsymbol{a} = (a_x, a_y, a_z)$ Spaltenvektor $\boldsymbol{a} = \begin{pmatrix} a_x \\ a_y \\ a_z \end{pmatrix}$

Basisvektoren: $\boldsymbol{i} = (1, 0, 0); \ \boldsymbol{j} = (0, 1, 0); \ \boldsymbol{k} = (0, 0, 1)$

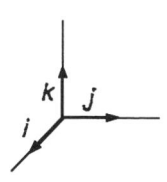
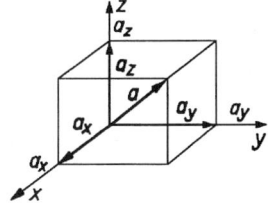

Mathematik
1 Elementarmathematik

Koordinaten des Vektors $a = (a_x, a_y, a_z)$: a_x, a_y, a_z

Komponenten des Vektors $a = (a_x, a_y, a_z)$:
$$a_x = (a_x, 0, 0); \quad a_y = (0, a_y, 0);$$
$$a_z = (0, 0, a_z)$$
$$a = a_x i + a_y j + a_z k$$

Betrag (Länge) des Vektors a $\quad |a| = \sqrt{a_x^2 + a_y^2 + a_z^2}$

Richtungscosinus des Vektors a $\quad \cos\alpha = \dfrac{a_x}{|a|}, \ \cos\beta = \dfrac{a_y}{|a|}$

$$\cos\gamma = \frac{a_z}{|a|}$$

Einheitsvektor in Richtung von a
$$a^0 = \frac{a}{|a|}$$

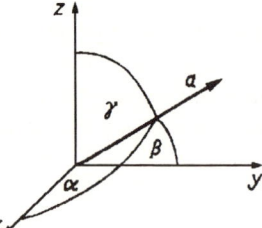

Rechnen mit Vektoren

$a = b$ genau dann, wenn $a_x = b_x$, $a_y = b_y$, $a_z = b_z$

$a + b = (a_x + b_x, a_y + b_y, a_z + b_z)$ mit

$$a + b = b + a$$
$$a + (b + c) = (a + b) + c$$

$\lambda a = (\lambda a_x, \lambda a_y, \lambda a_z)$, λ Skalar, mit

$$\lambda(\mu a) = (\lambda\mu)a$$
$$(\lambda + \mu)a = \lambda a + \mu a$$
$$\lambda(a + b) = \lambda a + \lambda b$$

Lineare Abhängigkeit und Unabhängigkeit von Vektoren

a, b, c sind linear unabhängig, falls $x_1 a + x_2 b + x_3 c = o$ nur die triviale Lösung $x_1 = x_2 = x_3 = 0$ besitzt, sonst sind a, b, c linear abhängig bzw. komplanar.

Mathematik
1 Elementarmathematik

Produkte von Vektoren

Skalarprodukt

$a \cdot b = |a||b| \cos \sphericalangle(a, b) = a_x b_x + a_y b_y + a_z b_z$

mit $ab = ba$, $a(b + c) = ab + ac$,
$ab = 0$, $a \neq o$, $b \neq o$, wenn $a \perp b$.
speziell $ii = jj = kk = 1$, $ij = jk = ki = 0$.

Vektorprodukt

$$a \times b = (a_y b_z - a_z b_y, a_z b_x - a_x b_z, a_x b_y - a_y b_x) = \begin{vmatrix} i & j & k \\ a_x & a_y & a_z \\ b_x & b_y & b_z \end{vmatrix}$$

mit $a \times b = -(a \times b)$, $\lambda(a \times b) = (\lambda a) \times b = a \times (\lambda b)$
$a \times b = o$, $a \neq o$, $b \neq o$, wenn a parallel zu b
$(a \times b) \perp a$, $(a \times b) \perp b$, $|a \times b| = |a||b| \sin \sphericalangle(a, b)$
speziell $i \times i = j \times j = k \times k = o$, $i \times j = k$, $j \times k = i$, $k \times i = j$

Mehrfache Produkte

Spatprodukt $\qquad (a \times b)c = (a, b, c) = \begin{vmatrix} a_x & a_y & a_z \\ b_x & b_y & b_z \\ c_x & c_y & c_z \end{vmatrix}$

dreifaches Vektorprodukt $(a \times b) \times c = (ac)b - (bc)a$

Matrizen

Matrix – System von $m \cdot n$ Elementen, die in einem rechteckigen Schema von m Zeilen und n Spalten angeordnet sind

Typ einer Matrix: $(m, n) =$ (Anzahl der Zeilen, Anzahl der Spalten)

Bezeichnung: $A, B, C, \ldots$ $\qquad$ Matrizen
$\qquad \qquad \qquad \quad O \qquad \qquad \quad$ Nullmatrix, sämtliche Elemente der Matrix sind Null

$$A = A_{(m,n)} = \begin{pmatrix} a_{11} & a_{12} & \cdots & a_{1n} \\ a_{21} & a_{22} & \cdots & a_{2n} \\ \vdots & \vdots & \vdots & \vdots \\ a_{m1} & a_{m2} & \cdots & a_{mn} \end{pmatrix} = (a_{ij})_{(m,n)}$$

Hauptdiagonale von A: a_{ii}, $i = 1, \ldots, m$

Mathematik
1 Elementarmathematik

Spezielle Matrizen: $m = 1$, n beliebig   Zeilenvektor
                     m beliebig, $n = 1$ Spaltenvektor
                     $m = n$ quadratische Matrix
                     $m = n = 1$ Skalar

Spezielle quadratische Matrizen $\boldsymbol{A} = (a_{ij})_{(n,n)}$, $i, j = 1, \ldots, n$:

obere Dreiecksmatrix

$a_{ij} = 0$ für $i > j$

untere Dreiecksmatrix

$a_{ij} = 0$ für $i < j$

Diagonalmatrix

$a_{ij} = 0$ für $i \neq j$

Skalarmatrix $\boldsymbol{S}$

$a_{ij} = \begin{cases} 0 \text{ für } i \neq j \\ s \text{ für } i = j \end{cases}$

Einheitsmatrix $\boldsymbol{E}$

$a_{ij} = \delta_{ij} = \begin{cases} 0 \text{ für } i \neq j \\ 1 \text{ für } i = j \end{cases}$

Reguläre Matrix $\boldsymbol{A}$: $\boldsymbol{A}$ quadratisch und $\det \boldsymbol{A} \neq 0$
Singuläre Matrix $\boldsymbol{A}$: $\boldsymbol{A}$ quadratisch und $\det \boldsymbol{A} = 0$

Rechnen mit Matrizen

$\boldsymbol{A} = \boldsymbol{B}$ Gleichheit, setzt Typgleichheit von $\boldsymbol{A}$ und $\boldsymbol{B}$ voraus, $a_{ij} = b_{ij}$ für alle i, j.

$\boldsymbol{C} = \boldsymbol{A} + \boldsymbol{B}$ Addition, setzt Typgleichheit von $\boldsymbol{A}$ und $\boldsymbol{B}$ voraus, $\boldsymbol{C}$ hat denselben Typ wie die Summanden, $c_{ij} = a_{ij} + b_{ij}$ für alle i, j.

$\boldsymbol{C} = \lambda \boldsymbol{A}$ λ-faches von $\boldsymbol{A}$. $\boldsymbol{C}$ hat denselben Typ wie $\boldsymbol{A}$, $c_{ij} = \lambda a_{ij}$ für alle i, j.

$\boldsymbol{C} = \boldsymbol{A}^{\mathrm{T}}$ Transponieren (auch „Spiegeln" an der Hauptdiagonalen). Hat $\boldsymbol{A}$ den Typ (m, n), so ist $\boldsymbol{C}$ vom Typ (n, m), $c_{ij} = a_{ji}$ für alle i, j.

$\boldsymbol{A} + \boldsymbol{B} = \boldsymbol{B} + \boldsymbol{A}$, $\boldsymbol{A} + (\boldsymbol{B} + \boldsymbol{C}) = (\boldsymbol{A} + \boldsymbol{B}) + \boldsymbol{C}$, $\lambda \boldsymbol{A} = \boldsymbol{A} \lambda$,
$\lambda(\mu \boldsymbol{A}) = (\lambda \mu) \boldsymbol{A}$, $\lambda(\boldsymbol{A} + \boldsymbol{B}) = \lambda \boldsymbol{A} + \lambda \boldsymbol{B}$, $(\lambda + \mu) \boldsymbol{A} = \lambda \boldsymbol{A} + \mu \boldsymbol{A}$

Matrizenmultiplikation

Die Matrizen $\boldsymbol{A}_{(m,n)}$ und $\boldsymbol{B}_{(n,p)}$ (d. h. Spaltenanzahl von $\boldsymbol{A}$ = Zeilenanzahl von $\boldsymbol{B}$) können in dieser Reihenfolge multipliziert werden, das Produkt ist eine Matrix $\boldsymbol{C}_{(m,p)}$.

$\boldsymbol{C}_{(m,p)} = \boldsymbol{A}_{(m,n)} \cdot \boldsymbol{B}_{(n,p)} = (c_{ik})_{(m,p)}$

mit $c_{ik} = \sum_{j=1}^{n} a_{ij} b_{jk}$, $i = 1, \ldots, m$; $k = 1, \ldots, p$

d. h., das Element c_{ik} der Matrix $\boldsymbol{C}$ ist das Skalarprodukt aus dem i-ten Zeilenvektor von $\boldsymbol{A}$ und dem k-ten Spaltenvektor von $\boldsymbol{B}$.

Schema von Falk:

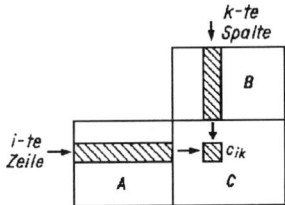

Matrizenmultiplikation nicht kommutativ, d. h. i. allg. $AB \neq BA$, falls beide Produkte existieren.

$A(BC) = (AB)C$

$A(B + C) = AB + AC \qquad (A + B)C = AC + BC$

Inverse Matrix

Die inverse Matrix (auch Kehrmatrix) existiert nur für reguläre Matrizen.

A^{-1} ist inverse Matrix zu A, falls $AA^{-1} = A^{-1}A = E$

$$A^{-1} = \frac{1}{\det A} \begin{pmatrix} A_{11} & \cdots & A_{n1} \\ \vdots & \vdots & \vdots \\ A_{1n} & \cdots & A_{nn} \end{pmatrix}$$

mit A_{ij} = Adjunkte von A zum Element $a_{ij} = (-1)^{i+j} \det U_{ij}$ und U_{ij} = Untermatrix von A, die durch Streichen der i-ten Zeile und der k-ten Spalte von A entsteht.

Rang einer Matrix

r = Rang (A) = Anzahl der linear unabhängigen Zeilen- bzw. Spaltenvektoren von $A_{(m,n)}$.

Rang (A) = Rang (A^T), $0 \leq$ Rang $(A) \leq \min(m, n)$

Rang $(A) = 0$, falls A Nullmatrix.

Rangbestimmung: Rang (A) ändert sich nicht, wenn
- Zeilenvektoren von A oder Spaltenvektoren von A vertauscht werden,
- das Vielfache eines Zeilenvektors zu einem anderen Zeilenvektor addiert wird.

Durch Nutzung dieser Eigenschaften wird A in eine Matrix T (Trapezmatrix) umgewandelt, indem Spalte für Spalte unterhalb der Hauptdiagonalen von A Nullen erzeugt werden.

Mathematik
1 Elementarmathematik

Rang (A) = Rang (T) = Anzahl der vom Nullvektor verschiedenen Zeilenvektoren von T.

$$A = \begin{pmatrix} a_{11} \cdots a_{1n} \\ \vdots \quad \vdots \quad \vdots \\ a_{n1} \cdots a_{nn} \end{pmatrix} \to T = \begin{pmatrix} t_{11} & t_{12} & \cdots & \cdots & \cdots & t_{1n} \\ 0 & t_{22} & \cdots & \cdots & \cdots & t_{2n} \\ \vdots & \ddots & \ddots & \cdots & \cdots & \cdots \\ 0 & \cdots & 0 & t_{rr} & \cdots & t_{rn} \\ 0 & \cdots & \cdots & 0 & \cdots & 0 \\ \vdots & \vdots & \vdots & \vdots & \vdots & \vdots \\ 0 & \cdots & \cdots & \cdots & \cdots & 0 \end{pmatrix}$$

Rang (A) = Rang (T) = r

Determinanten

Die Determinante ist eine ganzrationale Funktion von n^2 Variablen, die einem quadratischen Schema von n Zeilen und n Spalten zugeordnet wird.

Reihe einer Determinante: Zeile oder Spalte der Determinante
Ordnung eine Determinante: Anzahl der Zeilen bzw. Spalten

Determinante 2. Ordnung:

$$D = \begin{vmatrix} a_{11} & a_{12} \\ a_{21} & a_{22} \end{vmatrix} = a_{11}a_{22} - a_{12}a_{21}$$

Determinante 3. Ordnung:

$$D = \begin{vmatrix} a_{11} & a_{12} & a_{13} \\ a_{21} & a_{22} & a_{23} \\ a_{31} & a_{32} & a_{33} \end{vmatrix} = \begin{array}{l} a_{11}a_{22}a_{33} + a_{12}a_{23}a_{31} + a_{13}a_{21}a_{32} \\ -a_{13}a_{22}a_{31} - a_{12}a_{21}a_{33} - a_{11}a_{23}a_{32} \end{array}$$

Determinante n-ter Ordnung

(Entwicklung nach einer Reihe und damit Zurückführung auf Determinanten $(n-1)$-ter Ordnung)

$$D = \begin{vmatrix} a_{11} & a_{12} & \cdots & a_{1n} \\ a_{21} & a_{22} & \cdots & a_{2n} \\ \vdots & \vdots & \vdots & \vdots \\ a_{n1} & a_{n2} & \cdots & a_{nn} \end{vmatrix} = \sum_{\substack{k=1 \\ 1 \leq i \leq n}}^{n} a_{ik} A_{ik} = \sum_{\substack{i=1 \\ 1 \leq k \leq n}}^{n} a_{ik} A_{ik}$$

mit Adjunkten $A_{ik} = (-1)^{i+k} D_{ik}$ und Unterdeterminanten $(n-1)$-ter Ordnung D_{ik}, die entstehen, wenn in D die i-te Zeile und die k-te Spalte gestrichen werden.

Eigenschaften von Determinanten

- $D = 0$, falls sämtliche Elemente einer Reihe von D Null sind,
- $D = 0$, falls zwei parallele Reihen von D proportional sind,
- D ändert sich nicht, wenn zu einer Reihe von D das Vielfache einer Parallelreihe addiert wird,
- D ändert ihr Vorzeichen, wenn zwei Parallelreihen miteinander vertauscht werden,
- $D = \det \boldsymbol{A} = \det \boldsymbol{A}^\mathrm{T}$ \qquad ($\boldsymbol{A}$ quadratische Matrix)
- $D = \det \boldsymbol{A} = a_{11} a_{22} \cdots a_{nn}$ \qquad falls $\boldsymbol{A}$ Dreiecksmatrix oder speziell Diagonalmatrix.

Lineare Gleichungssysteme

Lineares Gleichungssystem von m Gleichungen mit n Unbekannten $x_1, x_2, \ldots, x_n$:

$$\begin{aligned} a_{11}x_1 + a_{12}x_2 + \cdots + a_{1n}x_n &= b_1 \\ a_{21}x_1 + a_{22}x_2 + \cdots + a_{2n}x_n &= b_2 \\ \vdots \qquad \vdots \qquad \quad \vdots \qquad \vdots& \\ a_{m1}x_1 + a_{m2}x_2 + \cdots + a_{mn}x_n &= b_m \end{aligned}$$

Mit Koeffizientenmatrix $\boldsymbol{A} = (a_{ik})_{(m,n)}$, Vektor der rechten Seiten $\boldsymbol{b}^\mathrm{T} = (b_1, \ldots, b_m)$ und dem Vektor der Unbekannten $\boldsymbol{x}^\mathrm{T} = (x_1, \ldots, x_n)$ lautet die Matrizendarstellung des linearen Gleichungssystems $\boldsymbol{Ax} = \boldsymbol{b}$.

Ausschlaggebend für die Lösbarkeit von $\boldsymbol{Ax} = \boldsymbol{b}$ ist die lineare Abhängigkeit bzw. lineare Unabhängigkeit des Vektors $\boldsymbol{b}$ von den Spaltenvektoren von $\boldsymbol{A}$. Es wird die erweiterte Koeffizientenmatrix $(\boldsymbol{A}, \boldsymbol{b})$ gebildet, die durch Hinzufügen des Spaltenvektors $\boldsymbol{b}$ zur Matrix $\boldsymbol{A}$ als $(n+1)$-te Spalte entsteht.

Lösbarkeitsbedingung: $r = \mathrm{Rang}(\boldsymbol{A}) = \mathrm{Rang}(\boldsymbol{A}, \boldsymbol{b})$

$r = n$:	$\boldsymbol{Ax} = \boldsymbol{b}$	eindeutig lösbar
$r < n$:	$\boldsymbol{Ax} = \boldsymbol{b}$	mehrdeutig lösbar, die Lösung enthält $n - r$ freie Parameter.
speziell:	$\boldsymbol{Ax} = \boldsymbol{o}$	homogenes lineares Gleichungssystem,
	$\mathrm{Rang}(\boldsymbol{A}) = \mathrm{Rang}(\boldsymbol{A}, \boldsymbol{o})$	ist stets erfüllt, also $\boldsymbol{Ax} = \boldsymbol{o}$ stets lösbar.
$r = n$:	$\boldsymbol{Ax} = \boldsymbol{o}$	hat die eindeutige Lösung $\boldsymbol{x} = \boldsymbol{o}$ (triviale Lösung),
$r < n$:	$\boldsymbol{Ax} = \boldsymbol{o}$	ist mehrdeutig lösbar.

Bestimmung der Lösung:

Die Lösung von $Ax = b$ ändert sich nicht, wenn

- Gleichungen vertauscht werden,
- zu einer Gleichung ein Vielfaches einer anderen Gleichung addiert wird.

Diese Eigenschaften nutzt der Gaußsche Algorithmus:

1. Es wird $a_{11} \neq 0$ angenommen, ansonsten ist $a_{11} \neq 0$ durch Vertauschen von Gleichungen und Umnumerieren der Variablen zu erreichen. Durch Addieren des $\left(-\dfrac{a_{i1}}{a_{11}}\right)$-fachen der 1. Gleichung (Eliminationsgleichung) zur i-ten Gleichung, $i = 2, 3, \ldots, m$, wird x_1 aus diesen Gleichungen eliminiert.
2. Auf das um die 1. Gleichung reduzierte System von $m - 1$ Gleichungen mit $n - 1$ Unbekannten wird wieder 1. angewandt.

Nach $(m-1)$-facher Anwendung von 1. bleibt eine Gleichung übrig. Zusammen mit den $m - 1$ Eliminationsgleichungen entsteht das gestaffelte lineare Gleichungssystem

$$\begin{aligned}
a_{11}^* x_1 + a_{12}^* x_2 + \cdots + a_{1r}^* x_r + a_{1,r+1}^* x_{r+1} + \cdots + a_{1n}^* x_n &= b_1^* \\
a_{22}^* x_2 + \cdots + a_{2r}^* x_r + a_{2,r+1}^* x_{r+1} + \cdots + a_{2n}^* x_n &= b_2^* \\
&\vdots \\
a_{rr}^* x_r + a_{r,r+1}^* x_{r+1} + \cdots + a_{rn}^* x_n &= b_r^* \\
0 &= b_{r+1}^* \\
&\vdots \\
0 &= b_m^*
\end{aligned}$$

Sind alle $b_{r+1}^* = \ldots = b_m^* = 0$, so ist das System lösbar, ansonsten unlösbar. Von unten nach oben wird das gestaffelte System sukzessiv nach $x_r, x_{r-1}, \ldots, x_2, x_1$ aufgelöst. Falls $r < n$, verbleiben $x_{r+1}, x_{r+2}, \ldots, x_n$ als beliebige reelle Parameter in der Lösung.

2 Funktionen

2.1 Algebraische Funktionen

Potenzfunktionen

$y = x^n$, $n \in \mathbb{N}$, $-\infty < x < \infty$ und $y = x^{-n}$, $n \in \mathbb{N}$, $x \neq 0$

bilden für ungerades n ungerade Funktionen, für gerades n gerade Funktionen.

Mathematik
2 Funktionen

Wurzelfunktionen

$y = \sqrt[n]{x}$, $n \in \mathbb{N}$, $n > 1$, $x \geq 0$ sind Umkehrfunktionen der auf $x \geq 0$ beschränkten Potenzfunktionen.

speziell:

$y = x^2$, $x \geq 0 \xleftarrow{\text{Umkehrfunktion}} y = \sqrt{x}$

$y = x^2$, $x \leq 0 \xleftarrow{\text{Umkehrfunktion}} y - \sqrt{x}$

$y = x^3$, $x \geq 0 \xleftarrow{\text{Umkehrfunktion}} y = \sqrt[3]{x}$

$y = x^3$, $x \leq 0 \xleftarrow{\text{Umkehrfunktion}} y - \sqrt[3]{-x}$

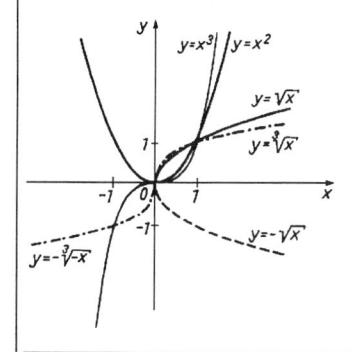

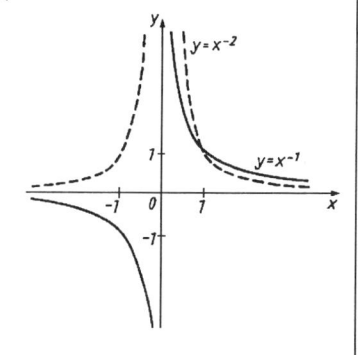

Rationale Funktionen

Ganzrationale Funktionen (Polynome)

Summendarstellung
$y = f(x) = a_n x^n + a_{n-1} x^{n-1} + \cdots + a_2 x^2 + a_1 x + a_0$, $a_n \neq 0$, $n \in \mathbb{N}$,
$a_i \in \mathbb{R}$, $i = 0, 1, \ldots, n$,
n Grad des Polynoms

Produktdarstellung
$y = f(x)$
$= a_n(x-x_1)(x-x_2) \cdots (x-x_n)$

mit den n Nullstellen $x_1, x_2, \ldots, x_n$ des Polynoms $y = f(x)$. Polynomnullstellen können einfach reell, mehrfach reell, einfach konjugiert komplex oder mehrfach konjugiert komplex sein.

Mathematik
2 Funktionen

Gebrochenrationale Funktion

$$y = f(x) = \frac{a_n x^n + a_{n-1} x^{n-1} + \cdots + a_1 x + a_0}{b_m x^m + b_{m-1} x^{m-1} + \cdots + b_1 x + b_0}$$

$a_n, b_m \neq 0$, $m, n \in \mathbb{N}$

$n \geq m$: unecht gebrochenrationale Funktion
$n < m$: echt gebrochenrationale Funktion

Jede unecht gebrochenrationale Funktion kann (durch Polynomdivision) als Summe einer ganzrationalen Funktion und einer gebrochenrationalen Funktion dargestellt werden. Jede echt gebrochenrationale Funktion läßt sich als Summe von Partialbrüchen darstellen.

Partialbruchzerlegung

$$y = f(x) = \frac{P_n(x)}{Q_m(x)}$$

$n < m$, $P_n(x)$, $Q_m(x)$ Polynome n-ten bzw. m-ten Grades

– Bestimmung der Nullstellen und der Produktdarstellung des Nennerpolynoms, wobei Faktoren, die zu Paaren konjugiert komplexer Nullstellen gehören, zu quadratischen Polynomen der Form $(x^2 + px + q)$ ausmultipliziert werden.

– Ansatz der Partialbrüche

$\tilde{x}$ einfache reelle Nullstelle: $\quad \dfrac{A}{x - \tilde{x}}$

$\tilde{x}$ s-fache reelle Nullstelle: $\quad \dfrac{A_1}{x - \tilde{x}} + \dfrac{A_2}{(x - \tilde{x})^2} + \cdots + \dfrac{A_s}{(x - \tilde{x})^s}$

$\tilde{x}$ und $\overline{\tilde{x}}$ einfache konjugiert komplexe Nullstellen: $\quad \dfrac{Bx + C}{x^2 + px + q}$, $x^2 + px + q > 0$

$\tilde{x}$ und $\overline{\tilde{x}}$ r-fache konjugiert komplexe Nullstellen: $\quad \dfrac{B_1 x + C_1}{x^2 + px + q} + \cdots + \dfrac{B_r x + C_r}{(x^2 + px + q)^r}$

– Bestimmung der im Ansatz auftretenden Konstanten $A, A_1, \ldots, A_s, B, C, B_1, \ldots, B_r, C_1, \ldots, C_r$ (durch Multiplikation des Ansatzes mit dem Hauptnenner der Partialbrüche und z. B. anschließendem Koeffizientenvergleich der entstehenden Polynomgleichung oder Einsetzen spezieller Werte für x in der Polynomgleichung und Lösen des entstehenden linearen Gleichungssystems).

2.2 Transzendente Funktionen

Exponentialfunktion

$y = f(x) = a^x$, $a > 0$, $a \neq 1$,
$-\infty < x < \infty$

Logarithmusfunktion

$y = f(x) = \log_a x$, $a > 0$, $a \neq 1$,
$x > 0$

speziell

$y = e^x \xleftarrow{\text{Umkehrfunktion}}\longrightarrow y = \ln x$

$y = 10^x \xleftarrow{\text{Umkehrfunktion}}\longrightarrow y = \lg x$

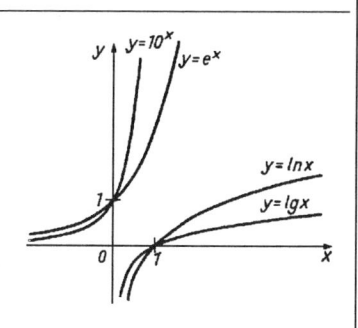

Trigonometrische Funktionen

Sinusfunktion	$y = f(x) = \sin x$, $x \in \mathbb{R}$
Cosinusfunktion	$y = f(x) = \cos x$, $x \in \mathbb{R}$
Tangensfunktion	$y = f(x) = \tan x$, $x \in \mathbb{R}$
	$x \neq k\dfrac{\pi}{2}$, $k = 0, \pm 1, \pm 2, \ldots$
Cotangensfunktion	$y = f(x) = \cot x$, $x \in \mathbb{R}$
	$x \neq (k+1)\dfrac{\pi}{2}$, $k = 0, \pm 1, \pm 2, \ldots$

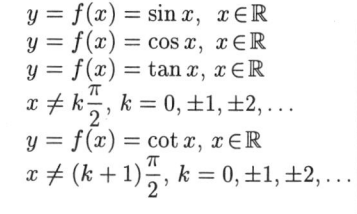

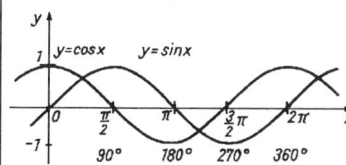

Die trigonometrischen Funktionen sind periodisch mit der Periode 2π.

Komplementwinkelbeziehungen zwischen Funktion und Co-Funktion:

$\sin\left(\dfrac{\pi}{2} - x\right) = \cos x,$

$\cos\left(\dfrac{\pi}{2} - x\right) = \sin x,$

$\tan\left(\dfrac{\pi}{2} - x\right) = \cot x,$

$\cot\left(\dfrac{\pi}{2} - x\right) = \tan x$

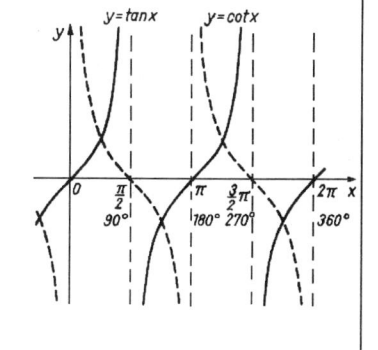

Mathematik
2 Funktionen

Tabelle der Zurückführung der Argumente $\tilde{x}$ mit $\dfrac{\pi}{2} \leqq \tilde{x} \leqq 2\pi$ auf Werte x mit $0 \leqq x \leqq \dfrac{\pi}{2}$ (im Bild wurde das Gradmaß zur Darstellung gewählt):

$\tilde{x}$	$\sin \tilde{x}$	$\cos \tilde{x}$	$\tan \tilde{x}$	$\cot \tilde{x}$
$\pi - x$	$\sin x$	$-\cos x$	$-\tan x$	$-\cot x$
$\pi + x$	$-\sin x$	$-\cos x$	$\tan x$	$\cot x$
$2\pi - x$	$-\sin x$	$\cos x$	$-\tan x$	$-\cot x$

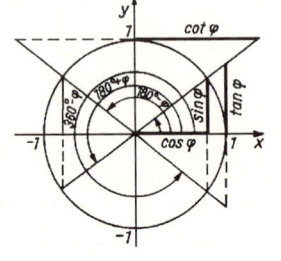

Beziehungen zwischen den trigonometrischen Funktionen bei gleichem Argument

$$\sin^2 x + \cos^2 x = 1, \quad \tan x \cot x = 1,$$

$$\tan x = \frac{\sin x}{\cos x}, \quad \cot x = \frac{\cos x}{\sin x}$$

$$\sin^2 x = 1 - \cos^2 x = \frac{\tan^2 x}{1 + \tan^2 x} = \frac{1}{1 + \cot^2 x}$$

$$\cos^2 x = 1 - \sin^2 x = \frac{1}{1 + \tan^2 x} = \frac{\cot^2 x}{1 + \cot^2 x}$$

$$1 + \tan^2 x = \frac{1}{\cos^2 x}, \quad 1 + \cot^2 x = \frac{1}{\sin^2 x}$$

$$\tan^2 x = \frac{\sin^2 x}{1 - \sin^2 x} = \frac{1 - \cos^2 x}{\cos^2 x} = \frac{1}{\cot^2 x}$$

$$\cot^2 x = \frac{1 - \sin^2 x}{\sin^2 x} = \frac{\cos^2 x}{1 - \cos^2 x} = \frac{1}{\tan^2 x}$$

Additionstheoreme für Summe und Differenz von Argumentwerten

$$\sin(x \pm y) = \sin x \cos y \pm \cos x \sin y,$$
$$\cos(x \pm y) = \cos x \cos y \mp \sin x \sin y$$

$$\tan(x \pm y) = \frac{\tan x \pm \tan y}{1 \mp \tan x \tan y} \qquad \cot(x \pm y) = \frac{\cot x \cot y \mp 1}{\cot y \pm \cot x}$$

Additionstheoreme für doppelten Argumentwert

$$\sin 2x = 2 \sin x \cos x, \qquad \cos 2x = \cos^2 x - \sin^2 x$$

$$\tan 2x = \frac{2 \tan x}{1 - \tan^2 x} \qquad \cot 2x = \frac{\cot^2 x - 1}{2 \cot x}$$

Mathematik
2 Funktionen

Additionstheoreme für Summe und Differenz trigonometrischer Funktionen

$$\sin x + \sin y = 2 \sin \frac{x+y}{2} \cos \frac{x-y}{2}$$

$$\sin x - \sin y = 2 \cos \frac{x+y}{2} \sin \frac{x-y}{2}$$

$$\cos x + \cos y = 2 \cos \frac{x+y}{2} \cos \frac{x-y}{2}$$

$$\cos x - \cos y = -2 \sin \frac{x+y}{2} \sin \frac{x-y}{2}$$

Sinusfunktion $y = A\sin(\omega t + \varphi)$

A Amplitude, t Zeit, φ Phase
ω Kreisfrequenz, $\omega = 2\pi f = \dfrac{2\pi}{T}$
(f Frequenz, T Periodendauer),
$t_\nu = -\dfrac{\varphi}{\omega}$ Phasenverschiebung

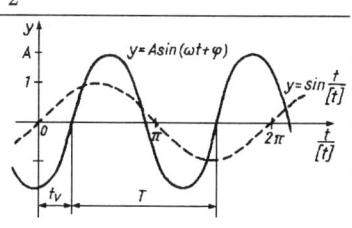

Arcusfunktionen

Die Arcusfunktionen sind die Umkehrfunktionen der auf Hauptintervalle eingeschränkten trigonometrischen Funktionen.

$y = \arcsin x, \ -1 \leq x \leq 1$ $\xleftarrow{\text{Umkehrfunktion}}$ $y = \sin x, \ -\dfrac{\pi}{2} \leq x \leq \dfrac{\pi}{2}$

$y = \arccos x, \ -1 \leq x \leq 1$ $\xleftarrow{\text{Umkehrfunktion}}$ $y = \cos x, \ 0 \leq x \leq \pi$

$y = \arctan x, \ -\infty \leq x \leq \infty$ $\xleftarrow{\text{Umkehrfunktion}}$ $y = \tan x, \ -\dfrac{\pi}{2} < x < \dfrac{\pi}{2}$

$y = \text{arccot}\, x, \ -\infty \leq x \leq \infty$ $\xleftarrow{\text{Umkehrfunktion}}$ $y = \cot x, \ 0 < x < \pi$

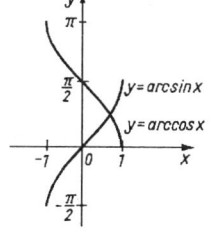

$$\arcsin x + \arccos x = \frac{\pi}{2} \qquad \arctan x + \text{arccot}\, x = \frac{\pi}{2}$$

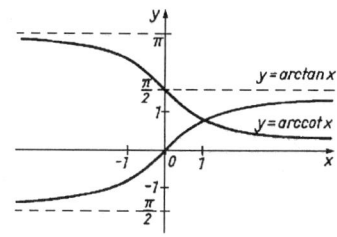

Mathematik
2 Funktionen

Hyperbolische Funktionen und Areafunktionen

$$y = \sinh x = \frac{e^x - e^{-x}}{2} \qquad y = \cosh x = \frac{e^x + e^{-x}}{2}$$

$$y = \tanh x = \frac{e^x - e^{-x}}{e^x + e^{-x}} \qquad y = \coth x = \frac{e^x + e^{-x}}{e^x - e^{-x}}$$

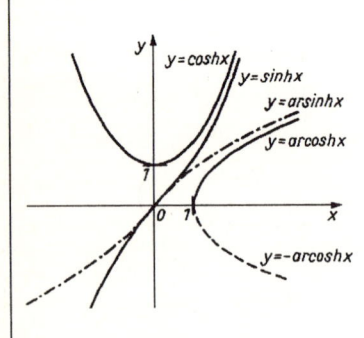

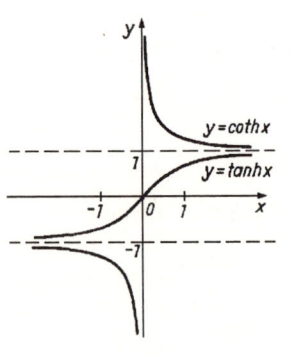

$$\cosh^2 x - \sinh^2 x = 1 \qquad \sinh 2x = 2 \sinh x \cosh x$$

$$\cosh 2x = \cosh^2 x + \sinh^2 x \qquad \tanh x = \frac{1}{\coth x} = \frac{\sinh x}{\cosh x}$$

Die Areafunktionen sind die Umkehrfunktionen der hyperbolischen Funktionen.

$y = \operatorname{arsinh} x = \ln\left(x + \sqrt{x^2 + 1}\right)$ $\quad\xleftarrow{\text{Umkehrfunktion}}\rightarrow\quad$ $y = \sinh x$

$y = \operatorname{arcosh} x = \ln\left(x + \sqrt{x^2 + 1}\right),\ x \geq 1$ $\quad\xleftarrow{\text{Umkehrfunktion}}\rightarrow\quad$ $y = \cosh x,\ x \geq 0$

$y = -\operatorname{arcosh} x = \ln\left(x - \sqrt{x^2 - 1}\right),\ x \geq 1$ $\quad\xleftarrow{\text{Umkehrfunktion}}\rightarrow\quad$ $y = \cosh x,\ x < 0$

$y = \operatorname{artanh} x = \dfrac{1}{2} \ln \dfrac{1 + x}{1 - x},\ |x| < 1$ $\quad\xleftarrow{\text{Umkehrfunktion}}\rightarrow\quad$ $y = \tanh x$

$y = \operatorname{arcoth} x = \dfrac{1}{2} \ln \dfrac{x + 1}{x - 1},\ |x| > 1$ $\quad\xleftarrow{\text{Umkehrfunktion}}\rightarrow\quad$ $y = \coth x$

3 Gleichungen

3.1 Polynomgleichungen, Wurzelgleichungen, transzendente Gleichungen

Polynomgleichungen

Lineare Gleichung: $\qquad ax + b = 0,\ a \neq 0$

   Lösung $\qquad x = -\dfrac{b}{a}$

Quadratische Gleichung: $\qquad Ax^2 + Bx + C = 0,\ A \neq 0$

   Normalform $\qquad x^2 + px + q = 0$

   Lösungen $\qquad x_{1,2} = -\dfrac{p}{2} \pm \sqrt{\left(\dfrac{p}{2}\right)^2 - q}$

   Produktform $\qquad (x - x_1)(x - x_2) = 0$

   Vietascher Wurzelsatz $\qquad x_1 + x_2 = -p,\ x_1 x_2 = q$

Polynomgleichung n-ten Grades:

$$a_n x^n + a_{n-1} x^{n-1} + \cdots + a_2 x^2 + a_1 x + a_0 = 0$$

$$a_n \neq 0,\ a_i \in \mathbb{R},\ i = 0, 1, \ldots, n$$

Für $n \geq 5$ können die Lösungen nicht als analytische Ausdrücke der Koeffizienten angegeben werden. Daher werden die Lösungen i. allg. mit numerischen Verfahren ermittelt. Da für Polynome die Produktdarstellung existiert, kann die Polynomgleichung in der Form

$$a_n(x - x_1)(x - x_2) \cdots (x - x_n) = 0, \quad x_i \in \mathbb{C},\ i = 1, 2, \ldots, n$$

angegeben werden. Ist eine Lösung $\tilde{x}$ ermittelt, wird durch Division der Polynomgleichung mit $(x - \tilde{x})$ der Grad der Gleichung um eins herabgesetzt und die Gleichung $(n-1)$-ten Grades wiederum numerisch gelöst.

Polynomgleichungen n-ten Grades mit reellen Koeffizienten besitzen n Lösungen in der Menge der komplexen Zahlen. Komplexe Lösungen treten stets paarweise konjugiert komplex auf. Ist n ungerade, existiert mindestens eine reelle Lösung der Polynomgleichung.

Wurzelgleichungen

Kommt die Unbekannte im Radikand einer Wurzel vor, wird durch eventuell mehrfaches Potenzieren und Umstellen der Gleichung eine Polynomgleichung erzeugt. Durch nichtäquivalente Umformungen (hier Potenzieren der Gleichung) kann die Lösungsmenge der Polynomgleichung gegenüber der der Ausgangsgleichung erweitert sein. Durch Einsetzen der Lösungen der Polynomgleichung in die Wurzelgleichung werden sogenannte Scheinlösungen aussortiert.

Transzendente Gleichungen

Die Unbekannte ist im Argument transzendenter Funktionen enthalten. Für transzendente Gleichungen existieren keine allgemeinen Lösungsformeln. Sollte es nicht möglich sein, durch elementare Umformungen oder Substitutionen eine Polynomgleichung zu erhalten, sind numerische Verfahren anzuwenden.

3.2 Numerische Lösungsverfahren

Zu bestimmen ist eine Lösung x_N der Gleichung $f(x) = 0$.

Regula Falsi

Ist $y = f(x)$ stetig, $y_1 = f(x_1)$, $y_2 = f(x_2)$ und gilt für x_1 und x_2 aus der Umgebung von x_N: $f(x_1)f(x_2) < 0$, so liegt x_3 mit

$$x_3 = x_2 - \frac{x_1 - x_2}{f(x_1) - f(x_2)} f(x_2)$$

näher bei x_N als x_1 und x_2.

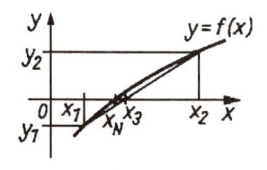

Newtonsches Näherungsverfahren

Ist $y = f(x)$ stetig und differenzierbar, $y_1 = f(x_1)$ und liegt x_1 in der Umgebung von x_N und gilt $f'(x_1) \neq 0$ und $f(x_1)f''(x_1) > 0$, so liegt x_2 mit

$$x_2 = x_1 - \frac{f(x_1)}{f'(x_1)}$$

näher bei x_N als x_1.

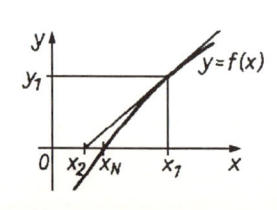

4 Geometrie

4.1 Planimetrie

Ebene Figuren (A Flächeninhalt, U Umfang)

Rechteck
$A = ab$
$U = 2(a+b)$
$d = \sqrt{a^2 + b^2}$

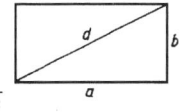

Quadrat
$A = a^2$
$U = 4a$
$d = a\sqrt{2}$

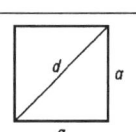

Parallelogramm
$A = ah$
$U = 2(a+b)$

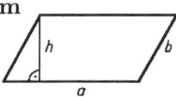

Rhombus
$A = ah = \dfrac{ef}{2}$
$U = 4a$

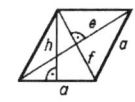

Trapez
$A = \dfrac{a+c}{2} h = mh$

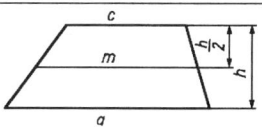

Allgemeines Dreieck
(r_i Inkreisradius, r_u Umkreisradius)
$$A = \dfrac{abc}{4r_u} = r_i s$$
$$= \sqrt{s(s-a)(s-b)(s-c)}$$
$U = a+b+c$, $s = \dfrac{U}{2}$

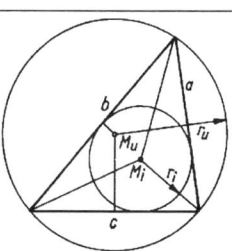

Rechtwinkliges Dreieck
$A = \dfrac{ab}{2} = \dfrac{ch_c}{2}$
$a^2 + b^2 = c^2$ Satz des Pythagoras
$h_c^2 = pq$ Höhensatz
$a^2 = cp$, $b^2 = cq$ Kathetensatz

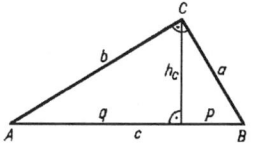

Gleichschenkliges Dreieck
$A = \dfrac{ch_c}{2}$ $h_c = \sqrt{s^2 - \dfrac{c^2}{4}}$

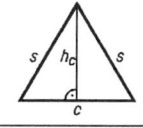

Mathematik
4 Geometrie

Gleichseitiges Dreieck
$A = \dfrac{a^2}{4}\sqrt{3} \qquad h = \dfrac{a}{2}\sqrt{3}$
$r_u = \dfrac{a}{3}\sqrt{3} \qquad r_i = \dfrac{a}{6}\sqrt{3} = \dfrac{r_u}{2}$

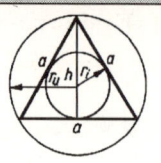

Regelmäßiges Sechseck
$A = \dfrac{3a^2\sqrt{3}}{2} = \dfrac{3r_u^2\sqrt{3}}{2} = 2r_i^2\sqrt{3}$
$r_u = a, \quad r_i = \dfrac{a}{2}\sqrt{3}$
Eckenmaß $\quad e = 2a$
Schlüsselweite $s = a\sqrt{3}$

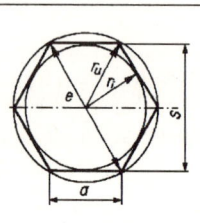

Kreis
$A = \pi r^2 = \dfrac{\pi d^2}{4}$
$U = 2\pi r = \pi d$
$d = 2\sqrt{\dfrac{A}{\pi}}$

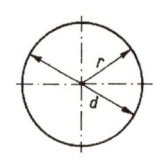

Kreisring
$(D = 2R, \; d = 2r)$
$A = \pi(R^2 - r^2) = \dfrac{\pi}{4}(D^2 - d^2)$
$ = \pi a(d + a)$
$a = R - r = \dfrac{D - d}{2}$

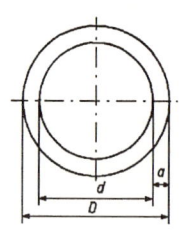

Kreisausschnitt (Kreissektor)
$A = \dfrac{\pi r^2 \alpha}{360°} = \dfrac{br}{2}$

Länge des ausgeschnittenen Kreisbogens
$b = \dfrac{\pi r \alpha}{180°} \approx \sqrt{s^2 + \dfrac{16}{3}h^2}$

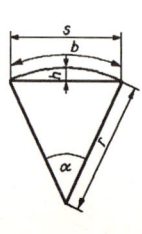

Mathematik
4 Geometrie

Kreisabschnitt (Kreissegment)

$$A = \frac{1}{2}[br - s(r-h)] \approx \frac{h}{6s}(3h^2 + 4s^2)$$

$$r = \frac{h}{2} + \frac{s^2}{8h}, \quad s = 2r\sin\frac{\alpha}{2}$$

$$h = r\left(1 - \cos\frac{\alpha}{2}\right) = \frac{s}{2}\tan\frac{\alpha}{4}$$

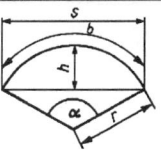

Ellipse

$$A = \pi ab = \frac{\pi}{4}Dd$$

$$U \approx \frac{3\pi}{4}(D+d) - \frac{\pi}{2}\sqrt{Dd} \approx \frac{\pi}{2}(D+d)$$

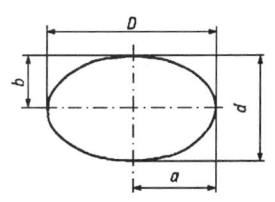

Strahlensätze

1. Strahlensatz

Werden zwei von einem Punkt S ausgehende Strahlen von Parallelen geschnitten, so verhalten sich die Abschnitte auf dem einen Strahl wie die entsprechenden Abschnitte auf dem anderen Strahl.

$$\frac{\overline{SA_1}}{\overline{A_1B_1}} = \frac{\overline{SA_2}}{\overline{A_2B_2}} = \frac{\overline{SA_1'}}{\overline{SB_1}} = \frac{\overline{SA_2'}}{\overline{SB_2}}$$

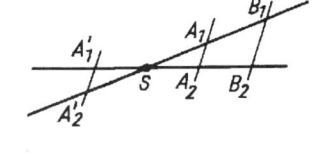

2. Strahlensatz

Werden zwei von einem Punkt S ausgehende Strahlen von Parallelen geschnitten, so verhalten sich die Abschnitte auf den Parallelen wie die von S aus gemessenen Abschnitte auf einem Strahl.

$$\frac{\overline{A_1A_2}}{\overline{B_1B_2}} = \frac{\overline{SA_1}}{\overline{SB_1}} = \frac{\overline{SA_2}}{\overline{SB_2}}$$

Goldener Schnitt (stetige Teilung)

Die stetige Teilung einer Größe ist gleichbedeutend mit der Zerlegung einer Größe a in die Teile x und $a - x$, so daß x geometrisches Mittel von a und $a - x$ ist.

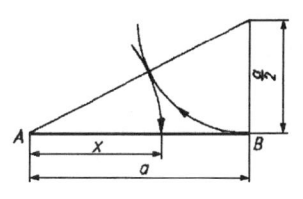

$$a : x = x : (a - x), \quad x = \frac{a}{2}\left(\sqrt{5} - 1\right) \approx 0,618a$$

Mathematik
4 Geometrie

4.2 Stereometrie

Volumen und Oberflächen von Körpern

(V Volumen, A_O Oberfläche, A_M Mantelfläche des Körpers)

Würfel

$V = a^3$
$A_O = 6a^2$
$D = a\sqrt{3}$

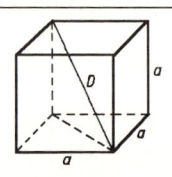

Quader (Rechtkant)

$V = abc$
$A_O = 2(ab + ac + bc)$
$D = \sqrt{a^2 + b^2 + c^2}$

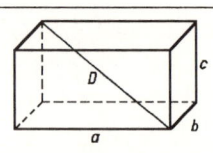

Sechskantsäule

$V = \dfrac{3}{2}a^2 h\sqrt{3}$
$A_O = 3a^2\sqrt{3} + 6ah$
$A_M = 6ah$
$D = \sqrt{4a^2 + h^2}$

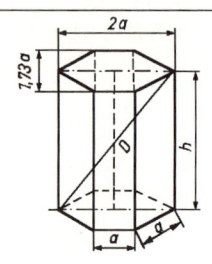

Gerader Kreiszylinder

$V = \pi r^2 h = \dfrac{1}{4}\pi d^2 h$
$A_O = 2\pi r(r + h) = \pi d\left(\dfrac{d}{2} + h\right)$
$A_M = 2\pi r h = \pi d h$

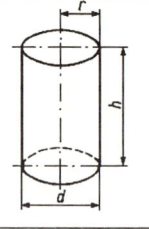

Schief abgeschnittener Kreiszylinder

$V = \pi r^2 \dfrac{h_1 + h_2}{2} = \pi r^2 h = \dfrac{1}{4}\pi d^2 h$
$A_M = \pi r(h_1 + h_2) = 2\pi r h$

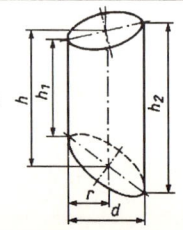

Mathematik
4 Geometrie

Hohlzylinder

$$V = \pi h(r_1^2 - r_2^2)$$
$$= \frac{1}{4}\pi h(d_1^2 - d_2^2)$$
$$= \pi ah(r_1 + r_2)$$
$$= \frac{\pi}{2}\pi ah(d_1 + d_2)$$

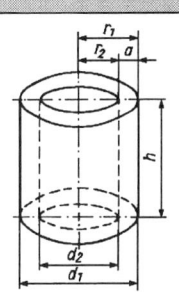

Torus

$(D = 2R,\ d = 2r)$

$$V = 2\pi^2 Rr^2 = \frac{1}{4}\pi^2 Dd^2$$
$$A_\mathrm{O} = 4\pi^2 Rr = \pi^2 Dd$$

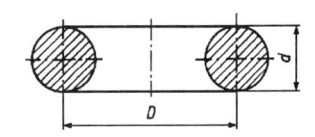

Pyramide

(A_G Grundfläche)

$$V = \frac{1}{3}A_\mathrm{G} h$$

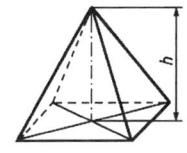

Pyramidenstumpf

(A_G Grundfläche, A_g Deckfläche)

$$V = \frac{1}{3}h\left(A_\mathrm{G} + \sqrt{A_\mathrm{G} A_\mathrm{g}} + A_\mathrm{g}\right)$$

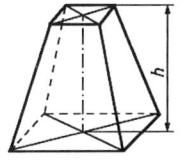

Kreiskegel

$$V = \frac{1}{3}\pi r^2 h$$
$$A_\mathrm{O} = \pi r(r + s)$$
$$A_\mathrm{M} = \pi r s$$
$$s = \sqrt{h^2 + r^2}$$

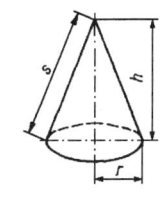

Mathematik
4 Geometrie

Kreiskegelstumpf

$$V = \frac{1}{3}\pi h(R^2 + Rr + r^2)$$

Näherungen:

$$\frac{1}{4}\pi h(R+r)^2 < V < \frac{1}{2}\pi h(R^2 + r^2)$$

$$A_O = \pi \left[R^2 + r^2 + s(R+r)\right]$$

$$A_M = \pi s(R+r)$$

$$s = \sqrt{h^2 + (R-r)^2}$$

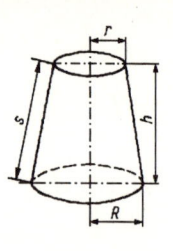

Kugel

$$V = \frac{4}{3}\pi r^3$$

$$A_O = 4\pi r^2$$

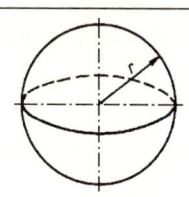

Kugelabschnitt

$$V = \frac{1}{3}\pi h^2(3r - h) = \frac{1}{6}\pi h(3\varrho^2 + h^2)$$

$$A_O = \pi(2\varrho^2 + h^2)$$

Fläche der Kugelkappe

$$A = 2\pi r h = \pi(\varrho^2 + h^2)$$

$$\varrho = \sqrt{h(2r - h)}$$

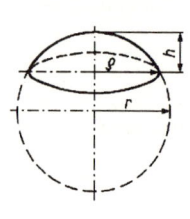

Kugelausschnitt

$$V = \frac{2}{3}\pi r^2 h$$

$$A_O = \pi r(\varrho + 2h)$$

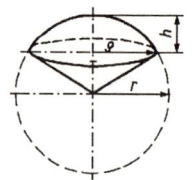

Kugelschicht

$$V = \frac{1}{6}\pi h(3\varrho_1^2 + 3\varrho_2^2 + h^2)$$

$$A_O = \pi(\varrho_1^2 + \varrho_2^2 + 2rh)$$

Fläche der Kugelzone $A = 2\pi r h$

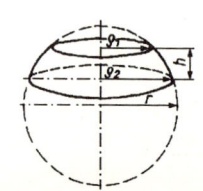

Ellipsoid

$$V = \frac{4}{3}\pi abc$$

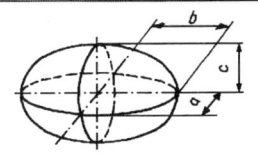

4.3 Trigonometrie

Winkel

Winkel im Gradmaß $\alpha°$:   Vollwinkel = 360°, Einheit Grad

Winkel im Bogenmaß α (Radiant):

$$\text{Vollwinkel} = \frac{\text{Bogenlänge des Kreises vom Radius } r}{\text{Radius } r \text{ des Kreises}} = 2\pi$$

$$= \text{Zahlenwert Bogenlänge des Einheitskreises}$$

Einheit Radiant (Winkel, dessen Bogen gleich dem Radius ist); die Einheitenbezeichnung wird weggelassen, also statt α (Radiant) wird α geschrieben.

Umrechnung: $\alpha° = \dfrac{180°}{\pi}\alpha$ $\alpha = \dfrac{\pi}{180°}\alpha°$

Trigonometrische Funktionen im rechtwinkligen Dreieck

Sinus $\sin\alpha = \dfrac{\text{Gegenkathete}}{\text{Hpotenuse}} = \dfrac{a}{c}$

Cosinus $\cos\alpha = \dfrac{\text{Ankathete}}{\text{Hpotenuse}} = \dfrac{b}{c}$

Tangens $\tan\alpha = \dfrac{\text{Gegenkathete}}{\text{Ankathete}} = \dfrac{a}{b}$

Cotangens $\cot\alpha = \dfrac{\text{Ankathete}}{\text{Gegenkathete}} = \dfrac{b}{a}$

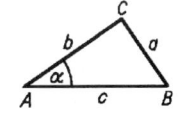

Werte der trigonometrischen Funktionen für Winkel 30°, 45°, 60° können am gleichschenkligen bzw. am gleichseitigen Dreieck abgelesen werden.

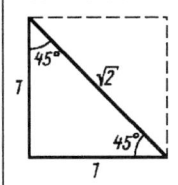

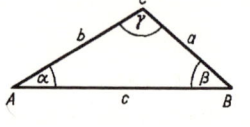

Mathematik
5 Analytische Geometrie

Trigonometrische Funktionen im allgemeinen Dreieck

Sinussatz $\quad \dfrac{a}{\sin\alpha} = \dfrac{b}{\sin\beta} = \dfrac{c}{\sin\gamma}$

Cosinussatz $\quad a^2 = b^2 + c^2 - 2bc\cos\alpha$
$\phantom{\text{Cosinussatz }\quad} b^2 = a^2 + c^2 - 2ac\cos\beta$
$\phantom{\text{Cosinussatz }\quad} c^2 = a^2 + b^2 - 2ab\cos\gamma$

Tangenssatz $\quad \dfrac{a+b}{a-b} = \dfrac{\tan\dfrac{\alpha+\beta}{2}}{\tan\dfrac{\alpha-\beta}{2}} = \dfrac{\cot\dfrac{\gamma}{2}}{\tan\dfrac{\alpha-\beta}{2}}$

Halbwinkelsatz $\quad \tan\dfrac{\alpha}{2} = \sqrt{\dfrac{(s-b)(s-c)}{s(s-a)}}\;$ mit $\;s=\dfrac{1}{2}(a+b+c)$

Radius des Inkreises $\quad r_\text{i} = \sqrt{\dfrac{(s-a)(s-b)(s-c)}{s}}$

$\phantom{\text{Radius des Inkreises }\quad} = s\tan\dfrac{\alpha}{2}\tan\dfrac{\beta}{2}\tan\dfrac{\gamma}{2} = 4r_\text{u}\sin\dfrac{\alpha}{2}\sin\dfrac{\beta}{2}\sin\dfrac{\gamma}{2}$

Radius des Umkreises $\quad r_\text{u} = \dfrac{a}{2\sin\alpha} = \dfrac{b}{2\sin\beta} = \dfrac{c}{2\sin\gamma}$

Flächeninhalt $\quad A = \dfrac{1}{2}ab\sin\gamma = \dfrac{a^2\sin\beta\sin\gamma}{2\sin\alpha}$

$\phantom{\text{Flächeninhalt }\quad} = \sqrt{s(s-a)(s-b)(s-c)}$

$\phantom{\text{Flächeninhalt }\quad} = r_\text{i}s = \dfrac{abc}{4r_\text{u}} = 2r_\text{u}^2\sin\alpha\sin\beta\sin\gamma$

5 Analytische Geometrie

5.1 Analytische Geometrie der Ebene

Transformation des (x, y)-Koordinatensystems

Translation (Verschiebung)
$\tilde{x} = x - x_0$
$\tilde{y} = y - y_0$
$\qquad P(x_0, y_0)$ im (x,y)-Koordinatensystem wird Ursprung des $(\tilde{x}, \tilde{y})$-Koordinatensystems

Mathematik
5 Analytische Geometrie

Rotation (Drehung)
$\tilde{x} = x \cos\alpha + y \sin\alpha$
$\tilde{y} = -x \sin\alpha + y \cos\alpha$

Die Achsen des $(\tilde{x}, \tilde{y})$-Koordinatensystems sind gegenüber denen des (x, y)-Koordinatensystems um α gedreht.

Abstand zweier Punkte
$P_1(x_1, y_1)$, $P_2(x_2, y_2)$:
(Länge einer Strecke)
$|\overline{P_1 P_2}| = \sqrt{(x_2-x_1)^2 + (y_2-y_1)^2}$

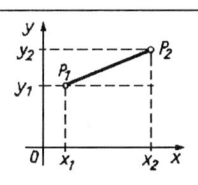

Gerade

Allgemeine Gleichung
$Ax + By + C = 0$

Hessesche Normalform
$\dfrac{Ax + By + C}{\sqrt{A^2 + B^2}} = 0$

Normalform
$y = mx + b$ mit
m Anstieg der Geraden,
$m = \tan\alpha = \dfrac{y_2 - y_1}{x_2 - x_1}$

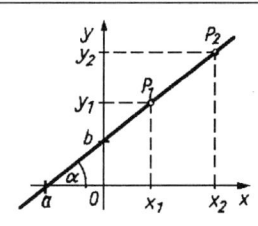

Zweipunkteform
$\dfrac{y - y_1}{x - x_1} = \dfrac{y_2 - y_1}{x_2 - x_1}$

Punktrichtungsform
$\dfrac{y - y_1}{x - x_1} = m$

Achsenabschnittsform
$\dfrac{x}{a} + \dfrac{y}{b} = 1$, $a \neq 0$, $b \neq 0$,

In den Punkten $P(a, 0)$, $P(0, b)$ werden die Koordinatenachsen geschnitten.

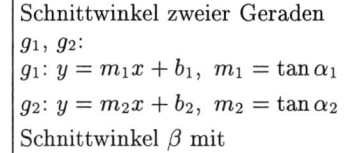

Schnittwinkel zweier Geraden
g_1, g_2:
g_1: $y = m_1 x + b_1$, $m_1 = \tan\alpha_1$
g_2: $y = m_2 x + b_2$, $m_2 = \tan\alpha_2$
Schnittwinkel β mit
$\tan\beta = \dfrac{m_2 - m_1}{1 + m_1 m_2}$

$g_1 \perp g_2$: $m_2 = -\dfrac{1}{m_1}$

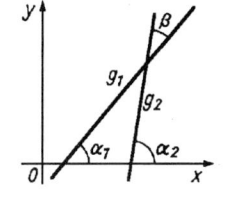

$g_1 \| g_2$: $m_1 = m_2$

Mathematik
5 Analytische Geometrie

Dreieck

Liegen die Punkte $P(x_1, y_1)$, $P(x_2, y_2)$, $P(x_3, y_3)$ nicht alle auf einer Geraden, so bilden sie die Eckpunkte eines Dreiecks.

Flächeninhalt
$$A = \frac{1}{2} \begin{vmatrix} x_1 & y_1 & 1 \\ x_2 & y_2 & 1 \\ x_3 & y_3 & 1 \end{vmatrix}$$

Schwerpunkt $S(x_S, y_S)$

$x_S = \frac{1}{3}(x_1 + x_2 + x_3)$, $y_S = \frac{1}{3}(y_1 + y_2 + y_3)$

Kreis

Mittelpunkt $M(x_m, y_m)$, Radius r

Mittelpunktsgleichung

$(x - x_m)^2 + (y - y_m)^2 = r^2$

speziell $M(0,0)$: $x^2 + y^2 = r^2$

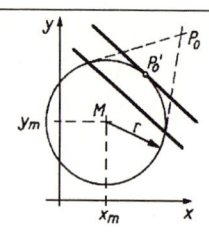

Tangente im Punkt $P(x_0, y_0)$ des Kreises:

$(x - x_m)(x_0 - x_m) + (y - y_m)(y_0 - y_m) = r^2$

speziell $M(0,0)$: $xx_0 + yy_0 = r^2$

Liegt $P(x_0, y_0)$ außerhalb des Kreises, so ergeben die Formeln die Gleichung der Berührungssehne.

Parabel

Scheitelgleichung mit Scheitelpunkt $S(x_s, y_s)$:

$(y - y_s)^2 = 2p(x - x_s)$

speziell $S(0,0)$: $y^2 = 2px$

Parabel in x-Richtung geöffnet; andere Hauptlagen:

in y-Richtung geöffnet $\qquad x^2 = 2py$
in $(-x)$-Richtung geöffnet $\qquad y^2 = -2px$
in $(-y)$-Richtung geöffnet $\qquad x^2 = -2py$

Tangente in Punkt $P(x_0, y_0)$
der Parabel: $\qquad yy_0 = 2p(x - x_0)$

Brennpunkt $F\left(\dfrac{p}{2}, 0\right)$, Halbparameter p

Brennstrahl $\qquad r = |\overline{FP_0}| = x_0 + \dfrac{p}{2}$

Scheitelkrümmungskreis: $\qquad$ Mittelpunkt $P(0, p)$, Radius p

---

Ellipse

Mittelpunkt $M(x_m, y_m)$, Halbachsen a, b
Mittelpunktsgleichung

$$\frac{(x - x_m)^2}{a^2} + \frac{(y - y_m)^2}{b^2} = 1$$

speziell $M(0, 0)$: $\dfrac{x^2}{a^2} + \dfrac{y^2}{b^2} = 1$

Gleichung der Tangente im
Ellipsenpunkt $P(x_0, y_0)$

$$\frac{(x - x_m)(x - x_0)}{a^2} + \frac{(y - y_m)(y - y_0)}{b^2} = 1$$

Scheitelgleichung mit $\qquad y^2 = 2px - \dfrac{p}{a}x^2$
Scheitel $A_1(0, 0)$:

Halbparameter $\qquad p = \dfrac{b^2}{a}$

Lineare Exzentrizität $\qquad e^2 = a^2 - b^2$

numerische Exzentrizität $\qquad \varepsilon = \dfrac{e}{a} < 1$

Brennstrahlen $\qquad r_1 = a + \varepsilon x_0,\ r_2 = a - \varepsilon x_0$

Ortseigenschaft $\qquad r_1 + r_2 = 2a$

Radien der Krümmungskreise in A_1 bzw. A_2: $\varrho_A = \dfrac{b^2}{a}$

$\qquad\qquad\qquad\qquad\qquad B_1$ bzw. B_2: $\varrho_B = \dfrac{a^2}{b}$

Mathematik
5 Analytische Geometrie

Hyperbel

Mittelpunkt $M(x_m, y_m)$, Halbachsen a, b

Mittelpunktsgleichung

$$\frac{(x - x_m)^2}{a^2} - \frac{(y - y_m)^2}{b^2} = 1$$

speziell $M(0,0)$: $\dfrac{x^2}{a^2} - \dfrac{y^2}{b^2} = 1$

Gleichung der Tangente im Hyperbelpunkt $P(x_0, y_0)$

$$\frac{(x - x_m)(x - x_0)}{a^2} - \frac{(y - y_m)(y - y_0)}{b^2} = 1$$

Scheitelgleichung mit Scheitel $A_2(0,0)$: $\quad y^2 = 2px + \dfrac{p}{a}x^2$

Halbparameter $\quad p = \dfrac{b^2}{a}$

Lineare Exzentrizität $\quad e^2 = a^2 + b^2$

numerische Exzentrizität $\quad \varepsilon = \dfrac{e}{a} > 1$

Brennstrahlen $\quad r_1 = a + \varepsilon x_0,\ r_2 = -a + \varepsilon x_0$

Ortseigenschaft $\quad r_1 - r_2 = 2a$

Radius des Krümmungskreises in A_1 bzw. A_2: $\varrho_A = \dfrac{b^2}{a}$

Asymptoten $\quad y = \dfrac{b}{a}x,\ y = -\dfrac{b}{a}x$

Kurven 2. Ordnung

Allgemeine Darstellung einer (gegenüber der Hauptlage verschobenen und gedrehten) Kurve 2. Ordnung

$$a_{11}x^2 + 2a_{12}xy + a_{22}y^2 + 2a_{13}x + 2a_{23}y + a_{33} = 0$$

Aus den Koeffizienten kann durch Untersuchung der Größen

$$\Delta = \begin{vmatrix} a_{11} & a_{12} & a_{13} \\ a_{12} & a_{22} & a_{23} \\ a_{13} & a_{23} & a_{33} \end{vmatrix}, \quad \delta = \begin{vmatrix} a_{11} & a_{12} \\ a_{21} & a_{22} \end{vmatrix}, \quad S = a_{11} + a_{22}$$

die speziell dargestellte Kurve ermittelt werden.

$\Delta \neq 0$, $\delta > 0$, $\Delta S < 0$: reelle Ellipse
$\Delta S > 0$: imaginäre Ellipse
$\Delta \neq 0$, $\delta < 0$: Hyperbel
$\Delta \neq 0$, $\delta = 0$: Parabel
$\Delta = 0$, $\delta > 0$: sich schneidendes imaginäres Geradenpaar mit reellem Schnittpunkt
$\delta < 0$: sich schneidendes reelles Geradenpaar
$\delta = 0$: Paar paralleler Geraden

5.2 Analytische Geometrie des Raumes

Ebene im Raum

$P_1(x_1, y_1, z_1)$, $P_2(x_2, y_2, z_2)$, $P_3(x_3, y_3, z_3)$ sind Raumpunkte,
$\boldsymbol{x}_i = \begin{pmatrix} x_i \\ y_i \\ z_i \end{pmatrix}$, $i = 1, 2, 3$ deren Ortsvektoren.

P_1, P_2, P_3 liegen nicht alle auf einer Geraden.

Dreipunkteform der Ebenengleichung	$\boldsymbol{x} = \boldsymbol{x}_1 + s(\boldsymbol{x}_2 - \boldsymbol{x}_1) + t(\boldsymbol{x}_3 - \boldsymbol{x}_1)$ $s, t \in \mathbb{R}$ Parameter
Allgemeine Gleichung	$Ax + By + Cz + D = 0$
Hessesche Normalform	$\dfrac{Ax + By + Cz + D}{\sqrt{A^2 + B^2 + C^2}} = 0$

Gerade im Raum

Zweipunkteform der Geradengleichung	$\boldsymbol{x} = \boldsymbol{x}_1 + t(\boldsymbol{x}_2 - \boldsymbol{x}_1)$ $t \in \mathbb{R}$ Parameter
Parameterfreie Darstellung als Schnittgerade zweier Ebenen E_1, E_2	$A_1 x + B_1 y + C_1 z + D_1 = 0$ $A_2 x + B_2 y + C_2 z + D_2 = 0$

Flächen 2. Ordnung

Allgemeine Darstellung einer (gegenüber der Hauptlage verschoben gedrehten) Fläche 2. Ordnung

$a_{11} x^2 + a_{22} y^2 + a_{33} z^2 + 2 a_{12} xy + 2 a_{13} xz + 2 a_{23} yz$
$+ 2 a_{14} x + 2 a_{24} y + 2 a_{34} z + a_{44} = 0$

Beispiele:

Ellipsoid mit Halbachsen a, b, c $\quad \dfrac{x^2}{a^2} + \dfrac{y^2}{b^2} + \dfrac{z^2}{c^2} = 1$

Einschaliges Hyperboloid $\quad \dfrac{x^2}{a^2} + \dfrac{y^2}{b^2} - \dfrac{z^2}{c^2} = 1$

Zweischaliges Hyperboloid $\quad \dfrac{x^2}{a^2} + \dfrac{y^2}{b^2} - \dfrac{z^2}{c^2} = -1$

Kegel $\quad \dfrac{x^2}{a^2} + \dfrac{y^2}{b^2} - \dfrac{z^2}{c^2} = 0$

Elliptischer Zylinder $\quad \dfrac{x^2}{a^2} + \dfrac{y^2}{b^2} = 1$

Hyperbolischer Zylinder $\quad \dfrac{x^2}{a^2} - \dfrac{y^2}{b^2} = 1$

Parabolischer Zylinder $\quad y^2 = 2px, \; p \text{ const}$

Elliptisches Paraboloid $\quad z = \dfrac{x^2}{a^2} + \dfrac{y^2}{b^2}$

Hyperbolisches Paraboloid $\quad z = \dfrac{x^2}{a^2} - \dfrac{y^2}{b^2}$

6 Differentialrechnung für Funktionen einer unabhängigen Variablen

6.1 Differenzen- und Differentialquotient, Differential

Differenzenquotient von $y = f(x)$:

$$\frac{\Delta y}{\Delta x} = \frac{f(x + \Delta x) - f(x)}{\Delta x}$$

Differentialquotient von $y = f(x)$:

$$\frac{\mathrm{d}y}{\mathrm{d}x} = f'(x) = \lim_{\Delta x \to 0} \frac{\Delta y}{\Delta x}$$

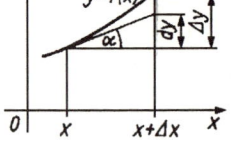

$f'(x) = \tan \alpha$ Anstieg der Tangente im Punkt $P(x, f(x))$ der Funktion $y = f(x)$

Differential von $y = f(x)$:

$\mathrm{d}y = f'(x)\,\mathrm{d}x \qquad\qquad$ $\mathrm{d}y$ gibt den linearen Anteil der Änderung von y an, wenn sich x um $\mathrm{d}x = \Delta x$ ändert.

Mathematik
6 Differentialrechnung für Funktionen einer Variablen

6.2 Differentationsregeln

Faktorregel	$y = cf(x),\ c$ const	$y' = cf'(x)$
Summenregel	$y = u(x) + v(x)$	$y' = u'(x) + v'(x)$
Produktregel	$y = u(x)v(x)$	$y' = u'(x)v(x) + u(x)v'(x)$
Quotientenregel	$y = \dfrac{u(x)}{v(x)}$	$y' = \dfrac{u'(x)v(x) - u(x)v'(x)}{v^2(x)}$
Kettenregel	$y = f(g(x))$	$y' = \dfrac{\mathrm{d}f}{\mathrm{d}g}\dfrac{\mathrm{d}g}{\mathrm{d}x} = f'(g)g'(x)$

speziell:

$$y = \ln g(x) \qquad y' = \frac{g'(x)}{g(x)}$$

$y = f(x)$, mit Umkehrfunktion $x = \varphi(y)$

$$y' = f'(x) = \frac{\mathrm{d}y}{\mathrm{d}x} = \frac{1}{\dfrac{\mathrm{d}x}{\mathrm{d}y}} = \frac{1}{\varphi'(y)}$$

6.3 Tabelle der Ableitungen elementarer Funktionen

Funktion $y = f(x)$	Ableitung $y' = f'(x)$	Funktion $y = f(x)$	Ableitung $y' = f'(x)$
c const	0	$\ln x$	$\dfrac{1}{x}$
x^n	nx^{n-1}	$\lg x$	$\dfrac{1}{x}\lg \mathrm{e}$
$\sqrt{x}$	$\dfrac{1}{2\sqrt{x}}$	$\sin x$	$\cos x$
e^x	e^x	$\cos x$	$-\sin x$
a^x	$a^x \ln a$	$\tan x$	$\dfrac{1}{\cos^2 x} = 1 + \tan^2 x$
$\cot x$	$-\dfrac{1}{\sin^2 x} = -1 - \cot^2 x$	$\tanh x$	$\dfrac{1}{\cosh^2 x} = 1 - \tanh^2 x$
$\arcsin x$	$\dfrac{1}{\sqrt{1-x^2}},\ |x| < 1$	$\coth x$	$-\dfrac{1}{\sinh^2 x} = 1 - \coth^2 x$
$\arccos x$	$-\dfrac{1}{\sqrt{1-x^2}},\ |x| < 1$	$\operatorname{arsinh} x$	$\dfrac{1}{\sqrt{1+x^2}}$

$\arctan x$	$\dfrac{1}{1+x^2}$	$\operatorname{arcosh} x$	$\dfrac{1}{\sqrt{x^2-1}}$, $|x|>1$
$\operatorname{arccot} x$	$-\dfrac{1}{1+x^2}$	$\operatorname{artanh} x$	$\dfrac{1}{1-x^2}$, $|x|<1$
$\sinh x$	$\cosh x$	$\operatorname{arcoth} x$	$\dfrac{1}{1-x^2}$, $|x|>1$
$\cosh x$	$\sinh x$		

6.4 Untersuchung von Funktionen

$y = f(x)$, $(n+1)$-mal differenzierbar, Untersuchung im Punkt $P(x_0, y_0)$, $y_0 = f(x_0)$ bzw. im Intervall I des Definitionsbereiches der Funktion.

Monotonie

$f'(x) > 0$ für $x \in I$, dann $f(x)$ monoton wachsend in I,
$f'(x) > 0$, $f''(x) > 0$ für $x \in I$, dann $f(x)$ progressiv wachsend in I,
$f'(x) > 0$, $f''(x) < 0$ für $x \in I$, dann $f(x)$ degressiv wachsend in I.

$f'(x) < 0$ für $x \in I$, dann $f(x)$ monoton fallend in I,
$f'(x) < 0$, $f''(x) > 0$ für $x \in I$, dann $f(x)$ degressiv fallend in I,
$f'(x) < 0$, $f''(x) < 0$ für $x \in I$, dann $f(x)$ progressiv fallend in I.

Nullstellen

$f(x_0) = f'(x_0) = \ldots = f^{(n)}(x_0) = 0$, $f^{(n+1)}(x_0) \neq 0$,

dann $P(x_0, 0)$ n-fache Nullstelle

Relative Extrema

$f'(x_0) = f''(x_0) = \ldots = f^{(n)}(x_0) = 0$, $f^{(n+1)}(x_0) \neq 0$

Falls $n+1$ gerade und $f^{(n+1)}(x_0) < 0$, dann $P(x_0, y_0)$ relatives Maximum,

falls $n+1$ gerade und $f^{(n+1)}(x_0) > 0$, dann $P(x_0, y_0)$ relatives Minimum,

falls $n+1$ ungerade, dann $P(x_0, y_0)$ Wendepunkt mit horizontaler Wendetangente.

Wendepunkte

$f''(x_0) = f'''(x_0) = f^{(n)}(x_0) = 0$, $f^{(n+1)}(x_0) \neq 0$

Falls $n+1$ ungerade, dann $P(x_0, y_0)$ Wendepunkt, ansonsten liegt kein Wendepunkt vor.

Krümmungseigenschaften

$f''(x) > 0$ für $x \in I$, dann $f(x)$ konvex (Linkskrümmung) in I,
$f''(x) < 0$ für $x \in I$, dann $f(x)$ konkav (Rechtskrümmung) in I.

Krümmung:
$$\varkappa(x) = \left| \frac{f''(x)}{\sqrt{1 + f'^2(x)}^3} \right|,$$

Krümmungsradius:
$$R(x) = \frac{1}{\varkappa(x)}$$
im Punkt $P(x, f(x))$.

7 Differentialrechnung für Funktionen mehrerer unabhängiger Variablen

Funktion von n Variablen:	speziell $n = 2$:
$y = f(x_1, x_2, \ldots, x_n)$	$y = f(x_1, x_2)$ bzw. $z = f(x, y)$, (geometrisch: Fläche im R^3)

Partielle Ableitungen

$y = f(x_1, x_2, \ldots, x_n)$ wird nach der Variablen x_i, $1 \leq i \leq n$, (partiell) differenziert, indem alle Variablen x_j, $1 \leq j \leq n$, $j \neq i$, als Konstanten angesehen werden und die dann betrachtete Funktion der einen Variablen x_i gewöhnlich differenziert wird.

$$\lim_{\Delta x_i \to 0} \frac{f(x_1, \ldots, x_i + \Delta x_i, \ldots, x_n) - f(x_1, \ldots, x_i, \ldots, x_n)}{\Delta x_i}$$
$$= \frac{\partial y}{\partial x_i} = \frac{\partial f}{\partial x_i} = f_{x_i} \quad (\text{„}f \text{ nach } x_i\text{“})$$

Ordnung einer partiellen Ableitung: Anzahl der aufeinanderfolgenden Ableitungen

(Die Reihenfolge der Differentiation ist beliebig, falls die partiellen Ableitungen im betrachteten Punkt stetig sind).

speziell $n = 2$: $z = f(x, y)$

Partielle Ableitungen 1. Ordnung	f_x, f_y
Partielle Ableitungen 2. Ordnung	$f_{xx} = \dfrac{\partial^2 f}{\partial x^2}$, $f_{xy} = \dfrac{\partial^2 f}{\partial x \partial y} = f_{yx}$ $f_{yy} = \dfrac{\partial^2 f}{\partial y^2}$
Partielle Ableitungen 3. Ordnung	f_{xxx}, $f_{xxy} = f_{xyx} = f_{yxx}$, $f_{xyy} = f_{yxy} = f_{yyx}$, f_{yyy}

Mathematik
8 Fehlerrechnung

Vollständiges Differential von $y = f(x_1, x_2, \ldots, x_n)$

$$df = f_{x_1}\, dx_1 + f_{x_2}\, dx_2 + \cdots + f_{x_n}\, dx_n = \sum_{i=1}^{n} f_{x_i}\, dx_i$$

Relative Extrema

Notwendig für ein Extremum
$y_0 = f(x_{10}, x_{20}, \ldots, x_{n0})$
sind die nebenstehenden Bedingungen:

$f_{x_1}(x_{10}, x_{20}, \ldots, x_{n0}) = 0$
$f_{x_2}(x_{10}, x_{20}, \ldots, x_{n0}) = 0$
$\ldots$
$f_{x_n}(x_{10}, x_{20}, \ldots, x_{n0}) = 0$

Werden diese Bedingungen als Gleichungssystem für $x_{10}, x_{20}, \ldots, x_{n0}$ aufgefaßt und gelöst, so heißt jede Lösung stationäre Stelle der Funktion.

Hinreichende Bedingungen existieren (s. Literatur).

Speziell $n = 2$: $z = f(x, y)$ zu untersuchen in $z_0 = f(x_0, y_0)$

Notwendige Bedingungen:

$f_x(x_0, y_0) = 0, \quad f_y(x_0, y_0) = 0$

Hinreichende Bedingungen:

$f_{xx}(x_0, y_0) f_{yy}(x_0, y_0) - f_{xy}^2(x_0, y_0) > 0, \quad f_{xx}(x_0, y_0) < 0,$

dann ist $z_0 = f(x_0, y_0)$ relatives Maximum.

$f_{xx}(x_0, y_0) f_{yy}(x_0, y_0) - f_{xy}^2(x_0, y_0) > 0, \quad f_{xx}(x_0, y_0) > 0,$

dann ist $z_0 = f(x_0, y_0)$ relatives Minimum.

Falls $f_{xx}(x_0, y_0) f_{yy}(x_0, y_0) - f_{xy}^2(x_0, y_0) < 0$, liegt kein Extremum vor, bei $f_{xx}(x_0, y_0) f_{yy}(x_0, y_0) - f_{xy}^2(x_0, y_0) = 0$ ist mit diesem Kriterium keine Entscheidung möglich.

---

8 Fehlerrechnung

Die wahre Größe a wird mit dem „Meß"-Wert $\tilde{a}$ angenähert.

Absoluter Fehler: $\delta = a - \tilde{a}$ \quad Relativer Fehler: $\dfrac{\delta}{a}$ bzw.

prozentualer Fehler $\dfrac{\delta}{a} \cdot 100\,\%$

Da a und damit δ i. allg. unbekannt sind, werden Schranken $\underline{\delta}$ und $\overline{\delta}$ mit $\underline{\delta} \leq \delta \leq \overline{\delta}$ ermittelt und $\Delta a = \max(|\underline{\delta}|, |\overline{\delta}|)$ gesetzt. Damit gilt $\tilde{a} - \Delta a \leq a \leq \tilde{a} + \Delta a$, auch $a = \tilde{a} \pm \Delta a$ geschrieben.

Fehlerfortpflanzung

Die Argumente $x_1, x_2, \ldots, x_n$ von $y = f(x_1, x_2, \ldots, x_n)$ sind fehlerbehaftet, $x_i = \tilde{x}_i \pm \Delta x_i$, $i = 1, 2, \ldots, n$.

Eine gute Näherung der Schranke des absoluten Fehlers Δy von y ist bei

$\Delta x_i \ll |x_i|$ und $\Delta x_i = |\mathrm{d}x_i|$ $\qquad \Delta y \approx |\mathrm{d}y| \leq$
$$\sum_{i=1}^{n} |f_{x_i}(\tilde{x}_1, \ldots, \tilde{x}_n)| \Delta x_i$$

und für den relativen Fehler $\qquad \dfrac{\Delta y}{y} \approx \left|\dfrac{\mathrm{d}y}{\tilde{y}}\right|$, $\tilde{y} = f(\tilde{x}_1, \ldots, \tilde{x}_n)$.

9 Integralrechnung für Funktionen einer unabhängigen Variablen

9.1 Unbestimmtes Integral

Zu gegebener Funktion $y = f(x)$ ist eine Funktion $y = F(x)$ zu bestimmen, so daß gilt

$$F'(x) = f(x)$$

Eine Funktion $F(x)$, die diese Beziehung erfüllt, heißt Stammfunktion von $f(x)$. Mit $F(x)$ ist stets auch $F(x) + C$ Stammfunktion, C beliebige Konstante, genannt Integrationskonstante.

Unbestimmtes Integral: $\qquad F(x) = \displaystyle\int f(x)\, \mathrm{d}x$

Eigenschaften: $\displaystyle\int cf(x)\, \mathrm{d}x = c \int f(x)\, \mathrm{d}x \qquad c$ const

$$\int [f(x) + g(x)]\, \mathrm{d}x = \int f(x)\, \mathrm{d}x + \int g(x)\, \mathrm{d}x$$

Mathematik
9 Integralrechnung für Funktionen einer Variablen

9.2 Bestimmtes Integral

Das bestimmte Integral
$$\int_a^b f(x)\,\mathrm{d}x = F(b) - F(a)$$
gibt den Inhalt des von der x-Achse, den Geraden $x = a$ und $x = b$ und der Funktion $y = f(x) \geqq 0$ begrenzten ebenen Flächenstückes an.

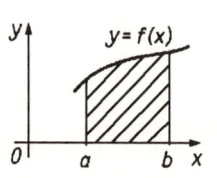

Eigenschaften

$$\int_a^b f(x)\,\mathrm{d}x = \int_a^{\tilde{x}} f(x)\,\mathrm{d}x + \int_{\tilde{x}}^b f(x)\,\mathrm{d}x,\ a < \tilde{x} < b$$

$$\int_a^b f(x)\,\mathrm{d}x = -\int_b^a f(x)\,\mathrm{d}x$$

Falls $y = f(x)$ gerade Funktion, d. h., $f(-x) = f(x)$, gilt

$$\int_{-a}^a f(x)\,\mathrm{d}x = 2\int_0^a f(x)\,\mathrm{d}x.$$

Falls $y = f(x)$ ungerade Funktion, d. h., $f(-x) = -f(x)$, gilt

$$\int_{-a}^a f(x)\,\mathrm{d}x = 0.$$

9.3 Grundintegrale

$$\int x^n\,\mathrm{d}x = \frac{x^{n+1}}{n+1} + C,\ n \neq -1 \qquad \int \frac{1}{x}\,\mathrm{d}x = \ln|x| + C$$

$$\int \mathrm{e}^x\,\mathrm{d}x = \mathrm{e}^x + C \qquad \int a^x\,\mathrm{d}x = \frac{a^x}{\ln a} + C$$

$$\int \sin x\,\mathrm{d}x = -\cos x + C \qquad \int \cos x\,\mathrm{d}x = \sin x + C$$

Mathematik
9 Integralrechnung für Funktionen einer Variablen

$$\int \frac{\mathrm{d}x}{\sin^2 x} = -\cot x + C, \qquad \int \frac{\mathrm{d}x}{\cos^2 x} = \tan x + C,$$
$$x \neq k\pi, k \in \mathbb{Z} \qquad\qquad x \neq (2k+1)\frac{\pi}{2},\ k \in \mathbb{Z}$$

$$\int \frac{\mathrm{d}x}{1+x^2}\,\mathrm{d}x = \arctan x + C \qquad \int \frac{\mathrm{d}x}{\sqrt{1-x^2}} = \arcsin x + C$$
$$\qquad\qquad\qquad = \operatorname{arccot} x + C_1 \qquad\qquad\qquad = -\arccos x + C_1$$

$$\int \sinh x\,\mathrm{d}x = \cosh x + C \qquad \int \cosh x\,\mathrm{d}x = \sinh x + C$$

$$\int \frac{1}{\sinh^2 x} = -\coth x + C \qquad \int \frac{\mathrm{d}x}{\cosh^2 x} = \tanh x + C$$

$$\int \frac{\mathrm{d}x}{\sqrt{1+x^2}} = \operatorname{arsinh} x + C = \ln\left(x + \sqrt{1+x^2}\right) + C$$

$$\int \frac{\mathrm{d}x}{\sqrt{x^2-1}} = \operatorname{arcosh} x + C = \ln\left(x + \sqrt{1-x^2}\right) + C,\ x > 1$$

$$\int \frac{\mathrm{d}x}{1-x^2} = \begin{cases} \operatorname{artanh} x + C = \dfrac{1}{2}\ln\dfrac{1+x}{1-x} + C,\ |x| < 1 \\ \operatorname{arcoth} x + C = \dfrac{1}{2}\ln\dfrac{x+1}{x-1} + C,\ |x| > 1 \end{cases}$$

9.4 Integrationsmethoden

Integrationsmethoden haben das Ziel, Integrale auf Grundintegrale oder tabellierte Integrale zurückzuführen.

Partielle Integration

Läßt sich der Integrand als Produkt zweier Funktionen $u(x)$ und $v'(x)$ darstellen und können $u'(x)$ und $v(x) = \int v'(x)\,\mathrm{d}x$ einfach bestimmt werden, kann wie folgt teilweise integriert werden:

$$\int u(x)v'(x)\,\mathrm{d}x = u(x)v(x) - \int u'(x)v(x)\,\mathrm{d}x$$

Die partielle Integration kann auf Rekursionsformeln führen. Ist das rechte Integral komplizierter als das linke Integral, sind andere Methoden zu nutzen.

Mathematik
9 Integralrechnung für Funktionen einer Variablen

Methode der Substitution

Wird $x = \varphi(t)$ substituiert, so gilt unter Beachtung von $\dfrac{\mathrm{d}x}{\mathrm{d}t} = \varphi'(t)$

$$\int f(x)\,\mathrm{d}x = \int f(\varphi(t))\varphi'(t)\,\mathrm{d}t = \int \widehat{f}(t)\,\mathrm{d}t$$

Wird $t = \psi(x)$ substituiert, so entsteht unter Beachtung von

$$x = \psi^{-1}(t) \text{ und } \frac{\mathrm{d}x}{\mathrm{d}t} = \frac{1}{\frac{\mathrm{d}t}{\mathrm{d}x}} = \frac{1}{\psi'(x)} = \frac{1}{\psi'(\psi^{-1}(t))}$$

falls die Umkehrfunktion ψ^{-1} existiert,

$$\int f(x)\,\mathrm{d}x = \int f(\psi^{-1}(t)) \frac{1}{\psi'(\psi^{-1}(t))}\,\mathrm{d}t = \int \tilde{f}(t)\,\mathrm{d}t$$

Nach Bestimmung der substituierten Integrale ist die Rücksubstitution durchzuführen.

Spezielle Substitutionen

$\displaystyle\int f(ax+b)\,\mathrm{d}x = \frac{1}{a}\int f(t)\,\mathrm{d}t$ Substitution $t = ax + b$

$\displaystyle\int f(x)f'(x)\,\mathrm{d}x = \int t\,\mathrm{d}t$ Substitution $t = f(x)$
$\qquad\qquad\qquad\; = \dfrac{1}{2}f^2(x) + C$

$\displaystyle\int \frac{f'(x)}{f(x)}\,\mathrm{d}x = \int \frac{\mathrm{d}t}{t}$ Substitution $t = f(x)$
$\qquad\qquad\quad = \ln|f(x)| + C$

$\displaystyle\int R(\sin x, \cos x)\,\mathrm{d}x = \int \tilde{R}(t)\,\mathrm{d}t$ Substitution $t = \tan\dfrac{x}{2}$ mit
$\sin x = \dfrac{2t}{1+t^2},\ \cos x = \dfrac{1-t^2}{1+t^2}$
und $\dfrac{\mathrm{d}x}{\mathrm{d}t} = \dfrac{2}{1+t^2}$.
R und $\tilde{R}$ rationale Funktionen der Argumente.

Integration rationaler Funktionen

Rationale Funktionen sind stets geschlossen integrierbar. Eine echt gebrochenrationale Funktion wird als Summe von Partialbrüchen dargestellt, das Integral der Funktion als Summe der integrierten Partialbrüche bestimmt.

Integrale der Partialbrüche:

$$\int \frac{dx}{x-a} = \ln|x-a| + C,$$

$$\int \frac{dx}{(x-a)^n} = \frac{1}{(1-n)(x-a)^{n-1}} + C, \ n > 1, \ n \in \mathbb{N}$$

$$\int \frac{cx+d}{x^2+px+q} dx = \frac{c}{2}\ln(x^2+px+q) + \frac{2d-cp}{\sqrt{4q-p^2}} \arctan \frac{2x+p}{\sqrt{4q-p^2}} + C,$$

$x^2 + px + q > 0$ für alle $x \in \mathbb{R}$

Zur Integration der Partialbrüche, die zu mehrfachen konjugiert komplexen Nullstellen des Nennerpolynoms der rationalen Funktion gehören, wird auf spezielle Integraltabellen verwiesen.

9.5 Einige ausgewählte Integrale

(Die Integrationskonstante ist bei jedem Integral zu addieren.)

$$\int (ax+b)^n \, dx = \frac{(ax+b)^{n+1}}{a(n+1)} \qquad \int \frac{dx}{ax+b} = \frac{1}{a}\ln|ax+b|$$
$$n \neq -1$$

$$\int \frac{x\,dx}{ax+b} = \frac{x}{a} - \frac{b}{a^2}\ln|ax+b| \qquad \int \frac{dx}{x(ax+b)} = -\frac{1}{b}\ln\left|\frac{ax+b}{x}\right|$$

$$\int \frac{x\,dx}{(ax+b)^2} = \frac{b}{a^2(ax+b)} + \frac{1}{a^2}\ln|ax+b|$$

$$\int \frac{x\,dx}{a^2 \pm b^2 x^2} = \pm\frac{1}{2b^2}\ln|a^2 \pm b^2 x^2|$$

$$\int \sqrt{b^2 x^2 \pm a^2}\,dx = \frac{x}{2}\sqrt{b^2 x^2 \pm a^2} \pm \frac{a^2}{2b}\ln\left|bx + \sqrt{b^2 x^2 \pm a^2}\right|$$

$$\int \sqrt{a^2 - b^2 x^2}\,dx = \frac{a^2}{2b}\arcsin\frac{bx}{a} + \frac{x}{2}\sqrt{a^2 - b^2 x^2}$$

$$\int x\sqrt{a^2 \pm b^2 x^2}\,dx = \pm\frac{1}{3b^2}\sqrt{a^2 \pm b^2 x^2}^3$$

$$\int \frac{dx}{\sqrt{b^2 x^2 \pm a^2}} = \frac{1}{b}\ln\left|bx + \sqrt{b^2 x^2 \pm a^2}\right|$$

Mathematik
9 Integralrechnung für Funktionen einer Variablen

$$\int \frac{\mathrm{d}x}{\sqrt{a^2 - b^2 x^2}} = \frac{1}{b^2} \arcsin \frac{bx}{a}$$

$$\int \frac{x\,\mathrm{d}x}{\sqrt{a^2 \pm b^2 x^2}} = \mp \frac{1}{b^2} \sqrt{a^2 \pm b^2 x^2}$$

$$\int x \sin x\,\mathrm{d}x = \sin x - x \cos x \qquad \int x \cos\,\mathrm{d}x = \cos x + x \sin x$$

$$\int x\,\mathrm{e}^x\,\mathrm{d}x = (x-1)\,\mathrm{e}^x \qquad \int \ln x\,\mathrm{d}x = (\ln|x| - 1)x$$

$$\int x \ln x\,\mathrm{d}x = (2\ln|x| - 1)\frac{x^2}{4} \qquad \int \frac{\mathrm{d}x}{x \ln x} = \ln|\ln x|$$

$$\int x^n \ln x\,\mathrm{d}x = \frac{x^{n+1}}{n+1}\left(\ln x - \frac{1}{n+1}\right),\ n \neq -1$$

$$\int \frac{\ln x}{x}\,\mathrm{d}x = \frac{1}{2}(\ln|x|)^2$$

$$\int \sin^2 x\,\mathrm{d}x = \frac{1}{2}\left(x - \frac{1}{2}\sin 2x\right) \qquad \int \cos^2 x\,\mathrm{d}x = \frac{1}{2}\left(x + \frac{1}{2}\sin 2x\right)$$

$$\int \tan x\,\mathrm{d}x = -\ln|\cos x| \qquad \int \cot x\,\mathrm{d}x = \ln|\sin x|$$

$$\int \frac{\mathrm{d}x}{\sin x} = \ln\left|\tan \frac{x}{2}\right| \qquad \int \frac{\mathrm{d}x}{\cos x} = \ln\left|\tan\left(\frac{x}{2} + \frac{\pi}{4}\right)\right|$$

$$\int \sin x \cos x\,\mathrm{d}x = \frac{1}{2}\sin^2 x \qquad \int \frac{\mathrm{d}x}{\sin x \cos x} = \ln|\tan x|$$

$$\int \sin ax \sin bx\,\mathrm{d}x = \frac{1}{2}\left(\frac{\sin(a-b)x}{a-b} - \frac{\sin(a+b)x}{a+b}\right),\ |a| \neq |b|$$

$$\int \sin ax \cos bx\,\mathrm{d}x = -\frac{1}{2}\left(\frac{\cos(a+b)x}{a+b} + \frac{\cos(a-b)x}{a-b}\right),\ |a| \neq |b|$$

$$\int \cos ax \cos bx\,\mathrm{d}x = \frac{1}{2}\left(\frac{\sin(a+b)x}{a+b} + \frac{\sin(a-b)x}{a-b}\right),\ |a| \neq |b|$$

$$\int \mathrm{e}^{ax} \sin bx\,\mathrm{d}x = \frac{\mathrm{e}^{ax}}{a^2+b^2}(a \sin bx - b \cos bx)$$

$$\int \mathrm{e}^{ax} \cos bx\,\mathrm{d}x = \frac{\mathrm{e}^{ax}}{a^2+b^2}(b \sin bx + a \cos bx)$$

Rekursionsformeln ($n > 0$, $n \in \mathbb{N}$)

$$\int x^n e^x \, dx = x^n e^x - n \int x^{n-1} e^x \, dx$$

$$\int x^n \sin x \, dx = -x^n \cos x + n \int x^{n-1} \cos x \, dx$$

$$\int x^n \cos x \, dx = x^n \sin x - n \int x^{n-1} \sin x \, dx$$

$$\int (\ln x)^n \, dx = x(\ln x)^n - n \int (\ln x)^{n-1} \, dx$$

$$\int \sin^n x \, dx = -\frac{1}{n} \sin^{n-1} x \cos x + \frac{n-1}{n} \int \sin^{n-2} x \, dx$$

$$\int \cos^n x \, dx = \frac{1}{n} \cos^{n-1} x \sin x + \frac{n-1}{n} \int \cos^{n-2} x \, dx$$

9.6 Numerische Integration

In den hier angegebenen Formeln wird die Fläche zwischen x-Achse, $y = f(x)$, $x = a$, $x = b$ in eine gerade Anzahl $n = 2m$ Streifen derselben Breite $h = \dfrac{b-a}{n}$ zerlegt. Die Begrenzung $y = f(x)$ wird in jeweils 2 aufeinanderfolgenden Streifen durch eine Parabel ersetzt. Im Integrationsintervall $a \leq x \leq b$ wird $y_i = f(x_i)$ berechnet an den Stellen x_i, $i = 1, 2, \ldots, n$ mit $x_0 = a$, $x_i = x_0 + ih$, $x_n = b$.

Kepplersche Faßregel
($n = 2m = 2$)

$$\int_a^b f(x) \, dx \approx \frac{b-a}{6}(y_0 + 4y_1 + y_2)$$

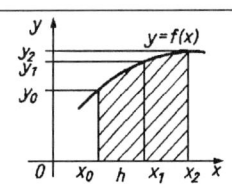

Simpsonsche Regel ($n = 2m$)

$$\int_a^b f(x) \, dx \approx \frac{b-a}{6m} (y_0 + y_{2m}$$
$$+ 4[y_2 + y_4 + \cdots + y_{2m-2}]$$
$$+ 2[y_1 + y_3 + \cdots + y_{2m-1}])$$

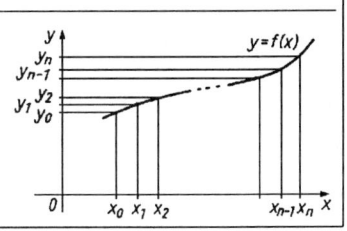

Mathematik
9 Integralrechnung für Funktionen einer Variablen

9.7 Anwendungen der Integralrechnung

Ebenes Flächenstück
begrenzt von

$y = f_1(x)$, $y = f_2(x)$
$x = a$, $x = b$

Flächeninhalt

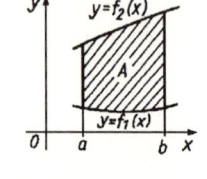

$$A = \int_a^b |f_2(x) - f_1(x)|\, dx$$

Im folgenden sei

$0 \leqq f_1(x) \leqq f_2(x)$, d. h. $|f_2(x) - f_1(x)| = (f_2(x) - f_1(x))$

Statisches Moment

bez. x-Achse

$$M_x = \frac{1}{2} \int_a^b \left(f_2^2(x) - f_1^2(x)\right)\, dx$$

bez. y-Achse

$$M_y = \int_a^b x\left(f_2(x) - f_1(x)\right)\, dx$$

Schwerpunkt (homogenes Flächenstück) $S(x_S, y_S)$

$$x_S = \frac{M_y}{A}, \quad y_S = \frac{M_x}{A}$$

Trägheitsmomente

Axiales Trägheitsmoment

bez. x-Achse

$$I_x = \frac{1}{3} \int_a^b \left(f_2^3(x) - f_1^3(x)\right)\, dx$$

bez. y-Achse

$$I_y = \int_a^b x^2 \left(f_2(x) - f_1(x)\right)\, dx$$

Polares Trägheitsmoment $I_p = I_x + I_y$

Ebenes Kurvenstück $y = f(x)$, $a \leqq x \leqq b$

Bogenlänge $s = \displaystyle\int_a^b \sqrt{1 + f'^2(x)}\, dx$

Statisches Moment

bez. x-Achse

$$M_x = \int\limits_a^b f(x)\sqrt{1 + f'^2(x)}\,\mathrm{d}x$$

bez. y-Achse

$$M_y = \int\limits_a^b x\sqrt{1 + f'^2(x)}\,\mathrm{d}x$$

Schwerpunkt (homogenes Kurvenstück) $S(x_S, y_S)$

$$x_S = \frac{M_y}{s}, \quad y_S = \frac{M_x}{s}$$

Rotationskörper

$y = f(x)$, $a \leq x \leq b$ rotiert um die x-Achse.

Mantelfläche des Rotationskörpers
$$A_\mathrm{M} = 2\pi \int\limits_a^b f(x)\sqrt{1 + f'^2(x)}\,\mathrm{d}x = 2\pi y_S s$$
(1. Guldinsche Regel)

Volumen des Rotationskörpers
$$V = \pi \int\limits_a^b f^2(x)\,\mathrm{d}x = 2\pi y_S A$$

mit $A = \int\limits_a^b f(x)\,\mathrm{d}x$

(2. Guldinsche Regel)

10 Unendliche Reihen

10.1 Potenzreihen

$$P(x) = a_0 + a_1 x + a_2 x^2 + \cdots + a_n x^n + \cdots = \sum_{i=0}^{\infty} a_i x^i,$$

$a_i \in \mathbb{R}$, heißt Potenzreihe, ihr Konvergenzbereich ist ein zu Null symmetrisches Intervall $|x| < r$, r heißt Konvergenzradius. Für x mit $|x| > r$ divergiert die Potenzreihe.

$$r = \lim_{i \to \infty} \left| \frac{a_i}{a_{i+1}} \right| \text{ bzw.}$$

$$r = \frac{1}{\lim\limits_{i \to \infty} \sqrt[i]{|a_i|}}$$

Mathematik
10 Unendliche Reihen

Potenzreihen können innerhalb ihres gemeinsamen Konvergenzbereiches gliedweise addiert und subtrahiert werden.

Eine Potenzreihe kann innerhalb ihres Konvergenzbereiches gliedweise differenziert und integriert werden.

Taylorsche Reihe

$$f(x) = f(a) + \frac{f'(a)}{1!}(x-a) + \frac{f''(a)}{2!}(x-a)^2 + \cdots + \frac{f^{(n)}(a)}{n!}(x-a)^n + \cdots$$

wird zur Entwicklung einer Funktion $y = f(x)$ an der gegebenen Stelle $x = a$ in eine Potenzreihe genutzt.

Für $a = 0$ geht die Taylorsche Reihe in die Mac Laurinsche Reihe über:

$$f(x) = f(0) + \frac{f'(0)}{1!}x + \frac{f''(0)}{2!}x^2 + \cdots + \frac{f^{(n)}(0)}{n!}x^n + \cdots$$

Häufig genutzte Potenzreihen und ihr Konvergenzbereich:

$(a+x)^n = a^n + \binom{n}{1}a^{n-1}x + \binom{n}{2}a^{n-2}x^2 + \binom{n}{3}a^{n-3}x^3 + \cdots \qquad |x| < a$

$e^x = 1 + \dfrac{x}{1!} + \dfrac{x^2}{2!} + \dfrac{x^3}{3!} + \cdots \qquad |x| < \infty$

$a^x = 1 + \dfrac{x \ln a}{1!} + \dfrac{x^2 (\ln a)^2}{2!} + \dfrac{x^3 (\ln a)^3}{3!} + \cdots \qquad |x| < \infty$

$\ln x = 2\left[\dfrac{x-1}{x+1} + \dfrac{1}{3}\left(\dfrac{x-1}{x+1}\right)^2 + \dfrac{1}{5}\left(\dfrac{x-1}{x+1}\right)^5 + \cdots\right] \qquad x > 0$

$\sin x = x - \dfrac{x^3}{3!} + \dfrac{x^5}{5!} - \dfrac{x^7}{7!} + - \cdots \qquad |x| < \infty$

$\cos x = 1 - \dfrac{x^2}{2!} + \dfrac{x^4}{4!} - \dfrac{x^6}{6!} + - \cdots \qquad |x| < \infty$

$\tan x = x + \dfrac{1}{3}x^3 + \dfrac{2}{15}x^5 + \dfrac{17}{315}x^7 + \cdots \qquad |x| < \dfrac{\pi}{2}$

$\cot x = \dfrac{1}{x} - \dfrac{1}{3}x - \dfrac{1}{45}x^3 - \dfrac{2}{945}x^5 - \cdots \qquad |x| < \pi$

$\arcsin x = x + \dfrac{1}{2}\dfrac{x^3}{3} + \dfrac{1 \cdot 3}{2 \cdot 4}\dfrac{x^5}{5} + \dfrac{1 \cdot 3 \cdot 5}{2 \cdot 4 \cdot 6}\dfrac{x^7}{7} + \cdots \qquad |x| < 1$

$$\arctan x = x - \frac{x^3}{3} + \frac{x^5}{5} - + \cdots \qquad |x| \leqq 1$$

$$\sinh x = x + \frac{x^3}{3!} + \frac{x^5}{5!} + \cdots \qquad |x| < \infty$$

$$\cosh x = 1 + \frac{x^2}{2!} + \frac{x^4}{4!} + \cdots \qquad |x| < \infty$$

10.2 Fourier-Reihen

Jede periodische Funktion $y = f(x)$, Periode T, $\omega = \dfrac{2\pi}{T}$, kann unter bestimmten Voraussetzungen durch eine Fourier-Reihe dargestellt werden.

$$\begin{aligned}f(x) &= \frac{a_0}{2} + a_1 \cos \omega x + a_2 \cos 2\omega x + a_3 \cos 3\omega x + \cdots \\ &\quad + b_1 \sin \omega x + b_2 \sin 2\omega x + b_3 \sin 3\omega x + \cdots \\ &= \frac{a_0}{2} + \sum_{n=1}^{\infty}(a_n \cos n\omega x + b_n \sin n\omega x)\end{aligned}$$

Berechnung der Koeffizienten a_n $n = 0, 1, 2, \ldots$, b_n, $n = 1, 2, \ldots$:

$$a_n = \frac{2}{T} \int_0^T f(x) \cos n\omega x \, \mathrm{d}x \qquad b_n = \frac{2}{T} \int_0^T f(x) \sin n\omega x \, \mathrm{d}x$$

Vereinfachung durch Nutzen von Symmetrien von $y = f(x)$:

Ist $y = f(x)$ eine gerade Funktion, d. h., $f(-x) = f(x)$, so gilt $b_n = 0$, $n = 1, 2, \cdots$,
$$f(x) = \frac{a_0}{2} + \sum_{n=1}^{\infty} a_n \cos n\omega x$$

Ist $y = f(x)$ eine ungerade Funktion, d. h., $f(-x) = -f(x)$, so gilt $a_n = 0$, $n = 0, 1, 2, \cdots$,
$$f(x) = \sum_{n=1}^{\infty} b_n \sin n\omega x$$

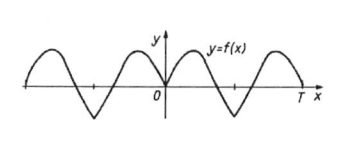

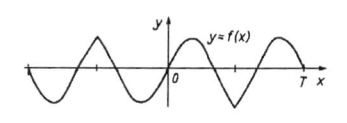

Mathematik
10 Unendliche Reihen

Häufig genutzte Fourier-Reihen (hier $\omega = 1$ bzw. $T = 2\pi$):

Rechteckkurven

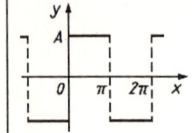

$$f(x) = \frac{4A}{\pi}\left(\sin x + \frac{1}{3}\sin 3x + \frac{1}{5}\sin 5x + \cdots\right)$$

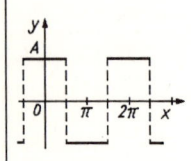

$$f(x) = \frac{4A}{\pi}\left(\cos x - \frac{1}{3}\cos 3x + \frac{1}{5}\cos 5x - + \cdots\right)$$

Rechteckimpuls

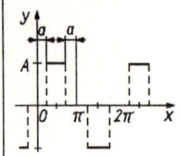

$$f(x) = \frac{4A}{\pi}\left(\cos a \sin x + \frac{\cos 3a \sin 3x}{3} + \frac{\cos 5a \sin 5x}{5} + \cdots\right)$$

Dreieckkurven

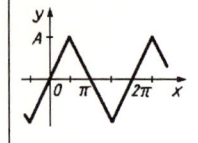

$$f(x) = \frac{8A}{\pi^2}\left(\sin x - \frac{\sin 3x}{3^2} + \frac{\sin 5x}{5^2} - + \cdots\right)$$

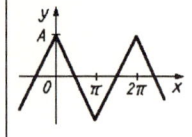

$$f(x) = \frac{8A}{\pi^2}\left(\cos x + \frac{\cos 3x}{3^2} + \frac{\cos 5x}{5^2} + \cdots\right)$$

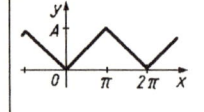

$$f(x) = \frac{A}{2} - \frac{4A}{\pi^2}\left(\cos x + \frac{\cos 3x}{3^2} + \frac{\cos 5x}{5^2} + \cdots\right)$$

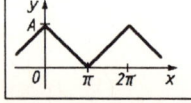

$$f(x) = \frac{A}{2} + \frac{4A}{\pi^2}\left(\cos x + \frac{\cos 3x}{3^2} + \frac{\cos 5x}{5^2} + \cdots\right)$$

Sägezahnkurven

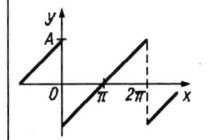

$$f(x) = -\frac{2A}{\pi}\left(\sin x + \frac{\sin 2x}{2} + \frac{\sin 3x}{3} + \cdots\right)$$

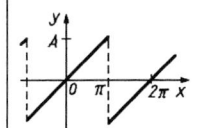

$$f(x) = +\frac{2A}{\pi}\left(\sin x - \frac{\sin 2x}{2} + \frac{\sin 3x}{3} - + \cdots\right)$$

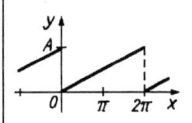

$$f(x) = \frac{A}{2} - \frac{A}{\pi}\left(\sin x + \frac{\sin 2x}{2} + \frac{\sin 3x}{3} + \cdots\right)$$

Trapezkurve

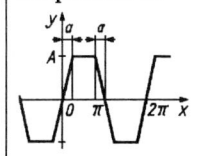

$$f(x) = \frac{4A}{a\pi}\left(\sin a \sin x + \frac{\sin 3a \sin 3x}{3^2} + \frac{\sin 5a \sin 5x}{5^2} + \cdots\right)$$

Parallelbögen

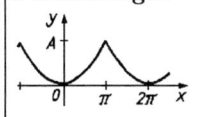

$$f(x) = \frac{A}{3} - \frac{4A}{\pi^2}\left(\cos x - \frac{\cos 2x}{2^2} + \frac{\cos 3x}{3^2} - + \cdots\right)$$

Sinusimpuls (Einweggleichrichtung)

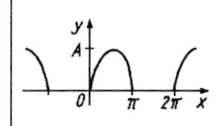

$$f(x) = \frac{A}{\pi} + \frac{A}{2}\sin x - \frac{2A}{\pi}\left(\frac{\cos 2x}{1\cdot 3} + \frac{\cos 4x}{3\cdot 5} + \frac{\cos 6x}{5\cdot 7} + \cdots\right)$$

Gleichgerichtete Sinuskurve (Zweiweggleichrichtung)

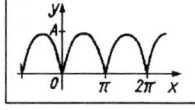

$$f(x) = \frac{2A}{\pi} - \frac{4A}{\pi}\left(\frac{\cos 2x}{1\cdot 3} + \frac{\cos 4x}{3\cdot 5} + \frac{\cos 6x}{5\cdot 7} + \cdots\right)$$

Gleichgerichteter Drehstrom

$$f(x) = \frac{3A}{\pi} - \frac{6A}{\pi}\left(\frac{\cos 6x}{5\cdot 7} + \frac{\cos 12x}{11\cdot 13} + \frac{\cos 18x}{17\cdot 19} + \cdots\right)$$

11 Gewöhnliche Differentialgleichungen

11.1 Differentialgleichungen 1. Ordnung

Differentialgleichung in trennbaren Variablen $y' = g(x)h(y)$

Die allgemeine Lösung wird durch die Trennung der Variablen und Integration bestimmt.

$$\int g(x)\,dx - \int \frac{dy}{h(y)} = C$$

Differentialgleichung $y' = f\left(\dfrac{x}{y}\right)$

Die Substitution $u = \dfrac{x}{y}$ führt auf die Differentialgleichung 1. Ordnung in trennbaren Variablen für u, mit deren allgemeiner Lösung und Rücksubstitution die allgemeine Lösung erhalten wird.

$$u' = \frac{f(u) - u}{x}$$

Differentialgleichung $y' = f(ax + by + c)$

Die Substitution $u = ax + by + c$ führt auf die Differentialgleichung 1. Ordnung in trennbaren Variablen für u:

$$u' = a + bf(u)$$

Lineare Differentialgleichung 1. Ordnung $y' + f(x)y = h(x)$

Allgemeine Lösung:
$y = y_h + y_p$

y_h allgemeine Lösung der homogenen Differentialgleichung $y' + f(x)y = 0$

y_p partikuläre Lösung der inhomogenen Differentialgleichung $y' = f(x)y = h(x)$

Mathematik
11 Gewöhnliche Differentialgleichungen

Bestimmung von y_h:
$y' + f(x)y = 0$
ist Differentialgleichung 1. Ordnung in trennbaren Variablen,
allgemeine Lösung
$$y_h = C\,e^{-\int f(x)\,dx} = CY(x)$$

Bestimmung von y_h: Methode der Variation der Konstanten
Ansatz $y_p = C(x)Y(x)$ führt
auf die Differentialgleichung 1.
Ordnung in trennbaren Variablen für $C(x)$:
$$C'(x) = \frac{h(x)}{Y(x)}$$

Anfangswertaufgabe $y' = f(x,y)$, $y_0 = f(x_0)$

Es ist die spezielle Lösung zu bestimmen, für die $y_0 = f(x_0)$ gilt. Dazu wird die allgemeine Lösung der Differentialgleichung ermittelt, in diese werden x_0, y_0 eingesetzt, und die entstehende Bestimmungsgleichung für C wird gelöst. Mit diesem C geht die allgemeine Lösung über in die gesuchte spezielle Lösung.

11.2 Lineare Differentialgleichungen n-ter Ordnung mit konstanten Koeffizienten

$$y^{(n)} + a_{n-1}y^{(n-1)} + \cdots + a_2 y'' + a_1 y' + a_0 y = h(x),\ n \in \mathbb{N},$$

mit Konstanten $a_i \in \mathbb{R}$, $i = 0, 1, \ldots, n-1$

Für $h(x) = 0$ heißt die Differentialgleichung homogen, sonst inhomogen.

Allgemeine Lösung:
$y = y_h + y_p$
  y_h allgemeine Lösung der homogenen Differentialgleichung
  y_p partikuläre Lösung der inhomogenen Differentialgleichung

Bestimmung von y_h:
$y_h = C_1 y_1 + C_2 y_2 + \cdots + C_n y_n$ mit n linear unabhängigen Lösungen $y_1, y_2, \ldots, y_n$ der homogenen Differentialgleichung.

Bestimmung der y_i, $i = 1, 2, \ldots, n$:
Ansatz $y = e^{\lambda x}$ führt zur charakteristischen Gleichung
$P(\lambda) = \lambda^n + a_{n-1}\lambda^{n-1} + \cdots + a_2 \lambda^2 + a_1 \lambda + a_0 = 0$

In Abhängigkeit von den Lösungen von $P(\lambda) = 0$ werden als Funktionen y_i, $i = 1, 2, \ldots, n$ gewählt:

1. $\tilde{\lambda}$ einfache reelle Lösung von $P(\lambda) = 0$:
$$y = e^{\tilde{\lambda}x}$$

2. $\tilde{\lambda}$ m-fache Lösung von $P(\lambda) = 0$:
$$y = e^{\tilde{\lambda}x}$$
$$y = x e^{\tilde{\lambda}x}, \ldots, y = x^{m-1} e^{\tilde{\lambda}x}$$

3. $\tilde{\lambda} = a + bi$, $\overline{\tilde{\lambda}} = a - bi$ einfache konjugiert komplexe Lösungen von $P(\lambda) = 0$: $\qquad y = e^{ax} \sin bx$, $y = e^{ax} \cos bx$

4. $\tilde{\lambda} = a + bi$, $\overline{\tilde{\lambda}} = a - bi$ m-fache konjugiert komplexe Lösungen von $P(\lambda) = 0$:
$$y = e^{ax} \sin bx,\ y = x e^{ax} \sin bx, \ldots, y = x^{m-1} e^{ax} \sin bx$$
$$y = e^{ax} \cos bx,\ y = x e^{ax} \cos bx, \ldots, y = x^{m-1} e^{ax} \cos bx$$

Bestimmung von y_p:
y_p wird in der Funktionenklasse gesucht, zu der $h(x)$ gehört.

Tabelle einiger ausgewählter Ansätze für y_p
($P_n(x)$, $R_m(x)$ sind gegebene, $Q_n(x)$, $Q_k(x)$, $S_k(x)$ zu bestimmende Polynome.)

$h(x)$	λ	Ansatz für y_p	durch Einsetzen in die Differentialgleichung zu bestimmen
$P_n(x)$	0	$x^s Q_n(x)$	Koeffizienten von $Q_n(x)$
$P_n(x) e^{\alpha x}$	α	$x^s Q_n(x) e^{\alpha x}$	Koeffizienten von $Q_n(x)$
$P_n(x) \sin \beta x + R_m(x) \cos \beta x$	βi	$x^s (Q_k(x) \sin \beta x + S_k(x) \cos \beta x)$ $k = \max(m, n)$	Koeffizienten von $Q_k(x)$, $S_k(x)$

Dabei ist s wie folgt zu wählen:

$$s = \begin{cases} 0 & \text{falls } \lambda \text{ keine Lösung von } P(\lambda) = 0 \\ \nu & \text{falls } \lambda \text{ } \nu\text{-fache Lösung von } P(\lambda) = 0 \end{cases}$$

Superpositionsprinzip:

Ist $h(x)$ Summe mehrerer Funktionen, so wird der Ansatz für y_p aus der Summe der Ansätze für jeden Summanden von $h(x)$ gebildet.

12 Wahrscheinlichkeitsrechnung und Statistik

12.1 Ereignisse, Ereignisalgebra

Zufälliges Ereignis (kurz Ereignis) – Ergebnis eines Versuches (gekennzeichnet durch seine Wiederholbarkeit und gewisse erfüllte Bedingungen), das eintreten kann, aber nicht muß.
Elementarereignisse – die möglichen sich einander ausschließenden Ergebnisse eines Versuches

Bezeichnungen:
$A, B, C, \ldots$ Ereignisse
E sicheres Ereignis – Ereignis, das bei einem Versuch stets eintritt
$\emptyset$ unmögliches Ereignis – Ereignis, das bei einem Versuch nie eintritt

Rechnen mit Ereignissen:

$A \supseteq B$ B zieht A nach sich, mit B ist auch A eingetreten.
$A \cup B$ tritt ein, wenn mindestens eines der Ereignisse A, B (auch: A oder B) eintritt.
$A \cap B$ tritt ein, wenn sowohl A als auch B (auch: A und B) eintreten.
$\overline{A}$ tritt ein, wenn A nicht eintritt – Komplement von A.

$E \cup \emptyset = E$, $E \cap \emptyset = \emptyset$, $\overline{E} = \emptyset$, $A \cup \overline{A} = E$; $A \cap \overline{A} = \emptyset$, $\overline{\overline{A}} = A$
Ereignisse A, B unvereinbar, falls $A \cap B = \emptyset$.

Vollständiges Ereignissystem $A_1, \ldots, A_n$:

$$\bigcup_{i=1}^{n} A_i = E \text{ und } A_i \cap A_j = \emptyset \text{ für } i \neq j, \quad i, j = 1, 2, \ldots, n$$

12.2 Wahrscheinlichkeit

Relative Häufigkeit von A, wenn A bei n Versuchen m mal eintritt:
$h_n(A) = \dfrac{m}{n}$, $0 \leq h_n(A) \leq 1$

Wahrscheinlichkeit $P(A)$ von A

Klassische Definition: Anzahl der Elementarereignisse sei endlich, Elementarereignisse seien gleichwahrscheinlich.

$P(A) = \dfrac{m}{n}$ n Anzahl der Elementarereignisse,
           m Anzahl der für A günstigen Elementarereignisse

Mathematik
12 Wahrscheinlichkeitsrechnung und Statistik

Stochastische Definition: $P_n(A) = h_n(A)$ schwankt bei größer werdendem n um eine Konstante und nähert sich dieser an. Diese Konstante heißt statistische Wahrscheinlichkeit.

Axiomatische Einführung der Wahrscheinlichkeit

1. $0 \leq P(A) \leq 1$
2. $P(E) = 1$
3. $P(A \cup B) = P(A) + P(B)$, falls $A \cap B = \emptyset$

Ergänzungssatz $P(A) + P(\overline{A}) = 1$
Additionssatz $P(A \cup B) = P(A) + P(B) - P(A \cap B)$ bzw.
$P(A \cup B) = P(A) + P(B)$, falls $A \cap B = \emptyset$

Bedingte Wahrscheinlichkeit $P(A/B)$: Wahrscheinlichkeit für das Eintreten von A unter der Bedingung, daß B bereits eingetreten ist

$$P(A/B) = \frac{P(A \cap B)}{P(B)}$$

Unabhängige Ereignisse: $P(A/B) = P(A)$, $P(B/A) = P(B)$

Multiplikationssatz für unabhängige Ereignisse:

$P(A \cap B) = P(A)P(B)$

Totale Wahrscheinlichkeit:

$$P(B) = \sum_{i=1}^{n} P(B/A_i)P(A_i)$$

$A_1, \ldots, A_n$ vollständiges Ereignissystem
B beliebiges Ereignis

Bayessche Formel: $P(A_j/B) = \dfrac{P(A_j)P(B/A_j)}{\sum\limits_{i=1}^{n} P(A_i)P(B/A_i)}$, $j = 1, 2, \ldots, n$

12.3 Zufallsvariable und Verteilungsfunktion

Zufallsvariable X: X ist eine Abbildung der Ereignisse in die Menge der reellen Zahlen. Sie dient zur numerischen Beschreibung der Ereignisse.

Diskrete Zufallsvariable: X kann endlich viele reelle Werte $x_1, \ldots, x_n$ oder abzählbar unendlich viele reelle Werte $x_1, \ldots, x_n, \ldots$ annehmen

Mathematik
12 Wahrscheinlichkeitsrechnung und Statistik

Stetige Zufallsvariable: X kann jeden Wert eines Intervalls der reellen Zahlen annehmen

---

Verteilungsfunktion $F(x)$ einer Zufallsvariablen X:

$F(x) = P(X < x)$ Wahrscheinlichkeit, daß X einen Wert kleiner als x annimmt.

Eigenschaften: $0 \leq F(x) \leq 1$

$$\lim_{x \to \infty} F(x) = 1, \ \lim_{x \to -\infty} F(x) = 0$$

$$P(a < X \leq b) = F(b) - F(a)$$

Parameter einer Verteilungsfunktion EX Erwartungswert von X, $D^2X = E[(EX - X)^2]$ Varianz von X

Verteilungsfunktion einer diskreten Zufallsvariablen

$$F(x) = P(X < x) = \sum_{x_i < x} P(X = x_i) = \sum_{x_i < x} p_i$$

mit Einzelwahrscheinlichkeiten $P(X = x_i) = p_i, \ i = 1, \ldots, n$ und $\sum_{i=1}^{n} p_i = 1$.

$$EX = \sum_{i=1}^{n} x_i p_i,$$

$$D^2 X = \sum_{i=1}^{n} (x_i - EX)^2 p_i = EX^2 - (EX)^2 = \sum_{i=1}^{n} x_i^2 p_i - (EX)^2$$

Verteilungsfunktion einer stetigen Zufallsvariablen

$$F(x) = P(X < x) = \int_{-\infty}^{x} f(t) \, dt$$

mit Wahrscheinlichkeitsdichte $f(x) \geq 0, \ \int_{-\infty}^{\infty} f(x) \, dx = 1$

$$EX = \int_{-\infty}^{\infty} x f(x) \, dx, \ D^2 X = \int_{-\infty}^{\infty} (x - EX)^2 f(x) \, dx$$

Mathematik
12 Wahrscheinlichkeitsrechnung und Statistik

12.4 Spezielle diskrete Verteilungen

Binomialverteilung

n voneinander unabhängige Versuche mit Ergebnis A oder $\overline{A}$, $P(A) = p$, $P(\overline{A}) = 1 - p = q$. Zufallsvariable X gibt Anzahl k des Eintretens von A an.

Einzelwahrscheinlichkeiten $P(X = k) = \binom{n}{k} p^k q^{n-k}$

Verteilungsfunktion $\quad F(x) = \begin{cases} 0 & x \leq 0 \\ \sum_{k<x} \binom{n}{k} p^k q^{n-k} & 0 < x \leq n \\ 1 & x > n \end{cases}$

$EX = np,\ D^2X = npq$

Poissonverteilung

X kann abzählbar unendlich viele Werte $0, 1, 2, \ldots$ annehmen.

Einzelwahrscheinlichkeiten $P(X = k) = \dfrac{\lambda^k}{k!}\, e^{-\lambda}$, $\lambda > 0$ Parameter

Verteilungsfunktion $\quad F(x) = \begin{cases} 0 & x \leq 0 \\ \sum_{k<x} \dfrac{\lambda^k}{k!}\, e^{-\lambda} & x > 0 \end{cases}$

$EX = \lambda,\ D^2X = \lambda$

12.5 Spezielle stetige Verteilungen

Exponentialverteilung

Wahrscheinlichkeitsdichte $\quad f(x) = \begin{cases} 0 & x < 0 \\ \lambda e^{-\lambda x} & x \geq 0 \end{cases}$
$\lambda > 0$ Parameter

Verteilungsfunktion $\quad F(x) = \begin{cases} 0 & x < 0 \\ 1 - e^{-\lambda x} & x \geq 0 \end{cases}$

$EX = \dfrac{1}{\lambda},\ D^2X = \dfrac{1}{\lambda^2}$

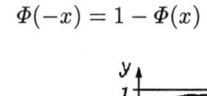

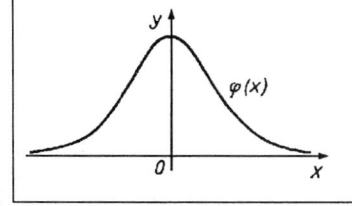

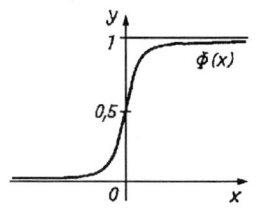

Mathematik
12 Wahrscheinlichkeitsrechnung und Statistik

Normalverteilung

Wahrscheinlichkeitsdichte $\varphi(x;\mu,\sigma^2) = \dfrac{1}{\sigma\sqrt{2\pi}}\,e^{-\frac{(x-\mu)^2}{2\sigma^2}}$

$-\infty < x < \infty$

Verteilungsfunktion $\Phi(x;\mu,\sigma^2) = \dfrac{1}{\sigma\sqrt{2\pi}} \displaystyle\int_{-\infty}^{\infty} e^{-\frac{(t-\mu)^2}{2\sigma^2}}\,dt$

$-\infty < x < \infty$
$EX = \mu,\ D^2X = \sigma^2$

σ-Regeln:

$P(|X-\mu| < \sigma) = 0{,}6827 \qquad P(|X-\mu| < 2\sigma) = 0{,}9545$
$P(|X-\mu| < 3\sigma) = 0{,}9973$

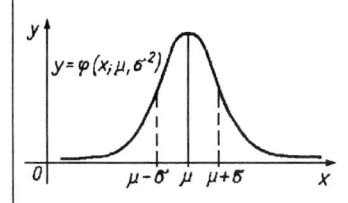

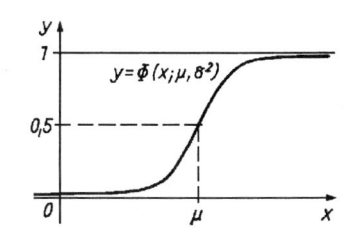

Standardisierte Normalverteilung: $\mu = 0,\ \sigma^2 = 1$

$\varphi(x;0,1) = \varphi(x) = \dfrac{1}{\sqrt{2\pi}}\,e^{-\frac{x^2}{2}} \qquad -\infty < x < \infty$

$\Phi(x;0,1) = \Phi(x) = \dfrac{1}{\sqrt{2\pi}} \displaystyle\int_{-\infty}^{x} e^{-\frac{t^2}{2}}\,dt \quad -\infty < x < \infty$

$\Phi(x;\mu,\sigma^2) = \Phi\left(\dfrac{x-\mu}{\sigma}\right) \qquad \Phi(-x) = 1 - \Phi(x)$

Mathematik
12 Wahrscheinlichkeitsrechnung und Statistik

Wertetabelle der Verteilungsfunktion der standardisierten Normalverteilung

x	0	1	2	3	4	5	6	7	8	9
0,0	0,5000	5040	5080	5120	5160	5199	5239	5279	5319	5359
0,1	5398	5438	5478	5517	5557	5596	5636	5675	5714	5753
0,2	5793	5832	5871	5910	5948	5987	6026	6064	6103	6141
0,3	6179	6217	6255	6293	6331	6368	6406	6443	6480	6517
0,4	6554	6591	6628	6664	6700	6736	6772	6808	6844	6879
0,5	0,6915	6950	6985	7019	7054	7088	7123	7157	7190	7224
0,6	7257	7291	7324	7357	7389	7422	7454	7486	7517	7549
0,7	7580	7611	7642	7673	7704	7734	7764	7794	7823	7852
0,8	7881	7910	7939	7967	7995	8023	8051	8078	8106	8133
0,9	8159	8186	8212	8238	8264	8289	8315	8340	8365	8389
1,0	0,8413	8438	8461	8485	8508	8531	8554	8577	8599	8621
1,1	8643	8665	8686	8708	8729	8749	8770	8790	8810	8830
1,2	8849	8869	8888	8907	8925	8944	8962	8980	8997	9015
1,3	9032	9049	9066	9082	9099	9115	9131	9147	9162	9177
1,4	9192	9207	9222	9236	9251	9265	9279	9292	9306	9319
1,5	0,9332	9345	9357	9370	9382	9394	9406	9418	9429	9441
1,6	9452	9463	9474	9484	9495	9505	9515	9525	9535	9545
1,7	9554	9564	9573	9582	9591	9599	9608	9616	9625	9633
1,8	9641	9649	9656	9664	9671	9678	9686	9693	9699	9706
1,9	9713	9719	9726	9732	9738	9744	9750	9756	9761	9767
2,0	0,9772	9821	9861	9893	9918	9938	9953	9965	9974	9981
3,0	0,9987	9990	9993	9995	9997	9998	9998	9999	9999	1,0000

12.6 Elementare Statistik

Stichprobe vom Umfang n: Meßwerte $x_1, \ldots, x_n$ für Merkmal X

Mittelwerte:

arithmetisches Mittel
$$\overline{x} = \frac{1}{n} \sum_{i=1}^{n} x_i$$

geometrisches Mittel
$$x_g = \sqrt[n]{x_1 \cdot \ldots \cdot x_n}, \; x_i > 0$$

quadratisches Mittel
$$x_q = \sqrt{\frac{1}{n} \sum_{i=1}^{n} x_i^2}$$

Streuung
$$s^2 = \frac{1}{n-1} \sum_{i=1}^{n} (x_i - \overline{x})^2$$
$$= \frac{1}{n-1} \left(\sum_{i=1}^{n} x_i^2 - n\overline{x}^2 \right)$$

Variationsbreite
$$R = x_{\max} - x_{\min}$$

Variationskoeffizient
$$v = \frac{s}{\overline{x}} \cdot 100 \; \%$$

Technische Informatik

1 Codierungstheorie

1.1 Theoretische Grundlagen

Codierung	Eineindeutige Darstellung von Information durch eine fest vorgegebene Anzahl von Zeichen, dem Alphabet A.
Binärcode	Code mit den Zeichen $\{1, 0\}$
Codewort	Zusammenhängende, endliche Folge von Zeichen des zugrundeliegenden Alphabets.
Codewortlänge l_i	Anzahl der Zeichen des i-ten Codewortes. Hierbei wird zwischen Codes mit variabler und fester Länge unterschieden.

Mittlere Codelänge

$$\bar{l} = \sum_{i=1}^{n} p_i l_i$$

p_i Wahrscheinlichkeit für das Auftreten des i-ten Codewortes

Informationsgehalt

$$H = \sum_{a \in A} p_a \operatorname{ld}(1/p_a)$$

H Entropie oder mittlerer Informationsgehalt einer Nachrichtenquelle

p_a Wahrscheinlichkeit für das Auftreten des a-ten Zeichens

Coderedundanz

$$R_c = H - \bar{l}$$

Die Coderedundanz gibt die mittlere Anzahl von Zeichen an, die nicht für eine eineindeutige Codierung aller Codewörter benötigt werden.

Coderedundanz kann zur Übertragungssicherung eingesetzt werden.

Für einen **Optimalcode** gilt

$$H \leq \bar{l} < H + 1$$

(Erzeugung von Optimalcodes durch das Shannon-Fano bzw. Huffman-Verfahren)

1 Codierungstheorie

1.2 Codesicherungverfahren

Paritätsbit	Jedes Codewort fester Länge wird um ein Bit ergänzt. Man unterscheidet zwischen gerader Parität, eine gerade Anzahl von Einsen, und ungerader Parität. Einfach-Bitfehler werden erkannt.
Blockparität	Die Codewörter werden zu Blöcken zusammengefaßt. Sowohl die Zeilen als auch die Spalten erhalten ein Paritätsbit. Zweifach-Bitfehler lassen sich erkennen und Einfach-Bitfehler korrigieren.
CRC (Cyclic Redundancy Check)	Aus einem seriellen Datenstrom wird eine Prüfsumme fester Länge errechnet.

1.3 Spezielle Codes

ASCII
(American Standard Code for Information Interchange)

	000	001	010	011	100	101	110	111
0000	NUL	SOH	STX	ETX	EOT	ENQ	ACK	BEL
0001	BS	HT	LF	VT	FF	CR	SO	SI
0010	DLE	DC1	DC2	DC3	DC4	NAK	SYN	ETB
0011	CAN	EM	SUB	ESC	FSP	GSP	RSP	USP
0100		!	"	#	$	%	&	'
0101	(	)	*	+	,	-	.	/
0110	0	1	2	3	4	5	6	7
0111	8	9	:	;	<	=	>	?
1000	@	A	B	C	D	E	F	G
1001	H	I	J	K	L	M	N	O
1010	P	Q	R	S	T	U	V	W
1011	X	Y	Z	[	\	]	^	_
1100	`	a	b	c	d	e	f	g
1101	h	i	j	k	l	m	n	o
1110	p	q	r	s	t	u	v	w
1111	x	y	z	{	|	}	~	DEL

Technische Informatik
1 Codierungstheorie

Binärdarstellung von Dezimalzahlen

Zahl	BCD	Aiken	Gray	Exceß-3
0	0000	0000	0000	0011
1	0001	0001	0001	0100
2	0010	0011	0011	0101
3	0011	0010	0010	0110
4	0100	0110	0110	0111
5	0101	0111	0111	1000
6	0110	0101	0101	1001
7	0111	0100	0100	1010
8	1000	1100	1100	1011
9	1001	1101	1101	1100

Beim Rechnen mit diesen Codes können ungültige Codes, die Pseudotetraden, entstehen. Diese müssen durch Korrekturadditionen berichtigt werden.

Binärdarstellung Zahlen werden zur Basis 2 dargestellt

Oktaldarstellung Zahlen werden zur Basis 8 dargestellt

Hexadezimaldarstellung Zahlen werden zur Basis 16 dargestellt. Es werden die Ziffern um die in der Tabelle enthaltenen Ziffern ergänzt.

Ziffer	Binär	Wert
A	1010	10
B	1011	11
C	1100	12
D	1101	13
E	1110	14
F	1111	15

Algorithmus zur Berechnung der Zifferndarstellung

```
X := Zahl; i := 0;
while X <> 0 do begin
        Ziffer[i] := X mod Basis;
        X := X div Basis;
        i := i + 1;
end;
```

2 Zahlendarstellung

2.1 Binäre Zahlendarstellung im Festkommaformat

Positive ganze Zahlen werden rechnerintern in Binärdarstellung abgespeichert. Hierbei ergibt sich die Zahl Z, die als N-Bit-Binärwert dargestellt ist zu:

$$Z \sum_{i=0}^{N-1} b_i 2^i$$

Zahlenbereiche

8-Bitwert $0\ldots255$
16-Bitwert $0\ldots65.536$
32-Bitwert $0\ldots4.294.967.296$

Zur besseren Lesbarkeit werden die einzelne Bits oft zu Dreier- oder Vierergruppen zusammengefaßt und als Oktal- bzw. Hexadezimalzahl geschrieben.

2.2 Darstellung negativer Zahlen

Einerkomplement

$$Z = -\left(b_{(n-1)} 2^{N-1}\right) + \left(\sum_{i=0}^{N-2} b_i 2^i\right) - 1$$

Das Einerkomplement wird durch stellenweise Komplementierung der Binärdarstellung des Betrages gebildet. Der Zahlenbereich erstreckt sich von $-2^{N-1} + 1$ bis $2^{N-1} - 1$. Die Null hat beim Einerkomplement zwei Darstellungen: alle Bits gleich 1 oder alle Bits gleich 0.

Zweierkomplement

$$Z = -\left(b_{(n-1)} 2^{N-1}\right) + \sum_{i=0}^{N-2} b_i 2^i$$

Das Zweierkomplement erhält man durch stellenweises Komplement des Betrages der Zahl in Binärdarstellung und anschließender Addition von 1. Der Zahlenbereich erstreckt sich von -2^{N-1} bis $2^{N-1}-1$.

8-Bitwert $-128\ldots127$
16-Bitwert $-32.768\ldots32.767$
32-Bitwert $-2.147.483.648\ldots2.147.483.647$

2.3 Binäre Zahlendarstellung im Gleitpunktformat

Beim Gleitpunktformat werden die Zahlen in Mantisse, Exponent und Vorzeichen S aufgetrennt.

Die Position und die Größe der einzelnen Felder im Zahlwort ist implementierungsabhängig.

Beispiel für ein Gleitpunktformat

| S | Exponent | Mantisse |

Typische Größen für Gleitpunktzahlen:
32 Bit einfache Genauigkeit (single precision)
64 Bit doppelte Genauigkeit (double precision)

Normalisierung

Die Mantisse wird soweit verschoben, bis an einer festen Position (z. B. die erste Stelle links vom Komma) eine Eins steht. Bei der internen Repräsentation kann diese Stelle dann weggelassen werden (Hidden bit).

2.4 Gleitpunktdarstellung im IEEE-Format

Eine 32-Bit-Gleitpunktzahl hat im IEEE-Format (Gleitpunktstandard ▶ IEEE 754) die Darstellung

Bit 31   Vorzeichenbit s
Bit 30-23   Exponent e
Bit 22-0   Mantisse m (mit einem Hidden bit vor dem Komma)

Die Zahl ergibt sich zu (im Zweierkomplement)

$Z = (-1)^s 2^{e-127} (01 \cdot m)_2$ bei $0 < e < 255$
$Z = 0$ bei $e = -128$ oder $e = 0$ und $m = 0$

Sonderfälle

$Z = (-1)^s 2^{e-126} (0 \cdot m)_2$ bei $e = 0$ und $m \neq 0$ (nicht normalisierte Zahl)

$Z = (-1)^s$ unendlich   bei $e = 255$ und $m = 0$

NaN (not a number)   bei $e = 255$ und $m \neq 0$

3 Schaltalgebra

3.1 Eigenschaften der Schaltalgebra

Es gibt eine Menge von Schaltvariablen, die die Werte 0 und 1 annehmen können. Zwischen den Variablen sind zwei Verknüpfungen definiert.

Konjunktion (UND)	$A \wedge B$
Disjunktion (ODER)	$A \vee B$
Es gelten die Beziehungen	$A \wedge 1 = A$
	$A \vee 0 = A$
Komplement (Negation)	$\overline{A}$
Es gelten folgende Beziehungen	$A \wedge \overline{A} = 0$
	$A \vee \overline{A} = 1$

3.2 Rechenregeln

Assoziativgesetze	$(A \wedge B) \wedge C = A \wedge (B \wedge C)$
	$(A \vee B) \vee C = A \vee (B \vee C)$
Kommutativgesetze	$A \wedge B = B \wedge A$
	$A \vee B = B \vee A$
Idempotenzgesetze	$A \wedge A = A$
	$A \vee A = A$
Distributivgesetze	$(A \wedge B) \vee C = (A \vee C) \wedge (B \vee C)$
	$A \vee B) \wedge C = (A \vee C) \wedge (B \vee C)$
Absorptionsgesetze	$(A \wedge B) \vee A = A$
	$(A \vee B) \wedge A = A$
DeMorgan-Regeln	$\overline{A \wedge B} = \overline{A} \vee \overline{B}$
	$\overline{A \vee B} = \overline{A} \wedge \overline{B}$

Normalformen

Disjunktive Normalform

$y = K_1 \vee K_2 \vee \ldots \vee K_n$ disjunktive Verknüpfung einer endlichen Anzahl von Konjunktionen K_i

Konjunktive Normalform

$y = D_1 \wedge D_2 \wedge \ldots \wedge D_n$ konjuktive Verknüpfung von Disjunktionen D_i

4 Digitale Grundschaltungen

4.1 Schaltzeichen

Funktionsbezeichnung	Symbol	Funktion
NEGATION (OT/Inverter)		$\neg A$
UND		$A \wedge B$
NAND		$\overline{A \wedge B}$
ODER		$A \vee B$
NOR		$\overline{A \vee B}$
EXOR Antivalenz		$A \oplus B = \overline{A} \wedge B \vee A \wedge \overline{B}$
EXNOR Äquivalenz		$A \otimes B = \overline{A \wedge B} \vee A \wedge B$

Wahrheitstabelle

A	B	$\neg A$	$A \wedge B$	$\overline{A \wedge B}$	$A \vee B$	$\overline{A \vee B}$	$A \oplus B$	$A \otimes B$
0	0	1	0	1	0	1	0	1
0	1	1	0	1	1	0	1	0
1	0	0	0	1	1	0	1	0
1	1	0	1	0	1	0	0	1

Ein Kreis an den Eingängen gibt an, daß die entsprechende Schaltvariable komplementiert zur Funktion beiträgt.

4.2 Flipflops

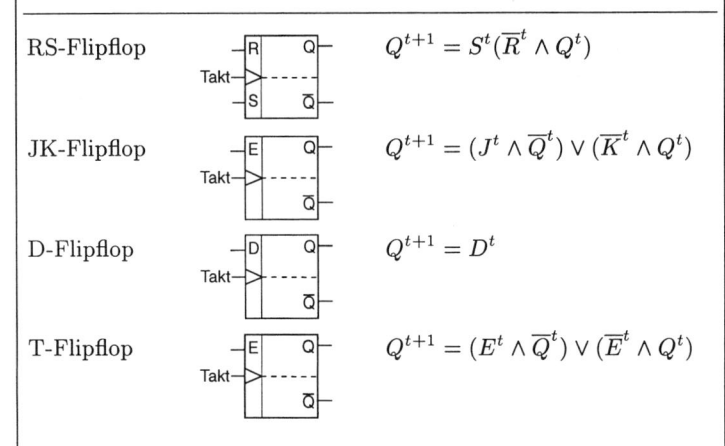

RS-Flipflop $\qquad Q^{t+1} = S^t(\overline{R}^t \wedge Q^t)$

JK-Flipflop $\qquad Q^{t+1} = (J^t \wedge \overline{Q}^t) \vee (\overline{K}^t \wedge Q^t)$

D-Flipflop $\qquad Q^{t+1} = D^t$

T-Flipflop $\qquad Q^{t+1} = (E^t \wedge \overline{Q}^t) \vee (\overline{E}^t \wedge Q^t)$

Es handelt sich hier um flankengesteuerte Flipflops. Dies wird durch die Dreiecke am Takt angedeutet. Ein Zustandswechsel erfolgt bei einem 0-1-Übergang des Taktes (positive Taktflanke). Ein schwarzes Dreieck am Takteingang signalisiert einen Zustandswechsel bei negativer Taktflanke.

4.3 Endliche Automaten

Eine endlicher Automat ist ein Quintupel (X, Y, Z, f_y, f_z).

- X Menge der möglichen Entscheidungsbelegungen, ausgedrückt durch die n Entscheidungsvariablen x_i, $i = 1 \ldots n$.
- Y Menge der möglichen Steuerbelegungen, ausgedrückt durch die m Steuervariablen y_i, $i = 1 \ldots m$.
- Z Menge aller internen Zustände, repräsentiert durch k Zustandsvariablen z_i, $i = 1 \ldots k$.
- f_y Ausgabefunktion
- f_z Überführungsfunktion

Moore-Automat   Beim Moore-Automat hängt die Ausgabefunktion nur vom Zustand a ab.

Mealy-Automat   Beim Mealy-Automat hängt die Ausgabefunktion von den Entscheidungsvariablen und dem Zustand ab.

4.4 Arithmetische Komponenten

Kaskadierbarer Volladdierer

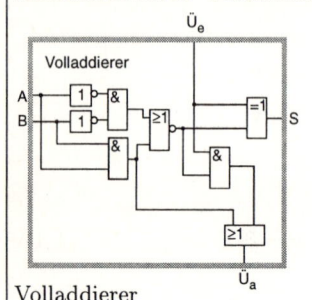

Es werden die Eingänge A und B und der Übertrag $\ddot{U}_e$ addiert. S ist die Summe, $\ddot{U}_a$ ist der Übertrag für die nächste Stelle. Durch Zusammenschalten von N Volladdierern kann ein **Addierer mit seriellem Übertrag** (Ripple Carry Adder) für ein N-Bitwort aufgebaut werden.

Volladdierer

Addierer mit Übertragsvorausschau (Carry Look Ahead Adder, CLA-Adder)

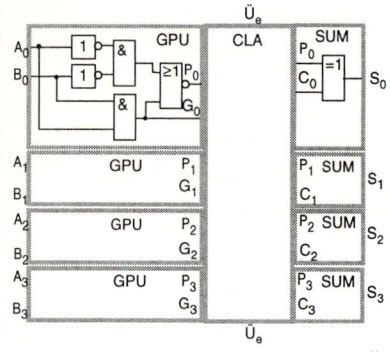

Komponenten eines Addierers mit Übertragsvorausschau

Funktion der CLA-Einheit
$C_0 = \ddot{U}_e$
$C_1 = P_0 \wedge \ddot{U}_e \vee G_0$
$C_2 = P_0 \wedge P_1 \wedge \ddot{U}_e \vee P_1 \wedge G_0 \vee G_1$
$C_3 = P_0 \wedge P_1 \wedge P_2 \wedge \ddot{U}_e \vee P_1 \wedge P_2 \wedge G_0 \vee P_2 \wedge G_1 \vee G_3$
$U_a = P_0 \wedge P_1 \wedge P_2 \wedge P_3 \wedge \ddot{U}_e \vee P_1 \wedge P_2 \wedge P_3 \wedge G_0 \vee P_2 \wedge P_3 \wedge G_1 \vee P_3 \wedge G_2 \vee G_3$

Eine Stufe aus mehr als vier Bit ist nicht sinnvoll. Allerdings lassen sich nach dem gleichen Prinzip mehrere Vierergruppen zusammenschalten. Es muß dann für jede Gruppe je ein Signal P_G und G_G erzeugt werden. Die Zusammenschaltung der Blöcke erfolgt über eine CLA-Einheit.

Technische Informatik
4 Digitale Grundschaltungen

Beispiel einer ALU-Bitscheibe
(ALU: Arithmetical Logical Unit)

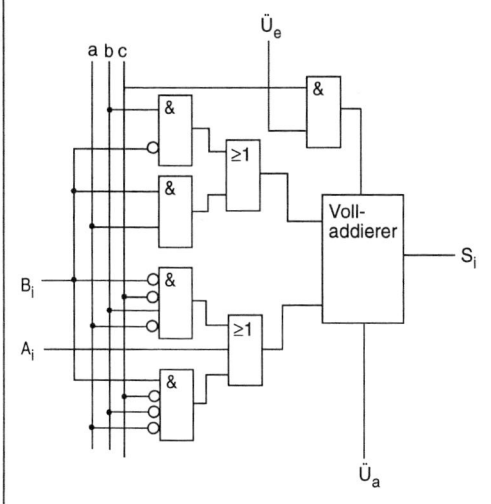

Funktionstabelle zur ALU

a	b	c	$Ü_e$	S	Funktion
					arithmetisch
0	0	1	0	A_i	Identität
0	0	1	1	$A_i + 1$	Inkrement
0	1	1	0	$A_i - B_i$	Subtraktion (Einerkomplement)
0	1	1	1	$A_i - B_i$	Subtraktion (Zweierkomplement)
1	0	1	0	$A_i + B_i$	Addition
1	0	1	1	$A_i + B_i + 1$	Addition mit Übertrag
1	1	1	0	$A_i - 1$	Dekrement
1	1	1	1	A_i	Identität
					logisch
0	0	0	-	$A_i \vee B_i$	Disjunktion
0	1	0	-	$A_i \wedge B_i$	Konjunktion
1	0	0	-	$A_i \oplus B_i$	Antivalenz
1	1	0	-	A_i	Negation

Statt eines Addierer mit seriellem Übertrag kann auch ein Addierer mit Übertragsvorausschau verwendet werden.

5 Schaltungstechnik

5.1 Bipolartechnologien

TTL
(Transistor-Transistor-Logik)

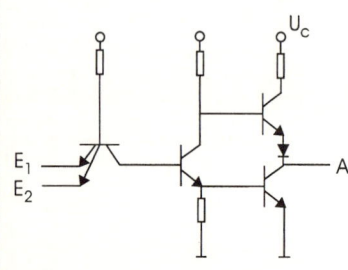

NAND in TTL-Technologie

Verzögerungszeiten

Baureihe	Typische Gatterverzögerung in ns
74	10
74L	33
74S	3
74F	2
74LS	9,5
74AS	1,5
74ALS	4

Buchstabenkennung
F Fast
L Low Power
S Schottky
A Advanced

Spannungspegel

TTL-Highin   2 V
TT-Lowin   0,8 V
Betriebsspannung   5 V

Der **Lastfaktor** gibt an, wie viele Standard-TTL-Eingänge von einem Ausgang angesteuert werden können bzw. wie stark ein Eingang den treibenden Ausgang belastet. Es muß gelten: Ausgangslastfaktor $\leq$ Summe der Eingangslastfaktoren.

ECL (Emitter Coupled Logic)

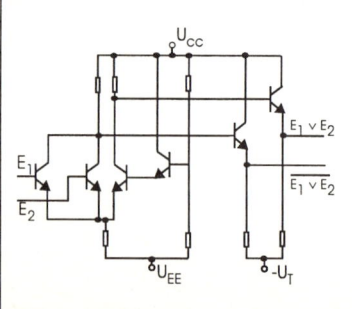

Da die Transistoren nicht im Sättigungsbereich arbeiten, werden bei der ECL-Technik sehr kurze Schaltzeiten erzielt. Nachteilig ist der sehr hohe Leistungsbedarf.

Spannungspegel
ECL-High: $-0,8$ V
ECL-Low: $-1,7$ V

Gatterverzögerungszeiten
0,5; 2 ns

ODER/NOR in ECL-Technologie

5.2 MOS-Technologien

MOS-Schaltkreise bestehen hauptsächlich aus MOS-Transistoren (MOS: Metal Oxid Silicon). Hierbei gibt es zwei Typen:

n-Kanal-Transistoren   Der Kanal besteht aus p-dotiertem Silicium.

p-Kanal-Transistoren   Der Kanal besteht aus n-dotiertem Silicium.

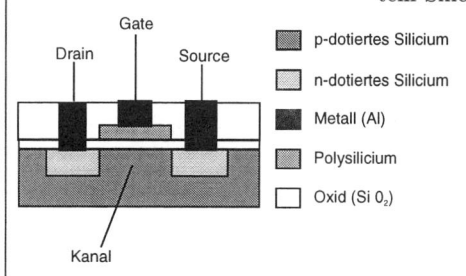

Querschnitt durch einen MOS-Transistor

Anreicherungtypen sind bei spannungslosem Gateanschluß sperrend.

Verarmungstypen sind bei spannungslosem Gate leitend.

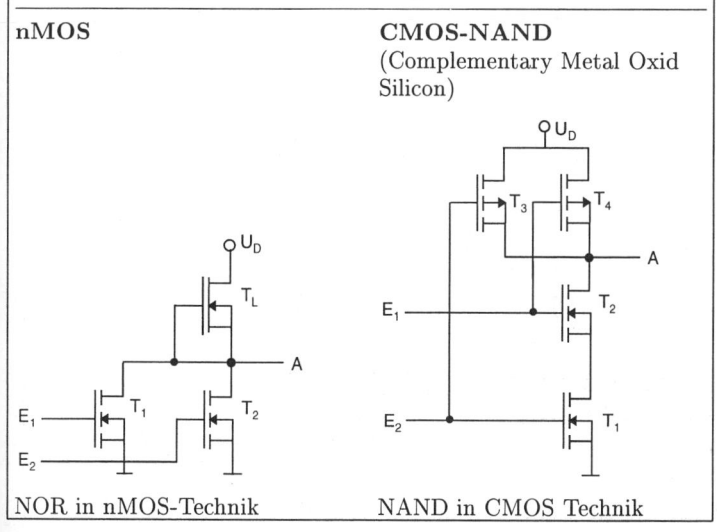

nMOS	CMOS-NAND (Complementary Metal Oxid Silicon)
NOR in nMOS-Technik	NAND in CMOS Technik

5.3 Weitere Technologien

BiCMOS BiCMOS steht für bipolar CMOS. Hierbei sind die Ausgangstreiber in Bipolartechnik gehalten, die Ansteuerung in CMOS.

GaAs Gallium-Arsenid-Schaltkreise haben wegen der höheren Beweglichkeit der Ladungsträger sehr hohe Schaltgeschwindigkeiten.

6 Speicher

Speicherbausteine dienen der Speicherung von Daten. Es sollen hier nur die Halbleiterspeicher vorgestellt werden.

Externe Organisation von Speichern

Wortbreite — Anzahl der Bits, die parallel gelesen oder geschrieben werden können

Speichertiefe — Anzahl der adressierbaren Worte

Die Anzahl der Bits (Speicherzellen) in einem Speicher ergibt sich aus Speichertiefe × Wortbreite.

Interne Organisation von Speichern

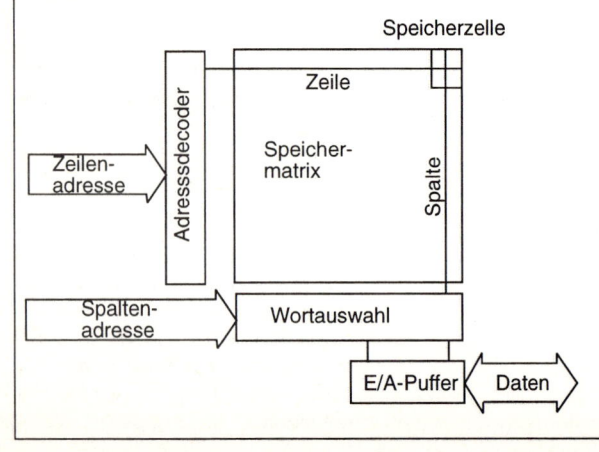

Technische Informatik
6 Speicher

Speicherzelle	Eine Speicherzelle kann üblicherweise nur ein Bit speichern. Die Art der Speicherzelle hängt vom Typ des Speichers ab.
Speichermatrix	Die Speichermatrix ist in Zeilen und Spalten organisiert.
Zeilenadresse	Mit der Spaltenadresse wird über den Adreßdecoder eine ganze Zeile ausgewählt und in die Wortauswahl geschrieben.
Spaltenadresse	Mit der Spaltenadresse wird aus der in der Wortauswahl stehenden Zeile ein Wort ausgewählt.

Kenngrößen

Zugriffszeit	Zeit vom Anlegen einer gültigen Adresse bis zum Bereitstehen der Daten
Zykluszeit	Zeit, bis ein neuer Zugriff auf den Speicher erfolgen kann

6.1 ROM (Read Only Memory/Nur-Lesespeicher)

Diese Speicher können (meist) nur einmal beschrieben werden. Im normalen Betrieb wird der Inhalt nur gelesen. Nach der Art der Programmierung können verschiedene Typen unterschieden werden:

Maskenprogrammierte ROM	Der Speicher wird vom Hersteller programmiert.
Programmierbare ROM (PROM)	Der Speicher wird vom Kunden programmiert. Die Programmierung erfolgt durch Zerstören von Verbindungen (Fuse-Technik) oder durch Zerstörung von Diodenübergängen (Anti-Fuse-Technik).

6 Speicher

Löschbare PROM (EPROM)

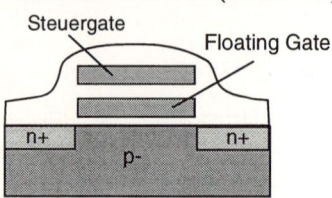

FAMOS-Transistor

Diese Speicher können ebenfalls vom Kunden programmiert werden. Allerdings kann der gesamte Speicherinhalt durch Bestrahlung mit UV-Licht gelöscht werden.

Die Speicherung erfolgt durch FAMOS-Transistoren (Floating Gate Avalanche Injection MOS). Hierbei werden bei der Programmierung heiße Elektronen aus dem Kanalbereich auf das Floating-Gate gebracht (Avalanche-Effekt).

EEPROM
Electrically Erasable PROM

Dieser Speicher kann im Betrieb ganz oder teilweise gelöscht werden. Die Löschzeiten liegen im ms- bis s-Bereich.

6.2 RAM (Random Access Memory/Schreib-Lese-Speicher)

Statische Speicher (SRAM)

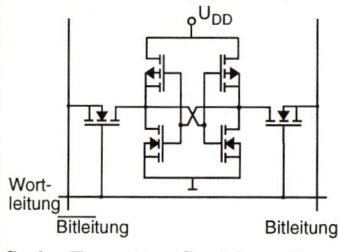

Sechs-Transistor-Speicherzelle

Der Speicherinhalt bleibt erhalten, solange die Versorgungsspannung anliegt.
Eine Speicherzelle für SRAM ist im Bild dargestellt. Typische Zugriffszeiten: 1 ns bis 60 ns.

Standby-Modus

Die Versorgungsspannung wird abgesenkt, um den Stromverbrauch zu senken. Die Daten bleiben erhalten.

SyncRAM

Durch Speicherung der Adresse kann bereits eine neue Adresse angelegt werden, während die Daten gelesen werden.

Technische Informatik
6 Speicher

Typische Speichergrößen und Zugriffszeiten

Technologie (s. Abschn. 5)	Typische Speichergröße	Typische Zugriffszeiten
TTL[1]	64 KBit	3 ns
ECL[1]	4 KBit, 5 KBit	< 1 ns
CMOS	4 MBit, 16 MBit	15 ns, 40 ns
BiCMOS	16 KBit, 4 MBit	3 ns, 10 ns
GaAs	1 KBit, −16 KBit	1 ns, 5 ns

[1] Die TTL- und ECL-Technologie wird heute meist durch die BiCMOS-Technologie ersetzt.

Dynamische Speicher (DRAM)

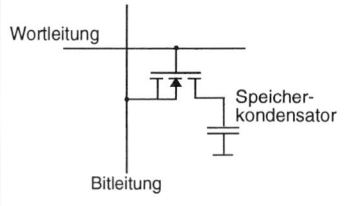

Ein-Transistor-Speicherzelle

Dynamische Speicher verlieren auch bei angelegter Versorgungsspannung die eingeschriebene Information. Es ist daher ein zyklisches Auffrischen der Daten notwendig (Refresh). Heute üblich: Ein-Transistor-Speicherzelle mit Speicherkondensator.

Adreßmultiplex

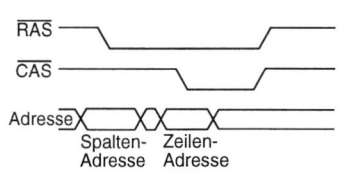

Signalverlauf beim Adreßmultiplex

Adreßmultiplex bei einem DRAM: Die Signale $\overline{RAS}$ (Row Address Strobe) und $\overline{CAS}$ (Column Address Strobe) geben an, wann die entsprechenden Adressen gültig sind. DRAM haben üblicherweise ein Adreßmultiplex.

Die Speichergrößen von DRAM betragen 256 KBit bis 64 MBit. Die Zugriffszeiten liegen im Bereich von 40 bis 150 ns.

Nibble-Mode

Bei manchen DRAM ist es möglich, durch Takten des $\overline{CAS}$-Signals das jeweils nächste Wort auszulesen.

Page-Mode	Durch das Anlegen einer neuen Spaltenadresse und Takten des $\overline{\text{CAS}}$-Signals wird das jeweilige Wort aus der durch die Zeilenadresse ausgewählten Zeile ausgegeben.
VRAM (Video-RAM)	DRAM, bei dem jeweils eine Zeile in ein Schieberegister ausgelesen wird. Diese läßt sich seriell mit hoher Geschwindigkeit auslesen. Parallel zum Auslesen des Schieberegisters können die Daten im Speicher geändert werden.

7 Mikrorechner

7.1 Prinzipieller Aufbau

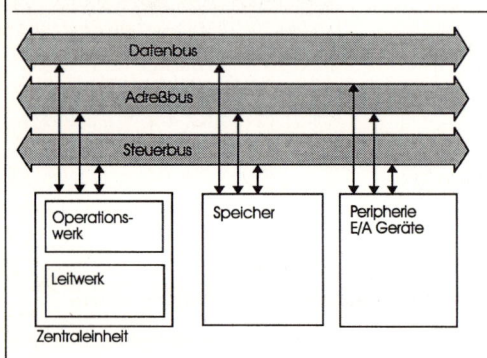

Prinzipieller Aufbau eines Digitalrechners

Wesentliche Merkmale sind die Anzahl der Bits, die auf dem Datenbus transportiert werden können, die Datenwortbreite, und die Anzahl der Adreßbits.

Mikroprozessor	Bei einem Mikroprozessor wird die Zentraleinheit (CPU: Central Processor Unit) auf einem Chip realisiert. Er vereinigt Rechen- und Steuerwerk (ALU) sowie die Steuereinheit für den Datenaustausch.

Mikrocontroller (Einchipcomputer)	Sie stellen zu Computerkernen erweiterte Prozessoren für Verarbeitungs- und Steuerungsaufgaben dar und sind meist langsamer als Mikroprozessoren.
Arbeitsweise einer CPU	Zunächst wird ein Befehl geholt. Die Adresse des nächsten Befehls steht im Programmzähler. Dieser wird inkrementiert. Der Befehl wird entschlüsselt. Anschließend werden die Daten geholt. Danach wird der Befehl ausgeführt und das Resultat zurückgeschrieben.
Pipeline	Die einzelnen Arbeitsschritte werden in separaten Stufen nach dem Fließbandprinzip parallel ausgeführt. Es kann daher bereits mit der Bearbeitung eines neuen Befehls begonnen werden, während der vorherige weiter bearbeitet wird.

7.2 Speicherhierarchie

Zur Anpassung der meist kürzeren Zykluszeit des Prozessors an den dazu relativ langsamen Hauptspeicher werden Zwischenspeicher (Cache) eingefügt. Es werden folgende Ebenen unterschieden:

Prozessorregister	Daten- und Adreßregister im Prozessor
Cache	Der Cache wird meist in zwei Ebenen unterteilt. Erste Ebene (First level cache): separater Speicher direkt auf dem Prozessorchip. Zweite Ebene (Second level cache): schneller Speicher aus SRAM. Im Cache wird eine Kopie der Daten, die am häufigsten benötigt werden, gehalten.

Hauptspeicher	Meist aus DRAM aufgebauter Arbeitsspeicher. Er muß alle aktuell benötigten Daten und Programme enthalten.
Festplatte	Hierauf werden die Daten und Programme permanent abgespeichert.

8 ASIC

ASIC: Application Specific Integrated Circuit

8.1 Programmierbare Schaltungen

PAL

Beim PAL (Programmable Array Logic) können in der UND-Matrix beliebige Konjunktionen programmiert werden. Die Eingänge liegen auch in invertierter Form vor. Diese Konjunktionen werden über fest vorgegebene ODER-Gatter verknüpft.

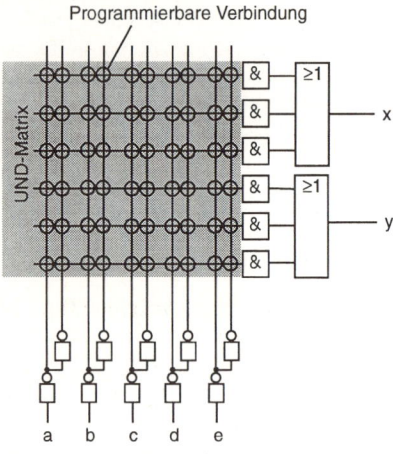

Prinzipschaltbild PAL

FPLA

Beim FPLA (Field Programmable Logic Array) können in der UND-Matrix beliebige Konjunktionen programmiert werden. In der ODER-Matrix werden diese dann ODER-verknüpft. Durch die

Mehrfachverwendung von UND-Termen können sich Vorteile gegenüber den PAL ergeben.

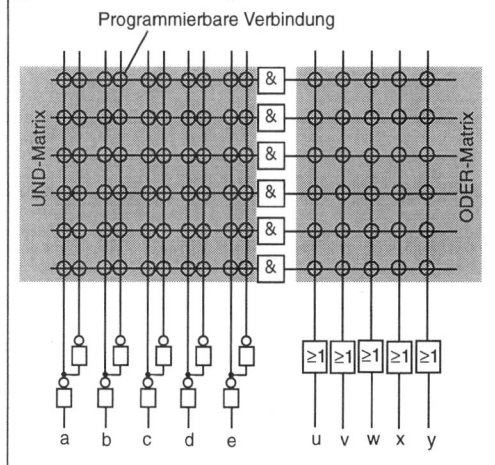

Prinzipschaltbild FPLA

PML

PML (Programmable Macro Logic) bestehen aus einer Reihe von NAND-Gattern. Über eine programmierbare Verbindungsmatrix können sowohl die Eingänge als auch die Ausgänge der NAND-Gatter miteinander verknüpft werden.

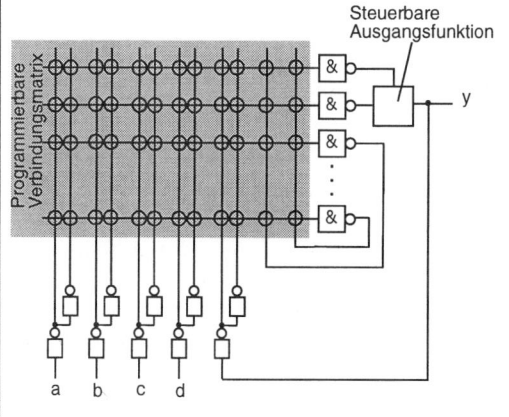

Prinzipschaltbild PML

Technische Informatik
8 ASIC

FPGA

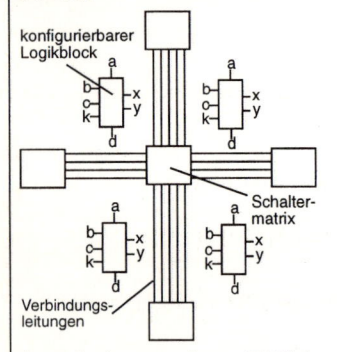

FPGA (Field Programmable Gate Array) bestehen aus konfigurierbaren Logikblöcken und einer programmierbaren Verdrahtung. Hierbei lassen sich durch die Logikblöcke beliebige Schaltfunktionen realisieren.

Ausschnitt aus einem FPGA

8.2 Semikunden-IC

Wichtige Schritte beim Entwurf von Semikunden-IC:

- Entwurf der Logik
- Simulation der Logik (mit Leitungslaufzeiten)
- Entwurf von Testmustern
- Plazierung der Zellen
- Verdrahtung der Zellen
- Prüfen auf Entwurfsregelverletzung (DRC).

Gate-Arrays

Gate-Arrays bestehen zum einen aus einer vorgefertigten festen Transistorstruktur mit Verdrahtungskanälen, dem sogenannten Master, zum anderen aus der vom Kunden definierten Verbindungsstruktur in mehreren Metallebenen. Beim Hersteller werden die kundenspezifischen Metallebenen durch die Personalisierung auf den vorgefertigten Master aufgebracht.

Standardzellen

Standardzellen-IC werden vom Anwender auf der Basis einer Gatterbibliothek, der Standardzell-Bibliothek, entworfen. Der Hersteller des IC optimiert die Standardzell-Bibliothek auf den Herstellungsprozeß hin. Für den Entwurf werden meist spezielle Entwurfswerkzeuge eingesetzt.

Nach dem vom Anwender definierten Layout wird beim Hersteller ein IC produziert. Die Produktion umfaßt mehrere Prozeßschritte.

Physik

1 Kinematik

1.1 Geradlinige Bewegung

Grundbeziehungen der geradlinigen Bewegung

$x = x(t)$ $\qquad x = \int v \, dt \qquad$ zurückgelegter Weg

$v = \dfrac{\Delta x}{\Delta t}$ $\qquad\qquad\qquad\qquad$ mittlere Geschwindigkeit

$v = \dfrac{dv}{dt} = \dot{x}$ $\qquad v = \int a \, dt \qquad$ momentane Geschwindigkeit

$a = \dfrac{\Delta v}{\Delta t}$ $\qquad\qquad\qquad\qquad$ mittlere Beschleunigung

$a = \dfrac{dv}{dt} = \dot{v}$ $\qquad\qquad\qquad\qquad$ momentane Beschleunigung

Spezielle Bewegungsformen

$a = 0, v = v_0 = \text{const}$ $\qquad$ gleichförmige Bewegung

$x = v_0 t + x_0 \quad v_0 = \dfrac{\Delta x}{t}$

$a = a_0 = \text{const}$ $\qquad\qquad$ gleichmäßig beschleunigte Bewegung

$v = a_0 t + v_0$ $\qquad\qquad\qquad$ a_0 konstante Beschleunigung
$\qquad\qquad\qquad\qquad\qquad$ v_0 Anfangsgeschwindigkeit

$x = \dfrac{a_0}{2} t^2 + v_0 t + x_0$ $\qquad$ x_0 Anfangsort

Graphische Darstellung im x-t-Diagramm

Gleichförmige Bewegung:

Kurve 1: $x_0 = 0, v_0 > 0$

Gleichmäßig beschleunigte Bewegung:

Kurve 2: $x_0 = 0, v_0 = 0, a > 0$
Kurve 3: $x_0 > 0, v_0 > 0, a < 0$
Kurve 4: $x_0 > 0, v_0 = 0, a < 0$

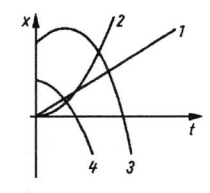

Physik
1 Kinematik

Graphische Darstellung im v-t-Diagramm

Gleichförmige Bewegung:
Kurve 1: $v_0 > 0$

Gleichmäßig beschleunigte Bewegung:
Kurve 2: $v_0 = 0$, $a > 0$
Kurve 3: $v_0 > 0$, $a < 0$

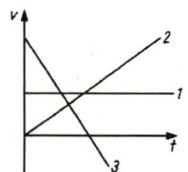

Freier Fall / Senkrechter Wurf

Gleichmäßig beschleunigte Bewegung mit $a = g = 9{,}81\,\dfrac{\text{m}}{\text{s}^2}$ (Fallbeschleunigung)

$s = \dfrac{g}{2}t^2$ Fallstrecke

$v = gt$, $v = \sqrt{2gs}$ Fallgeschwindigkeit

$h = v_0 t - \dfrac{g}{2}t^2$ Steighöhe

v_0 Abwurfgeschwindigkeit
$v_0 > 0$ Wurf nach oben
$v_0 < 0$ Wurf nach unten

1.2 Bewegung in der Ebene

Beschreibungsgrößen

Ortsvektor:
$\vec{r}(t) = x(t)\vec{e}_x + y(t)\vec{e}_y$

Geschwindigkeitsvektor:
$\vec{v}(t) = v_x \vec{e}_x + v_y \vec{e}_y$

Beschleunigungsvektor:
$\vec{a}(t) = a_x \vec{e}_x + a_y \vec{e}_y$

Dabei gilt:
$v_x = \dfrac{\mathrm{d}x}{\mathrm{d}t}$ $v_y = \dfrac{\mathrm{d}y}{\mathrm{d}t}$

$a_x = \dfrac{\mathrm{d}v_x}{\mathrm{d}t}$ $a_y = \dfrac{\mathrm{d}v_y}{\mathrm{d}t}$

$\vec{e}_x$, $\vec{e}_y$ Einheitsvektoren in x- und y-Richtung ($|\vec{e}_x| = 1$)

Superpositionsprinzip:

Die Komponenten von Bewegungen stören sich gegenseitig nicht. Sie können getrennt berechnet und nach der Vektorrechnung zu einer resultierenden Bewegung zusammengesetzt werden. Ebenso können komplizierte Bewegungen in Komponenten zerlegt und getrennt berechnet werden.

Schräger Wurf

Setzt sich aus einer horizontalen Bewegung $x(t)$ und einer Fallbewegung $y(t)$ zusammen.

$x = v_0 \cos \varphi \, t$

$y = v_0 \sin \varphi \, t - \dfrac{g}{2} t^2$

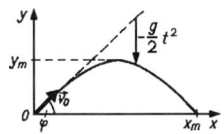

Wurfparabel:

$y = x \tan \varphi - \dfrac{g x^2}{2 v_0^2 \cos^2 \varphi}$

φ Abwurfwinkel
v_0 Abwurfgeschwindigkeit

$x_\mathrm{m} = \dfrac{v_0^2 \sin 2\varphi}{g}$

Wurfweite
(maximal bei $\varphi = 45°$)

$y_\mathrm{m} = \dfrac{v_0^2 \sin^2 \varphi}{2g}$

Steighöhe

$t_{y_\mathrm{m}} = \dfrac{v_0 \sin \varphi}{g}$

Steigzeit

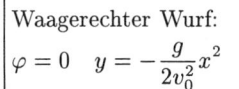

Waagerechter Wurf:

$\varphi = 0 \quad y = -\dfrac{g}{2 v_0^2} x^2$

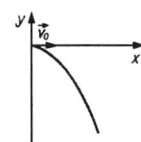

Bewegung auf dem Kreis (Rotation)

$s = r \varphi$

Weg auf der Kreisbahn
r Bahnradius, φ Drehwinkel

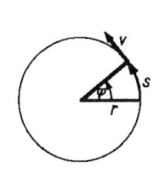

$v = r \omega$

Bahngeschwindigkeit
ω Winkelgeschwindigkeit

$a = r \alpha$

Bahnbeschleunigung
α Winkelbeschleunigung

$\varphi_\mathrm{Bogen} = \varphi_\mathrm{Grad} \dfrac{2\pi}{360}$

Winkelangabe erfolgt im Bogenmaß!

$\omega = \dfrac{\mathrm{d}\varphi}{\mathrm{d}t}$

Winkelgeschwindigkeit

$\alpha = \dfrac{\mathrm{d}\omega}{\mathrm{d}t}$

Winkelbeschleunigung

Physik
2 Dynamik

Die Kreisbewegung kann in periodische Bewegungen in x- und y-Richtung zerlegt werden:

$x = r \cos \varphi(t)$

$y = r \sin \varphi(t)$

$r = \sqrt{x^2 + y^2} = \text{const}$

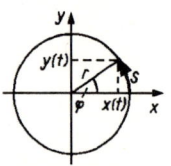

Spezielle Kreisbewegungen (Rotation)

Gleichförmige Kreisbewegung: $\alpha = 0$

$\omega = \dfrac{\varphi}{t} = \text{const} \quad \varphi = \omega t + \varphi_0$

$\omega = 2\pi f$ f Frequenz

$\omega = 2\pi n$ n Drehzahl

$T = \dfrac{2\pi}{\omega} = \dfrac{1}{f}$ T Umlaufzeit

Gleichmäßig beschleunigte Kreisbewegung: $\alpha = \text{const}$

$\varphi = \dfrac{\alpha}{2} t^2 + \omega_0 t + \varphi_0$ ω_0 Anfangswinkelgeschwindigkeit

                          φ_0 Anfangswinkel

Radialbeschleunigung

Bei gleichförmiger und bei ungleichförmiger Kreisbewegung muß eine Beschleunigung zum Mittelpunkt hin erfolgen, damit die Bewegung in die Kreisbahn gezwungen wird.

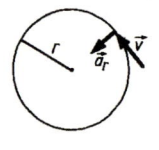

$a_r = \dfrac{v^2}{r} = \omega^2 r$ Radialbeschleunigung

---

2 Dynamik

2.1 Newtonsche Axiome

1. Newtonsches Axiom

Ein kräftefreies Teilchen bleibt in Ruhe oder gleichförmig geradliniger Bewegung.

2 Dynamik

2. Newtonsches Axiom

Wirkt eine Kraft $\vec{F}$ auf eine Punktmasse m, so gilt die Newtonsche Bewegungsgleichung

$\vec{F} = m\vec{a}$ Kraft = Masse mal Beschleunigung

$\vec{F} = F_x \vec{e}_x + F_y \vec{e}_y + F_z \vec{e}_z$ Kraft als vektorielle Größe mit den Komponenten F_x, F_y, F_z; $\vec{e}_x$, $\vec{e}_y$, $\vec{e}_z$ Einheitsvektoren

Kräfte können in Komponenten in vorgegebenen Richtungen zerlegt werden. Wirken mehrere Kräfte gleichzeitig auf den Körper ein, können diese vektoriell zu einer resultierenden Kraft zusammengesetzt werden (Kräfteparallelogramm). Die Newtonsche Bewegungsgleichung gilt für die resultierende Kraft.

Speziell: schiefe Ebene

Die Gewichtskraft F_G wird zerlegt:
$F_H = F_G \sin \alpha$ Hangabtriebskraft
$F_N = F_G \cos \alpha$ Normalkraft
α Neigungswinkel

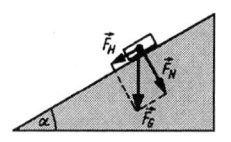

3. Newtonsches Axiom

Die von zwei Körpern aufeinander ausgeübten Kräfte sind stets gleich groß und einander entgegengerichtet.

$F_{12} = -F_{21}$ Kraft = Gegenkraft. Kräfte treten nur paarweise auf.

Kräfte der Mechanik

$F = -kx$ Federkraft (rücktreibende Kraft)
k Federkonstante

$F_G = mg$ Gewichtskraft (Kraft im Schwerefeld der Erde)
g Fallbeschleunigung, m Masse

$F_R = \mu F_N$, $F_R = \mu_0 F_N$ Reibungskraft, Wechselwirkung zwischen Flächen
μ Gleitreibungszahl, μ_0 Haftreibungszahl, F_N Normalkraft senkrecht zur Fläche

Physik
2 Dynamik

$F = G\dfrac{m_1 m_2}{r^2}$	Gravitationskraft (Massenanziehung) m_1, m_2 Massen der Körper, r Abstand der Körperschwerpunkte, G Gravitationskonstante

Neben diesen Wechselwirkungskräften treten in rotierenden Systemen **Trägheitskräfte** auf:

$F_Z = m\dfrac{v^2}{r} = m\omega^2 r$	Zentrifugalkraft (vom Drehpunkt weg gerichtet, muß bei Kreisbewegung durch eine Radialkraft kompensiert werden)
$F_C = 2mv\omega \sin(v,\omega)$	Coriolis-Kraft (wirkt auf den mit v bewegten Körper senkrecht zu v und senkrecht zur Rotationsachse) ω Winkelgeschwindigkeit

2.2 Translation

Grundgesetz der Translation

$\vec{F} = m\vec{a}$	Die Beschleunigung a zeigt in Richtung der Kraft F. m Masse

Arbeit

$W = \displaystyle\int_1^2 \vec{F}\,d\vec{s}$	Arbeit der Kraft F längs des Weges s von 1 nach 2

Speziell gilt:

$W = mgh$	Hubarbeit beim Anheben der Masse m auf die Höhe h g Fallbeschleunigung
$W = \mu F_N s$	Reibarbeit längs des Weges s μ Reibungszahl F_N Normalkraft
$W = \dfrac{1}{2}kx^2$	Arbeit zum Spannen einer Feder um x k Federkonstante

Physik
2 Dynamik

Energie

Energie bedeutet Arbeitsvermögen.

$E_k = \frac{1}{2}mv^2$ — kinetische Energie (Energie der Bewegung)
m Masse, v Geschwindigkeit

$E_p = -\int_1^2 \vec{F}\,d\vec{s}$ — potentielle Energie, entspricht der Arbeit gegen die Kraft F beim Verschieben des Körpers von 1 nach 2

Speziell gilt:

$E_p = mgh$ — Änderung von E_p beim Anheben eines Körpers um h

$E_p = \frac{1}{2}kx^2$ — Änderung von E_p beim Spannen einer Feder um x

---

Energieerhaltungssatz der Mechanik

$E_{k_1} + E_{p_1} = E_{k_2} + E_{p_2} = E_0 = \text{const}$

Die Summe aus kinetischer und potentieller Energie ist in einem System konstant. Der Energieerhaltungssatz gilt, wenn nur konservative Kräfte wirken. Bei diesen ist die verrichtete Arbeit nur vom Anfangs- und Endpunkt 1 und 2, nicht vom speziellen Weg von 1 nach 2 abhängig. Die Reibungskraft ist daher keine konservative Kraft.

Leistung, Wirkungsgrad

$P = \dfrac{dW}{dt}$ — Leistung P ist die auf die Zeit t bezogenen Arbeit W.

$P = Fv$ — Leistung, wenn die Kraft F den Körper mit der Geschwindigkeit v bewegt.

$\eta = \dfrac{P_{ab}}{P_{zu}}$ — Wirkungsgrad, Verhältnis von abgegebener zu zugeführter Leistung

Physik
2 Dynamik

Impuls, Impulserhaltungssatz

$\vec{p} = m\vec{v}$ \hfill Impuls, Bewegungsgröße der Translation
Vektor in Richtung der Geschwindigkeit $\vec{v}$

In einem abgeschlossenen System, d. h., wenn keine äußeren Kräfte wirken, ist die Summe der Impulse konstant.

$\sum_i m_i \vec{v}_i = \vec{p}_0 = \text{const}$ \hfill wenn $\sum_i \vec{F}_i^{\text{äußere}} = 0$

$\vec{p}_1 + \vec{p}_2 = \vec{p}_1' + \vec{p}_2'$ \hfill Beispiel bei zwei Körpern

Anwendung: Rückstoßprinzip beim Raketenantrieb

Wirkt eine äußere Kraft F, gilt:

$\Delta \vec{p} = \int \vec{F}\, dt$ \hfill Änderung des Impulses = Kraftstoß

Gerader zentraler Stoß zweier Körper

Elastischer Stoß

Erhaltung des Impulses:
$m_1 \vec{v}_1 + m_2 \vec{v}_2 = m_1 \vec{v}_1' + m_2 \vec{v}_2'$

Erhaltung der kinetischen Energie:

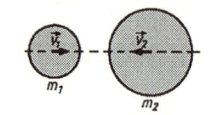

$\frac{1}{2} m_1 v_1^2 + \frac{1}{2} m_2 v_2^2 = \frac{1}{2} m_1 v_1'^2 + \frac{1}{2} m_2 v_2'^2$

$v_1' = \dfrac{(m_1 - m_2) v_1 + 2 m_2 v_2}{m_1 + m_2}$ \hfill Geschwindigkeit nach dem Stoß

$v_2' = \dfrac{(m_2 - m_1) v_2 + 2 m_1 v_1}{m_1 + m_2}$ \hfill Geschwindigkeit nach dem Stoß

Voll unelastischer Stoß

Erhaltung des Impulses:
$m_1 \vec{v}_1 + m_2 \vec{v}_2 = (m_1 + m_2) v'$

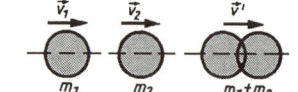

Verlust an kinetischer Energie:
$\Delta E_k = \dfrac{m_1 m_2}{2(m_1 + m_2)} (v_1 - v_2)^2$

$v' = \dfrac{m_1 v_1 + m_2 v_2}{m_1 + m_2}$ \hfill gemeinsame Geschwindigkeit nach dem Stoß

2.3 Rotation

Grundgesetz der Rotation

$\vec{M} = J\vec{\alpha}$ — Drehmoment = Trägheitsmoment J mal Winkelbeschleunigung α

$\vec{M} = \vec{r} \times \vec{F}$ — Drehmoment, ruft die Rotation hervor. Wirken mehrere Drehmomente, ist das resultierende Drehmoment einzusetzen.

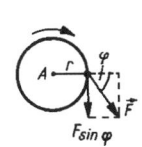

$M = Fr\sin\varphi$ — Wirksam ist die Kraftkomponente senkrecht zum Radius r. φ Winkel zwischen Kraft und Radius

Trägheitsmoment

$J = \int r^2 \, dm$ — Trägheitsmoment, erfaßt die Trägheit des starren, ausgedehnten Körpers gegen Rotation
r Abstand des Massenelements dm von der Drehachse

Spezielle Trägheitsmomente um Schwerpunktachsen

$J_S = mr^2$ — dünner Kreisring

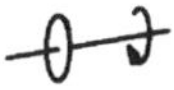

$J_S = \dfrac{1}{2}mr^2$ — Vollzylinder

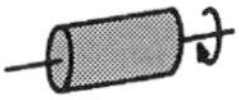

$J_S = \dfrac{2}{5}mr^2$ — Vollkugel

$J_S = \dfrac{1}{12}ml^2$ — dünner Stab

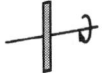

Satz von Steiner:

$J_A = J_S + ms^2$

Berechnung des Trägheitsmoments um eine Achse A im Abstand s, parallel zur Schwerpunktachse S

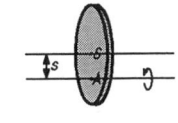

Physik
2 Dynamik

Arbeit, Leistung, Energie bei Rotation

$W = \int M \, d\varphi$ — Arbeit des Drehmomentes M bei Drehung um den Winkel φ

$P = \dfrac{dW}{dt} = M\omega$ — Leistung, wenn das Drehmoment M die Winkelgeschwindigkeit ω bewirkt

$E_k = \dfrac{J_A}{2}\omega^2$ — kinetische Energie der Rotation

$\dfrac{m}{2}v^2 + \dfrac{J_A}{2}\omega^2 + E_p = \text{const}$ — Energieerhaltungssatz bei Rotation mit Translation

Der Energieerhaltungssatz gilt, wenn nur konservative Kräfte wirken (s. Energieerhaltung bei Translation).

Drehimpuls, Drehimpulserhaltungssatz

$\vec{L} = J_A \vec{\omega}$ — Drehimpuls, Bewegungsgröße der Rotation

$\dfrac{d\vec{L}}{dt} = \vec{M}$ — Änderung des Drehimpulses bei Wirkung eines Drehmoments M

$\sum_i \vec{L}_i = \vec{L}_0 = \text{const}$ — Der Drehimpuls bleibt erhalten, wenn kein Drehmoment wirkt. Das bedeutet auch: Die Lage der Drehachse bleibt erhalten.

$J_1\omega_1 + J_2\omega_2 = J_1\omega_1' + J_2\omega_2'$ — Drehstoß, Kupplungsvorgang
J_i Trägheitsmomente
ω_i Winkelgeschwindigkeiten

Präzession des Kreisels

Ein rotierender Kreisel sucht seine Richtung beizubehalten. Wirkt ein Moment, so drängt die Achse senkrecht zur beabsichtigten Schwenkrichtung davon.

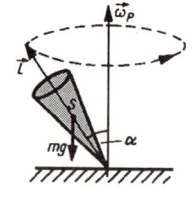

$\omega_p = \dfrac{M}{L \sin\alpha} = \dfrac{mgs}{J_S \omega}$ — Präzessionsfrequenz eines Kreisels im Schwerefeld der Erde
ω Rotationsfrequenz des Kreisels, α Neigungswinkel, s Abstand Schwerpunkt – Unterstützungspunkt

Keplersche Gesetze

1. Keplersches Gesetz:

Jeder Planet bewegt sich auf einer Ellipsenbahn, in deren einem Brennpunkt die Sonne steht.

2. Keplersches Gesetz:

Ein von der Sonne zum Planeten gezogener Leitstrahl überstreicht in gleichen Zeiten gleiche Flächen.

$$\frac{\Delta A}{\Delta t} = \text{const}$$

3. Keplersches Gesetz:

$$\frac{T_1^2}{T_2^2} = \frac{a_1^3}{a_2^3}$$

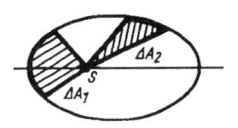

Die Quadrate der Umlaufzeiten T zweier Planeten verhalten sich wie die Kuben der großen Halbachsen a ihrer Bahnen.

Kosmische Geschwindigkeiten

$$v_{k_1} = \sqrt{\frac{Gm_{\text{Erde}}}{r}} \approx \sqrt{gr_{\text{Erde}}}$$
$$= 7{,}9\,\frac{\text{km}}{\text{s}}$$

1. kosmische Geschwindigkeit eines Satelliten auf einer Kreisbahn im Abstand r vom Erdmittelpunkt

$$v_{k_2} = \sqrt{\frac{2Gm_{\text{Erde}}}{r_{\text{Erde}}}}$$
$$= 11{,}2\,\frac{\text{km}}{\text{s}}$$

2. kosmische Geschwindigkeit, die ein Satellit haben muß, um der Erdanziehung zu entkommen

G Gravitationskonstante, m_{Erde} Erdmasse, r_{Erde} Erdradius

3 Schwingungen und Wellen

3.1 Freie ungedämpfte Schwingungen

Harmonische Schwingungen

Harmonische Schwingungen folgen Cosinus- bzw. Sinus-Funktionen.

$x = x_{\text{m}} \cos(\omega_0 t + \alpha)$
Orts-Zeit-Funktion
x Elongation, momentane Auslenkung

Physik
3 Schwingungen und Wellen

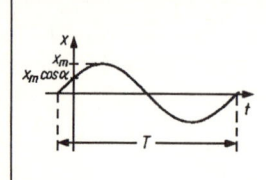

x_m	Amplitude, maximale Auslenkung
ω_0	Kreisfrequenz, Winkelgeschwindigkeit, Eigenkreisfrequenz des Systems
α	Nullphasenwinkel bei $t=0$
$\omega_0 t + \alpha$	Phasenwinkel zur Zeit t

$$\ddot{x} + \omega_0^2 x = 0$$

Differentialgleichung einer Schwingung. Die Beschleunigung $\ddot{x}$ ist gegen die Auslenkung x gerichtet.

Es gilt:
$$\omega_0 = 2\pi f = \frac{2\pi}{T}$$

f Frequenz
T Periodendauer, Schwingungsdauer mit $x(t) = x(t+T)$

Harmonische Oszillatoren (Schwinger)

---

1. Linearer Federschwinger

$$F_x = -kx$$

rücktreibende Federkraft
k Federkonstante
m Masse des Schwingers

$$\omega_0^2 = \frac{k}{m} \quad T = 2\pi\sqrt{\frac{m}{k}}$$

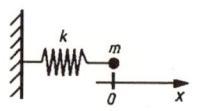

---

2. Drehpendel

$$M_A = -D\varphi$$

rücktreibendes Moment
D Richtmoment der Spiralfeder
J_A Trägheitsmoment

$$\omega_0^2 = \frac{D}{J_A} \quad T = 2\pi\sqrt{\frac{J_A}{D}}$$

3 Schwingungen und Wellen

3. Physikalisches Pendel: starrer Körper, um feste Achse A gelagert

$M = -mgs\sin\varphi \approx -mgs\varphi$ \quad rücktreibendes Moment für kleine Winkel ($\varphi \ll 1$)

$\omega_0^2 = \dfrac{mgs}{J_A} \quad T = 2\pi\sqrt{\dfrac{J_A}{mgs}}$

J_A Trägheitsmoment
s Abstand Drehachse – Schwerpunkt

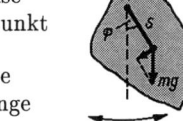

$l^* = \dfrac{J_A}{ms} \quad T = 2\pi\sqrt{\dfrac{l^*}{g}}$

l^* reduzierte Pendellänge
m Masse des Pendelkörpers
g Fallbeschleunigung

---

4. Mathematisches Pendel: Punktmasse am masselosen Faden

$\omega_0^2 = \dfrac{g}{l} \quad T = 2\pi\sqrt{\dfrac{l}{g}}$ \quad l Pendellänge

Zeigerdarstellung

Die Projektion einer gleichförmigen Kreisbewegung stimmt mit einer harmonischen Schwingung überein. Es können gleichzeitig mehrere Schwingungen und ihre Überlagerung dargestellt werden.

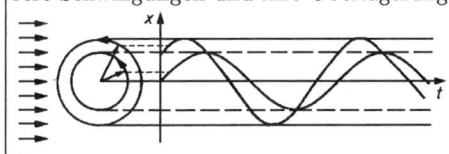

3.2 Gedämpfte Schwingungen

Orts-Zeit-Funktion
$x = x_m\, e^{-\delta t}\cos\omega t$

Differentialgleichung
$\ddot{x} + 2\delta\dot{x} + \omega_0^2 x = 0$

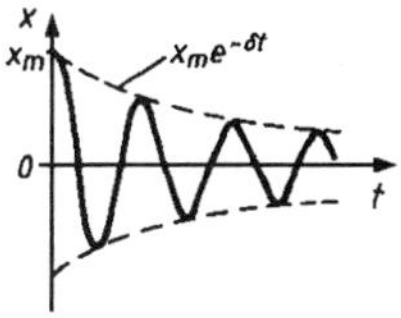

Winkelgeschwindigkeit
$\omega = \sqrt{\omega_0^2 - \delta^2}$

ω_0 Eigenkreisfrequenz des ungedämpften Systems

Physik
3 Schwingungen und Wellen

Für den Federschwinger gilt:

$$\omega_0^2 = \frac{k}{m} \quad \delta = \frac{r}{2m}$$

- k Federkonstante
- r Reibungskonstante
- m Masse
- δ Abklingkoeffizient

$$\frac{x(t+T)}{x(t)} = e^{-\delta T}$$

Abklingen der Elongation in einer Periode T

$$\Lambda = \ln \frac{x(t)}{x(t+T)} = \delta T$$

logarithmisches Dekrement der gedämpften Schwingung

Je nach der Größe der Dämpfung unterscheidet man:

$\omega_0^2 > \delta^2$ Schwingfall (Kurve 1)
$\omega_0^2 = \delta^2$ aperiodischer Grenzfall, exponentielle Rückkehr in die Ausgangslage (Kurve 2)
$\omega_0^2 < \delta^2$ Kriechfall (Kurve 3)

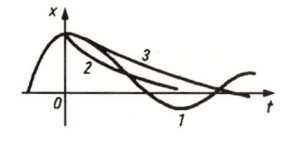

3.3 Erzwungene Schwingungen

Ein gedämpftes Schwingungssystem (Resonator) wird einer harmonisch veränderlichen Kraft ausgesetzt (Erreger, z. B. $F = k y_m \cos \omega t$). Nach einer Einschwingzeit schwingt das System nicht mehr mit der Eigenkreisfrequenz ω_0, sondern mit der Frequenz ω des Erregers.

Im stationären, d. h. im eingeschwungenen Zustand, gilt:

$$x = x_m \cos(\omega t - \alpha)$$

Orts-Zeit-Funktion
ω Frequenz des Erregers

$$\tan \alpha = \frac{2\omega\delta}{\omega_0^2 - \omega^2}$$

- α Phasendifferenz zwischen Resonator- und Erregerschwingung
- ω_0 Eigenkreisfrequenz des Systems

Amplitudenverhältnis Resonator – Erreger

$$\frac{x_m}{y_m} = \frac{\omega_0^2}{\sqrt{(\omega_0^2 - \omega^2)^2 + (2\omega\delta)^2}}$$

Für den Federschwinger gilt:
$$\omega_0^2 = \frac{k}{m} \quad \delta = \frac{r}{2m}$$

m Masse
k Federkonstante
δ Abklingkoeffizient
r Reibungskonstante

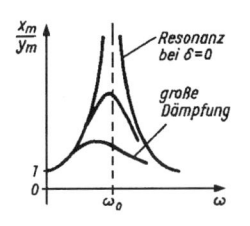

Resonanz

$\omega = \omega_0$ Eigenfrequenz des Systems und Erregerfrequenz stimmen überein. Bei schwachgedämpften Systemen kann es zur Resonanzkatastrophe kommen.

3.4 Überlagerung von Schwingungen

Schwingungsfähige Systeme führen häufig mehrere Schwingungen gleichzeitig aus, wobei sich die Schwingungen durch Richtung, Amplitude, Phase und Frequenz unterscheiden können.

Überlagerung zueinander senkrechter Schwingungen

$x = x_m \cos \omega_1 t$
$y = y_m \cos(\omega_2 t + \Delta\varphi)$

x, y Elongationen
x_m, y_m Amplituden
ω_1, ω_2 Kreisfrequenzen
$\Delta\varphi$ Phasenwinkeldifferenz

Bei $\omega_1 = \omega_2$ ergeben sich je nach Amplituden- und Phasenbeziehungen Geraden, Kreise oder Ellipsen. Unterscheiden sich auch die Frequenzen, ergeben sich die Lissajous-Figuren.

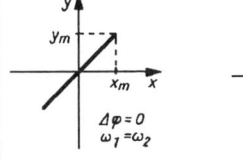

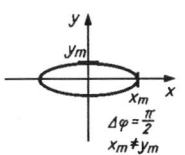

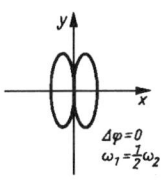

Physik
3 Schwingungen und Wellen

Überlagerung von Schwingungen gleicher Richtung

$x_1 = x_\mathrm{m} \cos(\omega_1 t + \varphi_1) \qquad x_2 = x_\mathrm{m} \cos(\omega_2 t + \varphi_2)$

$x_\mathrm{res} = 2x_\mathrm{m} \cos\left(\frac{\omega_1 - \omega_2}{2} t + \frac{\varphi_1 - \varphi_2}{2}\right) \cos\left(\frac{\omega_1 + \omega_2}{2} t + \frac{\varphi_1 + \varphi_2}{2}\right)$

Bei $\omega_1 = \omega_2$ gilt: $x_\mathrm{res} = 2x_\mathrm{m} \cos\frac{\Delta\varphi}{2} \cos\left(\omega t + \frac{\varphi_1 + \varphi_2}{2}\right)$

$2x_\mathrm{m} \cos\dfrac{\Delta\varphi}{2}$ neue Amplitude der resultierenden Schwingung

$\Delta\varphi = 0, \pm 2\pi, \pm 4\pi, \ldots$ Phasendifferenzen für maximale Verstärkung

$\Delta\varphi = \pm\pi, \pm 3\pi, \pm 5\pi, \ldots$ Phasendifferenzen für Auslöschung

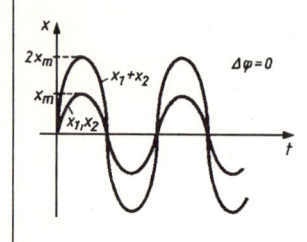

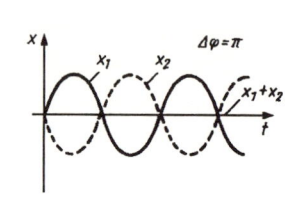

Schwebung

Schwingungen mit periodisch anschwellender oder abklingender Amplitude bei $\omega_1 \approx \omega_2$

$x_\mathrm{res} = 2x_\mathrm{m} \cos\dfrac{\Delta\omega}{2} t \cos\dfrac{\omega_1 + \omega_2}{2} t$

$T_\mathrm{S} = \dfrac{2\pi}{\Delta\omega}$ Schwebungsdauer

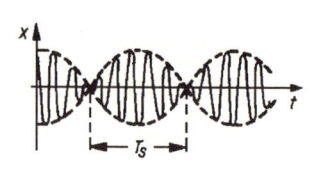

3.5 Wellenausbreitung

In der Welle erfolgt eine Kopplung der schwingenden Elemente und damit eine Übertragung des Schwingungsvorganges auf benachbarte Elemente. Die Welle kann von Teilchen (mechanische Wellen) oder von Feldern (elektromagnetische Wellen) getragen werden.

Physik
3 Schwingungen und Wellen

Longitudinal- und Transversalwellen

Longitudinalwellen:

Schwingungsrichtung $\vec{u}$ und Ausbreitungsrichtung $\vec{c}$ der Welle fallen zusammen

Beispiel: Schallwellen

Transversalwellen:

Schwingungsrichtung $\vec{u}$ und Ausbreitungsrichtung $\vec{c}$ der Welle stehen senkrecht aufeinander

Beispiel: Seilwellen, elektromagnetische Wellen

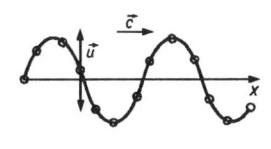

Beschreibungsgrößen einer Welle

$u = u_\mathrm{m} \cos(\omega t \mp kx)$

Orts-Zeit-Funktion einer Welle
- $-$ bedeutet Ausbreitung nach rechts
- $+$ bedeutet Ausbreitung nach links

$u = u_\mathrm{m} \cos 2\pi \left(\dfrac{t}{T} \mp \dfrac{x}{\lambda} \right)$

andere Darstellung der Orts-Zeit-Funktion

$\omega = \dfrac{2\pi}{T}$ Kreisfrequenz, Winkelgeschwindigkeit

$\omega = 2\pi f$, f Frequenz

$k = \dfrac{2\pi}{T}$ Wellenzahl, gibt als Wellenzahlvektor $\vec{k}$ die Ausbreitungsrichtung der Welle an

$u = u(x,t)$ Elongation, Auslenkung an der Stelle x zum Zeitpunkt t

u_m Amplitude, maximale Auslenkung

λ Wellenlänge, kleinster räumlicher Abstand zweier Punkte gleicher Phase

T Periodendauer, kleinste Zeitdifferenz zwischen zwei gleichen Phasen am Ort x

Physik
3 Schwingungen und Wellen

Darstellung einer harmonischen Welle

Zeitabhängigkeit für einen festen Ort x_0:

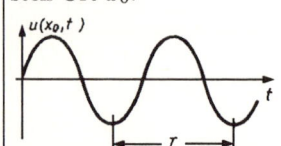

Ortsabhängigkeit für eine feste Zeit t_0:

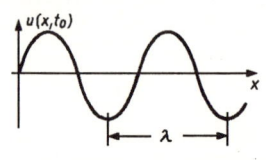

Die Darstellung erfolgt auch mittels Wellenfronten, das sind Flächen gleicher Phase, z. B. bei Kugelwellen sind das Kugelflächen, bei ebenen Wellen sind es Ebenen.

Phasengeschwindigkeit

$c = \lambda f = \dfrac{\omega}{k}$ \hfill Ausbreitungsgeschwindigkeit der Phase

$\dfrac{1}{c^2}\dfrac{\partial^2 u}{\partial t^2} - \dfrac{\partial^2 u}{\partial x^2} = 0$ \hfill Differentialgleichung einer Welle, $c^2 = \dfrac{\omega^2}{k^2}$

Beispiele für die Phasengeschwindigkeit c:

$c = \sqrt{\dfrac{\sigma}{\varrho}}$ \hfill Seilwelle (transversal), σ Spannung, ϱ Dichte

$c = \sqrt{\dfrac{K}{\varrho}}$ \hfill Schallwellen (longitudinal), K Kompressionsmodul, ϱ Dichte

$c = \sqrt{\dfrac{E}{\varrho}}$ \hfill Longitudinalwellen in Stäben, E Elastizitätsmodul, ϱ Dichte

$c = \sqrt{\dfrac{G}{\varrho}}$ \hfill Transversalwellen in Stäben, G Schubmodul, ϱ Dichte

$I = \dfrac{1}{2} c \varrho \omega^2 u_m$ \hfill Intensität einer mechanischen Welle (Energie bezogen auf Zeit und Fläche)

3.6 Überlagerung von Wellen

Superpositionsprinzip: Wellen überlagern sich ungestört in einem linearen Medium.

3 Schwingungen und Wellen

Interferenz

Überlagerung von Wellen. Die resultierende Welle ist in jedem Punkt die Summe der Auslenkungen aller beteiligten Wellen (Beweis für die Wellennatur einer Erscheinung).

Für zwei harmonische Wellen gleicher Amplitude und gleicher Frequenz gilt:

$$u_{res} = u_m \cos(\omega t - kx) + u_m \cos(\omega t - kx + \varphi)$$
$$= \underbrace{2u_m \cos \frac{\varphi}{2}}_{\text{neue Amplitude}} \cos\left(\omega t - kx + \frac{\varphi}{2}\right)$$

φ	Phasendifferenz der Wellen, kann durch einen Gangunterschied δ bedingt sein
$\delta = \dfrac{\varphi}{2\pi}\lambda$	Umrechnung zwischen Gangunterschied und Phasendifferenz
$\varphi = m2\pi$ $\delta = m\lambda$	maximale Verstärkung (konstruktive Interferenz)
$\varphi = \left(m + \dfrac{1}{2}\right) 2\pi$ $\delta = \left(m + \dfrac{1}{2}\right) \lambda$	Auslöschung (destruktive Interferenz) $m = 0, \pm 1, \pm 2, \pm 3, \ldots$

Schwebung

Periodisch anschwellende und abklingende Amplitude. Tritt ein bei Überlagerung zweier Wellen mit schwach unterschiedlicher Frequenz ($f' \approx f$, Abb. s. bei Schwebung weiter vorn):

$$u_{res} = \underbrace{2u_m \cos\left[2\pi \frac{f'-f}{2}\left(\frac{x}{c} - t\right)\right]}_{\text{langsam veränderliche Amplitude}} \cos\left[2\pi \frac{f'+f}{2}\left(\frac{x}{c} - t\right)\right]$$

$c_{gr} = \dfrac{d\omega}{dk} = c - \lambda \dfrac{dc}{d\lambda}$	Gruppengeschwindigkeit einer Wellengruppe bei Schwebung
Stehende Wellen	treten auf bei Überlagerung von einlaufenden und reflektierten Wellen

Physik
4 Schallwellen/Akustik

Bei Reflexionen können Phasensprünge eintreten:

Phasensprung π — Reflexion am festen Ende oder am dichteren Medium

Phasensprung 0 — Reflexion am losen Ende oder dünneren Medium

Reflexion am festen Ende:

$$u_{res} = u_m \cos(\omega t - kx) + u_m \cos(\omega t + kx + \pi)$$
$$= -2u_m \sin kx \sin \omega t$$

Knoten bilden sich bei:

$$\sin kx = \sin \frac{2\pi}{\lambda} x = 0,$$

d. h., bei $x = 0, \frac{\lambda}{2}, \lambda, \frac{3}{2}\lambda, \ldots$

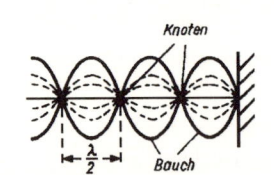

4 Schallwellen/Akustik

4.1 Beschreibung von Schallwellen

Schallwellen sind Wellen in elastischen Medien.

16 Hz ... 20 kHz	Hörschall
< 16 Hz	Infraschall (Gebäudeschwingungen, Verkehrserschütterungen)
> 20 kHz	Ultraschall

Schallgeschwindigkeit

Schallgeschwindigkeit in Festkörpern

$$c = \sqrt{\frac{E}{\varrho}}$$

E Elastizitätsmodul, ϱ Dichte
Bei 20 °C: Blei 1300 m/s,
Glas 5500 m/s,
Stahl 5000 m/s

Schallgeschwindigkeit in Flüssigkeiten

$$c = \sqrt{\frac{K}{\varrho}}$$

K Kompressionsmodul,
ϱ Dichte
Bei 20 °C: Wasser 1485 m/s,
Benzol 1320 m/s,
Glycerin 1923 m/s

Physik
4 Schallwellen/Akustik

Schallgeschwindigkeit in Gasen

$c = \sqrt{\dfrac{\varkappa p}{\varrho}}$
$\varkappa = c_p/c_v$ Adiabatenexponent, p Druck, ϱ Dichte
Bei 0 °C: Luft 332 m/s,
Helium 971 m/s,
Kohlendioxid 258 m/s

Die Schallgeschwindigkeiten sind über die Dichte temperaturabhängig. Für Luft gilt:

$c = (331{,}6 + 0{,}6\vartheta)$ m/s
Schallgeschwindigkeit in Luft
ϑ in °C

4.2 Schallfeldgrößen

Die Schallwellen in Luft sind Longitudinalwellen (s. oben).

$s(x,t) = s_0 \cos(\omega t - kx)$
Orts-Zeit-Funktion der Welle
s Auslenkung eines Teilchens

Es gelten die oben eingeführten Beziehungen zwischen den Beschreibungsgrößen:

$c = \lambda f = \dfrac{\omega}{k}$
λ Wellenlänge, f Frequenz, ω Winkelgeschwindigkeit, k Wellenzahl

Kammerton a
(Normstimmton):
$f = 440$ Hz, $\lambda = 0{,}777$ m

$v = \dfrac{\mathrm{d}s}{\mathrm{d}t} = -\omega s_0 \sin(\omega t - kx)$
$= v_0 \sin(\omega t - kx)$
Schallschnelle, Verschiebungsgeschwindigkeit

$p = \varrho c^2 k s_0 \sin(kx - \omega t)$
Schalldruck
ϱ Dichte

$p = \varrho c v$
Schalldruck

$I = \dfrac{1}{2}\varrho(\omega s_0)^2 c$
Schallintensität, Schallstärke (Leistung pro Fläche)

4.3 Bewertung der Schallintensität

$L = 10 \lg \dfrac{I}{I_0} = 20 \lg \dfrac{p}{p_0}$

Schallpegel, gemessen in dB (Dezibel)
$I_0 = 1 \cdot 10^{-12}$ W/m² Hörschwelle
$p_0 = 2 \cdot 10^{-5}$ N/m² Bezugsschalldruck

$L_N = 10 \lg \dfrac{I_{\text{sub}}}{I_{0,\text{sub}}}$

Lautstärkepegel, gemessen in Phon
Maß für das subjektive Schallempfinden
Bei 1000 Hz gilt: $L_N = L$

4.4 Doppler-Effekt

Bei Relativbewegung von Schallquelle und Schallempfänger tritt eine Frequenzänderung ein, bei Annäherung Frequenzerhöhung, bei Entfernung Frequenzerniedrigung.

Ruhende Schallquelle, mit v bewegter Empfänger

$f' = f_0 \left(1 \pm \dfrac{v}{c}\right)$

\+ bei Annäherung
− bei Entfernung
f' empfangene Frequenz
f_0 abgestrahlte Frequenz
c Schallgeschwindigkeit

Mit v bewegte Schallquelle, ruhender Empfänger

$f' = f_0 \dfrac{1}{1 \mp \dfrac{v}{c}}$

− bei Annäherung,
\+ bei Entfernung

▶ DIN 1320 Akustik; Begriffe

5 Mechanik der Flüssigkeiten und Gase

5.1 Ruhende Flüssigkeiten und Gase

Druck in Flüssigkeiten und Gasen

$p = \dfrac{F}{A}$ Druck (Kraft F pro Fläche A)

5 Mechanik der Flüssigkeiten und Gase

$p = \dfrac{F_1}{A_1} = \dfrac{F_2}{A_2} = \text{const}$	Allseitigkeit des Druckes: An jeder Stelle der Wand und im Inneren der Flüssigkeit ist der Druck gleich. ($\longrightarrow$ hydraulische Presse)
$p = \varrho g h$	Schweredruck, hängt nur von der Höhe h der Flüssigkeitssäule, nicht von der Grundfläche oder der Form des Gefäßes ab. (hydrostatisches Paradoxon)
$p = p_0 \, e^{-\frac{\varrho_0 g h}{p_0}}$	Barometrische Höhenformel für den Abfall des Atmosphärendrucks mit der Höhe h ϱ_0, p_0 Dichte und Druck am Boden g Fallbeschleunigung

Auftrieb (Archimedisches Prinzip)

$F_A = m_{Fl} g = \varrho_{Fl} g V$	Ein in eine Flüssigkeit eingetauchter Körper erfährt eine Auftriebskraft F_A, die gleich der Gewichtskraft der verdrängten Flüssigkeitsmenge ist. $\varrho = m/V$ Dichte, V Volumen
$\longrightarrow$ Dichtebestimmung: $\varrho = \dfrac{\varrho_{Fl} G}{G - G_F}$	ϱ Dichte des festen Körpers ϱ_{Fl} Dichte der Flüssigkeit G Gewichtskraft an Luft G_F Gewichtskraft in der Flüssigkeit

5.2 Strömende Flüssigkeiten und Gase

$q_m = \dfrac{dm}{dt} = \varrho v A$	Massenstrom durch die Fläche A ϱ Dichte, v Geschwindigkeit
$q_V = \dfrac{dV}{dt} = A v$	Volumenstrom durch die Fläche A

Physik
5 Mechanik der Flüssigkeiten und Gase

Kontinuitätsgleichung

für inkompressible Flüssigkeiten
$A_1 v_1 = A_2 v_2 = q_V = \text{const}$

Bernoullische Gleichung

$p + \dfrac{1}{2}\varrho v^2 + \varrho g h = p_0 = \text{const}$

p statischer Druck
$\dfrac{1}{2}\varrho v^2$ dynamischer Druck (Staudruck)
$\varrho g h$ Schweredruck
p_0 Gesamtdruck

Die Bernoullische Gleichung gilt für ideale Flüssigkeiten (inkompressibel, keine innere Reibung), aber auch angenähert für reale Flüssigkeiten und Gase.

Hydrodynamisches Paradoxon

Aus $p_1 - p_2 = \dfrac{\varrho}{2}(v_2^2 - v_1^2)$ und
der Kontinuitätsgleichung ($v_2 > v_1$) folgt, daß an einer Verengung ein Unterdruck ($p_2 < p_1$) herrscht.

Anwendungen: Vergaserdüsen, Zerstäuber usw.

Ausflußgesetz (Ausströmen aus einem Loch)

Ausströmgeschwindigkeit

$v = \sqrt{\dfrac{2(p - p_\text{a})}{\varrho} + 2gh}$

p Druck auf die Flüssigkeitsoberfläche, p_a Außendruck

Torricellis Gesetz

$v = \sqrt{2gh}$
$q_\text{m} = \mu \varrho v A$

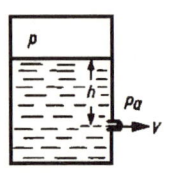

Ausströmgeschwindigkeit bei $p = p_\text{a}$
q_m Massenstrom, μ Ausflußzahl
($\mu = 0{,}62$ bei Kreisloch)

Physik
5 Mechanik der Flüssigkeiten und Gase

Innere Reibung bei laminarer Strömung (Schichtströmung)

Newtonsches Reibungsgesetz

$F_R = \eta A \dfrac{dv}{dz}$

η dynamische Viskosität (Zähigkeit)

$\dfrac{dv}{dz}$ Geschwindigkeitsabfall senkrecht zur Strömung

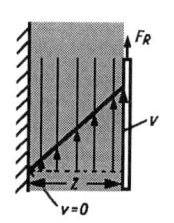

Stokessches Gesetz

$F_R = -6\pi\eta v r$ Reibung einer laminaren Strömung um eine Kugel mit dem Radius r

Gesetz von Hagen-Poiseuille

$\dfrac{dV}{dt} = \dfrac{\pi(p_1 - p_2)}{8\eta l} R^4$ Volumenstrom durch ein Rohr
l Rohrlänge, R Rohrradius
η dynamische Viskosität
$p_1 - p_2$ Druckdifferenz zwischen den Rohrenden

Strömungswiderstand bei turbulenter (Wirbel-) Strömung

$F_R = c_w \dfrac{\varrho}{2} v^2 A$ c_w Widerstandsbeiwert, abhängig von der Form des Körpers (Kugel 0,1...0,4; Stromlinienkörper 0,05)

$Re = \dfrac{\varrho l v}{\eta}$ Reynoldssche Zahl

Körper mit gleicher Reynoldsscher Zahl zeigen gleiche Strömungsverhältnisse.

$Re < 2000$ laminare Strömung
$Re > 3000$ turbulente Strömung

6 Optik

6.1 Ausbreitung des Lichtes

Licht ist elektromagnetische Strahlung

$c_0 = 299\,792\,458$ m/s Lichtgeschwindigkeit im Vakuum

Für den sichtbaren Bereich gilt:

$0{,}39\ldots0{,}77\,\mu\text{m}$ Wellenlängenbereich
$4\cdot 10^{14}\ldots 8\cdot 10^{14}$ Hz Frequenzbereich

Wellenoptik
Man betrachtet das Licht als Welle.

Huygens-Fresnelsches Prinzip

Jeder Punkt einer Welle ist ein Streuzentrum, von dem Kugelwellen ausgehen, die sich zu neuen Wellenfronten überlagern.

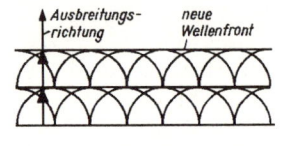

Geometrische Optik
Man betrachtet das Licht als Strahl. Die Ausbreitung kann mit dem **Fermatschen Prinzip** behandelt werden: Ein Lichtstrahl befolgt den Weg, für dessen Überbrückung die kürzeste Zeit benötigt wird.

$$L = \int_{P}^{P'} n\,\mathrm{d}s = \text{Minimum}$$

L optische Weglänge zwischen P und P' ist ein Minimum
n Brechzahl

6.2 Reflexion und Brechung

Reflexionsgesetz

$\alpha = \alpha'$

Einfallswinkel = Reflexionswinkel
Einfallender und reflektierter Strahl liegen mit dem Einfallslot in einer Ebene.

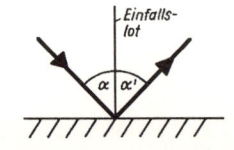

6 Optik

Brechungsgesetz

$$n = \frac{c_0}{c}$$

Brechzahl (Vakuumlichtgeschwindigkeit c_0 durch Lichtgeschwindigkeit c im Medium)

Brechungsgesetz nach Snellius beim Übergang von Medium 1 zu 2:

$$\frac{\sin \alpha_1}{\sin \alpha_2} = \frac{n_2}{n_1}$$

α_1 Einfallswinkel
α_2 Brechungswinkel

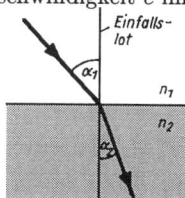

$$\frac{\sin \alpha_1}{\sin \alpha_2} = n$$

Brechungsgesetz bei Ausgangsmedium Vakuum

Totalreflexion

Tritt ein beim Übergang vom optisch dichteren zum optisch dünneren Medium (z. B. von Wasser in Luft), d. h. bei $n_1 > n_2$ und $\alpha_1 \geqq \alpha_T$

$$\sin \alpha_T = \frac{n_2}{n_1}$$

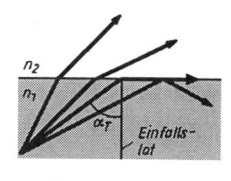

α_T Grenzwinkel der Totalreflexion

Planparallele Platte

Der Lichtstrahl erfährt durch die Brechung an den Grenzflächen eine Parallelverschiebung a:

$$a = \frac{\delta \sin(\alpha - \beta)}{\cos \beta}$$

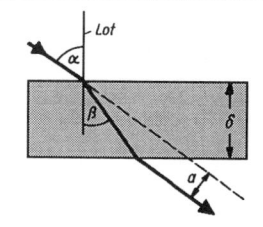

Prisma

Für einen kleinen brechenden Winkel γ gilt:

$$\delta = (n-1)\gamma$$

δ Gesamtablenkung
n Brechzahl

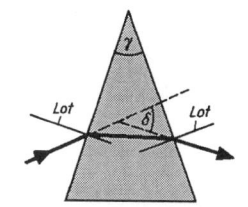

Physik
6 Optik

Dispersion

Licht unterschiedlicher Wellenlänge wird unterschiedlich stark gebrochen $n = n(\lambda)$.

$\vartheta = n_F - n_C$ — mittlere Dispersion

$\nu = \dfrac{n_D - 1}{n_F - n_C}$ — Abbesche Zahl

n_F, n_C, n_D Brechzahl der F-, C-, D-Linien des Frauenhoferspektrums

Das Frauenhofer-Spektrum entsteht durch Zerlegen des Sonnenspektrums, es enthält schwarze Linien, die chemischen Elementen entsprechen und mit Buchstaben bezeichnet werden.

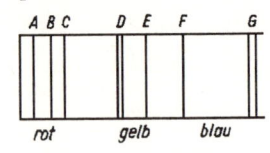

6.3 Optische Abbildung

Reelles Bild:
entsteht am Ort, an dem sich die Strahlen selbst schneiden

Virtuelles Bild: P' virtuell

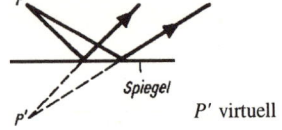

entsteht am Ort, an dem sich Verlängerungen der Strahlen schneiden (nicht mit einem Schirm auffangbar) z. B. ebener Spiegel

Hohlspiegel (Konkavspiegel)

Achsennahe Strahlen, parallel zur optischen Achse, werden vom Hohlspiegel im Brennpunkt gesammelt.

$f = \dfrac{r}{2}$

f Brennweite
r Krümmungsradius des Hohlspiegels

Bildkonstruktion mit Hauptstrahlen:

1 Parallelstrahl,
wird zum Brennpunktstrahl

2 Brennpunktstrahl,
wird zum Parallelstrahl

3 Mittelpunktstrahl,
wird in sich zurückgeworfen

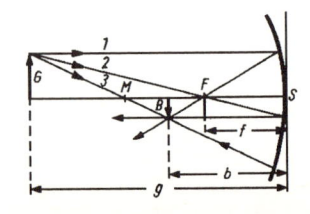

Abbildungsgleichung

$$\frac{1}{f} = \frac{1}{g} + \frac{1}{b}$$

- f Brennweite
- g Gegenstandsweite
- b Bildweite

f, g, b werden vom Spiegelscheitelpunkt S nach links positiv gerechnet.

Abbildungsmaßstab

$$\beta = \frac{B}{G} = \frac{b}{g} = \frac{f}{g-f} = \frac{b-f}{f}$$

B, G Bild- bzw. Gegenstandsgröße

Wölbspiegel (Konvexspiegel)

Der Wölbspiegel erzeugt stets virtuelle, aufrechte und verkleinerte Bilder.

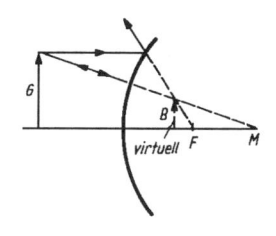

Abbildung durch Linsen

Das Licht wird an Kugelflächen mit den Radien r_1 und r_2 gebrochen.

Berechnung der Brennweite

Dünne Linse:

$$\frac{1}{f} = \left(\frac{n_0}{n} - 1\right)\left(\frac{1}{r_1} - \frac{1}{r_2}\right)$$

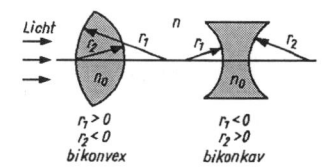

$r_1 > 0$, $r_2 < 0$ bikonvex

$r_1 < 0$, $r_2 > 0$ bikonkav

Dicke Linse:

$$\frac{1}{f} = \left(\frac{n_0}{n} - 1\right)\left(\frac{1}{r_1} - \frac{1}{r_2}\right) + \frac{(n-n_0)^2}{nn_0} \frac{d}{r_1 r_2}$$

- n_0 Brechzahl der Linse
- n Brechzahl des Umgebungsmediums
- d Abstand der Linsenscheitelpunkte (Linsendicke)

Für das Vorzeichen gilt:

Ist die Kugelfläche zum einfallenden Licht hin gewölbt (konvex), so ist r positiv, ist sie vom einfallenden Licht weg gewölbt (konkav), so ist r negativ.

Bildkonstruktion mit Hauptstrahlen

1 Parallelstrahl,
wird zum Brennpunktstrahl

2 Brennpunktstrahl,
wird zum Parallelstrahl

3 Mittelpunktstrahl,
geht durch den Hauptpunkt H

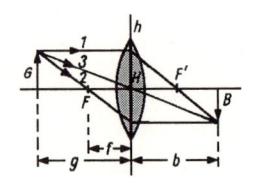

Abbildungsgleichung

$$\frac{1}{f} = \frac{1}{g} + \frac{1}{b}$$

f Brennweite
g Gegenstandsweite
b Bildweite

f, g werden von der Hauptebene h nach links positiv gerechnet.
b wird von der Hauptebene h nach rechts positiv gerechnet.

Abbildungsmaßstab

$$\beta = \frac{B}{G} = \frac{b}{g} = \frac{f}{g-f}$$

Brennweite der Kombination zweier dünner Linsen

$$\frac{1}{f} = \frac{1}{f_1} + \frac{1}{f_2} - \frac{d}{f_1 f_2}$$

d Abstand beider Linsen

Brechwert

$D = \dfrac{1}{f}$

gemessen in Dioptrie (1 dpt = $1\ \mathrm{m}^{-1}$)

Sammellinse: Die Mitte ist dicker als der Linsenrand, D ist positiv.

Zerstreuungslinse: Die Mitte ist dünner als der Linsenrand, D ist negativ.

6.4 Interferenz

Interferenz ist die Überlagerung von Wellen (s. Abschnitt Wellen). Bedingung für das Beobachten von Interferenzerscheinungen ist die Kohärenz des Lichtes. Kohärentes Licht hat feste Phasenbeziehungen bei der Überlagerung. Das ist erfüllt bei Laserstrahlung und bei Licht, das durch Aufspaltung eines Wellenzuges entstanden ist.

Interferenzbedingungen

Verstärkung (Maxima): Wellenberg auf Wellenberg / Tal zu Tal
Gangunterschied: $\Delta L = m\lambda$
Phasendifferenz: $\Delta\varphi = m \cdot 2\pi$,
$m = 0, 1, 2, \ldots$
m Ordnung der Interferenz

Schwächung (Minima): Wellenberg auf Wellental

Gangunterschied:
$$\Delta L = \left(m + \frac{1}{2}\right)\lambda$$

Phasendifferenz:
$$\Delta\varphi = \left(m + \frac{1}{2}\right)2\pi$$
$m = 0, 1, 2, \ldots$

$\Delta\varphi = 2\pi\dfrac{\Delta L}{\lambda}$ Umrechnung Gangunterschied – Phasendifferenz

$\Delta L = n\Delta s$ Änderung der optischen Weglänge
n Brechzahl
Δs geometrischer Weg

Zusätzlich treten beim Übergang zwischen Medien Phasensprünge auf:

$\Delta\varphi = \pi$ Phasensprung beim Übergang zum dichteren Medium (z. B. Luft zu Glas)

$\Delta\varphi = 0$ Phasensprung beim Übergang zum dünneren Medium (z. B. Glas zu Luft)

Physik
6 Optik

Interferenz am Doppelspalt und am Gitter

$\Delta L = d \sin \alpha$

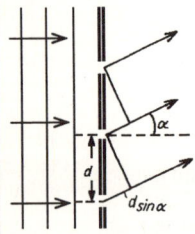

Gangunterschied bei senkrechtem Einfall
d Spaltabstand
α Beugungswinkel

Interferenz an planparallelen Platten

$\Delta L = 2d\sqrt{n^2 - \sin^2 \alpha} + \dfrac{\lambda}{2}$

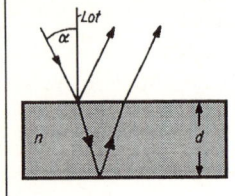

Interferenzen gleicher Neigung
ΔL Gangunterschied
α Einfallswinkel
d Schichtdicke
Beispiel: Farben dünner Blättchen

Newtonsche Ringe

$2d - \dfrac{\lambda}{2} = m\lambda$

$r_{\max}^2 = \left(m + \dfrac{1}{2}\right) \lambda R$

Maxima im reflektierten Licht
$m = 0, 1, 2, \ldots$
$r_{\max}$ Radius eines Maximum-Ringes (Helligkeit)
R Krümmungsradius der Linse

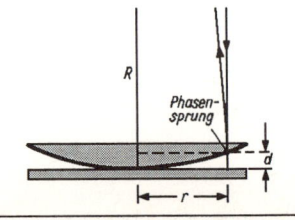

Im reflektierten Licht ist infolge des Phasensprungs π an der Plattenoberfläche in der Mitte immer Dunkelheit. Im durchgehenden Licht ist in der Mitte Helligkeit (doppelter Phasensprung).

Interferenzspektrograph

Bestimmung der Wellenlänge λ von Licht mittels Strichgitter oder Fabry-Perot-Platte

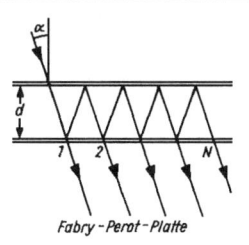

Fabry-Perot-Platte

$2d \cos \alpha = m\lambda$

Lage der Hauptmaxima bei der Fabry-Perot-Platte
d Plattenabstand
α Einfallswinkel
m Ordnung der Interferenz

$\dfrac{\lambda}{d\lambda} = Nm$

Auflösungsvermögen
(λ und $\lambda + d\lambda$ erscheinen als getrennte Linien)
N Zahl der interferierenden Lichtbündel

$\dfrac{\lambda}{\Delta\lambda} = m$

Dispersionsgebiet
(Trennung der Maxima m-ter und $(m+1)$-ter Ordnung)

6.5 Beugung

Abweichungen vom geraden geometrischen Strahlengang, die Abweichungen vom scharfen Bild verursachen, werden Beugungserscheinungen genannt.

Beugung am Einzelspalt

Lage der Beugungsminima:

$\sin \alpha_m = m \dfrac{\lambda}{b}$

b Spaltbreite

$m = \pm 1, \pm 2, \ldots$

Bei $b \gg \lambda$ scharfe Schatten.
Bei $b \approx \lambda$ oder $b < \lambda$ kein Minimum.

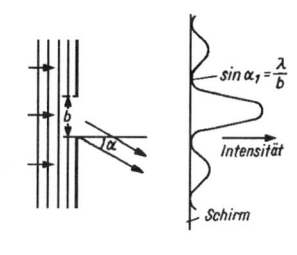

Physik
6 Optik

Beugung an der Kreis- oder Lochblende

Die Beugungsfigur sind konzentrische Ringe mit einem Mittelmaximum.

$\sin \alpha_1 = 0,610 \dfrac{\lambda}{r}$ 1. Beugungsminimum, r Radius des Loches

$\sin \alpha_2 = 1,116 \dfrac{\lambda}{r}$ 2. Beugungsminimum

Diese Beugungserscheinung begrenzt das Auflösungsvermögen optischer Geräte, da durch die Beugung an Linsenrändern oder Blenden jeder Punkt als Beugungsscheibchen abgebildet wird, das sich mit dem des Nachbarpunktes nicht überlappen darf (s. nächster Abschnitt).

6.6 Optische Instrumente

Abbildungsmaßstab, Vergrößerung

$\beta = \dfrac{\text{Bildgröße } B}{\text{Gegenstandsgröße } G}$ Abbildungsmaßstab

$\Gamma = \dfrac{\tan \sigma}{\tan \sigma_0} \approx \dfrac{\sigma}{\sigma_0}$ Vergrößerung
σ Sehwinkel mit optischem System
σ_0 Sehwinkel ohne optisches System

Auflösungsvermögen

$x_{\min}$ Kleinster Abstand zweier Punkte des Objektes, die noch unterschieden werden.

$\sigma_{\min}$ Kleinster Winkel, unter dem zwei Punkte des Objekts erscheinen müssen, um getrennt wahrgenommen zu werden.

Lupe

Es erfolgt eine Vergrößerung des Sehwinkels. Das Bild B ist virtuell.

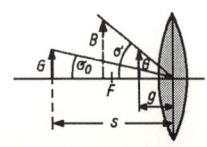

$$\Gamma = \frac{s}{g}$$

Vergrößerung
s deutliche Sehweite (25 cm)
g Gegenstandsweite

$$\Gamma_n = \frac{s}{f}$$

Normalvergrößerung, der Gegenstand im Brennpunkt F (f Brennweite), Auge auf ∞ eingestellt

Mikroskop

Das Objektiv Ob entwirft vom Gegenstand G ein reelles vergrößertes Bild, das mit dem Okular Ok als Lupe betrachtet wird.

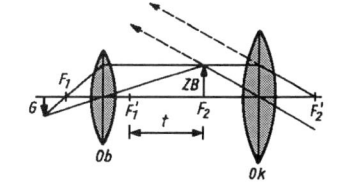

$$V = \beta_{Ob}\Gamma_{Ok} = \frac{ts}{f_{Ob}f_{Ok}}$$

Gesamtvergrößerung
t Tubuslänge
f Brennweite
s deutliche Sehweite (25 cm)

$$x_{min} = 0{,}61\frac{\lambda}{n\sin\alpha}$$

Auflösungsvermögen
x_{min} kleinster auflösbarer Abstand
λ Wellenlänge des Lichtes

$$A = n\sin\alpha$$

numerische Apertur
n Brechzahl des Mediums zwischen Objekt und Objektiv
α halber Öffnungswinkel des Objektivs zum Objektpunkt

Keplersches (astronomisches) Fernrohr

Es erfolgt eine Vergrößerung des Sehwinkels weit entfernter Objekte. Der gezeichnete Strahlengang gilt für unendlich entfernte Objekte.

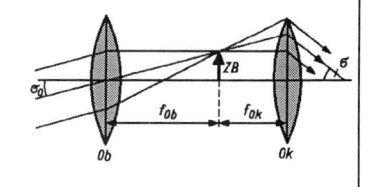

$$\Gamma = \frac{f_{Ob}}{f_{Ok}}$$

Vergrößerung

$$\sigma_{\min} = 1{,}22\frac{\lambda}{d}$$

Auflösungsvermögen
λ Wellenlänge des Lichtes
d Durchmesser der beugenden Öffnung (z. B. des Objektivs)

6.7 Polarisation

Licht ist eine transversale Welle, der Vektor des elektrischen Feldes schwingt senkrecht zur Ausbreitungsrichtung. Bei natürlichem Licht ist dabei keine Richtung bevorzugt, es ist unpolarisiert.

Linear polarisiertes Licht

Der Feldvektor $\vec{E}$ schwingt nur in einer Richtung senkrecht zur Ausbreitungsrichtung.

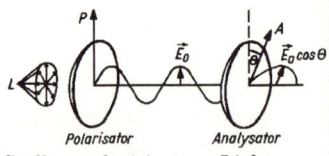

Polarisator: Stellt polarisiertes Licht aus natürlichem Licht her.

Analysator: Stellt die Polarisation von Licht fest.

$I = I_0 \cos^2 \Theta$

Intensität hinter dem Analysator
Θ Drehwinkel zwischen Polarisator und Analysator

Sind Polarisator und Analysator um 90° verdreht, d. h. gekreuzt, dann tritt kein Licht durch.

Zirkular polarisiertes Licht

Der Vektor der elektrischen Feldstärke $\vec{E}$ läuft bei seinen Schwingungen auf einer Spirale in Ausbreitungsrichtung.

Polarisation durch Reflexion und Brechung

Beim Übergang zwischen zwei Medien sind sowohl der reflektierte als auch der gebrochene Strahl teilweise polarisiert.

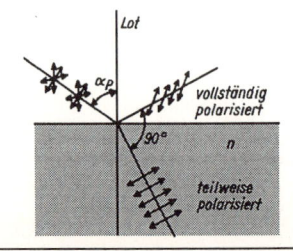

Brewstersches Gesetz

$\tan \alpha_p = n$

α_p Einfallswinkel, bei dem der reflektierte Strahl vollständig polarisiert ist (bei Glas gilt $\alpha_p = 57°$)
n Brechzahl

Polarisation durch Doppelbrechung

In bestimmten optisch anisotropen Stoffen (z. B. Kalkspat) wird ein auftreffender Lichtstrahl in einen ordentlichen und einen außerordentlichen Strahl aufgespalten Diese laufen in unterschiedlichen Richtungen und sind senkrecht zueinander linear polarisiert.

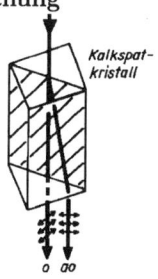

Bestimmte Substanzen (z. B. Turmalin) absorbieren einen dieser Strahlen, so daß das durchgehende Licht polarisiert ist. (Kann als Polarisator und als Analysator genutzt werden.)

Spannungsdoppelbrechung

Viele durchsichtige Stoffe werden durch elastische Verformung (Druck, Zug) doppelbrechend und können zwischen gekreuzten Polarisationsfiltern hinsichtlich der Spannungsverläufe untersucht werden.

Drehung der Schwingungsebene

Sogenannte optisch aktive Substanzen (z. B. Zuckerarten, Milchsäure, Weinsäure) drehen die Schwingungsrichtung des durch sie hindurchtretenden linear polarisierten Lichtes. Das gilt auch bei Lösungen fester aktiver Stoffe. Mit diesem Prinzip lassen sich Konzentrationen bestimmen.

$\alpha = \alpha_s \dfrac{lm}{V}$

α Drehwinkel der Polarisationsrichtung
α_s spezifische Drehung
l Länge der Flüssigkeitssäule
m Masse des optisch aktiven Stoffes
V Volumen der Lösung

6 Optik

6.8 Strahlung und Photometrie

Man unterscheidet physikalische und visuelle Strahlungsgrößen. Visuelle oder lichttechnische Größen der Photometrie (Index v) bewerten die Lichtempfindung entsprechend der Empfindlichkeit des Auges. Strahlungsphysikalische Größen (Index e) bewerten die Strahlungsenergie.

Strahlungsphysikalische Größen	Lichttechnische Größen
Strahlungsfluß $\Phi_e = \dfrac{dQ_e}{dt}$	**Lichtstrom** $\Phi_v = \dfrac{dQ}{dt}$
dQ_e abgestrahlte Energie	dQ abgestrahlte Lichtmenge
$[\Phi_e] = 1$ Watt W	$[\Phi_v] = 1$ Lumen lm
Strahlstärke $I_e(\vartheta) = \dfrac{d\Phi_e}{d\Omega}$	**Lichtstärke** $I_v(\vartheta) = \dfrac{d\Phi_v}{d\Omega}$
$[I_e] = 1 \dfrac{W}{sr}$	$[I_v] = 1 \dfrac{lm}{sr} = 1$ Candela cd

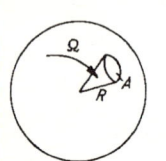

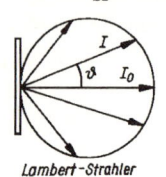

ϑ Raumrichtung, Winkel zur Flächennormalen
Ω Raumwinkel (s. unten)

Speziell gilt für **Lambert-Strahler**:

$I = I_0 \cos \vartheta$

Strahldichte $L_e = \dfrac{dI_e}{\cos\vartheta\, dA}$	**Leuchtdichte** $L_v = \dfrac{dI_v}{\cos\vartheta\, dA}$
$[L_e] = 1 \dfrac{W}{m^2\, sr}$	$[L_v] = 1 \dfrac{lm}{m^2\, sr}$
Bestrahlungsstärke	**Beleuchtungsstärke**
$E_e = \dfrac{d\Phi_e}{dA}$	$E_v = \dfrac{d\Phi_v}{dA}$
A Empfängerfläche	
$[E_e] = \dfrac{W}{m^2}$	$[E_v] = \dfrac{lm}{m^2} = 1$ Lux lx

$$\Omega = \frac{A}{R^2} \quad \text{Raumwinkel}$$

$$[\Omega] = 1\,\frac{\mathrm{m}^2}{\mathrm{m}^2} = 1 \text{ Steradiant sr}$$

Photometrisches Strahlungsäquivalent

Umrechnung zwischen strahlungsphysikalischen und lichttechnischen Größen.

Für das Maximum der Empfindlichkeit des Auges bei $\lambda = 555$ nm gilt:
$\Phi_v = K_{\max} \Phi_e$ mit
$K_{\max} = 683$ lm/W.

Photometrisches Grundgesetz der Beleuchtungsstärke

$$E_v = \frac{I_v \cos\alpha}{r^2}$$

r Entfernung Empfänger – Sender

α Winkel zwischen der Normalen der Empfängerfläche und der Richtung zum Sender

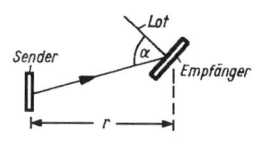

▶ DIN 5031 Strahlungsphysik im optischen Bereich und Lichttechnik

7 Atomphysik

7.1 Beschreibungsgrößen

Atommasse

$u = 1{,}66054 \cdot 10^{-27}$ kg

atomare Masseneinheit
u ist $\dfrac{1}{12}$ der Masse eines Atoms des Kohlenstoffisotops C 12.

$A_\mathrm{r} = \dfrac{m_A}{u}$

relative Atommasse
m_A Masse des Atoms

A_r gibt an, wievielmal größer die Masse eines Atoms ist als $\dfrac{1}{12}$ der Masse eines Atoms C 12.

$M_\mathrm{r} = \dfrac{m_\mathrm{M}}{u}$

relative Molekülmasse
m_M Masse des Moleküls

Physik
7 Atomphysik

Stoffmenge (Mol)

Mol	SI-Basiseinheit zur Mengenangabe
	n Anzahl der Mole

1 mol ist diejenige Stoffmenge, die ebensoviel gleichartige Teilchen (Atome, Moleküle) enthält, wie Atome in 12 g Kohlenstoff C 12 enthalten sind, nämlich $6,022 \cdot 10^{23}$ Teilchen.

$N_A = 6,022 \cdot 10^{23}$ mol^{-1}	Avogadro-Konstante
M	molare Masse (Molmasse) relative Atommasse bzw. relative Molekülmasse in Gramm
$N = \dfrac{m}{M} N_A = n N_A$	Anzahl der Teilchen in der Masse m

Elektronvolt

$1 \text{ eV} = 1,6 \cdot 10^{-19}$ J	Elektronvolt, in der Atomphysik gebräuchliche Energieeinheit; ist gleich der Energie, die ein Elektron aufnimmt, wenn es die Spannungsdifferenz 1 V durchläuft.
$1 \text{ MeV} = 10^6$ eV	in der Kernphysik gebräuchliche Energieeinheit

7.2 Welle-Teilchen-Dualismus

Licht hat neben den Welleneigenschaften (s. Interferenz, Polarisation) auch Eigenschaften, die Teilchen entsprechen. Diese treten bei Emissions-, Absorptions- und Streuprozessen auf.

Teilchen des Mikrokosmos (Elektronen, Protonen, Neutronen usw.) haben neben den Teilcheneigenschaften auch Welleneigenschaften. Insbesondere zeigen sie Beugungseffekte.

De-Broglie-Wellenlänge eines Teilchens

$\lambda = \dfrac{h}{p} = \dfrac{h}{mv}$	$p = mv$ Impuls des Teilchens
	m Masse
	v Geschwindigkeit des Teilchens
	$h = 6,626 \cdot 10^{-34}$ J s Plancksches Wirkungsquantum

Physik
7 Atomphysik

Photon

$$E = hf = \frac{hc}{\lambda}$$

$$p = \frac{h}{\lambda} = \frac{hf}{c}$$

$$m = \frac{hf}{c^2}$$

Lichtteilchen, Lichtquant

Energie des Photons

Impuls des Photons

Masse des Photons (Die Ruhemasse ist null!)

c, f, λ Geschwindigkeit, Frequenz und Wellenlänge des Lichtes

Photoeffekt

Lichtelektrischer Effekt: Beim äußeren Photoeffekt werden Elektronen durch Einfall von Photonen herausgeschlagen.

Einsteinsche Gleichung des Photoeffekts

$$hf = \frac{m_e}{2}v^2 + W_a$$

Bedingung für den Photoeffekt

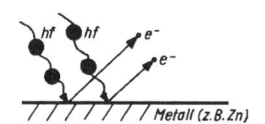

$$hf > W_a$$

- f Frequenz des einfallenden Lichtes
- v Geschwindigkeit der ausgelösten Elektronen
- m_e Masse des Elektrons
- W_a Austrittsarbeit der Elektronen

Compton-Effekt

Stoß eines Photons mit einem ruhenden Elektron. Das Photon verliert Energie, die Wellenlänge wird größer.

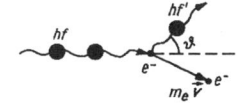

$$\Delta\lambda = \frac{h}{m_e c}(1 - \cos\vartheta)$$

Wellenlängenänderung beim Streuwinkel ϑ

Anwendung der Teilchenwellen

Elektronen- oder Neutronenbeugung zur Strukturuntersuchung

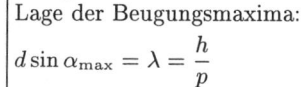

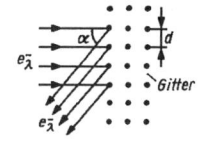

Lage der Beugungsmaxima:

$$d \sin\alpha_{\max} = \lambda = \frac{h}{p}$$

d Netzebenenabstand
λ Wellenlänge der Elektronen oder Neutronen

Physik
7 Atomphysik

Heisenbergsche Unschärferelation

$$\Delta x \Delta p \geq \frac{h}{2\pi}$$

Unbestimmtheit von Ort x und Impuls p eines Teilchens

Ort und Impuls eines Teilchens können nicht gleichzeitig mit beliebiger Genauigkeit angegeben werden. Das gilt prinzipiell und bedeutet keine Meßungenauigkeit.

7.3 Atommodelle

Rutherfordsches Modell (Planetenmodell, klassisches Modell)

Der Atomkern enthält fast die gesamte Masse. Er wird von Elektronen auf Ellipsenbahnen umkreist. Das Modell ist nach der klassischen Physik nicht stabil, denn das Elektron müßte als beschleunigte Ladung Strahlung abgeben und in den Atomkern stürzen.

Bohrsches Atommodell (quantenmechanisches Modell)

Bohrsche Postulate:
- Das Atom hat strahlungslose Zustände für die Elektronen mit bestimmten Energiewerten E_n
- Beim Übergang zwischen diesen Zuständen werden diskrete Energiemengen abgegeben bzw. aufgenommen.
  $hf = E_m - E_n$ Frequenzbedingung für den Übergang $m \longrightarrow n$
- Die strahlungslosen Zustände werden durch Quantenbedingungen bestimmt.

Wasserstoffatom
(Ein-Elektron-System):

$$m_e \omega r^2 = n\frac{h}{2\pi}, \ n = 1, 2, \ldots$$

Quantelung des Drehimpulses

7 Atomphysik

$$\frac{1}{4\pi\varepsilon_0}\frac{ee}{r^2} = m_e\omega^2 r$$

Bahngleichung (Coulomb-Kraft = Radialkraft)
m_e Elektronenmasse
ω Winkelgeschwindigkeit des Elektrons
r Radius der Elektronenbahn
ε_0 elektrische Feldkonstante
e elektrische Elementarladung

Bohrscher Elektronenbahnradius:

$$r_n = \frac{h^2\varepsilon_0}{m_e e^2 \pi}n^2 = a_0 n^2$$

$a_0 = 0{,}53 \cdot 10^{-10}$ m

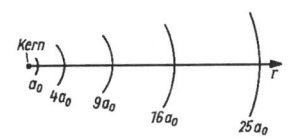

Energieterm:
$$E_n = -\frac{e^4 m_e}{8h^2\varepsilon_0^2}\frac{1}{n^2} = E_1\frac{1}{n^2}$$

$E_1 = -13{,}6$ eV

Frequenzbedingung für den Übergang $m \longrightarrow n$:

$$f = R\left(\frac{1}{n^2} - \frac{1}{m^2}\right)$$

$R = 3{,}290 \cdot 10^{15}$ Hz Rydberg-Frequenz

Übergang $m \longrightarrow 1$
Lyman-Serie (ultraviolett)

Übergang $m \longrightarrow 2$
Balmer-Serie (sichtbar)

Übergang $m \longrightarrow 3$
Paschen-Serie (infrarot)

Übergang $m \longrightarrow 4$
Brackett-Serie (infrarot)

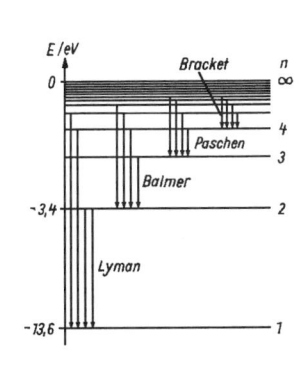

Quantenzahlen

Die Elektronen in der Elektronenhülle der Atome werden mit Quantenzahlen beschrieben.

Hauptquantenzahl $n = 1, 2, 3, \ldots$	beschreibt die Schale (Bezeichnung K, L, M, N, ...) und ist maßgebend für die Energie.

Physik
7 Atomphysik

Nebenquantenzahl $l = 0, 1, 2, \ldots, n-1$	Kennzeichnet die Bahnform (Bezeichnung $s, p, d, f, \ldots$), wobei $l = (n-1)$ die Kreisbahn und $l = 0$ die Ellipse mit der größten Exzentrizität ergibt.

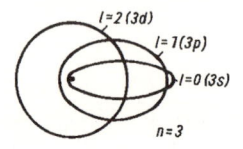

l = 2 (3d)
l = 1 (3p)
l = 0 (3s)
n = 3

Magnetische Quantenzahl $m = 0, \pm 1, \pm 2, \ldots, \pm l$	Kennzeichnet die räumliche Lage der Ebene einer Elektronenbahn. Sie kann $(2l+1)$ verschiedene Stellungen einnehmen.
Spinquantenzahl $s = \pm \dfrac{1}{2}$	Kennzeichnet den Eigendrehsinn des Elektrons bezüglich seiner Umlaufbahn.

Die Elektronenschalen werden nach folgenden Gesetzmäßigkeiten besetzt:

1. Jedes Elektron nimmt den geringstmöglichen Energiezustand ein.
2. Zwei Elektronen eines Atoms müssen sich mindestens in einer Quantenzahl unterscheiden (Pauli-Prinzip).

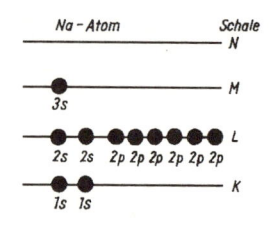

Na-Atom — Schale N, M (3s), L (2s 2s 2p 2p 2p 2p 2p 2p), K (1s 1s)

Pro Schale beträgt die maximale Elektronenzahl $z = 2n^2$. Die Bezeichnung eines Elektrons erfolgt mittels Haupt- und Nebenquantenzahl.

Beispiel: 3d-Elektron $\longrightarrow$ Elektron der dritten Schale (M-Schale) mit $n = 3$, $l = 2$

Die Anzahl der Elektronen erscheint als Exponent der Nebenquantenzahl.

Beispiel: $1s^2 2s^2 2p^6 3s$ Elektronenkonfiguration von Natrium

Im Periodensystem PS sind die Elemente nach wachsender Elektronenzahl angeordnet. Die Ordnungszahl Z gibt die Stellung im PS und damit die Elektronenzahl an.

Physik
7 Atomphysik

Strahlungsemission

Elektronen können durch Energiezufuhr (Anregung) auf ein höheres Energieniveau gehoben werden.

- Erwärmung (thermische Stöße zwischen den Atomen)
- Photoanregung (Absorption einfallender Photonen)
- elektrische Anregung (Elektronenstoß bei Gasentladung)

Beim Übergang auf ein niedrigeres Niveau wird entsprechend obiger Frequenzbedingung ein Strahlungsquant emittiert.

Wellenmechanisches Atommodell

Im atomaren Bereich werden die Welleneigenschaften der Elektronen wirksam. Ein Elektronenzustand wird als räumliche stehende Welle beschrieben. Über den Aufenthaltsort eines Elektrons werden Wahrscheinlichkeitsaussagen getroffen.

$\mathrm{d}w = \Psi^2 \,\mathrm{d}V$

Wahrscheinlichkeit, das Elektron im Volumenelement $\mathrm{d}V$ anzutreffen
Ψ Wellenfunktion des Elektrons

$$\frac{\mathrm{d}^2\Psi}{\mathrm{d}x^2} + \frac{8\pi^2 m_\mathrm{e}}{h^2}(E - E_\mathrm{pot})\Psi = 0$$

Schrödinger-Gleichung zur Berechnung von Ψ
E Gesamtenergie des Elektrons
E_pot potentielle Energie des Elektrons

Die durch durch die Schrödinger-Gleichung berechneten Aufenthaltsräume für die Elektronen nennt man Orbitale. Ihre Form ist für das Bindungsverhalten der Atome wichtig.

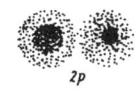

Physik
7 Atomphysik

7.4 Röntgenstrahlen

Röntgenstrahlen sind kurzwellige ($\lambda = 10^{-12}$ bis 10^{-8} m) elektromagnetische Wellen, die auf Grund ihrer hohen Energie ein großes Durchdringungsvermögen haben. Sie entstehen bei Beschuß von Materie mit energiereichen Elektronen. Die Elektronen werden von der Glühkatode emittiert und mit Hochspannung zur Anode beschleunigt.

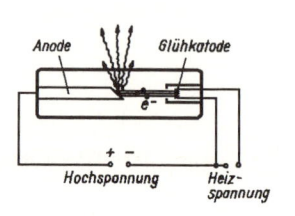

Röntgenbremsstrahlung

Energiereiche Elektronen werden im Coulomb-Feld der Atomkerne des Anodenmaterials abgebremst und geben ihre Energie als Röntgenstrahlung ab. Es entsteht ein kontinuierliches Spektrum.

Grenzwellenlänge

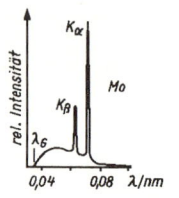

$$\lambda_G = \frac{hc}{eU}$$

U Beschleunigungsspannung
h Plancksches Wirkungsquantum
c Lichtgeschwindigkeit

Charakteristische Röntgenstrahlung

Energiereiche Elektronen schlagen Hüllenelektronen aus den inneren Schalen (K, L) heraus. Die freien Plätze werden unter Abgabe von Röntgenstrahlung von Elektronen höherer Schalen aufgefüllt. Diese Strahlung ist elementspezifisch und wird zur Elementanalyse benutzt. Es entsteht ein Linienspektrum, das sich dem kontinuierlichen Bremsspektrum überlagert (s. o.)

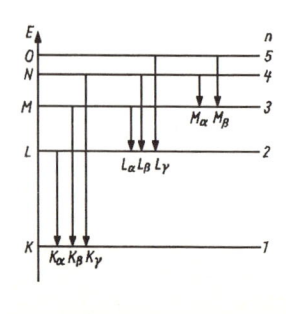

Physik
7 Atomphysik

Für die K-Strahlung gilt (Moseley-Gesetz):

$$f = (Z-1)^2 R \left(\frac{1}{1^2} - \frac{1}{n^2}\right)$$

Frequenz der emittierten Strahlung
Z Ordnungszahl des Elements, $n = 2, 3, \ldots$
R Rydberg-Frequenz $(3{,}290 \cdot 10^{15}$ Hz$)$

Absorption von Röntgenstrahlung

$J = J_0 \, e^{-\mu d}$

Schwächungsgesetz
J_0 Intensität vor der Probe
d Dicke der Probe
μ Schwächungskoeffizient

Der Schwächungskoeffizient ist materialspezifisch ⟶ Anwendungen in Medizin und Materialprüfung

Röntgenbeugung am Kristallgitter

Braggsche Gleichung:

$2d \sin \Theta = n\lambda$

Θ Glanzwinkel, bei dem Röntgenreflexe auftreten
d Netzebenenabstand
λ Röntgenwellenlänge
$n = 1, 2, \ldots$

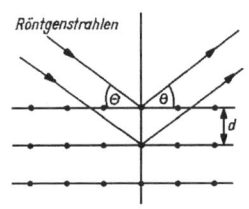

⟶ Bestimmung von Gitterparametern bzw. der Feinstruktur des Gitters

7.5 Laser

Verstärkung von elektromagnetischer Strahlung durch induzierte Emission
(**L**ight **a**mplification by **s**timulated **e**mission of **r**adiation)

Elektronen werden durch Energiezufuhr (Pumpen) in ein Anregungsniveau gehoben. Das kann z. B. in einem Cr-dotierten Rubinkristall mittels einer Blitzlampe erfolgen.

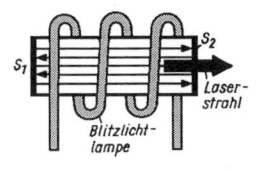

S_1 Spiegel
S_2 halbdurchlässiger Spiegel

Physik
8 Radioaktivität

Spontane und stimulierte Emission

Spontane Emission: Das Elektron kehrt spontan unter Emission eines Photons in den Grundzustand zurück.

Stimulierte Emission (Laser): Befindet sich das Elektron in einem metastabilen Zustand, verweilt es dort länger und wird durch ein einfallendes Photon zum Übergang in den Grundzustand angeregt und verstärkt so das einfallende Licht.

Laserbedingungen

1. Laserbedingung: $N_2 > N_1$:

Das Anregungsniveau muß stärker besetzt sein als das Grundniveau $\longrightarrow$ erfordert optisches Pumpen mit Lampen.

2. Laserbedingung: Rückkopplung

Die erzeugten Photonen durchlaufen das gepumpte Gebiet mehrmals $\longrightarrow$ das aktive Material ist in einem Resonator mit zwei Spiegeln eingebaut.

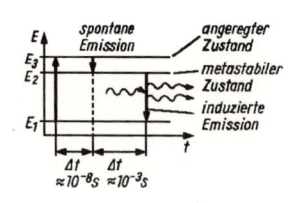

Eigenschaften von Laserlicht: monochromatisch, kohärent, scharf gebündelt, energiereich $\longrightarrow$ zahlreiche Anwendungen in Naturwissenschaften, Technik und Medizin

---

8 Radioaktivität

8.1 Atomkerne

Beschreibungsgrößen

Nuklid	Atomkern, bestehend aus: Z Protonen (positiv geladen) N Neutronen (ohne Ladung)
Nukleonen	gemeinsame Bezeichnung für Protonen und Neutronen
$A = Z + N$	A Massenzahl = Nukleonenzahl Z Kernladungszahl = Ordnungszahl im Periodensystem = Protonenzahl = Zahl der Hüllenelektronen

Physik
8 Radioaktivität

$N = A - Z$ \qquad N Neutronenzahl

Es gibt 267 stabile Atomkerne (Nuklide) mit unterschiedlichen Protonen- und Neutronenzahlen.

$^{Z}_{A}X$ — Kennzeichnung des Atomkerns X Symbol des chemischen Elements

Beispiele: $^{238}_{92}U$, $^{60}_{27}Co$, $^{1}_{1}p$ (Proton), $^{1}_{0}n$ (Neutron), $^{4}_{2}\alpha$ (α-Teilchen) (verkürzt auch ^{60}Co, Co^{60}, Co 60)

Kernmodelle

Tröpfchenmodell — Anordnung der Nukleonen wie Moleküle im Wassertropfen

Schalenmodell — Anordnung der Nukleonen in Schalen analog der Elektronenhülle
Magische Zahlen: 2, 8, 20, 50, 82, 126

$R = R_0 \sqrt[3]{A}$ — Radius des Atomkerns

$R_0 = 1,4 \cdot 10^{-15}$ m — Nukleonenradius

Isotope, Isobare, Isotone

Isotope: — Nuklide mit gleicher Ordnungszahl Z und unterschiedlicher Neutronenzahl N
gleiches chemisches Element, gleiches chemisches Verhalten
Isotope des Siliciums:
$^{28}_{14}Si$, $^{29}_{14}Si$, $^{30}_{14}Si$
Isotope des Wasserstoffs:
$^{1}_{1}H$ (p Proton), $^{2}_{1}D$ (Deuterium), $^{3}_{1}T$ (Tritium)

Isobare: — Nuklide mit gleicher Massenzahl A
z. B. $^{54}_{24}Cr$, $^{54}_{26}Fe$

Physik
8 Radioaktivität

Isotone:	Nuklide mit gleicher Neutronenzahl N z. B. $^{15}_{7}\text{N}$, $^{16}_{8}\text{O}$
Relative Atommasse	Die relativen Atommasse A_r wird in der Kernphysik für ein Isotop angegeben, in der Chemie für das natürliche Isotopengemisch.

Beispiel: Kupfer

$A_r(^{63}_{29}\text{Cu}) = 62,9296$ $A_r(^{65}_{29}\text{Cu}) = 64,9278$ $A_r(\text{Chemie}) = 63,546$	69,2 % bzw. 30,8 % Anteil am natürlichen Gemisch
$m_A = A_r u$	Masse des Atoms u atomare Masseneinheit (s. Abschnitt 7 Atomphysik)
Proton	$A_r = 1,007\ 28$ $m = 1,672\ 623\ 1 \cdot 10^{-27}$ kg
Neutron	$A_r = 1,008\ 66$ $m = 1,674\ 928\ 6 \cdot 10^{-27}$ kg
Elektron	$A_r = 0,548\ 58 \cdot 10^{-3}$ $m = 9,109\ 389\ 7 \cdot 10^{-31}$ kg
$^{4}_{2}\text{He}$-Kern	$A_r = 4,001\ 51$ $m = 6,644\ 661\ 5 \cdot 10^{-27}$ kg

8.2 Massendefekt und Bindungsenergie

Massendefekt

Die Masse des Atomkerns ist stets kleiner als die Summe der Massen seiner Bestandteile. Der Massendefekt entspricht nach der Einsteinschen Beziehung der Bindungsenergie der Nukleonen im Kern.

$\Delta m = \sum m_i - m_{\text{Kern}}$	Δm Massendefekt
$E = mc^2$	Einsteinsche Beziehung zwischen Masse m und Energie E c Lichtgeschwindigkeit
$\Delta E = \Delta m c^2$	Bindungsenergie eines Kerns entsprechend der Einsteinschen Formel

8 Radioaktivität

Beispiel: Helium

$\Delta m = 2m_p + 2m_n - m_{He}$
$= 0{,}0304u$

u atomare Masseneinheit
$\longrightarrow$ Bindungsenergie $28{,}3$ MeV

Bindungsenergie

Die Bindungsenergie pro Kernbaustein beträgt im Mittel 8 MeV. Sie ist von der Massenzahl abhängig und steigt bis zu Massenzahlen von etwa 60 an und wird dann wieder langsam geringer.

→ Bei Kernfusion leichter Kerne zu schwereren wird Bindungsenergie frei.
→ Bei der Spaltung schwerer Kerne in mittlere wird Bindungsenergie frei.

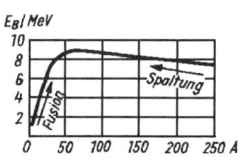

E_B Bindungsenergie pro Kernbaustein

8.3 Radioaktivität

Natürliche und künstliche Radioaktivität

Radioaktivität bedeutet Umwandlung (Zerfall) von Atomkernen ohne äußere Einwirkung.

→ dabei erfolgt eine Emission charakteristischer Strahlen α, β, γ.
→ der Zerfall ist ein zufälliger Prozeß, der sich von außen nicht beeinflussen läßt.

Natürliche Radioaktivität:	Zerfallsreihen aus der Erdentstehung (z. B. Uran-Radium-Reihe) Radioaktivität durch kosmische Strahlung (z. B. ^{14}C)
Künstliche Radioaktivität:	Durch künstliche Kernumwandlung (z. B. durch Neutronenbeschuß) erzeugte Radioaktivität. Von jedem stabilen Element lassen sich radioaktive Isotope erzeugen.

Physik
8 Radioaktivität

Gesetz des radioaktiven Zerfalls

$N = N_0 \, e^{-\lambda t}$

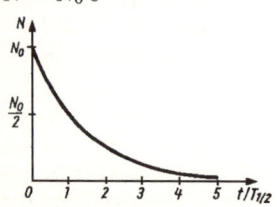

N Zahl der radioaktiven Kerne zur Zeit t
N_0 Zahl der radioaktiven Kerne zu Beginn ($t=0$)
λ Zerfallskonstante

Halbwertszeit

$T_{\frac{1}{2}} = \dfrac{\ln 2}{\lambda} = \dfrac{0{,}693}{\lambda}$

Halbwertszeit; Zeit, in der die Hälfte der Kerne zerfallen ist.

Halbwertszeiten: J 131: 8,08 d; Co 60: 5,26 a; C 14: 5730 a; Sr 90: 29,5 a; U 238: $4{,}5 \cdot 10^9$ a; Ra 226: 1600 a; (a Jahre, d Tage)

Aktivität

$A = -\dfrac{dN}{dt} = \lambda N = \dfrac{\ln 2 \, N}{\lambda}$

Aktivität = Anzahl der Zerfälle pro Sekunde
N Anzahl der instabilen Kerne in der Probe
λ Zerfallskonstante
$N = \dfrac{m}{M}$ (Zahl der Atome, s. 7.1)

Beispiel: 1 g Radium

$A = N\lambda = N \dfrac{\ln 2}{T_{1/2}}$
$= 3{,}7 \cdot 10^{10}$ Bq

8.4 Radioaktive Strahlung

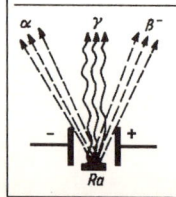

α-, β-, γ-Strahlen im elektrischen Feld

Physik
8 Radioaktivität

α-Strahlen	doppelt positiv geladene Kerne des Heliumatoms Bei α-Strahlung erniedrigt sich die Ordnungszahl Z im Periodensystem um 2, die Massenzahl wird um 4 gesenkt. α-Strahlen sind eine Folge der hohen Bindungsenergie des Heliumkerns, sie entstehen bei Kernen mit Massenzahlen über 200.
Eigenschaften:	Werden im elektrischen Feld zum $-$Pol abgelenkt. Starke ionisierende Wirkung $\longrightarrow$ sehr geringe Reichweite in festen Stoffen, geringe Reichweite in Luft
Beispiel:	$^{226}_{88}\text{Ra} \longrightarrow {}^{222}_{86}\text{Rn} + {}^{4}_{2}\alpha$
β^--Strahlen	schnelle Elektronen Bei β-Strahlung erhöht sich die Ordnungszahl im Periodensystem um 1, die Massenzahl bleibt erhalten. Tritt bei Kernen mit relativem Neutronenüberschuß auf. Außerdem entsteht beim β^--Zerfall noch ein Antineutrino, das keine Ladung und keine Ruhemasse besitzt $\longrightarrow$ die entstehenden β-Teilchen haben keine einheitliche Energie.
Eigenschaften:	Werden im elektrischen Feld zum $+$-Pol abgelenkt. Geringe Reichweite in Stoffen. Wechselwirkung in Stoffen durch $-$ Ionisation $-$ Strahlungsbremsung $-$ Streuung
$I = I_0\, e^{-\mu x}$	Absorptionsgesetz I Anzahl der β-Teilchen hinter der Probe

Physik
8 Radioaktivität

	I_0 Anzahl der β-Teilchen vor der Probe
	μ linearer Absorptionskoeffizient
	x Dicke der durchstrahlten Probe
Beispiel:	$^{90}_{38}\text{Sr} \longrightarrow\ ^{90}_{39}\text{Y} +\ ^{0}_{-1}\text{e}$
β^+-Strahlen	positiv geladene Elektronen (Positronen)
	Treten bei Kernen mit relativem Protonenüberschuß auf. Außerdem entsteht noch ein Neutrino, das keine Ladung und keine Ruhemasse besitzt.
	Werden im elektrischen Feld zum −-Pol abgelenkt.
Beispiel:	$^{22}_{11}\text{Na} \longrightarrow\ ^{22}_{10}\text{Ne} +\ ^{0}_{+1}\text{e}$
γ-Strahlen	sehr energiereiche elektromagnetische Wellen (wie Röntgenstrahlen)
	Angeregte Atomkerne gehen in einen niederenergetischeren Zustand über.
	Die Anregung erfolgt durch andere Kernumwandlungen.
	Die Stellung im Periodensystem ändert sich nicht.
Eigenschaften:	Werden im elektrischen Feld nicht abgelenkt. Großes Durchdringungsvermögen in Stoffen.
	Die Wechselwirkung in Stoffen erfolgt durch
	− Photoeffekt (s. 7 Atomphysik)
	− Compton-Effekt (s. 7 Atomphysik)
	− Paarbildung (Bildung von Elektron/Positron-Paaren bei $E_\gamma > 1,02$ MeV)

Physik
8 Radioaktivität

$I = I_0 \, e^{-\mu x}$ Absorptionsgesetz

I Intensität der γ-Strahlen hinter der Probe

I_0 Intensität vor der Probe

μ linearer Schwächungskoeffizient

x Dicke der durchstrahlten Probe

Die Schwächung in Luft ist gering, die Intensität nimmt mit dem Quadrat der Entfernung ab.

$\longrightarrow$ Abstand ist der beste Strahlenschutz!

Beispiel:

Co 60 wandelt sich durch einen β^--Zerfall in Ni 60, das durch Emission zweier γ-Quanten in den Grundzustand übergeht.

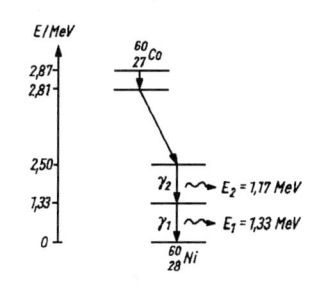

E/MeV — $^{60}_{27}Co$ — 2,87 — 2,81 — 2,50 — $\gamma_2 \leadsto E_2 = 1{,}17\,MeV$ — 1,33 — $\gamma_1 \leadsto E_1 = 1{,}33\,MeV$ — 0 — $^{60}_{28}Ni$

Nachweis radioaktiver Strahlen

Szintillationszähler: Die in einem Leuchtstoff ausgelösten Lichtblitze werden registriert.

Zählrohr: Die zwischen zwei Elektroden ausgelöste Entladung wird registriert.

Ionisationskammer: Die im elektrischen Feld durch Ionisation erzeugten Ladungen werden registriert.

Nebelkammer: Die von α- und β-Teilchen im übersättigten Wasserdampf erzeugten Kondensspuren werden ausgemessen.

Filmdosimeter: Die Schwärzung fotografischer Schichten wird gemessen.

Physik
8 Radioaktivität

8.5 Dosimetrie

Beschreibungsgrößen absorbierter Strahlung

Die Wirksamkeit ionisierender Strahlung (bes. radioaktive Strahlen, Röntgenstrahlen, Neutronenstrahlen) wird über die absorbierte Energie (Dosis) erfaßt.

Energiedosis

$$D = \frac{dE}{dm}$$

absorbierte Energie durch Masse des absorbierenden Stoffes

$$[D] = 1\frac{J}{kg} = 1 \text{ Gray} = 1 \text{ Gy}$$

$$\dot{D} = \frac{D}{t} \qquad \text{Energiedosisrate}$$

Äquivalentdosis

$$H = QD \qquad \text{(biologische Dosis)}$$

$$[H] = 1\frac{J}{kg} = 1 \text{ Sievert} = 1 \text{ Sv}$$

Q Qualitätsfaktor

Mit dem Qualitätsfaktor Q wird die relative biologische Wirksamkeit einer Energiedosis auf lebendes Gewebe erfaßt. Für β-, γ- und Röntgenstrahlung ist $Q = 1$, für α-Strahlung ist $Q = 20$, für langsame Neutronen ist $Q = 3\ldots 5$.

Da die wichtigsten Verfahren der Dosimetrie auf der Messung der Ionisation in Luft beruhen, definiert man:

Ionendosis

$$J = \frac{Q}{m} \qquad [J] = 1\frac{C}{kg}$$

Q die durch Ionisierung in Luft gebildete Ladung

m Masse der durchstrahlten Luft

Für punktförmige γ-Strahler gilt:

$$J = \frac{\Gamma A t}{r^2}$$

Γ Gammastrahlenkonstante, ermöglicht die schnelle Bestimmung der Ionendosis

A Aktivität der Probe

t Bestrahlungsdauer, r Abstand

Γ ist tabelliert. *Beispiele:* $\Gamma(\text{Co 60}) = 2,54$; $\Gamma(\text{Cs 137}) = 0,60$; $\Gamma(\text{Ra 226}) = 1,60$

Strahlenschutz

Die mittlere effektive Äquivalentdosis pro Kopf der Bevölkerung beträgt, bedingt durch natürliche und medizinische Strahlenbelastung etwa 3 mSv pro Jahr.

Der Grenzwert der beruflich bedingten effektiven Körperdosis pro Person, der nicht überwachungspflichtig ist, beträgt 0,3 mSv im Kalenderjahr. Für strahlenexponierte Personen, die einer personendosimetrischen Überwachung unterliegen, beträgt der Grenzwert der effektiven Dosis 50 mSv im Jahr.

▶ DIN 6814 Begriffe und Benennungen in der radiologischen Technik
DIN 25401 Begriffe der Kerntechnik

9 Physikalische Konstanten

Gravitationskonstante	$G = 6{,}672\,6 \cdot 10^{-11}$ Nm² kg⁻²
Fallbeschleunigung (Normwert)	$g_n = 9{,}806\,65$ m s⁻²
Erdradius	$R_E = 6370$ km
Masse der Erde	$m_E = 5{,}97 \cdot 10^{24}$ kg
Masse der Sonne	$m_S = 1{,}99 \cdot 10^{30}$ kg
Masse des Mondes	$m_M = 7{,}36 \cdot 10^{22}$ kg
Abstand Erde - Mond	$d_{EM} = 3{,}84 \cdot 10^8$ m
Abstand Erde - Sonne (mittlerer Wert)	$d_{ES} = 1{,}50 \cdot 10^{11}$ m
Lichtgeschwindigkeit	$c = 2{,}997\,924\,58 \cdot 10^8$ m s⁻¹
Avogadro-Konstante	$N_A = 6{,}022\,14 \cdot 10^{23}$ mol⁻¹
Loschmidt-Konstante	$N_L = 2{,}686\,76 \cdot 10^{25}$ m⁻³
Normbedingungen	$p_n = 1013{,}25$ hPa
	$T_n = 273{,}15$ K $\cong 0$ °C
Molvolumen (Normbedingungen)	$V_m = 22{,}414 \cdot 10^{-3}$ m³ mol⁻¹
Universelle Gaskonstante	$R = 8{,}314\,51$ J mol⁻¹ K⁻¹
Boltzmann-Konstante	$k = 1{,}380\,66 \cdot 10^{-23}$ J K⁻¹
Elementarladung	$e = 1{,}602\,177 \cdot 10^{-19}$ C
Spezifische Ladung des Elektrons	$e/m_e = 1{,}758\,82 \cdot 10^{11}$ C kg⁻¹

Physik
9 Physikalische Konstanten

Elektronenradius	$r_e = 2{,}817\,941 \cdot 10^{-15}$ m
Elektrische Feldkonstante	$\varepsilon_0 = 8{,}854\,188 \cdot 10^{-12}$ A s/(V m)
Magnetische Feldkonstante	$\mu_0 = 1{,}256\,637 \cdot 10^{-6}$ V s/(A m)
Faraday-Konstante	$F = 9{,}648\,53 \cdot 10^4$ C mol^{-1}
Atomare Masseneinheit	$u = 1{,}660\,54 \cdot 10^{-27}$ kg
Relative Atommasse des Elektrons	$A_{re} = 5{,}485\,799 \cdot 10^{-4}$
Relative Atommasse des Protons	$A_{rp} = 1{,}007\,276\,5$
Relative Atommasse des Neutrons	$A_{rn} = 1{,}008\,664\,9$
Plancksches Wirkungsquantum	$h = 6{,}626\,08 \cdot 10^{-34}$ J s
Bohrscher Atomradius	$a_0 = 5{,}292 \cdot 10^{-11}$ m
Dichte der Luft	$\varrho_L = 1{,}293$ kg m^{-3}
Dichte des Wassers	$\varrho_W = 1{,}00 \cdot 10^3$ kg m^{-3}

Technische Mechanik

1 Statik

1.1 Ebenes, zentrales Kraftsystem

Ebenes, zentrales Kraftsystem liegt dann vor, wenn die Wirkungslinien (WL) aller Kräfte eine gemeinsame Ebene aufspannen und einen gemeinsamen Schnittpunkt besitzen.

Zerlegung einer Kraft $\vec{F}$ in zwei rechtwinklige Komponenten im kartesischen Koordinatensystem x, y:

$$\vec{F} = F_x \vec{e}_x + F_y \vec{e}_y$$

wobei
$F_x = F \cos \alpha, \quad F_y = F \sin \alpha$
$F_x = F \sin \beta, \quad F_y = F \cos \beta$

F_x, F_y rechtwinklige Komponenten der Kraft $\vec{F}$

α Winkel zwischen der Abszisse (x-Achse) und dem Kraftpfeil im mathematisch positiven Drehsinn

$\beta = 90° - \alpha$ Komplementärwinkel zu α

$\vec{e}_x, \vec{e}_y$ Einheitsvektoren in Richtung der Koordinatenachsen x, y

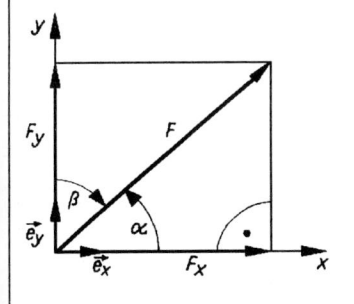

Betrag einer Kraft in Abhängigkeit ihrer zwei rechtwinkligen Komponenten:

$$F = |\vec{F}| = \sqrt{F_x^2 + F_y^2}$$

Zusammensetzen von Kräften – Ermittlung der Resultierenden

Resultierende $\vec{F}_R$ von n Einzelkräften $\vec{F}_i$ ergibt sich aus Vektoraddition; Einzelkräfte F_i werden jeweils in ihre rechtwinkligen Komponenten F_{ix}, F_{iy} zerlegt, Zusammenfassung in Richtung x, y ergibt rechtwinklige Komponenten der Resultierenden F_{Rx}, F_{Ry} (vgl. Bild mit $n = 2$, Parallelogrammsatz):

Resultierende

$$\vec{F}_R = F_{Rx}\vec{e}_x + F_{Ry}\vec{e}_y$$

Komponenten

$$F_{Rx} = \sum_{i=1}^{n} F_{ix} = \sum_{i=1}^{n} F \cos \alpha_i$$

$$F_{Ry} = \sum_{i=1}^{n} F_{iy} = \sum_{i=1}^{n} F \sin \alpha_i$$

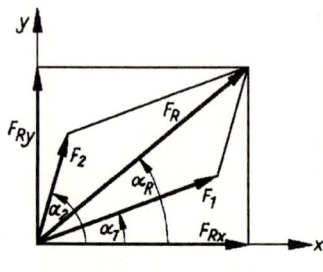

$$\tan \alpha_R = \frac{F_{Ry}}{F_{Rx}} \quad \text{Richtung}$$

α_R Winkel zwischen positiver Abszisse und Kraftpfeil $\vec{F}_R$

Betrag der Resultierenden

$$F_R = \sqrt{F_{Rx}^2 + F_{Ry}^2}$$

Gleichgewicht – Gleichgewichtsbedingungen

Ebenes, zentrales Kraftsystem ist im Gleichgewicht, wenn die Resultierende zu Null wird.

Gleichgewichtsbedingung:
$\vec{F}_R = \vec{0}$ (Nullvektor)

Komponentenschreibweise:
$$\sum_{i=1}^{n} F_{ix} = 0, \quad \sum_{i=1}^{n} F_{iy} = 0$$

1.2 Ebenes, allgemeines Kraftsystem

Ebenes, allgemeines Kraftsystem liegt dann vor, wenn die Wirkungslinien aller Kräfte eine gemeinsame Ebene aufspannen und keinen gemeinsamen Schnittpunkt besitzen.

Moment einer Kraft

Momentenvektor (freier Vektor)

$$\vec{M} = \vec{r} \times \vec{F} \quad \text{bzw.}$$
$$\vec{M} = \begin{vmatrix} \vec{e}_x & \vec{e}_y & \vec{e}_z \\ r_x & r_y & 0 \\ F_x & F_y & 0 \end{vmatrix}$$
$$= (r_x F_y - r_y F_x)\vec{e}_z = M_z \vec{e}_z$$

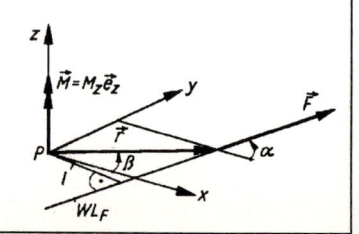

Technische Mechanik
1 Statik

$\vec{F} = F_x \vec{e}_x + F_y \vec{e}_y$ — Kraftvektor

$\vec{r} = r_x \vec{e}_x + r_y \vec{e}_y$ — Ortsvektor, beschreibt Lage des Kraftangriffspunktes in bezug auf den gewählten Bezugspunkt (hier: Bezugspunkt im Ursprung P).

$M_z = r_x F_y - r_y F_x$ — Komponente M_z des Momentes der Kraft F bezüglich P ($M_x = M_y = 0$); Vorzeichen von $M = M_z$ positiv, wenn Moment bez. P mathematisch positive Drehung $\circlearrowleft$ in der x, y-Ebene bewirkt.

Betrag des Vektorproduktes

$$M = |\vec{M}| = |\vec{r}||\vec{F}|\sin(\alpha - \beta) = Fl$$

Symbole für die Momentendarstellung: Doppelpfeil für Momentenvektor $\twoheadrightarrow$, Drehpfeil für Momentendrehrichtung $\circlearrowleft$

Rechte-Hand-Regel:
Zeigen die gekrümmten Finger der rechten Hand in die vom Moment bewirkte Drehrichtung (Drehpfeil), dann zeigt der abgespreizte Daumen in Richtung des Momentenvektors (Doppelpfeil).

Parallelverschiebung einer Kraft

Kraft kann parallel zu ihrer Wirkungslinie um einen Abstand l_v verschoben werden, wenn veränderte Momentenwirkung durch Versetzungs- oder Verschiebungsmoment M_v kompensiert wird:

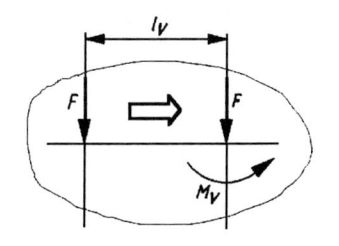

$M_\mathrm{v} = F l_\mathrm{v}$

Resultierendes Moment aus n Einzelkräften

$$\vec{M}_\mathrm{R} = \sum_{i=1}^{n} \vec{M}_i = \sum_{i=1}^{n} \vec{r}_i \times \vec{F}_i = \sum_{i=1}^{n} M_{iz} \vec{e}_z = \sum_{i=1}^{n} (r_{ix} F_{iy} - r_{iy} F_{ix})\, \vec{e}_z$$

Technische Mechanik
1 Statik

$\vec{M}_R = M_{Rz}\vec{e}_z$ \hfill Resultierendes Moment, abhängig vom Bezugspunkt P

$\vec{F}_i = F_{ix}\vec{e}_x + F_{iy}\vec{e}_y$ \hfill Kraftvektoren

$\vec{r}_i = r_{ix}\vec{e}_x + r_{iy}\vec{e}_y$ \hfill Ortsvektoren für jeweils gleichen Bezugspunkt P

Ermittlung der Resultierenden $\vec{F}_R$

Resultierende muß gleiche Kraft- und Momentenwirkung besitzen wie alle Einzelkräfte zusammen (statische Äquivalenz); Parallelverschiebung aller Kräfte in Momentenbezugspunkt P mit Berücksichtigung der Verschiebungsmomente; Ermittlung der Resultierenden nach Betrag, Richtung und Lage:
- Betrag und Richtung, Gln. siehe ebenes, zentrales Kraftsystem.
- Lage aus Satz der statischen Momente ($F_R > 0$):

Resultierendes Moment ist gleich dem Vektorprodukt aus Ortsvektor der resultierenden Kraft $\vec{r}_R$ und $\vec{F}_R$:

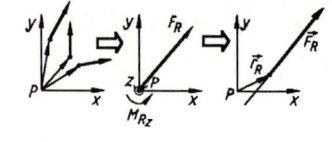

$\vec{M}_R = \vec{r}_R \times \vec{F}_R$

$\vec{F}_R = F_{Rx}\vec{e}_x + F_{Ry}\vec{e}_y$ \hfill Resultierende

$\vec{r}_R = r_{Rx}\vec{e}_x + r_{Ry}\vec{e}_y$ \hfill Ortsvektor der Resultierenden bez. P

Geradengleichung der Wirkungslinie von $\vec{F}_R$ für $F_R > 0$:

$$y = \frac{F_{Ry}}{F_{Rx}}x - \frac{M_{Rz}}{F_{Rx}}$$

Sonderfall: $F_R = 0$, Moment infolge Kräftepaar

Gleichgewicht – Gleichgewichtsbedingungen

Ebenes, allgemeines Kraftsystem ist im Gleichgewicht, wenn die resultierende Kraft und das resultierende Moment null werden.

Gleichgewichtsbedingungen \hfill $\vec{F}_R = \vec{0}, \ \vec{M}_R = \vec{0}$

Komponentenschreibweise	$\sum_{i=1}^{n} F_{ix} = 0, \ \sum_{i=1}^{n} F_{iy} = 0$
	$\sum_{i=1}^{n} M_i = 0, \ M_i = M_{iz}$
Kurzsymbole für Gleichgewichtsbedingungen	$\rightarrow: 0 =, \quad \uparrow: 0 =, \quad \circlearrowleft P: 0 =$

P frei wählbarer Momentenbezugspunkt

1.3 Räumliches Kraftsystem

Räumliches, zentrales Kraftsystem

Resultierende Kraft von n Kräften F_i
$$\vec{F}_R = F_{Rx}\vec{e}_x + F_{Ry}\vec{e}_y + F_{Rz}\vec{e}_z$$

$$F_{Rx} = \sum_{i=1}^{n} F_i \cos \alpha_i,$$

$$F_{Ry} = \sum_{i=1}^{n} F_i \cos \beta_i,$$

$$F_{Rz} = \sum_{i=1}^{n} F_i \cos \gamma_i$$

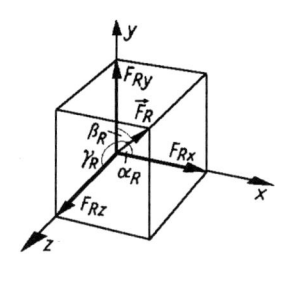

Betrag

$$F_R = |\vec{F}_R| = \sqrt{F_{Rx}^2 + F_{Ry}^2 + F_{Rz}^2} \quad \alpha_i, \beta_i, \gamma_i \text{ Winkel der Wirkungslinie von } F_i \text{ zu den Achsen}$$

Richtung jeder Kraft ist durch jeweils zwei Richtungskosinus ihrer Wirkungslinie zu den Achsen des kartesischen Koordinatensystems festgelegt (Beispiel $\vec{F}_R$):

$$\cos \alpha_R = \frac{F_{Rx}}{F_R}, \ \cos \beta_R = \frac{F_{Ry}}{F_R}$$

$$\cos \gamma_R = \frac{F_{Rz}}{F_R}$$

Gleichgewicht, wenn Gleichgewichtsbedingung $\vec{F}_R = \vec{0}$ erfüllt ist.

Technische Mechanik
1 Statik

Komponentenschreibweise:

$$\sum_i F_{ix} = 0, \quad \sum_i F_{iy} = 0$$

$$\sum_i F_{iz} = 0$$

Räumliches, allgemeines Kraftsystem

Moment einer Kraft
$$\vec{M} = \vec{r} \times \vec{F}$$
$$= \begin{vmatrix} \vec{e}_x & \vec{e}_y & \vec{e}_z \\ r_x & r_y & r_z \\ F_x & F_y & F_z \end{vmatrix}$$

Komponenten:
$$M_x = r_y F_z - r_z F_y$$
$$M_y = r_z F_x - r_x F_z$$
$$M_z = r_x F_y - r_y F_x$$

$$\vec{M} = M_x \vec{e}_x + M_y \vec{e}_y + M_z \vec{e}_z$$

Resultierendes Moment aus n Einzelkräften

$$\vec{M}_R = \sum_{i=1}^{n} \vec{M}_i = \sum_{i=1}^{n} \vec{r}_i \times \vec{F}_i$$

$\vec{F}_i = F_{ix}\vec{e}_x + F_{iy}\vec{e}_y + F_{iz}\vec{e}_z$ Kraftvektoren
$\vec{r}_i = r_{ix}\vec{e}_x + r_{iy}\vec{e}_y + r_{iz}\vec{e}_z$ Ortsvektoren für jeweils gleichen Bezugspunkt P

Ermittlung der Resultierenden:
$\vec{F}_R$ nach Betrag und Richtung wie beim räumlichen, zentralen Kraftsystem. Im Gegensatz zum ebenen, allgemeinen Kraftsystem stehen Vektoren $\vec{F}_R$ und $\vec{M}_R$ i. allg. nicht senkrecht aufeinander; Satz der statischen Momente des ebenen Kraftsystems dann nicht übertragbar; Lage von $\vec{F}_R$ ermittelt man durch Einführung eines Momentes, das parallel zur Wirkungslinie von $\vec{F}_R$ verläuft, s. weiterführende Literatur (Dyname/Kraftschraube).

Gleichgewicht, falls Gleichgewichtsbedingungen $\vec{F}_R = \vec{0}$, $\vec{M}_R = \vec{0}$ erfüllt sind.

Komponentenschreibweise:

$$\sum_i F_{ix} = 0, \quad \sum_i F_{iy} = 0, \quad \sum_i F_{iz} = 0$$
$$\sum_i M_{ix} = 0, \quad \sum_i M_{iy} = 0, \quad \sum_i M_{iz} = 0$$

Technische Mechanik
1 Statik

1.4 Modelle starrer Körper

Modell	Skizze	Merkmale
Einachsiges Modell **Stab**	Ausdehnung in einer Raumrichtung/Längsrichtung sehr viel größer als die maximale Ausdehnung in den anderen beiden Raumrichtungen	
Fachwerkstab		überträgt nur Kräfte in Richtung der Stabachse
Balken/ Träger		überträgt beliebige Kräfte und Momente
Zweiachsige Modelle	Dicke h sehr viel kleiner als Ausdehnung in anderen Raumrichtungen	
Scheibe		Belastungen in der Mittelebene
Platte		Belastungen senkrecht zur Mittelebene
Schale		i. allg. doppelt gekrümmte Mittelebene, ϱ_1, ϱ_2 Radien der Hauptkrümmungskreise der Schalenmittelfläche
Dreiachsige Modelle (3D-Modelle)	z. B. Vollraum, Halbraum, Quader, Zylinder, Kugel	

Technische Mechanik
1 Statik

1.5 Modelle von Lager- und Verbindungsarten

Modell	Symbol/Skizze	freigeschnittenes Modell
Modelle ebener Lagerarten		
Einwertige Lager		
Pendelstütze		
Rollenlager/ Loslager		
Zweiwertige Lager		
Festlager		
Gleithülse		
Ebenes Gelenk (reibungsfrei)		
Dreiwertiges Lager		
Einspannung		

Modell	Symbol/Skizze	freigeschnittenes Modell
Modelle räumlicher Lagerarten		
Rollenlager (einwertig)		
Festlager (dreiwertig)		
Einspannung (sechswertig)		

1.6 Modelle der Belastung

Einteilung nach der Ausdehnung bzw. Geometrie des Gebietes der mechanischen Wechselwirkung:

Einzelkraft (Punktlast)

Streckenlast (Linienkraft, z. B. auf Länge bezogenes Eigengewicht von Stäben)

Darstellung einer Streckenlast erfolgt mittels der Intensität $q(s)$ entlang der Strecke l. Sie kann durch eine statisch äquivalente Ersatzkraft (Einzelkraft) wie folgt erfaßt werden:

Betrag

$$F_q = \int\limits_0^l q(s)\,\mathrm{d}s$$

Lage der Wirkungslinie

$$s_q = \frac{1}{F_q} \int\limits_0^l q(s)\,s\,\mathrm{d}s$$

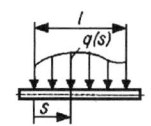

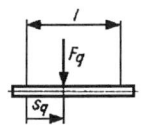

Technische Mechanik
1 Statik

Anmerkung: Verbal gilt für die Ermittlung von Betrag (Richtung ist durch Richtung der Intensität vorgegeben) und Lage von F_q:

F_q entspricht der Fläche der Streckenlast über der Länge l, Wirkungslinie von F_q verläuft durch den Schwerpunkt dieser Fläche

---

Sonderfälle:

Rechtecklast über Strecke l, $q = \text{const}$:

$$F_q = ql, \quad s_q = \frac{1}{2}l$$

Dreieckslast über Strecke l

$$q(s) = q_0\frac{s}{l}, \quad F_q = \frac{1}{2}q_0 l, \quad s_q = \frac{2}{3}l$$

$q(s)$ Intensitätsfunktion

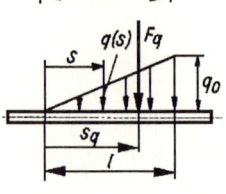

q_0 maximale Intensität

Flächenlast	(Schneelasten auf Flächentragwerken/Dächern, Druckverteilung an Stauwerken, Behälter unter Innen- und Außendruck, umströmte zweiachsige und dreiachsige Konstruktionen, z. B. Karosserien)
Volumenlast	(Trägheitskräfte, z. B. Fliehkräfte in rotierenden Konstruktionen/Rotoren infolge Radialbeschleunigung)

1.7 Ebene Tragwerke

Bezeichnungen

Einfaches Tragwerk	Modellierung aus einem starren Körper und Lagern
Zusammengesetztes Tragwerk	Modellierung aus mehreren starren Körpern, Verbindungen und Lagern, z. B.: Fachwerk ist System aus Fachwerksstäben, die in Gelenken, den sog. Knoten, reibungsfrei miteinander verbunden sind; Stabwerk ist System aus miteinander verbundenen Stäben.

Statische Bestimmtheit

Sämtliche Lager-, Verbindungs- bzw. Gelenk- und Schnittreaktionen (siehe Abschnitt 1.8) des ggf. aus mehreren starren Körpern zusammengesetzten Tragwerkes lassen sich aus den Gleichgewichtsbedingungen ermitteln. Notwendige Bedingung für statische Bestimmtheit ist $n = 0$, wobei:

Stabwerke: $n = 3k - a - v$
- k Anzahl der starren Körper
- a Anzahl der Lagerreaktionen
- v Anzahl der Verbindungsreaktionen

Fachwerke: $n = 2g - s - t$
- g Anzahl der Gelenke/Knoten des Fachwerkes
- s Anzahl der Fachwerkstäbe
- t Anzahl der Stützstäbe/Lagerreaktionen

Es gilt: $n > 0$ Mechanismus/Getriebe mit n Freiheitsgraden

$n < 0$ Tragwerk ist $|n|$-fach statisch unbestimmt

Berechnung von Lager- und Verbindungsreaktionen

Lösungsprinzip: Ein Tragwerk ist dann im Gleichgewicht, wenn jeder starre Körper (Teilsystem) für sich im Gleichgewicht ist.

Technische Mechanik
1 Statik

Lösungsweg am Beispiel:

Zusammengesetztes Tragwerk (Dreigelenkbogen)
geg.: q, a
ges.: Lager- und Gelenkreaktionen

Lösung:
- $k = 2$, $a = 4$, $v = 2 \to n = 0$, notw. Bedingung für statische Bestimmtheit erfüllt
- Freischneiden
- Gleichgewichtsbedingungen
  linker Körper
  $\to : 0 = F_{Bx} + F_{Gx}$
  $\uparrow : 0 = F_{By} + F_{Gy} - F_q$
  $\circlearrowleft B: 0 = F_{Gy} \cdot 4a - F_{Gx} \cdot 3a - F_q \cdot 2a$
  rechter Körper
  $\to : 0 = -F_{Gx} + F_{Cx}$
  $\uparrow : 0 = -F_{Gy} + F_{Cy}$
  $\circlearrowleft C: 0 = (F_{Gx} + F_{Gy}) \cdot 3a$
- Lösung des Gleichungssystems
$$F_{Bx} = -F_{Cx} = F_{Cy} = F_{Gy} = -F_{Gx} = \frac{8}{7}qa, \quad F_{By} = \frac{20}{7}qa$$

Hinweise zu Ermittlung der Stabkräfte/Längskräfte in Fachwerken

- Knotenschnittverfahren, Freischneiden und Gleichgewichtsbedingungen an jedem Gelenk/Knoten als zentrales Kraftsystem
- Schnittverfahren nach Ritter, geeignete Schnittführung so, daß allgemeine Kraftsysteme entstehen; z. B. Schnitt dreier Stäbe, deren Wirkungslinien keinen gemeinsamen Schnittpunkt besitzen
- Bei statisch unbestimmten Fachwerken sind vorzugsweise energetische Verfahren (z. B. Satz von Castigliano, siehe dort) heranzuziehen

Hinweis zu räumlichen Tragwerken

Lösungsprinzip und Vorgehensweise analog zu ebenen Tragwerken; wegen Anschaulichkeit der Lösung empfiehlt es sich in vielen Fällen, das räumliche Modell in drei senkrecht aufeinanderstehenden Ebenen zu betrachten; dann Behandlung der drei ebenen Aufgaben.

1.8 Schnittreaktionen

Schnittreaktionen im eben beanspruchten Stab

$F_L; (N)$ Längs- bzw. Normalkraft
$F_Q; (Q)$ Querkraft
$M; (M_b)$ Schnittmoment (Biegemoment)

Definition der Schnittreaktionen

Richtungen der Schnittreaktionen am Schnittufer z:

z Koordinate der Schnittstelle
v Koordinate der Durchsenkung
 (vgl. Abschnitt 2.5)
F_L, F_Q, und M sind i. allg. Funktionen der Koordinate z.

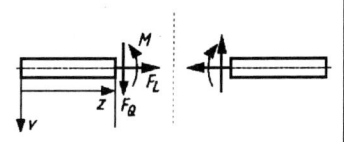

Beziehungen zwischen Intensität der Streckenlast, Querkraft und Schnittmoment

$$\frac{dF_Q}{dz} = -q(z), \quad \frac{dM}{dz} = F_Q$$
$$\frac{d^2M}{dz^2} = -q(z)$$

$q(z)$ Intensität der Streckenlast (senkrecht zur z-Achse)

Schlußfolgerungen:

- In Bereichen ohne Streckenlastbelastung sind die Schnittkräfte konstant.
- Querkraftnullstellen bedingen einen Momentenextremwert.

Schnittreaktionen im räumlich beanspruchten Stab

z Koordinate der Schnittstelle

Schnittkräfte

$F_L; (N)$ Längskraft
$F_{Qx}, F_{Qy}; (Q_x, Q_y)$ Querkräfte

Schnittmomente

$M_x = M_{bx}, M_y = M_{by}$ Biegemomente
$M_t = M_z$ Torsionsmoment

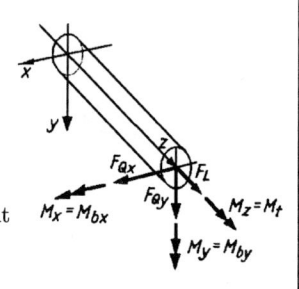

Beziehungen zwischen Querkräften und Biegemomenten

$$F_{Qy} = \frac{dM_x}{dz}, \quad F_{Qx} = -\frac{dM_y}{dz}$$

Technische Mechanik
1 Statik

Querkraft- und Momentenverlauf für ausgewählte Tragwerke

Tragwerk	Verläufe der Schnittreaktionen
	$F_A = F\dfrac{b}{l}$, $F_B = F\dfrac{a}{l}$ $M_1 = F_A z_1$, $M_2 = F_B z_2$ $M_{max} = F\dfrac{ab}{l}$
	$F_A = F\left(1+\dfrac{l_l}{l}\right)$, $F_B = F\dfrac{l_l}{l}$ $M_1 = -Fz_1$, $M_2 = F_B z_2$ $|M|_{max} = Fl_l$
	$F_A = F_B = \dfrac{1}{2}ql$ $F_Q = ql\left(\dfrac{1}{2}-\dfrac{z}{l}\right)$ $M = \dfrac{1}{2}qz(l-z)$ $M_{max} = \dfrac{1}{8}ql^2$
	$F_A = ql_l\left(1+\dfrac{l_l}{2l}\right)$ $F_B = ql_l\dfrac{l_l}{2l}$ $|M|_{max} = \dfrac{1}{2}ql_l^2$ $F_{Q1} = -qz_1$, $M_1 = -\dfrac{1}{2}qz_1^2$, $F_{Q2} = F_B$, $M_2 = -F_B z_2$
	$F_A = F$, $M_A = Fl$, $F_Q = -F$, $M = -Fz$ $|M|_{max} = Fl$
	$F_A = ql$, $M_A = \dfrac{1}{2}ql^2$ $F_Q = -qz$, $M = -\dfrac{1}{2}qz^2$ $|M|_{max} = \dfrac{1}{2}ql^2$

Technische Mechanik
1 Statik

Hinweise:
— Schnittreaktionen sind i. allg. nur innerhalb bestimmter Stabbereiche stetig.
— Bereichsgrenzen sind bedingt durch Geometrie (Stabende, Knick, Verzweigung, unstetige Krümmungsänderung) und Belastung (Einleitungsstellen von Kräften- und Momenten, Beginn und Ende von Streckenlasten mit jeweils stetiger Intensität).

1.9 Reibung

Miteinander im Kontakt stehende Körper (Reibpartner) lassen sich gegeneinander nur bewegen, wenn Widerstandskräfte/Reibungskräfte überwunden werden.

Haftreibung bzw. Haftung: Widerstand bis zum Einsetzen der Bewegung

Haftreibungsgesetz (empirisch)
$F_R \leq \mu_0 F_N$

F_R Reibungskraft (Reaktionskraft), tangiert Kontaktebene, ist entgegen der möglichen Relativbewegung des jeweiligen Reibpartners anzutragen.

F_N Normalkraft (Reaktionskraft), steht senkrecht auf Kontaktebene (und damit F_R), ist auf jeweiligen Reibpartner einwirkend anzutragen.

μ_0 Haftreibungskoeffizient/-zahl

Gleitreibung: Widerstand bei Relativbewegung der Reibpartner

Gleitreibungsgesetz (nach Coulomb)
$F_R = \mu F_N$

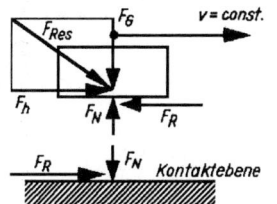

μ Gleitreibungskoeffizient/-zahl, wobei $\mu < \mu_0$

F_R Reibungskraft, eingeprägte Kraft, entgegengesetzt der Relativbewegung des jeweiligen Reibpartners; gültig für nicht zu großes F_N und kleine konstante Geschwindigkeiten v

Technische Mechanik
1 Statik

Ermittlung von F_R, F_N erfolgt mittels Vorgehensweise der Statik (Freischneiden, Gleichgewichtsbedingungen).

Zusammenhang zwischen maximaler Neigung von F_{Res} und Reibungskoeffizienten:
Reibungskegel (gebildet aus Grenz-Wirkungslinie von F_{Res})

$\mu_0 = \tan\varrho_0$, $\mu = \tan\varrho$, $\varrho < \varrho_0$

ϱ_0, ϱ halber Öffnungswinkel des Haft- bzw. Gleitreibungskegels

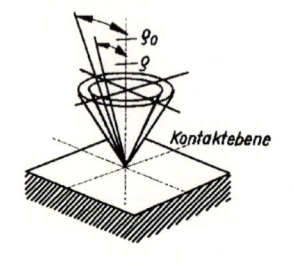

Liegt die Wirkungslinie von F_{Res} innerhalb des Kegels ϱ_0, herrscht Selbsthemmung.

Haft- und Gleitreibungszahlen (Auswahl)

Werkstoffpaar	Haftreibungszahl μ_0		Gleitreibungszahl μ	
	trocken	geschmiert	trocken	geschmiert
Stahl-Stahl	$0,15\ldots 0,4$	$0,1$	$0,1\ldots 0,2$	$0,05\ldots 0,1$
Stahl-Grauguß	$0,18\ldots 0,24$	$0,1$	$0,17\ldots 0,2$	$0,02\ldots 0,1$
Holz-Metall	$0,5\ldots 0,65$	$0,1$	$0,2\ldots 0,5$	$0,02\ldots 0,1$
Holz-Holz	$0,4\ldots 0,65$	$0,16\ldots 0,2$	$0,2\ldots 0,4$	$0,04\ldots 0,16$
Gummireifen-Fahrbahn	$0,7$		$0,3\ldots 0,5$	$0,15\ldots 0,2$ (mit Wasser)
Stahl-Eis	$0,027$		$0,014$	

Reibung in Führungen

$F_A = \mu' F_Q$

$\mu' = \mu$ Flachbahnführung
$\mu' = \mu/\sin\delta$ Prismenführung
F_A Vorschubkraft
F_Q Betriebslast der Führung
δ Neigungswinkel der Prismenwange zur Vertikalen

Technische Mechanik
1 Statik

Reibung in Gewinden

Zusammenhang zwischen Moment zum Anziehen bzw. Lösen und der axialen Kraft einer Verbindung Gewindebolzen-Mutter.

Bewegungsgewinde (Flachgewinde):
$M_A = F_Q r_m \tan(\varrho + \alpha)$
$M_L = F_Q r_m \tan(\varrho - \alpha)$

Befestigungsgewinde:
Anstelle ϱ ist zu setzen ϱ',
$\tan \varrho' = \dfrac{\mu}{\cos \beta}$

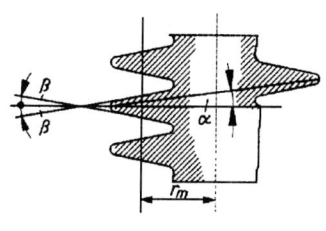

- F_Q axiale Kraft
- M_A Moment zum Heben der Last; Anzugsmoment
- M_L Moment zum Absenken der Last; Lösemoment
- r_m mittlerer Gewinderadius
- α Neigungswinkel des Gewindes
- β halber Öffnungswinkel der Gewindeflanken

Seilreibung

Seilreibungsgesetz für Haftung

$F_{S2} = F_{S1} e^{\mu_0 \alpha}, \; F_{S2} > F_{S1}$

F_{S1}, F_{S2} Seilkräfte
α Umschlingungswinkel
$[\alpha] = \text{rad}$

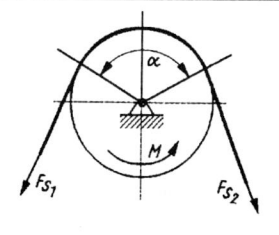

Rollreibung

Rollreibungsgesetz

$F_R = \dfrac{f}{R} F_N$

Fallunterscheidung Gleiten oder Rollen:
$\mu_0 < f/R$ für Gleiten,
$\mu_0 > f/R$ für Rollen

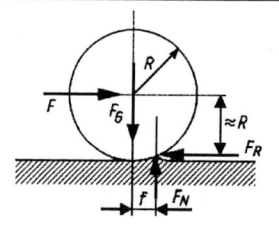

- F_R Rollwiderstand
- f Hebelarm der Rollreibung
- R Radius des Rades

2 Festigkeitslehre

2.1 Schwerpunktsberechnung

$S(\overline{x}_S, \overline{y}_S, \overline{z}_S)$ — Schwerpunktskoordinaten,

$\overline{x}, \overline{y}, \overline{z}$ — Bezugskoordinatensystem

Körper-/Volumenschwerpunkt (homogener Körper)

$$\overline{x}_S = \frac{1}{V} \int\limits_{(V)} \overline{x}\, dV, \ \overline{y}_S = \frac{1}{V} \int\limits_{(V)} \overline{y}\, dV$$

$$\overline{z}_S = \frac{1}{V} \int\limits_{(V)} \overline{z}\, dV$$

Flächenschwerpunkt

$$\overline{x}_S = \frac{1}{A} \int\limits_{(A)} \overline{x}\, dA, \ \overline{y}_S = \frac{1}{A} \int\limits_{(A)} \overline{y}\, dA$$

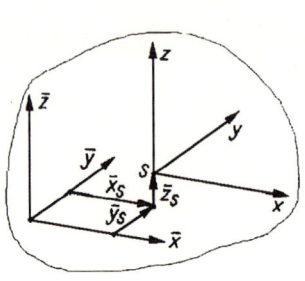

Schwerpunktsberechnung bei zusammengesetzten Flächen

$$\overline{x}_S = \frac{1}{A} \sum_{i=1}^{n} \overline{x}_{Si} A_i$$

$$\overline{y}_S = \frac{1}{A} \sum_{i=1}^{n} \overline{y}_{Si} A_i$$

$$A = \sum_{i=1}^{n} A_i$$

n Anzahl der Teilflächen,
A_i Flächeninhalt der i-ten Teilfläche
$\overline{x}_{Si}, \overline{y}_{Si}$ Schwerpunktskoordinaten der i-ten Teilfläche

Praktische Berechnung:
- Festlegung des Bezugskoordinatensystems
- Einteilung in Teilflächen mit jeweils bekannter Schwerpunktslage (Demonstration im Bild für 2 Teilflächen)
- Rechengang mit nachfolgender Tabelle

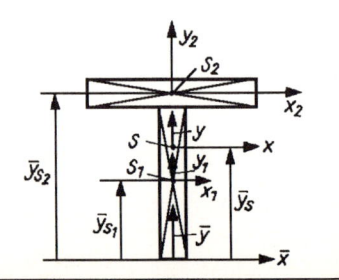

Tabelle zur Ermittlung der Koordinaten des Flächenschwerpunktes

i	A_i	$\overline{x}_{Si}$	$\overline{y}_{Si}$	$A_i\overline{x}_{Si}$	$A_i\overline{y}_{Si}$
1	A_1	$\overline{x}_1$	$\overline{y}_1$	$A_1\overline{x}_{S1}$	$A_1\overline{y}_{S1}$
n	A_n	$\overline{x}_n$	$\overline{y}_n$	$A_n\overline{x}_{Sn}$	$A_n\overline{y}_{Sn}$
$\sum\limits_i$	$\sum\limits_i A_i$			$\sum\limits_i A_i\overline{x}_{Si}$	$\sum\limits_i A_i\overline{y}_{Si}$

Linienschwerpunkt

$$\overline{x}_S = \frac{1}{L}\int\limits_{(L)} \overline{x}\,ds,\ \overline{y}_S = \frac{1}{L}\int\limits_{(L)} \overline{y}\,ds$$

s Koordinate entlang der Linie
ds Linienelement
L Linienlänge

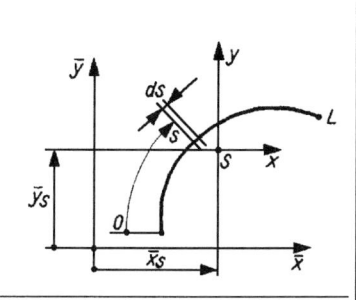

2.2 Flächenträgheitsmomente

Voraussetzungen und Definitionen

Parallele kartesische Koordinatensysteme:

x, y Ursprung im Flächenschwerpunkt S
$\overline{x}, \overline{y}$ beliebig

Flächenmoment n-ter Ordnung:

$$\int\limits_{(A)} (x^s y^t)\,dA,\ n = s + t,\ n, s, t \in \mathbb{N}$$

0. Ordnung: Flächeninhalt

$$A = \int\limits_{(A)} dA$$

1. Ordnung: statische Momente

$$S_x := \int\limits_{(A)} y\,dA,\quad S_y := \int\limits_{(A)} x\,dA,\quad S_x = S_y = 0$$

Technische Mechanik
2 Festigkeitslehre

2. Ordnung: Flächenträgheitsmomente

$$I_{xx} := \int_{(A)} y^2 \, dA, \quad I_{yy} := \int_{(A)} x^2 \, dA$$

$$I_{xy} := -\int_{(A)} xy \, dA$$

$$I_\mathrm{p} := I_{xx} + I_{yy} = \int_{(A)} r^2 \, dA$$

I_{xx}, I_{yy} axiale Flächenträgheitsmomente

I_{xy} Deviations- oder Zentrifugalmoment

I_p polares Trägheitsmoment
(Beispiele für einfache Flächen siehe nachfolgende Tabelle)

Transformation von Flächenträgheitsmomenten zwischen parallelen Koordinatensystemen

(Satz von Steiner)

$I_{\overline{xx}} = I_{xx} + \overline{y}_\mathrm{S}^2 A$

$I_{\overline{yy}} = I_{yy} + \overline{x}_\mathrm{S}^2 A$

$I_{\overline{xy}} = I_{xy} - \overline{x}_\mathrm{S} \overline{y}_\mathrm{S} A$

Vorgehensweise zur Ermittlung von Flächenträgheitsmomenten zusammengesetzter Flächen:

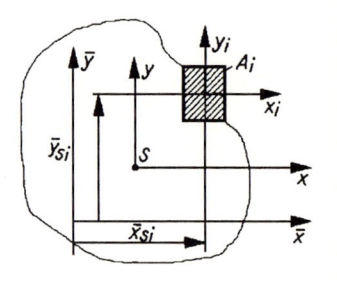

– Flächenträgheitsmomente verschiedener Flächen dürfen dann addiert (bzw. subtrahiert) werden, wenn sie bezüglich des gleichen Koordinatensystems vorliegen.

– Ermittlung der Flächenträgheitsmomente der n Teilflächen bezüglich ihrer Teilschwerpunktskoordinatensysteme, Bezeichnung:
$I_{x_i x_i}, I_{y_i y_i}, I_{x_i, y_i}$

– Transformation dieser Flächenträgheitsmomente auf das Koordinatensystem x, y mittels Satz von Steiner:

$I_{xx_i} = I_{x_i x_i} + (\overline{y}_\mathrm{S} - \overline{y}_{\mathrm{S}i})^2 A_i$

$I_{yy_i} = I_{y_i y_i} + (\overline{x}_\mathrm{S} - \overline{x}_{\mathrm{S}i})^2 A_i$

$I_{xy_i} = I_{x_i y_i} - (\overline{x}_\mathrm{S} - \overline{x}_{\mathrm{S}i})(\overline{y}_\mathrm{S} - \overline{y}_{\mathrm{S}i}) A_i$

– Summation der Flächenträgheitsmomente der Teilflächen (ausgesparte Flächen mit umgekehrtem Vorzeichen)

Flächenträgheitsmomente bei Drehung des kartesischen Koordinatensystems

Drehtransformation der kartesischen Koordinaten
$u = x \cos\varphi + y \sin\varphi$
$v = -x \sin\varphi + y \cos\varphi$

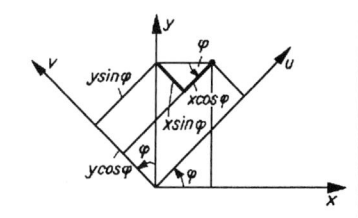

$$I_{uu} = \frac{I_{xx} + I_{yy}}{2} + \frac{I_{xx} - I_{yy}}{2} \cos 2\varphi + I_{xy} \sin 2\varphi$$

$$I_{vv} = \frac{I_{xx} + I_{yy}}{2} - \frac{I_{xx} - I_{yy}}{2} \cos 2\varphi - I_{xy} \sin 2\varphi$$

$$I_{uv} = \phantom{\frac{I_{xx} + I_{yy}}{2}} -\frac{I_{xx} - I_{yy}}{2} \sin 2\varphi + I_{xy} \cos 2\varphi$$

Hauptträgheitsmomente und Hauptträgheitsachsen

Extremwerte der axialen Flächenträgheitsmomente heißen Hauptträgheitsmomente I_1, I_2. Dabei nimmt I_1 ein Maximum und I_2 ein Minimum an:

$$I_{1,2} = \frac{I_{xx} + I_{yy}}{2} \pm \sqrt{\left(\frac{I_{xx} - I_{yy}}{2}\right)^2 + I_{xy}^2}$$

Die dazugehörigen Achsen heißen Hauptträgheitsachsen. Für sie verschwindet das Deviationsmoment, $I_{uv}(\varphi_0) = 0$. Die Hauptträgheitsachsen ergeben sich bei folgenden Drehwinkeln φ_0:

$$\tan 2\varphi_0 = \frac{2 I_{xy}}{I_{xx} - I_{yy}}$$

$$\tan \varphi_0 = \frac{I_{xy}}{I_{xx} - I_2}$$

Hinweise:
- Symmetrieachsen sind stets Hauptträgheitsachsen.
- Gilt für eine Fläche $I_{xx} = I_{yy}$, $I_{xy} = 0$, dann sind alle Schwerpunktsachsen Hauptträgheitsachsen bzw. die Flächenträgheitsmomente sind invariant gegenüber Drehung des Koordinatensystems.
- Flächenträgheitsmomente sind Komponenten des Trägheitstensors.

Technische Mechanik
2 Festigkeitslehre

Schwerpunktslagen und Flächenträgheitsmomente ausgewählter Flächen

Querschnitt	Schwerpunktslage	Flächenträgheitsmomente	Widerstandsmomente
Quadratisches Kastenprofil		$I_{xx} = I_{yy} = \dfrac{1}{12}(H^4 - h^4)$	$W_x = W_y = \dfrac{H^3}{6}\left[1 - \left(\dfrac{h}{H}\right)^4\right]$
Rechteck	$\overline{x}_S = \dfrac{B}{2}$ $\overline{y}_S = \dfrac{H}{2}$	$I_{xx} = \dfrac{BH^3}{12},\; I_{yy} = \dfrac{HB^3}{12}$ $I_{\overline{xx}} = \dfrac{BH^3}{3},\; I_{\overline{yy}} = \dfrac{HB^3}{3}$ $I_{\overline{xy}} = -\dfrac{B^2H^2}{4}$	$W_x = \dfrac{BH^2}{6}$ $W_y = \dfrac{HB^2}{6}$
Beliebiges Dreieck	$\overline{x}_S = \dfrac{1}{3}(b_2 - b_1)$ $\overline{y}_S = \dfrac{1}{3}H$ $B = b_1 + b_2$	$I_{xx} = \dfrac{BH^3}{36},\; I_{yy} = \dfrac{HB}{36}(B^2 - b_1 b_2)$ $I_{xy} = \dfrac{H^2}{72}(b_2^2 - b_1^2)$ $I_{\overline{xx}} = \dfrac{BH^3}{12},\; I_{\overline{yy}} = \dfrac{H}{12}(b_1^3 + b_2^3)$ $I_{\overline{xy}} = -\dfrac{H^2}{72}(b_1^2 - b_2^2)$	

Technische Mechanik
2 Festigkeitslehre

Sonderfall: Rechtwinkliges Dreieck	$\overline{x}_S = \dfrac{B}{3}$ $\overline{y}_S = \dfrac{H}{3}$	$I_{xx} = \dfrac{BH^3}{36},\ I_{yy} = \dfrac{HB^3}{36},\ I_{xy} = \dfrac{B^2H^2}{72}$ $I_{\overline{xx}} = \dfrac{BH^3}{12},\ I_{\overline{yy}} = \dfrac{HB^3}{12},\ I_{\overline{xy}} = -\dfrac{B^2H^2}{24}$	
Kreisringsektor		$I_{\overline{xx}} = \dfrac{\varkappa}{8}\left[(\alpha_2 - \alpha_1) - \dfrac{1}{2}(\sin 2\alpha_2 - \sin 2\alpha_1)\right]$ $I_{\overline{yy}} = \dfrac{\varkappa}{8}\left[(\alpha_2 - \alpha_1) + \dfrac{1}{2}(\sin 2\alpha_2 - \sin 2\alpha_1)\right]$ $I_{\overline{xy}} = \dfrac{\varkappa}{16}(\cos\alpha_2 - \cos\alpha_1)$ $\varkappa = R_a^4 - R_i^4,\quad \alpha_1, \alpha_2\ \text{in rad}$	
Sonderfälle: Kreis/Kreisring		Kreis $\quad I_{xx} = I_{yy} = \dfrac{\pi}{4}R^4 = \dfrac{\pi}{64}D^4$ Kreisring $\ I_{xx} = I_{yy} = \dfrac{\pi}{4}R_a^4(1-\lambda^4)$ $\qquad\qquad I_{xx} = I_{yy} = \dfrac{\pi}{64}D_a^4(1-\lambda^4)$ $\lambda = \dfrac{R_i}{R_a} = \dfrac{D_i}{D_a}$	$W_x = W_y$ $\quad = \dfrac{\pi R^3}{4} = \dfrac{\pi D^3}{32}$ $W_x = \dfrac{\pi R_a^3}{4}(1-\lambda^4)$ $W_y = W_x$

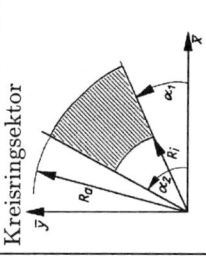

Technische Mechanik
2 Festigkeitslehre

Halbkreis		$\overline{y}_S = \dfrac{4R}{3\pi}$	$I_{xx} = R^4\left(\dfrac{\pi}{8} - \dfrac{8}{9\pi}\right) \approx 0{,}11 R^4$ $I_{yy} = \dfrac{\pi}{8} R^4$ $I_{\overline{xx}} = I_{\overline{yy}} = \dfrac{\pi}{8} R^4$	$W_x = \dfrac{R^3}{24}\left(\dfrac{9\pi^2 - 64}{3\pi - 4}\right)$ $W_x \approx 0{,}191 R^3$ $W_y = \dfrac{\pi}{8} R^3$
Viertelkreis		$\overline{x}_S = \overline{y}_S = \dfrac{4R}{3\pi}$	$I_{xx} = I_{yy} = R^4\left(\dfrac{\pi}{16} - \dfrac{4}{9\pi}\right) \approx 0{,}0549 R^4$ $I_{xy} = R^4\left(\dfrac{4}{9\pi} - \dfrac{1}{8}\right) \approx 0{,}0165 R^4$ $I_{\overline{xx}} = I_{\overline{yy}} = \dfrac{\pi}{16} R^4$, $I_{\overline{xy}} = -\dfrac{R^4}{8}$	
dünnwandiger Kreisring			$I_{xx} = I_{yy} \approx \pi R^3 \delta$, $\delta \ll R$	$W_x = W_y \approx \pi R^2 \delta$

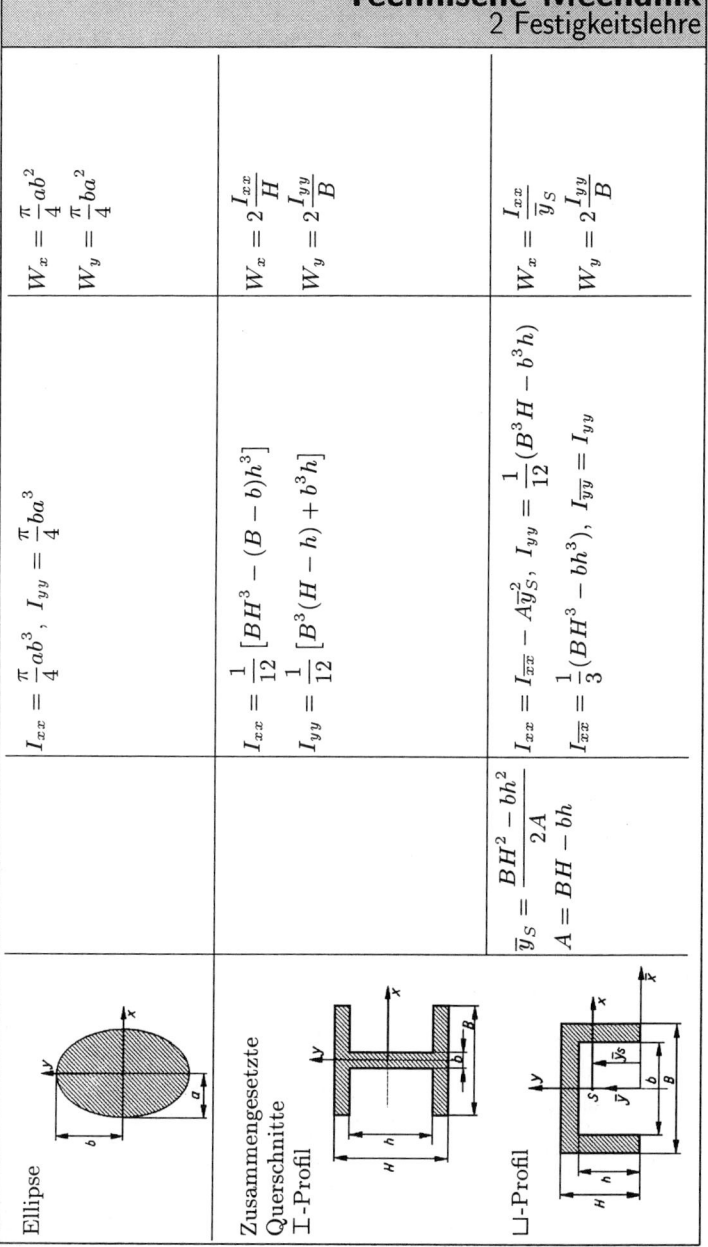

Technische Mechanik
2 Festigkeitslehre

Ellipse		$I_{xx} = \dfrac{\pi}{4}ab^3,\ I_{yy} = \dfrac{\pi}{4}ba^3$	$W_x = \dfrac{\pi}{4}ab^2$ $W_y = \dfrac{\pi}{4}ba^2$
Zusammengesetzte Querschnitte I-Profil		$I_{xx} = \dfrac{1}{12}\left[BH^3 - (B-b)h^3\right]$ $I_{yy} = \dfrac{1}{12}\left[B^3(H-h) + b^3 h\right]$	$W_x = 2\dfrac{I_{xx}}{H}$ $W_y = 2\dfrac{I_{yy}}{B}$
⊔-Profil	$\bar{y}_S = \dfrac{BH^2 - bh^2}{2A}$ $A = BH - bh$	$I_{xx} = I_{\overline{xx}} - A\bar{y}_S^2,\ I_{yy} = \dfrac{1}{12}(B^3 H - b^3 h)$ $I_{\overline{xx}} = \dfrac{1}{3}(BH^3 - bh^3),\ I_{\overline{yy}} = I_{yy}$	$W_x = \dfrac{I_{xx}}{\bar{y}_S}$ $W_y = 2\dfrac{I_{yy}}{B}$

2 Festigkeitslehre

| T-Profil | $\overline{y}_S = \dfrac{BH^2 - (B-b)(H-h)^2}{2A}$ $A = Bh + b(H-h)$ | $I_{xx} = I_{\overline{xx}} - A\overline{y}_S^2$, $I_{\overline{xx}} = \dfrac{1}{3}\left[BH^3 - (B-b)(H-h)^3\right]$ | $I_{yy} = \dfrac{1}{12}\left[B^3h + b^3(H-h)\right]$ $I_{\overline{yy}} = I_{yy}$ | $W_x = \dfrac{I_{xx}}{\overline{y}_S}$ $W_y = 2\dfrac{I_{yy}}{B}$ |

Hinweise:
- Für Koordinatensysteme, bei denen mindestens eine Achse eine Symmetrieachse ist (Hauptträgheitsachse), nimmt das Deviations- bzw. Zentrifugalmoment den Wert null an.
- Die Widerstandsmomente beziehen sich auf die Beanspruchungsart Biegung. Sie werden hier nur für die eingezeichneten Hauptträgheitsachsen angegeben.

2.3 Grundlagen

Voraussetzungen

Verformbarer, fester Körper

Lineare Theorie	Gültigkeit des Überlagerungsprinzips (Gesamtwirkung ist Summe der Einzelwirkungen), lineare Gleichungen, Formänderungen klein gegenüber Bauteilabmessungen
Kontinuumstheorie/Kontinuumsmodell	Werkstoffeigenschaften bleiben bei beliebiger Teilung unverändert, Vernachlässigung des Struktureinflusses, Gesetze beschreiben die Erscheinungen (Phänomene) und nicht die Ursachen
Isotropie, Homogenität	Werkstoffeigenschaften sind unabhängig von Orientierung und Ort

Spannungsbegriff – Spannungszustand (ebene Betrachtung)

Mechanische Spannung als Maß der Beanspruchung

Spannungsvektor

$$\vec{S} := \frac{\mathrm{d}\vec{F}}{\mathrm{d}A} = \sigma \vec{e}_\mathrm{n} + \tau \vec{e}_\mathrm{t}$$

$$\sigma := \frac{\mathrm{d}F_\mathrm{n}}{\mathrm{d}A}, \quad \tau := \frac{\mathrm{d}F_\mathrm{t}}{\mathrm{d}A}$$

Komponente des Spannungsvektors σ in Normalenrichtung heißt Normalspannung, Komponente τ in Tangentenrichtung heißt Schubspannung.

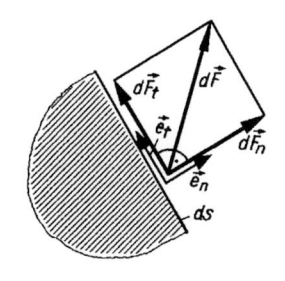

Spannungskomponenten sind Komponenten des sog. Spannungstensors, beschreiben insgesamt den Spannungszustand.

Technische Mechanik
2 Festigkeitslehre

Einachsiger Spannungszustand

Spannungskomponenten am schrägen Schnitt eines Stabes:

$$\sigma(\varphi) = \frac{F_n(\varphi)}{A(\varphi)}$$
$$= \frac{1}{2}\sigma_0(1 + \cos 2\varphi)$$
$$\tau(\varphi) = \frac{F_t(\varphi)}{A(\varphi)} = \frac{1}{2}\sigma_0 \sin 2\varphi$$
$$\sigma_0 := \frac{F}{A}$$

bzw.

$$\left[\sigma(\varphi) - \frac{1}{2}\sigma_0\right]^2 + \tau^2(\varphi) = \left(\frac{1}{2}\sigma_0\right)^2$$

Kreisgleichung in der σ, τ-Ebene, Radius $\sigma_0/2$, Mittelpunkt $M(\sigma_0/2; 0)$, Mohrscher Spannungskreis.

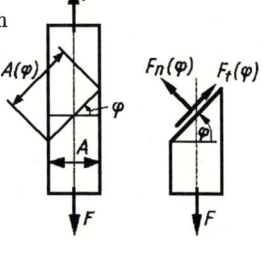

σ_0 Nennspannung, gleichförmige/homogene Normalspannungsverteilung im glatten Stab mit ungestörtem Querschnitt

Gesetz der Gleichheit zugeordneter Schubspannungen:

$$\tau\left(\varphi + \frac{\pi}{2}\right) = -\tau(\varphi)$$

Schubspannungen an zueinander senkrechten Schnittflächen sind vom gleichen Betrag und besitzen unterschiedliche Richtung in bezug auf die Flächentangente.

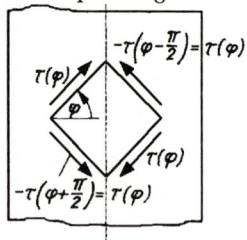

Zweiachsiger Spannungszustand

Überlagerung einachsiger Zug und ebener Schub mit σ_0, τ_0

$$\sigma(\varphi) = \frac{1}{2}\sigma_0 + \frac{1}{2}\sigma_0 \cos 2\varphi - \tau_0 \sin 2\varphi$$
$$\tau(\varphi) = \frac{1}{2}\sigma_0 \sin 2\varphi + \tau_0 \cos 2\varphi$$

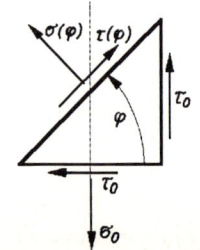

2 Festigkeitslehre

Mohrscher Spannungskreis

$$\left[\sigma(\varphi) - \frac{1}{2}\sigma_0\right]^2 + \tau^2(\varphi) = \left(\frac{1}{2}\sigma_0\right)^2 + \tau_0^2$$

Hauptnormalspannungen – Hauptspannungen

$\sigma_1 > \sigma_2$: Extremale Normalspannungen an senkrecht aufeinanderstehenden Schnittflächen, die schubspannungsfrei sind.

$$\sigma_{1,2} = \frac{1}{2}\sigma_0 \pm \sqrt{\left(\frac{1}{2}\sigma_0\right)^2 + \tau_0^2}$$

$$\tan(2\varphi_0) = -\frac{2\tau_0}{\sigma_0}$$

φ_0 Neigungswinkel der schubspannungsfreien Schnittflächen (Bezeichnung des Spannungszustandes nach Anzahl der von null verschiedenen Hauptnormalspannungen)

Hauptschubspannung

$$\tau_{\max} = \sqrt{\left(\frac{1}{2}\sigma_0\right)^2 + \tau_0^2}$$

$$\tan 2\varphi_1 = \frac{\sigma_0}{2\tau_0}$$

φ_1 Neigungswinkel der Schnittflächen mit $\tau_{\max}$

Kerbwirkung

Geometrische Ursachen:

Sprunghafte Querschnittsänderung wie Kerben, Bohrungen, Einsprünge, Ausbuchtungen, Einstiche usw.

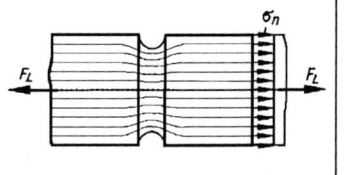

Erhöhung der Beanspruchung durch:
- Maximalspannung ($\sigma_{\max}$) liegt in örtlich begrenzten Bereichen deutlich höher als die Nennspannung σ_n; α_K Formzahl oder Kerbfaktor:

  $\sigma_{\max} = \alpha_K \sigma_n$
- Spannungszustand ist im Bereich mehrachsig

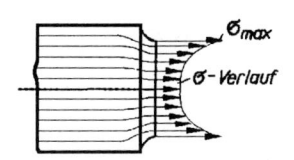

Verschiebungen und Verzerrungen

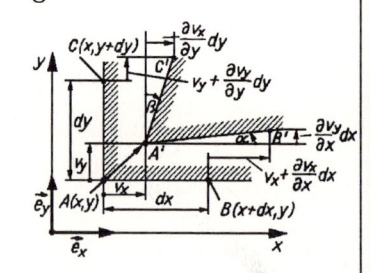

Verschiebungsvektor (ebene Betrachtung)

$$\vec{v}(x,y) = v_x(x,y)\vec{e}_x + v_y(x,y)\vec{e}_y$$

Verzerrungen (Dehnungen, Gleitungen oder Schiebungen)

Dehnungen

$$\varepsilon_x = \frac{\overline{A'B'} - \overline{AB}}{\overline{AB}} = \frac{\partial v_x}{\partial x}$$

$$\varepsilon_y = \frac{\overline{A'C'} - \overline{AC}}{\overline{AC}} = \frac{\partial v_y}{\partial y}$$

Gleitung

$$\gamma_{xy} = \measuredangle BAC - \measuredangle B'A'C' = \alpha + \beta \approx \frac{\partial v_y}{\partial x} + \frac{\partial v_x}{\partial y}$$

Verzerrungen sind Komponenten des Verzerrungstensors, beschreiben den Verzerrungszustand.

Drehung des Koordinatensystems um φ

$$\varepsilon(\varphi) = \frac{\varepsilon_x + \varepsilon_y}{2} - \frac{\varepsilon_x - \varepsilon_y}{2}\cos 2\varphi + \frac{1}{2}\gamma_{xy}\sin 2\varphi$$

$$\frac{1}{2}\gamma(\varphi) = \qquad -\frac{\varepsilon_x - \varepsilon_y}{2}\sin 2\varphi - \frac{1}{2}\gamma_{xy}\cos 2\varphi$$

Hauptdehnungen für Richtungen verschwindender Gleitung φ_0

$$\varepsilon_{1,2} = \frac{\varepsilon_x + \varepsilon_y}{2} \pm \sqrt{\left(\frac{\varepsilon_x - \varepsilon_y}{2}\right)^2 + \left(\frac{\gamma_{xy}}{2}\right)^2}, \quad \tan 2\varphi_0 = \frac{\gamma_{xy}}{\varepsilon_x - \varepsilon_y}$$

Stoffgesetz

Aus der Erfahrung (vgl. Werkstofftechnik, z. B. Zugversuch ⇒ Spannungs-Dehnungs-Diagramm, Beispiel Baustahl siehe Bild) gewonnener Zusammenhang zwischen Komponenten des Spannungs- und Verzerrungstensors;

Technische Mechanik
2 Festigkeitslehre

Linear elastisches Werkstoffverhalten: linear umkehrbar eindeutiger Zusammenhang zwischen Spannung und Verzerrung

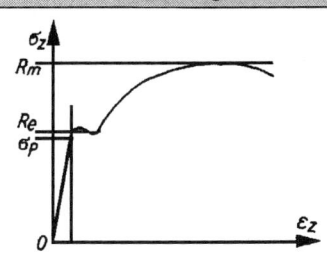

Hookesches Gesetz

$\sigma_z = E\varepsilon_z,\ 0 \leqq \sigma_z \leqq \sigma_P$

$\sigma_z = \dfrac{F_L}{A_0},\ \varepsilon_z = \dfrac{\Delta l}{l_0}$

- E Elastizitätsmodul (Werkstoffkenngröße)
- F_L Längskraft im Probestab
- Δl Längenänderung
- l_0 Ausgangslänge
- A_0 Ausgangsquerschnitt
- σ_P Proportionalitätsgrenze
- R_e Streckgrenze
- R_m Zugfestigkeit

Kenngrößen des Zugversuches (Fortsetzung)

$\varepsilon_q = -\nu\varepsilon_z,\ \varepsilon_q = \dfrac{\Delta d}{d_0} < 0$

Querdehnung, Querdehnung beim Rundstab
- d_0 Ausgangsdurchmesser
- Δd Durchmesseränderung

$\nu := \left|\dfrac{\varepsilon_q}{\varepsilon_z}\right|,\ 0 < \nu < 0,5$

Querkontraktionszahl (Werkstoffkenngröße)

$e := \dfrac{\Delta V}{V_0} = \varepsilon_x + \varepsilon_y + \varepsilon_z$

$\qquad = \varepsilon_z(1 - 2\nu)$

Volumendehnung (inkompressibler Werkstoff $e = 0 \Rightarrow \nu = 0,5$)

Hookesches Gesetz für Schub

$\tau = G\gamma,\ G := \dfrac{E}{2(1+\nu)}$

G Gleit- oder Schubmodul (Werkstoffkenngröße)

Technische Mechanik
2 Festigkeitslehre

Thermische Dehnung (bei Temperaturänderung)

$\varepsilon_{th} = \alpha_{th}\Delta T$, $\Delta T = T_{End} - T_{Anf}$
  α_{th} linearer thermischer Ausdehnungskoeffizient (Werkstoffkenngröße)
  T_{End}, T_{Anf} Temperaturen des End- bzw. Anfangszustandes

Gesamtdehnung

$\varepsilon_{ges} = \varepsilon_{el} + \varepsilon_{th}$

Beispiel Zugstab

$\varepsilon_{z\,ges} = \dfrac{\sigma_z}{E} + \alpha_{th}\Delta T$

Temperaturspannung, thermische Spannung bei vollständiger Dehnungsbehinderung

$\sigma_z = \sigma_{th} = -E\alpha_{th}\Delta T$

Werkstoffkenngrößen E, G, α_{th} ausgewählter Werkstoffe

Werkstoff	E/GPa	G/GPa	$\alpha_{th}/10^{-6}$ K^{-1}
Stahl, Stahlguß	210	81	13
Grauguß	90	40	10
Aluminium	72	28	23
Kupfer	125	48	16
Bronze	115	44	18
Holz	11	5,5	8
Aluminiumoxid-Keramik	380	145	8

Grundlagen der Bauteilbewertung

$\sigma_{vorh} \leqq \sigma_{zul}$, $\tau_{vorh} \leqq \tau_{zul}$
  Maximale vorhandene Spannung ($\sigma_{vorh}, \tau_{vorh}$) darf zulässige Spannung (σ_{zul}, τ_{zul}) nicht übersteigen.

Zulässige Spannungen aus geeigneten Werkstoffkenngrößen unter Verwendung von Sicherheitsfaktoren; für Normalspannungen gilt bei statischer Belastung:

$\sigma_{zul} = \dfrac{R_m}{S_m}$, $S_m > 1$ oder

$\sigma_{zul} = \dfrac{R_e}{S_e}$, $S_e > 1$

Zugfestigkeit R_m bei spröden Werkstoffen, Streckgrenze R_e bei zähen (duktilen) Werkstoffen, S_m, S_e Sicherheitsbeiwerte (siehe Maschinenelemente)

Ingenieurgemäße Grundaufgaben

Gegeben	Gesucht	Aufgabe
Belastung, Werkstoffkennwerte	Abmessungen	Entwurfsrechnung bzw. Dimensionierung
Abmessungen, Werkstoffkennwerte	Belastung	Belastbarkeitsrechnung
Belastung, Abmessungen, Werkstoffkennwerte	Spannungen Formänderungen	Spannungsnachweis Formänderungsnachweis

Lösung statisch unbestimmter Aufgaben:

Zusätzlich zu den Gleichgewichtsbedingungen der Statik werden Zwangsbedingungen ($|n|$-fach statisch unbestimmt $\Rightarrow |n|$ Zwangsbedingungen) in Form von Aussagen über die Formänderung z. B. an Auflagern und Verbindungen formuliert.

2.4 Zug/Druck-Beanspruchung

Schnittreaktion: Längskraft F_L ($F_L > 0$ Zug-, $F_L < 0$ Druckbeanspruchung)

Voraussetzungen: Gerade oder schwach gekrümmte Stäbe mit konstantem oder stetig veränderlichem Querschnitt $A(z)$, Längskoordinate z

Spannungsverteilung (homogen, d. i. const über $A(z)$)

$$\sigma_z(z) = \frac{F_L(z)}{A(z)}$$

Hinweise:

− Kerbwirkungen sind gesondert zu berücksichtigen.
− Druckbeanspruchte Stäbe sind knickgefährdet (vgl. Abschnitt Stabilitätsprobleme).

Reißlänge

$$l_{\text{Reiß}} = \frac{R_m}{\varrho g}$$

R_m Zugfestigkeit
g Erdbeschleunigung
ϱ Dichte
(Länge, die bei vertikaler Aufhängung infolge Eigengewicht zum Zerreißen führt)

Technische Mechanik
2 Festigkeitslehre

Formänderungen

Fall: Stab mit konstantem Querschnitt und konstanter Längskraft

$$\Delta l = \left[\frac{F_L}{EA} + \alpha_{th}\Delta T\right] l_0$$

Änderung der Stablänge
l_0 Anfangslänge des Stababschnittes
EA Zugsteifigkeit
α_{th} linearer thermischer Ausdehnungskoeffizient
ΔT Temperaturänderung

$$\Delta l_i = \frac{F_{Si}l_i}{(EA)_i}$$

isotherme Längenänderung des i-ten Fachwerkstabes

$$\varepsilon_q = -\nu\varepsilon_z$$
$$= -\nu\left[\frac{F_L}{EA} + \alpha_{th}\Delta T\right]$$

Querdehnung

$$\Delta d = -\nu\frac{F_L d_0}{EA}$$

isotherme Durchmesseränderung beim Kreisquerschnitt

Fall: Stab mit veränderlicher Längskraft $F_L(z)$ und stetig veränderlichem Querschnitt $A(z)$

$$v_z(z) - v_z(0) = \\ = \int_0^z \left[\frac{F_L(\bar{z})}{EA(\bar{z})} + \alpha_{th}\Delta T\right] d\bar{z}$$

Längenänderung des Stababschnittes zwischen den Stellen 0 und z

Sonderfall: prismatischer Stab unter Eigengewicht

$$v_z(z) = \frac{\varrho g l^2}{E}\left[\frac{z}{l} - \frac{1}{2}\left(\frac{z}{l}\right)^2\right]$$

$$\Delta l = v_z(l) = \frac{F_G l}{2EA}, \quad F_G = mg$$

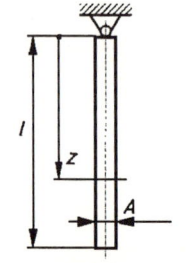

g Erdbeschleunigung
ϱ Dichte
m Stabmasse

Flächenpressung

Druckspannungsverteilung in der Berührungsfläche zweier Körper, die gegeneinander gepreßt werden.

$p = \dfrac{F_N}{A}$

Näherung für Flächenpressung an ebenen Berührungsflächen
F_N Normalkraft
A Berührungsfläche

Mittlere Flächenpressung an gekrümmten Kontaktflächen:
— Zapfen-Lager, Beanspruchung Flächenpressung p
— Bolzen/Schraubenschaft/ Niet-Bohrung, Beanspruchung Lochleibung $\sigma_L = p$

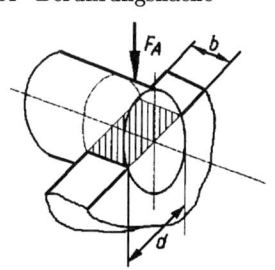

$p = \dfrac{F_A}{A_{\text{proj}}}$

$A_{\text{proj}} = bd$ auf Ebene projizierte Kontaktfläche (Zylindermantel)
b Lagerbreite, Schaftlänge
d Lager- bzw. Bolzendurchmesser

Genauere Beschreibung der Spannungsverteilung bei derartigen Kontaktproblemen erfolgt mittels Theorie der Hertzschen Pressung.

Näherungslösungen für maximale Flächenpressung bei Anpreßkraft F:

Maximale Flächenpressung nach Hertz

Körperkombination	$p_{\max}$		Bemerkungen
Punktkontakt: Kugel gegen Ebene Kugel 1 gegen Kugel 2	$0{,}388\sqrt[3]{\dfrac{FE^2}{R^2}}$	$R = \dfrac{R_1 R_2}{R_1 + R_2}$	Kugel: Radius R, E_1 Ebene: E_2 Kugel 1: R_1, E_1 Kugel 2: R_2, E_2
Linienkontakt: Walze gegen Ebene Walze 1 gegen Walze 2 Walzenlängen l	$0{,}418\sqrt{\dfrac{FE}{lR}}$	$E = \dfrac{2E_1 E_2}{E_1 + E_2}$	Walze 1: R_1, E_1 Ebene: E_2 Walze 1: R_1, E_1 Walze 2: R_2, E_2

Abscherung

Vorrangige Stabbelastung durch Querkraft (paarweise Kräfte auf parallelen Wirkungslinien senkrecht bzw. quer zur Stab- bzw. Bauteillängsachse)

Beispiele: Abscherung von Bolzen, Trennen bzw. Stanzen von Blechen

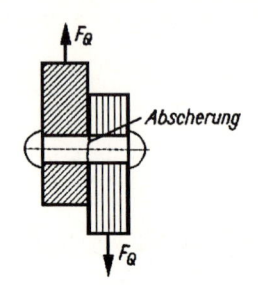

Abscherspannung (mittlere)

$$\tau_a = \frac{F_Q}{A}$$

A Fläche über die F_Q übertragen wird (zylindr. Bolzen: Kreisquerschnitt, auszuscherende Ronde: $A = Uh$, U Umfang der Ronde h Blechdicke

Näherung für Abscherfestigkeit:

$$\tau_{aB} \approx 0,8 R_m$$

2.5 Biegung

Schnittreaktion

$$M_b = \sqrt{M_x^2 + M_y^2}$$

Resultierendes Biegemoment des Stabes M_b (reine Biegung)

Bei $F_Q = dM_b/dz \neq 0$ spricht man von Querkraftbiegung.

Voraussetzungen:
Die Stabachse ist gerade oder schwach gekrümmt. Die Stabquerschnitte bleiben bei Biegebeanspruchung eben (Hypothese von Bernoulli); nur erfüllt bei reiner Biegung, mit ausreichender Genauigkeit erfüllt bei Querkraftbiegung. Damit sind Dehnung und Spannung $\sigma_b = \sigma_z$ (Normalspannung in z-Richtung) linear über den Querschnitt verteilt. Es gibt im Stab eine dehnungsfreie, die neutrale Schicht. Deren Spur mit dem Querschnitt heißt neutrale Faser bzw. Spannungsnullinie.

2 Festigkeitslehre

Spannungsverteilung (allgemeine, schiefe oder zweiachsige Biegung; x, y beliebiges Schwerpunktskoordinatensystem):

$$\sigma_{\mathrm{b}}(x,y) = \frac{1}{I_{xx}I_{yy} - I_{xy}^2} \left[(M_x I_{yy} - M_y I_{xy})y + (M_x I_{xy} - M_y I_{xx})x \right]$$

Diskussion: Betragsmäßig größte Spannung in dem Punkt (oder in den Punkten) der Querschnittskontur mit dem größten Abstand zur Spannungsnullinie, Punkt $P_0(x_0, y_0)$.

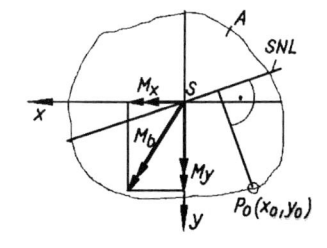

Geradengleichung der Spannungsnullinie:

$$y = \frac{-M_x I_{xy} + M_y I_{xx}}{M_x I_{yy} - M_y I_{xy}} x$$

Spannungsnullinie (SNL) wird bei praktischer Rechnung in den Querschnitt eingetragen und der Punkt P_0 ermittelt, wobei

$$|\sigma_{\mathrm{b}}|_{\max} = |\sigma_{\mathrm{b}}(x_0, y_0)|.$$

Sonderfälle:

1. Biegung um zwei Hauptträgheitsachsen ($M_x \neq 0$, $M_y \neq 0$, x, y-Hauptträgheitsachsen, $I_{xy} = 0$)

$$\sigma_{\mathrm{b}}(x,y) = \frac{M_x}{I_{xx}} y - \frac{M_y}{I_{yy}} x \qquad \text{Biegespannung}$$

$$y = \frac{M_y I_{xx}}{M_x I_{yy}} x \qquad \text{Spannungsnullinie}$$
(Überlagerung der Spannungsverteilungen für gerade Biegung um x- und y-Achse)

Hinweis: Jede schiefe Biegung kann bei Kenntnis der Lage der Hauptträgheitsachsen und Hauptträgheitsmomente als Biegung um zwei Hauptträgheitsachsen behandelt werden.

2. gerade Biegung (liegt vor, wenn der resultierende Biegemomentenvektor mit einer Hauptträgheitsachse des Querschnittes zusammenfällt)

Technische Mechanik
2 Festigkeitslehre

Biegung um Hauptträgheitsachse	x	y
Biegemoment	$M_x \neq 0$, $M_y = 0$	$M_y \neq 0$, $M_x = 0$
Spannungsverteilung	$\sigma_b(y) = \dfrac{M_x}{I_{xx}} y$	$\sigma_b(x) = -\dfrac{M_y}{I_{yy}} x$
Spannungsnullinie	$y = 0$ (x-Achse)	$x = 0$ (y-Achse)

Maximale Biegespannung bei gerader Biegung um x-Achse

$$|\sigma_b|_{max} = \frac{|M_b|_{max}}{I_{xx}} |y|_{max}$$
$$= \frac{|M_b|_{max}}{W_b}$$
$$W_b = W_x := \frac{I_{xx}}{|y|_{max}}$$

W_b Widerstandsmoment gegen Biegung (liegen wie Flächenträgheitsmomente für Halbzeuge tabelliert vor)

Formänderungsberechnung

Bezeichnungen:

$v = v(z)$ — Verschiebung senkrecht zur z-Achse (Durchsenkung bzw. Durchbiegung); Richtung wie im Abschnitt Schnittreaktionen am ebenen Stab.

$v' := \dfrac{dv}{dz}$ — Neigung der Stabachse

1. Differentialgleichung der Biegelinie bzw. Differentialgleichung der elastischen Linie:

$EIv'' = -M_b$, $[EIv'']'' = q(z)$ — Formulierung für gerade Biegung um x-Achse, wobei $I := I_{xx}$, $M_b = M_x$; Funktionen EI (Biegesteifigkeit) und M_b stetig im Bereich

Gewöhnliche, lineare, inhomogene Differentialgleichung, Lösung durch unbestimmte Integration für jeden Bereich ⇒ allgemeine Lösung für $EI = $ const

$$EIv(z) = -\int \left[\int M_b(z)\, dz \right] dz + C_1 z + C_2$$

Beispiel für Dgl. 2. Ordnung

Integrationskonstanten sind über die Randbedingungen der Formänderungen (kinematische Randbedingungen) und der Schnittre-

Technische Mechanik
2 Festigkeitslehre

Gleichungen der elastischen Linie für ausgewählte Tragwerke

Tragwerk	Gln. der elastischen Linie
1	$v = \dfrac{Fab}{6EIl} \begin{cases} bz_1\left(1+\dfrac{l}{b}\right); & -l_1 \leqq z_1 \leqq 0 \\ bz_1\left(1+\dfrac{l}{b}-\dfrac{z_1^2}{ab}\right); & 0 \leqq z_1 \leqq a \\ az_2\left(1+\dfrac{l}{a}-\dfrac{z_2^2}{ab}\right); & 0 \leqq z_2 \leqq b \\ az_2\left(1+\dfrac{l}{a}\right); & -l_r \leqq z_2 \leqq 0 \end{cases}$
2	$v = \dfrac{-Fzl_1^2}{6EI} \begin{cases} 2\dfrac{l}{l_1} - 3\dfrac{z}{l_1} - \left(\dfrac{z}{l_1}\right)^2; & -l_1 \leqq z \leqq 0 \\ 2\dfrac{l}{l_1} - 3\dfrac{z}{l_1} + \dfrac{z^2}{ll_1}; & 0 \leqq z \leqq l \\ \dfrac{l^2}{l_1}\left(1-\dfrac{z}{l}\right); & l \leqq z \leqq (l+l_r) \end{cases}$
3	$v = \dfrac{ql^4}{24EI} \begin{cases} \lambda; & -l_1 \leqq z \leqq 0 \\ \lambda - 2\lambda^3 + \lambda^4; & 0 \leqq z \leqq l \\ 1 - \lambda; & l \leqq z \leqq (l+l_r) \end{cases}$ $\lambda := \dfrac{z}{l}$

Technische Mechanik
2 Festigkeitslehre

Gleichungen der elastischen Linie für ausgewählte Tragwerke (Fortsetzung)

	Tragwerk	Gln. der elastischen Linie
4		$v = \dfrac{ql^2 l_1^2}{24EI} \begin{cases} \varrho^2(1+\varkappa)^4 - 4(1+\varrho)\lambda - \varrho^2;\ l_1 \leqq z \leqq 0 \\ 2[(1-\lambda)^3 + \lambda - 1];\ 0 \leqq z \leqq l \\ 2(\lambda - 1);\ l \leqq z \leqq (l + l_r) \end{cases}$ $\lambda := \dfrac{z}{l};\ \varkappa := \dfrac{z}{l_1};\ \varrho := \dfrac{l_1}{l}$
5		$v = \dfrac{Fl^3}{3EI} \begin{cases} 1 - \dfrac{3}{2}\lambda;\ -l_1 \leqq z \leqq 0 \\ 1 - \dfrac{3}{2}\lambda + \dfrac{1}{2}\lambda^3;\ 0 \leqq z \leqq l \end{cases}$ $\lambda := \dfrac{z}{l}$
6		$v = \dfrac{ql^4}{24EI} \begin{cases} 3 - 4\lambda;\ -l_1 \leqq z \leqq 0 \\ 3 - 4\lambda + \lambda^4;\ 0 \leqq z \leqq l \end{cases}$ $\lambda := \dfrac{z}{l}$

Technische Mechanik
2 Festigkeitslehre

aktionen (dynamische Randbedingungen) zu ermitteln ⇒ spezielle Lösung, vgl. vorstehende Tabelle.

Formänderung bei schiefer Biegung: Überlagerung zweier Hauptachsenbiegungen unter Beachtung der Vorzeichen.

2. Überlagerungsverfahren

Formänderung an einer Stelle im Tragwerk infolge einer zusammengesetzten Belastung ergibt sich aus Addition der Formänderungen infolge der Einzelbelastungen (Superpositionsprinzip).

$$v_j = \sum_{i=1}^{m} v_{ji}, \quad v'_j = \sum_{i=1}^{m} v'_{ji}$$

j Stelle der Formänderung
i Bezeichnung des Einzellastfalles
m Anzahl der Einzellastfälle

3. Weitere Verfahren ⇒ Satz von Castigliano

Träger aus inhomogenem Werkstoff, Schichtbalken

Spannungsnullinie und Schwerpunktsachse fallen bei gerader Biegung eines Stabes aus inhomogenem Werkstoff i. allg. nicht mehr zusammen.

$M_b = M_x, \quad F_L = 0, \quad E = E(\overline{y})$ \quad gerade Biegung um x-Achse

Spannungsverteilung

$$\sigma_b(\overline{y}) = \frac{M_b}{I(\overline{y})}\overline{y} \qquad I(\overline{y}) = \frac{1}{E(\overline{y})}\int\limits_{(A)} E(\overline{y})\overline{y}^2 \, dA$$

Zwei-Schichtbalken mit Rechteckquerschnitt

Lage der Spannungsnullinie
(Koordinate a)

$$a = \frac{E_2 h_2^2 - E_1 h_1^2}{2(E_1 h_1 + E_2 h_2)}$$

Spannungsverteilung über Schichthöhen
(mit Spannungssprung an Schichtgrenze)
($i = 1$: Schicht 1
$i = 2$: Schicht 2):

$$\sigma_{bi} = \frac{M_b}{I_i(\overline{y})}\overline{y}, \quad I_i(\overline{y}) = \frac{1}{E_i}\int\limits_{(A)} E(\overline{y})\overline{y}^2 \, dA$$

$$\int\limits_{(A)} E(\overline{y})\overline{y}^2 \, dA = \frac{B}{3} \left[E_2(h_2^3 + 3ah_2^2 + 3a^2 h_2) \right.$$
$$\left. + E_1(h_1^3 + 3h_1^2 a + 3h_1 a^2) \right]$$

Schicht 2: $-(h_2 - a) \leqq \overline{y} \leqq a$ \qquad Schicht 1: $a \leqq \overline{y} \leqq a + h_1$

Stark gekrümmter Stab, Träger

Voraussetzungen: $h \lesssim R$, Radius der Schwerpunktsschicht R, Profilhöhe h, Querschnitt des Profilstabes A, Schwerpunktskoordinaten x, y sind Hauptträgheitsachsen, Schnittreaktionen F_L, $M_b = M_x$

Spannungsverteilung

$\sigma_z(y) = \dfrac{F_L}{A} + \dfrac{M_b}{AR} + \dfrac{M_b R}{Z} \dfrac{y}{R+y}$ \qquad (Spannungsnullinie und Schwerpunktsachse x stimmen auch bei $F_L = 0$ nicht überein, der Verlauf ist nichtlinear)

$Z := \displaystyle\int\limits_{(A)} \dfrac{y^2}{1 + \dfrac{y}{R}} \, dA$

$y_N = \dfrac{F_L R^2 Z + M_b Z R}{F_L R Z + M_b Z + M_b R^2 A}$ \qquad Koordinate der Spannungsnullinie

Werte für Z-Integral

$$Z = \begin{cases} -AR^2 + BR^3 \ln \dfrac{1+\varkappa}{1-\varkappa}, & \varkappa := \dfrac{H}{2R}, \text{ Rechteck} \\ AR^2 \left[2\lambda(\lambda - \sqrt{\lambda^2 - 1}) - 1 \right], & \lambda := \dfrac{R}{r_0}, \text{ Kreis} \end{cases}$$

Rechteck: Breite B, Höhe H; Kreis: Radius r_0

2.6 Torsion

Schnittreaktion: Torsionsmoment M_t des Stabes (z. B. Modell einer Welle); Ermittlung siehe Schnittreaktionen oder bei Wellen aus

$P = M_t \omega = M_t(2\pi n_D)$ \qquad P Leistung
\qquad\qquad\qquad\qquad\qquad\qquad ω Winkelgeschwindigkeit
\qquad\qquad\qquad\qquad\qquad\qquad n_D Drehzahl

Voraussetzungen: Der Stab setzt sich (gedanklich) aus infinitesimal schmalen Scheiben zusammen, die die ursprüngliche Querschnittsform beibehalten (Hypothese von de Saint Venant). Bei Kreis- oder Kreisringquerschnitten und dünnwandigen geschlossenen Profilen in Form von Tangentenpolygonen bleiben diese außerdem eben bzw.

wölbfrei. Verwölbungen (örtliche Verschiebung in Richtung der Stablängsachse) werden nicht behindert.

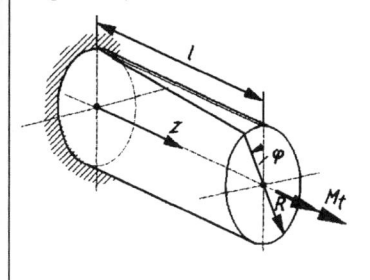

φ Verdrehwinkel des Querschnittes
$\vartheta := \dfrac{\mathrm{d}\varphi}{\mathrm{d}z}$ Drillung, relativer oder spezifischer Verdrehwinkel
$\tau_t, \tau_{t\max}$ Torsionsschubspannung /Maximalwert
I_p polares Trägheitsmoment
I_t Torsionsträgheitsmoment, Drillwiderstand, $I_t < I_p$ (Kreis- oder Kreisringquerschnitt $I_t = I_p$)
GI_t Torsionssteifigkeit
W_t Widerstandsmoment gegen Torsion

Hinweise:
- Lineare Spannungsverteilung im Kreis- oder Kreisringquerschnitt:
$$\tau_t(r) = \dfrac{M_t}{I_p} r$$

Dünnwandige Querschnitte:
- Wanddicke $\delta(s)$ ist vernachlässigbar klein im Vergleich zur Länge der mittleren Wandungslinie
- Lage auf der Kontur wird durch die Koordinate s beschrieben
- Beanspruchungskenngröße Schubfluß:

$t(s) := \tau_t(s)\delta(s)$

(in geschlossenen Profilen über δ konstant, in offenen Profilen über δ veränderlich)

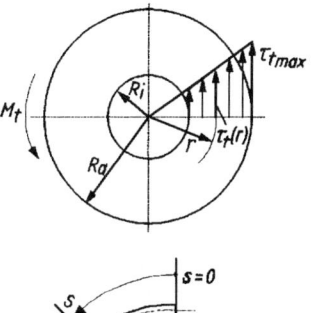

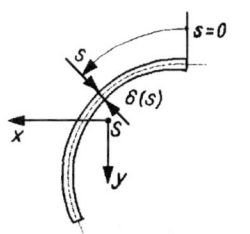

Maximale Torsionsschubspannung

$$\tau_{\max} = \dfrac{M_t}{W_t}$$

Technische Mechanik
2 Festigkeitslehre

Torsionsträgheitsmoment und Torsionswiderstandsmoment ausgewählter Querschnitte

Querschnitt	Torsionsträgheitsmoment I_t	Torsionswiderstandsmoment W_t	Bemerkungen
Kreis- oder Kreisringquerschnitt	$\dfrac{\pi D_a^4}{32}(1-\lambda^4) = \dfrac{\pi R_a^4}{2}(1-\lambda^4)$, $\lambda := \dfrac{D_i}{D_a} = \dfrac{R_i}{R_a}$	$\dfrac{\pi D_a^3}{16}(1-\lambda^4)$ $= \dfrac{\pi R_a^3}{2}(1-\lambda^4)$	Querschnitte bleiben wölbfrei, D_a, D_i, R_a, R_i Außen- bzw. Innendurchmesser, -radius $\lambda = 0 \Rightarrow$ Kreisquerschnitt
Dünnwandig, geschlossene Profile (einzellig)	$\dfrac{4A_m^2}{\oint \dfrac{ds}{\delta(s)}}$ (2. Bredtscher Satz) n Wandstücke jeweils konstanter Wanddicke δ_i: $\oint \dfrac{ds}{\delta(s)} = \sum_{i=1}^{n} \dfrac{L_i}{\delta_i}$	$2A_m \delta_{min}$ (1. Bredtscher Satz)	Schubfluß $t = \dfrac{M_t}{2A_m} =$ const A_m von mittlerer Wandungslinie umschlossene Fläche, δ_{min} minimale Wanddicke, L_i Längen der Wandstücke mit δ_i

Technische Mechanik
2 Festigkeitslehre

Torsionsträgheitsmoment und Torsionswiderstandsmoment ausgewählter Querschnitte (Fortsetzung)

Querschnitt	Torsionsträgheitsmoment I_t	Torsionswiderstandsmoment W_t	Bemerkungen
Dünnwandig, offene Profile	n Wandstücke jeweils konstanter Dicke δ_i: $$\frac{1}{3}\varkappa \sum_{i=1}^{n} L_i \delta_i^3$$ $$\varkappa = \begin{cases} 1 \text{ Rechteck; } 1,3 \text{ I-Profil;} \\ 1,12 \text{ T-/}\sqcup\text{-Profil} \end{cases}$$	$\dfrac{I_t}{\delta_{max}}$	L_i Längen der Wandstücke mit Dicke δ_i; geometrieabhängiger Korrekturfaktor $\varkappa$ berücksichtigt Torsionsbehinderung. Für vergleichbare Profile gilt: $I_{toffen} \ll I_{tgeschl}$
Nichtkreisförmige Vollquerschnitte	Ellipse: $\pi \dfrac{a^3 b^3}{a^2 + b^2}$ Rechteck: $\approx c_1 n b^4$ $$c_1 = \frac{1}{3}\left(1 - \frac{0,63}{n} + \frac{0,052}{n^5}\right)$$	$\dfrac{\pi}{2} ab^2$ $\approx \dfrac{c_1}{c_2} n b^3$ $$c_2 = 1 - \frac{0,65}{1+n^3}$$	a, b große und kleine Halbachse der Ellipse B, H Breite, Höhe $n := H/B \geq 1$ τ_{max} tritt jeweils in Mitte der „längeren Ränder" von Ellipse und Rechteck auf, Punkte A.

Drillung, Verdrehwinkel eines Stabbereiches

$$\vartheta = \frac{M_\mathrm{t}}{GI_\mathrm{t}}, \quad \varphi = \int\limits_{(z)} \frac{M_\mathrm{t}(z)}{GI_\mathrm{t}(z)}\,\mathrm{d}z$$

(Angaben zu I_t, W_t in vorstehender Tabelle)

$$\varphi_\mathrm{ges} = \sum_{i=1}^{n} \frac{M_{\mathrm{t}i} l_i}{(GI_\mathrm{t})_i}$$

Gesamtverdrehwinkel im Wellenstrang mit n Bereichen der Längen l_i und jeweils konstantem $(GI_\mathrm{t})_i$ und $M_{\mathrm{t}i}$

2.7 Querkraftschub

Schnittreaktion:

Nachfolgende Angaben für Querkraft $F_\mathrm{Q} = F_{\mathrm{Q}y}$ als verursachende Schnittreaktion, Vorgehensweise für $F_\mathrm{Q} = F_{\mathrm{Q}x}$ analog.

Voraussetzungen: Geometrie siehe Biegung; gerade Querkraftbiegung um x-Achse mit $M_\mathrm{b} = M_x \neq 0$; x, y Hauptträgheitsachsen; Querschnitt wird infolge Gleitung (Bezeichnung: $\gamma_\mathrm{S}\colon= \gamma_{zy} = \gamma_{yz}$) verwölbt; diese führt auf Schubspannung (Bezeichnung: $\tau_\mathrm{s}\colon= \tau_{zy} = \tau_{yz}$), die sowohl zwischen den Schichten als auch tangential zum Querschnitt auftritt. Ober- und Unterkante des Querschnittes sind schubspannungsfrei.

Einfach zusammenhängende Vollquerschnitte

Schubspannungsverteilung im Querschnitt

$$\tau_\mathrm{s}(y_\mathrm{R}) = \frac{F_\mathrm{Q} S_{x\mathrm{Rest}}}{I_{xx} b(y_\mathrm{R})}$$

y_R Koordinate der Schicht, in der τ_s wirkt

$b(y_\mathrm{R})$ Schichtbreite

y_{SRest} y-Koordinate des Schwerpunktes der Restfläche

$$S_{x\mathrm{Rest}} = \int\limits_{(A_\mathrm{Rest})} y\,\mathrm{d}A = \int_{y_\mathrm{R}}^{e} b(y)\, y\,\mathrm{d}y$$

$S_{x\mathrm{Rest}}$ statisches Moment der Restfläche A_Rest bez. x-Achse

$$S_{x\mathrm{Rest}} = y_{\mathrm{SRest}} A_\mathrm{Rest}$$

Sonderfall Rechteck mit $A = HB$

Statisches Moment der Restfläche

$$S_{x\,\text{Rest}}(y_R) = B \int_{y_R}^{\frac{1}{2}H} y \, dy$$

$$= \frac{1}{2} B \left[\left(\frac{H}{2}\right)^2 - y_R^2 \right]$$

Schubspannungsverteilung

$$\tau_s(y_R) = \frac{3F_Q}{2A} \left[1 - \left(\frac{2y_R}{H}\right)^2 \right]$$

$$-\frac{1}{2}H \leq y_R \leq \frac{1}{2}H$$

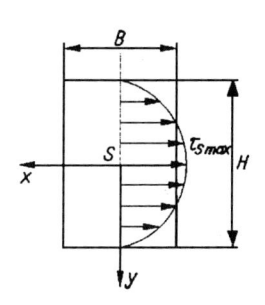

$$\tau_{s\,\text{max}} = \frac{3}{2}\tau_{sm}, \quad \tau_{sm} = \frac{F_Q}{A}$$

Parabolischer Verlauf (Schubspannung in y-Richtung, in Skizze geklappt dargestellt); für neutrale Schicht wird Schubspannung maximal

Formänderung

$$\gamma_S(y_R) = \frac{F_Q S_{x\,\text{Rest}}}{G I_{xx} b(y_R)}$$

Gleitung in der Schicht y_R

Einfluß auf die Durchsenkung bei Stäben ist zumeist vernachlässigbar klein.

Dünnwandige Profile

Beanspruchungskenngröße Schubfluß (siehe Torsion)

$t(s) := \tau_s \delta(s)$

$\delta(s)$ Wanddicke
s Koordinate entlang der mittleren Wandungslinie

Dünnwandig, geschlossene Profile

Schubflußverteilung (einzellige Profile)

$$t(s) = -\frac{F_Q}{I_{xx}} \left[S_x(s) - \frac{\oint \frac{S_x(s)}{\delta(s)} ds}{\oint \frac{ds}{\delta(s)}} \right]$$

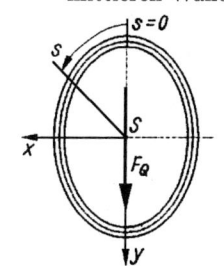

$$S_x(s) := \int_{(s)} \delta(s) y \, ds$$

$S_x(s)$ statisches Moment der Restfläche bez. der x-Achse.

Dünnwandig, offene Profile

Schubflußverteilung

$$t(s) = -\frac{F_Q}{I_{xx}} S_x(s)$$

(Näherungsweise für schmalen Steg der Höhe h: $t \approx \dfrac{F_Q}{h}$)

Schubmittelpunkt

Torsionsmoment tritt bei Querkraftbiegung nicht auf, wenn die Wirkungslinie der Querkraft durch sog. Schubmittelpunkt $T(x_T, y_T)$ verläuft. Lage von T wird durch Geometrie des Querschnittes bestimmt; T liegt auf der bzw. den Symmetrieachsen des Querschnittes.

Berücksichtigung vorzugsweise bei Profilen mit geringer Torsionssteifigkeit (z. B. dünnwandig offen) so, daß Wirkungslinie der äußeren Belastung durch T verläuft. Koordinaten von T bei dünnwandig offenen Profilen

$$x_T = -\frac{1}{I_{xx}} \int_0^L S_x(s) r(s) \, ds$$

$$y_T = \frac{1}{I_{yy}} \int_0^L S_y(s) r(s) \, ds$$

L Länge der mittleren Wandungslinie

$S_x(s), S_y(s)$ statische Momente der Restfläche bez. x- und y-Achse

Dünnwandiges ⊔-Profil (Wanddicke $h = $ const)

$$x_T = \frac{4B^2(3B+H)}{(2B+H)(6B+H)}$$

Im Bild ist Lage von T und qualitativer Schubflußverlauf bei Querkraft $F_Q = F_{Qy}$ eingezeichnet.

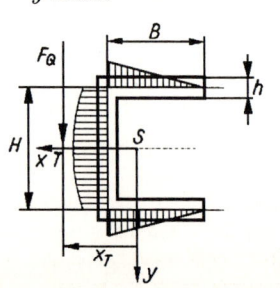

2.8 Zusammengesetzte Beanspruchung

Bauteile unterliegen zumeist einer Beanspruchung durch mehrere gleichzeitig auftretende Schnittreaktionen, d. h. zusammengesetzter Beanspruchung.

Technische Forderung für Bauteilbewertung:

Die zusammengesetzte Beanspruchung ist kleiner als eine zulässige einachsige Referenz- bzw. Vergleichsbeanspruchung. Vergleichsbeanspruchung ist zumeist eine zulässige Spannung σ_{zul}.

Erläuterung der Vorgehensweise für den Stab.

Überlagerung Zug/Druck und Biegung um zwei Hauptträgheitsachsen

Spannungsverteilung

$$\sigma_{zus}(x,y) = \frac{F_L}{A} + \left[\frac{M_x}{I_{xx}}y - \frac{M_y}{I_{yy}}x\right]$$

Spannungsnullinie

$$y = \left(\frac{M_y I_{xx}}{M_x I_{yy}}\right)x - \frac{F_L I_{xx}}{M_x A}$$

Spannungsnullinie ist i. allg. gegen die Hauptträgheitsachsen geneigt und verläuft nicht durch den Schwerpunkt.

Überlagerung Torsion und Querkraftschub

Zusammenfassung von τ_t und τ_s im Querschnitt unter Beachtung der jeweiligen Schubspannungsverteilung.

Beispiel: Kreisquerschnitt
Auf dem Rand ergeben sich in den vier ausgewiesenen Punkten die nachfolgenden zusammengesetzten Schubspannungen:

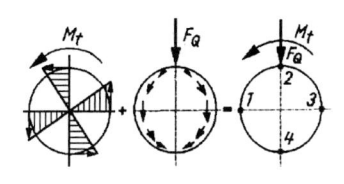

$\tau_{zus1} = \tau_t + \tau_s$, $\tau_{zus2} = \tau_t$

$\tau_{zus3} = \tau_t - \tau_s$, $\tau_{zus4} = \tau_t$

Zusammengesetzte Normal- und Tangentialbeanspruchung

Bauteilbeanspruchung bzw. -schädigung erfolgt durch mehrachsigen Spannungszustand (vgl. auch Abschnitt 2.11).
Ermittlung einer beanspruchungs- bzw. schädigungsäquivalenten einachsigen Vergleichsspannung σ_v mittels geeigneter Festigkeits-, Bruch- oder Versagenshypothesen.

Technische Mechanik
2 Festigkeitslehre

Spannungskomponenten im Stabquerschnitt

$\sigma = \sigma_z$ \hspace{2em} Spannung infolge Längskraft und/oder Biegung

$\tau = \tau_{yz}$ \hspace{2em} Spannung infolge Torsion und/oder Querkraft

---

Ausgewählte Festigkeitshypothesen und Vergleichsspannungen
(Formeln für Stäbe; Verallgemeinerung siehe Abschnitt 2.11)

Hauptnormalspannungshypothese

$$\sigma_{v1} := \sigma_1 = \frac{1}{2}\sigma + \sqrt{\left(\frac{\sigma}{2}\right)^2 + \tau^2}$$

(maßgebend für Versagen ist Hauptnormalspannung σ_1, geeignet für sprödbruchgefährdete Bauteile)

Hauptdehnungshypothese

$$\sigma_{v2} := E\varepsilon_1$$
$$= (1-\nu)\frac{\sigma}{2} + (1+\nu)\sqrt{\left(\frac{\sigma}{2}\right)^2 + \tau^2}$$

(maßgebend für das Versagen ist die maximale Hauptdehnung ε_1)

Hauptschubspannungshypothese

$$\sigma_{v3} := 2\tau_{max} = \sqrt{\sigma^2 + 4\tau^2}$$

(maßgebend für Versagen ist τ_{max}, geeignet für verformungsbruchgefährdete Bauteile)

Gestaltänderungsenergiehypothese (nach Huber, v. Mises, Hencky)

$$\sigma_{v4} = \sqrt{\sigma^2 + 3\tau^2}$$

(maßgebend für Versagen ist Gestaltänderungsenergie als Anteil an der Formänderungsenergie; verbreitete und vorzugsweise Anwendung im Maschinenbau)

Erfassung des Spannungszustandes „reiner Schub" durch Einführung des Anstrengungsverhältnisses α_0

$$\alpha_0 := \frac{\sigma_{zul}}{\sqrt{3}\tau_{zul}}$$

$$\sigma_{v4} = \sqrt{\sigma^2 + 3(\alpha_0\tau)^2}$$

Grafische Interpretation als Bruchgrenzkurve

$$\left(\frac{\sigma}{\sigma_{\text{zul}}}\right)^2 + \left(\frac{\tau}{\tau_{\text{zul}}}\right)^2 = 1$$

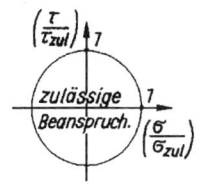

Bewertung von Wellen mit Kreis- oder Kreisringquerschnitt

Schnittreaktionen:

Biegemoment

$M_{\text{b}} = \sqrt{M_{\text{b}x}^2 + M_{\text{b}y}^2}$

und Torsionsmoment M_{t}

(max. Beanspruchung auf dem Rand des Querschnittes an der höchstbeanspruchten Stelle in z-Richtung, ggf. Fallunterscheidung, vgl. Kapitel Maschinenelemente)

Vergleichsspannung

$\sigma_{\text{v}4} = \dfrac{1}{W_{\text{b}}} \sqrt{M_{\text{b}}^2 + \dfrac{3}{4}(\alpha_0 M_{\text{t}})^2}$

$W_{\text{b}} = \dfrac{\pi}{32} D_{\text{a}}^3 (1 - \lambda^4), \; \lambda := \dfrac{D_{\text{i}}}{D_{\text{a}}}$

(Ausdruck

$M_{\text{v}} := \sqrt{M_{\text{b}}^2 + \dfrac{3}{4}(\alpha_0 M_{\text{t}})^2}$

wird auch als Vergleichsmoment bezeichnet.)

$D_{\text{aerf}} \geq \sqrt[3]{\dfrac{32\sqrt{M_{\text{b}}^2 + \dfrac{3}{4}(\alpha_0 M_{\text{t}})^2}}{(1 - \lambda^4)\pi \sigma_{\text{zul}}}}$

Anwendung für Dimensionierung

2.9 Formänderungsenergien

Voraussetzungen: linear elastisches Werkstoffverhalten, l Bereichslänge

Formänderungsenergiedichte

$W_{\text{F}}^* = \displaystyle\int\limits_{(\varepsilon)} \sigma(\varepsilon)\,\mathrm{d}\varepsilon = \dfrac{\sigma^2}{2E}$

$W_{\text{F}}^* = \displaystyle\int\limits_{(\gamma)} \tau(\gamma)\,\mathrm{d}\gamma = \dfrac{\tau^2}{2G}$

(jeweils für einzelne Normal- und Schubspannungskomponente)

Technische Mechanik
2 Festigkeitslehre

Formänderungsenergie

$$W_F = \int\limits_{(V)} W_F^* \, dV$$

Formänderungsenergien bei Grundbeanspruchungen im Stab

Grundbeanspruchung	Formänderungsenergiedichte	Formänderungsenergie
Zug/Druck	$W_{F_{z/d}}^* = \dfrac{\sigma_{z/d}^2}{2E}$ $= \dfrac{F_L^2}{2A(z)EA(z)}$	$W_{F_{z/d}} = \int\limits_{(l)} \dfrac{F_L^2}{2EA(z)} \, dz$ Für $A = \text{const}$, $F_L = \text{const}$: $W_{F_{z/d}} = \dfrac{F_L^2 l}{2EA}$
Biegung (reine)	gerade Biegung: $W_{F_b}^* = \dfrac{\sigma_b^2}{2E}$ $= \dfrac{M_b^2}{2I_{xx}EI_{xx}}y^2$	gerade Biegung: $W_{F_b} = \int\limits_{(l)} \dfrac{M_b^2}{2EI_{xx}} \, dz$ Biegung um 2 Hauptträgheitsachsen: $W_{F_b} = \int\limits_{(l)} \left(\dfrac{M_x^2}{2EI_{xx}} + \dfrac{M_y^2}{2EI_{yy}} \right) dz$
Torsion	$W_{F_t}^* = \dfrac{\tau_t^2}{2G}$	$W_{F_t} = \int\limits_{(l)} \dfrac{M_t^2}{2GI_t} \, dz$
Querkraftschub	$F_Q = F_{Qy}$ $W_{F_s}^* = \dfrac{\tau_s^2}{2G}$	$W_{F_s} = \varkappa \int\limits_{(l)} \dfrac{F_Q^2}{2GA} \, dz$ $\varkappa := \dfrac{A}{I_{xx}^2} \int\limits_{(A)} \left(\dfrac{S_{x\,\text{Rest}}}{b(y_R)} \right)^2 dA$ Schubverteilungszahl $\varkappa = 6/5$ (Rechteck) und $10/9$ (Kreis)

Hinweis: In Stabtragwerken sind vorzugsweise Biege- und Torsionsarbeiten zu berücksichtigen, in Fachwerkstäben und Seilen die Längskraftarbeit.

2.10 Satz von Castigliano

$$\frac{\partial W_\mathrm{a}}{\partial F_j} = v_j, \quad \frac{\partial W_\mathrm{a}}{\partial M_j} = v'_j = \varphi_j$$

Partielle Ableitung der äußeren Arbeit W_a nach einer Einzelkraft ergibt Verschiebung des Stabes an der Kraftangriffsstelle in Richtung dieser Kraft und partielle Ableitung der äußeren Arbeit nach einem Moment ergibt Neigung des Stabes am Angriffspunkt in Richtung des Momentes.

Praktische Durchführung mittels Äquivalenz von $W_\mathrm{a} = W_\mathrm{F}$.

Ermittlung von Verschiebung und Neigung an der Stelle j mit x,y-Hauptträgheitsachse, isotherme Belastung:

$$v_j = \frac{\partial W_\mathrm{F}}{\partial F_j} = \sum_{i=1}^{m} \int_{(l_i)} \left[\frac{F_{\mathrm{L}i}}{(EA)_i} \frac{\partial F_{\mathrm{L}i}}{\partial F_j} + \frac{M_{xi}}{(EI_{xx})_i} \frac{\partial M_{xi}}{\partial F_j} \right.$$
$$\left. + \frac{M_{yi}}{(EI_{yy})_i} \frac{\partial M_{yi}}{\partial F_j} + \frac{M_{\mathrm{t}i}}{(GI_\mathrm{t})_i} \frac{\partial M_{\mathrm{t}i}}{\partial F_j} \right] \mathrm{d}z_i$$

$$v'_j = \frac{\partial W_\mathrm{F}}{\partial M_j} = \sum_{i=1}^{m} \int_{(l_i)} \left[\frac{F_{\mathrm{L}i}}{(EA)_i} \frac{\partial F_{\mathrm{L}i}}{\partial M_j} + \frac{M_{xi}}{(EI_{xx})_i} \frac{\partial M_{xi}}{\partial M_j} \right.$$
$$\left. + \frac{M_{yi}}{(EI_{yy})_i} \frac{\partial M_{yi}}{\partial M_j} + \frac{M_{\mathrm{t}i}}{(GI_\mathrm{t})_i} \frac{\partial M_{\mathrm{t}i}}{\partial M_j} \right] \mathrm{d}z_i$$

m Anzahl der Bereiche
l_i Bereichslängen

Bei notwendiger Berücksichtigung der Querkraftarbeit ist Formänderungsenergie aus voriger Tabelle entsprechend zu verwenden.

Sollen Formänderungen an Stellen berechnet werden, an denen keine Einzelkraft bzw. kein Moment angreift, dann sind an diesen Stellen Hilfskräfte mit $F_\mathrm{H} = 0$ bzw. Hilfsmomente mit $M_\mathrm{H} = 0$ (Hilfsbelastungen) anzutragen. Hilfsbelastungen müssen in den Lager- und Schnittreaktionen bis zur Ermittlung der partiellen Ableitungen berücksichtigt werden.

Berechnung statisch unbestimmter Tragwerke
(Satz von Menabrea)

$$\frac{\partial W_\mathrm{a}}{\partial X_p} = \frac{\partial W_\mathrm{F}}{\partial X_p} = 0$$

$1 \leq p \leq |n|$

$|n|$ Grad der statischen Unbestimmtheit (vgl. Abschn. 1.7)

X_p statisch Unbestimmte; unbekannte Lager-, Fesselungs- oder Schnittreaktionen, die sich nicht durch alleinige Anwendung der Gleichgewichtsbedingungen ermitteln lassen

Partielle Ableitung der äußeren Arbeit bzw. der Formänderungsenergie nach den statisch Unbestimmten ergibt null.

2.11 Mehrachsige Spannungszustände

Komponenten des Spannungstensors

$$\begin{pmatrix} \sigma_x & \tau_{xy} & \tau_{xz} \\ \tau_{yx} & \sigma_y & \tau_{yz} \\ \tau_{zx} & \tau_{zy} & \sigma_z \end{pmatrix}$$

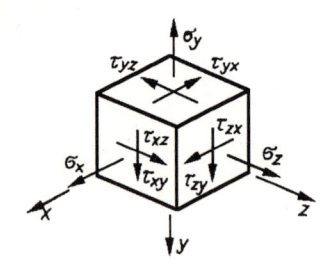

Gesetz der Gleichheit zugeordneter Schubspannungen
(Symmetrie des Spannungstensors)

$\tau_{ij} = \tau_{ji}, \; (i,j = x, y, z),$ wobei $i \neq j$

Vergleichsspannung nach der Gestaltänderungsenergiehypothese

$$\sigma_\mathrm{v4} = \sqrt{\frac{1}{2}\left[(\sigma_x - \sigma_y)^2 + (\sigma_x - \sigma_z)^2 + (\sigma_y - \sigma_z)^2\right] + 3(\tau_{xy}^2 + \tau_{xz}^2 + \tau_{yz}^2)}$$

$$\sigma_\mathrm{v4} = \sqrt{\frac{1}{2}\left[(\sigma_1 - \sigma_2)^2 + (\sigma_1 - \sigma_3)^2 + (\sigma_2 - \sigma_3)^2\right]}$$

$\sigma_1 > \sigma_2 > \sigma_3$ \hspace{2em} Hauptnormalspannungen

Technische Mechanik
2 Festigkeitslehre

Komponenten des (symmetrischen) Verzerrungstensors

$$\begin{pmatrix} \varepsilon_x & \frac{1}{2}\gamma_{xy} & \frac{1}{2}\gamma_{xz} \\ \frac{1}{2}\gamma_{yx} & \varepsilon_y & \frac{1}{2}\gamma_{yz} \\ \frac{1}{2}\gamma_{zx} & \frac{1}{2}\gamma_{zy} & \varepsilon_z \end{pmatrix}$$

Verzerrungs-Verschiebungs-Beziehungen

$$\varepsilon_i = \frac{\partial v_i}{\partial i}, \ \gamma_{ij} = \frac{\partial v_i}{\partial j} + \frac{\partial v_j}{\partial i} \qquad (i,j = x,y,z)$$

Verallgemeinertes Hookesches Gesetz $(i,j,k = x,y,z)$

$$\varepsilon_i = \frac{1}{E}[\sigma_i - \nu(\sigma_j + \sigma_k)] + \alpha_{\text{th}}\Delta T \qquad \gamma_{ij} = \frac{1}{G}\tau_{ij}$$

$$\sigma_i = \frac{E}{(1+\nu)}\left(\varepsilon_i + \frac{\nu}{(1-2\nu)}e\right) - \frac{E}{(1-2\nu)}\alpha_{\text{th}}\Delta T$$

$e = \varepsilon_x + \varepsilon_y + \varepsilon_z$ \qquad Volumendehnung

Aufgabe der Elastostatik:

Lösung der 15 Feldgleichungen (3 Gleichgewichtsbedingungen, 6 Verzerrungs-Verschiebungs-Beziehungen, 6 Hookesches Gesetz) für die 15 Feldgrößen (3 Verschiebungen, 6 Spannungen, 6 Verzerrungen) unter Beachtung der Randbedingungen i. allg. nur über Näherungsverfahren lösbar $\Rightarrow$ numerische Methoden.

Vereinfachte Modellierung:

– Ebener Spannungszustand (ESZ), Scheibenzustand \qquad Spannungskomponenten senkrecht zur Scheibenebene sind vernachlässigbar klein

– Ebener Verzerrungszustand (EVZ) \qquad Verzerrungskomponenten senkrecht zu parallelen Ebenen sind vernachlässigbar klein

– Rotationssymmetrischer Zustand \qquad Geometrie, Randbedingungen und Belastung sind rotationssymmetrisch zu einer Achse, unabhängig von Polarwinkel

Technische Mechanik
2 Festigkeitslehre

Dünnwandige Behälter unter Innendruck (Membrantheorie)

Voraussetzungen: Geschlossener Behälter unter isothermer Innendruckbelastung, Wanddicke klein gegenüber Krümmungsradien, der Einheitsvektor in Normalenrichtung der Schalenmittelfläche $\vec{e}_n$ ist stets nach außen gerichtet, Radialspannung vernachlässigbar.

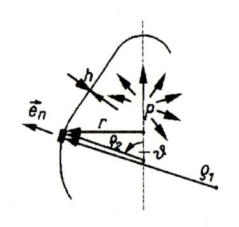

Kesselgleichung, -formel

$$\frac{\sigma_\varphi}{\varrho_2} + \frac{\sigma_\vartheta}{\varrho_1} = \frac{p}{h}$$

Fall: Behälter über Rotationsachse geschlossen

$$\sigma_\vartheta = \frac{pr}{2h \sin\vartheta} = \frac{p\varrho_2}{2h}$$

$$\sigma_\varphi = \frac{p\varrho_2}{2h}\left(2 - \frac{\varrho_2}{\varrho_1}\right)$$

p Innendruck
h Wanddicke
ϱ_1, ϱ_2 Radien der Hauptkrümmungskreise
σ_ϑ Meridianspannung
σ_φ Umfangsspannung (Ringspannung)

Membranspannungen in ausgewählten geschlossenen Behältern

Bezeichnung	ϱ_1	ϱ_2	σ_ϑ	σ_φ	Bemerkungen
Kugelkessel (Radius R)	R	R	$\frac{pR}{2h}$	$\frac{pR}{2h}$	$\sigma_\vartheta = \sigma_\varphi$
Zylinderkessel (Radius R)	∞	R	$\sigma_l = \frac{pR}{2h}$	$\frac{pR}{h}$	$\sigma_\varphi = 2\sigma_l$ σ_l Längsspannung
Kegelkessel $\varkappa = \frac{\tan\alpha}{\cos\alpha}$ α halber Öffnungswinkel des Kegels, z Koordinate von der Spitze	∞	$\varkappa z$	$\frac{p\varkappa z}{2h}$	$\frac{p\varkappa z}{h}$	$\sigma_\varphi = 2\sigma_\vartheta$

Fall: Behälter über Rotationsachse offen (Torusbehälter)

$$\sigma_\vartheta = \frac{p(r^2 - R_0^2)}{2rh \sin\vartheta} = \frac{p\varrho_2}{2h}\left[1 - \left(\frac{R_0}{r}\right)^2\right]$$

$$\sigma_\varphi = \frac{p\varrho_2}{2h}\left\{2 - \frac{\varrho_2}{\varrho_1}\left[1 - \left(\frac{R_0}{r}\right)^2\right]\right\}$$

R_0 Radius der Erzeugenden

Technische Mechanik
2 Festigkeitslehre

Rotationssymmetrische Probleme

Verwendung von Zylinderkoordinaten $\quad r, \varphi, z$

Bezeichnung der partiellen Ableitung: $\quad (\ )_{,i} := \dfrac{\partial}{\partial i}(\ )$

Feldgrößen

Verschiebungen $\quad v_r, v_\varphi, v_z$

Spannungen $\quad \sigma_r, \sigma_\varphi, \sigma_z$
(Hauptnormalspannungen)

Verzerrungen (Dehnungen) $\quad \varepsilon_r, \varepsilon_\varphi, \varepsilon_z$

Vergleichsspannung

$$\sigma_{\mathrm{v}4} = \sqrt{\sigma_r^2 + \sigma_\varphi^2 + \sigma_z^2 - (\sigma_r \sigma_\varphi + \sigma_r \sigma_z + \sigma_\varphi \sigma_z)}$$

Verzerrungs-Verschiebungs-Beziehungen

$$\varepsilon_r = v_{r,r}, \quad \varepsilon_\varphi = \frac{v_r}{r}, \quad \varepsilon_z = v_{z,z}$$

Hookesches Gesetz

$$\begin{Bmatrix} \varepsilon_r \\ \varepsilon_\varphi \\ \varepsilon_z \end{Bmatrix} = \frac{1}{E} \begin{Bmatrix} \sigma_r - \nu(\sigma_\varphi + \sigma_z) + E\alpha_{\mathrm{th}}\Delta T \\ \sigma_\varphi - \nu(\sigma_r + \sigma_z) + E\alpha_{\mathrm{th}}\Delta T \\ \sigma_z - \nu(\sigma_r + \sigma_\varphi) + E\alpha_{\mathrm{th}}\Delta T \end{Bmatrix} \text{ bzw.}$$

$$\begin{Bmatrix} \sigma_r \\ \sigma_\varphi \\ \sigma_z \end{Bmatrix} =$$

$$= \frac{E}{(1+\nu)(1-2\nu)} \begin{Bmatrix} \varepsilon_r(1-\nu) + \nu(\varepsilon_\varphi + \varepsilon_z) - (1+\nu)\alpha_{\mathrm{th}}\Delta T \\ \varepsilon_\varphi(1-\nu) + \nu(\varepsilon_z + \varepsilon_r) - (1+\nu)\alpha_{\mathrm{th}}\Delta T \\ \varepsilon_z(1-\nu) + \nu(\varepsilon_r + \varepsilon_\varphi) - (1+\nu)\alpha_{\mathrm{th}}\Delta T \end{Bmatrix}$$

Rotierende Scheibe (ebener Spannungszustand mit $\sigma_z = 0$)

ϱ — Dichte
ω — Winkelgeschwindigkeit
$h(r) = h_0 r^n$ — Profilfunktion der Scheibendicke
h_0 — Scheibendicke am Innenrand

Allgemeine Lösung für Radialverschiebung

$$v_r = A_1 r^{\lambda_1} + A_2 r^{\lambda_2} \qquad \lambda_{1,2} = -\frac{n}{2} \pm \sqrt{\left(\frac{n}{2}\right)^2 - \nu n + 1}$$
$$- \frac{\varrho \omega^2 (1-\nu^2)}{E(8 + 3n + \nu n)} r^3$$

Fall: Scheibe konstanter Dicke ($n = 0$, $h = h_0$):

$$v_r = A_1 r + \frac{A_2}{r} - \frac{\varrho \omega^2 (1-\nu^2)}{8E} r^3$$

Spannungsverteilung

$$\left\{ \begin{array}{c} \sigma_r \\ \sigma_\varphi \end{array} \right\} = \frac{\varrho \omega^2}{8} \left\{ \begin{array}{c} B_1 - \dfrac{B_2}{r^2} - (3+\nu) r^2 \\ B_1 + \dfrac{B_2}{r^2} - (1+3\nu) r^2 \end{array} \right\}$$

$$B_1 = \frac{8E}{\varrho \omega^2 (1-\nu)} A_1$$
$$B_2 = \frac{8E}{\varrho \omega^2 (1+\nu)} A_2$$

Integrationskonstanten A_1, A_2, bzw. B_1, B_2 aus Randbedingungen

Sonderfall: rotierende Vollscheibe (Radius R)

$$\left\{ \begin{array}{c} \sigma_r \\ \sigma_\varphi \end{array} \right\} = \frac{\varrho \omega^2 (3+\nu)}{8} R^2 \left\{ \begin{array}{c} 1 - \left(\dfrac{r}{R}\right)^2 \\ 1 - \dfrac{1+3\nu}{3+\nu} \left(\dfrac{r}{R}\right)^2 \end{array} \right\}$$

(Skizze mit $\overline{\sigma}_{r,\varphi} = \sigma_{r,\varphi} \left[\dfrac{1}{8} R^2 \varrho \omega^2 (3+\nu)\right]^{-1}$, $\nu = \dfrac{1}{3}$)

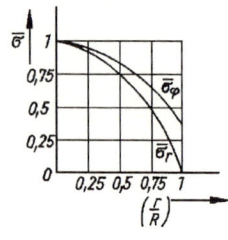

Rotierende Scheibe gleicher Festigkeit (Lavalsche Scheibe)

$$h(r) = h_0 \, e^{-\frac{\varrho \omega^2}{2\sigma_0}(r^2 - R_i^2)}$$

Profilfunktion so, daß $\sigma_r(r) = \sigma_\varphi(r) = \sigma_0 = \text{const}$, $R_i \leqq r \leqq R_a$

Technische Mechanik
2 Festigkeitslehre

Dickwandiges langes Rohr

Belastungen: p_i Innendruck
p_a Außendruck

Abmessungen: R_i, R_a Innen-, Außenradius,
$$\lambda = \frac{R_i}{R_a}$$

Radialverschiebung für ebenen Verzerrungszustand mit $\varepsilon_z = 0$

$$v_r = \frac{(1+\nu)R_a\lambda}{E(1-\lambda^2)} \left\{ p_i\lambda \left[\left(\frac{R_a}{r}\right) + (1-2\nu)\left(\frac{r}{R_a}\right)\right] \right.$$
$$\left. - p_a \left[\left(\frac{R_i}{r}\right) + (1-2\nu)\left(\frac{r}{R_i}\right)\right] \right\}$$

Spannungsverteilung

$$\sigma_r = \frac{\lambda^2}{1-\lambda^2} \left\{ p_i\left[1 - \left(\frac{R_a}{r}\right)^2\right] - \frac{p_a}{\lambda^2}\left[1 - \left(\frac{R_i}{r}\right)^2\right] \right\}$$

$$\sigma_\varphi = \frac{\lambda^2}{1-\lambda^2} \left\{ p_i\left[1 + \left(\frac{R_a}{r}\right)^2\right] - \frac{p_a}{\lambda^2}\left[1 + \left(\frac{R_i}{r}\right)^2\right] \right\}$$

Lagerung hat nur auf Axialspannung bzw. Längsspannung σ_z Einfluß:

$\sigma_z = \nu(\sigma_r + \sigma_\varphi)$ Fall beidseitig eingespannter
$= \frac{2\nu}{1-\lambda^2}(\lambda^2 p_i - p_a)$ Rohrenden (ebener Verzerrungszustand mit $\varepsilon_z = 0$)

Sonderfall:

Rohr unter Innendruck mit
$R_i = R, R_a = 2R, \lambda = 1/2$

$$\sigma_r = \frac{p_i}{3}\left[1 - \left(\frac{2R}{r}\right)^2\right]$$

$$\sigma_\varphi = \frac{p_i}{3}\left[1 + \left(\frac{2R}{r}\right)^2\right]$$

$$v_r = \frac{p_i R(1+\nu)}{3E}\left[\left(\frac{4R}{r}\right) + (1-2\nu)\left(\frac{r}{R}\right)\right]$$

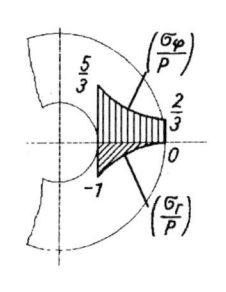

Preß- bzw. Schrumpfverbindung zweier Rohre mit gleichem Elastizitätsmodul und gleicher Querkontraktionszahl

Abmessungen: Rohr 1 (innen), R_{i1}, R_{a1}
Rohr 2 (außen), R_{i2}, R_{a2}

Übermaß (vor Montage)

$$\Delta R = R_{a1} - R_{i2}, \quad R_{a1} > R_{i2}$$

Schrumpfmaß

$$\epsilon = \frac{\Delta R}{R}, \quad R \approx R_{a1} \approx R_{i2}$$

Zusammenhang zwischen Schrumpfmaß und Preßdruck p

$$\epsilon = \frac{p}{E}\left(\frac{R_{a2}^2 + R^2}{R_{a2}^2 - R^2} + \frac{R^2 + R_{i1}^2}{R^2 - R_{i1}^2}\right)$$

2.12 Stabilitätsprobleme

Technisch wichtige Stabilitätsprobleme
(Versagen durch instabiles Gleichgewicht):
- Knicken von Stäben (s. u.),
  Belastung: axiale Druckkraft
  (Knickkraft)
- Drillknicken von dünnwandigen Stäben,
  Belastung: Moment um Stablängsachse
- Kippen von Trägern,
  Belastung: Kippmoment z. B.
  infolge Belastung in Ebene
  aus Trägerlängsachse und
  Hauptträgheitsachse s_2, wobei $I_{xx} = I_1 > I_{yy} = I_2$, vgl.
  Bild
- Beulen von Scheiben (Druckbelastung in der Scheibenmittelebene) und Schalen (z. B.
  axiale Druckbelastung bei Zylinderschalen)

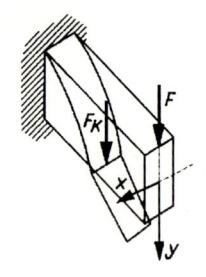

Technische Mechanik
2 Festigkeitslehre

Knicken von Stäben
(prismatisch, gerade oder schwach gekrümmt)

Elastisches Knicken

Knickkraft F_K (Knickfälle nach Euler):

$$F_K = \frac{EI_{\min}\pi^2}{l_K^2}$$

$I_{\min} = I_2$ minimales Hauptträgheitsmoment
l_K Knicklänge
A Stabquerschnitt

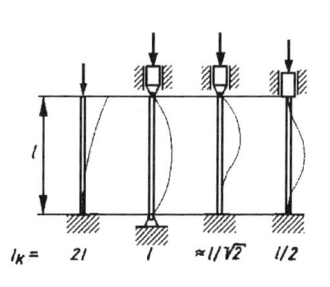

$l_K = \quad 2l \quad\quad l \quad\quad \approx l/\sqrt{2} \quad l/2$

Gültigkeit für $\sigma_K < \sigma_P$, vgl. Diagramm, wobei:

Knickspannung

$$\sigma_K := \frac{F_K}{A} = \frac{E\pi^2}{\lambda^2}$$

Proportionalitätsgrenze σ_P

Schlankheitsgrad

$$\lambda := l_K \sqrt{\frac{A}{I_{\min}}}$$

Grenzschlankheitsgrad

$$\lambda_P := \sqrt{\frac{E}{\sigma_P}}$$

Unelastisches Knicken (nach Tetmajer)

Knickkraft F_K aus σ_K für $\sigma_Q < \sigma_K < \sigma_P$:

$\sigma_K = a\lambda^2 + b\lambda + c,$ \quad\quad a, b, c Werkstoffkennwerte (vgl. Tabelle)
$\lambda_Q < \lambda < \lambda_P$ \quad\quad σ_Q Quetschgrenze

$$\lambda_Q := \sqrt{\frac{E}{\sigma_Q}}$$

Kennwerte für unelastisches Knicken

Werkstoff	a/MPa	b/MPa	c/MPa	λ_P
St 37	0	$-1,14$	310	104
St 50	0	$-0,62$	335	88
GG	0,053	-12	776	80
Bauholz	0	$-0,194$	29,3	100

Entscheidung, ob elastisches oder unelastisches Knicken vorliegt, wird nach dem Schlankheitsgrad des Stabes getroffen. Bei $\lambda < \lambda_Q$ erfolgt kein Knicken.

3 Kinematik

3.1 Kinematik des Punktes

Bewegung in kartesischen Koordinaten

Ortsvektor $\vec{r}(t)$ in Abhängigkeit der Zeit t (Punktbahn/Weg)

$\vec{r}(t) = x(t)\vec{e}_x + y(t)\vec{e}_y + z(t)\vec{e}_z$

Drei Koordinaten x, y, z beschreiben die drei Bewegungsmöglichkeiten oder Freiheitsgrade des frei beweglichen Punktes.

Besitzt ein Punkt bzw. Körper n Freiheitsgrade, dann sind n unabhängige Koordinaten erforderlich, um seine Bewegung zu beschreiben.

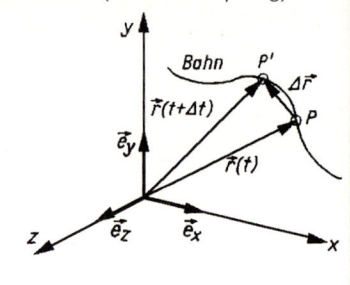

Geschwindigkeit als zeitliche Änderung des Ortsvektors

$$\vec{v}(t) := \lim_{\Delta t \to 0} \frac{\vec{r}(t + \Delta t) - \vec{r}(t)}{\Delta t} = \lim_{\Delta t \to 0} \frac{\Delta \vec{r}}{\Delta t} = \frac{d\vec{r}}{dt} = \dot{\vec{r}}$$

$\vec{v} = \dot{\vec{r}} = v_x \vec{e}_x + v_y \vec{e}_y + v_z \vec{e}_z$ Komponenten

$\phantom{\vec{v} = \dot{\vec{r}}} = \dot{x}(t)\vec{e}_x + \dot{y}(t)\vec{e}_y + \dot{z}(t)\vec{e}_z$

$v = \sqrt{v_x^2 + v_y^2 + v_z^2}$ Betrag

$ = \sqrt{\dot{x}^2 + \dot{y}^2 + \dot{z}^2}$

Beschleunigung als zeitliche Änderung des Geschwindigkeitsvektors

$$\vec{a}(t) := \lim_{\Delta t \to 0} \frac{\vec{v}(t + \Delta t) - \vec{v}(t)}{\Delta t} = \lim_{\Delta t \to 0} \frac{\Delta \vec{v}}{\Delta t} = \frac{d\vec{v}}{dt} = \dot{\vec{v}} = \ddot{\vec{r}}$$

$$\vec{a} = \dot{\vec{v}} = a_x\vec{e}_x + a_y\vec{e}_y + a_z\vec{e}_z$$
$$= \ddot{x}(t)\vec{e}_x + \ddot{y}(t)\vec{e}_y + \ddot{z}(t)\vec{e}_z$$

Komponenten

$$a = \sqrt{a_x^2 + a_y^2 + a_z^2}$$
$$= \sqrt{\ddot{x}^2 + \ddot{y}^2 + \ddot{z}^2}$$

Betrag

Ebene Bewegung in Polarkoordinaten r, φ

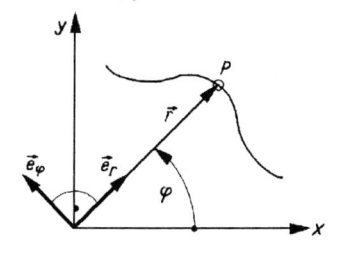

Ortsvektor

$$\vec{r}(t) = r(t)\vec{e}_r(t)$$

Geschwindigkeit

$$\vec{v}(t) = \dot{\vec{r}}(t) = \dot{r}\vec{e}_r + r\dot{\varphi}\vec{e}_\varphi$$

$v_r = \dot{r}$ radiale Komponente
$v_\varphi = r\dot{\varphi} = r\omega$ zirkulare Komponente

Winkelgeschwindigkeit

$$\omega := \dot{\varphi}$$

Beschleunigung

$$\vec{a}(t) = (\ddot{r} - r\dot{\varphi}^2)\vec{e}_r + (2\dot{r}\dot{\varphi} + r\ddot{\varphi})\vec{e}_\varphi$$

Komponenten:
$a_r = \ddot{r} - r\dot{\varphi}^2$ radiale Komponente
$a_\varphi = 2\dot{r}\dot{\varphi} + r\ddot{\varphi}$ zirkulare Komponente

Winkelbeschleunigung

$$\ddot{\varphi} = \dot{\omega}$$

Zentripetalbeschleunigung

$$-r\dot{\varphi}^2 = -r\omega^2$$

Coriolis-Beschleunigung

$$2\dot{r}\dot{\varphi} = 2\dot{r}\omega$$

Sonderfall Kreisbahnbewegung
$(r(t) = r = \text{const})$

Ortsvektor, Geschwindigkeit, Beschleunigung

$$\vec{r} = r\vec{e}_r, \quad \vec{v} = r\dot{\varphi}\vec{e}_\varphi = r\omega\vec{e}_\varphi$$
$$\vec{a} = -r\omega^2\vec{e}_r + r\dot{\omega}\vec{e}_\varphi$$

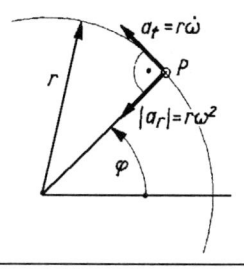

Technische Mechanik
3 Kinematik

Komponente der Geschwindigkeit

$v_\varphi = v_t = r\omega$ \hspace{2cm} Tangentialgeschwindigkeit

Komponenten der Beschleunigung

$a_r = -r\omega^2$ \hspace{2cm} Zentripetalbeschleunigung

$a_\varphi = a_t = r\dot\omega$ \hspace{2cm} Tangentialbeschleunigung

---

Beschreibung der Bewegung in anderen Koordinaten

Punktbewegung in Zylinderkoordinaten r, φ, z
$\vec{r} = r\vec{e}_r + z\vec{e}_z$
$\vec{v} = \dot{r}\vec{e}_r + r\dot\varphi\vec{e}_\varphi + \dot{z}\vec{e}_z$
$\vec{a} = (\ddot{r} - \dot{r}\dot\varphi^2)\vec{e}_r + (2\dot{r}\dot\varphi + r\ddot\varphi)\vec{e}_\varphi + \ddot{z}\vec{e}_z$

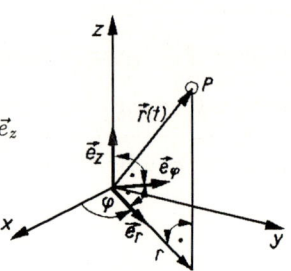

Punktbewegung in natürlichen Koordinaten

Koordinatensystem bewegt sich mit dem Punkt längs der Bahn.

Geschwindigkeit (in Richtung Bahntangente)
$\vec{v} = v(t)\vec{e}_t$

Beschleunigung
$\vec{a} = \dot{v}\vec{e}_t + v\dot\varphi\vec{e}_n$

Winkelgeschwindigkeit bez. des momentanen Drehpols M
$\dot\varphi = \omega = \dfrac{v}{\varrho}$

Tangential- und Normalkomponente der Beschleunigung
$a_t = \dot{v}, \quad a_n = \dfrac{v^2}{\varrho}$

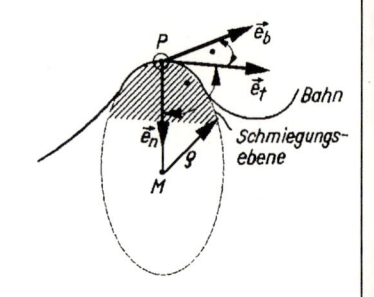

ϱ augenblicklicher Krümmungsradius der Bahn

3.2 Kinematik des starren Körpers

Bewegungsarten

Translation: Alle Körperpunkte bewegen sich auf kongruenten Bahnen und besitzen damit zu gleichen Zeiten gleiche Geschwindigkeiten und Beschleunigungen → Beschreibung mittels Kinematik des Punktes.

Rotation (um eine Achse): Alle Körperpunkte bewegen sich auf konzentrischen Kreisbahnen um die Achse und besitzen damit zu allen Zeiten die gleichen Winkelgeschwindigkeiten und -beschleunigungen.

Ebene Bewegung: Die Bahnen aller Körperpunkte liegen in zueinander parallelen Ebenen.

Allgemeine Bewegung: Überlagerung von Translation und Rotation (z.B. Translation des Körperschwerpunktes und Rotation um eine Achse durch den Schwerpunkt).

Kinematik der Rotation um eine feste Achse

Geschwindigkeit und -beschleunigung eines Körperpunktes P

$\vec{v}_P = \vec{\omega} \times \vec{r}_P$
$\vec{a}_P = \dot{\vec{\omega}} \times \vec{r}_P + \vec{\omega} \times (\vec{\omega} \times \vec{r}_P)$

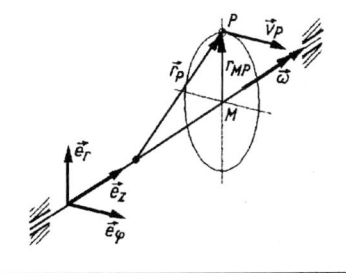

Darstellung in Zylinderkoordinaten
$\vec{v}_P = \omega r_{MP} \vec{e}_\varphi$
$\vec{a}_P = \dot{\omega} r_{MP} \vec{e}_\varphi - \omega^2 r_{MP} \vec{e}_r$

Kinematik der allgemeinen Bewegung

Translation mit $\vec{v}_A$, $\vec{a}_A$ und Rotation um momentane Drehachse mit $\vec{\omega}$ (Grundformeln der Starrkörperdynamik, Eulersche Beziehungen), wobei 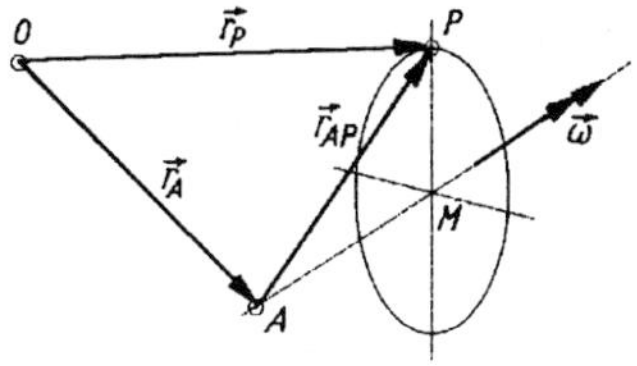
$\vec{r}_P = \vec{r}_A + \vec{r}_{AP}$
$\vec{v}_P = \vec{v}_A + \vec{\omega} \times \vec{r}_{AP}$
$\vec{a}_P = \vec{a}_A + \dot{\vec{\omega}} \times \vec{r}_{AP} + \vec{\omega} \times (\vec{\omega} \times \vec{r}_{AP})$

Technische Mechanik
3 Kinematik

Sonderfall ebene Bewegung

Drehtransformation der Einheitsvektoren
$\vec{e}_r = \cos\varphi \vec{e}_x + \sin\varphi \vec{e}_y$
$\vec{e}_\varphi = -\sin\varphi \vec{e}_x + \cos\varphi \vec{e}_y$

Komponenten des Ortsvektors zum körperfesten Punkt P gegenüber dem raumfesten Koordinatensystem

$\vec{r}_P = (x_A + r_{AP}\cos\varphi)\vec{e}_x + (y_A + r_{AP}\sin\varphi)\vec{e}_y$

Gesamtgeschwindigkeit und Gesamtbeschleunigung im Punkt P

$\vec{v}_P = (\dot{x}_A - r_{AP}\omega\sin\varphi)\vec{e}_x + (\dot{y}_A + r_{AP}\omega\cos\varphi)\vec{e}_y$

$\vec{a}_P = (\ddot{x}_A - r_{AP}\omega^2\cos\varphi - r_{AP}\dot\omega\sin\varphi)\vec{e}_x$
$\quad + (\ddot{y}_A - r_{AP}\omega^2\sin\varphi + r_{AP}\dot\omega\cos\varphi)\vec{e}_y$

Relativbewegung eines Punktes P

raumfestes Koordinatensystem $\quad x, y, z$

körperfestes Koordinatensystem $\quad x', y', z'$

Beschreibung der Absolutbahn (gegenüber x, y, z)

Ortsvektor
$\vec{r} = \vec{R} + \vec{r}'$

Führungsgeschwindigkeit
$\vec{v}_F = \dot{\vec{R}} + \vec{\omega} \times \vec{r}'$

Relativgeschwindigkeit
$\vec{v}_{rel} = \dfrac{d'\vec{r}}{dt}$

Absolutgeschwindigkeit (Geschwindigkeit gegenüber x, y, z)

$\vec{v} = \vec{v}_F + \vec{v}_{rel} = \dot{\vec{R}} + \omega \times \vec{r}' + \vec{v}_{rel}$

Absolutbeschleunigung
$\vec{a} = \vec{a}_F + \vec{a}_{rel} + \vec{a}_c$

Führungsbeschleunigung
$\vec{a}_F = \ddot{\vec{R}} + \dot{\vec{\omega}} \times \vec{r}' + \vec{\omega} \times (\vec{\omega} \times \vec{r}')$

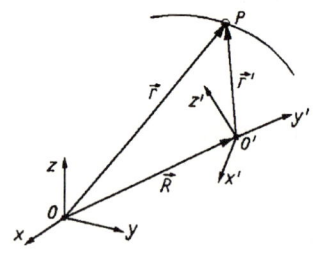

$\vec{r}'$ Relativbahn (gegenüber x', y', z')

$\vec{R}$ Führungsbahn

$\dfrac{d'}{dt}$ Zeitableitung gegenüber dem bewegten Koordinatensystem

Relativbeschleunigung

$$\vec{a}_{\text{rel}} = \frac{\mathrm{d}'\vec{v}_{\text{rel}}}{\mathrm{d}t} = \frac{\mathrm{d}'^2 \vec{r}'}{\mathrm{d}t^2}$$

Coriolis-Beschleunigung

$$\vec{a}_{\text{c}} = 2(\vec{\omega} \times \vec{v}_{\text{rel}})$$

4 Kinetik

4.1 Kinetik des Massenpunktes

Kinetisches Grundgesetz

Bewegungsgröße, Impuls

$\vec{p} = m\vec{v}$ \qquad\qquad m Masse des Massenpunktes

Trägheitsgesetz (1. Newtonsches Axiom)

$\vec{p} = m\vec{v} = \text{const}$

Bewegungsgesetz (2. Newtonsches Axiom)

$$\vec{F} = \frac{\mathrm{d}(m\vec{v})}{\mathrm{d}t} = \frac{\mathrm{d}\vec{p}}{\mathrm{d}t}$$

Masse $m = \text{const}$ (kinetisches Grundgesetz)

$$\vec{F} = m\frac{\mathrm{d}\vec{v}}{\mathrm{d}t} = m\vec{a}$$

Kinetostatische Methode („Überführung" des dynamischen Problems in ein statisches)

$\vec{F} + \vec{F}_{\text{T}} = \vec{0}$ \qquad\qquad d'Alembertsche Trägheitskraft, wobei $F_{\text{T}} = -ma$

Vorgehensweise:
- Einführung geeigneter Bewegungskoordinaten
- Freischneiden ($\rightarrow$ Statik) des betrachteten Massenpunkts (Körpers) und Antragen aller Kräfte (äußere Kräfte und d'Alembertsche Trägheitskräfte, letztere entgegen den Koordinatenrichtungen)
- Aufstellen der Gleichgewichtsbedingungen/Bewegungsgleichungen
- Lösung der Bewegungsgleichungen nach den gesuchten Größen

Technische Mechanik
4 Kinetik

Arbeitssatz 1. Fassung:

$$W = \int_{\vec{r}_1}^{\vec{r}_2} \vec{F} \cdot d\vec{r} = E_{\text{kin}2} - E_{\text{kin}1}$$

Die Arbeit, die bei einer Verschiebung des Massenpunktes von den eingeprägten Kräften verrichtet wird, ist gleich der Änderung der kinetischen Energie.

Kinetische Energie $E_{\text{kin}} := \dfrac{m}{2} v^2$

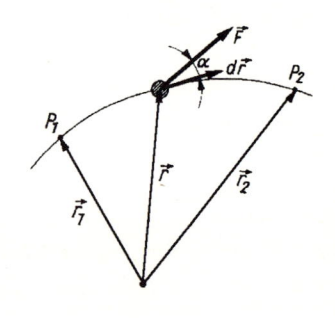

Leistung

$$P = \frac{dW}{dt}$$

bei konstanter Kraft gilt:
$P = \vec{F} \cdot \vec{v}$

Potential

Falls Arbeit der eingeprägten Kräfte vom Weg unabhängig ist, besitzen diese ein Potential E_{pot}.

$F_x = -\dfrac{\partial E_{\text{pot}}}{\partial x}$, $F_y = -\dfrac{\partial E_{\text{pot}}}{\partial y}$

$F_z = -\dfrac{\partial E_{\text{pot}}}{\partial z}$

Bedingung für Kräfte, die ein Potential besitzen (Potentialkräfte, konservative Kräfte)

Arbeitssatz (2. Fassung)

$$W_{\text{oP}} = \int_{\vec{r}_1}^{\vec{r}_2} \vec{F}_{\text{oP}} \cdot d\vec{r}$$
$$= (E_{\text{kin}2} + E_{\text{pot}2})$$
$$- (E_{\text{kin}1} + E_{\text{pot}1})$$

W_{oP} Arbeit der Kräfte ohne Potential
$\vec{F}_{\text{oP}}$ (z. B. Reibungskräfte)
$E_{\text{pot}1}, E_{\text{pot}2}$ potentielle Energien

Die Arbeit, die bei einer Verschiebung eines Massenpunktes von den nichtkonservativen Kräften verrichtet wird, ist gleich der Änderung der mechanischen Energie, die sich aus der potentiellen und kinetischen Energie zusammensetzt.

Energiesatz

$\vec{F}_{oP} = \vec{0}$, konservatives Kraftfeld:
$E_{kin2} + E_{pot2} = E_{kin1} + E_{pot1} = \text{const}$

Bei Bewegung eines Massenpunktes im konservativen Kraftfeld bleibt die mechanische Energie, die Summe aus kinetischer und potentieller Energie, konstant.

Potentielle Energien

potentielle Energie der Schwerkraft

$E_{pot} = mgh$

g Fallbeschleunigung
h Höhendifferenz

potentielle Energie der Feder

$E_{pot} = \dfrac{c}{2}x^2$

c Federkonstante/Federsteifigkeit
x Federweg

Impulssatz, Kraftstoß für Zeitintervall $t_2 - t_1$

$$\int_{t_1}^{t_2} \vec{F}\,dt = m\vec{v}_2 - m\vec{v}_1 = \vec{p}_2 - \vec{p}_1$$

Impulserhaltungssatz für verschwindenden Kraftstoß

$\vec{p} = m\vec{v} = \text{const}$

Drehimpuls (bez. beliebigem Punkt 0)

$\vec{L}_0 = \vec{r}_0 \times \vec{p} = \vec{r}_0 \times (m\vec{v})$

Drehimpulssatz

$\vec{M}_0 = \dfrac{d}{dt}(\vec{r}_0 \times m\vec{v}) = \dfrac{d}{dt}(\vec{r}_0 \times \vec{p})$
$= \dfrac{d}{dt}\vec{L}_0 = \dot{\vec{L}}_0$

Das Moment der am Massenpunkt angreifenden resultierenden Kraft bezüglich des raumfesten Punktes 0 ist gleich der zeitlichen Änderung des Gesamtdrehimpulses, bezogen auf denselben Punkt 0.

Drehimpulserhaltungssatz für $\vec{M}_0 = 0$

$\vec{L}_0 = \vec{r}_0 \times \vec{p} = \text{const}$

4.2 Kinetik des Massenpunktsystems

Voraussetzung: System von N Massenpunkten $m = \sum_{i=1}^{N} m_i$

Massenmittelpunkt

$$\vec{r}_S := \frac{1}{m} \sum_{i=1}^{N} m_i \vec{r}_i$$

Ortsvektor des Massenmittelpunktes, Schwerpunktes

Schwerpunktsatz (Bewegungsgleichung des Massenpunktsystems)

$$\sum_{i=1}^{N} \vec{F}_{ia} = m \frac{d^2 \vec{r}_S}{dt^2} = m \ddot{\vec{r}}_S \qquad \vec{F}_{ia} \text{ äußere Gesamtkraft an } m_i$$

Arbeitssatz

$$W_{oP} = \sum_{i=1}^{N} W_{oPi}$$
$$= (E_{kin2} + E_{pot2}) - (E_{kin1} + E_{pot1})$$

Die Summe der Arbeiten, die von allen äußeren und inneren Kräften ohne Potential an den Massenpunkten verrichtet wird, ist gleich der Änderung der gesamten mechanischen Energie des Systems, bestehend aus kinetischer und potentieller Energie.

Energiesatz bei $W_{oP} = 0$

$$E_{kin2} + E_{pot2} = E_{kin1} + E_{pot1} = \text{const}$$

Die mechanische Energie als Summe aus kinetischer und potentieller Energie bleibt bei einem konservativen Massenpunktsystem während der Bewegung konstant.

Gesamtimpuls

$$\vec{p} = \frac{d}{dt} \sum_{i=1}^{N} m_i \vec{r}_i = \frac{d}{dt}(m \vec{r}_S) = m \frac{d \vec{r}_S}{dt} = m \vec{v}_S$$

Impulssatz

$$\int_{t_1}^{t_2} \vec{F}_a \, dt = m\vec{v}_{S2} - m\vec{v}_{S1} = \vec{p}_2 - \vec{p}_1 \quad \text{wobei}$$

$$\sum_{i=1}^{N} \vec{F}_{ia} = \vec{F}_a = m\dot{\vec{v}}_S = \frac{d\vec{p}}{dt}$$

Impulserhaltungssatz ($\vec{F}_a = 0$)

$\vec{p} = m\vec{v}_S = \text{const}$ \qquad Der Schwerpunkt bewegt sich gleichförmig und geradlinig.

Drehimpuls bez. Punkt 0

$$\vec{L}_0 = \sum_{i=1}^{N} \vec{L}_{i0} = \sum_{i=1}^{n} (\vec{r}_{i0} \times m_i \vec{v}_i)$$

Drehimpulssatz

$$\vec{M}_0 = \sum_{i=1}^{N} \vec{M}_{i0} = \sum_{i=1}^{N} (\vec{r}_{i0} \times \vec{F}_{ia}), \quad \vec{M}_0 = \frac{d\vec{L}}{dt} = \dot{\vec{L}}_0$$

Drehimpulserhaltungssatz

$\vec{M}_0 = \vec{0}$ bzw. $\vec{L}_0 = \text{const}$ \qquad Der Drehimpuls bleibt konstant.

4.3 Rotation des starren Körpers um feste Achse

Kinetisches Grundgesetz

$M_z = J_z \dot{\omega} = J_z \ddot{\varphi}$ \qquad M_z äußeres Moment um feste z-Achse

$$J_z := \int_{(m)} r^2 \, dm = \int_{(m)} (x^2 + y^2) \, dm$$

axiales Massenträgheitsmoment bezüglich der Drehachse z, vgl. Massenträgheitsmomente

Kinetostatische Methode

$M_z + M_T = 0$, wobei $M_T = -J_z \ddot{\varphi}$ \qquad M_T Moment der Trägheit (d'Alembertsches Trägheitsmoment)

Technische Mechanik
4 Kinetik

Arbeitssatz

$$\int_{\varphi_1}^{\varphi_2} M_z \, \mathrm{d}\varphi = E_{\mathrm{kin}2} - E_{\mathrm{kin}1}$$

Bei Drehung eines starren Körpers um eine feste Achse bewirkt die von dem resultierenden Moment verrichtete Arbeit eine Änderung der kinetischen Energie zwischen Anfangs- und Endlage.

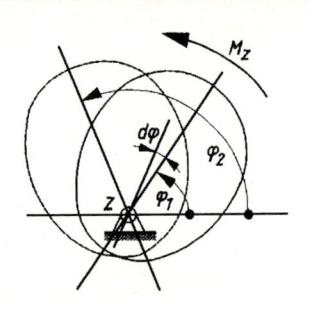

Kinetische Energie bei Rotation

$$E_{\mathrm{kin}} := \frac{1}{2} J_z \omega^2$$

Leistung für $M_z = \mathrm{const}$

$$P = \frac{\mathrm{d}W}{\mathrm{d}t} = M_z \omega, \ M_z = \frac{P}{2\pi n_\mathrm{D}} \qquad n_\mathrm{D} \text{ Drehzahl}$$

Drehimpuls

$$\vec{L}_0 = \omega J_{xz} \vec{e}_x + \omega J_{yz} \vec{e}_y + \omega J_z \vec{e}_z \qquad \text{für körperfestes kartesisches Koordinatensystem mit Ursprung 0}$$

Drehimpulssatz

$$\vec{M}_0 = \frac{\mathrm{d}\vec{L}_0}{\mathrm{d}t} = \frac{\mathrm{d}'\vec{L}_0}{\mathrm{d}t} + \vec{\omega} \times \vec{L}_0 \qquad \text{bez. des körperfesten (sich drehenden) Bezugssystems}$$

Komponenten

$$\begin{aligned} M_{0x} &= J_{xz}\dot{\omega} - J_{yz}\omega^2 \\ M_{0y} &= J_{yz}\dot{\omega} + J_{xz}\omega^2 \\ M_{0z} &= J_z\dot{\omega} \end{aligned}$$

(Euler-Gleichungen für die Rotation eines starren Körpers um die feste z-Achse, vgl. auch Massenträgheitsmomente)
M_{0x}, M_{0y} Kreiselmomente (senkrecht zur Drehachse)

Fall:

$$\vec{M}_z = J_z \dot{\omega} \vec{e}_z$$
$$\vec{L}_z = J_z \omega \vec{e}_z = J_z \vec{\omega}$$

Drehachse z gleich Hauptträgheitsachse

4.4 Massenträgheitmomente

Voraussetzungen: r Radiuskoordinate senkrecht zur Bezugsachse; x, y, z Schwerpunktskoordinatensystem des Körpers; ϱ Dichte

Axiale Massenträgheitsmomente

$$J_x := \int\limits_{(m)} (y^2 + z^2)\, dm$$

$$J_y := \int\limits_{(m)} (x^2 + z^2)\, dm$$

$$J_z := \int\limits_{(m)} (x^2 + y^2)\, dm$$

Massenträgheitsmoment für Bezugsachsen x, y, z
m Körpermasse

(Massenträgheitsmomente einfacher Körper siehe nachfolgende Tabelle)

Deviationsmomente

$$J_{xy} := -\int\limits_{(m)} xy\, dm, \quad J_{xz} := -\int\limits_{(m)} xz\, dm, \quad J_{yz} := -\int\limits_{(m)} yz\, dm$$

Transformation zwischen parallelen Koordinatensystemen
(Satz von Steiner, vgl. Flächenträgheitsmomente, Abschnitt 2.2)

$J_{\overline{x}} = J_x + (\overline{y}_S^2 + \overline{z}_S^2)m$
$J_{\overline{y}} = J_y + (\overline{x}_S^2 + \overline{z}_S^2)m$
$J_{\overline{z}} = J_z + (\overline{x}_S^2 + \overline{y}_S^2)m$
$J_{\overline{xy}} = J_{xy} - \overline{x}_S \overline{y}_S m$
$J_{\overline{yz}} = J_{yz} - \overline{y}_S \overline{z}_S m$
$J_{\overline{zx}} = J_{zx} - \overline{z}_S \overline{y}_S m$

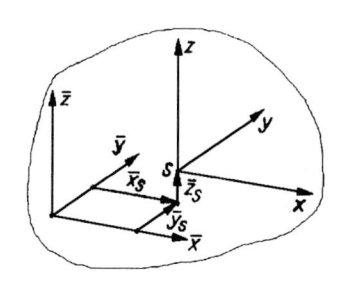

Bezugskoordinatensystem (beliebig): $\overline{x}, \overline{y}, \overline{z}$
Schwerpunktskoordinaten: $\overline{x}_S, \overline{y}_S, \overline{z}_S$

Technische Mechanik
4 Kinetik

Massenträgheitsmomente ausgewählter Körper (Fortsetzung)

Körper	Hauptträgheitsmomente
Stab 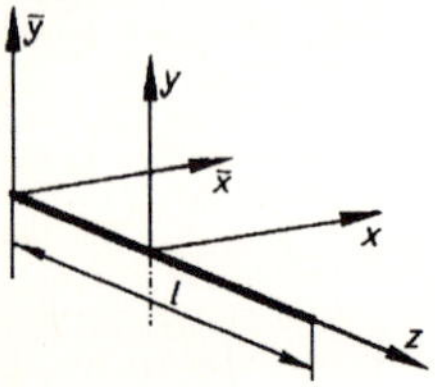	$J_x = J_y = \dfrac{1}{12}ml^2, \quad J_z = 0$ $J_{\bar{x}} = J_{\bar{y}} = \dfrac{1}{3}ml^2$
Quader 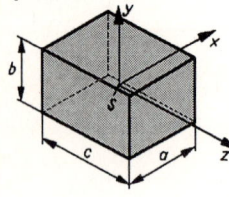	$J_x = \dfrac{1}{12}m(b^2 + c^2)$ $J_y = \dfrac{1}{12}m(a^2 + c^2)$ $J_z = \dfrac{1}{12}m(a^2 + b^2)$ $m = \varrho abc$
prismatischer Körper 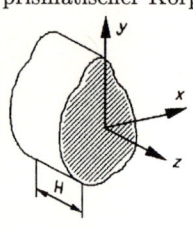	Hauptträgheitsmoment um z-Achse: $J_z = \dfrac{m}{A}(I_{xx} + I_{yy})$ $J_z = \varrho H(I_{xx} + I_{yy})$ $m = \varrho AH$ A Querschnitt des Körpers
Gerader Kreiskegel 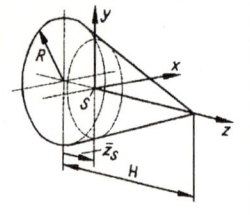	$J_x = J_y = \dfrac{3}{5}m\left(\dfrac{1}{4}R^2 + H^2\right)$ $J_z = \dfrac{3}{10}mR^2$ $m = \varrho\dfrac{1}{3}\pi R^2 H, \quad \bar{z}_S = \dfrac{1}{4}H$

Technische Mechanik
4 Kinetik

Massenträgheitsmomente ausgewählter Körper

Körper	Hauptträgheitsmomente
Zylinder/Scheibe 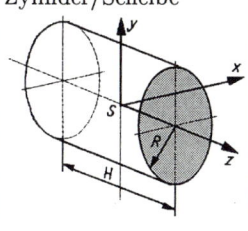	$J_x = J_y = \dfrac{1}{4} m \left(R^2 + \dfrac{1}{3} H^2 \right)$ $J_z = \dfrac{1}{2} m R^2$ $m = \varrho \pi R^2 H$
Rohr/Hohlzylinder 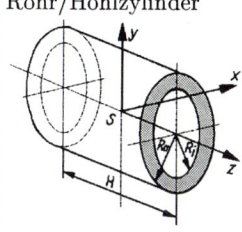	$J_x = J_y = \dfrac{1}{4} m R_a^2 \left[(1 + \lambda^2) + \dfrac{1}{3} \left(\dfrac{H}{R_a} \right)^2 \right]$ $J_z = \dfrac{1}{2} m R_a^2 (1 + \lambda^2)$ $m = \varrho \pi R_a^2 H (1 - \lambda^2), \quad \lambda = \dfrac{R_i}{R_a}$
dünner Reifen 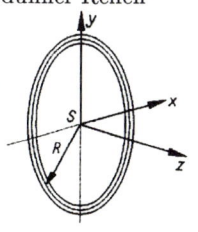	$J_x = J_y = \dfrac{1}{2} m R^2$ $J_z = m R^2$ $m = \varrho 2 \pi R A$ A Querschnitt des Reifens
Kugel 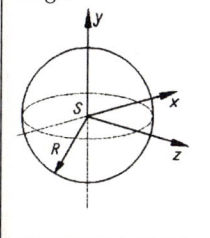	$J_x = J_y = J_z = \dfrac{2}{5} m R^2$ $m = \varrho \dfrac{4}{3} \pi R^3$

Technische Mechanik
4 Kinetik

Trägheitstensor

$$J = \begin{pmatrix} J_x & J_{xy} & J_{xz} \\ J_{xy} & J_y & J_{yz} \\ J_{xz} & J_{yz} & J_z \end{pmatrix}$$

Axiale Massenträgheitsmomente und Deviationsmomente bilden die Komponenten des symmetrischen Trägheitstensors (Tensor 2. Stufe, vgl. Flächenträgheitsmomente)

Die Komponenten ändern sich bei Drehung des Koordinatensystems nach den gleichen Gesetzen wie die Flächenträgheitsmomente.

Für jeden Bezugspunkt (Ursprung) existieren drei aufeinander senkrecht stehende Achsen, für die alle Deviationsmomente verschwinden. Diese Achsen nennt man Hauptträgheitsachsen. Die dazugehörigen axialen Massenträgheitsmomente nehmen Extremwerte an und werden als Hauptträgheitsmomente ($J_1 > J_2 > J_3$) bezeichnet.

Für homogene Körper sind Symmetrieachsen immer Hauptachsen!

4.5 Mechanische Größen bei Translation und Rotation

Geradlinige Bewegung (Translation, hier in x-Richtung) und Rotation eines starren Körpers um eine feste z-Achse sind Bewegungen mit einem Freiheitsgrad ($n = 1$) → Analogie zwischen wichtigen Größen und Gesetzmäßigkeiten der beiden Bewegungen:

Translation in x-Richtung	Rotation um die feste Achse z
Weg x	Winkel φ
Geschwindigkeit $v = \dot{x}$	Winkelgeschwindigkeit $\omega = \dot{\varphi}$
Beschleunigung $a = \dot{v} = \ddot{x}$	Winkelbeschleunigung $\dot{\omega} = \ddot{\varphi}$
Kraft F_x	Moment M_z
Masse m	Massenträgheitsmoment J_z
Kinetisches Grundgesetz $F_x = m\ddot{x}$	$M_z = J_z \ddot{\varphi}$
Kinetostatische Methode $F_x + F_T = 0$ d'Alembertsche Trägheitskraft $\lvert F_T \rvert = m\ddot{x}$	$M_z + M_T = 0$ d'Alembertsches Trägheitsmoment $\lvert M_T \rvert = J_z \ddot{\varphi}$

Technische Mechanik
4 Kinetik

Kinetische Energie	
$E_{kin} = \dfrac{1}{2}mv^2$	$E_{kin} = \dfrac{1}{2}J_z\omega^2$

Arbeitssatz	
$W = \displaystyle\int_{x_1}^{x_2} F_x\,dx = E_{kin2} - E_{kin1}$	$W = \displaystyle\int_{\varphi_1}^{\varphi_2} M_z\,d\varphi = E_{kin2} - E_{kin1}$

Leistung $P = F_x v$	$P = M_z \omega$
Impuls $p = mv$	Drehimpuls $L_z = J_z \omega$
Impulssatz $F_x = \dfrac{dp}{dt}$	Drehimpulssatz $M_z = \dfrac{dL_z}{dt}$

4.6 Ebene Bewegung eines starren Körpers

Voraussetzungen: Bewegung des starren Körpers (Masse m, axiales Massenträgheitsmoment J_S) als Überlagerung von Translation des Schwerpunktes S (Geschwindigkeit v_S) und Rotation um die Schwereachse (Winkelgeschwindigkeit φ).

Komponenten der resultierenden äußeren Kraft: F_{Resx}, F_{Resy}, resultierendes äußeres Moment um z-Achse: M_{Resz}

Kinetostatische Methode (kinetische Gleichgewichtsbedingungen)

$\rightarrow\ :\ 0 = F_{Resx} - m\ddot{x}_S$
$\uparrow\ :\ 0 = F_{Resy} - m\ddot{y}_S$
$\curvearrowleft S:\ 0 = M_{Resz} - J_S\ddot{\varphi}$

Kinetische Energie

$E_{kin} = \dfrac{1}{2}mv_S^2 + \dfrac{1}{2}J_S\omega^2$

Arbeit

$W = \displaystyle\int_{\vec{r}_{S1}}^{\vec{r}_{S2}} \vec{F}_{Res}\,d\vec{r} + \displaystyle\int_{\varphi_1}^{\varphi_2} M_{Resz}\,d\varphi$

Bewegung von Ausgangslage 1 $(\vec{r}_{S1}, \varphi_1)$ in Endlage 2 $(\vec{r}_{S2}, \varphi_2)$

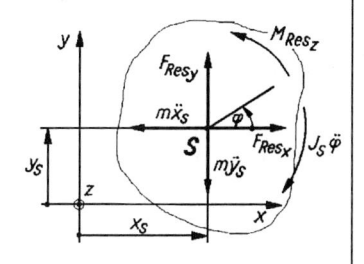

Technische Mechanik
4 Kinetik

Arbeitssatz

1. Fassung:

$W = E_{\text{kin2}} - E_{\text{kin1}}$

2. Fassung:

$W_{\text{oP}} = (E_{\text{kin2}} + E_{\text{pot2}})$
$\quad - (E_{\text{kin1}} + E_{\text{pot1}})$

W_{oP} Arbeit der Kräfte und Momente ohne Potential

Energiesatz ($W_{\text{oP}} = 0$):

$(E_{\text{kin2}} + E_{\text{pot2}}) = (E_{\text{kin1}} + E_{\text{pot1}}) = E_{\text{kin}} + E_{\text{pot}} = \text{const}$

Impuls- und Drehimpulssatz

Für Zeitintervall $t_2 - t_1$ und mit $\dot{x}_{Si} = \dot{x}_S(t_i)$, $\dot{y}_{Si} = \dot{y}_S(t_i)$, $\dot{\varphi}_i = \dot{\varphi}(t_i)$ gilt:

$$\int_{t_1}^{t_2} F_{\text{Res}x}(t)\,\mathrm{d}t = m\dot{x}_{S2} - m\dot{x}_{S1} \qquad \int_{t_1}^{t_2} F_{\text{Res}y}(t)\,\mathrm{d}t = m\dot{y}_{S2} - m\dot{y}_{S1}$$

$$\int_{t_1}^{t_2} M_{\text{Res}z}(t)\,\mathrm{d}t = J_S\dot{\varphi}_2 - J_S\dot{\varphi}_1$$

Zeitintegrale der Kraftkomponenten bzw. des Moments kennzeichnen die Kraftstöße bzw. den Momentenstoß.

4.7 Ebene Bewegung eines Systems starrer Körper

Voraussetzungen: System/Getriebe mit N starren Körpern/Gliedern (Massen m_i, axiale Massenträgheitsmomente um Schwerpunktsachsen J_{Si})

Bewegungskoordinaten des i-ten Körpers: x_{Si}, y_{Si}, φ_i

Zwangsbedingungen

Zwangslauf des Systems schränkt Bewegungsfreiheit ein; geometrische Bindungen führen auf Zwangsbedingungen.

Anzahl der Zwangsbedingungen ergibt sich aus Anzahl der gewählten Bewegungskoordinaten vermindert um die Anzahl der Freiheitsgrade n.

Beispiele zu Zwangsbedingungen:

$x_S = \varphi R$ \qquad Rollbedingung eines Rades mit Radius R

$\varphi_1 R_1 = \varphi_2 R_2$ Abrollen zweier Räder im Eingriff mit R_1, R_2 ohne Schlupf

$x_{S1} = x_{S2}$ Starre Verbindung zweier geradlinig bewegter Körper

Kinetostatische Methode

Formulierung der kinetischen Gleichgewichtsbedingungen an jedem starren Körper.

Kinetische Energie

$$E_{\text{kin}} = \sum_{i=1}^{N} \left(\frac{1}{2} m_i v_{Si}^2 + \frac{1}{2} J_{Si} \omega_i^2 \right)$$

Arbeitssatz

1. Fassung:

$$W = \sum_{i=1}^{N} \left(\int_{\vec{r}_{Si1}}^{\vec{r}_{Si2}} \vec{F}_{\text{Res}i} \, d\vec{r}_i + \int_{\varphi_{i1}}^{\varphi_{i2}} \vec{M}_{\text{Res}i} \, d\vec{\varphi}_i \right) = E_{\text{kin}2} - E_{\text{kin}1}$$

Die Arbeit, die bei der Bewegung eines Mehrkörpersystems von einer Ausgangslage 1 bis zu einer Endlage 2 von den eingeprägten Kräften und Momenten verrichtet wird, ist gleich der Änderung der kinetischen Energie des Systems.

2. Fassung

$W_{\text{oP}} = (E_{\text{kin}2} + E_{\text{pot}2})$ W_{oP} Arbeit der Kräfte ohne Po-
$\phantom{W_{\text{oP}} =} - (E_{\text{kin}1} + E_{\text{pot}1})$ tential

4.8 Stoßprobleme

Stoß

Plötzliches Aufeinandertreffen zweier (oder mehrerer Körper), Kontakt in zwei Phasen: Kompression (Zunahme der Formänderung), Restitution (vollkommener oder teilweiser Rückgang der Formänderung).

Technische Mechanik
4 Kinetik

Gerader zentrischer Stoß (Stoß bei translativer Bewegung zweier Punktmassen entlang einer Geraden)

Geschwindigkeiten nach dem Stoß

$$v_1^* = v_1 - \frac{m_2}{m_1+m_2}(k+1)(v_1-v_2)$$
$$v_2^* = v_2 + \frac{m_1}{m_1+m_2}(k+1)(v_1-v_2)$$

m_1, m_2 Massen
v_1, v_2 Geschwindigkeiten vor dem Stoß
k Stoßzahl (Verhältnis der Impulsverluste während Restitution und Kompression, sog. Newtonsche Stoßhypothese, wobei $k = 1$ ideal elastischer Stoß, $k = 0$ ideal plastischer Stoß)

Geschwindigkeitsdifferenz nach dem Stoß

$$v_2^* - v_1^* = k(v_1 - v_2) \qquad k = \frac{v_2^* - v_1^*}{v_1 - v_2}$$

Energieverlust

$$\Delta E = \frac{1-k^2}{2} \frac{m_1 m_2}{m_1 + m_2}(v_1-v_2)^2$$

Dissipation durch plastische Formänderungen mit Erwärmung

Sonderfälle:

Ideal elastischer Stoß ($k = 1$, keine bleibenden Formänderungen, Kompression gleich Restitution), Geschwindigkeiten nach dem Stoß:

$$v_1^* = v_1 - \frac{2m_2}{m_1+m_2}(v_1-v_2)$$
$$v_2^* = v_2 + \frac{2m_1}{m_1+m_2}(v_1-v_2)$$

Geschwindigkeitsdifferenzen der Körper sind dem Betrage nach vor und nach dem Stoß gleich groß: $v_2^* - v_1^* = v_1 - v_2$

Fall $m_1 = m_2$:

$$v_1^* = v_2, \; v_2^* = v_1$$

„Austausch" der Geschwindigkeiten

Ideal plastischer Stoß ($k = 0$, Annahme des starr plastischen Werkstoffmodells → keine Restitution), beide Körper bewegen sich nach Stoß mit gemeinsamer Geschwindigkeit v^*:

$$v_1^* = v_2^* = v^* = \frac{1}{(m_1+m_2)}(m_1 v_1 + m_2 v_2)$$

Drehstoß, Kupplungsstoß mit $k = 0$

Gemeinsame Winkelgeschwindigkeit nach Drehstoß
$$\omega^* = \frac{J_1\omega_1 + J_2\omega_2}{J_1 + J_2}$$
Energieverlust
$$\Delta E = \frac{1}{2} \frac{J_1 J_2}{J_1 + J_2}(\omega_1 - \omega_2)^2$$

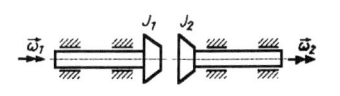

4.9 Mechanische Schwingungen

Periodische Schwingung

Schwingungsgröße
$q(t + T) = q(t)$
Frequenz der Schwingung
$f = \dfrac{1}{T}$

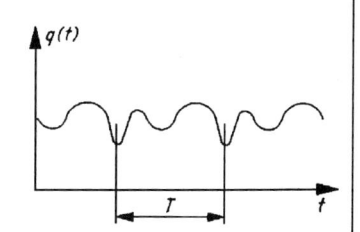

T Schwingungsdauer, Periodendauer

Harmonische Schwingung

Schwingungsgröße
$q(t) = \widehat{q}\sin(\omega t + \alpha)$ bzw.
$q(t) = A_1 \cos(\omega t) + A_2 \sin(\omega t)$
mit
$\widehat{q} = \sqrt{A_1^2 + A_2^2}, \quad \tan\alpha = \dfrac{A_1}{A_2}$

$\widehat{q}$ Amplitude
ω Kreisfrequenz
$\omega t + \alpha$ Phasenwinkel
α Nullphasenwinkel

Zusammenhang zwischen Kreisfrequenz und Frequenz

$$\omega = \frac{2\pi}{T} = 2\pi f$$

Technische Mechanik
4 Kinetik

Freie ungedämpfte Schwingung mit einem Freiheitsgrad

Allgemeine Bewegungsgleichung, Schwingungsdifferentialgleichung

$\ddot{q} + \omega_0^2 q = 0$
- q Schwingungsgröße; Weg beim Translations- bzw. Längsschwinger, Winkel beim Dreh-, Torsions- bzw. Pendelschwinger
- $\ddot{q}$ zweite Zeitableitung der Schwingungsgröße (Beschleunigung)
- ω_0 Eigenkreisfrequenz der freien ungedämpften Schwingung

Eigenkreisfrequenzen von ungedämpften Schwingern mit einem Freiheitsgrad

Längsschwinger:

$\omega_0 = \sqrt{\dfrac{c}{m}}$
- c Federkonstante
- m Masse

Torsionsschwinger:

$\omega_0 = \sqrt{\dfrac{c_t}{J}}$
- c_t Torsionsfederkonstante
- J Massenträgheitsmoment der Drehmasse bez. Drehachse

Mathematisches Pendel:

$\omega_0 = \sqrt{\dfrac{g}{l}}$
- l Pendellänge

Physikalisches Pendel:

$\omega_0 = \sqrt{\dfrac{mgl}{J_A}}$
- J_A Massenträgheitsmoment bez. Drehachse A
- l Abstand zwischen Drehachse und Schwerpunkt

Allgemeine Lösung der Schwingungsdifferentialgleichung

$q(t) = \hat{q}\sin(\omega_0 t + \alpha)$ bzw.
$q(t) = A_1 \cos(\omega_0 t) + A_2 \sin(\omega_0 t)$

Integrationskonstanten $\hat{q}$, α, bzw. A_1, A_2 aus Anfangsbedingungen

Ersatzsteifigkeit bei Schwinger mit mehreren Federn:
(gilt analog auch für Torsionsfederkonstanten)

$c = \sum_k c_k$

Parallelschaltung (gleiche Federwege)

$$\frac{1}{c} = \sum_k \frac{1}{c_k}$$

Reihenschaltung (gleiche Federkräfte)

Freie gedämpfte Schwingung mit einem Freiheitsgrad

Dämpfungsart: Dämpfungskraft F_W der Geschwindigkeit proportional

$F_W = kv$ \qquad k Dämpfungskonstante

Allgemeine Bewegungsgleichung

$\ddot{q} + 2\delta\dot{q} + \omega_0^2 q = 0$ \qquad δ Abklingkonstante
ω_0 Eigenkreisfreqenz der ungedämpften Schwingung

Sonderfall Längsschwinger

$$\delta = \frac{k}{2m}, \quad \omega_0 = \sqrt{\frac{c}{m}}$$

Lösungsfälle in Abhängigkeit vom (Lehrschen) Dämpfungsmaß
$D = \dfrac{\delta}{\omega_0}$

1. $D > 1$, starke Dämpfung:

$q(t) = e^{-\delta t}(B_1 e^{\varkappa t} + B_2 e^{-\varkappa t})$
wobei
$\varkappa = \sqrt{\delta^2 - \omega_0^2} = \omega_0\sqrt{D^2 - 1}$

keine Schwingung (aperiodischer Vorgang)

2. $D = 1$, Grenzfall:

$q(t) = e^{-\delta t}(B_1 + B_2 t)$ \qquad exponentiell abklingende Bewegung (aperiodischer Grenzfall)

3. $D < 1$, schwache Dämpfung:

$q(t) = e^{-\delta t}(A_1 \cos\omega t + A_2 \sin\omega t)$
$q(t) = e^{-\delta t} C \sin(\omega t + \alpha)$

Schwingung mit exponentiell abnehmender Amplitude, Graphen der Funktionen $\pm C e^{-\delta t}$ hüllen Ausschwingkurve ein (Hüllkurven)

Technische Mechanik
4 Kinetik

Schwingungsdauer T_D

$$T_D = \frac{2\pi}{\omega} = \frac{2\pi}{\omega_0\sqrt{1-D^2}}, \quad T_D > T$$

Logarithmisches Dekrement

$$\vartheta = \ln\frac{\widehat{q}_k}{\widehat{q}_{k+2}} = \delta T_D = \frac{2\pi D}{\sqrt{1-D^2}}$$

Dämpfungsmaß

$$D = \frac{\vartheta}{\sqrt{4\pi^2 + \vartheta^2}}$$

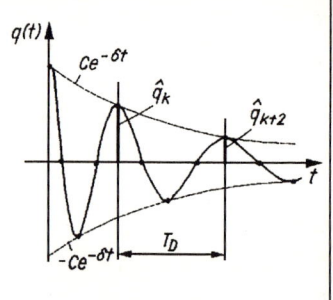

Erzwungene gedämpfte Schwingung mit einem Freiheitsgrad

Allgemeine Bewegungsgleichung bei harmonischer Erregung

$$\ddot{q} + 2\delta\dot{q} + \omega_0^2 q = q_0 \sin\Omega t$$

Koeffizienten für nachfolgende Erregerarten beim Längsschwinger:

Erregerart	Kraft	Federfußpunkt	Unwucht
δ	$\dfrac{k}{2m}$	$\dfrac{k}{2m}$	$\dfrac{k}{2(m+m_1)}$
ω_0	$\sqrt{\dfrac{c}{m}}$	$\sqrt{\dfrac{c}{m}}$	$\sqrt{\dfrac{c}{m+m_1}}$
q_0	$\dfrac{\widehat{F}}{m}$	$\dfrac{c\widehat{u}}{m}$	$\dfrac{m_1}{m+m_1}r_0\Omega^2$

m Schwingermasse, c Federkonstante, k Dämpfungskonstante, $\widehat{F}$ Amplitude der Krafterregung, Ω Erregerkreisfrequenz, $\widehat{u}$ Amplitude der Wegerregung am Federfußpunkt, m_1 Unwuchtmasse, r_0 Unwuchtradius

Lösung der Bewegungsgleichung für obige Erregerarten
Überlagerung aus allgemeiner Lösung q_h der homogenen Dgl. (freie gedämpfte Schwingung) und partikulärer Lösung q_p der inhomogenen Dgl. (Dauerschwingung, stationäre Schwingung): $q = q_h + q_p$

Partikuläre Lösung $\qquad q_p = \widehat{q}_p \sin(\Omega t - \psi)$

$$\widehat{q}_\mathrm{P} = \frac{q_0}{\sqrt{(\omega_0^2 - \Omega^2)^2 + (2\delta\Omega)^2}}$$

$$= \frac{q_0}{\omega_0^2} \frac{1}{\sqrt{(1-\eta^2)^2 + (2D\eta)^2}}$$

$$= \frac{q_0}{\omega_0^2} V_1$$

$\widehat{q}_\mathrm{P}$ Amplitude

$$\tan\psi = \frac{2\delta\Omega}{\omega_0^2 - \Omega^2} = \frac{2D\eta}{1-\eta^2}$$

ψ Phasenwinkel

$$\eta = \frac{\Omega}{\omega_0}$$

Frequenzverhältnis, Abstimmungsverhältnis

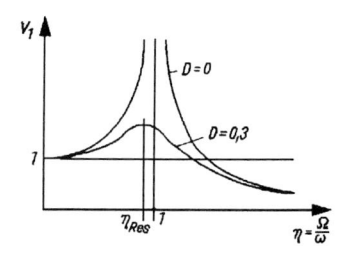

$$V_1 := \frac{1}{\sqrt{(1-\eta^2)^2 + (2D\eta)^2}}$$

Vergrößerungsfunktion

Vergrößerungsfunktion V_1 charakterisiert bei Kraft- und Federfußpunkterregung das Verhältnis der Ausgangsgröße (Schwingungsamplitude) zur Eingangsgröße (Erregeramplitude)

Resonanzamplitude für $0 < D < 0,5$:

$$V_{1\max} = V_1(\eta = \eta_\mathrm{res})$$
$$= \frac{1}{2D\sqrt{1-D^2}}$$

$$\eta_\mathrm{res} = \sqrt{1-2D^2}$$

Werkstofftechnik

1 Grundlagen

1.1 Übersicht zu den Werkstoffgruppen

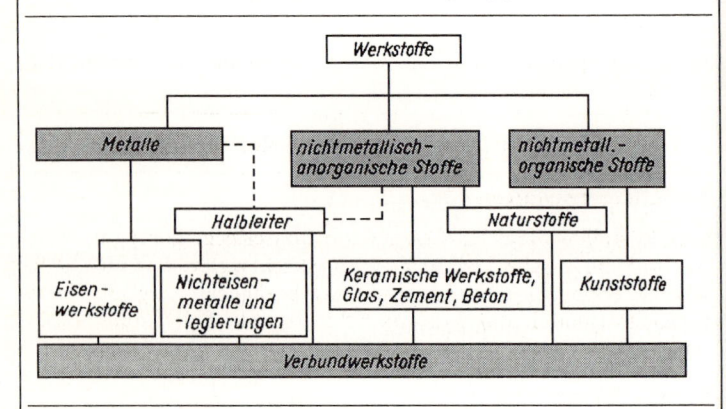

```
                        Werkstoffe
         ┌─────────────────┼─────────────────┐
      Metalle    nichtmetallisch-     nichtmetall.-
                 anorganische Stoffe   organische Stoffe
         └─── Halbleiter ───┘          ── Naturstoffe ──
   ┌──────────┬──────────┐      ┌──────────────────┐  ┌──────────┐
   Eisen-     Nichteisen-       Keramische Werkstoffe, Kunststoffe
   werkstoffe metalle und       Glas, Zement, Beton
              -legierungen
                        Verbundwerkstoffe
```

1.2 Festkörperstrukturen als Basis der Werkstoffeigenschaften

Festkörpereigenschaften ergeben sich aus der Struktur:

Art der Bausteine	Atome, Ionen, Moleküle
Anordnung der Bausteine	amorph (ungeordnet)
	kristallin (geordnet)
chemische Bindung	Metallbindung, Atombindung, Ionenbeziehung, van-der-Waalssche Bindung

Charakterisierung der kristallinen Struktur

Elementarzelle (EZ)	kleinste räumliche Einheit des Kristallgitters
Kenngrößen zur Charakterisierung der Elementarzelle	a) Gitterkonstanten: a, b, c
	b) Winkel des Kristallgitters: α, β, γ
	c) Besetzungszahl (BZ): Anzahl der Atome je EZ

Werkstofftechnik
1 Grundlagen

Kristallsysteme

d) Koordinationszahl (KZ): Anzahl der nächsten Nachbaratome
e) Packungsdichte (PD): Verhältnis von Volumen der Atome je EZ und Volumen der EZ

kubisch, tetragonal, hexagonal, monoklin, rhombisch, rhomboedrisch, triklin

1.3 Struktur und Eigenschaften der Metalle

Metalleigenschaften

z. B. kristalline Struktur; Glanz und Undurchsichtigkeit; gute Wärme- und elektrische Leitfähigkeit; plastisch verformbar mit Verfestigung; unterschiedliche Eigenschaften bezüglich Festigkeit, Härte, Elastizitätsmodul, Magnetismus, Schmelzpunkt; Salzbildung in Säuren

Idealstruktur

Charakterisierung ausgewählter Kristallgitter

Gittertyp	kubisch raumzentriert (krz)	kubisch flächenzentriert (kfz)	hexagonal dichteste Packung (hdP)
EZ			
Achsenabschnitte	$a=b=c$	$a=b=c$	$a=b \neq c$
Winkel	$\alpha=\beta=\gamma=90°$	$\alpha=\beta=\gamma=90°$	$\alpha=\beta=90°, \gamma=120°$
BZ	2	4	6
PD	0,68	0,74	0,74
KZ	8	12	12
Beispiele	α-Fe, δ-Fe, Cr, Mo, V, Ta	γ-Fe, Al, Cu, Ag, Au, Pb	Mg, Zn, Cd, α-Ti

Werkstofftechnik
1 Grundlagen

Reale Kristallstrukturen (Gitterfehler)

nulldimensionale Gitterfehler (Punktfehler)	Leerstelle, Zwischengitteratom, Fremdatom (eingelagert, substituiert)
eindimensionale Gitterfehler (Linienfehler)	Versetzungen (Grundlage der plastischen Verformung)

Stufenversetzung — Schraubenversetzung

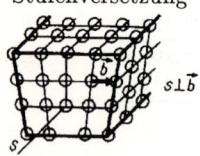

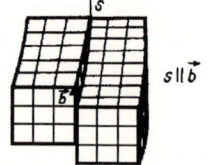

$s \perp \vec{b}$ — $s \parallel \vec{b}$

s Versetzungslinie
$\vec{b}$ Burgers-Vektor

zweidimensionale Gitterfehler (Flächenfehler)	Korngrenzen (Groß- und Kleinwinkelkorngrenzen), Zwillingsgrenzen, Phasengrenzen, Stapelfehler

1.4 Struktur und Eigenschaften der Kunststoffe

Synthesereaktionen

Erzeugen von Makromolekülen durch Synthesereaktionen

Synthesereaktion	Merkmal/Beispiel
Polymerisation	Verknüpfen von Monomeren, die Doppelbindungen enthalten, zu kettenförmigen Makromolekülen ohne Abspaltung von Nebenprodukten, *Beispiel*: Polyethylen
Polykondensation	Verknüpfen von Monomeren (mit funktionellen Gruppen) zu einem Makromolekül unter Abspaltung eines niedermolekularen Nebenprodukts (H_2O, NH_3); *Beispiel*: Reaktion von Phenol mit Formaldehyd zu Phenolharz unter Abspaltung von Wasser
Polyaddition	Zusammenlagerung von verschiedenartigen Monomeren (mit funktionellen Gruppen) zum Makromolekül ohne Abspaltung von Nebenprodukten; *Beispiel*: Polyurethan

Werkstofftechnik
1 Grundlagen

Polymerwerkstoffklassen

Struktur der Polymere

Werkstoff	Struktur/Beispiele
Plastomere	unvernetzte, fadenförmige Makromoleküle (amorph, teilkristallin); *Beispiele*: PVC, PS, PC, PE, PP, PA
Duromere	räumlich engmaschig vernetzte Makromoleküle; *Beispiele*: PF, UF, MF, UP, EP
Elastomere	räumlich weitmaschig vernetzte Makromoleküle; *Beispiele*: BR, SBR, NBR, PUR, SI

Temperaturabhängigkeit der Eigenschaften (schematisch)

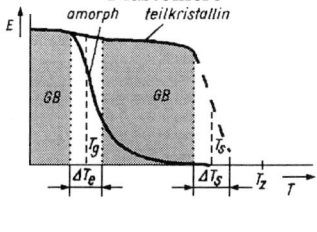

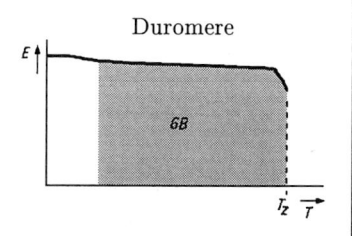

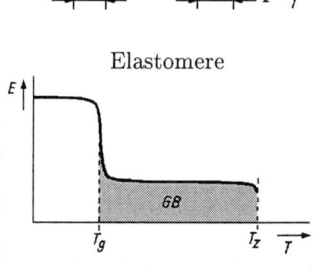

ΔT_e Einfrier- bzw. Erweichungstemperaturbereich
T_g Glastemperatur
T_S Schmelztemperatur
ΔT_S Schmelztemperaturbereich
T_z Zersetzungstemperatur
E Eigenschaft (z. B. Festigkeit)
GB Gebrauchsbereich

1.5 Struktur und Eigenschaften der Keramiken und Gläser

Keramik

Herstellung durch Sintern von Pulvern, bestehend aus stabilen Verbindungen von Metallen mit Nichtmetallen: Oxide, Carbide, Nitride, Boride (z. B. SiO_2, SiC, Si_3N_4, Al_2O_3, BN, WC)

Werkstofftechnik
1 Grundlagen

Glaswerkstoffe

Gläser sind aus unregelmäßig angeordneten SiO_4-Tetraedern aufgebaut und damit amorph. Gläser sind eine Mischung aus Metalloxiden und anderen chemischen Elementen und Verbindungen.

SiO_4-Tetraeder:

Grundbaustein der Glas- und vieler Keramikwerkstoffe, Entstehung durch Polykondensation der Orthokieselsäure

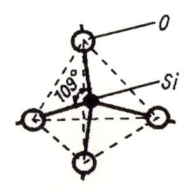

Verknüpfungen von SiO_4-Tetraedern führen zu Ketten, Bändern, Schichten und räumlichen Strukturen

---

1.6 Legierungsbildung von Metallen (kristalliner Aufbau)

Mischkristalle (MK)

Komponenten A und B mischbar, bilden feste atomare Lösung, homogenes Gefüge

Arten der MK:

Einlagerungsmischkristall (EMK)	Bedingung: $r_B/r_A \leq 0{,}58$; $r_{A,B}$ Atomradien von A, B
Austauschmischkristall (AMK)	Bedingungen: — gleicher Gittertyp der Komponenten — $0{,}85 \leq r_A/r_B \leq 1{,}15$ — geringe chemische Affinität Nichtlineare Änderung der Eigenschaften

---

Kristallgemische (KG)

Gefügebestandteile (Komponenten A und B, MK, MK und IMP) liegen als verschiedene Kristallarten nebeneinander vor, Eigenschaften ändern sich proportional der Zusammensetzung, heterogenes Gefüge.

Werkstofftechnik
1 Grundlagen

Intermetallische Phasen (IMP)

Komponenten bilden eine neue Phase mit anderem, kompliziertem Gitter, IMP sind hart und spröde. Von Bedeutung ist z. B. im System Fe-C die IMP Fe_3C (6,67 % C).

1.7 Zustandsschaubilder binärer Systeme

Grunddiagramme

a) System mit völliger Mischbarkeit

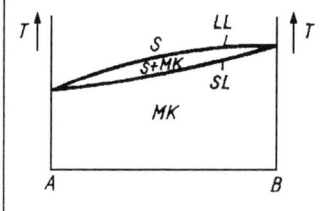

b) System mit Nichtmischbarkeit

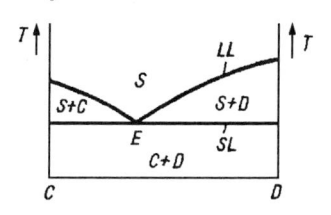

c) System mit teilweiser Mischbarkeit

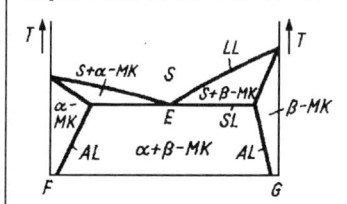

d) System mit intermetallischer Phase (Nichtmischbarkeit)

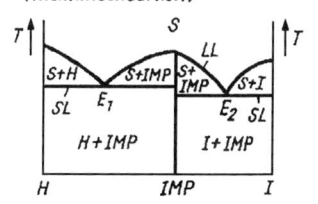

LL Liquiduslinie, SL Soliduslinie, AL Ausscheidungslinie, E Eutektikum, S Schmelze

System Eisen-Kohlenstoff

Stabiles System	Kohlenstoff liegt in elementarer Form als Graphit vor.
Metastabiles System	Kohlenstoff liegt in gebundener Form als intermetallische Phase (Fe_3C) vor.

Werkstofftechnik
1 Grundlagen

Zustandsschaubild des Systems Eisen-Kohlenstoff (metastabil)

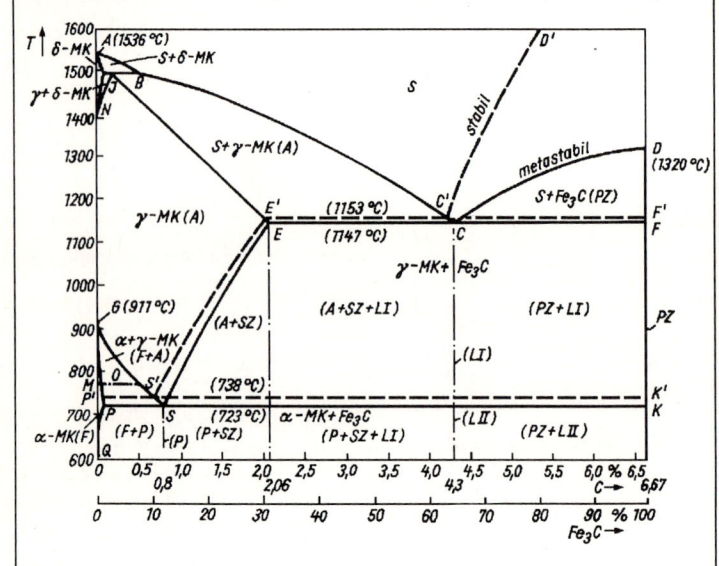

Gefüge des Systems Eisen-Kohlenstoff

Gefügename	Phasenbezeichnung	Charakterisierung, Löslichkeit (% C)
Ferrit (F)	α-MK	Pkt. P: 0,02
		Pkt. Q: $10^{-4} \ldots 10^{-6}$
Austenit (A)	γ-MK	Pkt. E: 2,06
		Pkt. S: 0,8
Zementit (Z)	Fe_3C	Pkt. D: 6,67 (IMP)
Primär-Z. (PZ)		C-D ⎫
Sekundär-Z. (SZ)		E-S ⎬ Ausscheidungslinien
Tertiär-Z. (TZ)		P-Q ⎭
Perlit (P)	α-MK + Fe_3C	Pkt. S: 0,8 (Eutektoid)
Ledeburit I (LI)	γ-MK + Fe_3C ⎫	Pkt. C: 4,3 (Eutektikum)
Ledeburit II (LII)	α-MK + Fe_3C ⎭	

2 Wärmebehandlung

2.1 Technologischer Ablauf der Wärmebehandlung

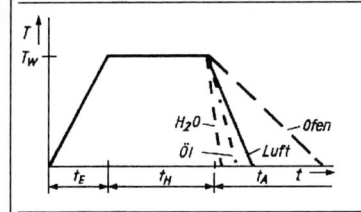

T_W Temperatur der Wärmebehandlung (z. B. Glüh-, Härte-, Anlaßtemperatur)
t_E Erwärmungsdauer
t_H Haltedauer
t_A Abkühldauer (medienabhängig)

2.2 Wärmebehandlung der Stähle

Wärmebehandlung mit langsamer Abkühlung (Glühverfahren)

Normalglühen	Beseitigen von grobkörnigem, unregelmäßigem Gefüge, $T \approx A_{c3} + 50\,°C$ bzw. $A_{c1} + 50\,°C$ A_{c1} Umwandlung α-MK und Fe_3C zu γ-MK, A_{c3} Umwandlung α-MK zu γ-MK
Grobkornglühen	Verbesserung der Spanbarkeit untereutektoider Stähle durch Grobkornbildung, $T \approx 1050\,°C \ldots 1300\,°C$
Spannungsarmglühen	Reduzierung der Eigenspannungen, $T \approx 550\,°C$
Glühen auf kugelige Carbide	Zementiteinformung, Verbesserung der Span- und Umformbarkeit, $T \lessapprox 723\,°C$
Rekristallisationsglühen (gilt für alle Metalle und Legierungen)	Abbau der Verfestigung nach Kaltumformung, Richtwert: $T_R = 0{,}4 T_S$ (T_S Schmelztemperatur)

① Normalglühen
② Spannungsarmglühen
③ Grobkornglühen
④ Glühen auf kugelige Carbide

Werkstofftechnik
2 Wärmebehandlung

Wärmebehandlung bei beschleunigter Abkühlung mit Austenitumwandlung (Härten)

Beschleunigte Abkühlung aus dem Austenitgebiet (z. B. H_2O, Öl) hat zur Folge:

- Ungleichgewichtszustand, da keine Diffusion des Kohlenstoffs möglich, d. h. keine Bildung von Fe_3C, stattdessen
- Bildung von Martensit (mit Kohlenstoff übersättigter, tetragonal verzerrter α-Mischkristall mit hoher Härte und Eigenspannungen) bzw. Bainit (α-Mischkristall mit eingelagerten Carbiden)
- Verschiebung der γ-α-Umwandlung zu niedrigeren Temperaturen, Umwandlungsverhalten wird charakterisiert durch ZTU- (Zeit-Temperatur-Umwandlungs-) Schaubilder

Arten der ZTU-Schaubilder (schematisch)

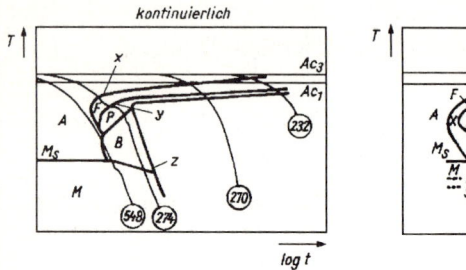

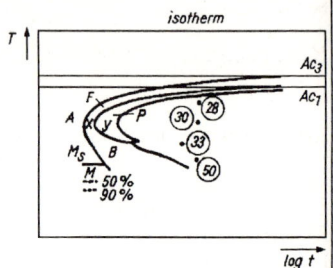

A Austenit, F Ferrit, P Perlit, B Bainit (Zwischenstufe), M Martensit, M_S Beginn der Martensitbildung; 28,..., 232 Härtewerte in HRC bzw. HV; x, y, z-Gefügeanteile in %

Reduzierung des Ungleichgewichtszustandes durch Anlassen (vier Anlaßstufen); eine spezielle Form des Anlassens nach dem Härten oberhalb 550°C ist das Vergüten.

2.3 Wärmebehandlung der Nichteisenmetalle (Ausscheidungshärten)

Voraussetzung	Legierungssystem mit teilweiser Mischbarkeit (Löslichkeit) im festen Zustand, abnehmende Löslichkeit mit fallender Temperatur

Werkstofftechnik
3 Werkstoffkennzeichnung

Ablauf des Ausscheidungshärtens:

a) Lösungsglühen	→	homogener Mischkristall durch Auflösen der Segregationen (Ausscheidungen)
b) Abschrecken	→	übersättigter Mischkristall
c) Auslagern	→	warm oder kalt, Bildung von Ausscheidungen (meist intermetallische Phasen), Härte-, Festigkeitssteigerung

3 Werkstoffkennzeichnung

3.1 Bezeichnung der Stähle mit Kurznamen

▶ DIN EN 10027

Kurzname nach Verwendung und Eigenschaften

Hauptsymbole:

Kennbuchstabe für Verwendung	Mechanische/physikalische Eigenschaften
S allgemeiner Stahlbau E Maschinenbau B Betonstahl M Elektroblech	Mindeststreckgrenze, -zugfestigkeit, Härte, Magnetisierungsverluste
Zusatzsymbole	Gütegruppe, Wärmebehandlungszustand, Reinheit, weitere Eigenschaften (z. B. Kerbschlagarbeit)
Beispiel:	Stahl EN 10025 – S235JRG2

Kurzname nach der chemischen Zusammensetzung

Faktoren zur Ermittlung des Gehaltes an Legierungselementen

Faktor	Element
1000	B
100	C, N, P, S, Ce
10	Al, Cu, Mo, Ta, Ti, V, Nb, Be, Zr
4	W, Si, Mn, Cr, Co, Ni

Werkstofftechnik
3 Werkstoffkennzeichnung

unlegierte Stähle (C)	z. B. C15 (mittlerer C-Gehalt: 0,15 %)
niedriglegierte Stähle	z. B. 34Cr4 (mittlere Gehalte: C 0,34 %, Cr 1,0 %)
hochlegierte Stähle (X)	z. B. X8CrNiTi18-10 (mittlere Gehalte: C 0,08 %, Cr 18 %, Ni 10 %)
Schnellarbeitsstähle	z. B. S12-1-4-5 (mittlere Gehalte: W 12 %, Mo 1 %, V 4 %, Co 5 %; C-, Cr-Gehalt aus dem Kurznamen nicht zu ersehen)

3.2 Bezeichnung der Stähle mit Werkstoffnummern

(z. Z. fünfstellig)

Werkstoffhauptgruppennummer (1 Stahl)	Stahlgruppennummer	Zählnummer (Klammerwerte für künftigen Bedarf)
1.	XX	XX(XX)

Beispiel: 1.0037 = S235JRG2

3.3 Bezeichnung der Eisengußwerkstoffe

Stahlguß	z. B. GS-38 ($R_m \geq 372$ N/mm^2) GS-C25, GS-X8CrNi12
Gußeisen mit Lamellengraphit	z. B. GG-20 ($R_m \geq 196$ N/mm^2) GGL-320NiCr2 2
Gußeisen mit Kugelgraphit	z. B. GGG-40 ($R_m \geq 392$ N/mm^2)
Temperguß (W: weiß, S: schwarz)	z. B. GTW-35-04 ($R_m \geq 343$ N/mm^2, A $\geq$ 4 %) GTS-35-10

3.4 Bezeichnung der Nichteisenmetalle (Kurznamen, Werkstoffnummern)

reine Metalle	Al99,8 (Reinheitsgrad: 99,8 %)
Legierungen	MgAl14Si1 (mittlere Gehalte: Al 14 %, Si 1 %, Rest Mg)

3.5 Bezeichnung der Polymerwerkstoffe (Kurzzeichen)

z. B.
PVC Polyvinylchlorid,
PE Polyethylen,
EP Epoxidharz,

NR Naturkautschuk,
SBR Synthesekautschuk

3.6 Bezeichnung der Keramiken und Gläser (Kurzzeichen)

Keramikisolierstoffe	Kennbuchstabe C, Kennzahl (z. B. C-110)
Technische Keramik	z. B. HPSN heißgepreßtes Siliciumnitrid, SSiC gesintertes Siliciumcarbid
Glasisolierstoffe	Kennbuchstabe G, Kennzahl (z. B. G-100)

4 Ausgewählte Werkstoffgruppen

4.1 Eisenwerkstoffe

Stähle

Übersicht zu ausgewählten Stahlsorten

Stahlsorte	Norm	Beispiele	Eigenschaften, Verwendung
Warmgewalzte Erzeugnisse aus unlegierten Baustählen	▶ DIN EN 10025	S185, S355K2G4, S235JRG2, E295	geschweißte, genietete und geschraubte Bauteile bei Umgebungstemperatur, nicht für Wärmebehandlung vorgesehen
Wetterfeste Baustähle	▶ DIN EN 10155	S235JOW S355J2G1W	erhöhter Widerstand gegen atmosphärische Korrosion (Zusatz von P, Cu, Cr, Ni, Mo), Oxidschichtbildung
Schweißgeeignete Feinkornstähle	▶ DIN EN 10113	S355N S460N S420ML	Anwendung in hochbeanspruchten geschweißten Bauteilen

Werkstofftechnik
4 Ausgewählte Werkstoffgruppen

Vergütungsstähle	▶ DIN EN 10083	1C25 2C45 3C60 28Mn6 34CrMo4 50CrV4	Maschinenbaustähle (0,2...0,6 % C), geeignet zum Härten, im vergüteten Zustand, gute Zähigkeit bei gegebener Zugfestigkeit
Einsatzstähle	▶ DIN 17210 (DIN EN 10084)	C10 C15 16MnCr5 20MoCr4	Baustähle mit niedrigem Kohlenstoffgehalt (C $\leq$ 0,2 %), Randzone der Bauteile wird vor dem Härten üblicherweise aufgekohlt (eingesetzt)
Automatenstähle	▶ DIN 1651	9SMn28 9SMnPb36 15S10 45SPb20	Verbesserung der Spanbarkeit durch verminderte Zähigkeit (Zugabe von S und Pb)
Kaltgewalzte Flacherzeugnisse zum Kaltumformen	▶ DIN EN 10130	FePO1 FePO3 FePO6	Verwendung für Blech, Breitband, Spaltband, Stäbe; mechanische Eigenschaften gelten allg. 6 Monate
Nichtrostende Stähle	▶ DIN 17440	X6Cr13 X38Cr13 X5CrNi1812	ferritische, martensitische bzw. austenitische Stähle mit besonderer Beständigkeit gegen chemisch angreifende Stoffe (Cr $\geq$ 12 %; C $\leq$ 1,2 %)

Eisengußwerkstoffe (Grauguß) ▶ DIN 1691, 1692, 1693

Kohlenstoff liegt elementar als Graphit in lamellarer (GG) bzw. globularer (GGG) Ausbildung vor.
Begleitelemente (Si, P, Mn) beeinflussen die Lage des Eutektikums.

Sättigungsgrad S_C charakterisiert das Abweichen von der eutektischen Zusammensetzung ($S_C < 1$: untereutektisch, $S_C = 1$: eutektisch, $S_C > 1$: übereutektisch)

$$S_C = \frac{C_{gesamt}}{C_{eutektisch}} = \frac{\% \ C}{4,23 \ \% - 0,312 \ \% \ Si - 0,33 \ \% \ P + 0,066 \ \% \ Mn}$$

Gußeisenschaubild nach Maurer (Wandstärke 30mm)

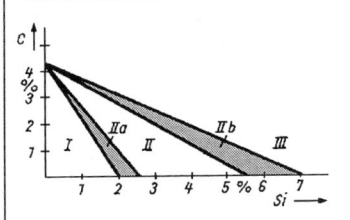

	I weißes Gußeisen (metastabiles System)
	II perlitisches Gußeisen (graues Gußeisen)
	III ferritisches Gußeisen (graues Gußeisen)
	IIa und IIb Übergangsgebiete

Temperguß (GT) erstarrt nach dem metastabilen System, Zerfall des Zementit durch Wärmebehandlung (Tempern) in neutraler (GTS – schwarzer) bzw. entkohlender (GTW – weißer) Atmosphäre

4.2 Nichteisenmetalle

Aluminium und -legierungen

Aluminium: $\varrho = 2{,}7$ g/cm^3, $T_S = 660$ °C, $\kappa = 38$ m/(Ω mm^2), $R_m = 40 \ldots 180$ N/mm^2, $A = 1 \ldots 45$ %, $E = 69$ GPa

Aluminiumknetlegierungen
▶ DIN 1745

z. B.
AlMg1 (nicht aushärtbar)
AlMgSi1 (kalt- und warmaushärtbar)
AlCuMg1 (kaltaushärtbar)
AlZnMgCu0,5 (warmaushärtbar)

Aluminiumgußlegierungen
▶ DIN 1725

z. B.
G-AlMg3Si (warmaushärtbar)
G-AlSi12 (Eutektikum)
G-AlSi10Mg (warmaushärtbar)

Kupfer und -legierungen

Kupfer: $\varrho = 8{,}9$ g/cm^3, $T_S = 1083$ °C, $\kappa = 58$ m/(Ω mm^2), $R_m = 150 \ldots 450$ N/mm^2, $A = 2 \ldots 45$ %, $E = 123$ GPa

Kupferlegierungen
Cu-Ni:
▶ DIN 17471

z. B. CuNi44Mn1
Widerstandswerkstoff
CuNi25 – Münzlegierung

Cu-Zn (Messing):
- DIN 17660
- DIN 1709

z. B. CuZn37, CuZn40Mn1Pb, G-CuZn15, GD-CuZn37Pb

Cu-Sn (Zinnbronze):
- DIN 17662
- DIN 1705

z. B. CuSn8, G-CuSn12

Cu-Al (Aluminiumbronze):
- DIN 17665
- DIN 1714

z. B. CuAl8, G-CuAlMn8

Magnesiumlegierungen
- DIN 1729, DIN 9715

z. B. G-MgAl6, GD-MgAl8Zn1

Nickellegierungen
- DIN 17741 ... DIN 17745

z. B. NiCu30Al, NiCr15Fe

Titanlegierungen
- DIN 17851, DIN 17869

z. B. Ti1Pd, TiAl4Mo4Sn2

4.3 Technische Keramik

oxidisch	Al_2O_3 (+ Zusätze), ZrO_2
nichtoxidisch	Si_3N_4 (z. B. HPSN, SRBSN), SiC (z. B. SSiC)
Eigenschaften	große Härte, Verschleiß- und Hochtemperaturbeständigkeit, chemische Beständigkeit, Sprödigkeit, geringe Zugfestigkeit, große Streuung der Eigenschaften

5 Werkstoffprüfung

5.1 Ermittlung von Festigkeits- und Zähigkeitskenngrößen

Festigkeit

Widerstand eines Werkstoffs gegen Verformung bzw. Bruch durch äußere bzw. innere Spannungen

Werkstofftechnik
5 Werkstoffprüfung

Arten der Formänderung

reversibel (elastisch)	Formänderung ist der angelegten Spannung proportional (Hookesches Gesetz)
irreversibel (plastisch)	Formänderung durch Abgleiten von Gitterblöcken auf Gleitebenen und Gleitrichtungen (dichtest mit Atomen besetzt). Im realen Kristallgitter erfolgt die Formänderung durch Bewegung von Versetzungen.

Brucharten

Gewaltbruch (zäh, spröde)	durch statische oder schlagartige Beanspruchung (Überbelastung)
Schwingbruch	(zyklische Beanspruchung)

Kenngrößen und Werkstoffverhalten bei statischer Beanspruchung – Zugversuch

▶ DIN EN 10002

Formen des Spannungs-Dehnungs-Diagramms (schematisch)

sprödes Verhalten	duktiles Verhalten	
z. B. GG, Glas, Keramik	z. B. Al, Cu, Stahl (im vergüteten Zustand)	Sonderfall: z. B. C-Stahl (untereutektoid, normalisiert), allgemeiner Baustahl

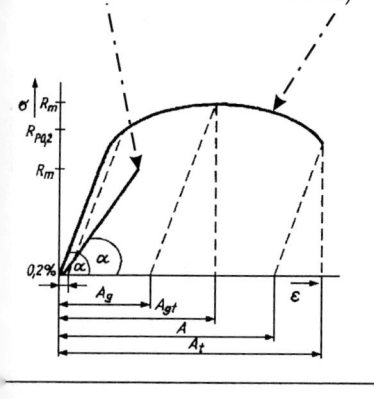

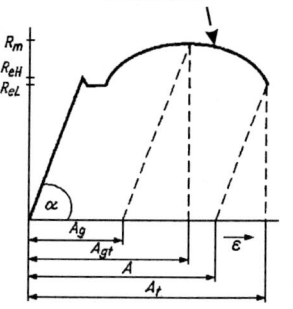

Werkstofftechnik
5 Werkstoffprüfung

$\sigma = \dfrac{F}{S_o}$

- σ Zugspannung
- S_o Ausgangsquerschnitt
- F Zugkraft

$\varepsilon = \dfrac{L - L_o}{L_o}$

- ε Dehnung
- L_o Ausgangslänge der Probe
- L aktuelle Probenlänge

Werkstoffkenngrößen

Elastisches Verhalten (Hookesches Gesetz)

$\sigma = E\varepsilon_e$

- E Elastizitätsmodul
- ε_e elastische, proportionale Dehnung

$E = \dfrac{F L_o}{S_o (L - L_o)}$ bzw. $E = \tan \alpha$ (s. ε-σ-Diagramm)

Übergang vom elastischen zum plastischen Zustand

a) diskontiniuierlicher Übergang

$R_{eH} = \dfrac{F_{eH}}{S_o}$ — R_{eH} obere Streckgrenze

$R_{eL} = \dfrac{F_{eL}}{S_o}$ — R_{eL} untere Streckgrenze

b) kontinuierlicher Übergang

$R_{p0,2} = \dfrac{F_{p0,2}}{S_o}$

- $R_{p0,2}$ 0,2-%-Dehngrenze
- $F_{p0,2}$ Kraft zum Erreichen von $R_{p0,2}$

Maximal ertragbare Spannung

$R_m = \dfrac{F_m}{S_o}$

- R_m Zugfestigkeit
- F_m Höchstzugkraft

Verformungskenngrößen

$Z = \dfrac{S_o - S_u}{S_o}$

$A = \dfrac{L_u - L_o}{L_o}$

- Z Brucheinschnürung
- S_u Bruchquerschnitt
- A Bruchdehnung
- L_u Probenlänge nach dem Bruch

proportionale Proben: $L_o = k\sqrt{S_o}$ mit $k = 5,65$ $(11,3)$
Rundproben: $L_o = 5$ bzw. $10 d_o$

Werkstofftechnik
5 Werkstoffprüfung

Kenngrößen und Werkstoffverhalten bei schwingender Beanspruchung

Spannungs-Zeit-Schaubild des Dauerschwingversuches
▶ DIN 50100

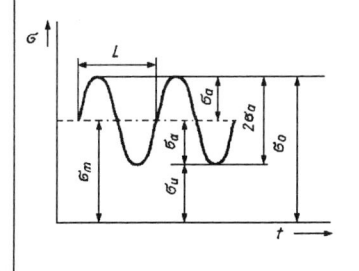

$\sigma_m = 0,5\,(\sigma_o + \sigma_u)$ Mittelspannung

$\sigma_a = \pm 0,5\,(\sigma_o - \sigma_u)$ Spannungsamplitude

σ_o Oberspannung

σ_u Unterspannung

$2\sigma_a = \sigma_o - \sigma_u$ Schwingbreite

L Schwingspiel

$s = \sigma_u/\sigma_o$ Spannungsverhältnis

$r = \sigma_m/\sigma_o$ Ruhegrad der Beanspruchung

Beanspruchungsfälle:

Schwellbereich (Druck) | Wechselbereich | Schwellbereich (Zug)

$\sigma_m \geqq \sigma_a$	$\sigma_m < \sigma_a$	$\sigma_m \geqq \sigma_a$
$\sigma_m < 0$	$\sigma_m \lessgtr 0$	$\sigma_m > 0$
$0 \leqq s \leqq 1$	$0 > s \geqq -1$	$0 \leqq s \leqq 1$
$0,5 \leqq r \leqq 1$	$0,5 > r \geqq 0$	$0,5 \leqq r \leqq 1$

Dauerschwingfestigkeit σ_D

Spannungsausschlag um eine Mittelspannung, der beliebig oft, mindestens jedoch bis Erreichen einer festgelegten Bruchschwingspielzahl N ohne Bruch und ohne unzulässige Verformung ertragen wird

Sonderfälle:

Wechselfestigkeit
$\sigma_W (\sigma_m = 0, \sigma_W = \sigma_A)$
Schwellfestigkeit
$\sigma_{Sch}(\sigma_m = \sigma_A, \sigma_{Sch} = 2\sigma_A)$

σ_{zSch}, σ_{dSch} Zug- bzw. Druckschwellfestigkeit,

σ_A Spannungsamplitude der Dauerfestigkeit bei vorgegebener Mittelspannung

Werkstofftechnik
5 Werkstoffprüfung

$\sigma_{D(N_G)} = \sigma_m \pm \sigma_A$
N_G (Stahl) $= 2 \cdot 10^6$
N_G (Leichtmetalle) $= 50 \cdot 10^6$

Beispiel:
$\sigma_{D(10^7)} = (80 \pm 100)$ N/mm^2

Wöhlerkurve

$\sigma_m =$ const

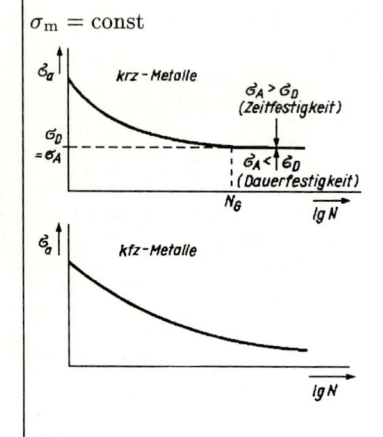

Dauerfestigkeitsschaubild (Smith-Diagramm)

$\sigma_m =$ variabel
Grenzlinien für σ_o bzw. σ_u charakterisieren den Bereich der Dauerschwingfestigkeit

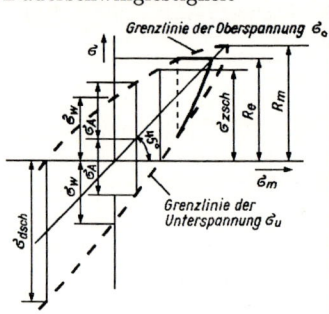

Kenngrößen und Werkstoffverhalten bei schlagartiger Beanspruchung

Kerbschlagbiegeversuch ▶ DIN EN 10045, DIN 50115

Probenform (Normalprobe) — Länge: 55 mm; Breite, Höhe: 10 mm

Kerbform — U-Kerb (Tiefe: 5 mm, Radius: 1 mm)
V-Kerb (Tiefe: 2 mm, Winkel: 45°, Radius: 0,25 mm)

Kerbschlagarbeit K
$K = W_1 - W_2 = F_G h_1 - F_G h_2$
$\qquad = F_G(h_1 - h_2)$
Normalbedingung: Arbeitsvermögen des Pendelschlagwerkes
$W_1 = (300 \pm 10)$ J

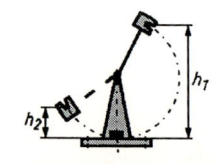

Werkstofftechnik
5 Werkstoffprüfung

Beispiele:

$KU = 120$ J	Normalprobe mit U-Kerb, $W_1 = 300$ J, beim Bruch verbrauchte Schlagarbeit: 120 J
$KV = 100$ J	Normalprobe mit V-Kerb, $W_1 = 300$ J, beim Bruch verbrauchte Schlagarbeit: 100 J

Nachweis der Sprödbruchneigung:

Kerbschlagarbeit-Temperatur-Kurven

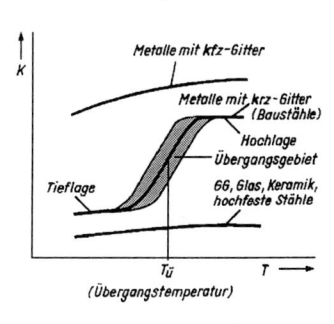

Diagramm: K über T mit Kurven für Metalle mit kfz-Gitter, Metalle mit krz-Gitter (Baustähle) mit Tieflage, Übergangsgebiet und Hochlage, sowie GG, Glas, Keramik, hochfeste Stähle. $T_{\ddot{u}}$ (Übergangstemperatur).

5.2 Härtemessung

Härte	Widerstand eines Werkstoffes gegenüber dem Eindringen eines anderen (härteren) Körpers in seine Oberfläche

Statische Verfahren

Beispiele:	Brinell-Härte, Vickers-Härte, Rockwell-Härte (s. Tabelle), Knoop-Härte, Kugeldruckhärte (Härtemessung an Kunststoffen), Härte nach Shore-A (Härtemessung an Gummi)

Dynamische Verfahren

Beispiele:

dynamisch-plastische Verfahren:	Schlaghärteprüfung
dynamisch-elastische Verfahren:	Rücksprunghärteprüfung

Werkstofftechnik
5 Werkstoffprüfung

Statische Härtemeßverfahren		
Verfahren	Brinell	Vickers
Norm	▶DIN EN 10003	▶DIN 50133 (ISO 6507)
Eindringkörper – Form	Kugel (poliert)	gerade Pyramide, quadratische Grundfläche
– Werkstoff	gehärteter Stahl (HBS) Hartmetall (HBW)	Diamant
– Abmessungen	$D = 10; 5; 2,5; 2; 1$ mm	Spitzenwinkel 136°
Meßprinzip	$d = \frac{d_1 + d_2}{2}$	$d = \frac{d_1 + d_2}{2}$
Prüfkenngrößen – Prüfkraft	Belastungsgrad: $x = 0,102 F/D^2$ x(Stahl): 30 x(Al,Cu): 10 $0,24D \leq d \leq 0,6D$	Makrobereich: HV5...HV100 Kleinlastbereich: HV0,2... < HV5 Mikrobereich: < HV0,2
– Krafthaltedauer	$t = 10...15$ s	$t = 10...15$ s
Prüfbedingungen – Randabstand – Abstand zw. den Eindrücken – zulässige Eindringtiefe h	$\geq 2,5d$ Stahl, Grauguß $\geq 4,0d$ Cu, Cu-Legierungen $s \geq 8h$ (s Proben-/Schichtdicke)	$\geq 2,5d$ $\geq 3,0d$ $h \leq 0,1s$
Ermittlung des Härtewertes	$H = \dfrac{0,102 \cdot 2F}{\pi D(D - \sqrt{D^2 - d^2})}$	$H = \dfrac{0,102 \cdot 1,854 F}{d^2}$
Bezeichnung des Prüfergebnisses (Angabe der Einwirkdauer t entfällt für $t = 10...15$ s)	H HB...$D/0,102F/t$ z. B. 150 HBS 10/3000/20 500 HBW 5/750	H HV $0,102F/t$ z. B. 640 HV 30/5
Anwendung	≤ 450 HBS (sinnvoll ≤ 350 HBS) bzw. ≤ 650 HBW	universell anwendbar

Werkstofftechnik
5 Werkstoffprüfung

Statische Härtemeßverfahren

Verfahren	Rockwell C	Rockwell B
Norm	▶ DIN EN 10109	▶ DIN EN 10109
Eindringkörper – Form – Werkstoff – Abmessungen	Kegel (cone) Diamant Kegelwinkel: 120°	Kugel (ball) Stahl (gehärtet) $D = 1,59$ mm $= 1/16''$
Meßprinzip		
Prüfkenngrößen – Prüfkraft	Prüfvorkraft $F_0 = 98,07$ N Prüfkraft $F_1 = 1373$ N	Prüfvorkraft $F_0 = 98,07$ N Prüfkraft $F_1 = 882,6$ N
	h_0 Eindringtiefe bei F_0, h_1 Eindringtiefe bei F_1 h bleibende Eindringtiefe bei Kraftminderung von F_1 auf F_0	
– Krafthaltedauer	t werkstoffabhängig (Kriechverhalten)	
Prüfbedingungen – Randabstand – Abstand zw. den Eindrücken – zulässige Eindringtiefe h	$\geq 2,5d$, mind. 1 mm $\geq 4,0d$, mind. 2 mm $s \geq 10h$	$\geq 2,5d$, mind. 1 mm $\geq 4,0d$, mind. 2 mm $s \geq 10h$
Ermittlung des Härtewertes	HRC $= 100 - h/0,002$	HRB $= 130 - h/0,002$
Bezeichnung des Prüfergebnisses	H HRC z. B. 60 HRC	H HRB z. B. 80 HRB
Anwendung	20 … 70 HRC	35 … 100 HRB
	Hinweis: weitere Rockwell-Skalen mit modifizierten Kräften	
	HRA, HRD, HRN	HRE, HRF, HRG, HRH, HRK, HRT, HMR

5 Werkstoffprüfung

5.3 Bruchmechanik

Konzept der linear-elastischen Bruchmechanik (LEBM)

Voraussetzung: linear-elastisches Werkstoffverhalten, d. h. kein Abbau von Spannungsspitzen durch plastische Verformung (spröde Werkstoffe)

Spannungsintensitätsfaktor K_I

Spannungszustand vor der Rißspitze eines elastisch verformten Körpers (Index gibt den Rißöffnungsmodus an, I bedeutet Rißöffnung senkrecht zur Normalspannung)

$K_\mathrm{I} = \sigma_\mathrm{n}\sqrt{\pi a}\, y$

σ_n Nennspannung
a Rißlänge, y Rißformfaktor

Bruchkriterium

$K_\mathrm{I} > K_\mathrm{Ic} = \sigma_\mathrm{nc}\sqrt{\pi a}\, y$

K_Ic kritischer Spannungsintensitätsfaktor, Bruchzähigkeit (Widerstand gegen instabile Rißausbreitung)

Kraft-Kerbaufweitungs-Diagramm (F-v)

3-Punkt-Biegeprobe   Kompaktzug-(CT-)Probe

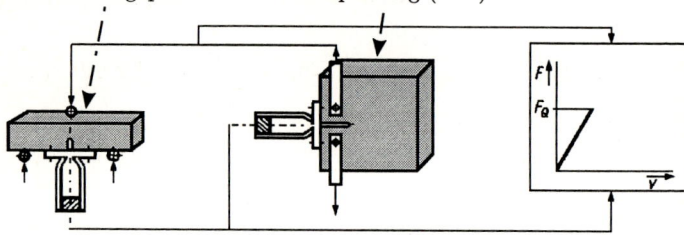

$K_\mathrm{Q} = \dfrac{F_\mathrm{Q} s}{B W^{3/2}} Y(a/W)$

K_Q vorläufiger Wert der Bruchzähigkeit
B Probenbreite
W Probenhöhe
s Abstand der Auflager

Unter der Voraussetzung

$a,\ W - a,\ B \geq 2{,}5 (K_\mathrm{Q}/R_{\mathrm{p}0{,}2})^2$ gilt $K_\mathrm{Q} = K_\mathrm{Ic}$

5.4 Technologische Prüfverfahren

Ziel: Untersuchung der Eignung des Werkstoffs für ein bestimmtes Fertigungsverfahren oder einen speziellen Verwendungszweck, z. B. Prüfung der Umform-, Span-, Schweiß-, Härtbarkeit.

5 Werkstoffprüfung

Prüfung der Kaltumformbarkeit

Fließkurve:
Zusammenhang zwischen Formänderungsfestigkeit k_f und der logarithmischen bleibenden Formänderung

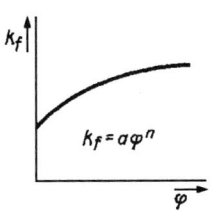

$$k_f = a\varphi^n$$

$$k_f = \frac{F}{S}$$

$$\varphi = \int_{L_0}^{L} \frac{dL}{L_0} = \ln\frac{L}{L_0} = \ln(1+\varepsilon)$$

- S aktuell vorhandener Probenquerschnitt
- n Verfestigungsexponent
- a Konstante
- L Probenlänge
- ε Dehnung

Verfahren zur Prüfung des Umformverhaltens von Feinblechen:

$$r = \frac{\varphi_b}{\varphi_s}$$

Faltversuch ▶ DIN 50111
Doppelfaltversuch
Hin- und Herbiegeversuch
▶ DIN 50153
Tiefungsversuch nach Erichsen
▶ DIN 50101, DIN 50102
Näpfchenziehversuch
Zugversuch mit umformspezifischen Kenngrößen:
- n Verfestigungsexponent
- r senkrechte Anisotropie
- φ_b Umformgrad in der Probenbreite
- φ_s Umformgrad in der Blechdicke

Prüfung der Härtbarkeit-Stirnabschreckversuch

▶ DIN 50191

Härtbarkeit: Fähigkeit eines Stahles, nach Austenitisieren in Martensit und/oder Bainit überzugehen

Aufnahme des Härteverlaufes einer Rundprobe in Abhängigkeit vom Abstand zur abgeschreckten Stirnfläche (Aufhärtung, Einhärtung)

Beispiel: J35-15 — Härte: 35 HRC, Abstand von der abgeschreckten Stirnfläche: 15 mm

Werkstofftechnik
5 Werkstoffprüfung

5.5 Ultraschallprüfung

▶ DIN 54126

Ultraschall, Wellenarten: s. Kapitel Physik

Ultraschallgeschindigkeit v

$$v = \lambda f$$

$$v_L = \sqrt{\frac{E(1-\mu)}{\varrho(1+\mu)(1-2\mu)}}$$

$$v_T = \sqrt{\frac{E}{2\varrho(1+\mu)}}$$

- λ Wellenlänge
- f Frequenz
- v_L Longitudinalwellengeschwindigkeit
- v_T Transversalwellengeschwindigkeit
- ϱ Dichte
- μ Querkontraktionszahl
- E Elastizitätsmodul

Beispiele für Ultraschallgeschwindigkeiten

	Al	Pb	Fe	Cu	Ni	H$_2$O	Luft	
v_L	6320	2160	5900	4730	5894	1481	330	m/s
v_T	3130	700	3230	2300	3219	–	–	m/s

Impuls-Laufzeit-Verfahren

Echogramm

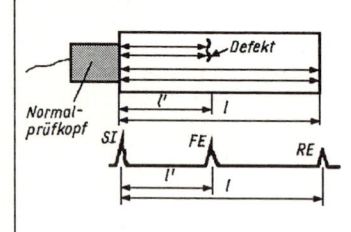

- SI Sendeimpuls
- FE Fehlerecho
- RE Rückwandecho
- l Probenlänge, Abstand Sendeimpuls-Rückwandecho
- l' Abstand Sendeimpuls-Fehlerecho

Prüffrequenz	Optimum zwischen Schwächung und Empfindlichkeit (Stahl: 2...6 MHz)
Schrägeinschallung	Schräg im Werkstück liegende Fehler erfordern für senkrechtes Anschallen Winkelprüfköpfe, z. B. Schweißnahtprüfung.

Sprungabstand

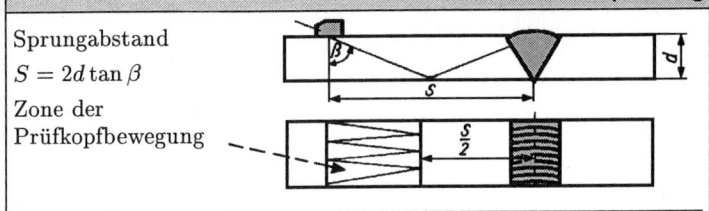

$S = 2d \tan \beta$

Zone der Prüfkopfbewegung

5.6 Magnetinduktive Prüfverfahren (Wirbelstromverfahren)

▶ DIN 54140

Prüfprinzip

Bauteile (elektrisch leitfähig) werden in den Wirkungsbereich des magnetischen Feldes einer von Wechselstrom durchflossenen Spule gebracht (Änderung der Spulendaten, Scheinwiderstand).

Prüfverfahren

a) Tastspulverfahren (z. B. Schichtdicke)

b) Durchlaufspulverfahren (z. B. Stangenmaterial)

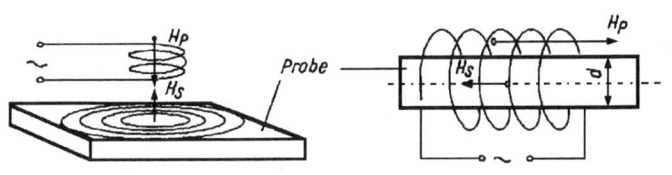

H_p magnetische Felstärke der Spule ohne Probe (Primärfeld)
H_s magnetische Feldstärke des Gegenfeldes (Sekundärfeld)

H_s hängt z. B. von der chemischen Zusammensetzung, dem Gefügezustand sowie der Schichtdicke ab.

c) Gabelspulverfahren (z. B. Bleche)
d) Innenspulverfahren (Rohrprüfung)

Eindringtiefe der Wirbelströme ist frequenzabhängig (Skin-Effekt)

Volumenprüfung: $f \approx 50$ Hz
Oberflächenprüfung: $f \approx 1 \ldots 5$ MHz

5.7 Magnetische Prüfverfahren

▶ DIN 54130

Prüfprinzip

Ermittlung von Oberflächen- bzw. oberflächennahen Defekten (z. B. Risse, Lunker, Poren, Schlackezeilen) durch Nachweis der Störungen der magnetischen Feldlinien (Streufluß) in **ferromagnetischen Werkstoffen**.

Basis:
μ_r(Luft) $\ll \mu_r$(Fe,Fe-Leg.) $\qquad \mu_r$ relative Permeabilität

Nachweis des Streuflusses	Öl niedriger Viskosität + Fe-Pulver + Farbstoff (fluoreszierend)
	Auswertung/Betrachtung im UV-Licht
	Induktionsspule (Spannungsinduzierung durch Schneiden der Kraftlinien)

Magnetisierungsarten

Nachweis von Längsrissen (radialer Kraftlinienverlauf)

Nachweis von Querrissen (axialer Kraftlinienverlauf)

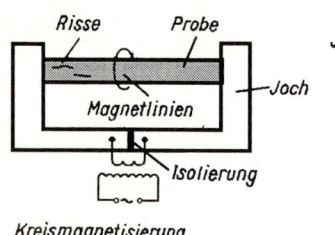

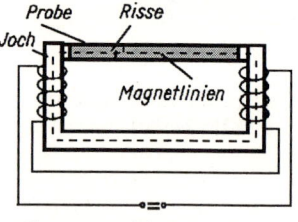

Kreismagnetisierung (Selbstdurchflutung)

Längsmagnetisierung (Jochmagnetisierung oder (Spulenmagnetisierung)

5.8 Radiographische Prüfverfahren

Prüfprinzip

Nachweis von innenliegenden makroskopischen Defekten bzw. Werkstoffinhomogenitäten mittels Röntgen- bzw. Gammastrahlen durch Schwächungsmessung.

Werkstofftechnik
5 Werkstoffprüfung

$I = I_0 \, e^{-\mu d}$

I Intensität der austretenden Strahlen
I_0 Intensität der auftreffenden Strahlen
d Werkstoffdicke
μ Schwächungskoeffizient
$\mu_{Luft} < \mu_{Stahl}$

Nachweis der Intensitätsverteilung z. B. mittels Filmmethode

Die Bildgüte wird beeinflußt von der Unschärfe U

U_g geometrische Unschärfe
U_i innere Unschärfe der Aufnahme (filmbedingt, Einfluß der Strahlungsenergie, Materialdicke, $U_i \approx 0,2 \ldots 0,6$ mm)

Strahler-Film-Abstand

Der Abstand zwischen Strahler und Film (SFA) wird so festgelegt, daß $U_g = U_i$ ist.

$$SFA_{opt} = \frac{D + U_i}{U_i}$$

SFA Strahler-Film-Abstand
U_g geometrische Unschärfe

1 Strahlenquelle (Brennfleckdurchmesser D)
2 Fehler
3 Prüfobjekt
4 Film
5 Bildgüteprüfkörper (Drahtsteg, ▶ DIN 54109)

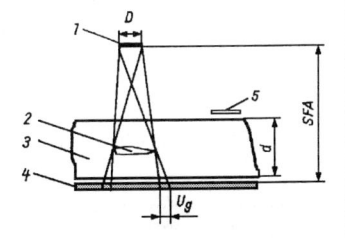

5.9 Penetrationsverfahren

▶ DIN 54152

Prüfprinzip

Nachweis offener Oberflächenfehler (Risse, Poren, Bindefehler, Falten, Überlappungen) auf der Grundlage von Kapillarwirkung (nicht an elektrische oder magnetische Eigenschaften gebunden).

Arbeitsschritte

– Reinigen (Entfetten, Rost und Zunder beseitigen)

Werkstofftechnik
5 Werkstoffprüfung

- Aufbringen und Einwirken des Penetriermittels
- Entfernen des Eindringmittels von der Probenoberfläche
- Trocknen der Oberfläche
- Aufbringen des Kontrastmittels (Entwickler)
- Bewertung
- Nachreinigung

Eindringmittel	Entwickler
Öl	Schlämmkreide-Spiritus-Gemisch
Farblösung (rot, orange)	Farblösung (weiß)
fluoreszierende Flüssigkeit	–

5.10 Elektrische Prüfverfahren (Potentialsondenverfahren)

Rißtiefenmessung (Vierspitzenverfahren)

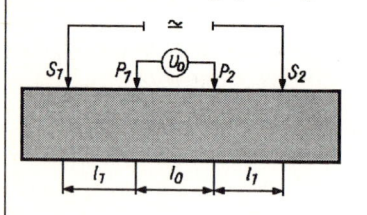

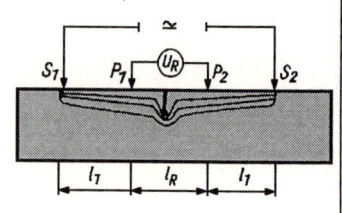

S_1, S_2 Strompole, P_1, P_2 Spannungspole, A Fläche, d Probendicke, l_1 Abstand zwischen Strompolen und Spannungspolen, l_0 Abstand zwischen den Spannungspolen, Länge der Stromlinien (fehlerfreier Werkstoff), l_R Länge der Stromlinien (rißbehafteter Werkstoff)

$$\Delta U = U_R - U_0 = I(l_R - l_0)/(A\varkappa) \sim \text{Rißtiefe}$$

Einflußfaktoren   Rißbreite, Rißlage, Rißfelder, Werkstoff, Randeffekt

Werkstofftechnik
5 Werkstoffprüfung

5.11 Gefügeuntersuchung
(Metallographie, Polymerographie, Keramographie)

Makroskopische Untersuchungsmethoden

Visuelle und/oder mikroskopische Bewertung (bis 30:1) unbearbeiteter bzw. bearbeiteter (z. B. geschliffener), ungeätzter bzw. geätzter Flächen.

Nachweis von Seigerungen, Rissen, Lunkern, Einschlüssen, Gasblasen, Faserverläufen an Umformteilen, chemisch-thermischer (z. B. Einsatzzone) und lokaler Wärmebehandlung (z. B. Flammen-, Induktionshärten), Bewertung von Schweißverbindungen (Wärmeeinflußzone bzw. Bindefehler)

Mikroskopische Untersuchungsmethoden

lichtmikroskopisch	Vergrößerung ca. 50 : 1 bis 2000 : 1, qualitative und quantitative Gefügebewertung
elektronenmikroskopisch	Durchstrahlungselektronenmikroskop (bis 10^6 : 1), Rasterelektronenmikroskop (bis 10^5 : 1)

Lichtmikroskopische Untersuchungen

Arbeitsschritte: Probennahme, Einfassen, Planschleifen, Feinschleifen, Polieren (Diamantpaste, Tonerde), Ätzen (Eisenwerkstoffe z. B. 3...5 %ige alkoholische HNO_3)

unterschiedlicher Angriff des Ätzmittels: Kornflächen- bzw. Korngrenzenätzung

Bewerten des Gefüges

- qualitativ: z. B. Art, Anordnung, Form, Verteilung der Gefügebestandteile, Einschlüsse
- quantitativ: Größe, Menge von Gefügebestandteilen (z. B. Korngröße, Phasenanteile)

Gefüge:
Gefügebestandteile und Grenzflächen (z.B. Korngrenzen, Phasengrenzen)

Methoden	Punktanalyse, Linearanalyse, Flächenanalyse, Richtreihen (z. B. Korngröße, nichtmetallische Einschlüsse)

6 Qualitätsmanagement

6.1 Begriffe, Definitionen

▶ DIN ISO 8402, DIN 55350

Einheit	Das, was einzeln beschrieben oder betrachtet werden kann (Tätigkeit, Prozeß, Produkt, Organisation, System, Person)
Fehler	Nichterfüllung einer festgelegten Forderung
Mangel	Nichterfüllung einer Forderung oder einer angemessenen Erwartung bezüglich der beabsichtigten Anwendung, eingeschlossen solche, welche die Sicherheit betreffen
Prüfung	Tätigkeit wie Messen, Untersuchen, Ausmessen bei einem oder mehreren Merkmalen einer Einheit sowie Vergleichen der Ergebnisse mit festgelegten Forderungen, um festzustellen, ob Konfirmität für jedes Merkmal erzielt ist
Qualität	Gesamtheit von Merkmalen und Merkmalswerten einer Einheit bezüglich ihrer Eignung, festgelegte Erfordernisse zu erfüllen
Qualitätskreis	Begriffsmodell, das die zusammenwirkenden Tätigkeiten enthält, welche die Qualität beeinflussen, und zwar von der Feststellung der Erfordernisse bis zur Feststellung, ob diese Erfordernisse erfüllt worden sind

Werkstofftechnik
6 Qualitätsmanagement

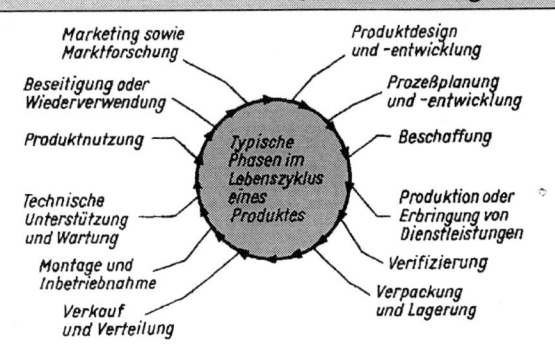

Typische Phasen im Lebenszyklus eines Produktes:
- Marketing sowie Marktforschung
- Produktdesign und -entwicklung
- Prozeßplanung und -entwicklung
- Beschaffung
- Produktion oder Erbringung von Dienstleistungen
- Verifizierung
- Verpackung und Lagerung
- Verkauf und Verteilung
- Montage und Inbetriebnahme
- Technische Unterstützung und Wartung
- Produktnutzung
- Beseitigung oder Wiederverwendung

Qualitätsmanagement (QM)	Alle Tätigkeiten des Gesamtmanagements, die im Rahmen des QM-Systems die Qualitätspolitik, die Ziele und Verantwortungen festlegen sowie diese durch Mittel, wie Qualitätsplanung, Qualitätslenkung, Darlegung des QM-Systems und Qualitätsverbesserung, verwirklichen
Qualitätsmanagementsystem (QMS)	Zur Verwirklichung des QM erforderliche Organisationsstruktur, Verfahren, Prozesse und Mittel

6.2 Qualitätsmanagementsystem

- ▶ DIN ISO 9000 — Leitfäden zur Auswahl und Anwendung der Normen
- ▶ DIN ISO 9004 — Leitfäden zur Errichtung eines QM-Systems
- ▶ DIN ISO 9001...9003 — Darlegungsstufen des QM-Systems

Werkstofftechnik
6 Qualitätsmanagement

Vergleichsmatrix von Elementen eines Qualitätsmanagementsystems

Abschnitts- (oder Unterabschnitts-) Nummer in ▶EN ISO 9004	Titel	Darlegungs- forderung ▶		
		ISO 9001	ISO 9002	ISO 9003
4	Verantwortung der Leitung	4.1 ●	●	◐
5	QM-System	4.2 ●	●	◐
○	Vertragsprüfung	4.3 ●	●	●
8	Designlenkung	4.4 ●	○	○
5.3; 11.5	Lenkung der Dokumente und Daten	4.5 ●	●	●
9	Beschaffung	4.6 ●	●	○
○	Lenkung der vom Kunden beigestellten Produkte	4.7 ●	●	●
11.2	Kennzeichnung und Rückverfolgbarkeit von Produkten	4.8 ●	●	◐
10, 11	Prozeßlenkung	4.9 ●	●	○
12	Prüfungen	4.10 ●	●	◐
13	Prüfmittelüberwachung	4.11 ●	●	●
11.7	Prüfstatus	4.12 ●	●	●
14	Lenkung fehlerhafter Produkte	4.13 ●	●	◐
15	Korrektur- und Vorbeugungsmaßnahmen	4.14 ●	●	◐
10.4; 16.1; 16.2	Handhabung, Lagerung, Verpackung, Schutz und Versand	4.15 ●	●	●
5.3; 17.2; 17.3	Lenkung von Qualitätsaufzeichnungen	4.16 ●	●	◐
5.4	Interne Qualitätsaudits	4.17 ●	●	◐
18.1	Schulung	4.18 ●	●	◐
16.4	Wartung	4.19 ●	●	○
20	Statische Methoden	4.20 ●	●	◐
6	Qualitätsbezogene Wirtschaftlichkeit			
19	Produktsicherheit			
7	Marketing			

Schlüssel: ● umfassende Forderung
◐ weniger umfassende Forderung als bei ISO 9001 und ISO 9002
○ QM-Element nicht vorhanden

6.3 Modell für die Auswertung von Prüfergebnissen

Werkstoffprüfergebnisse können sein:

Quantitative Merkmale

Meßwerte (z. B. Härtewerte, Kräfte, usw.) sind häufig normalverteilt, das Ausfallverhalten wird mit der Exponential- bzw. Weibull-Verteilung beschrieben.

Qualitative Merkmale

Zählgrößen werden als Fehler je Einheit (z. B. Risse je Volumeneinheit) bzw. als fehlerhafte Einheiten (z. B. Proben mit Unterschreitung der Härte) betrachtet und sind mit der Poisson- bzw. Binomial-Verteilung statistisch zu behandeln.

Normalverteilung (Gauß-Funktion)

Modell-Parameter:
μ Mittelwert
σ Standardabweichung
σ^2 Varianz

Schätzwerte für Modell-Parameter:

$$\overline{x} = \frac{1}{n} \sum_{i=1}^{n} x_i \qquad \text{Mittelwert}$$

$$s = \sqrt{s^2} \qquad \text{Standardabweichung}$$

$$s^2 = \frac{1}{n-1} \sum (x_i - \overline{x})^2 \qquad \text{Varianz}$$

Wahrscheinlichkeitsdichtefunktion $g(x, \mu, \sigma^2)$ der Normalverteilung

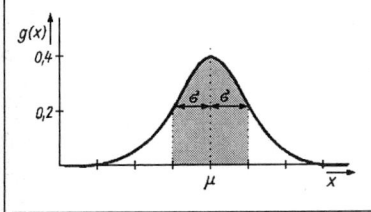

6 Qualitätsmanagement

6.4 Statistische Prozeßregelung

Qualitätskennzahlen der Prozeßfähigkeit normalverteilter Merkmale

- Prozeßfähigkeitsindex c_p
  Aussage zur Fähigkeit des Prozesses, aber nicht zur Prozeßlage

  $$c_p = \frac{T}{6\sigma} = \frac{OGW - UGW}{6\sigma}$$

  T Toleranz
  OGW oberer Grenzwert
  UGW unterer Grenzwert

- kritischer Prozeßfähigkeitsindex c_{pk}
  Prozeßlage wird berücksichtigt

  $$c_{pk} = \min\{c_{pu}, c_{po}\}$$

  $$c_{pu} = \frac{\mu - UGW}{3\sigma}$$

  $$c_{po} = \frac{OGW - \mu}{3\sigma}$$

  $p_{un,ob}$ Anteil von Einheiten außerhalb der Toleranz

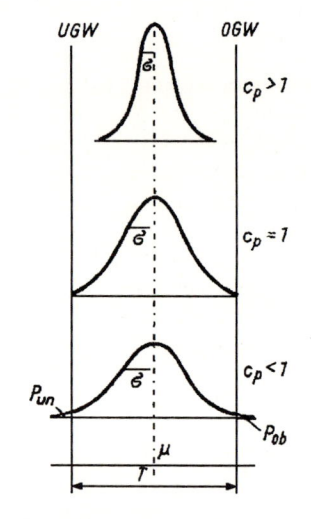

Fälle	
$c_p = c_{pk}$	Prozeß ist zentriert
$c_{pk} < c_p$	Prozeß nicht zentriert
$c_p = 1$; $c_{pk} = 1$	$T = 6\sigma$; 99,73 % der Teile in der Toleranz
$c_p = 1,33$; $c_{pk} = 1,33$	$T = 8\sigma$; 99,994 % der Teile in der Toleranz

Qualitätsregelkarten (QRK)

Ziel: Überwachung und Regelung von beherrschten Prozessen

Werkstofftechnik
6 Qualitätsmanagement

Grundtypen von QRK:

Shewhart-Karten
: Überwachung, ob Prozeß beherrscht ist (Prozeßparameter zeitlich konstant), Prozeß in der Sollage festhalten, d. h. kein Driften, Erkennen von Abweichungen ($\Delta\mu$, $\Delta\sigma$)

Annahmekarten
: Überwachung, ob Prozeß innerhalb vorgegebener Grenzwerte liegt, Prozeß darf um $\Delta\mu$ (z. B. Werkzeugverschleiß) driften bis zu einem definierten Fehleranteil p

OEG obere Eingriffsgrenze
UEG untere Eingriffsgrenze
k_A Abgrenzungsfaktor

$OEG = OGW - k_A\sigma$
$UEG = UGW + k_A\sigma$

P_a Nichteingriffswahrscheinlichkeit
$1 - P_a$ Eingriffswahrscheinlichkeit

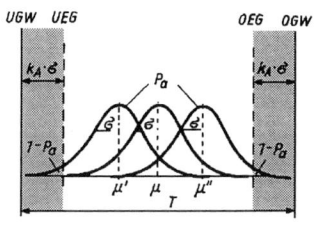

6.5 Stichprobensysteme

Ziel

Entscheidung über die Annahme eines Loses (z. B. Wareneingangsprüfung) auf der Grundlage des AQL-Wertes (annehmbare Qualitätsgrenzlage)

Operationscharakteristik

P_a Annahmewahrscheinlichkeit des Loses
p Fehleranteil im Los
α Lieferantenrisiko
β Abnehmerrisiko

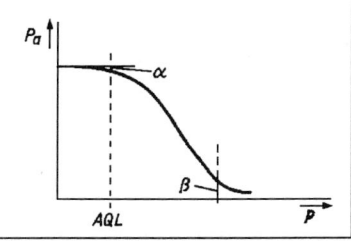

Werkstofftechnik
6 Qualitätsmanagement

Einfach-Stichprobenplan für qualitative und normalverteilte Merkmale

(Streuung unbekannt)

Fertigungs-Los vom Umfang N

Entnahme einer Stichprobe vom Umfang n

qualitative Merkmale	normalverteilte Merkmale
Feststellen der Anzahl fehlerhafter Einheiten x in der Stichprobe (c Annahmezahl)	Prüfen der Einheiten und Ermittlung von x und s (k Annahmefaktor)

Annahme des Loses

$x \leqq c$ $\qquad$ $x + ks \leqq OGW$
$\qquad\qquad\qquad\quad\; x - ks \geqq UGW$

Rückweisung des Loses

$x > c$ $\qquad$ $x + ks > OGW$
$\qquad\qquad\;\; x - ks < UGW$

(Stichprobenanweisung $n - c$ nach ▶ DIN ISO 40080)

Technische Thermodynamik

1 Umrechnungen und Stoffwerte

1.1 Umrechnungen

$T/\text{K} = t/^\circ\text{C} + 273,15$	Umrechnung von °C in Kelvin
$t/^\circ\text{C} = \frac{5}{9}(t/^\circ\text{F} - 32)$	Umrechnung von Grad Fahrenheit in Grad Celsius
$R_\text{m} = 8,315 \text{ J/(mol K)}$	universelle Gaskonstante
$R = R_\text{m}/M$	spezielle Gaskonstante, M molare Masse
ϱ_n	Normdichte ($t = 0\ ^\circ\text{C}, p = 1,01325$ bar)
$V_\text{m} = 22,414 \text{ m}^3/\text{kmol}$	molares Volumen idealer Gase im Normzustand

1.2 Stoffwerte wichtiger technischer Gase

	molare Masse M g/mol	Normdichte ϱ_n kg/m^3	Spezifische Wärmekapazität $c_\text{p}^0(25\ ^\circ\text{C})$ J/(g K)
Ammoniak NH_3	17,03	0,77	2,09
Argon Ar	39,95	1,78	0,52
Ethan C_2H_6	30,07	1,35	1,75
Helium He	4,00	0,18	5,20
Kohlendioxid CO_2	44,01	1,97	0,85
Kohlenoxid CO	28,01	1,25	1,04
Luft	28,96	1,29	1,005
Methan CH_4	16,04	0,72	2,23
Propan C_3H_8	44,10	2,01	1,67
Sauerstoff O_2	32,00	1,43	0,91
Schwefeldioxid SO_2	64,06	2,92	0,61
Stickstoff N_2	28,01	1,25	1,04
Stickstoffdioxid NO_2	46,01	–	0,81
Stickstoffmonoxid NO	30,01	1,34	0,97
Wasser H_2O, gasförmig	18,02	–	1,88
Wasserstoff H_2	2,02	0,09	14,34

2 Thermisches Verhalten idealer und perfekter Gase

Als **ideale Gase** können Gase behandelt werden, wenn der Realgasfaktor $Z = pv/(RT)$ nicht zu weit vom Wert eins abweicht.

Perfekte Gase sind ideale Gase, bei denen zusätzlich die spezifischen Wärmekapazitäten konstant gesetzt sind.

Zustandsgleichung für das thermische Verhalten idealer und perfekter Gase in den verschiedenen Schreibweisen:

$pV = mRT$
in absoluter Form

$pV = nR_\mathrm{m}T$
mit der Stoffmenge n

$pV = RT$
in der spezifischen Form

$\dfrac{p}{\varrho} = RT$

mit der Dichte $\varrho = \dfrac{1}{v}$

$pV_\mathrm{m} = R_\mathrm{m}T$
in der molaren Form (gültig für ein Mol eines Stoffes)

p Druck
V Volumen
m Masse
n Stoffmenge

$v = \dfrac{V}{m}$ spezifisches Volumen

3 Erster Hauptsatz der Thermodynamik

3.1 Erster Hauptsatz für das geschlossene, ruhende System

Beim geschlossenen, ruhenden System geht während der Zustandsänderung keine Masse über die Systemgrenze. Die Systemgrenze ist massedicht.

$Q_{12} + W_{12} = U_2 - U_1$ in absoluter Form
                                              U_1, U_2 innere Energie

$q_{12} + w_{12} = u_2 - u_1$ in spezifischer Form

3 Erster Hauptsatz der Thermodynamik

Wärme Q_{12}

$Q_{12} = mq_{12}$	Wärme
	m Masse
Q_{12}	positiv bei Wärmezufuhr
Q_{12}	negativ bei Wärmeabgabe
$Q_{12} = 0$	bei adiabaten Systemen

Arbeit W_{12}

$W_{12} = W_{V12} + W_{W12} + W_{el12}$

W_{V12} Volumenänderungsarbeit
W_{W12} Wellenarbeit
W_{el12} elektrische Arbeit

Volumenänderungsarbeit W_{V12} im reversiblen Fall

$$W_{V12\,rev} = -\int_1^2 p\,dV = -m\int_1^2 p\,dv \qquad \begin{array}{l} p \text{ Druck} \\ V \text{ Volumen} \\ v \text{ spezifisches Volumen} \end{array}$$

Die Auswertung des Integrals hängt von der entsprechenden Zustandsänderung $p = f(v)$ ab (isobar, isochor, isotherm usw.).

Wellenarbeit W_{W12}

$$W_{W12} = \int_1^2 M_w \omega\,d\tau \qquad \begin{array}{l} M_w \text{ Moment} \\ \omega \text{ Winkelgeschwindigkeit} \\ \tau \text{ Zeit} \end{array}$$

Elektrische Arbeit W_{el12}

$$W_{el12} = \int_1^2 U_{el} I\,d\tau \qquad \begin{array}{l} U_{el} \text{ Spannung} \\ I \text{ Stromstärke} \\ \tau \text{ Zeit} \end{array}$$

Berechnung der inneren Energie U

Für das perfekte Gas

$U_2 - U_1 = m c_V^\infty (T_2 - T_1)$

c_V^∞ konstante isochore spezifische Wärmekapazität
m Masse
T Temperatur

Für das ideale Gas

$$U_2 - U_1 = m \int_1^2 c_V^\infty(T)\, dT$$

Oft reicht bei idealen Gasen eine mittlere, konstante isochore spezifische Wärmekapazität $\overline{c}_V^\infty$

3.2 Erster Hauptsatz für das durchströmte System

Beim durchströmten System überschreiten ein Massenstrom oder mehrere Massenströme die Systemgrenze.

Kontinuitätsgleichung

$\dot{m} = \varrho_1 c_1 A_1 = \varrho_2 c_2 A_2$

A Fläche
c Geschwindigkeit
ϱ Dichte

Erster Hauptsatz für das durchströmte System

in absoluter Form

$$\dot{Q}_{12} + P_{12} = \dot{m}\left[(h_2 - h_1) + \left(\frac{c_2^2}{2} - \frac{c_1^2}{2}\right) + g(z_2 - z_1)\right]$$

P Leistung
$\dot{m}$ Massenstrom
h spezifische Enthalpie
g Fallbeschleunigung $(= 9{,}81\ \mathrm{m/s}^2)$
z geodätische Höhe

in spezifischer Form

$$q_{12} + w_{t12} = (h_2 - h_1) + \left(\frac{c_2^2}{2} - \frac{c_1^2}{2}\right) + g(z_2 - z_1)$$

in der Form für mehrere Massenströme

$$\dot{Q}_{12} + P_{12} = \sum_{\text{aus}=1}^{n} \dot{m}_{\text{aus}}\left(h + \frac{c^2}{2} + gz\right)_{\text{aus}} - \sum_{\text{ein}=1}^{k} \dot{m}_{\text{ein}}\left(h + \frac{c^2}{2} + gz\right)_{\text{ein}}$$

Wärmestrom $\dot{Q}_{12}$

$\dot{Q}_{12} = \dot{m} q_{12}$

Wärmestrom
$\dot{m}$ Massenstrom

$\dot{Q}_{12}$ positiv bei Wärmezufuhr
$\dot{Q}_{12}$ negativ bei Wärmeabgabe
$\dot{Q}_{12} = 0$ bei adiabaten Systemen

Leistung P_{12} und spezifische technische Arbeit w_{t12}

$P_{12} = P_{W12} + P_{el12}$ $\qquad$ P_{W12} Leistung an der Welle
$\qquad\qquad\qquad\qquad\qquad$ P_{el} elektrische Leistung

$P_{12} = \dot{m} w_{t12}$

Spezifische technische Arbeit im reversiblen Fall ($P_{el} = 0$)

$$w_{t12rev} = \int_1^2 v\, dp$$
$\qquad\qquad\qquad$ v spezifisches Volumen
$\qquad\qquad\qquad$ p Druck
$\quad + \left(\dfrac{c_2^2}{2} - \dfrac{c_1^2}{2}\right) + g(z_2 - z_1)$ $\quad$ g Fallbeschleunigung
$\qquad\qquad\qquad$ z geodätische Höhe

Die Auswertung des Integrals hängt von der entsprechenden Zustandsänderung $v = f(p)$ ab.

Berechnung der spezifischen Enthalpie h

$h = u + pv$ $\qquad\qquad$ u innere Energie
$dh = du + p\, dv + v\, dp$ $\qquad$ p Druck
$\qquad\qquad\qquad\qquad\qquad$ v spezifisches Volumen

Für das perfekte Gas

$h_2 - h_1 = c_p^0 (T_2 - T_1)$ $\qquad$ c_p^0 konstante isobare spezifische
$\qquad\qquad\qquad\qquad\qquad\qquad$ Wärmekapazität
$\qquad\qquad\qquad\qquad\qquad$ T Temperatur

Für das ideale Gas

$$h_2 - h_1 = \int_1^2 c_p^0(T)\, dT$$
Oft reicht bei idealen Gasen eine mittlere, konstante isobare spezifische Wärmekapazität $\bar{c}_p^0$

4 Zweiter Hauptsatz der Thermodynamik

Alle natürlichen Prozesse sind nicht umkehrbar und damit verlustbehaftet. Die Größe, mit der die Verluste bewertet werden, ist die Entropie s.

Technische Thermodynamik
4 Zweiter Hauptsatz der Thermodynamik

Entropie als Zustandsgröße eines Systems

Entropie

$$ds = \frac{dh - v\,dp}{T}, \quad ds = \frac{du + p\,dv}{T}$$

Beide Beziehungen sind gleichwertig.

s spezifische Entropie
h spezifische Enthalpie
u spezifische innere Energie
v spezifisches Volumen
p Druck
T Temperatur

Für das perfekte Gas folgt daraus

$$s_2 - s_1 = c_p^0 \ln \frac{T_2}{T_1} - R \ln \frac{p_2}{p_1}$$

$$s_2 - s_1 = c_V^\infty \ln \frac{T_2}{T_1} + R \ln \frac{v_2}{v_1}$$

Oft reichen bei idealen Gasen mittlere spezifische Wärmekapazitäten

Beeinflussung der Entropie

Beeinflussung der Entropie eines Systems ist möglich durch Wärmetransport oder Irreversibilitäten im System selbst, beim durchströmten System auch durch den Massetransport über die Systemgrenze.

$$\Delta s = \Delta s_q + \Delta s_{irr}$$

Wärme und Entropie

Wärme und Entropie sind unmittelbar miteinander verknüpft.

$$\Delta s_q = \int \frac{\delta q}{T}, \quad \Delta S_Q = \int \frac{\delta Q}{T}$$

Wärmezufuhr bedingt Entropiezunahme

Wärmeabgabe bedingt Entropieabnahme

Irreversibilität und Entropie

Da Verluste nicht umkehrbar sind, kann die Entropieänderung aufgrund von Irreversibilitäten nur positiv sein.

$$\Delta s_{irr} \geqq 0$$

Adiabate und isentrope Zustandsänderungen

$\Delta s_q = 0$
beim adiabaten System mit $q = 0 \Rightarrow$

$\Delta s = \Delta s_{irr} \geqq 0$
bei adiabater Zustandsänderung

Technische Thermodynamik
5 Zustandsänderungen perfekter und idealer Gase

$\Delta s = 0$ bei adiabater und reversibler, d. h. isentroper Zustandsänderung

$\Delta s > 0$ bei adiabater, irreversibler Zustandsänderung

Exergie und Anergie

Energie kann aus einem vollständig umwandelbaren Anteil und einem nicht umwandelbaren Anteil bestehen.

Energie = Exergie + Anergie   Exergie E ist vollständig umwandelbar.
$\phantom{\text{Energie}} = E + B$ Anergie B ist nicht umwandelbar.

$E = Q\left(1 - \dfrac{T_u}{T}\right)$ Exergieanteil der Wärme
T_u Umgebungstemperatur

Exergie als maximale Arbeitsfähigkeit eines Systems

$e = (u - u_u) - T_u(s - s_u)$ beim geschlossenen System

$e = (h - h_u) - T_u(s - s_u)$ beim durchströmten System
$ + \dfrac{c^2}{2} + gz$ (u Umgebungszustand)
     s Entropie

Exergieverlust

$e_v = T_u \Delta s_{\text{irr}} \Rightarrow E_v = m e_v$ T_u Umgebungstemperatur
$\phantom{e_v = T_u \Delta s_{\text{irr}} \Rightarrow} \dot{E}_v = \dot{m} e_v$

---

5   Zustandsänderungen perfekter und idealer Gase

Viele der hier angegebenen Gleichungen gelten als exakt nur für perfekte Gase, eine Anwendung auf ideale Gase ist aber in vielen Fällen möglich, wenn man mit mittleren konstanten spezifischen Wärmekapazitäten rechnet.

$c_p^0 - c_V^\infty = R$ gilt für perfekte und ideale Gase

Technische Thermodynamik
5 Zustandsänderungen perfekter und idealer Gase

5.1 Isobare Zustandsänderungen
$(p = \text{const}, \mathrm{d}p = \Delta p = 0)$

$$\frac{T_2}{T_1} = \frac{V_2}{V_1} = \frac{v_2}{v_1}$$

$$\Delta s = s_2 - s_1 = c_p^0 \ln \frac{T_2}{T_1}$$

$$= c_p^0 \ln \frac{v_2}{v_1} = c_V^\infty \ln \frac{T_2}{T_1} + R \ln \frac{v_2}{v_1}$$

T Temperatur
V Volumen
v spezifisches Volumen
R Gaskonstante
s spezifische Entropie
c_p, c_V spezifische Wärmekapazität

Geschlossenes System (s. 3.1)

Spezifische Volumenänderungsarbeit

$$w_{v12\mathrm{rev}} = -\int_1^2 p\,\mathrm{d}v = -p(v_2 - v_1) = -R(T_2 - T_1)$$

Spezifische Wärme

Wenn $W_W = W_{el} = 0$, gilt:

$$q_{12} = u_2 - u_1 + p(v_2 - v_1)$$
$$= c_V^\infty (T_2 - T_1) + R(T_2 - T_1)$$
$$= c_p^0 (T_2 - T_1)$$

q spezifische Wärme
u spezifische innere Energie

Durchströmtes System (s. 3.2)

$$\int_1^2 v\,\mathrm{d}p = 0$$

Wenn $P_{el} = 0$, gilt:
$$q_{12} = (h_2 - h_1) = c_p^0 (T_2 - T_1)$$

h spezifische Enthalpie
P_{el} elektrische Leistung

5.2 Isotherme Zustandsänderung
$(T = \text{const}, \mathrm{d}T = \Delta T = 0)$

$$pv = RT = \text{const} \Rightarrow \frac{p_2}{p_1} = \frac{V_1}{V_2} = \frac{v_1}{v_2}$$

$$\Delta s = s_2 - s_1 = -R \ln \frac{p_2}{p_1} = R \ln \frac{v_2}{v_1}$$

Technische Thermodynamik
5 Zustandsänderungen perfekter und idealer Gase

Geschlossenes System (s. 3.1)

Spezifische Volumenänderungsarbeit

$$w_{v12\text{rev}} = -\int_1^2 p\,dv = RT_1 \ln \frac{p_2}{p_1} = RT_1 \ln \frac{v_1}{v_2}$$

$$w_{v12\text{rev}} = p_1 v_1 \ln \frac{p_2}{p_1} = p_1 v_1 \ln \frac{v_1}{v_2}$$

Spezifische Wärme

Wenn $W_W = W_{el} = 0$, gilt:

$$q_{12} = -w_{v12} \quad \text{oder} \quad q_{12} = \int_1^2 T\,ds$$

Durchströmtes System (s. 3.2)

$$\int_1^2 v\,dp = RT_1 \ln \frac{p_2}{p_1} = RT_1 \ln \frac{v_1}{v_2}$$

$$\int_1^2 v\,dp = p_1 v_1 \ln \frac{p_2}{p_1} = p_1 v_1 \ln \frac{v_1}{v_2}$$

Wenn $P_{el} = 0$, gilt:

$$q_{12} = -RT_1 \ln \frac{p_2}{p_1} = -p_1 v_1 \ln \frac{p_2}{p_1} = -RT_1 \ln \frac{v_1}{v_2}$$

5.3 Isochore oder inkompressible Zustandsänderung
$(v = \dfrac{1}{\varrho} = \text{const},\ dv = \Delta v = 0)$

$\dfrac{T_2}{T_1} = \dfrac{p_2}{p_1}$

$\Delta s = s_2 - s_1 = c_V^\infty \ln \dfrac{T_2}{T_1}$

$ = c_V^\infty \ln \dfrac{p_2}{p_1} = c_p^0 \ln \dfrac{T_2}{T_1} - R \ln \dfrac{p_2}{p_1}$

T Temperatur
p Druck
R Gaskonstante
s spezifische Entropie
c_p, c_V spezifische Wärmekapazität

Technische Thermodynamik
5 Zustandsänderungen perfekter und idealer Gase

Geschlossenes System (s. 3.1)

Spezifische Volumenänderungsarbeit

$$w_{v12\text{rev}} = -\int_1^2 p\,dv = 0$$

Spezifische Wärme

Wenn $W_W = W_{el} = 0$, gilt:

$q_{12} = u_2 - u_1 = c_V^\infty (T_2 - T_1)$ $\quad q$ spezifische Wärme
$\quad u$ spezifische innere Energie

Durchströmtes System (s. 3.2)

$$\int_1^2 v\,dp = v(p_2 - p_1) = \frac{1}{\varrho}(p_2 - p_1)$$

Wenn $P_{el} = 0$, gilt: $\qquad P_{el}$ elektrische Leistung

$$q_{12} = c_p^0(T_2 - T_1) - v(p_2 - p_1)$$
$$= c_V^\infty (T_2 - T_1)$$

5.4 Isentrope Zustandsänderung
$(s = \text{const}, ds = \Delta s = 0)$

$\varkappa = \dfrac{c_p^0}{c_V^\infty} \qquad$ Isentropenexponent

Bei perfekten Gasen ist $\varkappa$ konstant, bei idealen Gasen ist $\varkappa = f(T)$; oft reicht es, mit einem Mittelwert $\overline{\varkappa}$ zu rechnen.

$\dfrac{p_2}{p_1} = \left(\dfrac{V_2}{V_1}\right)^{-\varkappa} = \left(\dfrac{v_2}{v_1}\right)^{-\varkappa}$ $\qquad c_p, c_V$ spezifische Wärmekapazität

$\dfrac{T_2}{T_1} = \left(\dfrac{V_2}{V_1}\right)^{1-\varkappa} = \left(\dfrac{v_2}{v_1}\right)^{1-\varkappa}$ $\qquad p$ Druck
$\qquad V$ Volumen
$\qquad v$ spezifisches Volumen

$\dfrac{T_2}{T_1} = \left(\dfrac{p_2}{p_1}\right)^{\frac{\varkappa-1}{\varkappa}}$ $\qquad T$ Temperatur
$\qquad s$ spezifische Entropie

$\Delta s = s_2 - s_1 = 0$

Technische Thermodynamik
5 Zustandsänderungen perfekter und idealer Gase

Geschlossenes System (s. 3.1)

Spezifische Volumenänderungsarbeit

$$w_{v12\text{rev}} = -\int_1^2 p\,dv = \frac{R}{\varkappa-1}(T_2 - T_1) = c_V^\infty(T_2 - T_1)$$

$$w_{v12\text{rev}} = -\int_1^2 p\,dv = \frac{RT_1}{\varkappa-1}\left[\left(\frac{v_2}{v_1}\right)^{1-\varkappa} - 1\right] = \frac{p_1 v_1}{\varkappa-1}\left[\left(\frac{v_2}{v_1}\right)^{1-\varkappa} - 1\right]$$

$$w_{v12\text{rev}} = -\int_1^2 p\,dv = \frac{RT_1}{\varkappa-1}\left[\left(\frac{p_2}{p_1}\right)^{\frac{\varkappa-1}{\varkappa}} - 1\right]$$

Spezifische Wärme

$$q_{12} = 0$$

Durchströmtes System (s. 3.2)

$$\int_1^2 v\,dp = \frac{\varkappa}{\varkappa-1} p_1 v_1 \left[\left(\frac{p_2}{p_1}\right)^{\frac{\varkappa-1}{\varkappa}} - 1\right] = \frac{\varkappa}{\varkappa-1} R T_1 \left[\left(\frac{p_2}{p_1}\right)^{\frac{\varkappa-1}{\varkappa}} - 1\right]$$

$$\int_1^2 v\,dp = \frac{\varkappa}{\varkappa-1} R(T_2 - T_1) = c_p^0 (T_2 - T_1)$$

$$q_{12} = 0$$

5.5 Polytrope Zustandsänderung

Polytrope Zustandsänderung

$pv^n = \text{const}$
- p Druck
- v spezifisches Volumen
- n Polytropenexponent

Damit gilt:

$n = 0$	$\Rightarrow p = \text{const}$	isobare Zustandsänderung
$n = 1$	$\Rightarrow T = \text{const}$	isotherme Zustandsänderung
$n = \varkappa$	$\Rightarrow s = \text{const}$	isentrope Zustandsänderung
$n \to \infty$	$\Rightarrow v = \text{const}$	isochore Zustandsänderung

Technische Thermodynamik
5 Zustandsänderungen perfekter und idealer Gase

Der Polytropenexponent läßt sich auch aus Meßwerten berechnen. Die polytrope Zustandsänderung dient dann zur Beschreibung realer Prozesse.

$$n = \frac{\ln\dfrac{p_2}{p_1}}{\ln\dfrac{v_1}{v_2}} = \frac{\ln\dfrac{p_2}{p_1}}{\ln\dfrac{T_1}{T_2} + \ln\dfrac{p_2}{p_1}} \qquad p, T, v \text{ Meßwerte für Druck, Temperatur, (spezifisches) Volumen}$$

Thermische Zustandsgrößen

$$\frac{p_2}{p_1} = \left(\frac{V_2}{V_1}\right)^{-n} = \left(\frac{v_2}{v_1}\right)^{-n} \qquad \frac{T_2}{T_1} = \left(\frac{V_2}{V_1}\right)^{1-n} = \left(\frac{v_2}{v_1}\right)^{1-n}$$

$$\frac{T_2}{T_1} = \left(\frac{p_2}{p_1}\right)^{\frac{n-1}{n}}$$

Entropie

$$\Delta s = s_2 - s_1 = c_p^0 \ln\frac{T_2}{T_1} - R\ln\frac{p_2}{p_1} = c_V^\infty \ln\frac{T_2}{T_1} + R\ln\frac{v_2}{v_1}$$

Geschlossenes System (s. 3.1)

Spezifische Volumenänderungsarbeit

$$w_{v12\text{rev}} = \frac{p_1 v_1}{n-1}\left[\left(\frac{v_2}{v_1}\right)^{1-n} - 1\right]$$

$$= \frac{RT_1}{n-1}\left[\left(\frac{v_2}{v_1}\right)^{1-n} - 1\right]$$

$$w_{v12\text{rev}} = \frac{RT_1}{n-1}\left[\left(\frac{p_2}{p_1}\right)^{\frac{n-1}{n}} - 1\right]$$

$$= \frac{R}{n-1}(T_2 - T_1)$$

p Druck
v spezifisches Volumen
n Polytropenexponent
R Gaskonstante
T Temperatur
c_v^∞ spezifische Wärmekapazität

Wenn $W_W = W_{el} = 0$, dann folgt:

Spezifische Wärme

$$q_{12} = \left(c_V^\infty + \frac{1}{n-1}R\right)(T_2 - T_1) \qquad \text{gilt, wenn } n \neq \varkappa$$

Durchströmtes System (s. 3.2)

$$\int_1^2 v\,dp = \frac{n}{n-1} p_1 v_1 \left[\left(\frac{p_2}{p_1}\right)^{\frac{n-1}{n}} - 1\right] = \frac{n}{n-1} R T_1 \left[\left(\frac{p_2}{p_1}\right)^{\frac{n-1}{n}} - 1\right]$$

$$= \frac{n}{n-1} R (T_2 - T_1)$$

Wenn $P_{el} = 0$:

Spezifische Wärme

$$q_{12} = \left(c_p^0 - \frac{n}{n-1} R\right)(T_2 - T_1) \quad \text{gilt, wenn } n \neq \varkappa$$

6 Zustandsbeschreibung im Naßdampfgebiet

h', u', v', s'	Zustandsgrößen auf der Siedelinie
h'', u'', v'', s''	Zustandsgrößen auf der Taulinie

Die gestrichenen Größen müssen Dampftafeln entnommen werden.

$x = \dfrac{m_d}{m_d + m_{fl}} = \dfrac{m'}{m' + m''}$	Dampfanteil
p_s, T_s	Siededruck, Siedetemperatur

Zustandsgrößen im Naßdampfgebiet

$v_x = v' + x(v'' - v')$ $\quad v$ spezifisches Volumen
$u_x = u' + x(u'' - u')$ $\quad u$ spezifische innere Energie
$h_x = h' + x(h'' - h')$ $\quad h$ spezifische Enthalpie
$s_x = s' + x(s'' - s')$ $\quad s$ spezifische Entropie

$r(p_s) = r(T_s) = h'' - h'$	Verdampfungsenthalpie
$h = h'' + \Delta h = h'' + \bar{c}_p (t - t_s)$	Enthalpie des überhitzten Dampfes in der Nähe der Taulinie
$s = s'' + \Delta s = s'' + \bar{c}_p \ln \dfrac{T}{T_s}$	Entropie des überhitzten Dampfes in der Nähe der Taulinie

Der Wert $\bar{c}_p$ ist ein Mittelwert für die spezifische Wärmekapazität im zu berechnenden Temperaturintervall.

7 Arbeitsprozesse

7.1 Adiabate Expansion in einer Turbine

Turbinenleistung und spezifische Arbeit

Abgegebene Turbinenleistung

$P_T = \dot{m}|w_{tT}|$ 　　　　　　$\dot{m}$ Massenstrom
　　　　　　　　　　　　　　w_{tT} spezifische technische Arbeit

Geht man von einer adiabaten Expansion aus und vernachlässigt man die Änderungen der kinetischen und potentiellen Energien (Vorsicht bei flüssigen Medien!), dann folgt aus dem 1. Hauptsatz:

Reale Arbeit

$w_{tT} = h_2 - h_1$ 　　　　　　h spezifische Enthalpie

Für ein perfektes Gas:

$w_{tT} = h_2 - h_1 = c_p^0 (T_2 - T_1)$ 　　　T_2 reale Endtemperatur

Isentrope spezifische technische Arbeit für ein perfektes Gas

$w_{tTis} = h_{2is} - h_1 = c_p^0(T_{2is} - T_1)$ 　mit $T_{2is} = T_1 \left(\dfrac{p_2}{p_1}\right)^{\frac{\varkappa-1}{\varkappa}}$

oder

$w_{tTis} = \dfrac{\varkappa}{\varkappa - 1} R T_1 \left[\left(\dfrac{p_2}{p_1}\right)^{\frac{\varkappa-1}{\varkappa}} - 1\right]$

Isentroper Turbinenwirkungsgrad

$\eta_{Tis} = \dfrac{|w_{tT}|}{|w_{tTis}|} = \dfrac{P_T}{P_{Tis}}$ 　　　P_T Turbinenleistung
　　　　　　　　　　　　　　P_{Tis} isentrope Turbinenleistung
　　　　　　　　　　　　　　w_{tTis} isentrope spezifische technische Turbinenarbeit

Polytroper Turbinenwirkungsgrad

$\eta_{Tpol} = \dfrac{|w_{tT}|}{|w_{tTis}|} = \dfrac{P_T}{P_{Tpol}}$ mit 　P_{Tpol} polytrope Turbinenleistung
　　　　　　　　　　　　　　R 　Gaskonstante
　　　　　　　　　　　　　　n 　Polytropenexponent

$w_{tTpol} = \dfrac{n}{n-1} R T_1 \left[\left(\dfrac{p_2}{p_1}\right)^{\frac{n-1}{n}} - 1\right]$ 　für perfektes Gas
　　　　　　　　　　　　　　　　　　p Druck

Technische Thermodynamik
7 Arbeitsprozesse

7.2 Verdichtungsprozeß

$P_V = \dot{m} w_{tV}$ \hfill Antriebsleistung des Verdichters

Geht man von einer adiabaten Verdichtung aus und vernachlässigt man die Änderungen der kinetischen und potentiellen Energien (Vorsicht bei Pumpen!), dann folgt aus dem 1. Hauptsatz:

Reale Arbeit

$w_{tV} = h_2 - h_1$ \hfill h spezifische Enthalpie

Für ein perfektes Gas:

$w_{tV} = h_2 - h_1 = c_p^0(T_2 - T_1)$ \hfill T_2 reale Endtemperatur

Für eine Stufe oder eine ungekühlte, mehrstufige Maschine ist ein Vergleich mit der isentropen Verdichtung möglich.

Isentrope Verdichtungsarbeit für ein perfektes Gas

$w_{tVis} = h_{2is} - h_1 = c_p^0(T_{2is} - T_1)$ mit $T_{2is} = T_1 \left(\dfrac{p_2}{p_1}\right)^{\frac{\varkappa-1}{\varkappa}}$

oder

$w_{tVis} = \dfrac{\varkappa}{\varkappa-1} R T_1 \left[\left(\dfrac{p_2}{p_1}\right)^{\frac{\varkappa-1}{\varkappa}} - 1\right]$

p Druck
$\varkappa$ Isentropenexponent
R Gaskonstante

Isentroper Verdichterwirkungsgrad

$\eta_{Vis} = \dfrac{w_{tVis}}{w_{tV}} = \dfrac{P_{Vis}}{P_V}$

P_{Vis} isentrope Verdichterleistung
P_V Verdichterleistung

Polytroper Verdichterwirkungsgrad

$\eta_{Vpol} = \dfrac{w_{tVpol}}{w_{tV}} = \dfrac{P_{Vpol}}{P_V}$

P_{Vpol} polytrope Verdichterleistung

$w_{tVpol} = \dfrac{n}{n-1} R T_1 \left[\left(\dfrac{p_2}{p_1}\right)^{\frac{n-1}{n}} - 1\right]$ für perfektes Gas

Isothermer Verdichterwirkungsgrad

Der isotherme Verdichtungsprozeß ist der energetisch optimale Verdichtungsprozeß.

Technische Thermodynamik
8 Kreisprozesse

$$\eta_{\text{Visoth}} = \frac{w_{\text{tVisoth}}}{w_{\text{tV}}} = \frac{P_{\text{Visoth}}}{P_{\text{V}}}$$

P_{Visoth} isotherme Verdichterleistung

$$w_{\text{tVisoth}} = RT_1 \ln \frac{p_2}{p_1}$$

für perfektes Gas

8 Kreisprozesse

Nach dem 2. Hauptsatz ist es durch Kreisprozesse nicht möglich, Wärme vollständig in Arbeit umzuwandeln; ein Teil der zugeführten Wärme muß wieder als Wärme abgegeben werden.

Entscheidend für die Beurteilung eines Kreisprozesses sind die Nutzarbeit und der Wirkungsgrad bzw. die Leistungsziffer.

8.1 Carnot-Prozeß

Der Carnot-Prozeß liefert bei vorgegebener Minimal- und Maximaltemperatur den maximal erreichbaren Wirkungsgrad oder die maximal erreichbare Leistungsziffer.

Carnot-Prozeß als Wärmekraftmaschine

Spezifische Nutzarbeit
$$w_{\text{N}} = q_{\text{zu}} - |q_{\text{ab}}|$$
$$= T_{\text{o}} \Delta s_{23} - |T_{\text{u}} \Delta s_{41}|$$

Für perfektes Gas:
$$w_{\text{N}} = R(T_{\text{o}} - T_{\text{u}}) \ln \frac{p_2}{p_3}$$

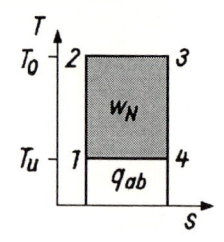

Wirkungsgrad
$$\eta_{\text{C}} = \frac{w_{\text{N}}}{q_{\text{zu}}} = \frac{q_{\text{zu}} - |q_{\text{ab}}|}{q_{\text{zu}}} = \frac{T_{\text{o}} - T_{\text{u}}}{T_{\text{o}}} = 1 - \frac{T_{\text{u}}}{T_{\text{o}}}$$

$q_{\text{zu}} = w_{\text{N}} + q_{\text{ab}}$
$\Delta s_{23}, \Delta s_{41}$ Entropiedifferenzen
R Gaskonstante
p Druck

Betrachtung als Kältemaschine	**Betrachtung als Wärmepumpe**
Zuzuführende spezifische Arbeit	
$w_{\text{N}} = |q_{\text{ab}}| - q_{\text{zu}}$	$w_{\text{N}} = |q_{\text{ab}}| - q_{\text{zu}}$

Leistungsziffer

$$\varepsilon_K = \frac{q_{zu}}{w_N} = \frac{T_u}{T_o - T_u} \qquad \varepsilon_{WP} = \frac{|q_{ab}|}{w_N} = \frac{T_o}{T_o - T_u}$$

$q_{ab} = q_{zu} + w_N$

$\varepsilon_{WP} = \varepsilon_K + 1$

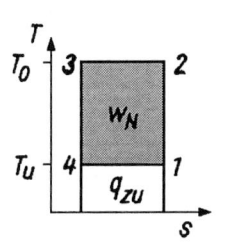

8.2 Ideraler Otto-Prozeß

Der ideale Otto-Prozeß setzt sich aus zwei Isentropen und zwei Isochoren zusammen.

$$\frac{V_1}{V_2} = \frac{V_H + V_c}{V_c} = \varepsilon$$

ε Verdichtungsverhältnis
V_H Hubvolumen
V_c Kompressionsvolumen

Spezifische Nutzarbeit

$w_N = q_{zu} - |q_{ab}|$
$\quad = c_V^\infty [(T_3 - T_2) - (T_4 - T_1)]$
$w_N = c_V^\infty (T_3 - T_2)(1 - \varepsilon^{1-\varkappa})$

c_V spezifische Wärmekapazität
q_{zu}, q_{ab} spezifische Wärme

Wirkungsgrad

$$\eta_O = \frac{w_N}{q_{zu}} = 1 - \frac{T_1}{T_2} = 1 - \frac{1}{\varepsilon^{\varkappa-1}}$$

mit $\dfrac{T_2}{T_1} = \dfrac{T_3}{T_4} = \varepsilon^{\varkappa-1}$

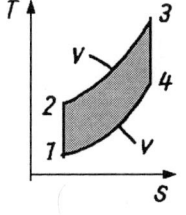

8.3 Idealer Diesel-Prozeß

Der ideale Diesel-Prozeß setzt sich aus zwei Isentropen, einer isobaren Wärmezufuhr und einer isochoren Wärmeabgabe zusammen.

$$\frac{V_1}{V_2} = \frac{V_H + V_c}{V_c} = \varepsilon$$

ε Verdichtungsverhältnis
V_H Hubvolumen
V_c Kompressionsvolumen

Technische Thermodynamik
8 Kreisprozesse

Einspritzverhältnis

$$\varphi = \frac{V_3}{V_2} = \frac{T_3}{T_2}$$

Nutzarbeit

$$W_N = Q_{zu} - |Q_{ab}|$$
$$= mc_p^0(T_3 - T_2) - mc_V^\infty(T_4 - T_1)$$
$$W_N = \frac{p_1 V_1}{1-\varkappa}[\varkappa\varepsilon^{\varkappa-1}(\varphi - 1) - (\varphi^\varkappa - 1)]$$

Q Wärme
m Masse
c_p spezifische Wärmekapazität
$\varkappa$ Isentropenexponent
φ Einspritzverhältnis

Wirkungsgrad

$$\eta_D = \frac{W_N}{Q_{zu}}$$
$$= 1 - \frac{1}{\varkappa\varepsilon^{\varkappa-1}}\frac{\varphi^\varkappa - 1}{\varphi - 1}$$

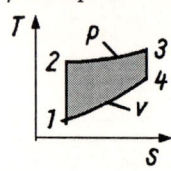

8.4 Idealer Joule-Prozeß

Der ideale Joule- oder Gasturbinenprozeß setzt sich aus zwei Isentropen und zwei Isobaren zusammen.

Spezifische Nutzarbeit

$$w_N = q_{zu} - |q_{ab}|$$
$$= c_p^0[(T_3 - T_2) - (T_4 - T_1)]$$
$$w_N = c_p^0 T_1\left[\frac{T_3}{T_1}\left(\frac{1}{\lambda}-1\right) + (\lambda - 1)\right]$$
$$\lambda = \left(\frac{p_2}{p_1}\right)^{\frac{\varkappa-1}{\varkappa}}$$

q spezifische Wärme
c_p spezifische Wärmekapazität
$\varkappa$ Isentropenexponent
p Druck

Es gibt also für jedes Temperaturverhältnis $\dfrac{T_3}{T_1}$ ein optimales Druckverhältnis und damit eine maximale Nutzarbeit:

$$\lambda_{opt} = \sqrt{\frac{T_3}{T_1}}$$

Wirkungsgrad

$$\eta_J = \frac{w_N}{q_{zu}} = 1 - \frac{T_4 - T_1}{T_3 - T_2}$$
$$= 1 - \frac{1}{\left(\dfrac{p_2}{p_1}\right)^{\frac{\varkappa-1}{\varkappa}}}$$

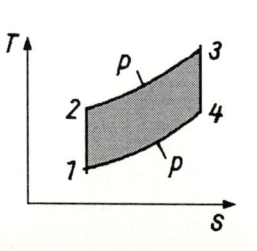

Technische Thermodynamik
8 Kreisprozesse

8.5 Idealer Stirling-Prozeß

Der ideale Stirling-Prozeß setzt sich aus zwei Isothermen und zwei Isochoren zusammen.

Nutzarbeit

$w_N = q_{zu} - |q_{ab}|$
$\quad = T_o \Delta s_{34} - |T_u \Delta s_{12}|$
$w_N = (T_o - T_u) R \ln \dfrac{p_3}{p_4}$
$w_N = (T_o - T_u) R \ln \dfrac{v_4}{v_3}$

q spezifische Wärme
$T_u = T_1 = T_2;\ T_o = T_3 = T_4$
$\Delta s_{34}, \Delta s_{12}$ Entropiedifferenzen
R Gaskonstante
p Druck
v spezifisches Volumen

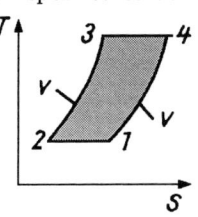

Wirkungsgrad

$\eta_{St} = \dfrac{w_N}{q_{zu}} = 1 - \dfrac{T_u}{T_o} = \eta_C$

$\eta_{St} \mathrel{\hat=}$ Carnot-Wirkungsgrad

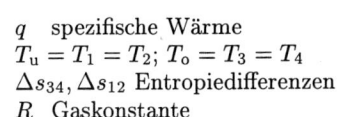

8.6 Rankine-Prozeß

Der Rankine- oder Dampfkraftprozeß ist der dominierende Prozeß bei der Stromerzeugung.

Nutzarbeit

$w_N = q_{zu} - |q_{ab}|$
$\quad = (h_5 - h_2) - (h_6 - h_1)$

q spezifische Wärme
h spezifische Enthalpie

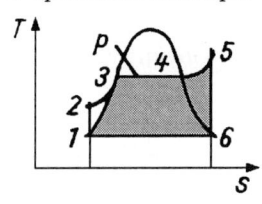

Wirkungsgrad

$\eta_R = \dfrac{w_N}{q_{zu}} = 1 - \dfrac{h_6 - h_1}{h_5 - h_2}$

Enthalpiewerte sind der Wasserdampftafel zu entnehmen.

8.7 Kombinierter Gas-Dampf-Prozeß

Eine deutliche Wirkungsgradverbesserung ergibt sich durch die Kombination eines Gasturbinenprozesses mit einem Dampfturbinenprozeß. Die Abwärme des Gasturbinenprozesses wird im Dampfprozeß genutzt.

8 Kreisprozesse

Leistung des Gesamtprozesses
(G: Gas-, D: Dampfprozeß)
$P_{GD} = P_G + P_D$

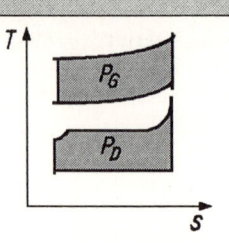

Gesamtwirkungsgrad

$$\eta_{GD} = \frac{P_G + P_D}{\dot{Q}_{zuG} + \dot{Q}_Z}$$

$\dot{Q}_Z$ optionale Wärme durch Zusatzfeuerung im Dampfkraftprozeß

Zusammenhang der Einzelwirkungsgrade mit dem Gesamtwirkungsgrad

$\eta_G = \dfrac{P_G}{\dot{Q}_{zuG}}$ und $\eta_D = \dfrac{P_D}{\dot{Q}_{zuD}}$ \hspace{1em} Einzelwirkungsgrade

$\dot{Q}_{zuD} = \eta_K \left[(1 - \eta_G)\dot{Q}_{zuG} + \dot{Q}_Z \right]$

im Dampfprozeß zugeführte Wärme

η_K Ausnutzungsgrad des Abhitzkessels bzw. Dampferzeugers

$$\eta_{GD} = \frac{\eta_G(1 - \eta_D \eta_K)}{1 + \dfrac{\dot{Q}_Z}{\dot{Q}_{zuG}}} + \eta_D \eta_K$$

Gesamtwirkungsgrad

8.8 Kaltdampfprozeß

Betrachtung als Kältemaschine

Zuzuführende Arbeit

$w_N = |q_{ab}| - q_{zu}$
$\quad = (h_2 - h_4) - (h_1 - h_5)$

Leistungsziffer

$\varepsilon_K = \dfrac{q_{zu}}{w_N}$

$\quad = \dfrac{h_1 - h_5}{(h_2 - h_4) - (h_1 - h_5)}$

Betrachtung als Wärmepumpe

$w_N = |q_{ab}| - q_{zu}$
$\quad = (h_2 - h_4) - (h_1 - h_5)$

$\varepsilon_{WP} = \dfrac{|q_{ab}|}{w_N}$

$\quad = \dfrac{h_2 - h_4}{(h_2 - h_4) - (h_1 - h_5)}$

q spezifische Wärme
h spezifische Enthalpie

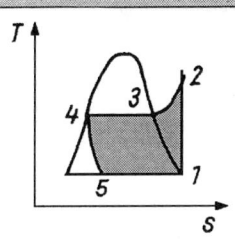

Die Enthalpiewerte sind einer Dampftafel zu entnehmen.

9 Gemische idealer Gase

9.1 Beschreibung von Gemischen

Aus der Massenbilanz

$$m_M = m_1 + m_2 + m_3 + \ldots$$

folgen durch Division die **Massenanteile** ζ

$\zeta_1 = \dfrac{m_1}{m_M}, \quad \zeta_2 = \dfrac{m_2}{m_M}, \quad \ldots$ $\quad \zeta$ Massenanteil
$\quad 1, 2, \ldots, n$ Komponenten

$$\sum_{i=1}^{n} \zeta_i = 1$$

Aus der Bilanz der Stoffmengen n oder der Volumina V

$$n_M = n_1 + n_2 + \ldots \quad \text{bzw.} \quad V_M = V_1 + V_2 + \ldots$$

folgen durch Division die **Stoffmengen-** oder **Volumenanteile** γ

$\gamma_1 = \dfrac{n_1}{n_M} = \dfrac{V_1}{V_M},$ $\quad \gamma$ Stoffmengen- oder Volumenanteil
$\gamma_2 = \dfrac{n_2}{n_M} = \dfrac{V_1}{V_M}, \quad \ldots$ $\quad 1, 2, \ldots, n$ Komponenten

$$\sum_{i=1}^{n} \gamma_i = 1$$

$M_M = \sum_{i=1}^{n} \gamma_i \cdot M_i \quad \text{oder}$ $\quad$ molare Masse des Gemisches

$$M_M = \dfrac{1}{\sum_{i=1}^{n} \dfrac{\zeta_i}{M_i}}$$

Technische Thermodynamik
9 Gemische idealer Gase

$\zeta_i = \gamma_i \dfrac{M_i}{M_M}$ \qquad Umrechnung der Anteile

9.2 Thermisches Verhalten von Gemischen idealer Gase

Für das thermische Verhalten von Gemischen idealer Gase gilt:

$p_M V = m_M R_M T$ \qquad m_M Masse des Gemisches
\qquad T Temperatur

Gaskonstante des Gemisches

$R_M = \sum_{i=1}^{n} \zeta_i R_i$ \quad oder \qquad ζ Massenanteil
\qquad R_i Gaskonstante
$R_M = \dfrac{R_m}{M_M}$ \qquad R_m universelle Gaskonstante

Gesetz von Dalton

$p_M = p_1 + p_2 + \ldots$ \qquad p_M Gesamtdruck des Gemisches
\qquad p_1, p_2 Partialdrücke der Komponenten

$p_i V = m_i R_i T$ \qquad thermisches Verhalten einer Komponente

9.3 Kalorisches Verhalten von Gemischen idealer Gase

Innere Energie

$u_M = \sum_{i=1}^{n} \zeta_i u_i$ und $U_M = m_M u_M$ \qquad ζ Massenanteil
\qquad u spezifische innere Energie
\qquad m_M Masse des Gemisches
\qquad u_M innere Energie des Gemisches

Enthalpie

$h_M = \sum_{i=1}^{n} \zeta_i h_i$ und $H_M = m_M h_M$

Spezifische Wärmekapazitäten

$$c_{\text{pM}}^0 = \sum_{i=1}^{n} \zeta_i c_{\text{p}i}^0 = \sum_{i=1}^{n} \gamma_i \frac{M_i}{M_M} c_{\text{p}i}^0$$

$$c_{\text{VM}}^\infty = \sum_{i=1}^{n} \zeta_i c_{\text{V}i}^\infty = \sum_{i=1}^{n} \gamma_i \frac{M_i}{M_M} c_{\text{V}}^\infty$$

ζ Massenanteil
γ Stoffmengenanteil
M molare Masse

Isentropenexponent

$$\varkappa_M = \frac{c_{\text{pM}}^0}{c_{\text{VM}}^\infty}$$

Entropieänderung aufgrund einer Zustandsänderung

$$s_{2M} - s_{1M} = \Delta s_M$$
$$= c_{\text{pM}}^0 \ln \frac{T_2}{T_1} - R_M \ln \frac{p_2}{p_1}$$

$$s_{2M} - s_{1M} = \Delta s_M$$
$$= c_{\text{VM}}^\infty \ln \frac{T_2}{T_1} + R_M \ln \frac{v_2}{v_1}$$

p Druck
c_p spezifische Wärmekapazität
R_M Gaskonstante des Gemisches
v spezifisches Volumen

$$\Delta s_G = \sum_{i=1}^{n} \zeta_i R_i \ln \frac{1}{\gamma_i}$$

bei der Mischung entstehende Entropie

9.4 Adiabate Mischungstemperaturen idealer Gase

Für das **geschlossene System**

$$T_M = \frac{\sum_{i=1}^{n} c_{\text{V}i}^\infty m_i T_i}{\sum_{i=1}^{n} c_{\text{V}i}^\infty m_i}$$

c_V, c_p spezifische Wärmekapazität
m Masse

Für das **durchströmte System**

$$T_M = \frac{\sum_{i=1}^{n} c_{\text{p}i}^0 \dot{m}_i T_i}{\sum_{i=1}^{n} c_{\text{p}i}^0 \dot{m}_i}$$

bei Vernachlässigung der kinetischen und potentiellen Energien

Technische Thermodynamik
10 Feuchte Luft

10 Feuchte Luft

10.1 Bezeichnungen und Definitionen

m_L	Masse der trockenen Luft
m_D	Masse des Wassers
$m = m_L + m_D = m_L(1+x)$	Masse der feuchten Luft
p_L	Partialdruck der trockenen Luft
p_D	Partialdruck des Wasserdampfes
$p_D < p_s \; (\varphi < 1)$	ungesättigtes Gemisch
$p_D = p_s \; (\varphi = 1)$	gesättigtes Gemisch
$p = p_L + p_D$	Gesamtdruck der feuchten Luft
p_s	Sättigungsdampfdruck
$R_L = 0{,}2871$ J/(g K)	Gaskonstante der trockenen Luft
$R_D = 0{,}4615$ J/(g K)	Gaskonstante des Wassers
h_{1+x}	Enthalpie von 1 kg trockener Luft + x kg Wasser
$\varphi = \dfrac{p_D}{p_s}$	relative Feuchte
$x = \dfrac{m_D}{m_L}$	Feuchte- oder Wassergehalt

Umrechnungen:

$$x = \frac{R_L}{R_D} \frac{1}{\dfrac{p}{p_D}-1} = \frac{R_L}{R_D} \frac{1}{\dfrac{p}{\varphi p_s}-1}, \quad \varphi = \frac{1}{p_s} \frac{p}{1+\dfrac{1}{x}\dfrac{R_L}{R_D}}, \quad p_D = \frac{p}{1+\dfrac{1}{x}\dfrac{R_L}{R_D}}$$

10.2 Thermisches Verhalten feuchter Luft

Gasgleichung der feuchten Luft

$pV = mR_f T$

- p Druck
- V Volumen
- m Masse
- R_f Gaskonstante der feuchten Luft
- T Temperatur

Gaskonstante der feuchten Luft

$$R_f = \frac{R_L + xR_D}{1+x}$$

Bezeichnungen s. Abschn. 10.1

Technische Thermodynamik
10 Feuchte Luft

Dichte der feuchten Luft

$$\varrho = \frac{p}{R_L T} \left(\frac{1+x}{x\frac{R_D}{R_L}+1} \right)$$

Volumenzunahme aufgrund der Feuchte

$$\frac{V}{V_L} = 1 + x\frac{R_D}{R_L} \qquad \text{bei konstant bleibendem Druck}$$

Massenzunahme aufgrund der Feuchte

$$m = m_L(1+x)$$

10.3 Enthalpie der feuchten Luft

Es gelten folgende Vereinbarungen:
- $h=0$ für trockene Luft von 0 °C und
- $h=0$ für flüssiges Wasser bei 0 °C

Enthalpie des ungesättigten Gemisches ($\varphi < 1$)

$$h_{1+x} = c_{pL}^0 t + x(r_0 + c_{pD}^0 t) \text{ und}$$
$$H = m_L h_{1+x}$$

- c_p spezifische Wärmekapazität
- t Temperatur in °C
- r_0 Verdampfungsenthalpie bei 0 °C
- x Feuchtegrad
- m_L Masse der trockenen Luft

Enthalpie des gesättigten Gemisches ($\varphi = 1,\ t \geqq 0$)

$$h_{1+x} = c_{pL}^0 t + x_s(r_0 + c_{pD}^0 t) + (x - x_s)c_w t \text{ und}$$
$$H = m_L h_{1+x}$$

Stoffdaten

$c_{pL}^0\ (20\ °C) = 1,007\ \text{J/(g K)}$
$c_{pD}^0\ (20\ °C) = 1,882\ \text{J/(g K)}$
$c_w\ (20\ °C) = 4,183\ \text{J/(g K)}$
$r_0\ (\ 0\ °C) = 2500\ \text{J/g}$ \qquad Verdampfungswärme bei 0 °C

10.4 Mischung von zwei feuchten Luftmengen

Mischt man zwei Luftmengen mit den Ausgangszuständen „1" und „2", so folgt für das Gemisch:

$$m_M = m_1 + m_2 = m_{L1}(1+x_1) + m_{L2}(1+x_2)$$

Bezeichnungen s. Abschn 10.1

$$x_M = \frac{m_{L1}x_1 + m_{L2}x_2}{m_{L1} + m_{L2}}$$

Feuchtegehalt der Mischung

$$h_{1+xM} = \frac{m_{L1}h_{1+x1} + m_{L2}h_{1+x2}}{m_{L1} + m_{L2}}$$

Enthalpie der Mischung

$$t_M = \frac{h_{1+xM} - 2500\,\frac{\text{kJ}}{\text{kg}}x_M}{1,007\,\frac{\text{kJ}}{\text{kg}} + 1,882\,\frac{\text{kJ}}{\text{kg}}x_M}$$

Temperatur der Mischung

Im h_{1+x}, x-Diagramm liegt der Mischungspunkt auf der Verbindungsgeraden, welche die beiden Zustandspunkte der Ausgangsgemische miteinander verbindet. Die Lage des Mischungspunktes auf der Verbindungsgeraden muß mit einer der obigen Gleichungen rechnerisch ermittelt werden.

Handelt es sich um die Mischung von Strömen feuchter Luft, sind alle Massen m durch Massenströme $\dot{m}$ zu ersetzen.

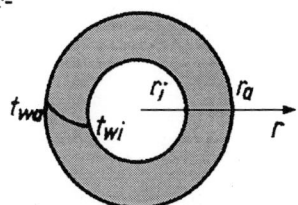

Wärmetechnik

1 Stationäre Wärmeleitung

1.1 Eindimensionale, stationäre Wärmeleitung

Temperaturverlauf in der Wand

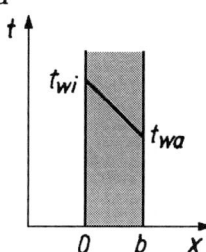

$$t = \frac{t_{wa} - t_{wi}}{b} x + t_{wi}$$

Wärmestrom durch die Wand

$\dot{Q} = \dfrac{\lambda A}{b}(t_{wi} - t_{wa})$ λ Wärmeleitfähigkeit

$\dot{Q} = A(t_{wi} - t_{wa}) \dfrac{1}{\sum\limits_{j=1}^{n} \dfrac{b_j}{\lambda_j}}$ Wand aus mehreren Schichten

$\dot{Q}_{ges} = \sum\limits_{j=1}^{n} \dot{Q}_j$ Wand aus parallelen Elementen

1.2 Stationäre Wärmeleitung in einer Rohrwand

Temperaturverlauf in der Rohrwand

$$t = t_{wi} - \frac{t_{wi} - t_{wa}}{\ln \dfrac{r_a}{r_i}} \ln \frac{r}{r_i}$$

Wärmetechnik
2 Konvektive Wärmeübertragung

Wärmestrom durch die Rohrwand

$$\dot{Q} = \frac{2\pi\lambda L}{\ln\dfrac{r_a}{r_i}}(t_{wi} - t_{wa}) \text{ oder}$$

$$\dot{Q} = \frac{2\pi\lambda L r_m}{b}(t_{wi} - t_{wa})$$

$$= \frac{\lambda A_m}{b}(t_{wi} - t_{wa})$$

L Rohrlänge
λ Wärmeleitfähigkeit
$r_m = \dfrac{r_a - r_i}{\ln\dfrac{r_a}{r_i}}$, $b = r_a - r_i$

$A_m = 2r_m\pi L$

$$\dot{Q} = \frac{2\pi L(t_{wi} - t_{wa})}{\sum\limits_{j=1}^{n}\dfrac{b_j}{\lambda_j r_{mj}}}$$

Wärmestrom durch mehrschichtige Rohrwand
Radius r_{mj} ist jeweils für die j-te Schicht zu bilden.

1.3 Stationäre Wärmeleitung in einer Kugelschale

Temperaturverlauf in der Kugelschale

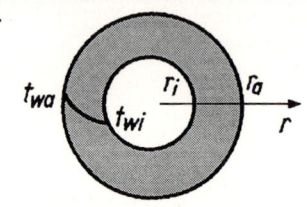

$$t = t_{wi} - \frac{t_{wi} - t_{wa}}{\dfrac{1}{r_i} - \dfrac{1}{r_a}}\left(\frac{1}{r_i} - \frac{1}{r}\right)$$

Wärmestrom durch die Kugelschale

$$\dot{Q} = \frac{4\pi\lambda(t_{wi} - t_{wa})}{\dfrac{1}{r_i} - \dfrac{1}{r_a}}$$

λ Wärmeleitfähigkeit

$$\dot{Q} = \frac{4\pi(t_{wi} - t_{wa})}{\sum\limits_{j=1}^{n}\dfrac{1}{\lambda_j}\left(\dfrac{1}{r_{1j}} - \dfrac{1}{r_{2j}}\right)}$$

Wärmestrom durch Kugelschale aus mehreren Schichten
r_{1j} Innenradius der j-ten Schale
r_{2j} Außenradius der j-ten Schale
$\dot{Q}$ gilt für die Vollkugel

2 Konvektive Wärmeübertragung

Für die übertragene Wärme zwischen einer Wand (w) und einem Fluid (fl) gilt:

$$\dot{Q} = \alpha A(t_w - t_{fl})$$

α Wärmeübergangskoeffizient
A Fläche
t Temperatur

Wärmetechnik
3 Wärmedurchgang

2.1 Erzwungene Konvektion

Bei der erzwungenen Konvektion wird die Strömung von außen aufgeprägt, z. B. durch eine Pumpe oder einen Verdichter.

Wärmeübergangskoeffizient in Form der Nusselt-Zahl

$Nu = \dfrac{\alpha l}{\lambda}$

$Re = \dfrac{cl}{\nu}$ Reynolds-Zahl

$Pr = \dfrac{\nu}{a}$ Prandtl-Zahl

$Nu = f(Re, Pr)$
λ Wärmeleitfähigkeit des Fluids
l charakteristische Länge
ν kinematische Zähigkeit
$a = \dfrac{\lambda}{c_p \varrho}$ Temperaturleitfähigkeit

2.2 Freie Konvektion

Bei der freien Konvektion wird der Strömungsvorgang durch die Wärmeübertragung selbst ausgelöst (Heizkörper).

$Nu = \dfrac{\alpha l}{\lambda}$

$Pr = \dfrac{\nu}{a}$ Prandtl-Zahl

$Gr = \dfrac{g \beta \Delta T l^3}{\nu^2}$ Grashof-Zahl

$Nu = f(Gr, Pr)$ Nusselt-Zahl
$g = 9,81$ m/s² Fallbeschleunigung
$\beta = \dfrac{1}{\nu}\left(\dfrac{\partial \nu}{\partial T}\right)_p$ thermischer Ausdehnungskoeffizient ($\beta = \dfrac{1}{T}$ beim idealen Gas)
ΔT Temperaturdifferenz
Andere Größen siehe 2.1

3 Wärmedurchgang

Wärmedurchgang ist die Verbindung von Wärmeleitung und Konvektion.

3.1 Ebenes, stationäres Problem

$$\dot{Q} = k_e A(t_{\text{fli}} - t_{\text{fla}})$$
$$= \dfrac{A(t_{\text{fli}} - t_{\text{fla}})}{\dfrac{1}{\alpha_i} + \dfrac{1}{\alpha_a} + \sum_{j=1}^{n} \dfrac{b_j}{\lambda_j}}$$

Wärmetechnik
3 Wärmedurchgang

$\dot{Q}$ Wärmestrom
k_e Wärmedurchgangskoeffizient
A Fläche
λ Wärmeleitfähigkeit

3.2 Zylindrisches, stationäres Problem

$$\dot{Q} = k_z 2\pi L(t_{\text{fli}} - t_{\text{fla}})$$
$$= \frac{2\pi L(t_{\text{fli}} - t_{\text{fla}})}{\dfrac{1}{r_i \alpha_i} + \dfrac{1}{r_a \alpha_a} + \sum_{j=1}^{n} \dfrac{b_j}{\lambda_j r_{mj}}}$$

$\dot{Q}$ Wärmestrom
k_z Wärmedurchgangskoeffizient
L Rohrlänge
λ Wärmeleitfähigkeit
b Wanddicke
r_m siehe 1.2

3.3 Kugelsymmetrisches, stationäres Problem

$$\dot{Q} = k_k(t_{\text{fli}} - t_{\text{fla}}) = \frac{4\pi(t_{\text{fli}} - t_{\text{fla}})}{\dfrac{1}{\alpha_i r_i^2} + \dfrac{1}{\alpha_a r_a^2} + \sum_{j=1}^{n} \dfrac{1}{\lambda_j}\left(\dfrac{1}{r_{1j}} - \dfrac{1}{r_{2j}}\right)}$$

$\dot{Q}$ Wärmestrom
k_k Wärmedurchgangskoeffizient
λ Wärmeleitfähigkeit

3.4 Überschlagsformeln

$$\frac{\dot{Q}}{L} = \dot{Q}_L = \frac{2\pi(t_{\text{fli}} - t_{\text{fla}})}{\ln\dfrac{r_a}{r_i} + \dfrac{\lambda}{r_a \alpha_a}}$$

Wärmeverlust eines isolierten Rohres unter der Annahme, daß $\alpha_i \geqq \alpha_a$

$$\ln\frac{t_{\text{fl}L} - t_{\text{fla}}}{t_{\text{flo}} - t_{\text{fla}}} = \frac{L(\dot{Q}_L)_o}{\dot{m}c_p(t_{\text{flo}} - t_{\text{fla}})}$$

Temperaturänderung des Mediums im Rohr aufgrund des Wärmeverlustes

t_{flo} Temperatur am Rohreintritt
$t_{\text{fl}L}$ Temperatur nach der Rohrlänge L
t_{fla} Temperatur der Umgebung
c_p spezifische Wärmekapazität
$(\dot{Q}_L)_o = \dot{Q}_L$ für $t_{\text{fli}} = t_{\text{flo}}$

4 Rippenberechnung

Von einer Rippe an die Umgebung abgegebene Wärme
$$\dot{Q} = \lambda BLM(t_F - t_u)\tanh(MH)$$
Temperatur an der Rippenspitze
$$t_H = t_u + \frac{t_F - t_u}{\cosh(MH)}$$
$$M = \sqrt{\frac{2(B+L)\alpha}{\lambda BL}}$$

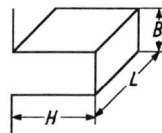

B Breite der Rippe
L Länge der Rippe
H Höhe der Rippe
t_F Temperatur am Rippenfuß
t_u Umgebungstemperatur
α Wärmeübergangskoeffizient der Rippe
λ Wärmeleitfähigkeit

5 Wärmeübertrager

5.1 Gleichstromwärmeübertrager

$$\dot{Q} = \dot{m}_1 c_{p1}(t'_1 - t''_1)$$
$$= \dot{m}_2 c_{p2}(t''_2 - t'_2)$$

Wärmestrom in dem nach außen adiabaten Wärmeübertrager
$\dot{m}$ Massenstrom
c_p spezifische Wärmekapazität
t Temperatur

$$A\mu k = \ln\frac{\Delta t_0}{\Delta t_A} \text{ mit}$$
$$\mu = \frac{1}{\dot{m}_1 c_{p1}} + \frac{1}{\dot{m}_2 c_{p2}}$$
$$\Delta t_0 = t'_1 - t'_2$$
$$\Delta t_A = t''_1 - t''_2$$

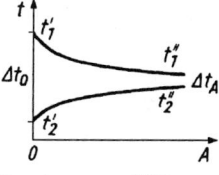

Wärmeübertragungsfläche

$$\dot{Q} = kA\Delta t_m = kA\frac{\Delta t_0 - \Delta t_A}{\ln\dfrac{\Delta t_0}{\Delta t_A}}$$

übertragener Wärmestrom
k Wärmedurchgangskoeffizient

5.2 Gegenstromwärmeübertrager

$$\dot{Q} = \dot{m}_1 c_{p1}(t'_1 - t''_1)$$
$$= \dot{m}_2 c_{p2}(t''_2 - t'_2)$$

Wärmestrom in dem nach außen adiabaten Wärmeübertrager
$\dot{m}$ Massenstrom
c_p spezifische Wärmekapazität
t Temperatur

$$A\overline{\mu}k = \ln\frac{\Delta t_0}{\Delta t_A} \text{ mit}$$

$$\overline{\mu} = \frac{1}{\dot{m}_1 c_{p1}} - \frac{1}{\dot{m}_2 c_{p2}}$$

$$\Delta t_0 = t'_1 - t''_2$$

$$\Delta t_A = t''_1 - t'_2$$

Wärmeübertragungsfläche

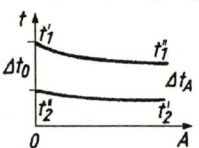

$$\dot{Q} = kA\Delta t_m = kA\frac{\Delta t_0 - \Delta t_A}{\ln\frac{\Delta t_0}{\Delta t_A}}$$

übertragener Wärmestrom
k Wärmedurchgangskoeffizient

6 Wärmestrahlung

6.1 Strahlung eines einzelnen Körpers

Ein Körper der Temperatur T strahlt folgenden Wärmestrom ab:

$$\dot{Q} = \varepsilon A C_s \left(\frac{T}{100}\right)^4$$

ε Emmissionskoeffizient
$C_s = 5,67 \frac{W}{m^2 K^4}$
Strahlungskonstante

6.2 Strahlungsaustausch

Strahlungsaustausch zwischen Flächen

$$\dot{Q} = C_{1/2} A \left[\left(\frac{T_1}{100}\right)^4 - \left(\frac{T_2}{100}\right)^4\right]$$

$$C_{1/2} = \frac{C_s}{\frac{1}{\varepsilon_1} + \frac{1}{\varepsilon_2} - 1}$$

zwischen zwei parallelen Flächen ausgetauschter Wärmestrom

Strahlungsaustausch zwischen Körpern

$$\dot{Q} = C_{1/2} A_1 \left[\left(\frac{T_1}{100}\right)^4 - \left(\frac{T_2}{100}\right)^4\right]$$

$$C_{1/2} = \frac{C_s}{\frac{1}{\varepsilon_1} + \frac{A_1}{A_2}\left(\frac{1}{\varepsilon_2} - 1\right)}$$

ausgetauschter Wärmestrom zwischen einem Körper 1 und einem Körper 2, der den Körper 1 vollständig umschließt
A_1 ist die kleinere Fläche

Fluidmechanik

1 Physikalisches Verhalten der Fluide

Newtonsches Reibungsgesetz

$\tau = \eta \dfrac{\mathrm{d}c}{\mathrm{d}z}$ bzw. $F = \eta A \dfrac{\mathrm{d}c}{\mathrm{d}z}$

- η dynamische Viskosität
- F Kraft
- A Fläche
- τ Schubspannung
- c Strömungsgeschwindigkeit
- z Koordinate zur Strömungsrichtung

Grenzflächenspannung

Steighöhe oder Depression eines Fluids in einer Kapillare aufgrund der Grenzflächenspannung σ

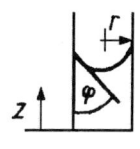

$$z = \dfrac{2\sigma \cos\varphi}{r \varrho g}$$

2 Fluidstatik

2.1 Druck

$p = \lim\limits_{\Delta A \to 0} \dfrac{\Delta F}{\Delta A}$

$p \gtreqless 0$

$p_x = p_y = p_z = p$

$p_{\mathrm{abs}} = p_{\mathrm{atm}} + p_{\mathrm{ü}}$

$p_{\mathrm{abs}} = p_{\mathrm{atm}} - p_{\mathrm{u}}$

- p_{atm} Atmosphärendruck
- $p_{\mathrm{ü}}$ Überdruck
- p_{u} Unterdruck
- p_{abs} Absolutdruck

2.2 Grundgleichung der Fluidstatik

$\dfrac{\mathrm{d}p}{\mathrm{d}z} + \varrho g = 0$

Grundgleichung der Fluidstatik
- z Höhenkoordinate
- ϱ Dichte
- g Fallbeschleunigung

$p_1 = p_2 + \varrho g (z_2 - z_1)$

für inkompressible Fluide

Fluidmechanik
2 Fluidstatik

Praktische Anwendung:

- U-Rohr Manometer $\quad p_1 = p_2 + \varrho g \Delta z$
- Barometer $\quad p_1 = \varrho g \Delta z$
- Hydraulische Presse

  Wenn $z_1 \approx z_2$, gilt
  $$F_2 = \frac{A_2}{A_1} F_1 \quad F \text{ Kraft}$$

2.3 Druckkräfte auf allgemeine Flächen

$F = p\overline{A}$

Druckkraft auf gekrümmte Flächen
$\overline{A}$ ist die Projektionsfläche

Druckkräfte in horizontaler Richtung auf eine Fläche in der Tiefe z:

$$F_x = \varrho g \int z \, \mathrm{d}A_x$$

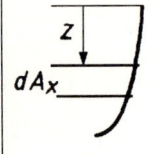

Druckkräfte in vertikaler Richtung auf eine Fläche in der Tiefe z:

$$F_z = \varrho g V_{\text{fl}}$$

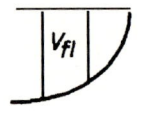

A_x ist die Projektion der Fläche in x-Richtung.

Auftrieb

$F_A = \varrho_L g V_K$

Auftrieb eines Körpers K in einem Fluid L

V_K vom Körper K verdrängtes Fluidvolumen
ϱ Dichte
g Fallbeschleunigung

Thermischer Auftrieb

$\Delta p = (\varrho - \varrho')gz$

Druckdifferenz über eine Höhe z
$\varrho - \varrho'$ Dichtedifferenz der Fluide

2.4 Anwendung der Grundgleichung auf kompressible Fluide

Barometrische Höhenformel

$p = p_0 \, e^{-\frac{\varrho_0 g z}{p_0}}$ bzw.

$\varrho = \varrho_0 \, e^{-\frac{\varrho_0 g z}{p_0}}$

gilt bei isothermer Zustandsänderung, Index „o" gibt die Bodenwerte an.

3 Fluiddynamik reibungsfreier Strömungen

Kontinuitätsgleichung

$\dot{m} = \varrho \dot{V} = \varrho A c = \text{const}$

A Fläche
c Geschwindigkeit
ϱ Dichte

Bernoulligleichung für stationäre Strömung

$c \, dc + \frac{1}{\varrho} dp + g \, dz = 0$

p Druck
g Fallbeschleunigung
z Höhenkoordinate

Anwendung der Bernoulligleichung auf inkompressible Fluide

$\varrho \dfrac{c^2}{2} + p + \varrho g z = \text{const}$

$\varrho \dfrac{c^2}{2}$ dynamischer Druck
p statischer Druck
$\varrho g h$ geodätischer Druck
$p_t = p + \varrho \dfrac{c^2}{2}$ Totaldruck

Messung des Totaldruckes und der Geschwindigkeit

$p_2 = p_t = \varrho \dfrac{c_1^2}{2} + p_1$

Totaldruckmessung mit einem Staurohr
$z_1 = z_2, \ c_2 = 0$

Geschwindigkeitsbestimmung aus Totaldruck und statischem Druck

$c_1 = \sqrt{\dfrac{2}{\varrho}(p_{2t} - p_1)}$

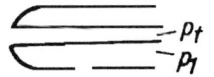

Fluidmechanik
3 Fluiddynamik reibungsfreier Strömungen

Ausflußgeschwindigkeit aus einem Gefäß

Formel von Torricelli

$$c_2 = \sqrt{\frac{\frac{\varrho}{2}(p_1 - p_2) + 2g(z_1 - z_2)}{1 - \left(\frac{A_2}{A_1}\right)^2}}$$

$z_1 - z_2$ Fluidhöhe über dem Ausfluß
p_1 Druck über dem Fluid
p_2 Umgebungsdruck
A_1 Fluidoberfläche
A_2 Ausflußquerschnitt

$$c_2 = \sqrt{2g(z_1 - z_2)}$$

gültig für $p_1 = p_2$, $A_1 \gg A_2$

Strömende Bewegung auf Kreisbahnen

$cr = \text{const}$

Geschwindigkeitsverteilung des Potentialwirbels
r Radius

$$p = p_1 + \frac{\varrho}{2}r_1^2 c_1^2 \left(\frac{1}{r_1^2} - \frac{1}{r^2}\right)$$

Druck als Funktion des Radius

Anwendung der Bernoulligleichung auf inkompressible Fluide

Bernoulligleichung für inkompressible Fluide

$$\frac{c_2^2}{2} - \frac{c_1^2}{2} + \int_1^2 \frac{dp}{\varrho} + g(z_2 - z_1) = 0$$

c Geschwindigkeit
z geodätische Höhe

Gleichung von de Saint Venant

$$c_2 = \sqrt{2\frac{\varkappa}{\varkappa - 1}RT_1\left(1 - \frac{p_2}{p_1}\right)^{\frac{\varkappa-1}{\varkappa}}}$$

Ausströmgeschwindigkeit aus einem Behälter (isentrop)
T absolute Temperatur
R Gaskonstante
$\varkappa$ Isentropenexponent

$$c_2 = \sqrt{2\frac{\varkappa}{\varkappa - 1}RT_1}$$

maximale Ausströmgeschwindigkeit für $p_2 = 0$

Schallgeschwindigkeit

$$a = \sqrt{\frac{dp}{d\varrho}}$$

$$a = \sqrt{\varkappa RT}$$

Schallgeschwindigkeit für ideales Gas (isentrop)

Mach-Zahl
$$Ma = \frac{c}{a}$$
c Geschwindigkeit

4 Impulssatz

Impulssatz

$$\sum F = \int_O \varrho c^2 \, d\vec{A}$$

ϱ Dichte
c Geschwindigkeit

Der Impulsstrom über die Oberfläche O ist gleich der Summe aller angreifenden Kräfte. Der Impuls ist ein Vektor, der in Richtung des Flächenvektors $\vec{A}$ zeigt. Der Flächenvektor ist immer nach außen gerichtet.

$\Delta p = \varrho c_1^2 \dfrac{A_1}{A_2}\left(1 - \dfrac{A_1}{A_2}\right)$ Druckverlust eines Carnot-Diffusors
A_2 Austrittsquerschnitt

$\Delta p = \dfrac{\varrho}{2} c_1^2 \left[1 - \left(\dfrac{A_1}{A_2}\right)^2\right]$ Druckänderung bei stetiger Querschnittsänderung (Bernoulli)

$Fs = \dot{m}(c_{\text{Düse}} - c_\infty)$ Schub eines Strahltriebwerkes
c_∞ Fluggeschwindigkeit

Impulsmomentensatz

$$\sum M = \int_O \vec{r} \times \vec{c} \, d\dot{m}$$

Beispiel: Die Eulersche Turbinengleichung oder die Hauptgleichung der Turbinentheorie. Für ein rotierendes Flügelgitter (Laufrad einer radialen Turbomaschine) gilt unter der Annahme unendlich vieler und unendlich dünner Schaufeln:

$M = \dot{m}(r_2 c_{2u} - r_1 c_{1u})$

Für die Leistung folgt mit
$P = M\omega$:

$P = \dot{m}(c_{2u} u_2 - c_{1u} u_1)$

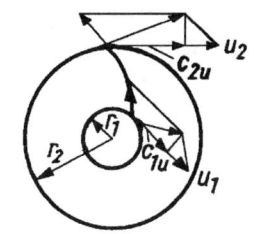

324 Fluidmechanik
5 Reibungsbehaftete Rohrströmung

5 Reibungsbehaftete Rohrströmung

Laminare Strömung ($Re \leqq 2300$)

Gesetz von Hagen-Poisseulle/Volumenstrom durch ein Rohr

$$\dot{V} = \frac{\pi}{8} \frac{\Delta p}{L\mu} r^4$$

Δp Druckverlust
L Rohrlänge
μ dynamische Viskosität
r Radius

Druckverlust reibungsbehafteter Strömung

$$\Delta p = \frac{1}{2} \varrho \bar{c}^2 \frac{L}{d} \frac{64}{Re} \qquad Re = \frac{d\bar{c}}{v} \text{ und } \bar{c} = \frac{\dot{V}}{A}$$

Turbulente Strömung ($Re \geqq 2300$)

Druckverlust

$$\Delta p = \frac{1}{2} \varrho \bar{c}^2 \frac{L}{D} \lambda_{\text{turb}} \qquad \text{mit } \bar{c} = \frac{\dot{V}}{A}$$

$$\lambda_{\text{turb}} = \frac{0{,}316}{Re^{\frac{1}{4}}} \qquad \text{glattes Rohr (Prandtl)}$$

für $2300 \leqq Re \leqq 10^5$

$$\frac{1}{\sqrt{\lambda_{\text{turb}}}} =$$

$$= 2{,}0 \log\left(\frac{2{,}51}{Re\sqrt{\lambda_{\text{turb}}}} + 0{,}27 \frac{k}{d}\right)$$

rauhes Rohr
(Colebrook und Moody)
k Rauhigkeit
Re Reynolds-Zahl
λ_{turb} Reibungskoeffizient
d Rohrinnendurchmesser

Druckverlust in Rohrelementen

$$\Delta p = \zeta \frac{\varrho}{2} c^2 \qquad \varrho \text{ Dichte}$$

Druckverlustbeiwerte ζ sind der Literatur zu entnehmen.

6 Widerstand eines umströmten Körpers

$$W = c_{\text{w}} A \frac{\varrho}{2} c_\infty^2$$

c_∞ ungestörte Ausströmgeschwindigkeit
A Projektionsfläche

Der Widerstandsbeiwert c_{w} ist von der Form des Körpers abhängig.

Elektrotechnik/Elektronik

1 Elektrostatisches Feld (Ruhende Ladung, Kapazität)

1.1 Feldgrößen im elektrostatischen Feld

Elementarladung

$e = \pm 1{,}602 \cdot 10^{-19}$ A s

Potential

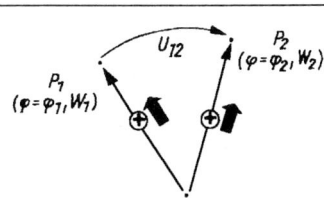

$\varphi_1 = \dfrac{W_1}{Q}$ W_1 Energie, Q Ladung

Spannung

$U_{12} = \varphi_1 - \varphi_2$

$U_{12} = \displaystyle\int_{P_2}^{P_1} \vec{E}\,d\vec{l}$ allgemein

$U = El$ homogenes Feld

E elektrische Feldstärke

Ladung, Verschiebungsfluß

$Q = \Psi = \displaystyle\oint_A \vec{D}\,d\vec{A}$ D elektrische Flußdichte

$Q = D \cdot 4\pi r^2$ speziell für Kugelanordnung

Elektrische Flußdichte

$\vec{D} = \varepsilon \vec{E}$

$\varepsilon = \varepsilon_0 \varepsilon_r$ ε Permittivität

$\varepsilon_0 = 8{,}854 \cdot 10^{-12}$ A s/(V m) ε_0 elektrische Feldkonstante (Permittivität des Vakuums)

ε_r Permittivitätszahl

Elektrotechnik/Elektronik
1 Elektrostatisches Feld

1.2 Kräfte auf Ladungen im elektrischen Feld

Kraft auf Ladung im elektrischen Feld

$\vec{F} = Q\vec{E}$ \qquad Definitionsgleichung für $\vec{E}$

Coulombsches Gesetz der Elektrostatik

$F = \dfrac{Q_1 Q_2}{4\pi\varepsilon r^2}$ \qquad Kraft zwischen zwei Ladungen im Abstand r (abstoßend bei gleichnamigen Ladungen, anziehend bei ungleichnamigen Ladungen)

1.3 Kondensator

Kapazität

$C = \dfrac{Q}{U}$ \qquad Definitionsgleichung

$C = \dfrac{\varepsilon_0 \varepsilon_r A}{d}$ \qquad Plattenkondensator homogenes Feld

Kondensator mit geschichtetem Dielektrikum (Quergrenzfläche)

$D_1 = D_2 = D \qquad Q_1 = Q_2 = Q$

$E_1 = \dfrac{D}{\varepsilon_0 \varepsilon_{r1}} \qquad E_2 = \dfrac{D}{\varepsilon_0 \varepsilon_{r2}}$

$\dfrac{E_1}{E_2} = \dfrac{\varepsilon_{r2}}{\varepsilon_{r1}}$

$E_1 = \dfrac{U_1}{d_1} = \dfrac{U}{d_1 + d_2 \dfrac{\varepsilon_{r1}}{\varepsilon_{r2}}} \qquad E_2 = \dfrac{U_2}{d_2} = \dfrac{U}{d_1 \dfrac{\varepsilon_{r2}}{\varepsilon_{r1}} + d_2}$

$\dfrac{U_1}{U_2} = \dfrac{\varepsilon_{r2} d_1}{\varepsilon_{r1} d_2} = \dfrac{C_2}{C_1}$

$\sigma = \dfrac{Q}{A}$ \qquad σ Flächenladungsdichte

$\varrho = \dfrac{Q}{V}$ \qquad ϱ Raumladungsdichte

Elektrotechnik/Elektronik
1 Elektrostatisches Feld

Elektrische Durchschlagfeldstärke $\hat{E}_d$

(homogenes, vorentladungsfreies Feld, ▶ Bestimmung nach DIN VDE 0432)

Medium	$\hat{E}_d$	Medium	$\hat{E}_d$
Luft	3 kV/mm	Polyäthylen	70 kV/mm
Isolieröl	11,5 kV/mm	Epoxidharz	100 kV/mm
Porzellan	40 kV/mm		

Parallelschaltung von Kondensatoren

$$C_{AB} = C_1 + C_2 + \ldots + C_n$$

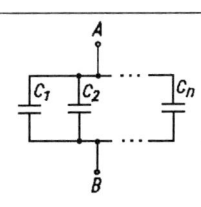

Reihenschaltung von Kondensatoren

n Kondensatoren

$$\frac{1}{C_{AB}} = \frac{1}{C_1} + \frac{1}{C_2} + \ldots + \frac{1}{C_n}$$

2 Kondensatoren

$$C_{AB} = \frac{C_1 C_2}{C_1 + C_2}$$

n gleiche Kondensatoren $\qquad C_{AB} = \dfrac{C}{n}$

Technisch bedeutsame Anordnungen

	Spannung U	max. Feldstärke E	Kapazität C
Homogenes Feld Plattenkondensator	$\dfrac{Qd}{\varepsilon A}$	$\dfrac{U}{d}$	$\dfrac{\varepsilon A}{d}$
Zylinder ineinander (Kabel)	$\dfrac{Q}{2\pi\varepsilon l} \ln \dfrac{r_a}{r_i}$	$\dfrac{U}{r_i \ln \dfrac{r_a}{r_i}}$	$\dfrac{2\pi\varepsilon l}{\ln \dfrac{r_a}{r_i}}$
Zylinder nebeneinander (Freileitung)	$\dfrac{Q}{\pi\varepsilon l} \ln \dfrac{s}{r}$ *)	$\dfrac{U}{2r \ln \dfrac{s}{r}}$	$\dfrac{\pi\varepsilon l}{\ln \dfrac{s}{r}}$

*) s Abstand der parallelen Leiter

Elektrotechnik/Elektronik
1 Elektrostatisches Feld

	Spannung U	max. Feldstärke E	Kapazität C
Kugeln ineinander (Kugelkondensator)	$\dfrac{Q}{4\pi\varepsilon}\left(\dfrac{1}{r_i}+\dfrac{1}{r_a}\right)$	$\dfrac{U r_a}{r_i(r_a-r_i)}$	$\dfrac{4\pi\varepsilon r_a r_i}{r_a+r_i}$
Kugel, frei im Raum	$\dfrac{Q}{4\pi\varepsilon r}$	$\dfrac{U}{r}$	$4\pi\varepsilon r$

1.4 Energie im elektrostatischen Feld

Im Feld gespeicherte Energie

$W = \dfrac{1}{2}DEV = \dfrac{1}{2}\varepsilon E^2 V$

D elektrische Flußdichte
E elektrische Feldstärke

Energiedichte

$w = \dfrac{1}{2}DE = \dfrac{1}{2}\varepsilon E^2$

Energie auf einem Kondensator

$W = C\displaystyle\int_0^U u\,\mathrm{d}u = \dfrac{CU^2}{2} = \dfrac{Q^2}{2C} = \dfrac{QU}{2}$

1.5 Bewegung von Ladungen im elektrischen Feld

Geschwindigkeit eines Elektrons

$v = \dfrac{2e}{m_e}\Delta U$

ΔU durchlaufene Potentialdifferenz
e Elementarladung
m_e Elektronenmasse

Ablenkung eines Elektrons

$s_{yl} = \dfrac{e}{2m_e}\dfrac{U_{AB}}{d}t^2 = \dfrac{e}{2m_e}\dfrac{U_{AB}}{d}(v_{x0}l)^2$

s_{yl} Weg nach Durchlaufen des Plattenpaares der Länge l
v_{x0} Eintrittsgeschwindigkeit

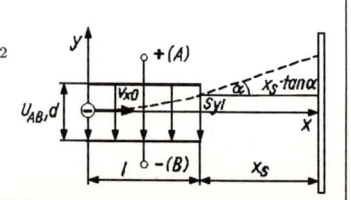

Elektrotechnik/Elektronik

2 Elektrisches Strömungsfeld

$\alpha = \arctan\left(\dfrac{e}{m_e}\dfrac{U_{AB}}{d}v_{x0}l\right)$ $\quad\alpha$ Austrittswinkel

$y = s_{yl} + x_s \tan\alpha$ $\quad$ Ablenkweg auf einem Schirm im Abstand x_s

2 Elektrisches Strömungsfeld (Bewegte Ladung, Gleichstrom, Widerstand)

2.1 Feldgrößen im elektrischen Strömungsfeld

$I = \dfrac{Q}{t} \quad Q = \displaystyle\int_{t_2}^{t_1} I\,dt$ $\quad I$ Stromstärke, Q Ladung

Stromstärke

$I = \displaystyle\int_A \vec{J}\,d\vec{A}$

Stromdichte, Leitfähigkeit

$\vec{J} = \varkappa\vec{E}$ $\quad\varkappa$ elektrische Leitfähigkeit

$\varkappa = \dfrac{1}{\varrho}$ $\quad\varrho$ spezifischer Widerstand

2.2 Elektrischer Widerstand

Ohmsches Gesetz

$U = RI$ $\quad$ Widerstand $R = $ const

$R = \dfrac{l}{\varkappa A} = \dfrac{l\varrho}{A}$ $\quad$ Bemessungsgleichung

Differentieller Widerstand

$r = \dfrac{dU}{dI}$

Elektrischer Leitwert

$G = \dfrac{I}{U} = \dfrac{1}{R}$

$r = \dfrac{dU}{dI} \approx \dfrac{\Delta U}{\Delta I} = \dfrac{1}{\tan\alpha}$

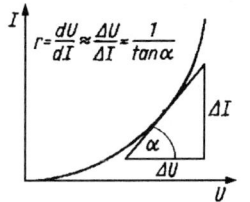

Elektrotechnik/Elektronik
2 Elektrisches Strömungsfeld

Widerstand bei Temperatur ϑ

$R_\vartheta = R_{20}\left[1 + \alpha_{20}(\vartheta - 20\,°C)\right]$ R_{20} Widerstand bei 20 °C
α_{20} Temperaturkoeffizient

Auswahl von Materialkenngrößen

	$\varkappa$ in 10^6 S/m	α_{20} in K^{-1}
Aluminium	33,3	0,0038
Kupfer	57,2	0,0039
Silber	62,5	0,0038
Gold	45,2	0,0039
Eisen	10,2	0,0066
Platin	9,5	0,0030

Bestimmung der Temperatur ϑ einer Wicklung

$\vartheta = \dfrac{R_\vartheta}{R_K}(T + \vartheta_K) - T$ R_K Widerstand bei Bezugstemperatur ϑ_K

$T = \dfrac{1}{\alpha_{20}} - 20\,°C$ R_ϑ Widerstand bei Temperatur ϑ

T Temperatur in K

Widerstand technisch bedeutsamer Anordnungen

	Widerstand R	Bemerkung
Homogenes Feld (Schichtwiderstand)	$\dfrac{d}{\varkappa A}$	d Schichtdicke
Zylinder ineinander (Kabel)	$\dfrac{1}{2\pi \varkappa l}\ln\dfrac{r_a}{r_i}$	$r_a > r_i$
Kugeln ineinander	$\dfrac{1}{4\pi\varkappa}\dfrac{r_a - r_i}{r_a r_i}$	$r_a > r_i$
Oberflächenerder (Halbkugel)	$\dfrac{1}{2\pi\varkappa r_0}$	Radius r_0
Tiefenerder (Kugel)	$\dfrac{1}{4\pi\varkappa r_0}\left(1 + \dfrac{r_0}{2h}\right)$	h Tiefe der Kugel
Rohrerder (senkrecht im Boden)	$\dfrac{1}{2\pi\varkappa l}\ln\dfrac{2l}{r}$	l Länge, r Radius des Rohres

Reihenschaltung von Widerständen

Bedingung
$I = I_1 = I_2 = \ldots = I_n$

Gesamtspannung
$U_{AB} = U_1 + U_2 + \ldots + U_n$

Gesamtwiderstand
$R_{AB} = R_1 + R_2 + \ldots + R_n$

für n gleiche Widerstände R
$R_{AB} = nR$

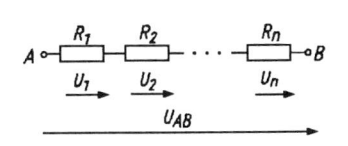

Parallelschaltung von Widerständen

Bedingung
$U = U_1 = U_2 = \ldots = U_n$

Gesamtstrom
$I_{AB} = I_1 + I_2 + \ldots + I_n$

Gesamtleitwert
$G_{AB} = G_1 + G_2 + \ldots + G_n$

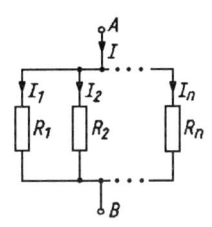

$\dfrac{1}{R_{AB}} = \dfrac{1}{R_1} + \dfrac{1}{R_2} + \ldots + \dfrac{1}{R_n}$ $\qquad R_{AB}$ Gesamtwiderstand

$R_{AB} = \dfrac{R_1 R_2}{R_1 + R_2}$ $\qquad$ 2 parallele Widerstände

$R_{AB} = \dfrac{R}{n}$ $\qquad n$ parallele Widerstände R

Stern-Dreieck-Umwandlung

$R_1 = \dfrac{R_A R_B + R_A R_C + R_B R_C}{R_A}$

$R_2 = \dfrac{R_A R_B + R_A R_C + R_B R_C}{R_B}$

$R_3 = \dfrac{R_A R_B + R_A R_C + R_B R_C}{R_C}$

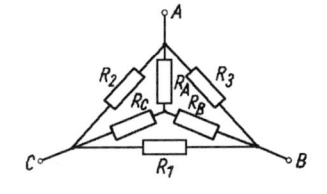

$R_A = \dfrac{R_2 R_3}{R_1 + R_2 + R_3}, \quad R_B = \dfrac{R_1 R_3}{R_1 + R_2 + R_3}, \quad R_C = \dfrac{R_1 R_2}{R_1 + R_2 + R_3}$

Elektrotechnik/Elektronik
2 Elektrisches Strömungsfeld

Berechnung von Gleichstromnetzwerken

Spannungsteilerregel ($I = I_1 = I_2$, Bedingung)

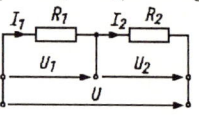

Unbelasteter Spannungsteiler

$$\frac{U_1}{U_2} = \frac{R_1}{R_2}, \quad \frac{U_2}{U} = \frac{R_2}{R_1 + R_2}$$

Belasteter Spannungsteiler

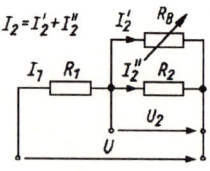

$$\frac{U_2}{U} = \frac{R_2 R_B}{R_1 R_2 + R_1 R_B + R_2 R_B}$$

Stromteilerregel

($U = U_1 = U_2$, Bedingung)

$$\frac{I_1}{I_2} = \frac{R_2}{R_1}, \quad \frac{I_2}{I} = \frac{R_1}{R_1 + R_2}$$

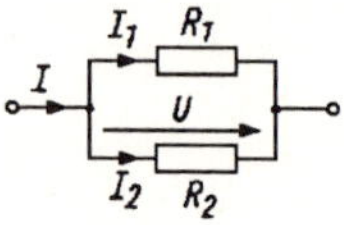

Kirchhoffsche Sätze

a) **Knotenpunktsatz**: In einem Knotenpunkt ist die vorzeichenbehaftete Summe aller Ströme gleich Null.

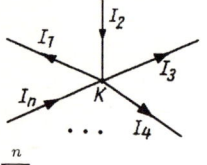

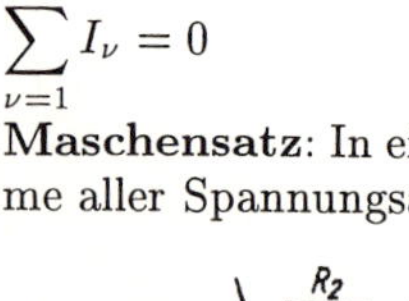

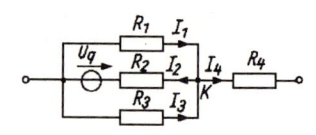

$$\sum_{\nu=1}^{n} I_\nu = 0 \qquad I_1 - I_2 + I_3 - I_4 = 0$$

b) **Maschensatz**: In einer Masche ist die vorzeichenbehaftete Summe aller Spannungsabfälle gleich Null.

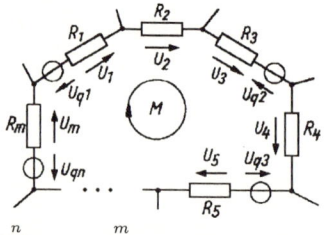

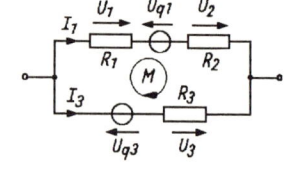

$$\sum_{\nu=1}^{n} U_{q\nu} + \sum_{\mu=1}^{m} U_\mu = 0 \qquad \begin{aligned} U_{q1} - U_{q3} &= U_1 + U_2 - U_3 \\ &= I_1(R_1 + R_2) - I_3 R_3 \end{aligned}$$

Elektrotechnik/Elektronik
2 Elektrisches Strömungsfeld

Zweigstromverfahren – Lösungsschritte:

(Berechnung mit Hilfe der Kirchhoffschen Sätze)
- Kennzeichnen der Richtung der Zweigströme
- Aufstellen der $(k-1)$ Knotenpunktgleichungen, wenn k die Zahl der Knotenpunkte ist
- Eintragen der Richtungspfeile für Quellenspannungen und der Spannungsabfälle über den Widerständen
- Aufstellen der $z-(k-1)$ Maschengleichungen

Somit ergibt sich für die Schaltung:

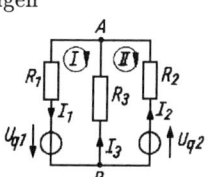

Knoten A: $\quad 0 = \qquad -I_1 + I_2 \qquad + I_3$
Masche I: $\quad 0 = -U_{q1} - I_1 R_1 \qquad\quad - I_3 R_3$
Masche II: $\quad 0 = -U_{q2} \qquad\quad - I_2 R_2 + I_3 R_3$

Ergebnis bei Berechnung von I_3 $\quad I_3 = \dfrac{U_{q2} R_1 - U_{q1} R_2}{R_1 R_2 + R_1 R_3 + R_2 R_3}$

Knotenspannungsverfahren – Lösungsschritte:

- Kennzeichnen der n Knotenpunkte, wobei dem 1. Knotenpunkt das Potential φ_A zugeordnet wird
- Festlegen der Richtungen von Zweigströmen und Quellenspannungen
- Aufstellen der Knotenpunktgleichungen
- Aufstellen der Beziehungen für die Zweigströme aus Leitwerten, Potentialdifferenzen und Quellenspannungen
- Einsetzen der Zweigstrombeziehungen in die Knotenpunktgleichungen

Womit sich für die Schaltung ergibt:
Knoten B: $0 = -I_1 + I_2 + I_3$

Zweigstrom 1:
$$I_1 = \frac{1}{R_1}(\varphi_A - \varphi_B - U_{q1})$$

Zweigstrom 2:
$$I_2 = \frac{1}{R_2}(\varphi_B - \varphi_A - U_{q2})$$

Zweigstrom 3:
$$I_3 = \frac{1}{R_3}(\varphi_B - \varphi_A)$$

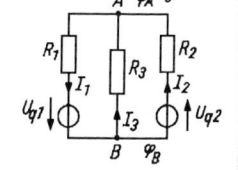

Ergebnis für Strom I_3:
$$I_3 = \frac{U_{q2} R_1 - U_{q1} R_2}{R_1 R_2 + R_1 R_3 + R_2 R_3}$$

Elektrotechnik/Elektronik
2 Elektrisches Strömungsfeld

Maschenstromverfahren – Lösungsschritte:

- Zuordnen eines Maschenstromes zu jeder der $z - (k - 1)$ unabhängigen Maschen
- Aufstellen der Maschenstromgleichungen, wobei durch einen Zweig mehrere Maschenströme fließen können
- Auflösen des Gleichungssystems und Berechnen des gesuchten Zweigstromes aus den Maschenströmen

Für die Schaltung ergibt sich:

Masche I:
$$0 = -U_{q1} \qquad + I_{I}(R_1 + R_3) + I_{II}R_1$$

Masche II:
$$0 = -U_{q1} - U_{q2} + I_{I}R_1 \qquad + I_{II}(R_1 + R_2)$$

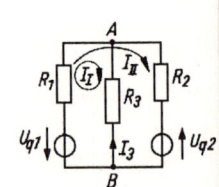

Ergebnis für Strom I_3
$$I_3 = -I_1 = \frac{U_{q2}R_1 - U_{q1}R_2}{R_1R_2 + R_1R_3 + R_2R_3}$$

Überlagerungssatz – Lösungsschritte:

- Kennzeichnen der Richtung der Zweigströme
- Entfernen aller Quellenspannungen und Ersetzen durch Kurzschlüsse bis auf eine Ausnahme
- Berechnen des Teilstromes, der von der verbleibenden Quellenspannung im interessierenden Zweig hervorgerufen wird
- Berechnen der weiteren Teilströme auf analoge Weise
- die vorzeichenbehaftete Summe der Teilströme ergibt den Strom im Zweig

Bei der Berechnung der Schaltung ergibt sich:

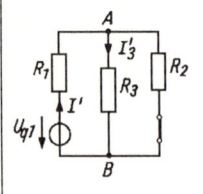

$$I_3' = \frac{U_{q1}R_2}{R_1R_2 + R_1R_3 + R_2R_3}$$

$$I_3'' = \frac{U_{q2}R_1}{R_1R_2 + R_1R_3 + R_2R_3}$$

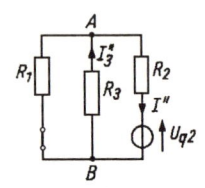

Ergebnis für Strom I_3
$$I_3 = I_3'' - I_3'$$
$$= \frac{U_{q2}R_1 - U_{q1}R_2}{R_1R_2 + R_1R_3 + R_2R_3}$$

Zweipoltheorie

Die Zweipoltheorie kann dann vorteilhaft angewendet werden, wenn in einem Netzwerk die Größen Strom oder Spannung nur an einem Bauelement von Interesse sind. Dazu wird das Netzwerk in einen aktiven und in einen passiven Zweipol unterteilt. Für den entstehenden Grundstromkreis sind die Ersatzspannung, der Ersatzinnen- und der Ersatzaußenwiderstand zu bestimmen.

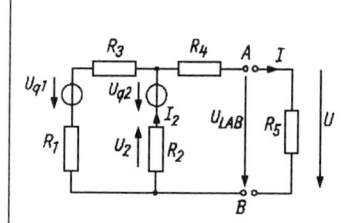

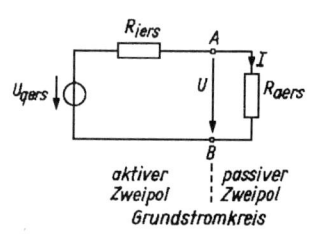

aktiver | passiver
Zweipol | Zweipol
Grundstromkreis

Ersatzspannung: $U_{\text{qers}} = U_{1AB}$ Leerlaufspannung des aktiven Zweipoles. In der Schaltung gelten:

$$U_{1AB} = U_{q2} - U_2 \quad U_2 = I_2 R_2 = \frac{U_{q2} - U_{q1}}{R_1 + R_2 + R_3} R_2 \quad \text{und}$$

$$U_{\text{qers}} = U_{1AB} = \frac{U_{q2}(R_1 + R_3) + U_{q1} R_2}{R_1 + R_2 + R_3}$$

Ersatzinnenwiderstand: $R_{\text{iers}} = R_{AB}$ Innenwiderstand des aktiven Zweipoles (Spannungsquellen durch Kurzschlüsse ersetzt)

Für die Schaltung gilt:

$$R_{\text{iers}} = R_{AB} = R_4 + \frac{R_2(R_1 + R_3)}{R_1 + R_2 + R_3}$$

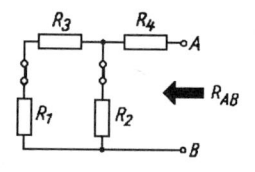

Ersatzkurzschlußstrom $\quad I_{\text{kers}} = \dfrac{U_{\text{qers}}}{R_{\text{iers}}}$

Ersatzaußenwiderstand $\quad R_{\text{aers}}$ (Widerstand des passiven Zweipoles)

In der Schaltung: $\quad R_{\text{aers}} = R_5$ (auch Widerstandskombination denkbar)

Die am Ersatzaußenwiderstand $R_{\text{aers}} = R_5$ interessierenden Größen ergeben sich aus dem Grundstromkreis.

Elektrotechnik/Elektronik
2 Elektrisches Strömungsfeld

Strom I:

$$I = \frac{U_{\text{qers}}}{R_{\text{iers}} + R_{\text{aers}}} \quad \text{bzw.} \quad I = \frac{U_{q2}(R_1 + R_3) + U_{q1}R_2}{(R_4+R_5)(R_1+R_2+R_3)+R_2(R_1+R_3)}$$

Spannung U:

$$U = \frac{U_{\text{qers}}R_{\text{aers}}}{R_{\text{iers}} + R_{\text{aers}}} \quad \text{bzw.} \quad U = IR_5$$

Ein analoges Verfahren zur Ersatzspannungsquelle ist die Berechnung mit Hilfe einer Ersatzstromquelle. Dabei ergibt sich die Struktur des aktiven Zweipoles aus der Parallelschaltung der Ersatzstromquelle I_{kers} mit dem Ersatzinnenwiderstand R_{iers}.

2.3 Energie und Leistung im Strömungsfeld

Umgesetzte Energie

$$W = UIt = I^2Rt = \frac{U^2}{R}t$$

Leistung eines Gleichstromes

$$P = \frac{W}{t} = UI = I^2R = \frac{U^2}{R}$$

Im Volumen umgesetzte Leistung

$$P = JEV = \varkappa E^2 V = \frac{J^2}{\varkappa}V$$

J elektrische Stromdichte
E elektrische Feldstärke
$\varkappa$ elektrische Leitfähigkeit

Leistungsdichte

$$\frac{P}{V} = JE = \varkappa E^2 = \frac{J^2}{\varkappa}$$

2.4 Meßtechnik bei Gleichstrom

Meßbereichserweiterung bei Drehspulinstrumenten

Bei Spannungsmessung mit seriellen Widerständen R_S

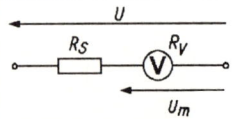

$$R_S = R_V \frac{U - U_m}{U_m}$$

Bei Strommessung mit parallelen Widerständen R_P

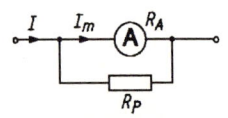

$$R_P = R_A \frac{I_m}{I - I_m}$$

Elektrotechnik/Elektronik
2 Elektrisches Strömungsfeld

Widerstandsbestimmung durch Strom-Spannungs-Messung

Stromrichtige Schaltung (Voltmeter mißt zu große Spannung)

$U_V = U + \Delta U = U + IR_A$

Spannungsrichtige Schaltung (Amperemeter mißt zu großen Strom)

$I_A = I + \Delta I = I + \dfrac{U}{R_V}$

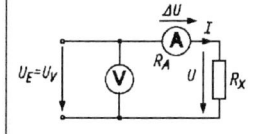

$R_X = \dfrac{U}{I}$

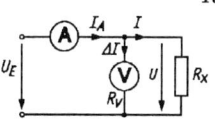

Widerstandsmessung mit Meßbrücken

Wheatstonesche Meßbrücke (für Widerstände $> 1\ \Omega$)

Thomsonsche Meßbrücke (für Widerstände $< 1\ \Omega$)

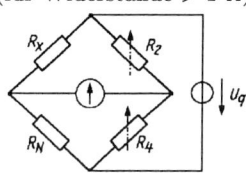

$R_X = R_N \dfrac{R_2}{R_4}$

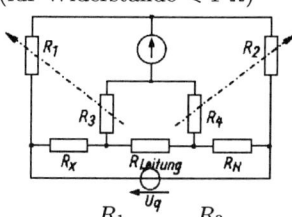

$R_X = R_N \dfrac{R_1}{R_2} = R_N \dfrac{R_3}{R_4}$

(meist $R_1 = R_3$, $R_2 = R_4$)

Messung der Leistung durch Messung von Spannung und Strom

$P = UI$ \qquad U Spannung, I Strom

Messung mit dem Wattmeter (Elektrodynamisches Meßwerk)

Stromrichtige Schaltung
$R_{WA} \ll R$ (R_{WA} Widerstand der Stromspule)

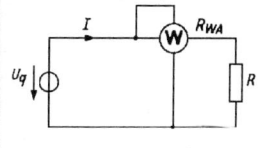

Spannungsrichtige Schaltung
$R_{WU} \gg R$ (R_{WU} Widerstand der Spannungsspule)

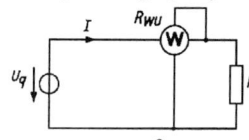

$P = U_q I - R_{WA} I^2$

$P = U_q I - \dfrac{U^2}{R_{WU}}$

3 Magnetostatisches Feld (Permanentmagnete)

3.1 Feldgrößen im magnetostatischen Feld

Magnetische Flußdichte

$B = \mu H$	H magnetische Feldstärke
$\mu = \mu_0 \mu_r$	μ Permeabilität
$\mu_0 = 1,257 \cdot 10^{-6}$ V s/(A m)	μ_0 magnetische Feldkonstante (Permeabilität des Vakuums)
	μ_r Permeabilitätszahl
$\mu_r = 10 \ldots 10^6$	ferromagnetische Stoffe (Fe, ...)
$\mu_r \leqq 3 \cdot 10^3$	ferrimagnetische Stoffe (Ferrite)

Magnetischer Fluß

$$\Phi = \int_A \vec{B}\, d\vec{A}$$

Magnetischer Widerstand

$R_m = \dfrac{V}{\Phi} = \dfrac{1}{\Lambda}$

V magnetischer Spannungsabfall
Λ magnetischer Leitwert

$R_m = \dfrac{l}{\mu A}$

Bemessungsgleichung, homogenes Feld

3.2 Magnetischer Kreis mit Permanentmagnet

Erforderliche Länge des Permanentmagneten

$$l_M = \frac{\delta_L B_L}{\mu_0 H_M}$$

B_L Flußdichte im Luftspalt
H_M Feldstärke des Magneten im Arbeitspunkt P

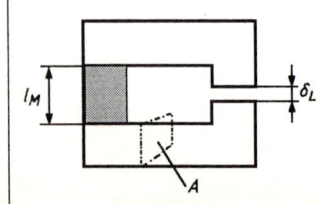

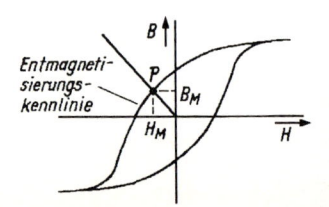

4 Magnetfeld konstanter Ströme (Gleichstrom, Induktivität)

4.1 Feldgrößen im Magnetfeld konstanter Ströme

Durchflutungsgesetz (1. Maxwellsche Gleichung)

$$\sum_{\nu=1}^{n} I_\nu = \int_A \vec{J}\,d\vec{A} = \oint_l \vec{H}\,d\vec{l} \qquad \vec{J} \text{ elektrische Stromdichte}$$

Durchflutung

$$\Theta = \oint_l H\,dl = \sum_{\nu=1}^{n} I_\nu \qquad l \text{ Länge der Magnetfeldlinie}$$

Feldstärke und Fluß im homogenen Magnetfeld

$$H = \frac{\Theta}{l}, \quad \Phi = \frac{\Theta}{R_m} = \frac{V\mu A}{l} \qquad V \text{ magnetischer Spannungsabfall}$$

Maschensatz für Magnetkreis

$$\Theta = \oint_l H\,dl = \sum_{\nu=1}^{m} H_\nu l_\nu = H_1 l_1 + H_2 l_2 + \ldots + H_m l_m$$
$$= V_1 + V_2 + \ldots + V_m$$

Magnetfelder elementarer Anordnungen

Feldstärke um und in einem geradlinigen Leiter

$$H = \frac{I}{2\pi r}$$

Feldstärke im Abstand r von der Leiterachse ($r \geqq r_0$)

$$H = \frac{Ir}{2\pi r_0^2}$$

Feldstärke im Inneren des Leiters ($r \leqq r_0$)

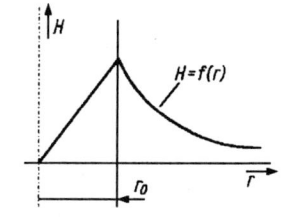

Feldstärke in einer langen Zylinderspule der Länge l

$$H = \frac{IN}{l} \qquad N \text{ Windungszahl}$$

Elektrotechnik/Elektronik
4 Magnetfeld konstanter Ströme

Feldstärke im Mittelpunkt einer kreisförmigen Leiterschleife

$$H = \frac{I}{2R}$$ R Schleifenradius

Feldstärke in einer ringförmigen Zylinderspule (Toroid)

$$H = \frac{IN}{2\pi R}$$ R mittlerer Ringradius

Anmerkung: Elektrischer Strom und magnetische Feldstärke bilden ein Rechtssystem (Rechtsschraube).

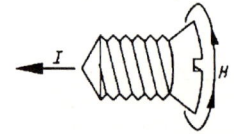

Biot-Savartsches Gesetz

$$\vec{B} = \mu\vec{H} = \frac{\mu I}{4\pi} \int_l \frac{d\vec{l} \times \vec{r}}{r^3}$$

4.2 Kräfte im Magnetfeld

Kraft auf ein Elektron im Magnetfeld

$\vec{F} = e(\vec{v} \times \vec{B})$ Die Vektoren $\vec{v}$, $\vec{B}$ und $\vec{F}$ bilden ein Rechtssystem. Im homogenen Magnetfeld ergeben sich Kreis oder Ellipse.

$F = evB\sin\alpha$ (Betrag) α Winkel zwischen $\vec{v}$ und $\vec{B}$

Kraft auf stromdurchflossenen Leiter im Magnetfeld

$$\vec{F} = I \int_l (d\vec{l} \times \vec{B})$$

$F = IlB\sin\alpha$ (Betrag) α Winkel zwischen $\vec{l}$ und $\vec{B}$

Kraft auf zwei parallele, stromdurchflossene Leiter

$F_1 = F_2 = \dfrac{\mu l I_1 I_2}{2\pi r}$ r Abstand der Leiter
l Leiterlänge (gleiche Stromrichtung – anziehend)

Kraft auf eine Grenzfläche im Magnetfeld

$\vec{F} = \dfrac{1}{2}(\mu_2 - \mu_1)\vec{H}_1\vec{H}_2 A$ Richtung zum Medium mit der kleineren Permeabilität (Elektromagnet)

Elektrotechnik/Elektronik
4 Magnetfeld konstanter Ströme

4.3 Induktivität, Gegeninduktivität

Induktivität

$L = \dfrac{\Phi}{I}$ \hspace{2em} Definitionsgleichung

$L = \dfrac{N\Phi}{I} = \dfrac{\Psi}{I}, \quad \Psi = N\Phi$ \hspace{2em} Φ magnetischer Fluß
Ψ verketteter Fluß

$L = \dfrac{N^2}{R_m} = \dfrac{N^2 \mu A}{l}$ \hspace{2em} Bemessungsgleichung

Induktivität technisch bedeutsamer Anordnungen

	Induktivität L	Bemerkung
Einlagige lange Zylinderspule	$\dfrac{\mu A N^2}{l}$	$l \gg D$, D Spulendurchmesser
Einfacher Ring	$\mu R \left(\ln \dfrac{R}{r} + \dfrac{1}{4} \right)$	r Leiterradius, R Ringradius
Konzentrisches Kabel	$\dfrac{\mu l}{2\pi} \ln \dfrac{r_a}{r_i}$	Näherung, da Induktivität des Leiters selbst nicht berücksichtigt wird
Doppelleitung $(r_1 = r_2 = r)$	$\dfrac{\mu l}{\pi} \left(\ln \dfrac{d}{r} + \dfrac{1}{4} \right)$	d Abstand der Leiter
Ringförmige Zylinderspule	$\dfrac{\mu N^2 r^2}{2R}$	R mittlerer Ringradius, $r \ll R$
Spule mit Eisenkern	$N^2 \dfrac{\mu A}{l + \mu_r \delta_L}$	δ_L Luftspalt, l Eisenweglänge

Gegeninduktivität

Definitionsgleichungen

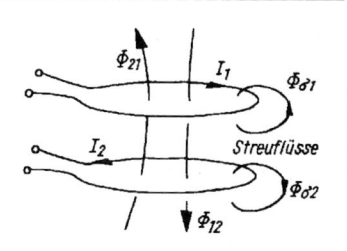

$M_{12} = \dfrac{\Phi_{12}}{I_1}$ und umgekehrt

$M_{21} = \dfrac{\Phi_{21}}{I_2}$

$M_{12} = M_{21} = M$ \hspace{2em} Umkehrungssatz

Elektrotechnik/Elektronik
5 Quasistationäres, elektromagnetisches Feld

$M = k\sqrt{L_1 L_2}$ $\qquad L_1, L_2$ Induktivität der beiden Spulen

$k = \sqrt{k_1 k_2}$ $\qquad k_1, k_2$ Koppelfaktoren

Zusammenschaltung von Induktivitäten (ohne magnetische Verkopplung untereinander)

Reihenschaltung

$L_{AB} = L_1 + L_2 + \ldots + L_n$ $\qquad$ Gesamtinduktivität L_{AB}

Parallelschaltung

$\dfrac{1}{L_{AB}} = \dfrac{1}{L_1} + \dfrac{1}{L_2} + \cdots + \dfrac{1}{L_n}$ $\qquad$ Gesamtinduktivität L_{AB}

4.4 Energie im magnetischen Feld

Im Feld gespeicherte Energie

$W = \dfrac{1}{2}BHV = \dfrac{1}{2}\mu H^2 V$ $\qquad\begin{array}{l}B \text{ magnetische Flußdichte}\\H \text{ magnetische Feldstärke}\end{array}$

Energiedichte

$w = \dfrac{1}{2}BH = \dfrac{1}{2}\mu H^2$

Im Spulenfeld gespeicherte Energie

$W = L\displaystyle\int i\,\mathrm{d}i = \dfrac{LI^2}{2} = \dfrac{\Phi^2}{2L} = \dfrac{\Phi I}{2}$ $\qquad \Phi$ magnetischer Fluß

5 Quasistationäres, elektromagnetisches Feld (Wechselstrom)

5.1 Grundlegende Zusammenhänge bei periodischen Größen

Frequenz, Kreisfrequenz

$f = \dfrac{1}{T}, \; \omega = 2\pi f$ $\qquad T$ Periodendauer

Elektrotechnik/Elektronik
5 Quasistationäres, elektromagnetisches Feld

Phasenverschiebung zwischen Spannung und Strom

$\varphi = \varphi_u - \varphi_i$

φ_u Phasenwinkel der Spannung
φ_i Phasenwinkel des Stromes

Mittelwert einer Spannung

$$\overline{u} = \frac{1}{T} \int_0^T u(t)\,dt$$

Effektivwert einer Spannung (quadratischer Mittelwert)

$$U = \sqrt{\frac{1}{T} \int_0^T u^2(t)\,dt}$$

Gleichrichtwert einer Spannung

$$\overline{|u|} = \frac{1}{T} \int_0^T |u(t)|\,dt$$

Scheitelfaktor

$\xi = \dfrac{\hat{u}}{U}$ $\qquad$ $\hat{u}$ Scheitelwert

Formfaktor

$F = \dfrac{U}{\overline{|u|}}$

$\xi = \sqrt{2}$ und $F = 1{,}11$ $\qquad$ für sinusförmige Größen

---

Strom-Spannungs-Beziehungen an den Grundschaltelementen

im Zeitbereich

$u_R = R i_R, \qquad u_L = L \dfrac{di_L}{dt}, \qquad u_C = \dfrac{1}{C} \int i_C\,dt$

Elektrotechnik/Elektronik
5 Quasistationäres, elektromagnetisches Feld

im Bildbereich (ruhende Zeiger, komplexe Effektivwerte)

$$\underline{U}_R = R\underline{I}_R, \qquad \underline{U}_L = j\omega L \underline{I}_L \qquad \underline{U}_C = \frac{1}{j\omega C}\underline{I}_C$$

Impedanz (komplexer Widerstand)

$$\underline{Z} = \frac{\underline{U}}{\underline{I}} = \frac{U}{I}e^{j\varphi} = Ze^{j\varphi} = R + jX \qquad \begin{array}{l}\text{Wirkwiderstand } R \text{ (Resistanz)} \\ \text{Blindwiderstand } X \text{ (Reaktanz)}\end{array}$$

Scheinwiderstand

$$Z = \sqrt{R^2 + X^2} = \frac{U}{I} = \frac{\hat{u}}{\hat{i}} \qquad \text{Betrag der Impedanz}$$

$$Z = R \qquad Z = \omega L = X_L \qquad Z = \frac{1}{\omega C} = X_C$$

Admittanz (komplexer Leitwert)

$$\underline{Y} = \frac{\underline{I}}{\underline{U}}$$
$$= \frac{I}{U}e^{-j\varphi} = Ye^{-j\varphi} = G + jB \qquad \begin{array}{l}\text{Wirkleitwert } G \text{ (Konduktanz)} \\ \text{Blindleitwert } B \text{ (Suszeptanz)}\end{array}$$

Scheinleitwert

$$Y = \sqrt{G^2 + B^2} = \frac{I}{U} = \frac{\hat{i}}{\hat{u}}$$

$$Y = \frac{1}{R} = G \qquad Y = \frac{1}{\omega L} = B_L \qquad Y = \omega C = B_C$$

Phasenwinkel von Impedanz bzw. Admittanz

$$\varphi = \arctan\frac{X}{R} \text{ bzw. } \varphi = -\arctan\frac{B}{G}$$

5.2 Zusammenschaltung von Grundschaltelementen

Reale Spule (Reihenschaltung von R und L)

$U_{RL} = R_L I, \quad U_L = \omega L I$

$\underline{U}_{LR} = \underline{U}_{RL} + \underline{U}_L$

$\underline{Z} = R_L + j\omega L$

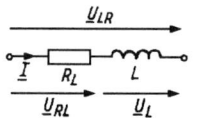

R_L ohmscher Widerstand der Wicklung
L Induktivität der Spule

Spannung über der Spule

$U_{LR} = \sqrt{U_{RL}^2 + U_L^2} = I\sqrt{R_L^2 + (\omega L)^2} = IZ$

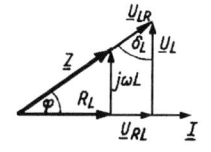

Phasenwinkel

$\varphi = \arctan \dfrac{U_L}{U_{RL}} = \arctan \dfrac{\omega L I}{R_L I} = \arctan \dfrac{\omega L}{R_L}$

Verlustwinkel einer Spule

$\delta_L = \arctan \dfrac{R_L}{\omega L}$

Verlustfaktor einer Spule

$d_L = \tan \delta_L$

Realer Kondensator (Parallelschaltung von R und C)

$I_{RC} = \dfrac{U}{R_C} = G_C U, \quad I_C = \omega C U$

$\underline{I}_{CR} = \underline{I}_{RC} + \underline{I}_C$

$\underline{Y} = G_C + j\omega C$

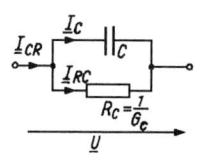

Strom durch den Kondensator

$I_{CR} = \sqrt{I_{RC}^2 + I_C^2}$
$= U\sqrt{G_C^2 + (\omega C)^2} = UY$

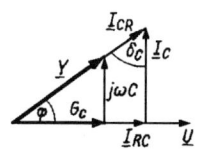

Phasenwinkel

$\varphi = -\arctan \dfrac{I_C}{I_{RC}} = -\arctan \dfrac{\omega C U}{G_C U} = -\arctan \dfrac{\omega C}{G_C}$

Verlustwinkel eines Kondensators

$\delta_C = \arctan \dfrac{G_C}{\omega C}$

Elektrotechnik/Elektronik
5 Quasistationäres, elektromagnetisches Feld

Verlustfaktor eines Kondensators

$d_C = \tan \delta_C$

Gegenseitige Umrechnung Reihen- und Parallelschaltung

$$R_r = \frac{G_p}{G_p^2 + B_p^2}$$

$$X_r = -\frac{B_p}{G_p^2 + B_p^2}$$

$$G_p = \frac{R_r}{R_r^2 + X_r^2}$$

$$B_p = -\frac{X_r}{R_r^2 + X_r^2}$$

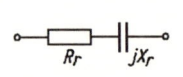

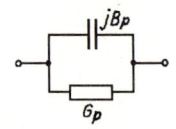

Komplexer Spannungsteiler

$$\frac{\underline{U}_1}{\underline{U}_2} = \frac{\underline{Z}_1}{\underline{Z}_2}, \quad \frac{\underline{U}_2}{\underline{U}} = \frac{\underline{Z}_2}{\underline{Z}_1 + \underline{Z}_2}$$

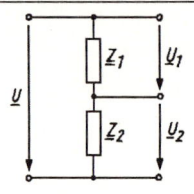

Komplexer Stromteiler

$$\frac{\underline{I}_1}{\underline{I}_2} = \frac{\underline{Z}_2}{\underline{Z}_1}, \quad \frac{\underline{I}_2}{\underline{I}} = \frac{\underline{Z}_1}{\underline{Z}_1 + \underline{Z}_2}$$

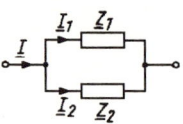

Frequenzunabhängiger Spannungsteiler

Bedingung: $R_1 C_1 = R_2 C_2$

$$\frac{\underline{U}_2}{\underline{U}} = \frac{R_2}{R_1 + R_2}, \quad \varphi_2 = 0$$

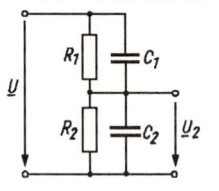

Wienscher Teiler

Maximales Teilungsverhältnis ergibt sich mit

$C_1 = C_2 = C, \ R_1 = R_2 = R$

bei $\omega = \omega_0 = \dfrac{1}{RC}$ zu

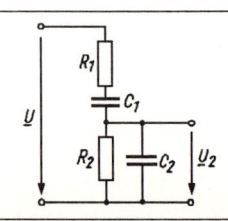

5 Quasistationäres, elektromagnetisches Feld

$$\frac{U_2}{U} = \frac{1}{\sqrt{9 + \left(\dfrac{\omega}{\omega_0} - \dfrac{\omega_0}{\omega}\right)}} \qquad \varphi_2 = -\arctan \frac{\dfrac{\omega}{\omega_0} - \dfrac{\omega_0}{\omega}}{3}$$

Mehrstufiger Spannungsteiler

$$\frac{\underline{U}_4}{\underline{U}_1} = \frac{\underline{U}_4}{\underline{U}_2}\frac{\underline{U}_2}{\underline{U}_1}$$

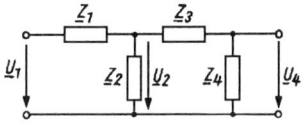

$$= \frac{\underline{Z}_2 \underline{Z}_4}{\underline{Z}_1(\underline{Z}_2 + \underline{Z}_3 + \underline{Z}_4) + \underline{Z}_2(\underline{Z}_3 + \underline{Z}_4)}$$

Doppelte RC-Kombination zur 90°-Phasendrehung

Allgemein

$$\frac{\underline{U}_2}{\underline{U}_1} = \mathrm{j}\,\frac{\omega C R^2}{3R + \mathrm{j}\left(\omega C R^2 - \dfrac{1}{\omega C}\right)}$$

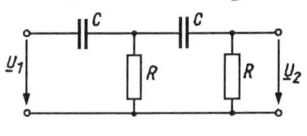

und speziell für $\varphi = 90°$ mit

$\omega C R^2 - \dfrac{1}{\omega C} = 0 \to R = \dfrac{1}{\omega C}$ folgt

$\dfrac{U_2}{U_1} = \dfrac{1}{3}$, $\varphi_{21} = \dfrac{\pi}{2}$

Dreistufige RC-Kombination (180°-Phasendrehung)

Bedingung: $R = \dfrac{1}{\sqrt{6}\,\omega C}$

$\dfrac{U_2}{U_1} = \dfrac{1}{29}$, $\varphi_{21} = \pi$

Tiefpaß

$$\frac{\underline{U}_2}{\underline{U}_1} = \frac{1}{1 + \mathrm{j}\omega C R}, \qquad \frac{U_2}{U_1} = \frac{1}{\sqrt{1 + (\omega C R)^2}}$$

$\varphi_{21} = -\arctan(\omega C R)$

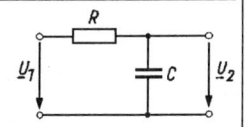

Bei $f_\mathrm{g} = \dfrac{1}{2\pi C R}$ ist $\qquad f_\mathrm{g}$ Grenzfrequenz

$\dfrac{U_2}{U_1} = \dfrac{1}{\sqrt{2}}$, $\varphi_{21} = -\dfrac{\pi}{4}$

Elektrotechnik/Elektronik
5 Quasistationäres, elektromagnetisches Feld

Hochpaß

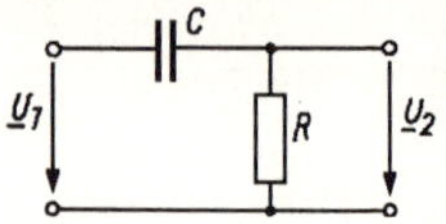

$$\frac{\underline{U}_2}{\underline{U}_1} = \frac{j\omega CR}{1 + j\omega CR}, \quad \frac{U_2}{U_1} = \frac{\omega CR}{\sqrt{1 + (\omega CR)^2}}$$

$\varphi_{21} = \arctan \dfrac{1}{\omega CR}$

Bei $f_g = \dfrac{1}{2\pi CR}$ ist $\dfrac{U_2}{U_1} = \dfrac{1}{\sqrt{2}}$, $\varphi_{21} = \dfrac{\pi}{4}$

Schwingkreise

Reihenschwingkreis	Resonanzfrequenz	Parallelschwingkreis
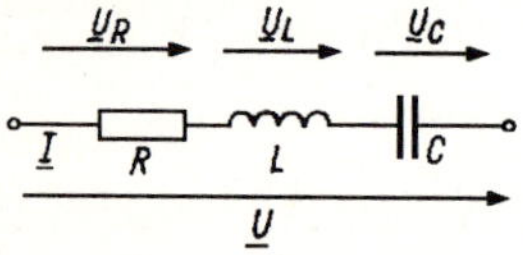	$f_0 = \dfrac{1}{2\pi\sqrt{LC}}$	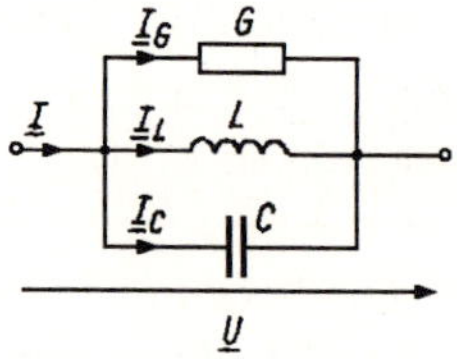
$\underline{Z} = R + j\left(\omega L - \dfrac{1}{\omega C}\right)$	für $f = f_0$	$\underline{Y} = G + j\left(\omega C - \dfrac{1}{\omega L}\right)$
$Z = \sqrt{R^2 + \left(\omega L - \dfrac{1}{\omega C}\right)^2}$	$Z_0 = R$, $Y_0 = G$	$Y = \sqrt{G^2 + \left(\omega C - \dfrac{1}{\omega L}\right)^2}$
$\varphi = \arctan \dfrac{\omega L - \dfrac{1}{\omega C}}{R}$	$\varphi = 0$	$\varphi = -\arctan \dfrac{\omega C - \dfrac{1}{\omega L}}{G}$
$\underline{U} = \underline{U}_R + \underline{U}_L + \underline{U}_C$	$U = U_R$ $I = I_G$	$\underline{I} = \underline{I}_G + \underline{I}_C + \underline{I}_L$
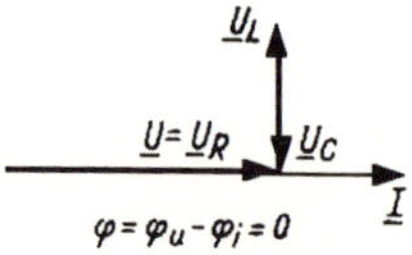	$\omega_0 = 2\pi f_0$	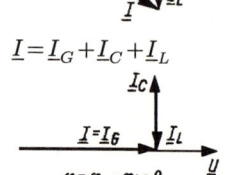

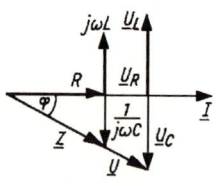

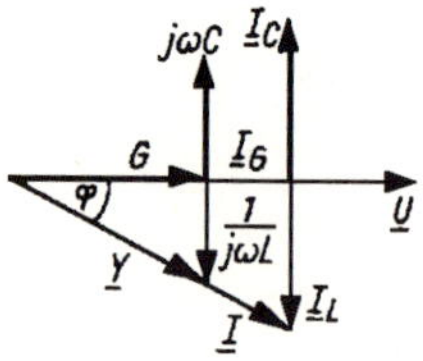

$\varphi = \varphi_u - \varphi_i = 0$

Elektrotechnik/Elektronik
5 Quasistationäres, elektromagnetisches Feld

$$\omega_{\pm 45} = \sqrt{\frac{1}{LC} + \left(\frac{R}{2L}\right)^2} \pm \frac{R}{2L} \quad \text{45°-Frequenz} \quad \omega_{\pm 45} = \sqrt{\frac{1}{LC} + \left(\frac{G}{2C}\right)^2} \pm \frac{G}{2C}$$

$$Q = \frac{\omega_0 L}{R} = \frac{1}{\omega_0 CR} = \frac{1}{R}\sqrt{\frac{L}{C}} \quad \text{Kreisgüte} \quad Q = \frac{\omega_0 C}{G} = \frac{1}{\omega_0 LG} = \frac{1}{G}\sqrt{\frac{C}{L}}$$

$$B = \frac{1}{2\pi}(\omega_{+45} - \omega_{-45}) = \frac{1}{2\pi}\frac{R}{L} \quad \text{Bandbreite} \quad B = \frac{1}{2\pi}\frac{G}{C}$$

$$\frac{B}{f_0} = \frac{\omega_{+45} - \omega_{-45}}{\omega_0} = \frac{R}{\omega_0 L} \quad \text{relative Bandbreite} \quad \frac{B}{f_0} = \frac{G}{\omega_0 C}$$

Verstimmung im Reihen- bzw. Parallelschwingkreis

$$v = \frac{\omega}{\omega_0} - \frac{\omega_0}{\omega}$$

5.3 Drehstrom

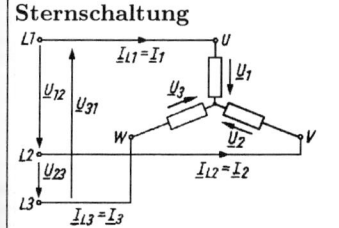

Sternschaltung **Dreieckschaltung**

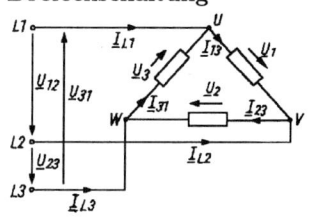

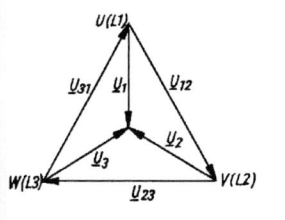

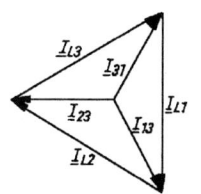

Außenleiterspannung zu Strangspannung

$U_{12} = \sqrt{3}\, U_1$ $\qquad\qquad\qquad\qquad$ $U_{12} = U_1$

Außenleiterstrom zu Strangstrom

$I_{L1} = I_1$ $\qquad\qquad\qquad\qquad$ $I_{L1} = \sqrt{3}\, I_{12}$

Elektrotechnik/Elektronik
5 Quasistationäres, elektromagnetisches Feld

5.4 Leistung bei Wechsel- und Drehstrom

Wechselstrom

Wirkleistung

$P = UI \cos\varphi$ $\qquad\qquad\qquad\varphi$ Phasenwinkel

Blindleistung **Scheinleistung**

$Q = UI \sin\varphi$ $\qquad\qquad\qquad S = UI = \sqrt{P^2 + Q^2}$

Leistung an den Grundschaltelementen

	Widerstand	Induktivität	Kapazität
Wirkleistung	$P = I^2 R = \dfrac{U^2}{R}$	$P = 0$	$P = 0$
Blindleistung	$Q = 0$	$Q = I^2 \omega L = \dfrac{U^2}{\omega L}$	$Q = -\dfrac{I^2}{\omega C} = -U^2 \omega C$
Scheinleistung	$S = P$	$S = Q$	$S = Q$

Drehstrom (symmetrisch)

Wirkleistung

$P = \sqrt{3}\, U_{12} I_{L1} \cos\varphi$

Blindleistung

$Q = \sqrt{3}\, U_{12} I_{L1} \cos\varphi$

Scheinleistung

$S = \sqrt{3}\, U_{12} I_{L1} = \sqrt{P^2 + Q^2}$

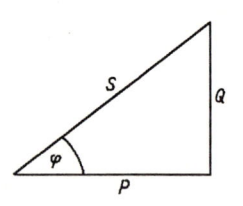

Leistungsfaktor

$\cos\varphi = \dfrac{P}{S}$

Wirkungsgrad

$\eta = \dfrac{P_{\text{ab}}}{P_{\text{zu}}}$ $\qquad\qquad P_{\text{ab}}$ abgegebene Wirkleistung
$\qquad\qquad\qquad\qquad\ P_{\text{zu}}$ zugeführte Wirkleistung

Geleistete Arbeit

$W = Pt$

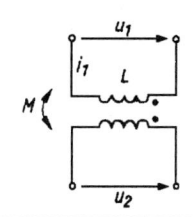

5 Quasistationäres, elektromagnetisches Feld

5.5 Induktionsgesetz

Ruheinduktion

$$e = u_q = -\int_A \frac{\partial \vec{B}}{\partial t} \, d\vec{A}$$

$\vec{B}$ magnetische Flußdichte

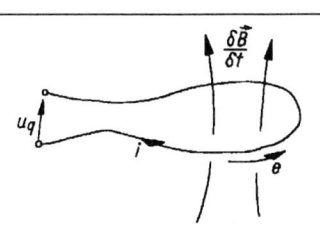

Bewegungsinduktion

$$e = u_q = \oint_l (\vec{v} \times \vec{B}) \, d\vec{l}$$

$\vec{v}$ Geschwindigkeit des Leiters

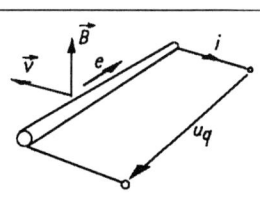

Induktionsgesetz (2. Maxwellsche Gleichung)

$$e = u_q = -\int_A \frac{\partial \vec{B}}{\partial t} \, d\vec{A} + \oint_l (\vec{v} \times \vec{B}) \, d\vec{l}$$

Induzierte Quellenspannung (Spule mit N Windungen)

$$u_q = N \frac{d\Phi}{dt} \qquad \Phi \text{ magnetischer Fluß}$$

Induzierte Quellenspannung (Läuferstab im Magnetfeld)

$$u_q = vBl \qquad l \text{ Stablänge}$$

Induzierte Quellenspannung (drehende Leiterschleife)

$$u_q = 2vBl \sin\alpha = 2\omega rBl \sin\alpha \qquad \begin{array}{l} l \text{ Spulenlänge} \\ r \text{ Spulenradius} \end{array}$$

Konzentrierte Elemente

Selbstinduktion im Kreis 1

$$u_1 = L \frac{di_1}{dt}, \quad i_2 = 0$$

Gegeninduktion im Kreis 2

$$u_2 = M \frac{di_1}{dt}$$

Elektrotechnik/Elektronik
5 Quasistationäres, elektromagnetisches Feld

Selbst- und Gegeninduktion im Kreis 1

$u_1 = L\dfrac{di_1}{dt} - M\dfrac{di_2}{dt}, \quad i_2 \neq 0$ 	L Induktivität
M Gegeninduktivität

5.6 Schaltvorgänge

Aufladevorgang mit Kapazität C und seriellem Widerstand R

Spannung über der Kapazität C

$u_C(t) = U_q \left(1 - e^{-\frac{t}{\tau}}\right)$ 	U_q Spannungssprung
$\tau = RC$ Zeitkonstante

mit $u_C(t=0) = 0$

$u_C(t) = (U_q - U_0)\left(1 - e^{-\frac{t}{\tau}}\right)$ 	U_0 Anfangsspannung von C

Aufladestrom

$i_C(t) = \dfrac{U_q}{R} e^{-\frac{t}{\tau}}$ 	R Innenwiderstände der Schaltungen, von den Klemmen der Kapazität gesehen
$i_R(t) = i_C(t)$

Entladevorgang mit Kapazität C und seriellem Widerstand R

Spannung über der Kapazität C

$u_C(t) = U_0 e^{-\frac{t}{\tau}}$ 	U_0 Anfangsspannung über C

Entladestrom

$i_C(t) = -\dfrac{U_0}{R} e^{-\frac{t}{\tau}}, \quad i_C(t) = i_R(t)$

Einschaltvorgang mit Induktivität L und seriellem Widerstand R_E

Strom, Spannung, Zeitkonstante

$i_L(t) = \dfrac{U_q}{R_E}\left(1 - e^{-\frac{t}{\tau}}\right)$ 	U_q Spannungssprung

$u_L(t) = U_q e^{-\frac{t}{\tau}}, \quad \tau = \dfrac{L}{R_E}$

Elektrotechnik/Elektronik

5 Quasistationäres, elektromagnetisches Feld

Ausschaltvorgang mit Induktivität L und seriellem Widerstand R_A

$i_L(t) = \dfrac{U_q}{R_E} e^{-\frac{t}{\tau}}$

$u_L(t) = -\dfrac{U_q R_A}{R_E} e^{-\frac{t}{\tau}}, \; \tau = \dfrac{L}{R_A}$

$\dfrac{U_q}{R_E} = I_L$ Strom im Abschaltmoment

Maximale Spannung an einer Induktivität bei Stromunterbrechung

$U_{\max} = \dfrac{U_q R_A}{R_E} = I_L R_A$

R_A, R_E Innenwiderstände der Schaltungen, von den Klemmen der Induktivität gesehen

5.7 Kenngrößen von periodischen Vorgängen mit Oberwellenanteil

Mittelwert (Gleichanteil)

$C_0 = \dfrac{1}{T} \displaystyle\int_0^T f(t)\, dt$

Effektivwert der Mischgröße

$C = \sqrt{\dfrac{1}{T} \displaystyle\int_0^T f^2(t)\, dt}$

$ = \sqrt{C_0^2 + \displaystyle\sum_{v=1}^{\infty} C_v^2} = \sqrt{C_0^2 + C_w^2}$

C_v Effektivwerte existierender Oberwellen
C_w Effektivwert des Wechselanteils

Schwingungsgehalt der Mischgröße

$S = \dfrac{C_w}{C}$

Grundschwingungsgehalt des Wechselanteils

$g = \dfrac{C_1}{C_w}$

C_1 Effektivwert der Grundschwingung

Elektrotechnik/Elektronik
5 Quasistationäres, elektromagnetisches Feld

Klirrfaktor – Oberschwingungsgehalt des Wechselanteils

$$k = \frac{\sqrt{\sum_{v=2}^{\infty} C_v^2}}{C_\mathrm{w}} = \sqrt{\sum_{v=2}^{\infty} k_v^2}$$

Klirrkoeffizient für die v-te Oberschwingung

$$k_v = \frac{C_v}{C_\mathrm{w}}$$

Welligkeit der Mischgröße

$$w = \frac{C_\mathrm{w}}{C_0}$$

Wirkleistung einer Mischgröße (Wirkleistung aller Anteile)

$$P = \frac{1}{T}\int_0^T u i \, \mathrm{d}t = U_0 I_0 + \sum_{v=1}^{\infty} U_v I_v \cos(\varphi_{uv} - \varphi_{iv})$$

5.8 Meßtechnik bei Wechsel- und Drehstrom

Leistungsmessung bei Einphasenwechselstrom

Die Leistungsmessung bei Einphasenwechselstrom ist analog zu der bei Gleichstrom. Wegen der zeitveränderlichen Meßgröße ist allerdings hier der Einsatz von Stromwandlern zur Meßbereichserweiterung möglich und wegen der Induktivität der Strommeßspule auch erforderlich.

Anzeige des Wattmeters

$P = c_\mathrm{w} c \alpha$

c_w Wandlerkonstante
c Wattmeterkonstante
α Skalenteile

Leistungsmessung bei Drehstrom

Symmetrisch belastet	Unsymmetrisch belastet

4-Leiter-System

(Schaltbild: L1, L2, L3, N mit Wattmeter P_NL) $P = 3 P_\mathrm{NL}$	$P = P_\mathrm{NL1} + P_\mathrm{NL2} + P_\mathrm{NL3}$ (3 Wattmeter)

Elektrotechnik/Elektronik
5 Quasistationäres, elektromagnetisches Feld

Symmetrisch belastet	Unsymmetrisch belastet

3-Leiter-System

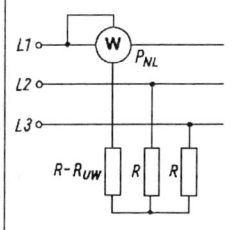

$P = 3P_{NL}$ $P = P_1 + P_2 + P_3$

Aronschaltung: 3 Leiter, beliebige Last

Wirkleistung des Gesamtsystems

$P = c(\alpha_1 + \alpha_2)$

α_1, α_2 vorzeichenbehaftet, bei $|\varphi| > 60°$ wird α_1 oder α_2 negativ (Umpolung erforderlich)

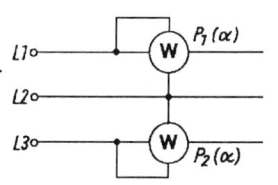

Blindleistungsmessung im symmetrischen Netz

$Q = 3Q_1$

Bei unsymmetrischer Last ist auch hier eine Messung mit einem Wattmeter je Strang erforderlich.

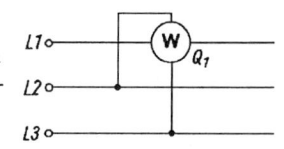

Wechselstrommeßbrücken

$$\frac{\underline{Z}_X}{\underline{Z}_2} = \frac{\underline{Z}_3}{\underline{Z}_4}$$

allgemeine Abgleichbedingung für Wechselstrommeßbrücken

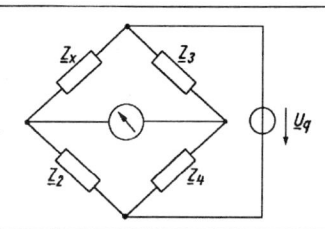

Elektrotechnik/Elektronik
6 Nichtstationäres elektromagnetisches Feld

Wien-Brücke zur Kapazitätsmessung

mit $R_3 = R_4$

$$C_X = C_2 + \frac{1}{\omega^2 R_2^2 C_2}$$

$$R_X = \frac{R_2}{1 + (R_2 C_2 \omega)^2}$$

und zur Frequenzmessung mit

$C_X = C_2 = C, \quad R_X = R_2 = R, \quad R_3 = 2R_4$

$\omega = \dfrac{1}{RC}$ bzw. $f = \dfrac{1}{2\pi RC}$

Maxwell-Wien-Brücke zur Induktivitätsmessung

$$L_X = R_2 R_3 C_4$$

$$R_X = \frac{R_2 R_3}{C_4}$$

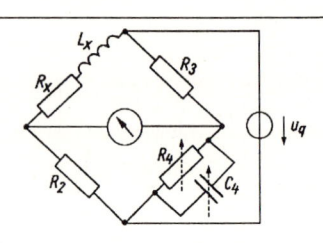

---

6 Nichtstationäres elektromagnetisches Feld (Wellenfeld)

Lichtgeschwindigkeit im Vakuum

$c_0 = 2,99792458 \cdot 10^8 \, \dfrac{\mathrm{m}}{\mathrm{s}}$

Wellenwiderstand im Vakuum

$Z_0 = \sqrt{\dfrac{\mu_0}{\varepsilon_0}} = 376,73 \, \Omega$

Charakteristische Größen der ebenen Wellen

	Vakuum	Isolator	Leiter
Phasengeschwindigkeit c_0 v_{ph}		$\dfrac{c_0}{\sqrt{\varepsilon_r \mu_r}}$	$\sqrt{\dfrac{2\omega}{\varkappa\mu}}$
Wellenwiderstand Z	Z_0	$Z_0 \sqrt{\dfrac{\mu_r}{\varepsilon_r}} \left(1 + j\dfrac{\varkappa}{2\omega\varepsilon}\right)$	$(1+j)\sqrt{\dfrac{\mu\omega}{2\varkappa}}$
Wellenlänge λ	$\dfrac{c_0}{f}$	$\dfrac{c_0}{f\sqrt{\varepsilon_r \mu_r}}$	$\dfrac{2\pi}{\sqrt{\omega\varkappa\mu/2}}$

7 Elektronik

7.1 Transistorgrundschaltungen

Charakteristische dynamische Eigenschaften am Beispiel des **Bipolartransistors**

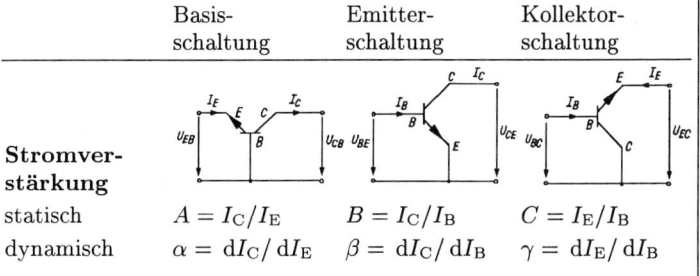

	Basisschaltung	Emitterschaltung	Kollektorschaltung
Stromverstärkung			
statisch	$A = I_C/I_E$	$B = I_C/I_B$	$C = I_E/I_B$
dynamisch	$\alpha = dI_C/dI_E$	$\beta = dI_C/dI_B$	$\gamma = dI_E/dI_B$

Bei Berücksichtigung von Generatorinnenwiderstand R_G am Eingang und Belastungswiderstand R_L am Ausgang ergeben sich folgende Richtwerte, die von weiteren Beschaltungen (z. B. Basisspannungsteiler) beeinflußt werden.

Eingangswiderstand	$Z_{1B} \approx r_{BE}/\beta$ klein ($50\ldots200\ \Omega$)	$Z_{1E} = r_{BE}$ mittel ($0{,}4\ldots5\ \text{k}\Omega$)	$Z_{1C} \approx \beta R_L$ groß ($0{,}1\ldots0{,}5\ \text{M}\Omega$)
Ausgangswiderstand	$Z_{2B} \approx \beta r_{CE}$ groß ($20\ldots200\ \text{k}\Omega$)	$Z_{2E} = r_{CE}$ mittel ($1\ldots10\ \text{k}\Omega$)	$Z_{2C} \approx (r_{BE} + R_G/\beta)$, klein ($100\ldots500\ \Omega$)
Stromverstärkung V_i	$\alpha \approx \beta/(\beta+1)$ klein (≈ 1)	$V_i = \beta$ groß ($20\ldots500$)	$\gamma \approx \beta+1$ groß ($20\ldots500$)
Spannungsverstärkung V_u	groß ($10\ldots500$)	groß ($10\ldots500$)	klein (≈ 1)
Leistungsverstärkung V_p	mittel	sehr groß	klein
Grenzfrequenz	hoch	niedrig	niedrig
Phasenverschiebung	0	180°	0

Feldeffekt- oder Unipolartransistoren (FET)

Die Ansteuerung erfolgt leistungslos mit einem elektrischen Feld. Damit ist der nahezu unendlich große Eingangswiderstand verbunden. Die Ansteuerung mit unterschiedlicher Spannung U_{GS} führt zu:

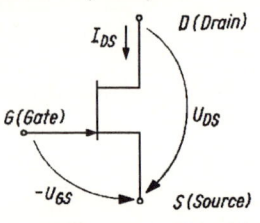

Sperrschicht-Feldeffekttransistor (n-Kanal)

Linearer Bereich (ohmscher Bereich)

Abschnürbereich (Sättigungsbereich)

Ansteuerbedingung

$U_{DS} < U_{GS} - U_P$

$U_{DS} > U_{GS} - U_P$

U_P Schwellspannung

Übertragungskennlinie

$I_{DS} = \frac{I_{DSS}}{U_P^2}\left[2(U_{GS}-U_P)U_{DS}-U_{DS}^2\right]$

$I_{DS} = I_{DSS}\left(1 - \dfrac{U_{GS}}{U_P}\right)^2$

I_{DSS} Drainstrom bei $U_{GS} = 0$

Anwendung als steuerbarer Widerstand

$R_{DS} = \dfrac{U_P^2}{2I_{DSS}(U_{GS} - U_P)}$
$= f(U_{GS})$

Verstärkerschaltung Steilheit

$S = \dfrac{2I_{DSS}}{U_P^2}(U_{GS} - U_P)$

$U_{DS} = \text{const}$

Differentieller Ausgangswiderstand

$r_{DS} = dU_{DS}/dI_D$

$U_{GS} = \text{const}$

Vorrangig genutzte Schaltungsvarianten

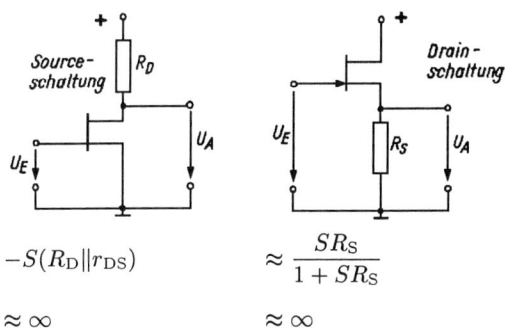

Sourceschaltung / *Drainschaltung*

	Sourceschaltung	Drainschaltung
Spannungsverstärkung V_u	$-S(R_D \| r_{DS})$	$\approx \dfrac{SR_S}{1+SR_S}$
Eingangswiderstand r_E	$\approx \infty$	$\approx \infty$
Ausgangswiderstand r_A	$R_D \| r_{DS}$	$R_D \| 1/S$

7.2 Vierpolparameter

Die Beschreibung ist in Widerstands- ($\underline{Z}$), Leitwert- ($\underline{Y}$), Ketten- ($\underline{A}$) bzw. Hybridform ($\underline{H}$) möglich. Letztere gibt die physikalischen Gegebenheiten am Vierpol wieder.

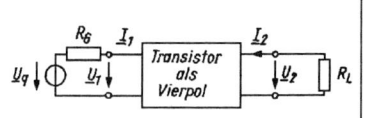

Vierpolgleichungen in Hybridform

$\underline{U}_1 = \underline{H}_{11}\underline{I}_1 + \underline{H}_{12}\underline{U}_2$

$\underline{I}_2 = \underline{H}_{21}\underline{I}_1 + \underline{H}_{22}\underline{U}_2$

Koeffizientendeterminante

$\Delta \underline{H} = \underline{H}_{11}\underline{H}_{22} - \underline{H}_{12}\underline{H}_{21}$

Eingangskurzschlußwiderstand

$\underline{H}_{11} = \left(\dfrac{\underline{U}_1}{\underline{I}_1}\right)_{\underline{U}_2=0}$

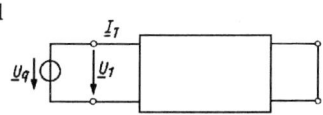

Elektrotechnik/Elektronik
7 Elektronik

Leerlauf-Spannungsübersetzung, rückwärts

$$\underline{H}_{12} = \left(\frac{\underline{U}_1}{\underline{U}_2}\right)_{\underline{I}_1=0}$$

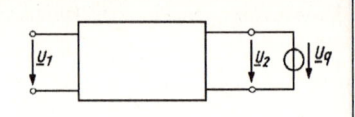

Kurzschluß-Stromübersetzung, vorwärts

$$\underline{H}_{21} = \left(\frac{\underline{I}_2}{\underline{I}_1}\right)_{\underline{U}_2=0}$$

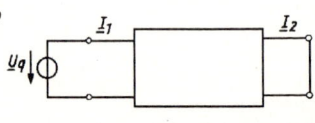

Ausgangsleerlaufleitwert

$$\underline{H}_{22} = \left(\frac{\underline{I}_2}{\underline{U}_2}\right)_{\underline{I}_1=0}$$

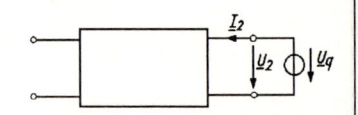

Statische Steilheit

$$S = \frac{\underline{H}_{21}}{\underline{H}_{11}} = \left.\frac{\underline{I}_2}{\underline{U}_1}\right|_{\underline{U}_2=0}$$

Einfluß der Eingangsspannung auf den Ausgangsstrom

Differentieller Innenwiderstand

$$r_i = \frac{\underline{H}_{11}}{\Delta\underline{H}} = \left.\frac{\underline{U}_2}{\underline{I}_2}\right|_{\underline{U}_1=0}$$

Technischer Durchgriff

$$D = \frac{\Delta\underline{H}}{\underline{H}_{21}} = \left.-\frac{\underline{U}_1}{\underline{U}_2}\right|_{\underline{I}_2=0}$$

Einfluß der Eingangsspannung auf die Spannung am Ausgang

Eingangswiderstand

$$\underline{Z}_1 = \frac{\underline{U}_1}{\underline{I}_1} = \frac{\underline{H}_{11} + \Delta\underline{H}R_L}{1 + \underline{H}_{22}R_L}$$

Ausgangswiderstand

$$\underline{Z}_2 = \frac{\underline{U}_2}{\underline{I}_2} = \frac{\underline{H}_{11} + R_G}{\Delta\underline{H} + \underline{H}_{22}R_G}$$

Spannungsverstärkung

$$V_u = \frac{\underline{U}_2}{\underline{U}_1} = -\frac{\underline{H}_{21}R_L}{\underline{H}_{11} + \Delta\underline{H}R_L}$$

Stromverstärkung

$$V_i = \frac{\underline{I}_2}{\underline{I}_1} = \frac{\underline{H}_{21}}{1 + \underline{H}_{22}R_L}$$

Übertragungsfaktor

$$V_p = \frac{\underline{U}_2\underline{I}_2}{\underline{U}_1\underline{I}_1} = \frac{|\underline{H}_{21}|^2 R_L}{(1 + \underline{H}_{22}R_L)(\underline{H}_{11} + \Delta\underline{H}R_L)}$$

Elektrotechnik/Elektronik

7 Elektronik

Leistungsverstärkung bei Anpassung am Eingang

$$V_{\text{pmax}} = \frac{4\underline{H}_{21}^2 R_L R_G}{[(1 + \underline{H}_{22}R_L)R_G + \underline{H}_{11} + \Delta\underline{H}R_L]^2}$$

Leistungsverstärkung bei Anpassung an Ein- und Ausgang

$$V_{\text{popt}} = \left(\frac{\underline{H}_{21}}{\sqrt{\Delta\underline{H}} + \sqrt{\underline{H}_{11}\underline{H}_{22}}}\right)^2$$

Anpassung am Eingang	Anpassung am Ausgang
$R_G = Z_1 = \sqrt{\dfrac{\underline{H}_{11}}{\underline{H}_{22}}\Delta\underline{H}}$	$R_L = Z_2 = \sqrt{\dfrac{\underline{H}_{11}}{\underline{H}_{22}}\dfrac{1}{\Delta\underline{H}}}$

7.3 Operationsverstärker

Unbeschalteter Operationsverstärker

Differenzverstärkung $10^4 \ldots 10^7$
Differenzeingangswiderstand
$10^6 \ldots 10^{12}$ Ω
Gleichtakteingangswiderstand
$10^9 \ldots 10^{12}$ Ω
Ausgangswiderstand
$50\ \Omega \ldots 1$ kΩ

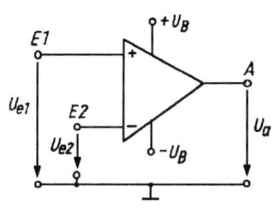

Analoge Applikationen

**Nichtinvertierender Verstärker
(Elektrometerverstärker)**

$$\frac{U_a}{U_e} = 1 + \frac{R_2}{R_1}$$

Sonderfall: $R_2 = 0$, Spannungsfolger und Impedanzwandler
($U_a/U_e = 1$, $R_e \to \infty$)

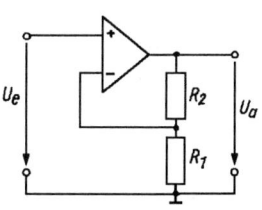

Invertierender Verstärker

$$\frac{U_a}{U_e} = -\frac{R_2}{R_1}$$

(Eingangswiderstand $R_e = R_1$)

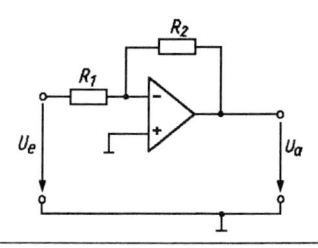

Elektrotechnik/Elektronik
7 Elektronik

Subtrahierverstärker

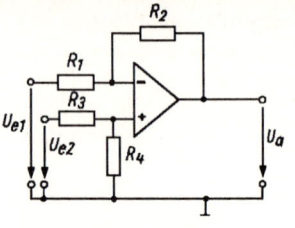

$$\frac{U_a}{U_{e2} - U_{e1}} = \frac{R_2}{R_1} \text{ für } \frac{R_2}{R_1} = \frac{R_4}{R_3}$$

Summierverstärker

$$U_a = -R_2 \left(\frac{U_{e1}}{R_{11}} + \frac{U_{e2}}{R_{12}} + \frac{U_{e3}}{R_{13}} \right)$$

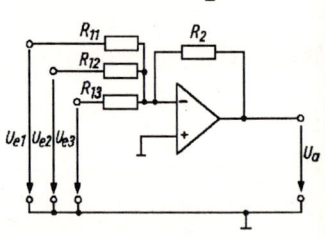

Integrierer

$$u_a = -\frac{1}{R_1 C_2} \int_0^t u_e \, dt + U_{a0}$$

U_{a0} Anfangswert

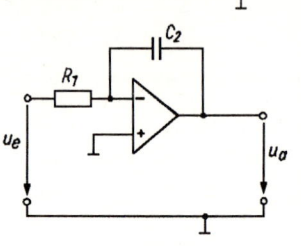

Differenzierer

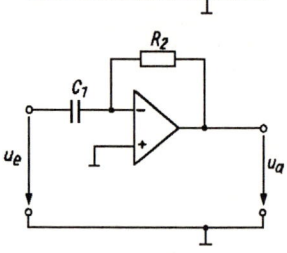

$$u_a = -R_2 C_1 \frac{du_e}{dt}$$

Applikationen mit frequenzabhängigem Verhalten

Tiefpaß

$$\frac{\underline{U}_a}{\underline{U}_e} = -\frac{R_2}{R_1} \frac{1}{1 + j\frac{\omega}{\omega_g}}, \ \omega_g = \frac{1}{CR_2}$$

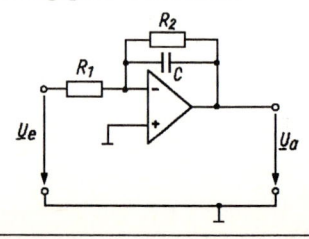

Elektrotechnik/Elektronik
7 Elektronik

Hochpaß (Wechselspannungsverstärker)

$$\frac{\underline{U}_a}{\underline{U}_e} = -\frac{R_2}{R_1}\frac{1}{1+j\frac{\omega_g}{\omega}}, \ \omega_g = \frac{1}{CR_1}$$

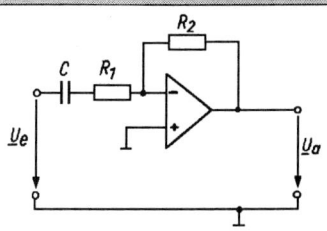

Bandpaß

$$\frac{\underline{U}_a}{\underline{U}_e} = -\frac{R_2}{R_1}\frac{j\omega T_1}{(1+j\omega T_1)(1+j\omega T_2)}$$

$T_1 = C_1 R_1, \ T_2 = C_2 R_2$

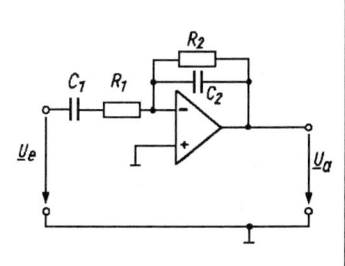

Applikation als PID-Regler:

$$\frac{\underline{U}_a}{\underline{U}_e} = -\frac{R_2+R_3}{R_1}\frac{(1+j\omega T_n)(1+j\omega T_v)}{j\omega T_n}$$

$T_n = (R_2 + R_3)C_2$
$T_v = (R_2 \| R_3)C_3$

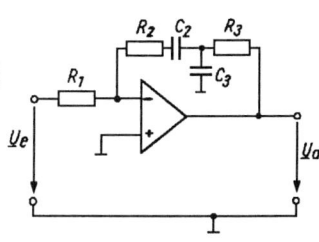

Applikation als Wandler

Strom-Spannungs-Wandler

$U_a = -RI_{qe}$

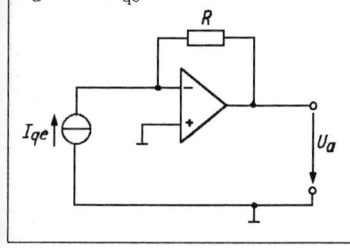

Spannungs-Strom-Wandler

$I_a = \dfrac{U_{qe}}{R_1}$

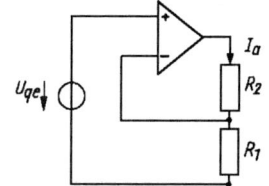

Elektrotechnik/Elektronik
7 Elektronik

Applikation in binären Schaltungen

Komparator

$U_e > U_{ref} \rightarrow U_a = +U_B$
$U_e < U_{ref} \rightarrow U_a = -U_B$
$\pm U_B$ Versorgungsspannungen

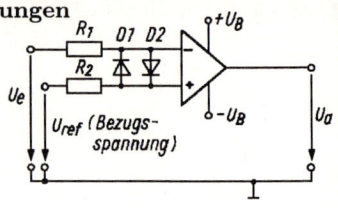

Astabiler Multivibrator
(symmetrisch)

Schwingungsfrequenz

$$f = \frac{1}{2CR_3 \ln\left(1 + \dfrac{2R_1}{R_2}\right)}$$

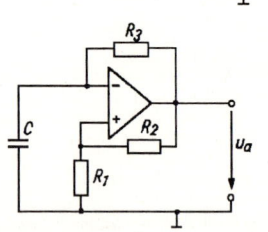

7.4 Gleichrichterschaltungen

Angegeben sind der Mittelwert der abgegebenen Spannung, bezogen auf den Scheitelwert der Versorgungsspannung ohne Glättung durch eine Kapazität parallel zur Last bzw. durch eine Induktivität in Reihe zur Last, und die bezogene Spannungsbeanspruchung der Gleichrichterdioden $\hat{u}_D/\hat{u}$.

Der Mittelwert ergibt sich unter dieser Bedingung aus:

$$\overline{u}_g = \frac{1}{T} \int_0^T u_g(t)\, dt,$$

Versorgungsspannung
$u(t) = \hat{u} \sin \omega t$

$u_g(t) = f$ (Schaltung)

Einweggleichrichterschaltung (einpulsig)

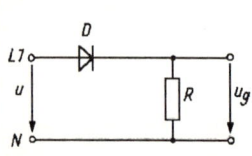

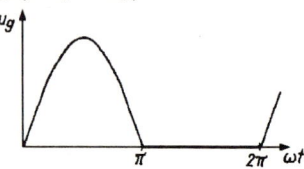

Für kleine Ströme, wegen Sättigung des Transformators.

$\dfrac{\overline{u}_g}{\hat{u}} = \dfrac{1}{\pi} = 0,32; \quad \dfrac{\hat{u}_D}{\hat{u}} = 1$

Zweiweggleichrichterschaltung (Graetz-Brücke, zweipulsig)

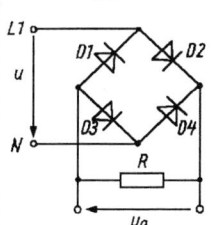

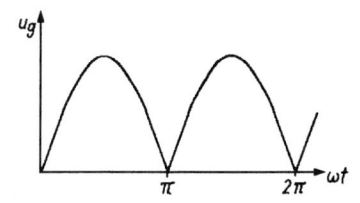

Bis zu Leistungen im kW-Bereich genutzt.

$$\frac{\overline{u}_g}{\hat{u}} = \frac{2}{\pi} = 0{,}64; \quad \frac{\hat{u}_D}{\hat{u}} = 1$$

Drehstrommittelpunktschaltung (dreipulsig)

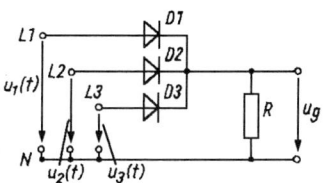

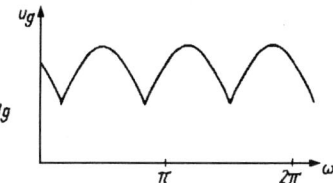

Bis zu Leistungen im kW-Bereich; Sättigungsgefahr für Transformator.

$$\hat{u}_{L1,L2} = \sqrt{3}\hat{u}, \quad \frac{\overline{u}_g}{\hat{u}} = \frac{3\sqrt{3}}{2\pi} = 0{,}83, \quad \frac{\hat{u}_D}{\hat{u}} = \sqrt{3}$$

Drehstrombrückenschaltung (sechspulsig)

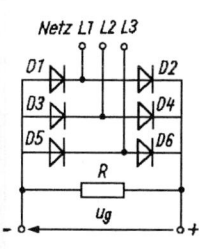

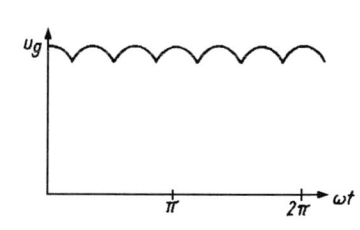

Bis zu höchsten Leistungen genutzt.

$$\hat{u}_{L1,L2} = \sqrt{3}\hat{u}, \quad \frac{\overline{u}_g}{\hat{u}} = \frac{3}{\pi}\sqrt{3} = 1{,}65, \quad \frac{\hat{u}_D}{\hat{u}} = \sqrt{3}$$

8 Elektrische Maschinen

▶ DIN VDE 0530 und 0532

8.1 Transformatoren

Transformatorformel (induzierte Spulenspannung)

$U = 4{,}44 f N \hat{\Phi}$

f Frequenz
N Windungszahl
$\hat{\Phi}$ Scheitelwert des Flusses

Idealer Transformator

Spannungsübersetzungsverhältnis

$\ddot{u} = \dfrac{U_1}{U_2} = \dfrac{N_1}{N_2}$

Stromübersetzungsverhältnis

$\dfrac{1}{\ddot{u}} = \dfrac{I_1}{I_2} = \dfrac{N_2}{N_1}$

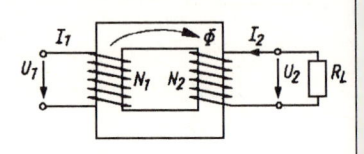

Realer Transformator

$U_2' = \ddot{u} U_2, \quad I_2' = \dfrac{1}{\ddot{u}} I_2$

$R_2' = \ddot{u}^2 R_2,$

$X_{\sigma 2}' = \ddot{u}^2 X_{\sigma 2}$

auf die Primärseite bezogene Sekundärgrößen

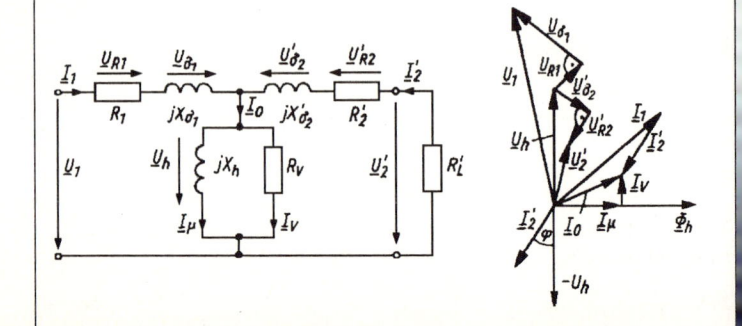

8 Elektrische Maschinen

Es stehen im Ersatzschaltbild für	die Stromwärmeverluste R_1, R_2' die Streuflüsse $X_{\sigma 1}$, $X_{\sigma 2}'$ den Hauptfluß X_h und die Ummagnetisierungsverluste R_V

Transformator im Leerlauf

Leerlaufversuch bei Nennspannung $U_{10} = U_{1N}$
(Index 0 – Leerlauf, Index N – Nennbedingungen)

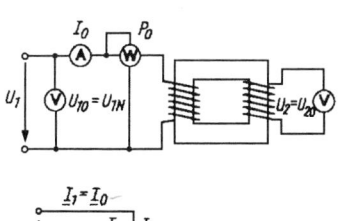

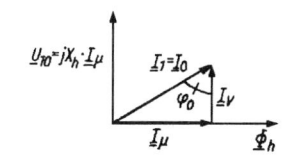

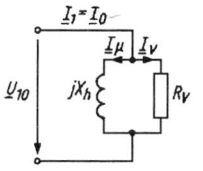

Meßwerte im Leerlaufversuch

Leerlaufverluste $P_0 = P_{\text{VFe}}$
(Ummagnetisierungsverluste)
Leerlaufstrom I_0
Leerlaufspannungen U_{10} sowie U_{20}

Daraus berechenbare Werte

Widerstand der Ummagnetisierungsverluste

$$R_\text{V} = \frac{U_{10}^2}{P_0}$$

Hauptreaktanz, Hauptinduktivität

$$X_\text{h} = \omega L_\text{h} = \frac{U_{10}}{I_\mu}$$

Verluststrom durch Ummagnetisierung

$$I_\text{V} = \frac{U_{10}}{R_\text{V}}$$

Blindleistung im Leerlauf

$$Q_\mu = I_\mu^2 X_\text{h} = \frac{U_{10}^2}{X_\text{h}} = P_\text{V} \tan \varphi_0$$

Elektrotechnik/Elektronik
8 Elektrische Maschinen

Magnetisierungsstrom des Transformators

$$I_\mu = \sqrt{I_0^2 - I_V^2}$$

Relativer Leerlaufstrom

$$i_0 = \frac{I_0}{I_{1N}} 100\ \%, \quad I_{1N}\ \text{Nennstrom}$$

Leerlaufleistungsfaktor

$$\cos\varphi_0 = \frac{P_0}{I_0 U_{10}} = \frac{I_V}{I_0}$$

Nennübersetzungsverhältnis der Spannungen

$$\ddot{u} = \frac{U_{10}}{U_{20}} = \frac{U_{1N}}{U_{20}} \approx \frac{U_{1N}}{U_{2N}}$$

Transformator im Kurzschluß

Kurzschlußversuch bei Nennstrom $I_{1K} = I_{1N}$
(Index K – Kurzschluß)

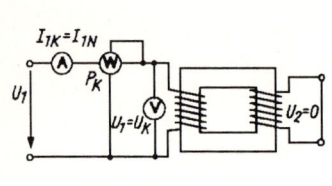

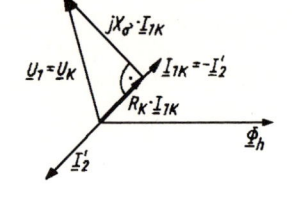

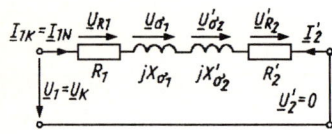

Meßwerte im Kurzschlußversuch

Kurzschlußverluste $P_K = P_{VCu}$
(Stromwärmeverluste in den Wicklungen)
Kurzschlußspannung U_K bei Nennstrom
Kurzschlußstrom $I_{1K} = I_{1N}$

Daraus berechenbare Werte

Relative Kurzschlußspannung

$$u_K\ \% = \frac{U_K}{U_{1N}} 100\ \%$$

Blindanteil der Kurzschlußimpedanz

$$X_\sigma = \omega L_\sigma = X_{\sigma 1} + X'_{\sigma 2}$$
$$= \frac{U_K}{I_{1K}} \cos\varphi_K$$

8 Elektrische Maschinen

Kurzschlußstrom bei Nennspannung

$$I_K = I_{1K}\frac{U_{1N}}{U_K} = \frac{I_{1N}}{u_K\,\%}100\,\%$$

Kurzschlußleistungsfaktor

$$\cos\varphi_K = \frac{P_K}{U_K I_{1K}}$$

Wirkanteil der Kurzschlußimpedanz

$$R_K = R_1 + R_2' = \frac{U_K}{I_{1K}}\cos\varphi_K$$

Betrag der Kurzschlußimpedanz $\underline{Z} = R_K + jX_\sigma$

$$Z_K = \sqrt{R_K^2 + X_\sigma^2} = \frac{U_{1K}}{I_{1K}}$$

Nennübersetzungsverhältnis der Ströme

$$\ddot{u} = \frac{I_{2K}}{I_{1K}} = \frac{I_{2K}}{I_{1N}} \approx \frac{I_{2N}}{I_{1N}}$$

Transformator im Nennbetrieb

Wirkungsgrad

$$\eta = \frac{P_2}{P_1} = \frac{P_2}{P_2 + P_{VFe} + P_{VCu} + P_{zus}}$$

P_2 abgegebene Wirkleistung
P_1 aufgenommene Wirkleistung
P_{zus} Zusatzverluste

Spannungsänderung bei Nennbetrieb

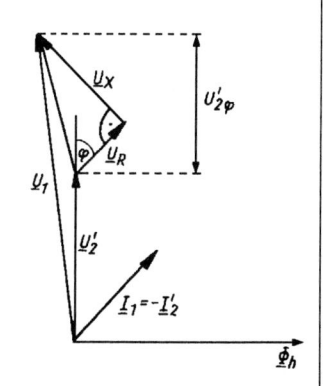

$$U_{2\varphi}' = U_R \cos\varphi + U_X \sin\varphi$$

Drehstromtransformatoren

Nach Umrechnung auf Stranggrößen erfolgt die Rechnung strangbezogen wie beim Einphasentransformator.

Sternschaltung

$$S_{str} = \frac{S}{3},\ U_{12} = \sqrt{3}U_{str}$$
$$I_{L1} = I_{str}$$

I_{L1} Netz- bzw. Leiterstrom

Dreieckschaltung

$$S_{str} = \frac{S}{3},\ U_{12} = U_{1str}$$
$$I_{L1} = \sqrt{3}I_{12str}$$

U_{12} Netz- bzw. Außenleiterspannung

Elektrotechnik/Elektronik
8 Elektrische Maschinen

8.2 Gleichstrommaschinen

Quellenspannung

$U_q = c\Phi\omega$

c Maschinenkonstante
Φ Polfluß
ω Winkelgeschwindigkeit

Winkelgeschwindigkeit

$\omega = 2\pi n$

n Drehzahl

Moment

$M = c\Phi I_A$

I_A Ankerstrom

Ankerspannungsgleichung

$U = U_q + I_A R_A$

R_A Ankerkreiswiderstand (hier einschl. der Widerstände am Bürstenübergang, der Wendepolwicklung und der Kompensationswicklung)

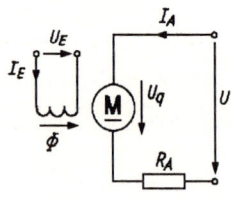

Nebenschlußmaschinen

Winkelgeschwindigkeit

$$\omega = \frac{U}{c\Phi} - \frac{R_A}{(c\Phi)^2} M$$

Auf das Nennmoment bezogenes Anlaufmoment

$$\frac{M_A}{M_N} = \frac{U}{I_A R_A}$$

Winkelgeschwindigkeit im Leerlauf

$$\omega_0 = \frac{U}{c\Phi}$$

Bezogene Winkelgeschwindigkeit

$$\frac{\omega}{\omega_0} = 1 - \frac{I_A R_A}{U}$$

Ankerstrom

$$I_A = \frac{M}{c\Phi}$$

Reihenschlußmaschinen

Winkelgeschwindigkeit

$$\omega = \frac{U}{\sqrt{ckM}} - \frac{R_A + R_E}{ck}$$

R_E Widerstand der Erregerwicklung
k Erregerkonstante
($\Phi = kI_E = kI_A$)

Ankerstrom

$$I_A = \sqrt{\frac{M}{ck}}$$

Veränderung des Momentes mit dem Ankerstrom

$$\frac{M_1}{M_2} = \left(\frac{I_{A1}}{I_{A2}}\right)^2$$

8.3 Drehfeldmaschinen

Asynchronmaschinen

Synchrondrehzahl

$$n_1 = \frac{f_1}{p}$$

f_1 Netzfrequenz
p Polpaarzahl

Zusammenhang von Polpaarzahl und Leerlaufdrehzahl ($f_1 = 50$ Hz)

p	1	2	3	4	5
n_1/min^{-1}	3000	1500	1000	750	600

Schlupf

$$s = \frac{n_1 - n}{n_1}$$

n_1 Synchrondrehzahl
n Drehzahl der Welle

Drehzahl der Welle

$$n = n_1(1-s) = \frac{f_1}{p}(1-s)$$

Frequenz des Läuferstromes

$$f_2 = sf_1 = sn_1p$$

Zugeführte Wirkleistung

$$P_1 = \sqrt{3}U_{1L}I_{1L}\cos\varphi$$
$$= 3U_1I_1\cos\varphi$$

U_{1L}, I_{1L} Ständernetzgrößen
U_1, I_1 Ständersstranggrößen

Stromwärmeverluste des Ständers

$$P_{\text{Cu}1} = 3I_1^2 R_1$$

R_1 Ständerwiderstand

Luftspaltleistung

$$P_L = P_1 - P_{\text{Cu}1} - P_{\text{VFe}} = 3I_2^2 \frac{R_2}{s}$$

P_{VFe} Ummagnetisierungsverluste
I_2 Läuferstrom
R_2 Läuferwiderstand

Stromwärmeverluste des Läufers

$$P_{\text{Cu}2} = 3I_2^2 R_2 = sP_L$$

Elektrotechnik/Elektronik
8 Elektrische Maschinen

Mechanische Leistung an der Welle (einschl. Reibungsverluste)

$$P = P_L - P_{Cu2} = P_L(1-s)$$

Gesetz zur Aufspaltung der Luftspaltleistung

$$P_L = P + P_{Cu2} = P_L(1-s) + P_L s$$

Mechanische Leistung an der Welle

$$P = \omega M = 2\pi n M$$

Wirkungsgrad

$$\eta = \frac{P}{P_1}$$

Kloßsche Formel

$$\frac{M}{M_K} = \frac{2}{\dfrac{s}{s_K} + \dfrac{s_K}{s}} \qquad M_K \text{ Kippmoment (Maximalmoment)}$$

Kippschlupf

$$s_K = \frac{R_2}{X_{\sigma 2}} \qquad X_{\sigma 2} \text{ Läuferstreureaktanz}$$

Synchronmaschinen

Drehzahl

$$n = n_1 = \frac{f_1}{p} \qquad \begin{array}{l} f_1 \text{ Netzfrequenz} \\ p \text{ Polpaarzahl} \end{array}$$

Moment an der Welle

$$M = \frac{3p}{2\pi f_1} U_1 I_1 \sin\beta \qquad \beta \text{ Polradwinkel}$$

Kippmoment (Maximalmoment)

$$M_K = \frac{3p}{2\pi f_1} U_1 I_1$$

Erregungsgrad

$$\varepsilon = \frac{U_P}{U_{1N}} \qquad \begin{array}{l} U_P \text{ Polradspannung} \\ U_{1N} \text{ Nennspannung} \end{array}$$

9 Leistungselektronik

Drehstrombrückenschaltung

Die sechspulsige Drehstrombrückenschaltung wird bis zu höchsten Leistungen genutzt. Durch den Einsatz steuerbarer Halbleiterbauelemente ist die Brückenschaltung sowohl als gesteuerter Gleichrichter als auch als Wechselrichter einsetzbar.

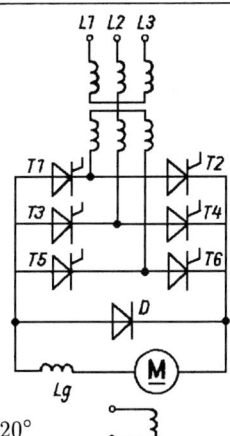

Pulszahl 6
Stromflußwinkel eines Thyristors 120°
Spannungswelligkeit 0,042
Bezogener Mittelwert des Thyristorstromes I_{AV}/I_d 33
Bezogener Effektivwert des Thyristorstromes I_{RMS}/I_d 0,577
I_d Gleichstrom geglättet

Bezogener Mittelwert der maximalen Ausgangsspannung

$$\frac{U_{di0}}{U_1} = 2,34$$

Steuerkennlinie

$U_{di\alpha} = U_{di0} \cos\alpha$ $\qquad$ α Zündverzögerung
$U_{di\alpha} \geqq 0, \quad 0° \leqq \alpha \leqq 90°$ $\qquad$ Gleichrichterbetrieb
$U_{di\alpha} \leqq 0, \quad 90° \leqq \alpha \approx 150°$ $\qquad$ Wechselrichterbetrieb

10 Antriebstechnik

10.1 Physikalische Zusammenhänge und das Antriebssystem

Dynamisches Grundgesetz für den Antrieb (Motormoment)

$M = M_{Last} + J\dfrac{d\omega}{dt}$ $\qquad$ M_{Last} Lastmoment
$\qquad\qquad\qquad\qquad\qquad$ J $\quad$ Massenträgheitsmoment

Elektrotechnik/Elektronik
10 Antriebstechnik

Sonderfall des stationären Betriebes

$M = M_{\text{Last}}$

Übergangszeit zwischen 2 stationären Zuständen

$$\Delta t = \frac{J(\omega_2 - \omega_1)}{M}$$

ω_1 Ausgangszustand
ω_2 Endzustand
M konstantes Antriebsmoment

Anlaufzeit aus dem Stillstand

$$t_A = \frac{J\omega}{M}$$

Bedingungen für stabilen Arbeitspunkt

$M + M_{\text{Last}} = 0$ $\qquad \dfrac{\mathrm{d}M}{\mathrm{d}\omega} + \dfrac{\mathrm{d}M_{\text{Last}}}{\mathrm{d}\omega} < 0$

10.2 Betriebsarten

Entsprechend dem Einsatz des Antriebes treten unterschiedliche Belastungsspiele auf. Das wird durch die Festlegung von 10 Betriebsarten berücksichtigt (▶ DIN VDE 0530).

Betriebsart S1: Dauerbetrieb

Betrieb mit konstanter Belastung, so, daß der thermische Endzustand erreicht wird.

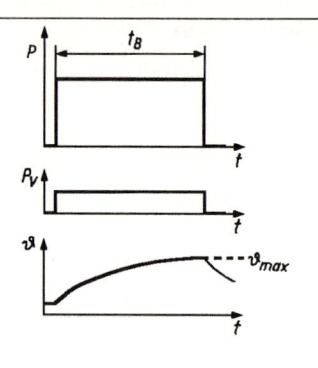

Betriebsart S2: Kurzzeitbetrieb

Betrieb mit konstanter Belastung, die so kurz ist, daß der thermische Endzustand nicht erreicht wird. Die Pause ist so lang, daß sich die Temperatur der Maschine bis auf weniger als 2 K der des Kühlmediums nähert.

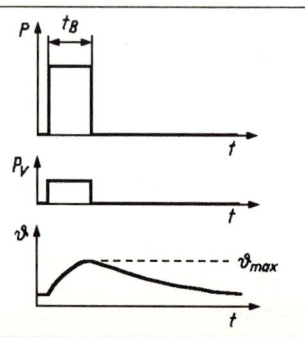

Elektrotechnik/Elektronik
10 Antriebstechnik

Betriebsart S3: Aussetzbetrieb

Folge gleichartiger Intervalle aus Belastung und Pause ohne Einfluß des Anlaufvorganges

relative Einschaltdauer

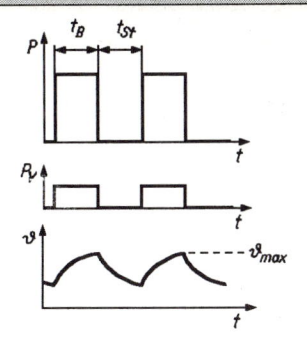

$$t_r = \frac{t_B}{t_B + t_{St}}$$

Betriebsart S4: Aussetzbetrieb mit Einfluß des Anlaufvorganges

Folge gleichartiger Intervalle aus merklicher Anlaufzeit, Belastung und Pause

relative Einschaltdauer

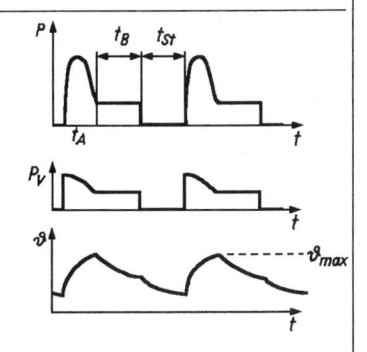

$$t_r = \frac{t_A + t_B}{t_A + t_B + t_{St}}$$

Weitere Betriebsarten

Betriebsart S5: Aussetzbetrieb mit elektrischer Bremsung

Anlaufzeit, konstante Belastung, elektrische Bremsung, Pause

Betriebsart S6: Ununterbrochener periodischer Betrieb mit Aussetzbelastung

Konstante Belastung, Leerlaufzeit, ohne Pause

Betriebsart S7: Ununterbrochener periodischer Betrieb mit elektrischer Bremsung

Anlaufzeit, konstante Belastung, Leerlaufzeit, ohne Pause

Betriebsart S8: Ununterbrochener periodischer Betrieb mit Drehzahländerung

Konstante Belastung und Drehzahl, weitere Zeiten mit anderer Belastung und Drehzahl, dazwischen Anlauf- und Bremsvorgänge, ohne Pause

Elektrotechnik/Elektronik
10 Antriebstechnik

Betriebsart S9: Ununterbrochener Betrieb mit nichtperiodischer Last- und Drehzahländerung

Nichtperiodische Änderung von Belastung und Drehzahl im zulässigen Betriebsbereich, Belastungsspitzen über dem Nennbetrieb

Betriebsart S10: Betrieb mit einzelnen konstanten Belastungen

Unterschiedlich lange Zeitintervalle mit unterschiedlicher, aber im Zeitintervall konstanter Belastung

---

Äquivalentes Moment

$$M = \sqrt{\frac{M_1 t_1 + M_2 t_2 + \cdots + M_v t_v}{t_1 + t_2 + \cdots + t_v}} \qquad M_v t_v \text{ Lastspiele}$$

Äquivalente Leistung

$$P = \sqrt{\frac{P_1 t_1 + P_2 t_2 + \cdots + P_v t_v}{t_1 + t_2 + \cdots + t_v}} \qquad P_v t_v \text{ Lastspiele}$$

Regelungstechnik

1 Grundbegriffe

1.1 Aufgabe der Regelung

Die Regeleinrichtung (Regler) hat die Aufgabe, eine Stellgröße zu erzeugen, die auf den Eingang der Regelstrecke wirkt, so daß die Soll-/Istwertabweichung $e = w - x$ zu Null wird.

1.2 Blockschaltbild eines Regelkreises

Soll-/Istwertabweichung

$e = w - x$

x Regelgröße
y Stellgröße, allgemein
z Störgröße
w Führungsgröße, Sollwert
y_R Reglerausgangsgröße
y_S Streckeneingangsgröße

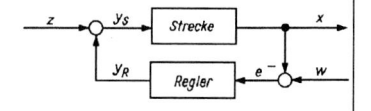

1.3 Testfunktionen

Sprungfunktion

$$x_e(t) = \begin{Bmatrix} 0 & \text{für } t < 0 \\ x_{e0} = \text{const für } t \geqq 0 \end{Bmatrix} \quad x_e(t) \text{ Sprungfunktion}$$

Einheitssprung

$$\sigma(t) = \begin{Bmatrix} 0 \text{ für } t < 0 \\ 1 \text{ für } t \geqq 0 \end{Bmatrix}$$

Die auf den Wert Eins normierte Sprungfunktion wird als Einheitssprung bezeichnet.

$x_e(t) = x_{e0}\sigma(t)$

Weitere Schreibweise für die Sprungfunktion

Die Reaktion einer Regelstrecke oder des gesamten Regelkreises auf eine Sprungfunktion wird als Sprungantwort bzw. Übergangsfunktion $h(t)$ bezeichnet.

Regelungstechnik
1 Grundbegriffe

Impulsfunktion (δ-Funktion)

$$x_e(t) = \delta(t) = \begin{cases} 0 \text{ für } t \neq 0 \\ \infty \text{ für } t = 0 \end{cases}$$

mit $\displaystyle\int_{-\infty}^{+\infty} \delta(t)\,dt = 1$

Die ideale Impulsfunktion zeigt für $t = 0$ einen Impuls ins Unendliche und ist für $t \neq 0$ gleich Null.

Beziehung zwischen Einheitssprung und δ-Funktion

$\delta(t) = d\sigma(t)/dt$

Die Antwort eines Regelkreisgliedes oder einer Übertragungsstrecke auf den δ-Impuls ist die Gewichtsfunktion $g(t)$.

Sinusförmige Eingangsgröße

$x_e(t) = \hat{x}_e\,e^{j\omega t}$

- $\hat{x}_e$ Schwingungsamplitude
- ω Kreisfrequenz ($\omega = 2\pi f$)
- f Frequenz
- e Exponentialfunktion
- j $\sqrt{-1}$

Antwort der Übertragungsstrecke auf sinusförmige Eingangsgröße

$x_a(t) = \hat{x}_a\,e^{j(\omega t + \varphi)}$

- $\hat{x}_a$ Schwingungsamplitude
- φ Phasenverschiebung

Streckenverstärkung

$K_S = \dfrac{\hat{x}_a}{\hat{x}_e}$ K_S Übertragungskonstante

---

1.4 Darstellungsart

Darstellung von Regelkreisgliedern und Übertragungsstrecken durch Blocksymbole. Zu ihrer Kennzeichnung wird entweder die Übergangsfunktion eingezeichnet, oder es wird die Übertragungsfunktion hineingeschrieben. Zur Verbindung der einzelnen Regelkreiselemente sind noch Summierungspunkte und Verzweigungspunkte erforderlich.

▶ DIN 19221

Regelungstechnik

2 Mathematische Beschreibung von Regelkreisgliedern

Blocksymbol eines Regelkreisgliedes bzw. einer Übertragungsstrecke

Verzweigungspunkt

Summierungspunkt

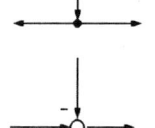

2 Mathematische Beschreibung von Regelkreisgliedern

Darstellung des Übertragungsverhaltens an einem wärmetechnischen Prozeß (Strecke 1. Ordnung)

2.1 Wärmebilanz

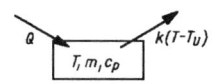

$$mc_p \frac{dT}{dt} = Q - k(T - T_U)$$

Die Differentialgleichung (DGL) ist so umzuformen, daß die Variable T und ihre Ableitungen auf der einen Seite und die äußeren Einflußgrößen Q und T_U auf der anderen Seite stehen.

$$\frac{mc_p}{k} \frac{dT}{dt} + T = \frac{1}{k}(Q + kT_U)$$

- m Masse
- T Temperatur der Masse
- k Wärmeübergangszahl
- T_U Umgebungstemperatur
- c_p spez. Wärmekapazität
- Q Wärmemengenstrom

2.2 Allgemeine Lösung der o. a. DGL für Aufheiz- und Abkühlvorgang

$$T = C_0 \frac{1}{k}(Q + kT_U) + C_1 e^{-\frac{k}{mc_p}t}$$

C_0, C_1 Integrationskonstanten
Bestimmung von C_0 und C_1 aus den Randbedingungen

	Aufheizvorgang	Abkühlvorgang
	$t = 0 \to T = T_U$	$t = \infty \to T = T_U$
	$t = \infty \to T = \dfrac{Q}{k} + T_U$	$t = 0 \to T = T_U + \dfrac{Q}{k}$
Berechnete Integrationskonstanten	$C_0 = 1,\ C_1 = -\dfrac{Q}{k}$	$C_0 = \dfrac{kT_U}{Q+kT_U},\ C_1 = \dfrac{Q}{k}$
Zeitlicher Verlauf	$T = T_U + \dfrac{Q}{k}\left(1 - e^{-\tfrac{k}{mc_p}t}\right)$	$T = T_U + \dfrac{Q}{k}\, e^{-\tfrac{k}{mc_p}t}$

2.3 Formelzeichen in der Regelungstechnik

$K_S = 1/k$	Übertragungskonstante
$y_R = Q$	Stellgröße
$z = kT_u$	Störgröße
$T_1 = mc_p/k$	Zeitkonstante
$x = T$	Regelgröße
$y_S = y_R + z$	Streckeneingangsgröße

2.4 P-T_1-Strecke mit üblichen Formelzeichen

Anwendung der in der analogen Regelungstechnik üblichen Formelzeichen auf die P-T_1-Strecke des wärmetechnischen Prozesses:

Differentialgleichung **Gewichtsfunktion**

$T_1 \dot{x} + x = K_S(y_R + z) = K_S y_S \qquad g(t) = \dot{x}(t) = K_S y_S \dfrac{1}{T_1}\, e^{-t/T_1}$

Übergangsfunktion

$h(t) = x(t) = K_S y_S (1 - e^{-t/T_1})$

Mit der Anwendung des Differentialoperators $d/dt = s = j\omega$ folgt aus der DGL die Schreibweise mit dem Differentialoperator.

Übertragungsfunktion

$G(s) = \dfrac{x(s)}{y_S(s)} = \dfrac{K_S}{1 + sT_1}$

Frequenzgang

$G(j\omega) = \dfrac{x(j\omega)}{y_S(j\omega)} = \dfrac{K_S}{1 + j\omega T_1}$

K_S	Übertragungskonstante
T_1	Zeitkonstante
y_S	Streckeneingangsgröße
ω	Kreisfrequenz
x	Regelgröße

Regelungstechnik
2 Mathematische Beschreibung von Regelkreisgliedern

Zerlegung des Frequenzganges in Real- und Imaginärteil

$$G(j\omega) = \frac{K_S}{1+\omega^2 T_1^2} - j\frac{K_S \omega T_1}{1+\omega^2 T_1^2}$$

$\text{Re}\{G(j\omega)\} = \dfrac{K_S}{1+\omega^2 T_1^2}$ \qquad Realteil

$\text{Im}\{G(j\omega)\} = -\dfrac{K_S \omega T_1}{1+\omega^2 T_1^2}$ \qquad Imaginärteil

2.5 Graphische Darstellungen

Ortskurve

$\text{Im}\{G(j\omega)\} = f[\text{Re}\{G(j\omega)\}]$

Bode-Diagramm mit Amplituden- und Phasengang

Amplitudengang

$$|G(j\omega)| = \sqrt{G(j\omega)_{\text{Re}}^2 + G(j\omega)_{\text{Im}}^2}$$
$$= \sqrt{\frac{K_S^2}{(1+\omega^2 T_1^2)^2} + \frac{K_S^2 \omega^2 T_1^2}{(1+\omega^2 T_1^2)^2}} = \frac{K_S}{\sqrt{1+\omega^2 T_1^2}}$$

Phasenwinkel

$$\varphi = \arctan\frac{G(j\omega)_{\text{Im}}}{G(j\omega)_{\text{Re}}} = \arctan(-\omega T_1)$$

Die Aufzeichnung des Amplitudenganges und des Phasenwinkels über der Kreisfrequenz ist das Bode-Diagramm.

2.6 Zusammenschaltung von einzelnen Regelkreisgliedern

Reihenschaltung

$\xrightarrow{y(s)} \boxed{G_1(s)} \longrightarrow \boxed{G_2(s)} \cdots \longrightarrow \boxed{G_n(s)} \xrightarrow{x(s)}$

$$G(s) = G_1(s) G_2(s) \cdot \ldots \cdot G_n(s) = \frac{x(s)}{y(s)}$$

Amplitudengang

$|G(j\omega)| = |G_1(j\omega)| \cdot |G_2(j\omega)| \cdot \ldots \cdot |G_n(j\omega)|$

Phasenverschiebung

$\varphi = \varphi_1 + \varphi_2 + \ldots + \varphi_n$

Regelungstechnik
2 Mathematische Beschreibung von Regelkreisgliedern

Zusammenstellung von Ortskurven und Bode-Diagrammen einiger Regelkreiselemente

Regel-kreisglied	Übertragungs-funktion	Amplitudengang Phasengang	Realteil Imaginärteil	Ortskurve	Bode-Diagramm
P-Glied	$G(s) = \dfrac{x(s)}{y(s)} = K_S$	$\|G(j\omega)\| = K_S$ $\varphi(\omega) = 0$	$\mathrm{Re}\{G(j\omega)\} = K_S$ $\mathrm{Im}\{G(j\omega)\} = 0$		
I-Glied	$G(s) = \dfrac{x(s)}{y(s)} = \dfrac{1}{sT_I}$	$\|G(j\omega)\| = \dfrac{1}{\omega T_I}$ $\varphi(\omega) = -90°$	$\mathrm{Re}\{G(j\omega)\} = 0$ $\mathrm{Im}\{G(j\omega)\} = -\dfrac{1}{\omega T_I}$		
D-Glied	$G(s) = sT_D$	$\|G(j\omega)\| = \omega T_D$ $\varphi(\omega) = 90°$	$\mathrm{Re}\{G(j\omega)\} = 0$ $\mathrm{Im}\{G(j\omega)\} = \omega T_D$		
Totzeit-Glied	$G(s) = e^{-sT_t}$	$\|G(j\omega)\| = 1$ $\varphi(\omega) = -\omega T_t$	$\mathrm{Re}\{G(j\omega)\} = \cos(\omega T_t)$ $\mathrm{Im}\{G(j\omega)\} = -\sin(\omega T_t)$		

Regelungstechnik
2 Mathematische Beschreibung von Regelkreisgliedern

Zusammenstellung von Ortskurven und Bode-Diagrammen einiger Regelkreiselemente (Fortsetzung)

Regelkreisglied	Übertragungsfunktion	Amplitudengang Phasengang	Realteil Imaginärteil	Ortskurve	Bode-Diagramm
P-T_1-Glied	$G(s) = \dfrac{K_S}{1+sT_1}$	$\|G(j\omega)\| = \dfrac{K_S}{\sqrt{1+\omega^2 T_1^2}}$ $\varphi(\omega) = -\arctan(\omega T_1)$	$\mathrm{Re}\{G(j\omega)\} = \dfrac{K_S}{1+\omega^2 T_1^2}$ $\mathrm{Im}\{G(j\omega)\} = -\dfrac{\omega T_1 K_S}{1+\omega^2 T_1^2}$		
P-T_2-Strecke	$G(s) = \dfrac{K_S/(T_1 T_2)}{(1/T_1+s)(1/T_2+s)}$	$\|G(j\omega)\| = \dfrac{K_S}{\sqrt{(1-\omega^2 T_1 T_2)^2 + \omega^2(T_1+T_2)^2}}$ $\varphi(\omega) = \arctan\dfrac{-\omega(T_1+T_2)}{1-\omega^2 T_1 T_2}$	$\mathrm{Re}\{G(j\omega)\} = \dfrac{K_S(1-\omega^2 T_1 T_2)}{(1-\omega^2 T_1 T_2)^2 + \omega^2(T_1+T_2)^2}$ $\mathrm{Im}\{G(j\omega)\} = \dfrac{-K_S \omega (T_1+T_2)}{(1-\omega^2 T_1 T_2)^2 + \omega^2(T_1+T_2)^2}$		
D-T_1-Glied	$G(s) = \dfrac{sT_1}{1+sT_1}$	$\|G(j\omega)\| = \dfrac{\omega T_1}{\sqrt{1+\omega^2 T_1^2}}$ $\varphi(\omega) = \arctan\dfrac{1}{\omega T_1}$	$\mathrm{Re}\{G(j\omega)\} = \dfrac{\omega^2 T_1^2}{1+\omega^2 T_1^2}$ $\mathrm{Im}\{G(j\omega)\} = \dfrac{\omega T_1}{1+\omega^2 T_1^2}$		

Regelungstechnik
2 Mathematische Beschreibung von Regelkreisgliedern

Zusammenstellung von Ortskurven und Bode-Diagrammen einiger Regelkreiselemente (Fortsetzung)

Regelkreisglied	Übertragungsfunktion	Amplitudengang Phasengang	Realteil Imaginärteil	Ortskurve	Bode-Diagramm
PI-Regler	$G(s) = K_R\left(1 + \dfrac{1}{sT_n}\right)$	$\|G(j\omega)\| = K_R\sqrt{1 + \dfrac{1}{\omega^2 T_n^2}}$ $\varphi(\omega) = -\arctan\dfrac{1}{\omega T_n}$	$\mathrm{Re}\{G(j\omega)\} = K_R$ $\mathrm{Im}\{G(j\omega)\} = -\dfrac{K_R}{\omega T_n}$		
PID-Regler	$G(s) =$ $K_R\left(1 + \dfrac{1}{sT_n} + sT_v\right)$	$\|G(j\omega)\| =$ $K_R\sqrt{1 + \dfrac{(\omega^2 T_n T_v - 1)^2}{\omega^2 T_n^2}}$ $\varphi(\omega) = \arctan\dfrac{\omega^2 T_n T_v - 1}{\omega T_n}$	$\mathrm{Re}\{G(j\omega)\} = K_R$ $\mathrm{Im}\{G(j\omega)\} =$ $K_R\dfrac{\omega^2 T_n T_v - 1}{\omega T_n}$		

Regelungstechnik

2 Mathematische Beschreibung von Regelkreisgliedern

Zusammenstellung der Übergangsfunktion einiger Regelkreiselemente

Regelkreisglied	Übertragungsfunktion	Übergangsfunktion	Verlauf der Übergangsfunktion
P-Glied	$G(s) = K_S$	$h(t) = K_S$	
I-Glied	$G(s) = \dfrac{1}{sT_I}$	$h(t) = \dfrac{t}{T_I}$	
D-Glied	$\dfrac{G(s)}{s} = T_D$	$h(t) = \begin{cases} \infty & \text{für } t=0 \\ 0 & \text{für } t \neq 0 \end{cases}$	
P-T_1-Glied	$G(s) = \dfrac{K_S/T_1}{1/T_1 + s}$	$h(t) = K_S\left(1 - e^{-t/T_1}\right)$	
D-T_1-Glied	$G(s) = \dfrac{sT_D/T_1}{1/T_1 + s}$	$h(t) = \dfrac{T_D}{T_1} e^{-t/T_1}$	
Totzeit-Glied	$G(s) = e^{-sT_t}$	$h(t) = \begin{cases} 0 & \text{für } t < T_t \\ 1 & \text{für } t \geq T_t \end{cases}$	
PI-Regler	$G(s) = \dfrac{K_R}{sT_n} + K_R$	$h(t) = K_R\left(1 + \dfrac{t}{T_n}\right)$	

Parallelschaltung einzelner Regelkreisglieder

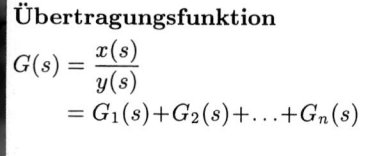

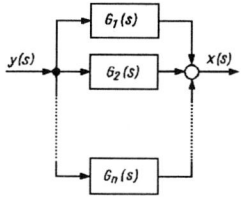

Übertragungsfunktion

$$G(s) = \frac{x(s)}{y(s)} = G_1(s) + G_2(s) + \ldots + G_n(s)$$

Regelungstechnik
2 Mathematische Beschreibung von Regelkreisgliedern

2.7 Übergang vom Frequenz- in den Zeitbereich mit Hilfe der Laplace-Transformation

Ist das Übertragungsverhalten einer Übertragungsstrecke aus den physikalischen Zusammenhängen im Frequenz-(Bild-)Bereich beschrieben, läßt sich durch Lösen der DGL bei einfachen Systemen (1. und 2. Ordnung) das Übergangsverhalten im Zeitbereich berechnen. Das wird aber schwieriger, wenn die Regelstrecke aus der Reihenschaltung mehrerer einzelner Regelkreisglieder entstanden ist. Hier erweist sich die Laplace-Transformation als besonders anwenderfreundlich.

Definition der Laplace-Transformation

$$L\{x(t)\} = x(s) = \int_0^\infty x(t)\,e^{-st}\,dt$$

$\dfrac{1}{a+s}$ ●——○ e^{-at}

$\dfrac{a}{s(a+s)}$ ●——○ $1 - e^{-at}$

Anwendung der Laplace-Transformation auf zwei bekannte Zeitfunktionen

Anwendung der Laplace-Transformation

1. Überführung einer mit $1/s$ multiplizierten Übertragungsfunktion der P-T_1-Strecke in den Zeitbereich.

$$G(s) = \frac{x(s)}{y_S(s)}$$

$$= \frac{K_S}{sT_1 + 1} = \frac{\dfrac{K_S}{T_1}}{\dfrac{1}{T_1} + s}$$

T_1 Zeitkonstante
x Regelgröße
y_S Streckeneingangsgröße
K_S Übertragungskonstante
$s = j\omega$

2. Beziehung zwischen Übergangsfunktion und Übertragungsfunktion

$$h(t) = L^{-1}\left(\frac{G(s)}{s}\right) = L^{-1}\left\{\frac{\dfrac{K_S}{T_1}}{s\left(\dfrac{1}{T_1} + s\right)}\right\}$$

Mit $a = 1/T_1$ folgt mit der letzten Beziehung in der Korrespondenztabelle

$$\frac{x(t)}{y_S(t)} = K_S\left(1 - e^{-t/T_1}\right) \quad \text{oder} \quad \begin{aligned}h(t) &= x(t) \\ &= y_S(t)K_S(1 - e^{-t/T_1})\end{aligned}$$

Regelungstechnik
2 Mathematische Beschreibung von Regelkreisgliedern

3. Beziehung zwischen Gewichtsfunktion und Übertragungsfunktion
$$g(t) = \frac{dh(t)}{dt} = L^{-1}\{G(s)\}$$

4. Ermittlung der Übergangsfunktion für eine $P\text{-}T_2$-Strecke
$$G(s) = \frac{K_S}{(1+sT_1)(1+sT_2)} = \frac{K_S/(T_1T_2)}{(1/T_1+s)(1/T_2+s)}$$

Partialbruchzerlegung der mit $1/s$ multiplizierten Übertragungsfunktion der $P\text{-}T_2$-Strecke
$$\frac{G(s)}{s} = \frac{\dfrac{K_S}{T_1T_2}}{s\left(\dfrac{1}{T_1}+s\right)\left(\dfrac{1}{T_2}+s\right)} = \frac{A_0}{s} + \frac{A_1}{\left(\dfrac{1}{T_1}+s\right)} + \frac{A_2}{\left(\dfrac{1}{T_2}+s\right)}$$

Werte für die Koeffizienten A_0, A_1 und A_2
$$A_0 = K_S \quad A_1 = -K_S\frac{T_1}{T_1-T_2} \quad A_2 = -K_S\frac{T_2}{T_2-T_1}$$

Anwendung der Beziehungen aus der Korrespondenztabelle
$$L^{-1}\left\{\frac{G(s)}{s}\right\} = h(t) = K_S\left(1 - \frac{T_1}{T_1-T_2}e^{-t/T_1} - \frac{T_2}{T_2-T_1}e^{-t/T_2}\right)$$

Korrespondenztabelle zur Laplace-Transformation wichtiger Regelkreisglieder

$x(t)$	$x(s)$	$x(z)$
1	$\dfrac{1}{s}$	$\dfrac{z}{z-1}$
t	$\dfrac{1}{s^2}$	$\dfrac{T_0 z}{(z-1)^2}$
t^2	$\dfrac{2}{s^3}$	$\dfrac{T_0^2 z(z+1)}{(z-1)^3}$
e^{-at}	$\dfrac{1}{s+a}$	$\dfrac{z}{z-e^{-aT_0}}$
te^{-at}	$\dfrac{1}{(s+a)^2}$	$\dfrac{T_0 z e^{-aT_0}}{(z-e^{-aT_0})^2}$
$t^2 e^{-at}$	$\dfrac{2}{(s+a)^3}$	$\dfrac{T_0^2 z e^{-aT_0}(z+e^{-aT_0})}{(z-e^{-aT_0})^3}$
$1-e^{-at}$	$\dfrac{a}{s(s+a)}$	$\dfrac{(1-e^{-aT_0})z}{(z-1)(z-e^{-aT_0})}$

2.8 Grenzwertsätze

$\lim_{t \to 0} x(t) = \lim_{s \to \infty} sx(s)$

$\lim_{t \to \infty} x(t) = \lim_{s \to 0} sx(s)$

Diese Beziehungen gelten zwischen den Darstellungen einer Übertragungsfunktion im Frequenzbereich bei $s = 0$ und bei $s = \infty$ und im Zeitbereich bei $t = 0$ und bei $t = \infty$.

3 Regeleinrichtungen

Der bekannteste Typ der stetigen Regler ist der PID-Regler, aus dem durch Fortlassen des D-Anteils der PI-Regler und durch Fortlassen von I- und D-Anteil der P-Regler entsteht. Zum unstetigen Regler, z. B. Zweipunktregler, s. Abschn. 8.2.

3.1 PID-Regler

Algorithmus des PID-Reglers

$y_0 = -(w - x)$ P-Anteil

$y_1 = -\dfrac{1}{R_I C_I} \int (w - x)\,dt$ I-Anteil

$y_2 = -R_D C_D \dfrac{d(w - x)}{dt}$ D-Anteil

- y_R Reglerausgangsgröße
- w Sollwert
- x Regelgröße
- R_D Widerstand im Differenzierer
- C_D Kapazität im Differenzierer
- C_I Kapazität im Integrierer
- R_I Widerstand im Integrierer

Ausgangsgröße

$$y_R = \frac{R_v}{R}\left[(w - x) + \frac{1}{R_I C_I}\int(w - x)\,dt + R_D C_D \frac{d(w - x)}{dt}\right]$$

Vereinfachungen

$e = w - x$ Regeldifferenz
$K_R = R_v/R$ Reglerverstärkung
$T_n = R_I C_I$ Nachstellzeit
$T_v = R_D C_D$ Vorhaltezeit
$s = d/dt$ und $s^{-1} = \int dt$ Differentialoperator

Regelungstechnik
3 Regeleinrichtungen

Übertragungsfunktion des PID-Reglers

$$G_R(s) = \frac{y_R(s)}{e(s)} = K_R\left(1 + \frac{1}{sT_n} + sT_v\right) \qquad K_R = \frac{R_v}{R}$$

Aus dieser Gleichung folgt die Übertragungsfunktion
1. für den PI-Regler durch Nullsetzen von T_v
2. für den P-Regler, wenn zusätzlich noch $T_n = \infty$ gesetzt wird.

Übertragungsfunktion des PI-Reglers

$$G_R(s) = \frac{y_R(s)}{e(s)} = K_R\left(1 + \frac{1}{sT_n}\right)$$

Übertragungsfunktion des P-Reglers

$$G_R(s) = \frac{y_R(s)}{e(s)} = K_R$$

Blockschaltbild eines PID-Reglers mit Operationsverstärkern

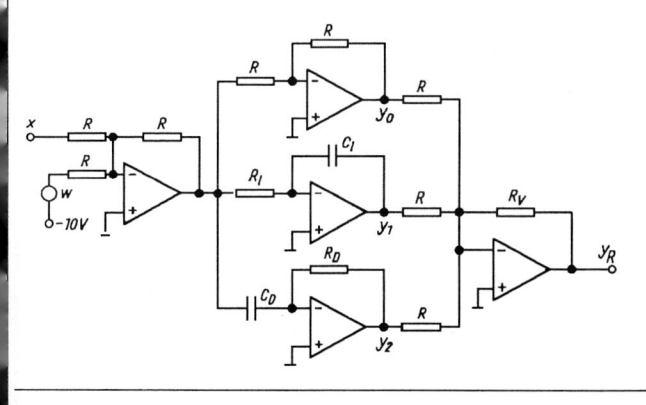

3.2 Wirkung einzelner Reglerbausteine
(im Regelfalle)

P-Regler	schnell, es bleibt eine Regelabweichung
I-Regler	langsam, es bleibt keine Regelabweichung
D-Regler	reagiert nur auf Änderungen der Regelgröße bzw. der Führungsgröße

Für viele Anwendungen liefert der PI-Regler zufriedenstellende Ergebnisse. Eine weitere Verbesserung läßt sich insbesondere bei häufigen Änderungen der Führungsgröße und bei häufig auftretenden Störungen durch Einsatz von PID-Reglern erreichen. Dabei sollte man ggf. eine Begrenzung der Stellgröße vorsehen.

3.3 Führungs- und Störverhalten

Die Betrachtungen beziehen sich auf den im Blockschaltbild angegebenen Regelkreis

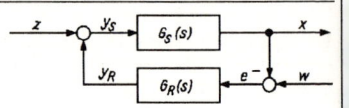

Führungsübertragungsfunktion

$$G_w(s) = \frac{x(s)}{w(s)} = \frac{G_R(s)G_S(s)}{1 + G_R(s)G_S(s)}$$

Störübertragungsfunktion

$$G_z(s) = \frac{x(s)}{z(s)} = \frac{G_S(s)}{1 + G_R(s)G_S(s)}$$

$G_S(s)$ Übertragungsfunktion der Strecke
$G_R(s)$ Übertragungsfunktion des Reglers

Führungsverhalten von P-T_1-Strecke mit P-Regler

Sollwertsprung

$$w(t) = w_0 \sigma(t) \rightarrow w(s) = \frac{w_0}{s}$$

$\sigma(t)$ Einheitssprung
$w(t)$ Sollwertsprung
$w(t) = w_0 \sigma(t)$

Führungsübertragungsfunktion mit dem Grenzwertsatz

$$\lim_{t \to \infty} x(t) = \lim_{s \to 0} s x(s) = s \frac{w_0}{s} \frac{\dfrac{K_R K_S}{1 + sT_1}}{1 + \dfrac{K_R K_S}{1 + sT_1}} = w_0 \frac{K_R K_S}{1 + K_R K_S}$$

Bleibende Regeldifferenz

$$e(\infty) = [w_0 - x(\infty)]$$
$$= w_0 \left(1 - \frac{K_R K_S}{1 - K_R K_S}\right)$$

K_R Reglerverstärkung
K_S Übertragungskonstante
T_1 Zeitkonstante

Führungsverhalten von P-T_1-Strecke mit PI-Regler

Mit $w(s) = w_0/s$ und

$$G_R(s) = \left(1 + \frac{1}{sT_n}\right) = K_R \frac{sT_n + 1}{sT_n} \qquad T_n \text{ Nachstellzeit}$$

folgt die Führungsübertragungsfunktion:

$$\lim_{t\to\infty} x(t) = \lim_{s\to 0} sx(s) = w_0 \frac{K_R K_S(sT_n + 1)}{sT_n(1 + sT_1) + K_R K_S(1 + sT_n)} = w_0$$

Es ergibt sich keine bleibende Regeldifferenz.

Störverhalten von P-T_1-Strecke mit PI-Regler

Mit $z(s) = z_0/s$ sowie $G_R(s)$ und $G_S(s)$ nach dem Führungsverhalten mit PI-Regler folgt für die Störübertragungsfunktion:

$$x(\infty) = \lim_{s\to 0} sx(s) = z_0 \frac{sT_n K_S}{sT_n(1 + sT_1) + K_R K_S(1 + sT_n)} = 0$$

Mit einem PI-Regler können Störungen vollständig ausgeregelt werden.

4 Dämpfung

Die Dämpfung hat einen wesentlichen Einfluß auf die Stabilität von Regelstrecken oder Regelkreisen. Die Dämpfung ist von der Polverteilung abhängig.

4.1 Polverteilung in der s-Ebene

Übertragungsfunktion der P-T_2-Strecke

$$G_S(s) = \frac{x(s)}{y(s)} = \frac{K_{S1} K_{S2}}{(1 + sT_1)(1 + sT_2)}$$

$$G_S(s) = \frac{K_S}{T_1 T_2} \frac{1}{\frac{1}{T_1 T_2} + s\frac{T_1 + T_2}{T_1 T_2} + s^2}, \qquad K_{S1} K_{S2} = K_S$$

$\qquad\qquad\qquad\qquad K_S$ Streckenverstärkung
$\qquad\qquad\qquad\qquad T_1, T_2$ Zeitkonstanten der Strecke

$2\alpha = \dfrac{T_1 + T_2}{T_1 T_2} \qquad\qquad \alpha$ Abklingkonstante

$\beta^2 = \dfrac{1}{T_1 T_2} \qquad\qquad\quad \beta$ Kreisfrequenz der ungedämpften Schwingung

$$\omega = \sqrt{\beta^2 - \alpha^2}$$

ω Kreisfrequenz der gedämpften Schwingung

Übertragungsfunktion

$$G_S(s) = K_S \beta^2 \frac{1}{\beta^2 + 2\alpha s + s^2}$$

4.2 Definition der Dämpfung

$$D = \frac{\alpha}{\beta} \qquad D \text{ Dämpfung}$$

Berechnung der Pole

$$s_{1,2} = -\alpha \pm \sqrt{\alpha^2 - \beta^2} = -\alpha \pm \beta\sqrt{D^2 - 1} = -\beta\left(D \pm \sqrt{D^2 - 1}\right)$$

In Abhängigkeit von D treten folgende Fälle auf:

a) $\alpha > \beta (D > 1)$
   Beide Pole sind negativ und reell
   (aperiodischer Fall)

b) $\alpha = \beta (D = 1)$
   Doppelte Polstelle
   $s_1 = s_2 = -\alpha$
   (aperiodischer Grenzfall)

c) $\alpha < \beta (0 < D < 1)$
   Beide Pole sind konjungiert komplex
   (abklingende Schwingung)

d) $\alpha = 0 (D = 0)$
   Realteil der Pole wird Null, die Pole werden rein imaginär
   (ungedämpfte Schwingung)

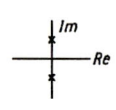

e) $\alpha < 0 (D < 0)$
   Die Abklingkonstante ist negativ, die beiden Pole haben einen positiven Realteil
   (aufklingende Schwingung)

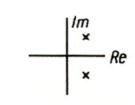

Die Abbildung zeigt die Sprungantworten für die verschiedenen Dämpfungen.

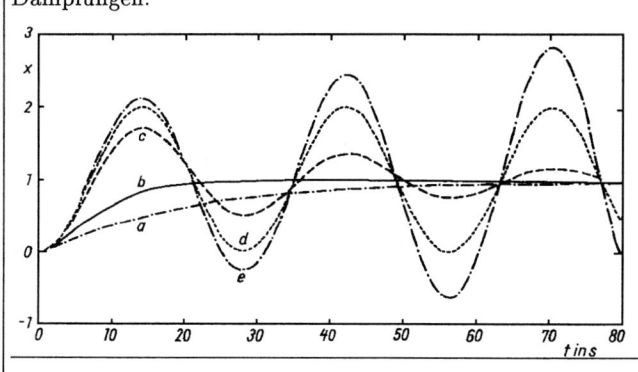

5 Stabilität

An einer P-T_2-Strecke ist bei der Dämpfung $D > 0$ stets Stabilität vorhanden, d. h., die Regelgröße führt nur Schwingungen mit abklingender Amplitude aus und erreicht schließlich einen Beharrungszustand. Beim Zusammenschalten von Regelstrecken, insbesondere von solchen mit höherer Ordnung, und Regeleinrichtungen mit falsch eingestellten Kenngrößen, kann es zu Instabilitäten kommen.

Durch Stabilitätsbetrachtungen sollen Instabilitäten erkannt und die Reglerparameter so festgelegt werden, daß der Regelkreis stabil wird.

Für die Stabilitätsuntersuchungen stehen verschiedene Kriterien zur Verfügung.

5.1 Stabilitätskriterium nach Hurwitz

Regelkreis mit P-T_m-Strecke und PID-Regler

Zusammen mit der Nachstellzeit des Reglers ergibt sich für den Regelkreis dann wieder die Ordnung n. Dabei ist die Hinführung auf die einzelnen Elemente der Hurwitz-Determinante wesentlich. Die betrachtete Strecke darf keine Nichtlinearitäten, wie z. B. eine Totzeit, enthalten.

Übertragungsfunktion der P-T_m-Strecke

$$G_S(s) = \frac{x(s)}{y_S(s)} = \frac{K_S}{1 + sT_1 + s^2T_2^2 + \ldots + s^mT_m^m}$$

Regelungstechnik
5 Stabilität

Übertragungsfunktion des PID-Reglers

$$G_R(s) = \frac{y_R(s)}{e(s)} = K_R \left(1 + \frac{1}{sT_n} + sT_v\right) K_R \frac{1 + sT_n + s^2 T_n T_v}{sT_n}$$

Regelgröße im geschlossenen Regelkreis

$$x(s)\left[\frac{1}{G_S(s)} + G_R(s)\right] = w(s)G_R(s) + z(s)$$

Einsetzen der Beziehungen für $G_S(s)$ und $G_R(s)$

$$x(s)\left[\frac{1 + sT_1 + s^2 T_2^2 + \ldots + s^m T_m^m}{K_S} + K_R \frac{1 + sT_n + s^2 T_n T_v}{sT_n}\right]$$
$$= w(s) K_R \frac{1 + sT_n + s^2 T_n T_v}{sT_n} + z(s)$$

Multiplikation mit $K_S sT_n$ und Ordnen nach Potenzen von s

$$x(s)\Big[\underbrace{K_R K_S}_{a_0} + s\underbrace{T_n(1 + K_R K_S)}_{a_1} + s^2 \underbrace{T_n(T_1 + T_v K_R K_S)}_{a_2} + s^3 \underbrace{T_n T_2^2}_{a_3} +$$
$$\ldots + s^{m+1} \underbrace{T_n T_m^m}_{a_{m+1}}\Big]$$
$$= w(s)\Big[\underbrace{K_R K_S}_{b_0} + s\underbrace{T_n K_R K_S}_{b_1} + s^2 \underbrace{T_n T_v K_R K_S}_{b_2}\Big] + z(s) s \underbrace{T_n K_S}_{c_1}$$

$y_S(s)$ Streckeneingangsgröße
$s = j\omega$
K_S Übertragungskonstante
$T_{1,2}$ Zeitkonstanten
K_R Reglerverstärkung
$e(s)$ Regelabweichung
$y_R(s)$ Reglerausgangsgröße
T_n Nachstellzeit
T_v Vorhaltezeit
$w(s)$ Führungsgröße, Sollwert
$z(s)$ Störgröße

Verwendung von $\dfrac{d}{dt} = s$ und $n = m + 1$

$$a_0 x(t) + a_1 \dot{x}(t) + a_2 \ddot{x}(t) + \ldots + a_n x^{(n)}(t)$$
$$= b_0 w(t) + b_1 \dot{w}(t) + b_2 \ddot{w}(t) + c_1 \dot{z}(t)$$

Regelungstechnik
5 Stabilität

Die Dämpfung und damit die Stabilität sind abhängig von der Polverteilung. Diese ist aber nur abhängig von der homogenen Differentialgleichung, der charakteristischen Gleichung, nicht aber von $w(t)$ und $z(t)$.

Stabilität

$$a_0 x(t) + a_1 \dot{x}(t) + a_2 \ddot{x}(t) + \ldots + a_n x^{(n)}(t) = 0$$

Erstellung der **Hurwitz-Determinante** mit den Koeffizienten der charakteristischen Gleichung

$$D = \begin{vmatrix} a_1 & a_3 & a_5 & a_7 & \ldots \\ a_0 & a_2 & a_4 & a_6 & \ldots \\ 0 & a_1 & a_3 & a_5 & \ldots \\ 0 & a_0 & a_2 & a_4 & \ldots \\ 0 & 0 & a_1 & a_3 & \ldots \\ 0 & 0 & a_0 & a_2 & \ldots \\ \vdots & \vdots & \vdots & \vdots & \ddots \end{vmatrix}$$

Nach dem Hurwitz-Kriterium müssen für die Stabilität eines Regelkreises folgende Bedingungen erfüllt sein:

a) Für ein System n-ter Ordnung müssen alle Koeffizienten $a_0 \ldots a_n$ vorhanden sein, und alle müssen ein positives Vorzeichen haben.
b) Die aus den Koeffizienten $a_0 \ldots a_n$ gebildete Determinante sowie die gestrichelten Unterdeterminanten müssen größer als Null sein.

5.2 Stabilitätskriterium von Nyquist

Allgemeine Fassung des Nyquist-Kriteriums [1]

Besitzt das Übertragungsverhalten des offenen Kreises $G_o(s) = G_S(s) G_R(s)$ n_r Pole mit positivem Realteil und n_i Pole auf der imaginären Achse, dann ist der geschlossene Regelkreis genau dann stabil, wenn der vom kritischen Punkt $(-1/j \cdot 0)$ an die Ortskurve $G_o(j\omega)$ gezogene Fahrstrahl beim Durchlaufen der Ortskurve im Bereich $0 \leq \omega \leq \infty$ eine Winkeländerung von $\Delta\varphi = (2n_r + n_i)\pi/2$ beschreibt.

n_r Pole in der rechten Halbebene
n_l Pole in der linken Halbebene
n_i Pole auf der imaginären Achse

Regelungstechnik
5 Stabilität

Stabilitätsbetrachtung an einer P-T_4-Strecke mit P-Regler

Beziehung für den offenen Regelkreis

$$G_o(s) = \frac{K_R K_S}{(1+sT_1)(1+sT_2)(1+sT_3)(1+sT_4)}$$

K_R Reglerverstärkung
K_S Streckenverstärkung
T_i Zeitkonstanten der Strecke
$s = j\omega$

Poleverteilung

$$s_1 = -\frac{1}{T_1}, \quad s_2 = -\frac{1}{T_2}, \quad s_3 = -\frac{1}{T_3}, \quad s_4 = -\frac{1}{T_4}$$

Alle Pole liegen in der linken Halbebene, also ist $n_l = 4, n_i = 0$, $n_r = 0$

Winkeländerung

$\Delta\varphi = 0$

Ortskurvenverlauf

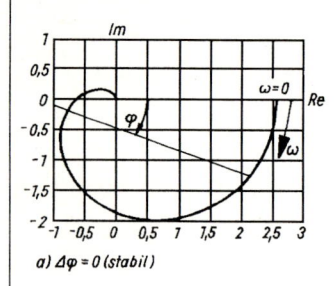

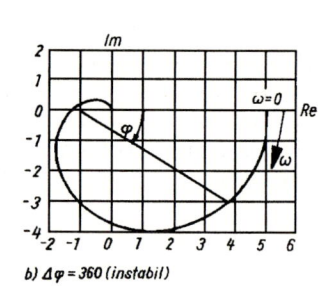

a) $\Delta\varphi = 0$ (stabil)

b) $\Delta\varphi = 360$ (instabil)

5.3 Vereinfachtes Nyquist-Kriterium

Zusammenhang zwischen Stabilität und $|G_o(j\omega)|$ bei $\varphi = -180°$ nach den Ortskurvenverläufen im Abschnitt 5.2:

$|G_o(j\omega)| < 1$ stabil
$|G_o(j\omega)| > 1$ instabil
$|G_o(j\omega)| = 1$ Stabilitätsgrenze

Regelungstechnik
5 Stabilität

Dies gilt nur für Regelkreise, welche die in dem vereinfachten Nyquist-Kriterium formulierten Bedingungen erfüllen:

Besitzt eine Übertragungsfunktion $G_o(s)$ des aufgeschnittenen Regelkreises keine Pole mit positivem Realteil ($n_r = 0$) und höchstens zwei Pole auf der imaginären Achse, dann ist der geschlossene Regelkreis stabil, wenn bei der Durchtrittsfrequenz ω_d, d. h. bei $|G_o(j\omega)| = 1$, die Phasenverschiebung $\varphi_d(\omega) > -180°$ ist (s. Bode-Diagramm).

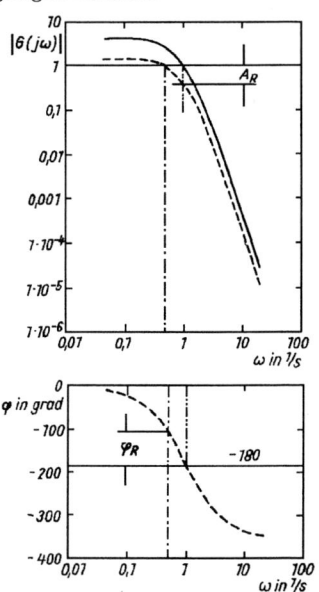

Bei dem gegebenen Phasengang ist für den durchgezogenen Amplitudengang der Regelkreis instabil, und für den gestrichelten Amplitudengang ist der Regelkreis stabil.

5.4 Phasenreserve, Stabilitätsgüte

Der Winkel φ_R im Bode-Diagramm wird als Phasenreserve bezeichnet. A_R ist die Amplitudenreserve.

$$\varphi_R = \varphi(\omega_d) - (-180°) = \varphi(\omega_d) + 180°$$

Der Winkel φ_R läßt sich auch aus der Ortskurve (s. Bild) ermitteln.

Die Dämpfung eines Regelkreises wird um so geringer, je mehr sich $\varphi(\omega_d)$ dem Wert $-180°$ nähert. Bei $\varphi(\omega_d) = -180°$ ist die Stabilitätsgrenze erreicht (Dauerschwingung). Erfahrungswerte für die Phasenreserve:

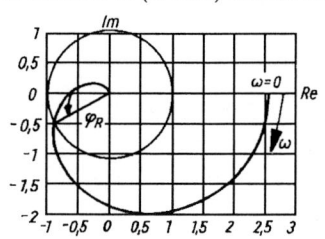

$\varphi_R > 40° \ldots 70°$ bei Führungsverhalten
$\varphi_R > 30°$ bei Störverhalten

6 Qualität einer Regelung

6.1 Beurteilung eines Regelvorganges nach Anregel-, Ausregelzeit und Überschwingungsweite

▶ Nach DIN 19226 wird die Qualität einer Regelung nach Anregelzeit, die Zeit, nach der die Regelgröße nach einer Führungsgrößenänderung oder nach Auftreten einer Störung erstmals einen Toleranzbereich erreicht, und Ausregelzeit, die Zeit, nach der die Regelgröße den Toleranzbereich nicht mehr verläßt, sowie nach der Überschwingungsweite beurteilt (s. Bild).

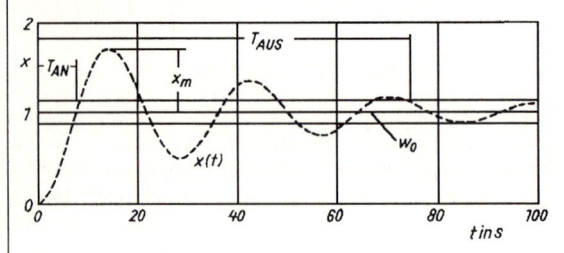

6.2 Lineare Regelfläche

Berechnung der linearen Regelfläche

$$Q_1 = \int_0^\infty [w_0 - x(t)] \, \mathrm{d}t$$

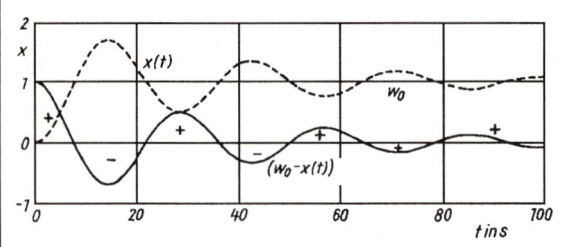

Da der Verlauf der linearen Regelfläche im Bild positive und negative Flächen aufweist und sich diese teilweise aufheben, läßt sich hieraus keine eindeutige Aussage über die Qualität der Regelung ableiten.

6.3 Quadratische Regelfläche

Quadratische Regelfläche

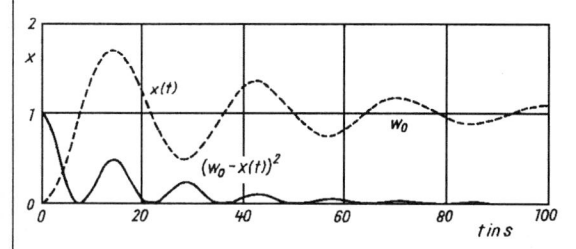

$$Q_q = \int_0^\infty [w_0 - x(t)]^2 \, dt$$

Bei diesem Regelgütekriterium werden alle Abweichungen (positive und negative) der Regelgröße von der Führungsgröße gleichermaßen berücksichtigt. Damit liefert dieses Gütekriterium ein realistisches Abbild der Regelqualität. Ferner werden die kleinen Abweichungen, die für die Regelqualität auch von geringerer Bedeutung sind, wesentlich weniger gewichtet als die großen Abweichungen.

7 Reglereinstellkriterien

Die beiden in der Praxis am meisten angewendeten Verfahren zur Ermittlung der Parameter eines PID-Reglers sind die Einstellkriterien nach Ziegler/Nichols und nach Chien/Hrones/Reswick.

7.1 Einstellregeln nach Ziegler/Nichols

Ein vorhandener Regelkreis wird mit einem reinen P-Regler betrieben ($T_n = \infty, T_v = 0$). Der Verstärkungsfaktor ist so lange zu erhöhen, bis der Regelkreis Dauerschwingungen ausführt. Die dabei eingestellte Verstärkung K_R ist die kritische Verstärkung K_{Rkrit}. Die Periodendauer der zugehörigen Schwingung ist die kritische Schwingungsdauer T_{krit}. Gemäß der folgenden Tabelle lassen sich daraus die einzustellenden Parameter für P-, PI- und PID-Regler ermitteln.

P-Regler $K_R = 0,5 K_{Rkrit}$
PI-Regler $K_R = 0,45 K_{Rkrit}$
          $T_n = 0,83 T_{krit}$

Regelungstechnik
7 Reglereinstellkriterien

PID-Regler $K_R = 0,6 K_{Rkrit}$
$T_n = 0,5 T_{krit}$
$T_v = 0,125 T_{krit}$

Bei bekannten Streckenparametern lassen sich K_{Rkrit} und T_{krit} aus dem Bode-Diagramm ermitteln. Dazu wird für die Übertragungsfunktion $G_o(j\omega)$ des offenen Regelkreises, der mit einem P-Regler mit $K_R = 1$ betrieben wird, das Bode-Diagramm gezeichnet.

Da der Regelkreis grenzstabil ist, wenn bei der Phasenverschiebung von $\varphi = -180°$ die Gesamtverstärkung des Regelkreises 1 ist, ist der Amplitudengang so lange in vertikaler Richtung zu verschieben, bis die Verstärkung des gesamten Regelkreises bei $\varphi = -180°$ gleich 1 ist. Dies ist über eine Änderung der Reglerverstärkung möglich, da dadurch der Phasengang nicht verändert wird.

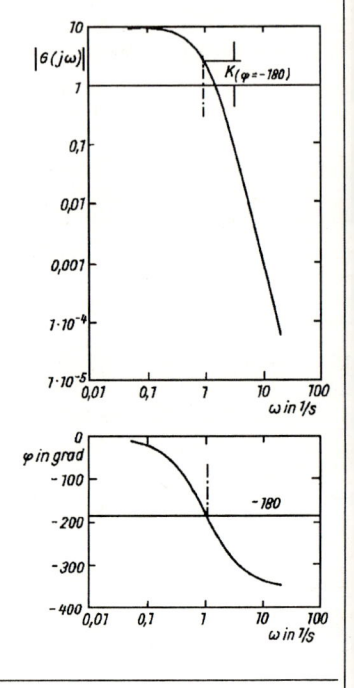

Berechnung von K_{Rkrit} und T_{krit}

$$K_{Rkrit} = \frac{1}{K_{(\varphi - 180°)}} \qquad T_{krit} = \frac{2\pi}{\omega_{krit}}$$

7.2 Einstellregeln nach Chien/Hrones/Reswick

An einer vorhandenen Regelstrecke wird durch Aufschalten einer Sprungfunktion die Sprungantwort ermittelt, oder die Sprungantwort wird berechnet, wenn die Streckenparameter bekannt sind.

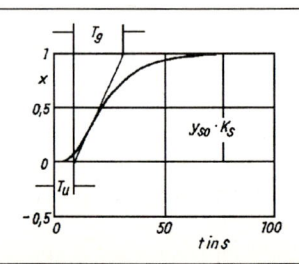

An der Sprungantwort werden durch Anlegen der Wendetangente die Verzugszeit T_u und die Ausgleichszeit T_g sowie die Streckenverstärkung K_S ermittelt (s. Bild). Aus diesen Größen werden nach der Tabelle Reglerparameter für unterschiedliches Regelverhalten ermittelt.

Beziehungen zur Berechnung der Reglerparameter nach Chien/Hrones/Reswick

Regler		Aperiodischer Regelverlauf		Regelverlauf mit 20 % Überschwingen	
		Störung	Führung	Störung	Führung
P-Regler	K_R	$0,3\dfrac{T_g}{T_u K_S}$	$0,3\dfrac{T_g}{T_u K_S}$	$0,7\dfrac{T_g}{T_u K_S}$	$0,7\dfrac{T_g}{T_u K_S}$
PI-Regler	K_R	$0,6\dfrac{T_g}{T_u K_S}$	$0,35\dfrac{T_g}{T_u K_S}$	$0,7\dfrac{T_g}{T_u K_S}$	$0,6\dfrac{T_g}{T_u K_S}$
	T_n	$4 \cdot T_u$	$1,2 \cdot T_g$	$2,3 \cdot T_u$	$1 \cdot T_g$
PID-Regler	K_R	$0,95\dfrac{T_g}{T_u K_S}$	$0,6\dfrac{T_g}{T_u K_S}$	$1,2\dfrac{T_g}{T_u K_S}$	$0,95\dfrac{T_g}{T_u K_S}$
	T_n	$2,4 \cdot T_u$	$1 \cdot T_g$	$2 \cdot T_u$	$1,35 \cdot T_g$
	T_v	$0,42 \cdot T_u$	$0,5 \cdot T_u$	$0,42 \cdot T_u$	$0,47 \cdot T_u$

8 Kaskadenregelung, Unstetige Regler

8.1 Kaskadenregelung

Blockschaltbild einer einfachen Kaskadenregelung. Es lassen sich auch Mehrfachkaskaden aufbauen.

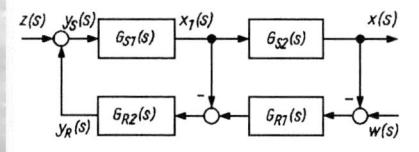

$x(s)$ Regelgröße $w(s)$ Führungsgröße
$y_R(s)$ Reglerausgangsgröße $y_S(s)$ Eingangsgröße für die
$z(s)$ Störgröße   Regelstrecke
$G_{S1}(s)$ Teilstrecke 1 $G_{S2}(s)$ Teilstrecke 2
$G_{R1}(s)$ Hauptregler $G_{R2}(s)$ Hilfsregler

Regelungstechnik
8 Kaskadenregelung, Unstetige Regler

Die Regelstrecke ergibt sich als Reihenschaltung der Teilstrecken $G_{S1}(s)$ und $G_{S2}(s)$. Nur wenn man Zugriff auf Hilfsregelgrößen hat, lassen sich Kaskadenregelungen aufbauen.

Hinweise für Einstellung von Haupt- und Hilfsregler
1. Der Hilfsregler ist einzustellen für die Teilstrecke $G_{S1}(s)$ nach den angegebenen Kriterien
2. Der Hauptregler ist einzustellen unter Berücksichtigung des unterlagerten Regelkreises und unter Berücksichtigung der Strecke $G_{S2}(s)$, Einstellung nach den angegebenen Einstellkriterien

8.2 Unstetige Regler

Blockschaltbild eines unstetigen Reglers (schaltenden Reglers) mit Zweipunktverhalten und Totzeitstrecke

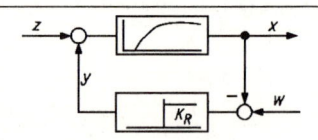

Verlauf von Regelgröße und Stellgröße an einem Zweipunktregler

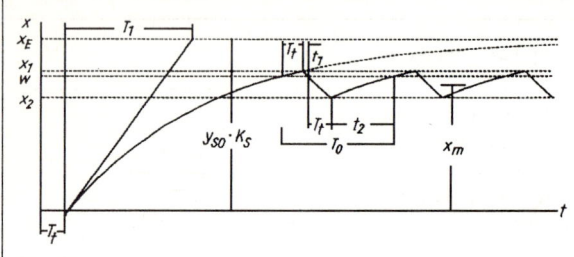

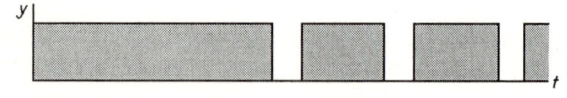

Im Regelgrößenverlauf angegebene Werte

$$x_1 = w + (x_E - w)\left(1 - e^{-T_t/T_1}\right) \qquad x_2 = w\, e^{-T_t/T_1}$$

$$2x_0 = x_1 - x_2 = x_E\left(1 - e^{-T_t/T_1}\right)$$

$$t_1 = T_1 \ln\left[\frac{x_E}{w} + \left(1 - \frac{x_E}{w}\right) e^{-T_t/T_1}\right]$$

$$t_2 = T_1 \ln \frac{x_E - w\, e^{-T_t/T_1}}{x_E - w}$$

$$T_0 = 2T_t + T_1 \ln\left[\left(\frac{1}{1 - w/x_E} - e^{-T_t/T_1}\right)\left(\frac{x_E}{w} - e^{-T_t/T_1}\right)\right]$$

9 Stellwert- und Meßwertwandler

Da Regelstrecken sehr unterschiedliche Ein- und Ausgangsgrößen und auch Regler unterschiedliche Signale bei Ein- und Ausgangsgrößen aufweisen (0...10 V, 0...20 mA, 4...20 mA), müssen die Regler über entsprechende Meßwert- und Stellwertwandler an die zu regelnde Strecke angepaßt werden. Das Blockschaltbild zeigt einen Drehzahlregelkreis.

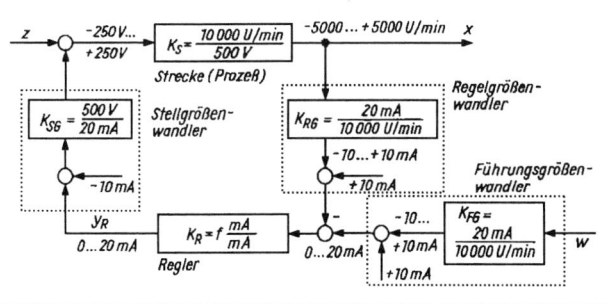

10 Abtastregelungen

Im Gegensatz zu den analogen Systemen, die eine Meßgröße kontinuierlich erfassen, wird die Meßgröße in der digitalen Signalverarbeitung abgetastet. Somit liegen von einer Meßgröße nur diskrete Werte vor, die mit einer äquidistanten Abtastperiode von T_0 erfaßt werden.

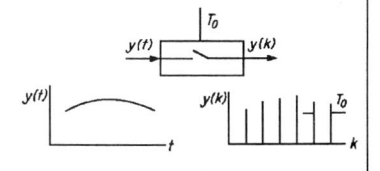

Beziehungen zwischen Ein- und Ausgangsgröße einer Regelstrecke (mit Differenzengleichung)

$$y(k) + a_1 y(k-1) + a_2 y(k-2) + \ldots + a_m y(k-m) = b_0 u(k) + b_1 u(k-1) + b_2 u(k-2) + \ldots + b_m u(k-m)$$

$y(k)$ abgetastete Regelgröße
$u(k)$ diskrete Stellgröße
m Ordnung der Strecke
$a_i; b_i$ Streckenparameter
     (für Differenzengleichung oder z-Übertragungsfunktion)

Regelungstechnik
10 Abtastregelungen

z-Übertragungsfunktion

folgt aus dem Rechtsverschiebungssatz der z-Transformation

$$G_S(z) = \frac{y(z)}{u(z)} = \frac{b_0 + b_1 z^{-1} + \ldots + b_m z^{-m}}{1 + a_1 z^{-1} + \ldots + a_m z^{-m}} = \frac{B(z^{-1})}{A(z^{-1})}$$

Blockschaltbild mit z-Übertragungsfunktion

Die Parameter a_i und b_i der Differenzengleichung bzw. der z-Übertragungsfunktion können durch Diskretisierung der DGL oder durch die z-Transformation aus der Übertragungsfunktion ermittelt werden.

10.1 z-Transformation

Definition der z-Transformation

$z = \mathrm{e}^{sT_0}$

$$Z\{x(kT_0)\} = x(z) = \sum_{k=0}^{\infty} x(kT_0) z^{-k} \cdot 1s$$
$$= \{x(0) + x(T_0)z^{-1} + x(2T_0)z^{-2} + x(3T_0)z^{-3} + \ldots\} \cdot 1s$$

Die z-Transformierte ist eine unendlich lange Reihe. Für viele Funktionen $f(kT_0)$ lassen sich die Reihen durch geschlossene Ausdrücke ersetzen. Diese sind der Korrespondenztabelle (Abschn. 2.7) zu entnehmen.

10.2 Einführung eines Haltegliedes

Die diskreten Signale der Stellgröße $u(kT_0)$ oder kurz $u(k)$ müssen über die Abtastzeit durch ein Halteglied in eine Treppenfunktion überführt werden. Ein Halteglied nullter Ordnung wird durch die Funktion $1(t)$ für $0 \leqq t < T_0$ realisiert (s. Bild).

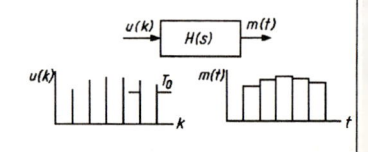

Übertragungsfunktion eines Haltegliedes 0. Ordnung

$$H(s) = \frac{1}{s}\left(1 - e^{-sT_0}\right) \qquad \begin{array}{l} s = j\omega \\ T_0 \text{ Abtastperiode} \end{array}$$

z-Übertragungsfunktion

folgt aus der s-Übertragungsfunktion unter Beachtung des notwendigen Haltegliedes

$$HG_S(z) = (1 - z^{-1})Z\left\{\frac{G_S(s)}{s}\right\}$$

z wird auch als Verschiebeoperator bezeichnet. Seine Funktion verdeutlicht das Bild.

$\xrightarrow{y(k)} \boxed{z^{-1}} \xrightarrow{y(k-1)}$

10.3 Anwendung der z-Transformation

Berechnung der Parameter a_i und b_i der Differenzengleichungen bzw. der z-Übertragungsfunktionen $HG_S(z)$ aus der Übertragungsfunktion.

Übertragungsfunktion der P-T_1-Strecke

$$G_S(s) = \frac{K_S}{1 + sT_1} = \frac{K_S/T_1}{1/T_1 + s} \qquad \begin{array}{l} K_S \text{ Streckenverstärkung} \\ T_1 \text{ Zeitkonstante} \end{array}$$

Zugehörige gehaltene z-Übertragungsfunktion

$$HG_S(z) = \frac{y(z)}{u(z)} = \frac{b_0 + b_1 z^{-1}}{1 + a_1 z^{-1}} = \frac{B(z^{-1})}{A(z^{-1})}$$

$u(k)$ diskrete Stellgröße zum Zeitpunkt $t = kT_0$
$y(k)$ diskrete Regelgröße zum Zeitpunkt $t = kT_0$
T_0 Abtastperiode

Differenzengleichung

$$y(k) = -a_1 y(k-1) + b_0 u(k) + b_1 u(k-1) \text{ mit}$$
$$b_0 = 0, \quad b_1 = K_S\left(1 - e^{-T_0/T_1}\right), \quad a_1 = -e^{-T_0/T_1}$$

Übertragungsfunktion der P-T_2-Strecke

$$G_S(s) = \frac{K_S}{(1 + sT_1)(1 + sT_2)}$$

Regelungstechnik
10 Abtastregelungen

Zugehörige gehaltene z-Übertragungsfunktion

$$HG_S(z) = \frac{y(z)}{u(z)} = \frac{b_0 + b_1 z^{-1} + b_2 z^{-2}}{1 + a_1 z^{-1} + a_2 z^{-2}} = \frac{B(z^{-1})}{A(z^{-1})}$$

Differenzengleichung

$$y(k) = -a_1 y(k-1) - a_2 y(k-2) + b_0 u(k) + b_1 u(k-1) + b_2 u(k-2)$$

Koeffizienten der Partialbruchzerlegung

$$A_1 = K_S, \quad A_2 = -K_S \frac{T_1}{T_1 - T_2}, \quad A_3 = -K_S \frac{T_2}{T_2 - T_1}$$

Parameter a_i und b_i

$$b_0 = A_1 + A_2 + A_3$$
$$b_1 = A_1(e^{-T_0/T_1} + e^{-T_0/T_2}) + A_2(1 + e^{-T_0/T_2}) + A_3(1 + e^{-T_0/T_1})$$
$$b_2 = A_1 e^{-T_0/T_1 - T_0/T_2} + A_2 e^{T_0/T_2} + A_3 e^{-T_0/T_1}$$
$$a_1 = -\left(e^{-T_0/T_1} + e^{-T_0/T_2}\right) \qquad a_2 = e^{-T_0/T_1 - T_0/T_2}$$

10.4 Beschreibung von Strecken mit Totzeit

Totzeit

$T_t = dT_0$ — Beziehung gilt, wenn einer linearen Regelstrecke eine Totzeit von T_t vor- oder nachgeschaltet und T_t ein Vielfaches der Abtastperiode T_0 ist.

---

z-Übertragungsfunktion mit Halteglied für diese Strecke

$$HG_S(z) = \frac{y(z)}{u(z)} = \frac{b_0 + b_1 z^{-1} + \ldots + b_m z^{-m}}{1 + a_1 z^{-1} + \ldots + a_m z^{-m}} z^{-d}$$

z Verschiebeoperator
$a_i; b_i$ Streckenparameter (für Differenzengleichung oder z-Übertragungsfunktion)

Zugehörige Differenzengleichung

$$y(k) + a_1 y(k-1) + \ldots + a_m y(k-m)$$
$$= b_0 u(k-d) + b_1 u(k-1-d) + \ldots + b_m u(k-m-d)$$

m Ordnung der Strecke
d Multiplikator für die Abtastzeit zur Berechnung der Totzeit

10.5 Wahl der Abtastperiode

Die Abtastperiode für die Diskretisierung der Meßwerte ist abhängig von den Zeitkonstanten der zu regelnden Strecke. Dabei hat sich folgende Abtastperiode als günstig erwiesen:

$$T_0 = \left(\frac{1}{15} \cdots \frac{1}{4}\right) T_{95}$$

T_{95} Zeit, nach der die Sprungantwort für die betreffende Strecke 95 % ihres Endwertes erreicht hat
T_0 Abtastperiode

10.6 Digitale PID-Regler

Stellgröße $u(t)$ für analogen PID-Regler

mit Regeldifferenz $w(t) - y(t) = e(t)$

$$u(t) = K_R \left(e(t) + \frac{1}{T_n} \int_0^\infty e(t)\,\mathrm{d}t + T_v \frac{\mathrm{d}e(t)}{\mathrm{d}t} \right)$$

K_R Reglerverstärkung
$e(t)$ Regelabweichung
T_n Nachstellwert
T_v Vorhaltezeit

Für kleine Abtastzeiten T_0 wird diese Gleichung durch Diskretisierung in eine Differenzengleichung für ein Stellwertinkrement überführt.

$$\Delta u(k) = u(k) - u(k-1) = q_0 e(k) + q_1 e(k-1) + q_2 e(k-2)$$

$e(k)$ diskrete Regeldifferenz zum Zeitpunkt $t = kT_0$

Parameter des digitalen Reglers

$$q_0 = K_R \left[1 + \frac{T_v}{T_0}\right], \quad q_1 = K_R \left[\frac{T_0}{T_n} - 1 - 2\frac{T_v}{T_0}\right], \quad q_2 = K_R \frac{T_v}{T_0}$$

T_0 Abtastperiode

Durch Anwendung des Rechtsverschiebungssatzes der z-Transformation ergibt sich aus der Differenzengleichung für das Stellwertinkrement die z-Übertragungsfunktion für einen PID-Regler.

z-Übertragungsfunktion für den PID-Regler

$$G_R(z) = \frac{u(z)}{e(z)} = \frac{q_0 + q_1 z^{-1} + q_2 z^{-2}}{1 - z^{-1}} = \frac{Q(z^{-1})}{P(z^{-1})}$$

10.7 Digitale PI-Regler

Stellwertinkrement für den PI-Regler (aus der Beziehung für den PID-Regler mit $T_\text{v} = 0$)

$$\Delta u(k) = K_\text{R}\left[e(k) + \left(\frac{T_0}{T_\text{n}} - 1\right)e(k-1)\right]$$

K_R Reglerverstärker
T_n Nachstellzeit
T_0 Abtastperiode

10.8 Digitale P-Regler

Stellwertinkrement für den P-Regler (aus der Beziehung für den PID-Regler mit $T_\text{v} = 0$ und $T_\text{n} = \infty$)

$$\Delta u(k) = K_\text{R}[e(k) - e(k-1)]$$

11 Pole, Nullstellen und Stabilität bei Abtastregelungen

Aus der z-Übertragungsfunktion $HG(z)$ lassen sich die Nullstellen durch Nullsetzen des Zählers und die Pole durch Nullsetzen des Nenners berechnen. Ein System ist dann stabil, wenn alle Pole innerhalb des Einheitskreises in der z-Ebene liegen. Das System befindet sich an der Stabilitätsgrenze, wenn die Pole auf dem Einheitskreis liegen [2].

11.1 Stabilität von Regelkreisen

Für einen Regelkreis (s. Bild) lassen sich Aussagen über die Stabilität aus dem Führungs- und Störverhalten gewinnen, denn das Eigenverhalten des Regelkreises, das durch die charakteristische Gleichung bestimmt wird, ist in beiden Fällen gleich.

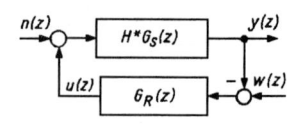

Führungsverhalten

$$G_w(z) = \frac{HG_\text{S}(z)G_\text{R}(z)}{1 + HG_\text{S}(z)G_\text{R}(z)}$$

H Halteglied
$G_\text{S}(z)$ z-Übertragungsfunktion Strecke
$G_\text{R}(z)$ z-Übertragungsfunktion Regler

Regelungstechnik
11 Pole, Nullstellen und Stabilität bei Abtastregelungen

Störverhalten

$$G_\mathrm{n}(z) = \frac{HG_\mathrm{S}(z)}{1 + HG_\mathrm{S}(z)G_\mathrm{R}(z)}$$

Charakteristische Gleichung

$1 + HG_\mathrm{S}(z)G_\mathrm{R}(z) = 0$ Aus dieser charakteristischen Gleichung lassen sich die Pole berechnen. Anhand ihrer Lage läßt sich die Stabilität des Regelkreises beurteilen.

11.2 Bestimmung der Reglerparameter eines digitalen PID-Reglers durch Polvorgabe

P-T_1-Strecke mit PID-Regler

Gleichung für P-T_1-Strecke   Gleichung für PID-Regler

$$HG_\mathrm{S}(z) = \frac{b_1 z^{-1}}{1 + a_1 z^{-1}} \qquad G_\mathrm{R}(z) = \frac{q_0 + q_1 z^{-1} + q_2 z^{-2}}{1 - z^{-1}}$$

In die charakteristische Gleichung eingesetzt:

$$1 + \frac{b_1 z^{-1}(q_0 + q_1 z^{-1} + q_2 z^{-2})}{(1 - z^{-1})(1 + a_1 z^{-1})} = 0$$

Diese Gleichung wird erfüllt, wenn sie auf einen gemeinsamen Nenner gebracht wird und der Zähler der so erhaltenen Beziehung Null ist.

$$1 + (b_1 q_0 + a_1 - 1)z^{-1} + (b_1 q_1 - a_1)z^{-2} + b_1 q_2 z^{-3} = 0$$

$(z - z_1)(z - z_2)(z - z_3) = 0$ Für einen stabilen Regelkreis sind die Pole z_1, z_2 und z_3 so zu wählen, daß sie innerhalb des Einheitskreises in der komplexen z-Ebene liegen.

Gleichung ausmultipliziert und umgeformt:

$$1 - (z_1 + z_2 + z_3)z^{-1} + (z_1 z_2 + z_1 z_3 + z_2 z_3)z^{-2} - z_1 z_2 z_3 z^{-3} = 0$$

Parameter des PID-Reglers

$$q_2 = -\frac{z_1 z_2 z_3}{b_1}$$

$$q_1 = \frac{z_1 z_2 + z_1 z_3 + z_2 z_3 + a_1}{b_1}$$

$$q_0 = \frac{1 - a_1 - (z_1 + z_2 + z_3)}{b_1}$$

Der Vergleich der Koeffizienten vor den gleichen Potenzen von z aus dieser Gleichung und der Beziehung, die aus der charakteristischen Gleichung gewonnen wurde, liefert die Parameter des PID-Reglers.

11.3 Simulation von Regelstrecken

Sind für eine Regelstrecke (einen Prozeß) die Parameter a_i und b_i der Differenzengleichung bekannt, so erfolgt die Simulation der Strecke mit der umgeformten Differenzengleichung

$$y(k) = -a_1 y(k-1) - a_2 y(k-2) - \ldots - a_m y(k-m) + b_0 u(k-d)$$
$$+ b_1 u(k-1-d) + \ldots + b_m u(k-m-d)$$
$$k = m+d \ldots \infty$$

m Ordnung der Strecke
d Multiplikator für die Abtastzeit zur Berechnung der Totzeit
k Laufvariable ($t = kT_0$)

Für $u(k)$ können beliebige Werte, entsprechend des Verlaufes der Eingangsgröße, eingesetzt werden. Beinhaltet die Strecke keine Totzeit, so ist $d = 0$ zu setzen.

12 Systemidentifikation

Sind für Regelstrecken die Parameter ihrer Differenzengleichungen nicht bekannt, so lassen sie sich aus den Ein- und Ausgangsgrößen der Strecken ermitteln. Hier wird ein nichtrekursives Verfahren angegeben, das nach dem quadratischen Gütekriterium arbeitet und für das Totzeit und Streckenordnung bekannt sein sollten. Andere Identifikationsverfahren und die Ermittlung von Totzeit und Streckenordnung siehe Literatur zur Regelungstechnik.

Gleichungen aus den Ein- und Ausgangsgrößen des Prozesses der vorhergehenden Abtastschritte

$$\begin{aligned}
y(k) &= -a_1 y(k-1) - a_2 y(k-2) - \ldots - a_m y(k-m) \\
&\quad + b_0 u(k-d) + b_1 u(k-1-d) + \ldots + b_m u(k-m-d) \\
y(k-1) &= -a_1 y(k-2) - a_2 y(k-3) - \ldots - a_m y(k-1-m) \\
&\quad + b_0 u(k-1-d) + b_1 u(k-2-d) + \ldots + b_m u(k-1-m-d) \\
&\quad \vdots \\
y(k-n) &= -a_1 y(k-1-n) - a_2 y(k-2-n) - \ldots - a_m y(k-m-n) \\
&\quad + b_0 u(k-n-d) + b_1 u(k-n-1-d) + \ldots + b_m u(k-m-n-d)
\end{aligned}$$

mit $\quad \boldsymbol{y}(k) = \begin{vmatrix} y(k) \\ y(k-1) \\ \vdots \\ y(k-n) \end{vmatrix} \qquad \hat{\boldsymbol{\Theta}} = \begin{vmatrix} a_1 \\ a_2 \\ \vdots \\ a_m \\ b_0 \\ b_1 \\ \vdots \\ b_m \end{vmatrix}$

$\boldsymbol{\Psi}_k =$
$\begin{vmatrix} y(k\text{-}1) & y(k\text{-}2) & \cdots & y(k\text{-}m) & u(k\text{-}d) & u(k\text{-}1\text{-}d) & \cdots & u(k\text{-}m\text{-}d) \\ y(k\text{-}2) & y(k\text{-}3) & \cdots & y(k\text{-}1\text{-}m) & u(k\text{-}1\text{-}d) & u(k\text{-}2\text{-}d) & \cdots & u(k\text{-}1\text{-}m\text{-}d) \\ \vdots & \vdots & \vdots & \vdots & \vdots & \vdots & & \vdots \\ y(k\text{-}1\text{-}n) & y(k\text{-}2\text{-}n) & \cdots & y(k\text{-}n\text{-}m) & u(k\text{-}n\text{-}d) & u(k\text{-}1\text{-}n\text{-}d) & \cdots & u(k\text{-}m\text{-}n\text{-}d) \end{vmatrix}$

folgt $\boldsymbol{y}(k) = \boldsymbol{\Psi}_k \hat{\boldsymbol{\Theta}}$

Die Anzahl n der Gleichungen sollte größer sein als die Anzahl der Unbekannten $2m+1$, um den Einfluß von Meßfeldern herabzusetzen.

Schätzvektor für die Streckenparameter

$\hat{\boldsymbol{\Theta}} = (\boldsymbol{\Psi}_k^{\mathrm{T}} \boldsymbol{\Psi}_k)^{-1} \boldsymbol{\Psi}_k^{\mathrm{T}} \boldsymbol{y}_k$

Damit die Zeilen der Matrix $\boldsymbol{\Psi}_k$ für die Prozeßidentifikation linear unabhängig voneinander sind, müssen die Stellwerte $u(k)$ mit Pseudozufallszahlen überlagert werden, wenn die Ein- und Ausgangsgrößen des Prozesses während einer stationären Betriebsphase aufgenommen werden. Als Richtwert für die Amplitudengröße der Zufallszahlen kann ein Wert von 10 % des Stellbereiches angenommen werden. Der Mittelwert dieser Zufallszahlen sollte Null sein.

---

13 Adaptive Regelung

Die Bestimmung des Parametervektors des Prozesses kann nach dem im Abschnitt 12 angegebenen Verfahren erfolgen. Für die Berechnung der Reglerparameter stehen mehrere Verfahren für PID-Regler zur Verfügung. Hier seien genannt die Ermittlung der Reglerparameter nach Chien/Hrones/Reswick, nach Ziegler/Nichols oder durch Polvorgabe.

Regelungstechnik
14 Zustandsregelung

Blockschaltbild einer adaptiven Regelung

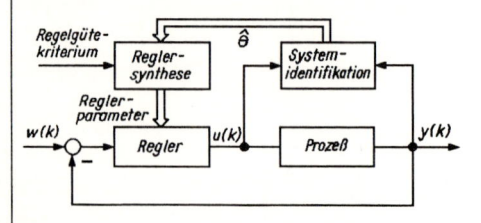

14 Zustandsregelung

Bei Regelstrecken höherer Ordnung ($m > 3$) und solchen mit großen Totzeiten sowie bei Prozessen mit mehreren Ein- und Ausgangsgrößen (wobei jede Eingangsgröße auf jede Ausgangsgröße wirken kann) werden häufig Zustandsregler eingesetzt, weil hier PID-Regler nicht immer befriedigende Ergebnisse liefern.

14.1 Strukturbild und Vektordifferenzengleichung eines Prozesses

Zustandsbeschreibung eines Prozesses durch eine Vektordifferenzengleichung in Regelungsnormalform am Beispiel einer Strecke m-ter Ordnung mit einer Ein- und einer Ausgangsgröße und der Totzeit T_0.

Strukturbild der Strecke m-ter Ordnung mit der Totzeit T_0 in Regelungsnormalform

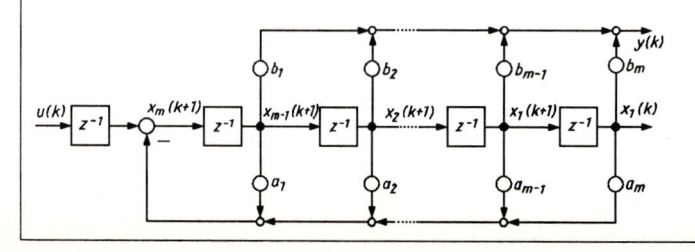

Regelungstechnik
14 Zustandsregelung

Ablesen aus dem Strukturbild:

$x_1(k+1) = x_2(k)$
$x_2(k+1) = x_3(k)$
$\vdots \qquad \vdots$
$x_{m-1}(k+1) = x_m(k)$
$x_m(k+1) = -a_m x_1(k) - a_{m-1} x_2(k) - \ldots$
$\qquad\qquad - a_2 x_{m-1}(k) - a_1 x_m(k) + x_{m+1}(k)$
$x_{m+1}(k+1) = u(k)$

$y(k) = b_m x_1(k) + b_{m-1} x_2(k) + \ldots + b_2 x_{m-1}(k) + b_1 x_m(k)$

$x(k)$ Zustandsvektor	b	Steuervektor
$y(k)$ Regelgröße	c	Ausgangsvektor
$u(k)$ Stellgröße	k	Vektor der Zustands-
A Systemmatrix		rückführung
E Einheitsmatrix	h	Beobachtervektor

$$x(k) = \begin{vmatrix} x_1(k) \\ x_2(k) \\ \vdots \\ x_{m-1}(k) \\ x_m(k) \\ x_{m+1}(k) \end{vmatrix} \qquad A = \begin{vmatrix} 0 & 1 & \cdots & 0 & 0 & 0 \\ 0 & 0 & \cdots & 0 & 0 & 0 \\ \vdots & \vdots & \vdots & \vdots & \vdots & \vdots \\ 0 & 0 & \cdots & 0 & 1 & 0 \\ -a_m & -a_{m-1} & \cdots & -a_2 & -a_1 & 1 \\ 0 & 0 & \cdots & 0 & 0 & 0 \end{vmatrix}$$

$$b = \begin{vmatrix} 0 \\ 0 \\ \vdots \\ 0 \\ 0 \\ 1 \end{vmatrix} \qquad\qquad c^{\mathrm{T}} = \begin{vmatrix} b_m & b_{m-1} & \cdots & b_2 & b_1 & 0 \end{vmatrix}$$

Systemgleichung

$x(k+1) = Ax(k) + bu(k)$

Ausgangsgleichung

$y(k) = c^{\mathrm{T}} x(k)$

Regelungstechnik
14 Zustandsregelung

Blockschaltbild des Prozesses gemäß Ausgangsgleichung und Systemgleichung

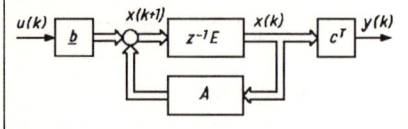

14.2 Zustandsregler

Zugehöriger Zustandsregler

$$u(k) = -\boldsymbol{k}^\mathrm{T} \boldsymbol{x}(k)$$

Die angegebene Reglergleichung stellt einen Zustandsregler für Anfangswerte dar. Dieser hat in der Praxis fast keine Bedeutung. Für die Anwendung müssen die Regler für bleibende Führungs- und bleibende Störgrößen konzipiert werden. Da die für die Regelung benötigten Zustandsgrößen in den meisten Fällen nicht meßbar sind, sind diese über einen Beobachter zu ermitteln.

Blockschaltbild eines Prozesses mit Zustandsregler mit einer Ein- und einer Ausgangsgröße für bleibende Führungs- und bleibende Störgrößen mit einem Zustandsgrößenbeobachter

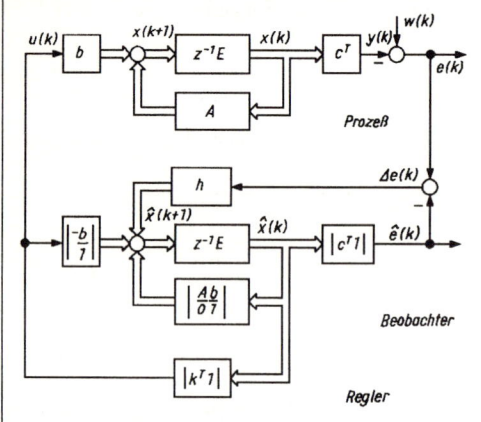

Bestimmung des Reglervektors $\boldsymbol{k}$ und des Beobachtervektors $\boldsymbol{h}$ sowie für die Anwendung der Zustandsregelung auf Mehrgrößensysteme, siehe Literatur zur Regelungstechnik.

Maschinenelemente

1 Sicherheiten und zulässige Spannungen

1.1 Statische (zügige) Beanspruchung

Zulässige Spannung für überwiegend zähe Werkstoffe

$$\sigma_{zul}(\tau_{zul}) = \frac{\sigma_F(\tau_F)}{S_F}$$

σ_F Fließgrenze für Normalbeanspruchung
τ_F Fließgrenze für Tangentialbeanspruchung
S_F Sicherheit gegenüber Fließen

bei Zugbeanspruchung

$$\sigma_F = R_e(R_{p0,2})$$

R_e Streckgrenze
$R_{p0,2}$ 0,2-Dehngrenze

bei Druckbeanspruchung

$$\sigma_F = \sigma_{dF}$$

σ_{dF} Quetschgrenze

bei Biegebeanspruchung

$$\sigma_F = \sigma_{bF}$$

σ_{bF} Biegefließgrenze

bei Torsionsbeanspruchung

$$\tau_F = \tau_{tF}$$

τ_{tF} Torsionsfließgrenze

Richtwerte für S_F im allgemeinen Maschinenbau für Baustähle und Stahlguß

Beanspruchungsfall	Zug/Druck	Biegung	Torsion
I (statisch)	1,65...1,95	1,90...2,50	1,50...1,75
II (schwellend)	1,85...2,50	2,40...3,35	1,65...2,35
III (wechselnd)	2,40...3,35	3,25...4,60	2,25...3,25

Zulässige Spannung für überwiegend spröde Werkstoffe

$$\sigma_{zul}(\tau_{zul}) = \frac{\sigma_B(\tau_B)}{S_B}$$

σ_B Bruchfestigkeit bei Normalbeanspruchung
τ_B Bruchfestigkeit bei Tangentialbeanspruchung
S_B Sicherheit gegenüber Bruch

Maschinenelemente
1 Sicherheiten und zulässige Spannungen

bei Zugbeanspruchung

$\sigma_B = R_m$ \hspace{2cm} R_m Zugfestigkeit

bei Druckbeanspruchung

$\sigma_B = \sigma_{dB}$ \hspace{2cm} σ_{dB} Druckfestigkeit

bei Biegebeanspruchung

$\sigma_B = \sigma_{bB}$ \hspace{2cm} σ_{bB} Biegefestigkeit

bei Abscherbeanspruchung

$\tau_B = \tau_{aB}$ \hspace{2cm} τ_{aB} Abscherfestigkeit

bei Torsionsbeanspruchung

$\tau_B = \tau_{tB}$ \hspace{2cm} τ_{tB} Torsionsfestigkeit

Die Festigkeitswerte sind den entsprechenden Werkstoffnormen zu entnehmen.

1.2 Dynamische Beanspruchung

Sicherheit für Dauerfestigkeitsnachweis (für $N > 2 \cdot 10^6$)

$$\frac{1}{S^2_{\text{vorh}}} = \left(\frac{\sigma_a^{zd}}{\sigma_{ADK}^{zd}} + \frac{\sigma_a^{b}}{\sigma_{ADK}^{b}}\right)^2 + \left(\frac{\tau_a}{\tau_{ADK}}\right)^2$$

σ_a vorhandene Ausschlagspannung für Normalbeanspruchung

τ_a vorhandene Ausschlagspannung für Tangentialbeanspruchung

N Lastwechselzahl

Bei der Ermittlung der Spannungsamplitude der Bauteil-Dauerfestigkeit $\sigma_{ADK}(\tau_{ADK})$ aus der Bauteilwechselfestigkeit $\sigma_{-1K}(\tau_{-1K})$ in Abhängigkeit von der Mittelspannung $\sigma_{mv}(\tau_{mv})$ unterscheidet man 4 Beanspruchungsfälle:

1. $\sigma_m = \text{const}$ \hspace{2cm} 3. $\sigma_{\min} = \text{const}$
2. $\varkappa_\sigma = \dfrac{\sigma_{\min}}{\sigma_{\max}} = \text{const}$ \hspace{1cm} 4. $\sigma_{\max} = \text{const}$

Für die am häufigsten angewendeten Beanspruchungsfälle 1 und 2 gilt:

Maschinenelemente
1 Sicherheiten und zulässige Spannungen

Fall 1

$$\sigma_{ADK} = \sigma_{-1K} - \psi_{\sigma K}\sigma_{mv}$$

$\psi_{\sigma K}(\psi_{\tau K})$ Einflußfaktoren der Mittelspannungsempfindlichkeit

σ_{-1K} Bauteilwechselfestigkeit

$\sigma_{mv}(\tau_{mv})$ Vergleichsmittelspannungen

Fall 2

$$\sigma_{ADK} = \frac{\sigma_{-1K}}{1 + \psi_{\sigma K}\dfrac{1 + \varkappa_{\sigma v}}{1 - \varkappa_{\sigma v}}}$$

$\varkappa_{\sigma v}(\varkappa_{\tau v})$ Vergleichsspannungsverhältnis

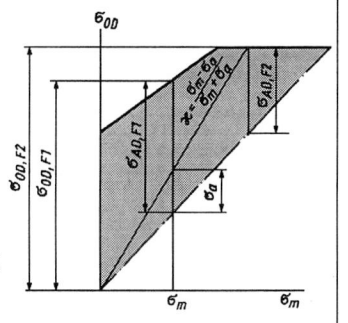

$$\psi_{\sigma K} = \frac{\sigma_{-1K}}{2\sigma_B - \sigma_{-1K}}$$

$$\varkappa_{\sigma v} = \frac{\sigma_{mv} - \sigma_a}{\sigma_{mv} + \sigma_a}$$

$$\sigma_{mv} = \sqrt{(\sigma_m^{zd} + \sigma_m^b)^2 + 3\tau_m^2}$$

σ_a vorhandene Ausschlagsspannung für Normalbeanspruchung

$\sigma_m(\tau_m)$ Mittelspannung

$$\tau_{mv} = \frac{\sqrt{3}}{3}\sigma_{mv}$$

$$\sigma_{-1K} = \frac{\sigma'_{-1}}{K}$$

σ'_{-1} Werkstoffwechselfestigkeit für Bauteildurchmesser

$$\sigma'_{-1} = K_1(d)\sigma_{-1}$$

σ_{-1} Werkstoffwechselfestigkeit

$K_1(d)$ technologischer Größeneinflußfaktor

$$K = \left(K'_\sigma + \frac{1}{K_{F\sigma}} - 1\right)\frac{1}{K_V K_A}$$

K Gesamteinflußfaktor

K'_σ Gestalteinflußfaktor

$K_{F\sigma}$ Einflußfaktor der Oberflächenrauheit

K_A Anisotropieeinflußfaktor

K_V Einflußfaktor der Oberflächenverfestigung

Maschinenelemente
1 Sicherheiten und zulässige Spannungen

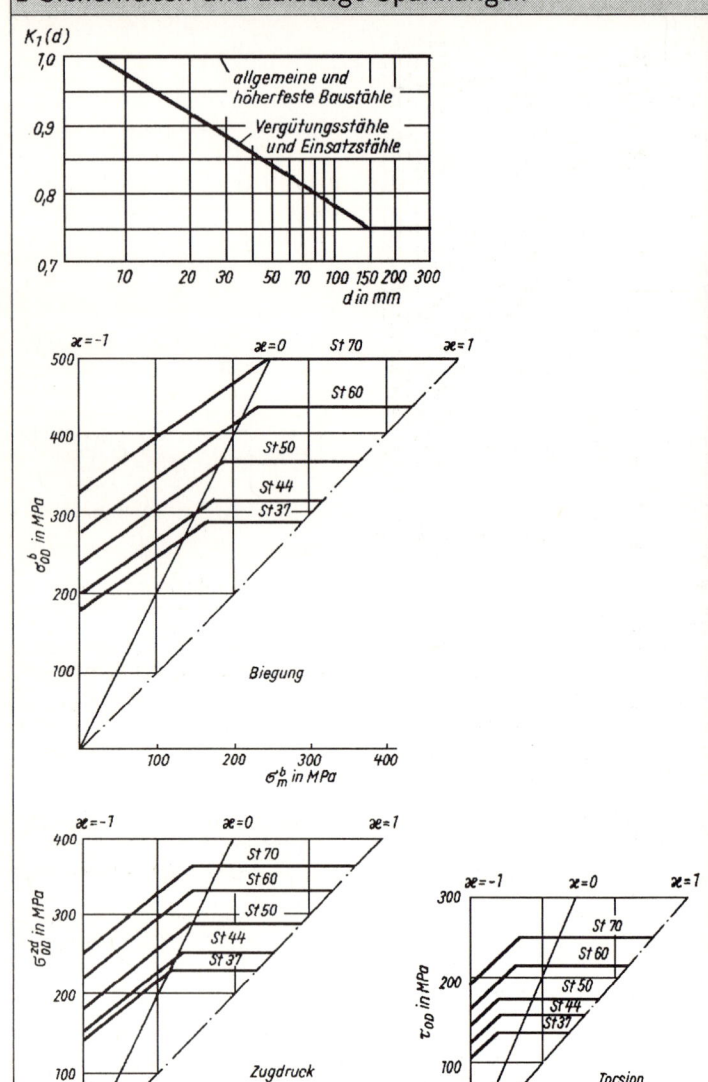

Maschinenelemente
1 Sicherheiten und zulässige Spannungen

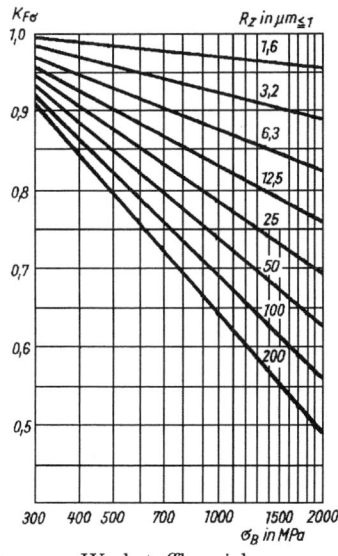

▶ neue Werkstoffbezeichnungen nach DIN EN 10025

Kerbwirkungszahl

Die folgenden Gleichungen beziehen sich auf eine experimentell bestimmte Kerbwirkungszahl $K_\sigma(d_B)$ für den Probendurchmesser d_B. Andernfalls sind weitere Berechnungsverfahren, z. B. Verfahren von Kogaev und Serensen, von Stieler oder der Kerbempfindlichkeitszahl, anzuwenden.

$$K'_\sigma = \frac{K_\sigma(d)}{K_2(d)}$$

$K_2(d)$ geometrischer Größeneinflußfaktor

$$K_\sigma(d) = K_\sigma(d_B)\frac{K_3(d_B)}{K_3(d)}$$

$K_3(d)$ geometrischer Größeneinflußfaktor

d Bauteildurchmesser

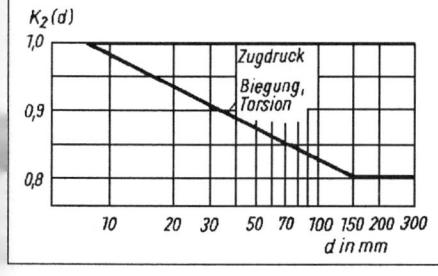

Maschinenelemente
1 Sicherheiten und zulässige Spannungen

$K_3(d)$ bzw. $K_3(d_B)$ kann näherungsweise statt durch die Formzahl α_σ durch $K_\sigma(d_B)$ bestimmt werden.

$$\tilde{K}_{F\sigma} = \frac{K_{F\sigma}(R_z)}{K_{F\sigma}(R_{zB})}$$

$$K_{F\tau} = 0,575\tilde{K}_{F\sigma} + 0,425$$

R_z gemittelte Rauhtiefe des Bauteils

R_{zB} gemittelte Rauhtiefe des Bezugsquerschnittes

d_B Bezugsdurchmesser

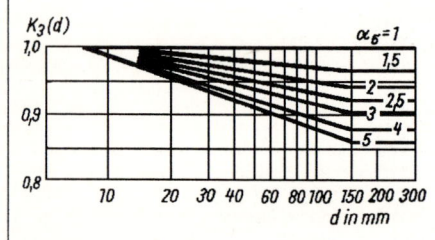

Liegen durch chemisch-thermische, mechanische oder thermische Verfahren verfestigte Oberflächen vor, so kann die Erhöhung der Dauerfestigkeit durch den Faktor $K_V = 1,1\ldots3,0$ berücksichtigt werden.

Erfolgt die Beanspruchung bei Zug-Druck und Biegung senkrecht zur Walzrichtung des Werkstoffes, so kann die Verringerung der Dauerfestigkeit durch den Faktor $K_A = 0,8\ldots0,9$ berücksichtigt werden.

Sicherheit für den Nachweis gegen Überschreiten der Fließgrenze

$$\frac{1}{S_{\text{vorh}}^2} = \left(\frac{\sigma_{\max}^{\text{zd}}}{\sigma_{FK}^{\text{zd}}} + \frac{\sigma_{\max}^{b}}{\sigma_{FK}^{b}}\right)^2 + \left(\frac{\tau_{\max}}{\tau_{FK}}\right)^2$$

$\sigma_{\max}$ maximale vorhandene Normalspannung

$\tau_{\max}$ maximale vorhandene Tangentialspannung

σ_{FK} Bauteilfließgrenze bei Normalbeanspruchung

τ_{FK} Bauteilfließgrenze bei Tangentialbeanspruchung

$$\sigma_{FK}^{\text{zd}} = K_{1F}(d)\gamma_F R_e$$
$$\sigma_{FK}^{b} = K_{1F}(d)K_{2F}(d)\gamma_F \sigma_{bF}$$
$$\tau_{FK} = K_{1F}(d)K_{2F}(d)\tau_F$$
$$K_{1F}(d) = 1 - 0,05\frac{\lg(d/7,5 \text{ mm})}{\lg 20}$$

$K_{1F}(d)$ technologischer Größeneinflußfaktor

$K_{2F}(d)$ geometrischer Größeneinflußfaktor

γ_F Faktor für die Erhöhung der Streckgrenze

Für Vergütungsstähle und Einsatzstähle gilt $K_{1F}(d) = K_1(d)$.

$$K_{2F}(d) = 1 - \left(1 - \frac{R_e}{\sigma_{bF}}\right) \frac{\lg(d/7,5 \text{ mm})}{\lg 20}$$

R_e Streckgrenze

▶ DIN 50100 Grundlagen der Dauerschwingfestigkeit

2 Schraubenverbindungen

2.1 Kräfte am Gewinde

Umfangskraft

$F_u = F_{VM} \tan(\alpha \pm \varrho')$

Reduzierte Reibungszahl

$\mu' = \tan \varrho' = \dfrac{\mu}{\cos \beta}$

Montagevorspannkraft

$F_{VM} = F_V + \Delta F_V$

Vorspannkraftverlust durch den Setzvorgang

$\Delta F_V = f \dfrac{c_S c_B}{c_S + c_B}$

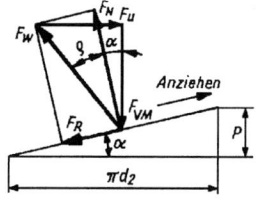

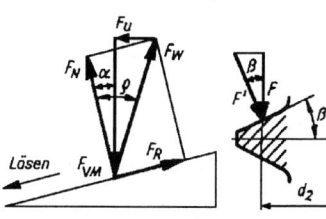

μ Haftreibwert
ϱ' reduzierter Reibungswinkel
F_V Vorspannkraft
c_S Federsteife der Schraube
c_B Federsteife des Bauteils

▶ Richtwerte für Setzbeträge f siehe VDI-Richtlinie 2230 und Angaben der Schraubenhersteller

Gewindeanzugsmoment

$M_G = F_{VM} \left[\dfrac{d_2}{2} \tan(\alpha+\varrho') + \mu r_A\right]$ r_A Radius für das Anlagereibmoment, $r_A \approx 0,7d$

Maschinenelemente
2 Schraubenverbindungen

2.2 Längsbeanspruchte vorgespannte Schrauben

Schraubenzusatzkraft

$$F_{Sz} = F_B \frac{c_S}{c_B + c_S}$$

$$c_S = \frac{E_S}{\dfrac{l_1}{A_1} + \dfrac{l_2}{A_2} + \cdots}$$

- F_B Betriebskraft
- E_S Elastizitätsmodul der Schraube
- E_B Elastizitätsmodul des Bauteils
- c_S Federsteife der Schraube
- c_B Federsteife des Bauteils

Zur Berechnung der Federsteife des Bauteils c_B wird der annähernd kegelförmige Druckkörper auf einen Hohlzylinder mit etwa gleichem Verformungsverhalten zurückgeführt. Hier wird der ungünstigste Krafteinleitungsfall angenommen. Je weiter sich der Kraftangriffspunkt zur Trennfuge hin verschiebt, desto kleiner ist die Zusatzkraft auf die Schraube. Dies schätzt man durch den Krafteinleitungsfaktor $q \leqq 1$ ab.

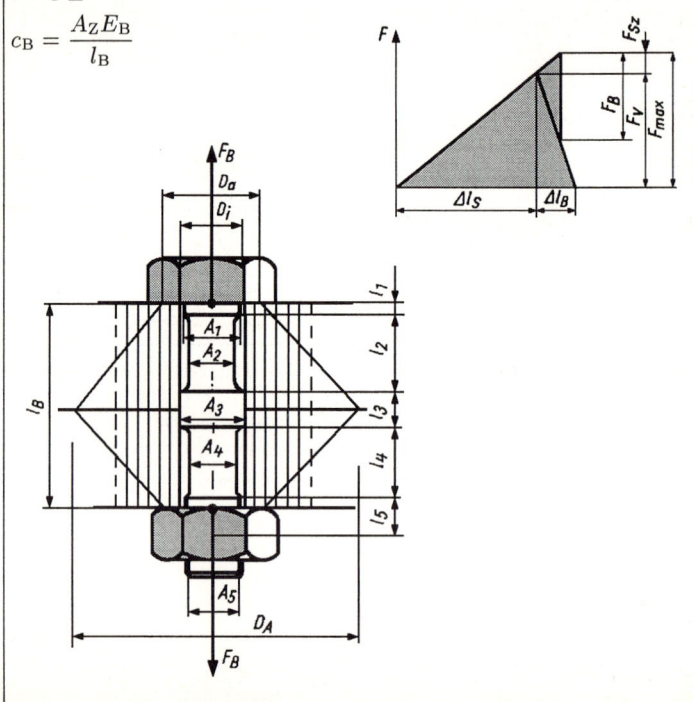

$$c_B = \frac{A_Z E_B}{l_B}$$

Maschinenelemente
2 Schraubenverbindungen

Querschnittsfläche des Hohlzylinders

$$A_Z = \frac{\pi}{4}\left[\left(D_a + \frac{l_B}{a}\right)^2 - D_i^2\right] \qquad \text{für } D_A \geqq 3D_a$$

$$A_Z = \frac{\pi}{4}\left(D_A^2 - D_i^2\right) \qquad \text{für } D_A < D_a$$

$$A_Z \approx \frac{\pi}{4}\left(D_a^2 - D_i^2\right) + \frac{\pi}{8}\left(\frac{D_A}{D_a} - 1\right)\left(\frac{D_a l_B}{5} + \frac{l_B^2}{a^2}\right)$$

$$\text{für } D_a < D_A < 3D_a$$

Werkstoffaktor

Werkstoff	a
St	10
GG	8
Al	6

Maximale Kraft einer Schraube

$$F_{\max} = F_V + F_{Sz} \qquad \begin{array}{l} F_V \text{ Vorspannkraft} \\ F_{Sz} \text{ Schraubenzusatzkraft} \end{array}$$

Zugspannung

$$\sigma_z = \frac{F_{\max}}{A_S} \qquad A_S \text{ Spannungsquerschnitt}$$

Spannungsquerschnitt

$$A_S = \frac{\pi}{4}\left(\frac{d_2 + d_3}{2}\right)^2 \qquad \begin{array}{l} d_2 \text{ Flankendurchmesser} \\ d_3 \text{ Kerndurchmesser} \end{array}$$

Torsionsspannung

$$\tau_t = \frac{M_t}{\frac{\pi}{16}d_3^3} \qquad M_t \text{ Drehmoment}$$

Vergleichsspannung

$$\sigma_v = \sqrt{\sigma_z^2 + 3\tau_t^2}$$

Sicherheit gegenüber Fließen

$$S_F = \frac{R_{p0,2}}{\sigma_v} \qquad R_{p0,2} \text{ 0,2-Dehngrenze}$$

Maschinenelemente
2 Schraubenverbindungen

Spannungsausschlag

$$\sigma_a = \frac{F_{Sz}}{2A_S}$$

F_{Sz} Schraubenzusatzkraft

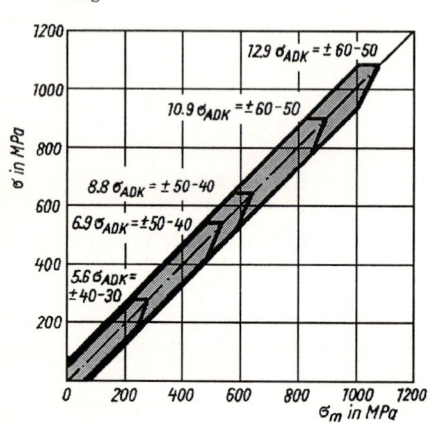

[Diagramm: σ in MPa über σ_m in MPa]
- 12.9 $\sigma_{ADK} = \pm 60-50$
- 10.9 $\sigma_{ADK} = \pm 60-50$
- 8.8 $\sigma_{ADK} = \pm 50-40$
- 6.9 $\sigma_{ADK} = \pm 50-40$
- 5.6 $\sigma_{ADK} = \pm 40-30$

Sicherheit gegenüber Dauerbruch

$$S_D = \frac{\sigma_{ADK}}{\sigma_a}$$

σ_{ADK} Gestaltfestigkeit bei Normalspannungen

Kopfauflagepressung

$$p = \frac{F_{max}}{A_p} = p_G$$

A_p Berührungsfläche zwischen Schraubenkopf und Bauteil

▶ Richtwerte für die Grenzflächenpressung p_G findet man in der VDI-Richtlinie 2230.

2.3 Querbeanspruchte Schrauben

Erforderliche Längskraft

$$F_{max} = \frac{S_q F_q}{\mu}$$

μ Gleitreibwert
S_q Rutschsicherheit, allgemein
$S_q = 1,1$

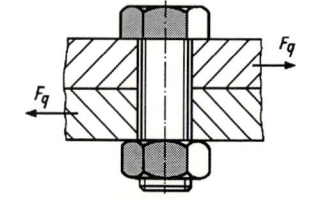

Die festigkeitsmäßige Berechnung der Schraube erfolgt analog einer längsbeanspruchten Schraube mit Vorspannung.

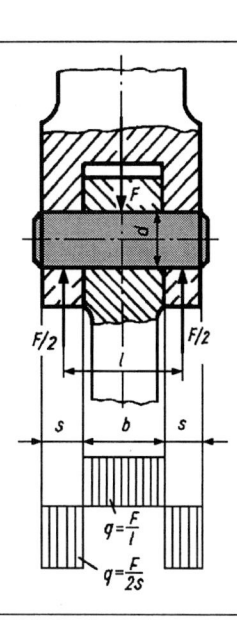

3 Bolzen- und Stiftverbindungen

3.1 Bolzenverbindungen

Biegespannung im Bolzen

$$\sigma_b = \frac{8F\left(1 - \dfrac{b}{2}\right)}{\pi d^3}$$

Flächenpressung Bolzen-Stange

$$p_{St} = \frac{F}{bd}$$

Flächenpressung Bolzen-Gabel

$$p_G = \frac{F}{2ds}$$

3.2 Stiftverbindungen

Biegespannung im Steckstift

$$\sigma_b = \frac{32Fh}{\pi d^3}$$

Maximale Flächenpressung am Steckstift

$$p_{max} = \frac{F(6h + 4s)}{ds^2}$$

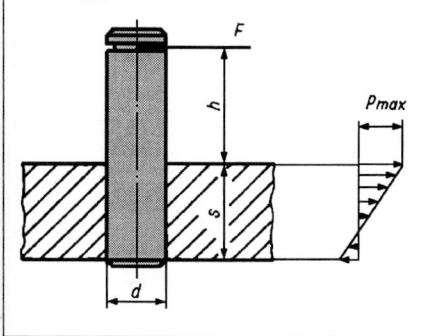

Maschinenelemente
4 Welle-Nabe-Verbindungen

Scherspannung im Radialstift
$$\tau = \frac{4M_t}{\pi D_W d^2}$$

Mittlere Flächenpressung Radialstift-Nabe
$$p_N = \frac{4M_t}{(D_N^2 - D_W^2)d}$$

Maximale mittlere Flächenpressung Radialstift-Welle
$$p_W = \frac{6M_t}{D_W^2 d}$$

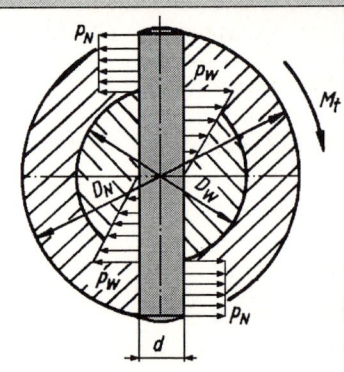

Mittlere Flächenpressung Längsstift-Welle bzw. -Nabe
$$p = \frac{4M_t}{Ddl}$$
l tragende Länge des Stiftes

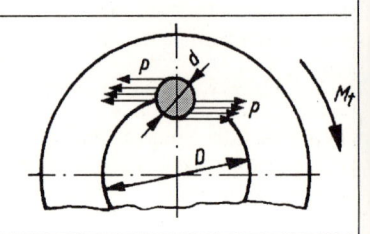

4 Welle-Nabe-Verbindungen

4.1 Paßfedern

Flächenpressung Paßfeder-Welle
$$p_W = \frac{2M_t}{d_1 t_1 l_t}$$
l_t tragende Federlänge

Flächenpressung Paßfeder-Nabe
$$p_N = \frac{2M_t}{d_1(h-t_1)l_t}$$

▶ DIN 6885 Mitnehmerverbindungen ohne Anzug, Paßfedern

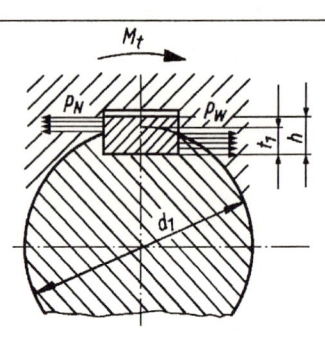

4.2 Keilwellenverbindungen mit geraden Flanken

Flächenpressung

$$p = \frac{8M_t}{3d_m i h l_t}$$

i Anzahl der Keile
l_t tragende Keillänge

$$d_m = \frac{d_1 + d_2}{2}$$

$$h = \frac{d_2 - d_1}{2} - 2g$$

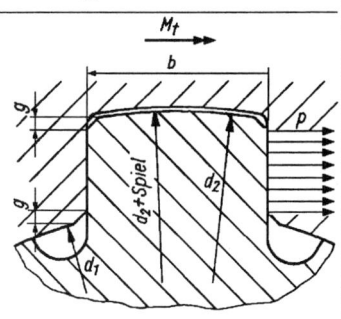

▶ Keilwellenverbindungen DIN 5461, DIN 5462, DIN 5463, DIN 5471, DIN 5472

4.3 Preßverbindungen

Folgende Gleichungen beziehen sich auf Preßverbindungen im elastischen Bereich. Preßverbindungen können auch für den elastisch-plastischen Bereich (Welle oder Nabe wird plastisch verformt) oder den plastischen Bereich (Welle und Nabe werden plastisch verformt) ausgelegt werden. Weiter wird eine konstante Abmessung in axialer Richtung zugrunde gelegt.

Kleinste erforderliche Pressung

$$p_k = \frac{2M_t S_H}{\pi D_F^2 l_F \mu}$$

M_t Drehmoment
S_H Haftsicherheit
  $S_H = 1,8\ldots 2,0$
D_F s. Bild
l_F Fügelänge
μ Gleitreibwert

Größte zulässige Pressung

$$p_g = R_e \frac{1 - Q_A^2}{1 + Q_A^2}$$

R_e Streckgrenze

$$Q_A = \frac{D_F}{D_{Aa}}, \quad Q_I = \frac{D_{Ii}}{D_F}$$

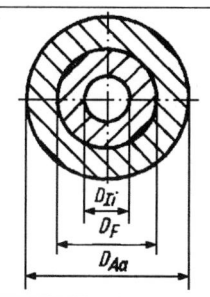

Maschinenelemente
4 Welle-Nabe-Verbindungen

Theoretisches Übermaß

$Z = p(K_A + K_I)D_F$

Praktisches Übermaß

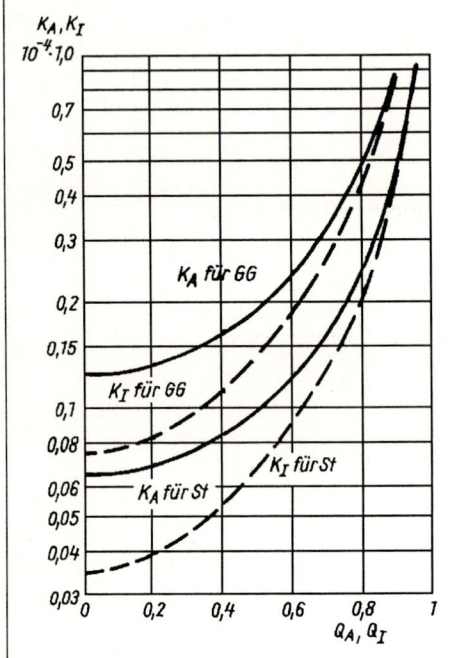

$U = Z + G$

[Diagramm: K_A, K_I (Ordinate, $10^{-4} \cdot 1{,}0$) über Q_A, Q_I (Abszisse, 0 bis 1); Kurven: K_A für GG, K_I für GG, K_I für St, K_A für St]

Glättung

$G \approx 0{,}8(R_{zAi} + R_{zIa})$

R_{zAi} gemittelte Rauhtiefe Außenteil innen

R_{zIa} gemittelte Rauhtiefe Innenteil außen

Paßtoleranz

$T = U_g - U_k$

U_g praktisches Größtübermaß
U_k praktisches Kleinstübermaß

Toleranz der Bohrung

$T_B = (0{,}5 \ldots 0{,}6)T$

Toleranz der Welle

$T_W = T - T_B$

Maschinenelemente
4 Welle-Nabe-Verbindungen

Erwärmungstemperatur für das Außenteil einer Schrumpfpreßverbindung

$$\vartheta_A = \frac{U'_g + S_K}{\alpha_A D_F} + \vartheta_R$$

U'_g vorhandenes Größtübermaß
S_K Einführungsspiel
$S_K = (0,5\ldots 1,0)U_g$
ϑ_R Raumtemperatur
α_A Wärmeausdehnungszahl
D_F Fügedurchmesser

Einpreßkraft für eine Längspreßverbindung

$F_e = p'_g l_F D_F \pi \mu$

p'_g größtmögliche vorhandene Fugenpressung
l_F Fügelänge
μ Haftreibwert

▶ DIN 7154 ISO Passungen für Einheitsbohrung
▶ DIN 15055 Preßverbände

4.4 Ringfeder-Spannverbindungen

Übertragbares Drehmoment

$M_t = M_{t(100)} f_p f_i$

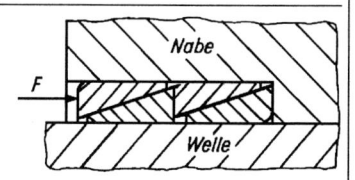

Übertragbare Axialkraft

$F_a = F_{a(100)} f_p f_i$

Erforderliche Spannkraft

$F = F_0 + F_{(100)} f_p$

$M_{t(100)}, F_{a(100)}$ übertragbares Drehmoment, übertragbare Axialkraft bei einer Fugenpressung von
$p_{(100)} = 100\,\text{MPa}$
F_0 Kraft zur Überbrückung des Passungsspieles
$F_{(100)}$ Kraft zur Erzeugung der Pressung $p_{(100)}$
f_p Pressungsfaktor

Anzahlfaktor f_i

i	1	2	3	4
f_i	1	1,55	1,85	2,02

i Anzahl der Spannelemente

$M_{t(100)}; F_{a(100)}; F_0; F_{(100)}$ nach Herstellerangaben

Maschinenelemente
5 Schweißverbindungen im Maschinenbau

Pressungsfaktor

$$f_p = \frac{0,9 R_{p0,2}}{p_{(100)}}$$
für zähe Werkstoffe
$R_{p0,2}$ 0,2-Dehngrenze

$$f_p = \frac{0,6 R_m}{p_{(100)}}$$
für spröde Werkstoffe
R_m Zugfestigkeit

4.5 Kegelverbindungen

Erforderliche Einpreßkraft

$$F_e \approx \frac{2 M_t \sin\left(\frac{\alpha}{2} + \varrho\right)}{D_m \mu}$$

M_t Drehmoment
$\tan \varrho = \mu$
μ Gleitreibwert

Flächenpressung

$$p = \frac{F_e}{D_m \pi l \tan\left(\frac{\alpha}{2} + \varrho\right)}$$

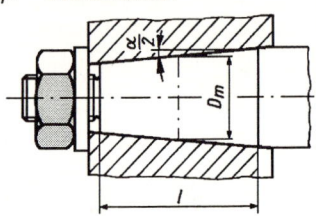

▶ DIN 254 Kegelverhältnis, Kegelwinkel
▶ DIN 1448 Kegelige Wellenenden

5 Schweißverbindungen im Maschinenbau

5.1 Querschnittskennwerte

Schweißnahtquerschnitt

$$A_{\text{Schw}} = \sum a l_1$$

für statischen Nachweis gilt

$$l_1 = l_2$$

für Zeit- und Dauerfestigkeitsnachweis gilt

$$l_1 = l_2 - 2a$$

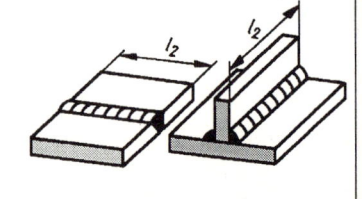

l_1 rechnerische Nahtlänge
a Schweißnahtdicke

Maschinenelemente
5 Schweißverbindungen im Maschinenbau

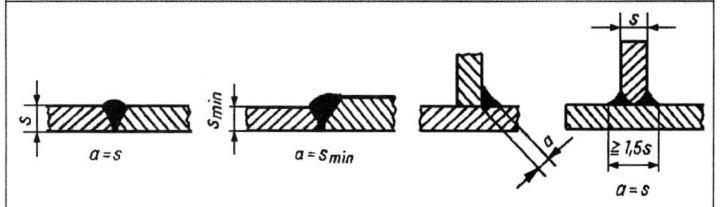

Die Berechnung der Trägheits- und Widerstandsmomente erfolgt nach den Formeln der Technischen Mechanik. Bei Kehlnähten ist dabei die Nahtdicke a in die Anschlußebene umzuklappen.

5.2 Nennspannungen in der Schweißnaht

Zugspannung

$$\sigma_{\text{Schw}} = \frac{F}{A_{\text{Schw}}}$$

A_{Schw} Schweißnahtfläche

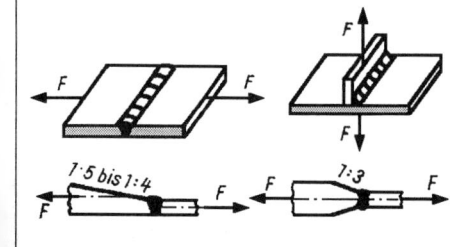

Schubspannung

$$\tau_{\text{Schw}} = \frac{F}{A_{\text{Schw}}}$$

Biegespannung

$$\sigma_{\text{bSchw}} = \frac{M_{\text{b}}}{W_{\text{bSchw}}}$$

W_{bSchw} Widerstandsmoment des Schweißnahtquerschnitts

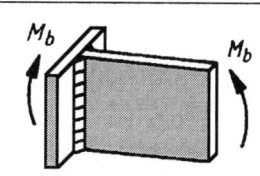

Maschinenelemente
5 Schweißverbindungen im Maschinenbau

Torsionsspannung

$$\tau_{tSchw} = \frac{M_t}{W_{tSchw}}$$

M_t Drehmoment

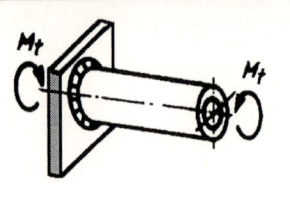

Biegespannung

$$\sigma_{bSchw} = \frac{Fl}{W_{bSchw}}$$

Schubspannung

$$\tau_{Schw} = \frac{F}{A_{Schw}}$$

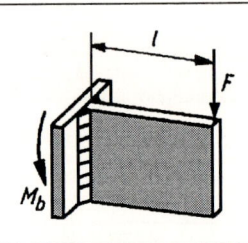

Biegespannung

$$\sigma_{Schw} = \frac{Fl}{W_{bSchw}}$$

Schubspannung

$$\tau_{Schw} = \frac{F}{A_{Schw}}$$

Torsionsspannung

$$\tau_{tSchw} = \frac{M_t}{W_{tSchw}}$$

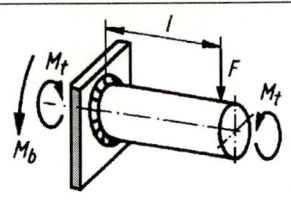

Zur Berücksichtigung von Stößen werden die Belastungssgrößen F, M_b, M_t mit der Stoßzahl $\varphi = 1, 0 \ldots 3, 0$ multipliziert. Für den Zeit- und Dauerfestigkeitsnachweis sind die Ober- und Unterspannungen zu berechnen.

5.3 Sicherheitsnachweis

Einzelsicherheit bei Normalbeanspruchung

$$S_\sigma = \frac{\sigma_{ert} c}{\sigma_{max}} = S_{erf}$$

σ_{ert} ertragbare Normalspannung
c Wertigkeitsfaktor; berücksichtigt die Bedeutung des Bauteils für die Gesamtkonstruktion, $c = 1, 0 \ldots 1, 15$

Einzelsicherheit bei Tangentialbeanspruchung

$S_\tau = \frac{\tau_{ert}c}{\tau_{max}} = S_{erf}$

τ_{ert} ertragbare Tangentialspannung

$S_{erf} = 1,5$ bei statischer Beanspruchung
$S_{erf} = 1,2$ bei dynamischer Beanspruchung

Gesamtsicherheit für den mehrachsigen Spannungszustand

$$\frac{1}{S_v^2} = \frac{1}{S_{\sigma x}^2} + \frac{1}{S_{\sigma y}^2} \pm \frac{1}{S_{\sigma x} S_{\sigma y}} + \frac{1}{S_{\tau xy}^2}$$

▶ siehe Berechnungsvorschriften, z. B. DS 952

6 Federn

6.1 Geschichtete Blattfedern

Biegespannung

$\sigma_b = \frac{6Fl}{bh^2} = \frac{6Fl}{ib_0 h^2}$

i Anzahl der Federblätter

Federweg

$f = q\frac{Fl^3}{3EI} = q\frac{4Fl^3}{Eib_0 h^3}$

E Elastizitätsmodul
I Flächenträgheitsmoment

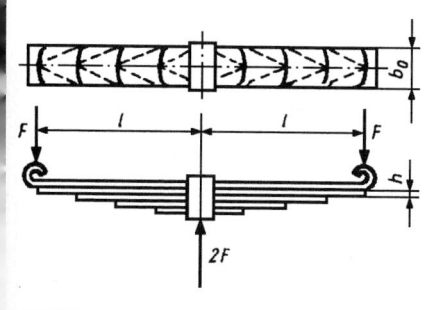

Federrate (Federsteife)

$R = \frac{F}{f}$

i Anzahl der Federblätter

Faktor q zur Berücksichtigung der Anzahl der Federblätter

i	1	2	3	4	5	6
q	1	1,16	1,24	1,28	1,31	1,34

Maschinenelemente
6 Federn

6.2 Drehstabfedern

Torsionsspannung

$$\tau_t = \frac{16 M_t}{\pi d^3}$$

M_t Drehmoment

$$\varphi = \frac{32 M_t l}{\pi G d^4}$$

G Gleitmodul

$$R = \frac{M_t}{\varphi}$$

R Federrate

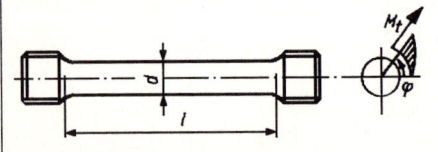

▶ DIN 2091 Berechnung von Drehstabfedern

6.3 Zylindrische Schraubendruckfedern

Torsionsspannung im Drahtquerschnitt

$$\tau_t = k \frac{8 F d_m}{\pi d^3}$$

$$f = \frac{8 F i_f d_m^3}{G d^4}$$

k Beiwert zur Berücksichtigung der Spannungserhöhung durch die Drahtkrümmung
f Federweg
i_f Anzahl der federnden Windungen

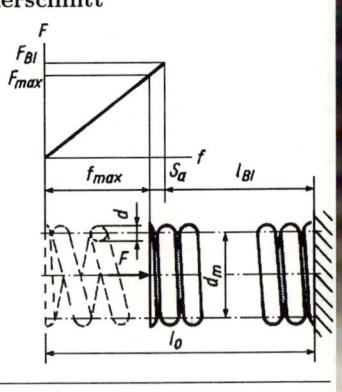

Gesamtwindungszahl

bei kaltgeformten Federn

$i_g = i_f + 2$

bei warmgeformten Federn

$i_g = i_f + 1,5$

Summe der Mindestabstände zwischen federnden Windungen

$S_a = x d i_f$

Blocklänge

für kaltgeformte Federn mit plangeschliffenen Enden

$l_{Bl} \approx i_g d$

für warmgeformte Federn mit plangeschliffenen Enden

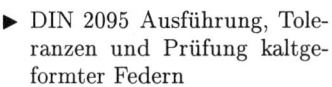

$l_{Bl} \approx (i_g - 0{,}3)d$

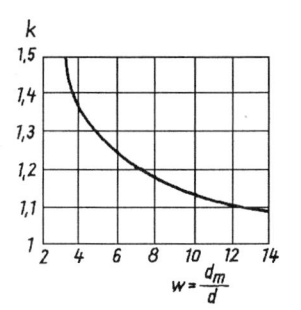

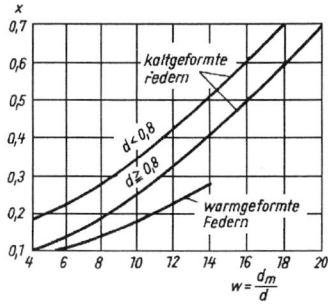

- ▶ DIN 2095 Ausführung, Toleranzen und Prüfung kaltgeformter Federn
- ▶ DIN 2096 Ausführung, Toleranzen und Prüfung warmgeformter Federn
- ▶ DIN 2089 Berechnung von Druckfedern
- ▶ DIN 2076 zulässige Spannungen für Schraubenfedern
- ▶ DIN 2098 Schraubendruckfedern, Abmessungen

6.4 Tellerfedern

Kraft einer Einzelfeder

$$F = \frac{4E}{(1-\nu^2)} \frac{ft}{k_1 D_a^2} \left[(h_0 - f)(h_0 - 0{,}5f) + t^2 \right]$$

E Elastizitätsmodul
ν Poissonzahl
f Federweg

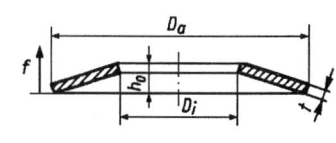

Maschinenelemente
7 Achsen und Wellen

Gesamtkraft einer Tellerfederkombination

$F_g = nF$

F Federkraft pro Tellerfeder
n Anzahl der gleichgerichteten Tellerfedern im Paket

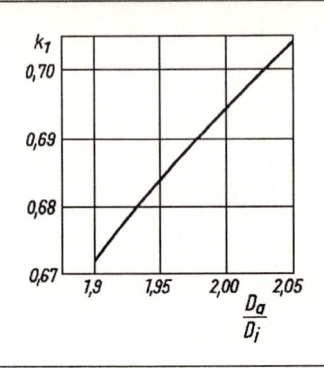

Gesamtfederweg einer Tellerfederkombination

$f_g = if$ $\qquad i$ Anzahl der wechselsinnig geschichteten Federpakete

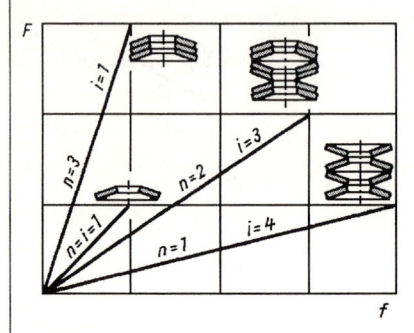

▶ DIN 2092 Berechnung von Tellerfedern
▶ DIN 2093 Maße und Kennlinien von Norm-Tellerfedern

7 Achsen und Wellen

7.1 Biege- und Torsionsmomente

Die Belastungsgrößen Auflagerkräfte, Quer- und Längskräfte, Biege- und Torsionsmomente werden nach den Regeln der Technischen Mechanik ermittelt (s. Technische Mechanik, Abschn. 1). Folgende Formeln gelten nur für Achsen und Wellen mit kreisrunden Querschnitten.

Maschinenelemente
7 Achsen und Wellen

7.2 Spannungen

Biegespannung

$$\sigma_b = \frac{32 M_b}{\pi d^3}$$

Torsionsspannung (nur Wellen)

$$\tau_t = \frac{16 M_t}{\pi d^3}$$

Vergleichsspannung (nur Wellen)

$$\sigma_v = \sqrt{\sigma_b^2 + 3\tau_t^2} = \frac{M_v}{W}$$

W Widerstandsmoment gegen Biegung

Vergleichsmoment

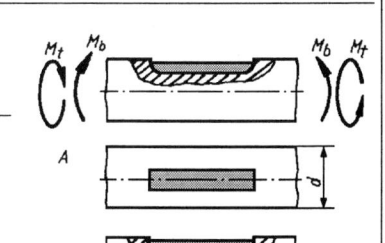

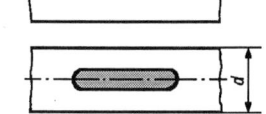

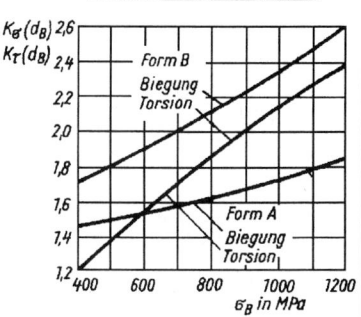

$$M_v = \sqrt{M_b^2 + 0{,}75 M_t^2}$$

Bezugsdurchmesser: $d = d_B = 15$ mm
$R_{ZB} = 10\,\mu m$

7.3 Dauer- und Gestaltfestigkeit

Die Berechnung der Sicherheit gegenüber Dauerbruch erfolgt wie im Abschnitt Sicherheiten und zulässige Spannungen für dynamische Beanspruchung.

Für Achsen und Wellen typische Kerbwirkungszahlen sind folgenden Diagrammen zu entnehmen.

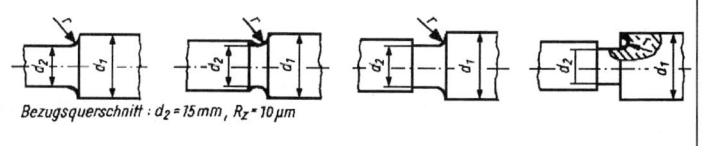

Bezugsquerschnitt: $d_2 = 15$ mm, $R_Z = 10\,\mu m$

Maschinenelemente
7 Achsen und Wellen

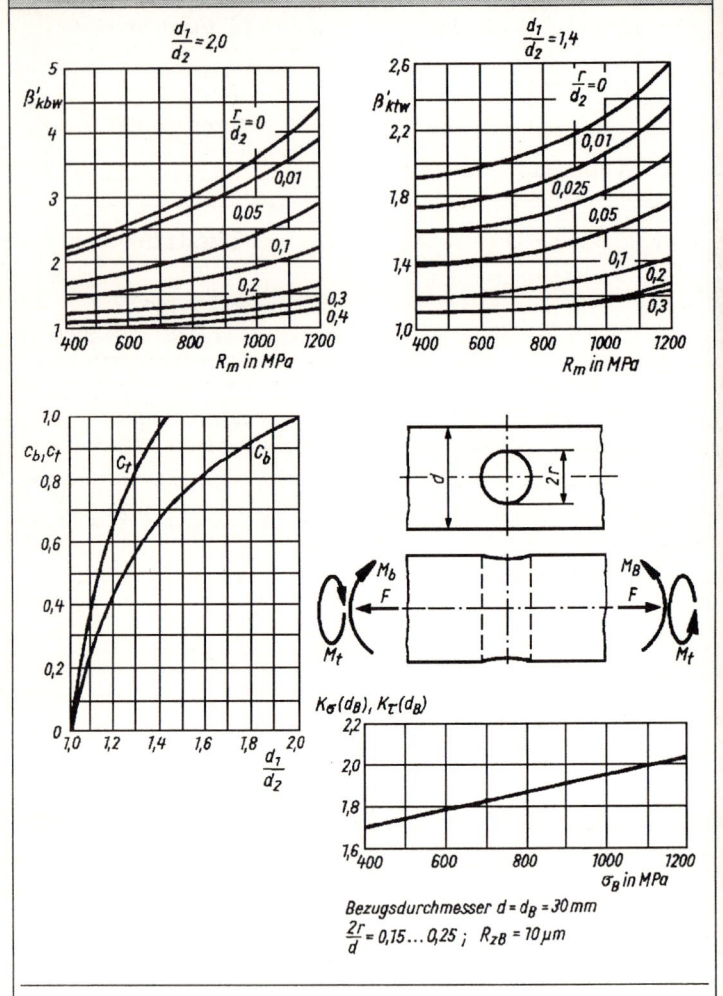

Bezugsdurchmesser $d = d_B = 30$ mm
$\frac{2r}{d} = 0{,}15 \ldots 0{,}25$; $R_{zB} = 10\,\mu m$

7.4 Formänderungen

Durchbiegung für Achsen und Wellen

Die Durchbiegung kann durch die Anwendung der Differentialgleichung der Biegelinie, des Kraftgrößenverfahrens oder des Satzes von Castigliano ermittelt werden (s. Technische Mechanik, Abschn. 2).

Maschinenelemente
7 Achsen und Wellen

Absoluter Verdrehwinkel

$$\varphi = \frac{M_t l}{G I_p} = \frac{32 M_t l}{G \pi d^4}$$

Relativer Verdrehwinkel

$$\vartheta = \frac{\varphi}{l} = \frac{M_t}{G I_p}$$

7.5 Kritische Drehzahl

Biegekritische Drehzahl bei einer aufgesetzten Scheibe

$$n_{kb} = \frac{1}{2\pi} \sqrt{\frac{g}{f}}$$

f statische Durchbiegung der Welle infolge des Eigengewichts der Scheibe (auch bei senkrecht oder schräg gelagerter Welle)
g Fallbeschleunigung

Biegekritische Drehzahl bei mehreren aufgesetzten Scheiben
(grobe Näherung nach Dunkerley)

$$n_{kb} \approx \frac{1}{2\pi} \sqrt{\frac{g}{f_0 + f_1 + f_2 + \ldots}}$$

f_0 statische Durchbiegung der Welle infolge Eigengewichts
$f_1; f_2 \ldots$ statische Durchbiegungen infolge der Eigengewichte der Scheiben

Torsionskritische Drehzahl bei einer aufgesetzten Scheibe
(Torsionspendel)

$$n_{kt} = \frac{1}{2\pi} \sqrt{\frac{R_t}{J}}$$

J Massenträgheitsmoment

Torsionsfedersteife der Welle

$$R_t = \frac{I_p G}{l}$$

l Länge des torsionsbeanspruchten Teiles der Welle
G Gleitmodul
I_p polares Flächenträgheitsmoment

Torsionskritische Drehzahl bei zwei aufgesetzten Scheiben

$$n_{kt} = \frac{1}{2\pi}\sqrt{R_t\left(\frac{1}{J_1} + \frac{1}{J_2}\right)}$$

Die Berechnung der Massenträgheitsmomente erfolgt nach den Methoden der Technischen Mechanik (s. Technische Mechanik, Abschn. 4).

8 Radialgleitlager

8.1 Verschleißgleitlager

Mittlere Flächenpressung

$$p = \frac{F}{bd}$$

Reibleistung

$P_R = \mu F \pi d n$

μ Gleitreibwert
n Drehzahl

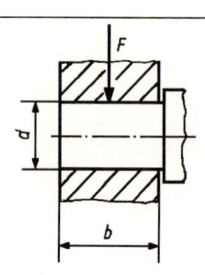

Durch Konvektion abgeführter Wärmestrom

$P_A = \alpha A(\vartheta_L - \vartheta_U)$

  α Wärmeübergangszahl
  ϑ_L Lagertemperatur
  ϑ_U Umgebungstemperatur

Lageroberfläche

für zylindrische Gehäuse

$A \approx \dfrac{\pi}{2}(D_H^2 - D^2) + \pi D_H B_H$

D Lagerinnendurchmesser
D_H Gehäuseaußendurchmesser
B_H Gehäusebreite

für Stehlager

$A \approx \pi H\left(B_H + \dfrac{H}{2}\right)$

H Stehlagergesamthöhe

für Lager im Maschinenverband

$A \approx (15 \ldots 20)Db$

b Lagerbreite

Maschinenelemente
8 Radialgleitlager

Durch Schmierstoff abgeführter Wärmestrom

$P_Q = \varrho c Q(\vartheta_a - \vartheta_e)$

- ϱ Schmierstoffdichte
- c spezifische Wärmekapazität des Schmiermittels
- Q Schmierstoffdurchsatz
- ϑ_a Schmierstoffaustrittstemperatur
- ϑ_e Schmierstoffeintrittstemperatur

Wärmebilanz

für drucklos geschmierte Lager

$P_R = P_A$

bei Druckschmierung

$P_R = P_Q$

Verschleiß

Die Verschleißberechnung als Lebensdauerberechnung kann mit Hilfe von Verschleißdiagrammen (siehe Fachliteratur) erfolgen.

8.2 Hydrodynamische Lager

Reynolds-Zahl für laminare Strömung

$Re = \dfrac{\pi D n s}{2\nu} \leq 41,3\sqrt{\dfrac{D}{s}}$

- n Drehzahl
- ν Kinematische Viskosität des Schmierstoffes

Lagerspiel

$s = D - d$

Relative Exzentrizität

$\varepsilon = \dfrac{2e}{s}$

Die Kontrolle der mittleren Lagerbelastung erfolgt wie bei den Verschleißgleitlagern.

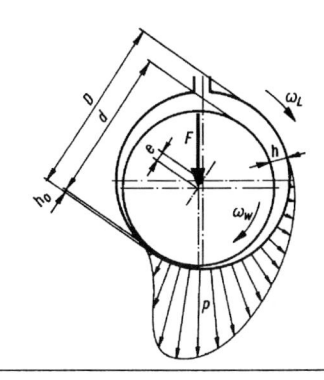

Maschinenelemente
8 Radialgleitlager

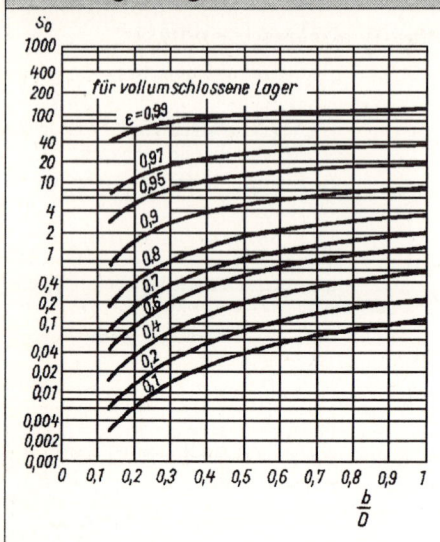

Diagramm: S_0 über b/D für vollumschlossene Lager, Kurvenscharen für $\varepsilon = 0{,}99;\ 0{,}97;\ 0{,}95;\ 0{,}9;\ 0{,}8;\ 0{,}7;\ 0{,}6;\ 0{,}4;\ 0{,}2;\ 0{,}1$.

Maximales relatives Lagerspiel

$$\psi_{\max} = \frac{D_{\max} - d_{\min}}{D}$$

Minimales relatives Lagerspiel

$$\psi_{\min} = \frac{D_{\min} - d_{\max}}{D}$$

Mittleres relatives Lagerspiel

$$\psi_{\mathrm{m}} = \frac{\psi_{\max} + \psi_{\min}}{2}$$

Thermische Änderung des relativen Lagerspiels

$$\Delta\psi = (\alpha_{\mathrm{L}} - \alpha_{\mathrm{W}})(\vartheta_{\mathrm{eff}} - 20\ °\mathrm{C})$$

α_{L} Längenausdehnungskoeffizient des Lagers
α_{W} Längenausdehnungskoeffizient der Welle
ϑ_{eff} effektive Schmierfilmtemperatur

Effektives relatives Lagerspiel

$$\psi_{\mathrm{eff}} = \psi_{\mathrm{m}} + \Delta\psi$$

Maschinenelemente
8 Radialgleitlager

Hydrodynamisch effektive Winkelgeschwindigkeit

$\omega_{\text{eff}} = \omega_L + \omega_W$

ω_L Winkelgeschwindigkeit des Lagers
ω_W Winkelgeschwindigkeit der Welle

Sommerfeldzahl

$$S_0 = \frac{F\psi_{\text{eff}}^2}{Db\eta_{\text{eff}}\omega_{\text{eff}}}$$

F Radialkraft
η_{eff} effektive dynamische Viskosität des Schmiermittels

Minimale Schmierfilmdicke

$$h_0 = \frac{D-d}{2} - e = \frac{D\psi_{\text{eff}}(1-\varepsilon)}{2}$$

Reibwert

$$\mu = \frac{\mu}{\psi_{\text{eff}}}\psi_{\text{eff}}$$

Richtwerte für $h_{0\text{lim}}$

d in mm		v_W in m/s				
über	–	1	3	10	30
	bis	1	3	10	30	–
24	63	3	4	5	7	10
63	160	4	5	7	9	12
160	400	6	7	9	11	14
400	1000	8	9	11	13	16
1000	2500	10	12	14	16	18

μ/ψ_{eff} bezogene Reibungszahl
$h_{0\text{lim}}$ kleinstzulässige minimale Schmierfilmdicke
v_W Gleitgeschwindigkeit der Welle

ε für halbumschließende Lager kann näherungsweise wie für vollumschließende Lager ermittelt werden.

Die Bilanz der Wärmeleistung erfolgt analog den Verschleißgleitlagern. Bei druckloser Schmierung entfällt der Anteil der durch die Schmiermittelkühlung abgeführten Wärmeleistung.

▶ DIN 31652 Hydrodynamische Radialgleitlager im stationären Betrieb
▶ DIN 31698 Passungen für Gleitlager
▶ VDI-Richtlinie 2201 Gestaltung von Lagerungen
▶ VDI-Richtlinie 2202 Schmierstoffe und Schmiereinrichtungen
▶ VDI-Richtlinie 2204 Berechnung hydrodynamischer Gleitlager

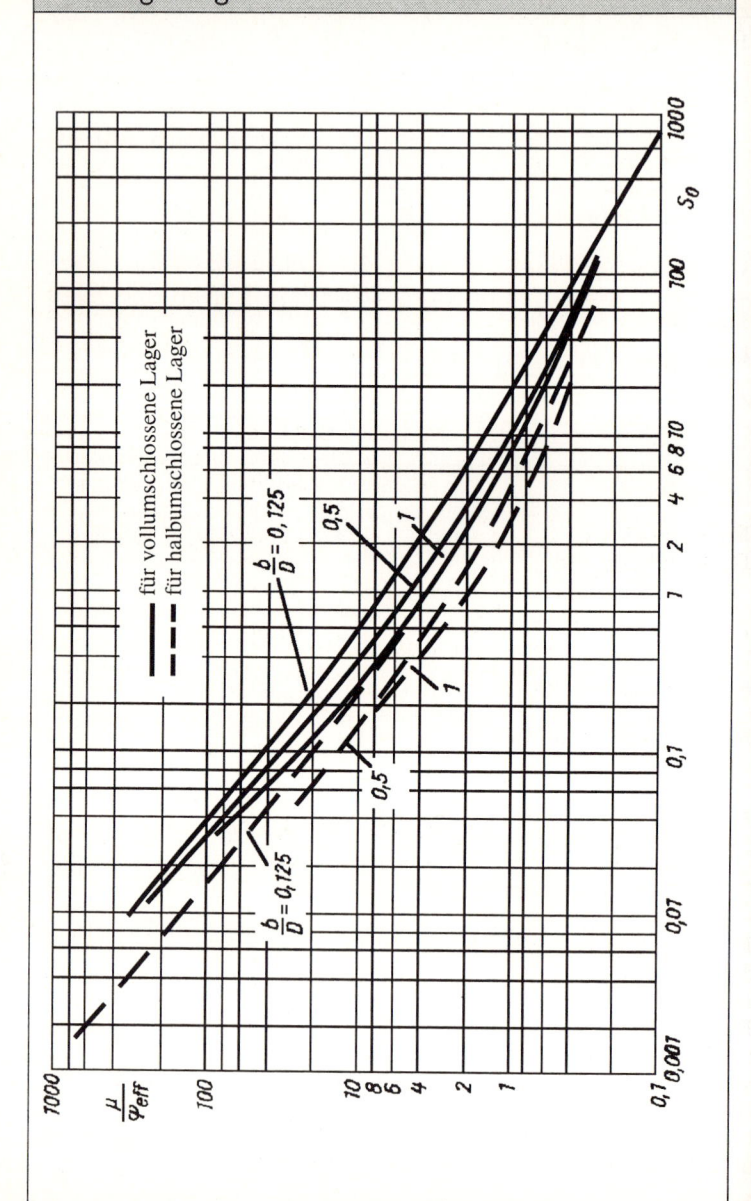

Maschinenelemente
8 Radialgleitlager

9 Wälzlager

9.1 Dynamische Tragfähigkeit

Nominelle Lebensdauer

$$L = \left(\frac{C}{P}\right)^p$$

C dynamische Tragzahl

Lebensdauerexponent p

	Kugellager	Rollenlager
p	3	10/3

Dynamische Äquivalentlast für konstante Drehzahl und Belastungsgrößen

$P = XF_r + YF_a$

X Radialfaktor
Y Axialfaktor
F_r Radialkraft
F_a Axialkraft

Dynamische Äquivalentlast für veränderliche Drehzahl und Belastungsgrößen

$$P = \sqrt[p]{\frac{q_1 n_1 F_1^p + q_2 n_2 F_2^p + \ldots + q_z n_z F_z^p}{q_1 n_1 + q_2 n_2 + \ldots + q_z n_z}}$$

q_i Wirkungsdauer der Kraft F_i bei der Drehzahl n_i

Modifizierte Lebensdauer

$L_{\text{na}} = a_1 a_2 a_3 L = a_1 a_{23} L$

Beiwert a_1 für die Erlebenswahrscheinlichkeit $P(L)$

$P(L)$ in %	90	95	97	99
a_1	1,00	0,62	0,44	0,21

Bereich I: höchste Sauberkeit im Schmierspalt und nicht zu hohe Belastung

Bereich II: gute Sauberkeit im Schmierspalt, geeignete Additive im Schmierstoff

Bereich III: ungünstige Betriebsbedingungen, Verunreinigungen im Schmierspalt

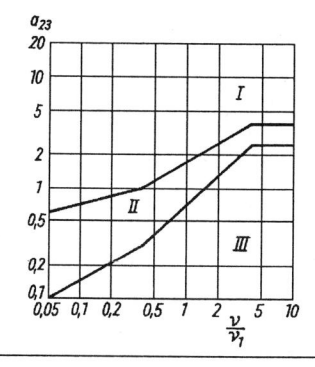

Maschinenelemente
9 Wälzlager

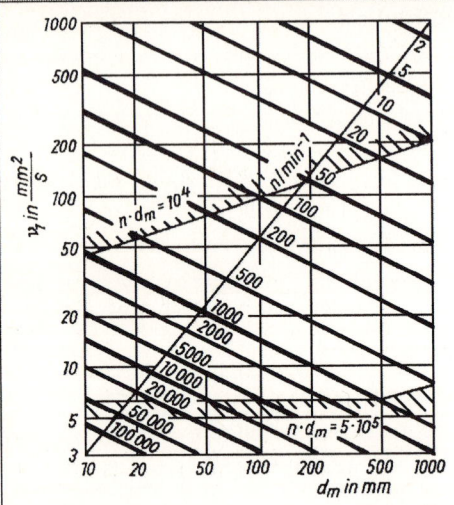

a_1 Beiwert für die Erlebenswahrscheinlichkeit
a_2 Werkstoffbeiwert, für Standardstähle der Hersteller $a_2 = 1$
a_3 Schmierungsbeiwert

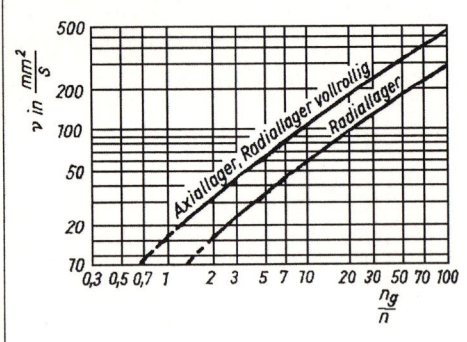

a_{23} Beiwert für Werkstoff und Schmierung
ν erforderliche Betriebsviskosität bei Betriebstemperatur
ν_1 Bezugsviskosität
n_g Grenzdrehzahl, siehe Herstellerangabe

Mittlerer Lagerdurchmesser

$$d_m = \frac{D - d}{2}$$

d Lagerinnendurchmesser
D Lageraußendurchmesser

9.2 Statische Tragfähigkeit

Belastungskennzahl

$$f_S = \frac{C_0}{P_0}$$

C_0 statische Tragzahl
P_0 statische äquivalente Lagerbelastung

Richtwerte für die Belastungskennzahl f_S

Anforderung an die Laufgüte eines Lagers	f_S
hoch	$> 1,5$
mittel	$> 0,8 \ldots 1,5$
gering	$= 0,5 \ldots 0,8$

Statische Äquivalentlast

$$P_0 = X_0 F_{r0} + Y_0 F_{a0}$$

X_0 statischer Radialfaktor
Y_0 statischer Axialfaktor
F_{r0} statische Radialkraft
F_{a0} statische Axialkraft

Werte für C, C_0, X, X_0, Y, Y_0 können Wälzlagerkatalogen der Hersteller entnommen werden.

Drehzahlgrenzen, Reibung und Erwärmung, Schmierfristen, Schmierungsarten, Schmiermittel siehe Herstellerangaben

▶ DIN 622 Berechnung der Lebensdauer von Wälzlagern
▶ ISO 281 Berechnung der modifizierten Lebensdauer
▶ DIN 616 Maßpläne für Wälzlager

10 Bewegungsschrauben

10.1 Spannungen

Zug-Druck-Spannung

$$\sigma_{z,d} = \frac{F}{A_3}$$

A_3 Kerndurchmesser

Maschinenelemente
10 Bewegungsschrauben

Torsionsspannung

$$\tau_t = \frac{16 M_t}{d_3^3}$$

Vergleichsspannung

$$\sigma_v = \sqrt{\sigma_{z,d}^2 + 3\tau_t^2}$$

Fließsicherheit

$$S_F = \frac{\sigma_F}{\sigma_v}$$

Flankenpressung

$$p = \frac{F}{\pi d_2 H_1 n}$$

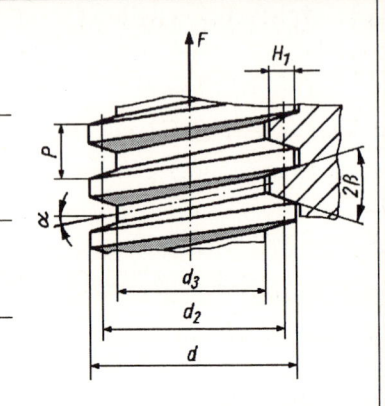

Mutternhöhe

$m = Pn$ \qquad n Anzahl der Gewindegänge

10.2 Wirkungsgrad

Wirkungsgrad bei Umwandlung von Dreh- in Längsbewegung

$$\eta = \frac{\tan \alpha}{\tan(\alpha + \varrho')}$$

Reduzierte Reibungszahl

$$\tan \varrho' = \frac{\mu}{\cos \beta}$$

10.3 Knickung bei Druckspindeln

Schlankheitsgrad

$$\lambda = \frac{l_K}{i}$$

λ_p Grenzschlankheitsgrad
l_K Knicklänge
i Trägheitsradius

Bei $\lambda \geqq \lambda_p$ weitere Berechnung nach Euler, bei $\lambda < \lambda_p$ weitere Berechnung nach Tetmajer (s. Technische Mechanik, Abschn. 2: Stabilität des Gleichgewichts).

Bei dynamischer Beanspruchung kann die Sicherheit gegenüber Dauerbruch analog der Wellenberechnung ermittelt werden. Dabei müssen die Gestaltfestigkeit σ_{ADK} bzw. τ_{ADK} und die Spannungsausschläge σ_a bzw. τ_a ermittelt werden.

▶ DIN 103 Metrisches ISO-Trapezgewinde, Abmessungen

11 Keilriemengetriebe

11.1 Abmessungen

Riemengeschwindigkeit

$v = \pi d_{W1} n_1 = \pi d_{W2} n_2$ $\qquad n$ Drehzahl

Achsabstand

$a_2 = p + \sqrt{p^2 - q}$

$p = \dfrac{l_2}{4} - \dfrac{\pi(d_{W2} + d_{W1})}{8}$

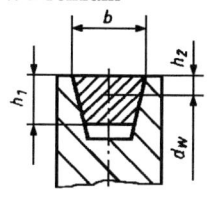

$q = \dfrac{(d_{W2} - d_{W1})^2}{8}$

l_2 Riemenwirklänge

Richtwert für den Achsabstand

$0,7(d_{W1} + d_{W2}) < a_2 < 2(d_{W1} + d_{W2})$

Riemenwirklänge

$l_2 \approx 2a_2 + \dfrac{\pi}{2}(d_{W2} + d_{W1}) + \dfrac{(d_{W2} - d_{W1})^2}{4a_2}$

Riemeninnenlänge

$l_1 = l_2 - \Delta l$

$\Delta l = 2\pi(h_1 - h_2)$

Umschlingungswinkel

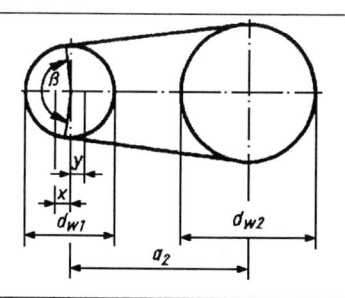

$\cos \dfrac{\beta}{2} = \dfrac{d_{W2} - d_{W1}}{2a_2}$

Biegefrequenz

$f = \dfrac{v z_3}{l_2}$

v Geschwindigkeit
z_3 Anzahl der umlaufenden Scheiben

Achabstandsverstellung

zum Spannen

$x \geqq 0,03 l_2$

zum Auflegen

$y \geqq 0,015 l_2$

Maschinenelemente
11 Keilriemengetriebe

11.2 Leistungsberechnung

Anzahl der Keilriemen

$$z = \frac{P c_2}{P_N c_1 c_3}$$

- P zu übertragende Leistung
- P_N Nennleistung des Einzelriemens
- c_1 Winkelfaktor
- c_2 Betriebsfaktor
- c_3 Längenfaktor

11.3 Kräfte im Keilriemengetriebe

Umfangskraft

$$F_u = \frac{P}{v} = \frac{2M_t}{d_{W1}}$$

$$F_u = F_1 - F_2 \text{ für } F_1 > F_2$$

- P Leistung
- v Geschwindigkeit
- M_t Drehmoment
- d_{W1} Durchmesser der treibenden Scheibe

Kraft im ziehenden Trum

$$F_1 = F_2 \, e^{\mu\beta}$$

$$F_1 = F_u \left(\frac{e^{\mu\beta}}{e^{\mu\beta} - 1} \right)$$

Kraft im gezogenen Trum

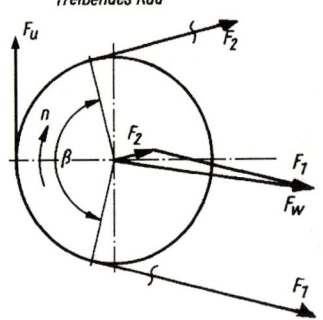

$$F_2 = \frac{F_u}{e^{\mu\beta} - 1}$$

Wellenkraft

$$F_W = F_u \frac{\sqrt{e^{2\mu\beta} + 1 - 2\,e^{\mu\beta} \cos\beta}}{e^{\mu\beta} - 1}$$

- μ Reibwert
- β Umschlingungswinkel

Bei hohen Riemengeschwindigkeiten ist der Einfluß der Fliehkraft zu berücksichtigen.

- ▶ DIN 2215 Endlose Keilriemen, Maße
- ▶ DIN 2217 Keilriemenscheiben, Maße
- ▶ DIN 2218 Berechnung endloser Keilriemen

12 Zahnriemengetriebe

12.1 Abmessungen

Riemengeschwindigkeit

$v = t z_1 n_1 = t z_2 n_2$

Richtwert für den Achsabstand

$0,2 t(z_2+z_1) \leq a \leq 0,7 t(z_2+z_1)$

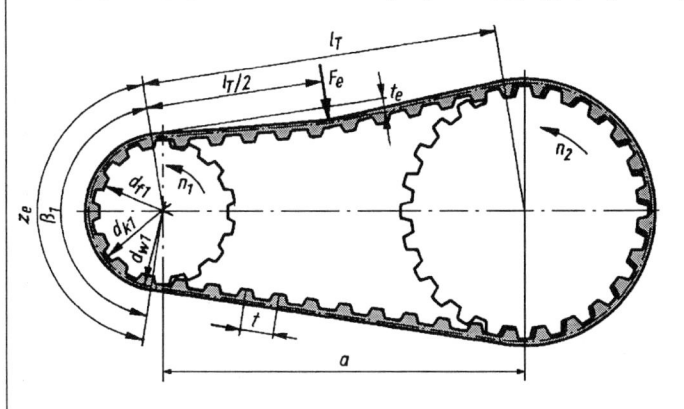

Achsabstand

$$a \approx \frac{1}{4}\left[L_W - \frac{t}{2}(z_2+z_1)\right] + \frac{1}{4}\sqrt{\left[L_W - \frac{t}{2}(z_2+z_1)\right]^2 - 2\left[\frac{t}{\pi}(z_2-z_1)\right]^2}$$

Rechnerische Riemenlänge

$$L_W \approx 2a + \frac{t}{2}(z_2+z_1) + \frac{\left[\frac{t}{\pi}(z_2-z_1)\right]^2}{4a}$$

Mit dem Richtwert L_W wird aus dem Lagerprogramm eines Herstellers eine Riemenwirklänge gewählt.

Wirkdurchmesser

$d_W = \frac{t}{\pi} z$

Umschlingungswinkel

$\beta_1 = 2 \arccos\left[\frac{t(z_2-z_1)}{2\pi a}\right]$

Eingreifende Zähnezahl

$z_e = \frac{z_1 \beta_1}{360°}$

Achsabstandverstellung zum Spannen

$s \geq 0,01 L_W$

12.2 Leistungsberechnung

Erforderliche Riemenbreite

$b \geq \dfrac{P}{P_{\text{spez}} z_e} C$

P zu übertragende Leistung
C Faktor, der Belastung, Beschleunigung, Ermüdung, Zahneingriff, Riemenlänge usw. berücksichtigt
P_{spez} übertragbare Leistung pro festgelegter Riemenbreite
z_e eingreifende Zähnezahl

Für die Lebensdauer eines Zahnriemens ist die Vorspannkraft bedeutend. Diese wird nach Herstellerangaben bei vorgegebener Eindrückkraft F_e durch die Eindrücktiefe t_e auf halber Trumlänge l_T kontrolliert.

F_e, t_e, C, P_{spez} nach Herstellerangaben

13 Rollenkettengetriebe

13.1 Abmessungen

Anzahl der Kettenglieder

$X = 2 \dfrac{a}{t} + \dfrac{z_1 + z_2}{2} + \left(\dfrac{z_2 - z_1}{2}\right)^2 \dfrac{t}{a}$

z_1 Ritzelzähnezahl
z_2 Radzähnezahl
t Kettenteilung
a Achsabstand

Achsabstand

$a = \dfrac{t}{4}\left(X - \dfrac{z_1 + z_2}{2}\right) + \dfrac{t}{4}\sqrt{\left(X - \dfrac{z_1 + z_2}{2}\right)^2 - 2\left(\dfrac{z_2 - z_1}{\pi}\right)^2}$

Richtwert für den Achsabstand

$a = (30 \ldots 50) t$

13.2 Leistungsberechnung

Kettengröße

$P_D = P f_B f_z$

P Leistung
f_B Betriebsfaktor nach Herstellerangaben, $f_B = 1 \ldots 2$
f_z Zähnezahlfaktor

13 Rollenkettengetriebe

Diagrammleistung P_D gilt für $z_1 = 19$; $X = 100$; $i = 3$; $L_h = 15000$ h

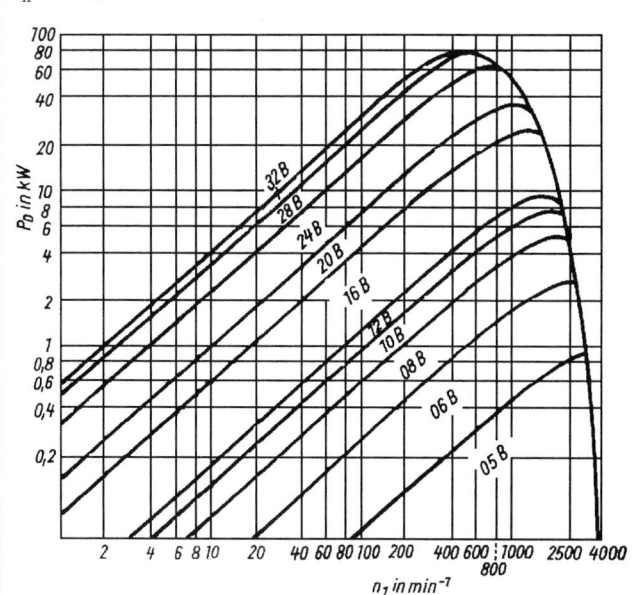

Durch weitere Faktoren können der Achsabstand (wenn dieser von $a = 40t$ abweicht), die Kettengliedform, die Anzahl der überlaufenen Kettenräder, eine von 15000 h abweichende Lebensdauer, besondere Betriebsbedingungen, wie z. B. Verschmutzung und mangelhafte Schmierung, nach Herstellerangaben berücksichtigt werden.

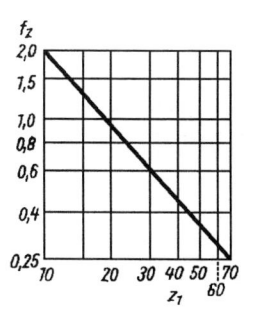

13.3 Kräfte im Kettengetriebe

Dynamische Zugkraft

$F_d = F_u f_B$

F_u Umfangskraft
f_B Betriebsfaktor

Fliehzugkraft

$$F_f = qv^2$$

q Längengewicht der Kette
v Geschwindigkeit

Gesamtzugkraft

$$F_g = F_d + F_f$$

Bei großen Achsabständen ist ggf. der durch das Kettengewicht verursachte Stützzug zusätzlich zu berücksichtigen.

- DIN 8195 Auswahl von Kettengetrieben
- DIN 8187 Rollenketten, Europäische Bauart
- DIN 8188 Rollenketten, Amerikanische Bauart

14 Kupplungen

14.1 Kupplungsdrehmoment

Kupplungsmoment für das Anfahren ohne Last

$$M_{tK} = \frac{J_L}{J_A + J_L} M_{tA}$$

M_{tA} Drehmoment der Antriebsmaschine
J_L Massenträgheitsmoment der Arbeitsmaschine
J_A Massenträgheitsmoment der Antriebsmaschine

Kupplungsmoment für das Anfahren unter Last

$$M_{tK} = \frac{J_L}{J_A + J_L} M_{tA} + \frac{J_A}{J_A + J_L} M_{tL}$$

M_{tL} Massenträgheitsmoment der Arbeitsmaschine

Die Berechnung der Massenträgheitsmomente erfolgt nach den Methoden der Technischen Mechanik (s. Technische Mechanik, Abschn. 4).

14.2 Torsionskritische Drehzahl

$$n_{kt} = \frac{1}{2\pi i} \sqrt{R_t \frac{J_A + J_L}{J_A J_L}}$$

R_t Torsionsfedersteife der elastischen Kupplung
i Anzahl der Schwingungen pro Umdrehung

14.3 Wahl einer elastischen Kupplung

▶ In DIN 42673 ist die Kupplungsgröße den Baugrößen der Drehstrom-Norm-Motoren für normale Einsatzbedingungen zugeordnet.

Die Kupplungsgröße kann auch mit Hilfe eines Betriebsfaktors nach Herstellerangaben, mit dem das Kupplungsdrehmoment multipliziert wird, ermittelt werden.

Maximaldrehmoment bei beidseitigen Drehmomentenstößen

$$M_{\text{Kmax}} \geq \left(\frac{J_{\text{L}}}{J_{\text{A}} + J_{\text{L}}} M_{\text{tAS}} + \frac{J_{\text{A}}}{J_{\text{A}} + J_{\text{L}}} M_{\text{tLS}} \right) S S_2 S_{\text{t}}$$

Maximaldrehmoment bei einseitigen Drehmomentenstößen

für antriebsseitige Schwingungserregung

$$M_{\text{Kmax}} \geq \frac{J_{\text{L}}}{J_{\text{A}} + J_{\text{L}}} M_{\text{tAS}} S S_2 S_{\text{t}}$$

für lastseitige Schwingungserregung

$$M_{\text{Kmax}} \geq \frac{J_{\text{L}}}{J_{\text{A}} + J_{\text{L}}} M_{\text{tLS}} S S_2 S_{\text{t}}$$

$M_{\text{tAS}}, M_{\text{tLS}}$ maximale Stoßmomente antriebs- und lastseitig
S Anfahrstoßfaktor, $S \approx 1,8$
M_{Kmax} nach Herstellerangaben

Anlauffaktor S_2

Anläufe je Stunde	120	120...240
S_2	1	1,3

Temperaturfaktor S_{t}

Werkstoff	Temperatur in °C			
	−20...30	30...40	40...60	60...80
Naturgummi	1	1,1	1,4	1,8
PUR	1	1,2	1,5	–
NBR	1	1	1	1,2

Maschinenelemente
14 Kupplungen

Maximaldrehmoment bei periodischem Wechseldrehmoment
für antriebsseitige Schwingungserregung

$$M_{Kmax} \geq \frac{J_L}{J_A + J_L} M_{tAi} V S_2 S_t$$

für lastseitige Schwingungserregung

$$M_{Kmax} \geq \frac{J_A}{J_A + J_L} M_{tLi} V S_2 S_t$$

M_{tAi}, M_{tLi} erregendes Drehmoment auf der Antriebs- bzw. Lastseite (nach Herstellerangaben)

Vergrößerungsfaktor

$$V \approx \frac{1}{\left| \left(\dfrac{n}{n_{kt}} \right)^2 - 1 \right|}$$

n Drehzahl
n_{kt} torsionskritische Drehzahl

Vergrößerungsfaktor für das Durchfahren des Resonanzbereiches

$$V = V_R \approx \frac{2\pi}{\psi}$$

ψ verhältnismäßige Dämpfung (nach Herstellerangaben)

▶ DIN 740 Kupplungsauswahl nach ungünstiger Lastart

14.4 Wahl einer schaltbaren Reibkupplung

Schaltbares Drehmoment

$$M_{Ks} \geq J_L \frac{(n_A - n_L) 2\pi}{t_R} + M_{tL}$$

J_L Massenträgheitsmomente der Arbeitsmaschine
t_R Rutschzeit
n_A Antriebsdrehzahl
n_L Drehzahl auf der Lastseite vor dem Schalten
M_{tL} Massenträgheitsmoment der Arbeitsmaschine

M_{Ks} nach Herstellerangabe

Schaltarbeit

$$W = M_{Ks} \pi t_R (n_A - n_L)$$

zulässige Schaltarbeit nach Herstellerangabe

▶ VDI-Richtlinie 2240 Einteilung der Kupplungen

15 Stirnradgetriebe

15.1 Verzahnungsgeometrie und -kinematik

Übersetzung

$i = \dfrac{\omega_1}{\omega_2} = \dfrac{z_1}{z_2} = \dfrac{M_{t2}}{M_{t1}}$

1 treibendes Rad
2 getriebenes Rad
ω Winkelgeschwindigkeit
z Zähnezahl
M_t Drehmoment

Zähnezahlverhältnis

$u = \dfrac{z_{\text{Rad}}}{z_{\text{Ritzel}}}$

Teilkreisdurchmesser

$d = \dfrac{z m_n}{\cos \beta} = z m_t$

β Schrägungswinkel
m_n Normalmodul

Stirnmodul

$m_t = \dfrac{m_n}{\cos \beta}$

▶ DIN 780 Modulreihe für Zahnräder

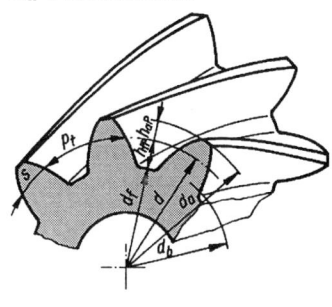

Teilkreisteilung

$p_t = \pi m_t$

Normalteilung

$p_n = \pi m_n$

Grundkreisdurchmesser

$d_b = d \cos \alpha_t = z m_t \cos \alpha_t$

▶ DIN 867 Bezugsprofil,
$\alpha_n = 20°$

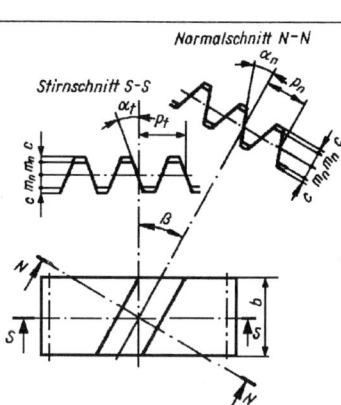

Stirneingriffswinkel

$\tan \alpha_t = \dfrac{\tan \alpha_n}{\cos \beta}$

Zahnkopfhöhe

$h_{aP} = m_n$

Zahnfußhöhe

$h_{fP} = m_n + c$

Maschinenelemente
15 Stirnradgetriebe

Profilhöhe

$h_P = h_{aP} + h_{fP} = 2m_n + c$

m_n Normalmodul
α_n Normaleingriffswinkel
c Kopfspiel

▶ DIN 3972 Bezugsprofile für Verzahnungswerkzeuge
(Bezugsprofil II: $h_{fP} = h_{a0} = 1,25 m_n = m_n + c$)

Nullachsabstand

$$a_d = \frac{d_1 + d_2}{2} = \frac{m_n}{\cos \beta} \frac{z_1 + z_2}{2}$$

Praktische Grenzzähnezahl

$z'_{gt} \approx 14 \cos^3 \beta$

Mindestprofilverschiebungsfaktor

$x = \dfrac{14 - z_n}{17}$

Zähnezahl des Ersatzstirnrades

$z_n \approx \dfrac{z}{\cos^3 \beta}$

s_a Zahndicke am Zahnkopf

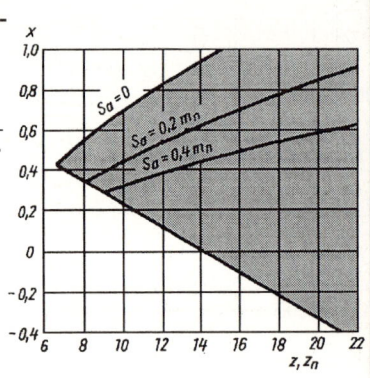

Summe der Profilverschiebungsfaktoren

$$x_1 + x_2 = \frac{\operatorname{inv} \alpha_{wt} - \operatorname{inv} \alpha_t}{2 \tan \alpha_n}(z_1 + z_2)$$

α_{wt} Betriebseingriffswinkel

Evolventenfunktion

$\operatorname{inv} \alpha = \tan \alpha - \alpha$

Maschinenelemente
15 Stirnradgetriebe

Die Aufteilung der Summe der Profilverschiebungsfaktoren auf Rad und Ritzel ist z. B. nach folgendem Diagramm möglich.

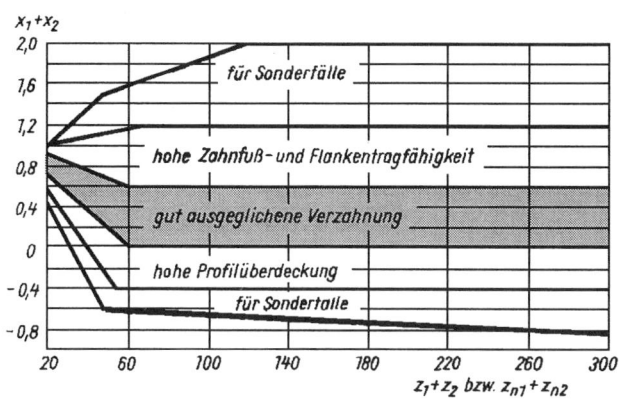

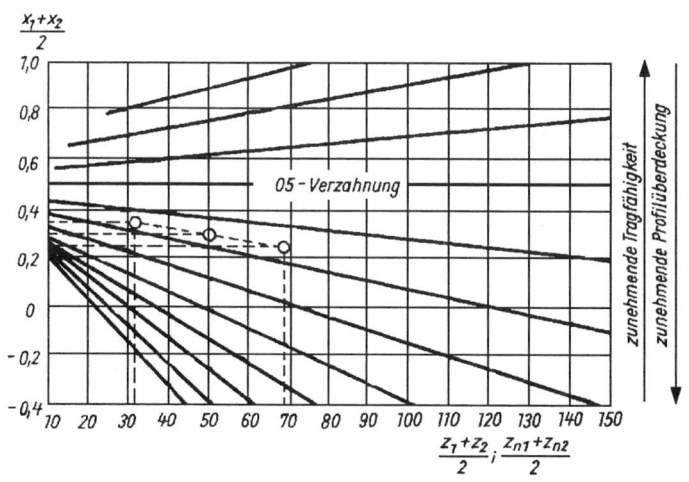

Diagramm 1: x_1+x_2 über z_1+z_2 bzw. $z_{n1}+z_{n2}$

- für Sonderfälle
- hohe Zahnfuß- und Flankentragfähigkeit
- gut ausgeglichene Verzahnung
- hohe Profilüberdeckung
- für Sonderfälle

Diagramm 2: $\dfrac{x_1+x_2}{2}$ über $\dfrac{z_1+z_2}{2}$; $\dfrac{z_{n1}+z_{n2}}{2}$

05 - Verzahnung

zunehmende Tragfähigkeit / zunehmende Profilüberdeckung

Achsabstand

$$a = a_\mathrm{d} \frac{\cos \alpha_\mathrm{t}}{\cos \alpha_\mathrm{wt}}$$

a_d Nullachsabstand
α_t Stirneingriffswinkel
α_wt Betriebseingriffswinkel

Kopfkreisdurchmesser

$$d_\mathrm{a} = d + 2m_\mathrm{n}(1+x)$$

m_n Normalmodul

Maschinenelemente
15 Stirnradgetriebe

Fußkreisdurchmesser

$d_f = d - 2(h_{a0} - xm_n)$ $\qquad h_{a0}$ Werkzeugzahnkopfhöhe

Vorhandenes Kopfspiel

$c = a - \dfrac{d_a + d_f}{2}$

Kopfkürzung

$km_n = a_d + (x_1 + x_2)m_n - a$ $\qquad m_n$ Normalmodul
$\qquad\qquad\qquad\qquad\qquad\qquad\qquad\quad a_d$ Nullachsabstand

Kopfkreisdurchmesser bei Kopfkürzung

$d_a = d + 2m_n(1 + x) - 2km_n$ $\qquad k$ Kopfkürzungsfaktor

---

Gesamtüberdeckung $\qquad\qquad\qquad$ **Sprungüberdeckung**

$\varepsilon_\gamma = \varepsilon_\alpha + \varepsilon_\beta$ $\qquad\qquad\qquad\qquad \varepsilon_\beta = \dfrac{b \sin\beta}{\pi m_n}$

Profilüberdeckung

$\varepsilon_\alpha = \dfrac{\sqrt{d_{a1}^2 - d_{b1}^2}}{2\pi m_t \cos\alpha_t} + \dfrac{\sqrt{d_{a2}^2 - d_{b2}^2}}{2\pi m_t \cos\alpha_t} - \dfrac{a \sin\alpha_{wt}}{\pi m_t \cos\alpha_t}$

α_t Stirneingriffswinkel
α_{wt} Betriebseingriffswinkel
a Achsabstand
m_t Stirnmodul

Zahndicke s_{yt} im Stirnschnitt am Durchmesser d_y

$s_{yt} = d_y \left(\dfrac{s_t}{d} + \operatorname{inv}\alpha_t - \operatorname{inv}\alpha_{yt} \right)$

$\cos\alpha_{yt} = \dfrac{d}{d_y} \cos\alpha_t$ $\qquad \alpha_{yt}$ Stirneingriffswinkel am
$\qquad\qquad\qquad\qquad\qquad\qquad\quad$ Durchmesser d_y
$\qquad\qquad\qquad\qquad\qquad\qquad \alpha_t$ Stirneingriffswinkel

Zahndicke auf dem Teilkreis im Stirnschnitt

$s_t = \dfrac{s_n}{\cos\beta} = m_t \left(\dfrac{\pi}{2} + 2x \tan\alpha_t \right)$ $\qquad \beta$ Schrägungswinkel
$\qquad\qquad\qquad\qquad\qquad\qquad\qquad\qquad\quad m_t$ Stirnmodul

Zahndicke auf dem Teilkreis im Normalschnitt

$s_n = m_n \left(\dfrac{\pi}{2} + 2x \tan\alpha_n \right)$ $\qquad \alpha_n$ Normaleingriffswinkel
$\qquad\qquad\qquad\qquad\qquad\qquad\quad m_n$ Normalmodul

Maschinenelemente
15 Stirnradgetriebe

Zahnweite

$$W_k = m_n \cos \alpha_n [(k - 0,5)\pi + k \operatorname{inv} \alpha_t + 2x \tan \alpha_n]$$

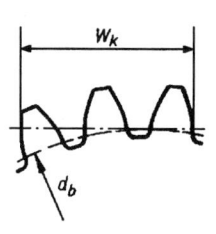

Meßzähnezahl

$$k \approx z_n \frac{\alpha_n{}^\circ}{180^\circ} + 0,5$$

z_n Zähnezahl
$\alpha_n{}^\circ$ Normaleingriffswinkel in °

Die Abmessungen für Geradstirnräder ergeben sich für den Schrägungswinkel $\beta = 0°$.

15.2 Kräfte am Stirnrad

Umfangskraft am Betriebswälzkreis

$$F_{u1} = F_{u2} = F_u = \frac{2M_{t1}}{d_{w1}} = \frac{2M_{t2}}{d_{w2}}$$

M_t Drehmoment
d_w Betriebswälzkreisdurchmesser
β_w Schrägungswinkel am Betriebswälzkreis

Normalkraft am Betriebswälzkreis

$$F_{n1} = F_{n2} = F_n = \frac{F_u}{\cos \beta_w \cos \alpha_{wn}}$$

Radialkraft am Betriebswälzkreis

$$F_{r1} = F_{r2} = F_r = F_u \frac{\tan \alpha_{wn}}{\cos \beta_w}$$

Axialkraft am Betriebswälzkreis

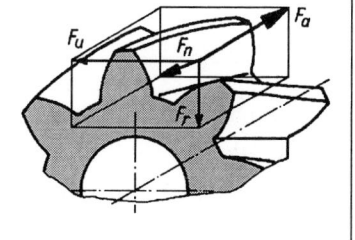

$$F_{a1} = F_{a2} = F_a = F_u \tan \beta_w$$

α_{wn} Normaleingriffswinkel am Betriebswälzkreis

Maschinenelemente
15 Stirnradgetriebe

Für praktische Verhältnisse sind die Unterschiede zwischen den Bestimmungsgrößen am Betriebswälzkreis und am Teilkreis gering, so daß mit den Bestimmungsgrößen am Teilkreis gerechnet werden kann, ohne daß nennenswerte Fehler entstehen.

Dann gilt:

$d_w \approx d$; $\beta_w \approx \beta$; $\alpha_{wn} \approx \alpha_n$

Für Geradstirnräder ist $\beta = 0°$ und $\alpha_n = \alpha = 20°$.

Die Ermittlung der Auflagerkräfte und Biegemomente erfolgt nach den Gesetzen der Technischen Mechanik (s. Technische Mechanik, Abschn. 1).

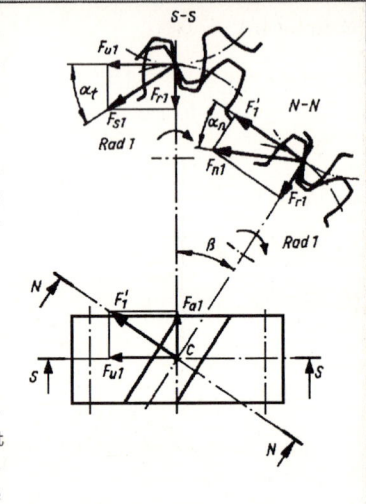

Dabei wird zweckmäßigerweise die Berechnung in zwei Ebenen, z. B. die x,z-Ebene und die y,z-Ebene, vorgenommen. Anschließend werden die resultierenden Auflagerkräfte und Biegemomente durch geometrische Addition berechnet.

15.3 Tragfähigkeit

Zahnfußnennspannung

$$\sigma_{F0} = \frac{F_u}{bm_n} Y_{Fa} Y_{Sa} Y_\varepsilon Y_\beta$$

F_u Umfangskraft
b Zahnbreite
m_n Normalmodul
Y_{Fa} Formfaktor
Y_{Sa} Spannungskorrekturfaktor

Grundschrägungswinkel

$$\cos \beta_b = \frac{\sin \alpha_n}{\sin \alpha_t}$$

α_n Normaleingriffswinkel
α_t Stirneingriffswinkel

Überdeckungsfaktor

$$Y_\varepsilon = 0,25 + 0,75 \frac{\cos^2 \beta_b}{\varepsilon_\alpha}$$

ε_α Profilüberdeckung

Schrägungsfaktor

$$Y_\beta = 1 - \varepsilon_\beta \frac{\beta}{120°}$$

ε_β Sprungüberdeckung

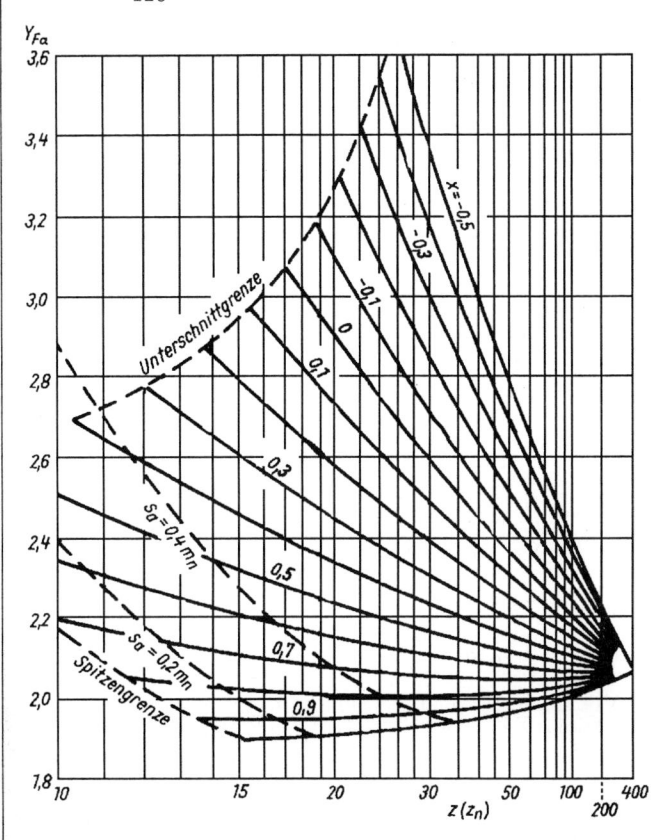

Zahnfußspannung

$$\sigma_F = \sigma_{F0} K_A K_v K_{F\beta} K_{F\alpha}$$

σ_{F0} Zahnfußnennspannung
$K_A, K_v, K_{F\beta}, K_{F\alpha}$ Kraftfaktoren

Maschinenelemente
15 Stirnradgetriebe

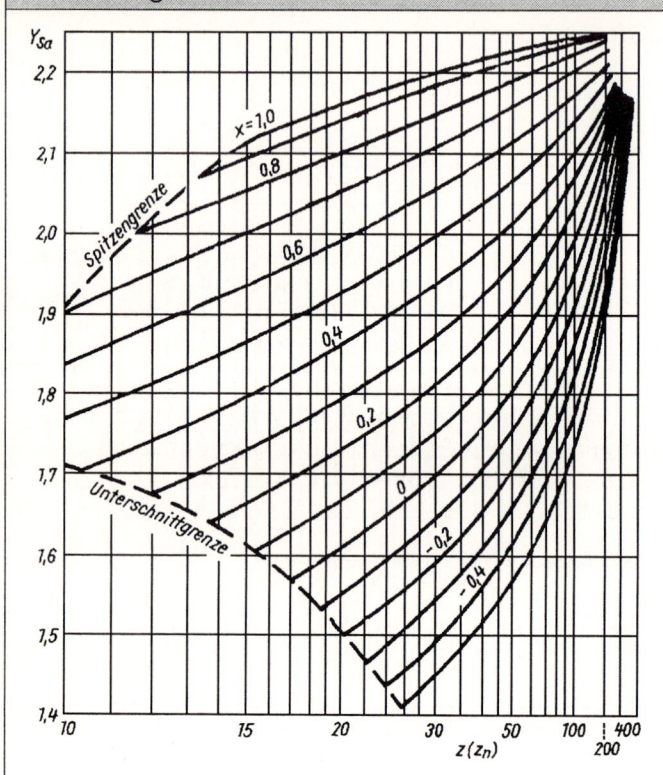

[Diagramm: Y_{Sa} über $z(z_n)$ mit Kurven für $x = 1{,}0; 0{,}8; 0{,}6; 0{,}4; 0{,}2; 0; -0{,}2; -0{,}4$, Spitzengrenze und Unterschnittgrenze]

▶ Der folgenden Bestimmung der Kraftfaktoren liegt die Methode C nach DIN 3990 zugrunde.

Dynamikfaktor

$$K_v = 1 + \left(\frac{xK_1 b}{K_A F_u} + y\right) 0,01 zv \sqrt{\frac{u^2}{1+u^2}}$$

Faktoren x und y

	x	y
Geradverzahnung	1,123	0,0193
Schrägverzahnung	1	0,0087

- v Umfangsgeschwindigkeit am Teilkreis
- K_A Anwendungsfaktor $K_A = 1,0\ldots 2,25$
- F_u Umfangskraft
- u Zähnezahlverhältnis
- z Zähnezahl

Maschinenelemente
15 Stirnradgetriebe

Faktor K_1

Verzahnungsqualität nach ▶ DIN 3962	6	7	8	9	10	11	12
K_1	8,5	13,6	21,8	30,7	47,7	68,2	109,1

$K_{F\beta}$ Breitenfaktor
$K_{F\beta} = 1,04 \dots 3,6$, siehe ▶ DIN 3962
$K_{F\alpha}$ Stirnfaktor, siehe ▶ DIN 3962

In der Praxis können die Auswirkungen von Herstellungsabweichungen und Verformungen auf die Tragfähigkeit z. T. durch Kopf- und Fußrücknahme, Breitenballigkeit und Zahndickenminderung an den Zahnenden, ausgeglichen werden.

Zulässige Zahnfußbiegespannung

$$\sigma_{FP} = \frac{\sigma_{Flim}}{S_{Fmin}} Y_{ST} Y_{NT} Y_{\delta relT} Y_{RrelT} Y_X$$

σ_{Flim} Zahnfuß-Biegenenndauerfestigkeit, siehe ▶ DIN 3990
S_{Fmin} Mindestsicherheit
$S_{Fmin} = (1) \dots 1,4 \dots 1,6 \dots (3)$
Y_{ST} Spannungskorrekturfaktor
$Y_{ST} = 2$
Y_{NT} Lebensdauerfaktor für die Dauerfestigkeit σ_{Flim},
$Y_{NT} = 1$ für Lastwechselzahl $N_L \geqq 3 \cdot 10^6$;
$Y_{NT} > 1$ für $N_L < 3 \cdot 10^6$

$Y_{\delta relT}$ relative Stützziffer
$Y_{\delta relT} \approx 1$ für $1,5 < Y_{Sa} < 2$;
$Y_{\delta relT} = 0,95$ für $Y_{Sa} < 1,5$
Y_{RrelT} relativer Oberflächenfaktor
$Y_{RrelT} \approx 1$ für $R_z \leqq 16$ μm;
$Y_{RrelT} = 0,9$ für $R_z > 16$ μm

Nennflankenpressung

$$\sigma_{H0} = Z_H Z_E Z_\varepsilon Z_\beta \sqrt{\frac{F_u}{bd_1} \frac{u+1}{u}}$$

F_u Umfangskraft
u Zähnezahlverhältnis
b Zahnbreite

Maschinenelemente
15 Stirnradgetriebe

Elastizitätsfaktor

$$Z_\mathrm{E} = \sqrt{0,175 \frac{2 E_1 E_2}{E_1 + E_2}}$$

E_1, E_2 Elastizitätsmodul

Zonenfaktor für Geradstirnräder

$$Z_\mathrm{H} = \sqrt{\frac{2}{\cos^2 \alpha \tan \alpha_\mathrm{w}}}$$

α_w Betriebseingriffswinkel

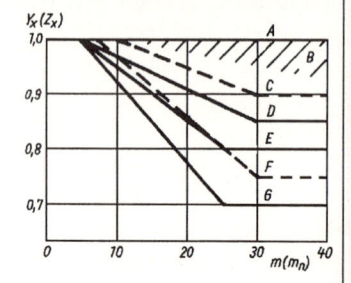

- A Y_x für alle Werkstoffe bei statischer Last
- B Z_x für GG, GGG, GTS, Bau- und Vergütungsstahl
- C Z_x für randgehärtete Stähle
- D Y_x für GGG, GTS, Bau- und Vergütungsstahl
- E Y_x für oberflächengehärtete Stähle
- F Z_x für Nitrierstahl
- G Y_x für Gußwerkstoffe

Zonenfaktor für Schrägstirnräder

$$Z_\mathrm{H} = \sqrt{\frac{2 \cos \beta_\mathrm{b} \cos \alpha_\mathrm{wt}}{\cos^2 \alpha_\mathrm{t} \sin \alpha_\mathrm{wt}}}$$

β_b Grundschrägungswinkel
α_wt Betriebseingriffswinkel
α_t Stirneingriffswinkel

Überdeckungsfaktor für Geradstirnräder

$$Z_\varepsilon = \sqrt{\frac{4 - \varepsilon_\alpha}{3}}$$

ε_α Profilüberdeckung

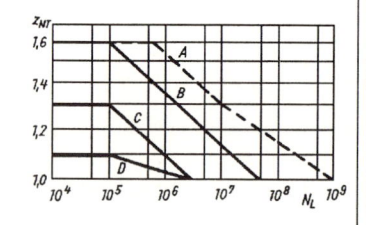

- A Bau-, Vergütungs- und Einsatzstahl, GGG, GTS, flammen- und induktionsgehärteter Stahl, wenn eine geringe Grübchenbildung zulässig ist.
- B Vergütungs- und Einsatzstahl, GTS, flammen- und induktionsgehärteter Stahl
- C GG, GGG, Nitrierstahl, Vergütungs- und Einsatzstahl (nitriert)
- D Vergütungs- und Einsatzstahl (nitrokarboniert)

15 Stirnradgetriebe

Überdeckungsfaktor für Schrägstirnräder

$$Z_\varepsilon = \sqrt{\frac{4-\varepsilon_\alpha}{3}(1-\varepsilon_\beta) + \frac{\varepsilon_\beta}{\varepsilon_\alpha}}$$

für $\varepsilon_\beta < 1$

$$Z_\varepsilon = \sqrt{\frac{1}{\varepsilon_\alpha}} \text{ für } \varepsilon_\beta \geq 1$$

ε_β Sprungüberdeckung

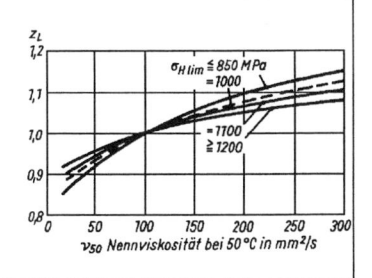

Schrägungsfaktor

$Z_\beta = \sqrt{\cos\beta}$ \qquad β Schrägungswinkel

Flankenpressung

$\sigma_H = \sigma_{H0}\sqrt{K_A K_v K_{H\beta} K_{H\alpha}}$

$K_{H\beta}$ Breitenfaktor nach ▶ DIN 3962
$K_{H\alpha}$ Stirnfaktor nach ▶ DIN 3962
K_A Anwendungsfaktor
K_v Dynamikfaktor

Zulässige Flankenpressung

$$\sigma_{HP} = \frac{\sigma_{H\lim}}{S_{H\min}} Z_{NT} Z_L Z_v Z_R Z_W Z_X$$

$\sigma_{H\lim}$ Grenzdauerfestigkeit
Z_{NT} Lebensdauerfaktor für $\sigma_{H\lim}$
Z_L Schmierfaktor
Z_v Geschwindigkeitsfaktor
Z_R Rauheitsfaktor
Z_X Größenfaktor

Werkstoffpaarungsfaktor

$$Z_W = 1,2 - \frac{HB - 130}{1700}$$

HB Brinellhärte des weicheren Radwerkstoffes

Maschinenelemente
16 Geradkegelradgetriebe

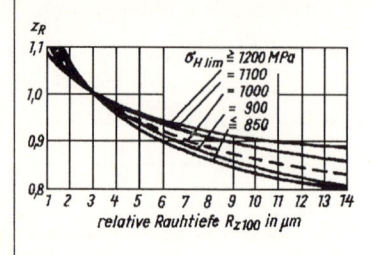

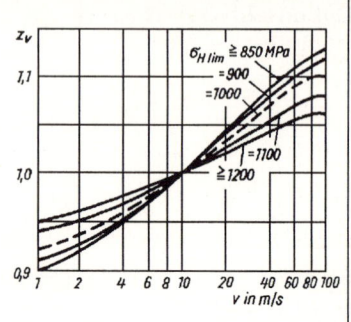

16 Geradkegelradgetriebe

16.1 Verzahnungsgeometrie

Achsenwinkel

$$\sum = \delta_1 + \delta_2$$

Teilkegelwinkel

$$\tan \delta_1 = \frac{\sin \sum}{\dfrac{z_2}{z_1} + \cos \sum}$$

Äußerer Teilkreisdurchmesser

$$d_e = z m_e$$

m_e Normalmodul nach
▶ DIN 780

Mittlerer Teilkreisdurchmesser

$$d_m = d_e - b \sin \delta$$

Zahnbreite

$$b \leqq b_{\max} = \frac{R_e}{3}$$

Äußere Teilkegellänge

$$R_e = \frac{d_e}{2 \sin \delta}$$

Mittlerer Teilkreisdurchmesser des Ersatzstirnrades

$$d_{vm} = \frac{d_m}{\cos \delta}$$

Maschinenelemente
16 Geradkegelradgetriebe

Zähnezahl des Ersatzstirnrades

$$z_v = \frac{z}{\cos \delta}$$

Modul des Ersatzstirnrades

$$m_{vm} = m_m = \frac{d_{vm}}{z_v} = \frac{d_m}{z}$$

Kopfkreisdurchmesser

$d_{ae} = d_e + 2h_{ae} \cos \delta$

Äußere Zahnkopfhöhe

$h_{ae} = m_e$ \qquad für Nullverzahnung

Kopfwinkel

$\tan \vartheta_a = \dfrac{h_{ae}}{R_e}$

Kopfkegelwinkel

$\delta_a = \delta + \vartheta_a$

16.2 Kräfte am Kegelrad

Umfangskraft

$$F_{u1} = F_{u2} = F_u = \frac{2M_t}{d_m}$$

Normalkraft

$$F_{n1} = F_{n2} = F_n = \frac{F_u}{\cos \alpha}$$

Radialkraft

$F_{r1} = F_u \tan \alpha \cos \delta_1$
$F_{r2} = F_u \tan \alpha \cos \delta_2$

Axialkraft

$F_{a1} = F_u \tan \alpha \sin \delta_1$
$F_{a2} = F_u \tan \alpha \sin \delta_2$

16.3 Tragfähigkeit

Die Tragfähigkeitsberechnung erfolgt analog den Stirnrädern, wobei die Ersatz-Stirnräder zugrunde gelegt werden.

Energietechnik

1 Dampferzeuger

1.1 Vereinfachte Energiebilanz am Dampferzeuger

Dampferzeugerwirkungsgrad

$\eta_{DE}(\dot{m}_{Br}H_u + \dot{m}_L h_L) = \dot{m}_D(h_D - h_{Sp})$

$\dot{m}_{Sp} = \dot{m}_D$

$\eta_{DE} = \dfrac{\dot{m}_D(h_D - h_{Sp})}{\dot{m}_{Br}H_u + \dot{m}_L h_L}$

$\eta_{DE} = 0,85 \ldots 0,91$ für Braunkohle

$\phantom{\eta_{DE}} = 0,89 \ldots 0,93$ für Steinkohle

$\phantom{\eta_{DE}} = 0,92 \ldots 0,96$ für Heizöl und Erdgas

$\dot{m}_{Br}$	Brennstoffmassenstrom
H_u	Heizwert des Brennstoffs
$\dot{m}_L$	Luftmassenstrom
h_L	Enthalpie der Verbrennungsluft
$\dot{m}_D$	Dampfmassenstrom
h_D	Dampfenthalpie
$\dot{m}_{Sp}$	Speisewassermassenstrom
h_{Sp}	Enthalpie des Speisewassers
$\dot{m}_{RG}$	Rauchgasmassenstrom
h_{RG}	Rauchgasenthalpie
$\dot{m}_A$	Aschemassenstrom
h_A	Enthalpie der Asche

Wärmeleistung des Dampferzeugers (mit Brennstoff zugeführt)

$Q_{th,DE} = \dot{m}_{Br} H_u$

1.2 Feuerungssysteme für feste Brennstoffe

Der geforderte Dampfmassenstrom $\dot{m}_D$ und der maximale Dampfdruck p_D bestimmen die Feuerungsart.

Energietechnik

1 Dampferzeuger

Charakteristische Parameter der am häufigsten ausgeführten Feuerungssysteme für feste Brennstoffe

Feuerungsart für feste Brennstoffe	Rostfeuerung	Stationäre Wirbelschichtfeuerung
Querschnittsbelastung in MW/m^2	$0,8 \ldots 1,4$	$1 \ldots 2$
Gasgeschwindigkeit in m/s	< 2	$1,5 \ldots 2,5$
Aschegehalt der Kohle/Trockensubstanz	$\leq 0,15$	$\leq 0,30$
Schichthöhe in m	$0,15 \ldots 0,40$	$1,0 \ldots 1,5$
BK-Temperatur in °C	$1200 \ldots 1400$	$800 \ldots 900$
Thermische Leistung in MW	< 100	< 100
Umweltschutz	zusätzliche Rauchgasreinigung	integriert in WSF
Kohlequalität	grobkörnig, kein hoher Feinkornanteil	aschereiche Kohle, zündunwillig
Körnung in mm	$15 \ldots 40$ mm max. 25 % Feinkornanteil	1 mm max. 10 mm
Rauchgasreinigung	Rauchgasreinigungsanlage	integriert in den Verbrennungsprozeß

Energietechnik
1 Dampferzeuger

Charakteristische Parameter der am häufigsten ausgeführten Feuerungssysteme für feste Brennstoffe

Feuerungsart für feste Brennstoffe	Zirkulierende Wirbelschichtfeuerung	Staubfeuerung
Querschnittsbelastung in MW/m^2	4...6	3...8
Gasgeschwindigkeit in m/s	4...7	5
Aschegehalt der Kohle/ Trockensubstanz	$\leq 0,30$	$\leq 0,30$
Schichthöhe in m	0,3...1,0	–
BK-Temperatur in °C	800...950	1200...1400
Thermische Leistung in MW	400	2000
Umweltschutz	integriert in WSF	zusätzliche Rauchgasreinigung
Kohlequalität	aschereiche Kohle, zündunwillig	nicht zu hoher Ascheanteil, Aufbereitung durch Mahlen
Körnung in mm	0,1...5 mm	0,06...0,10 mm
Rauchgasreinigung	integriert in den Verbrennungsprozeß	Rauchgasreinigungsanlage

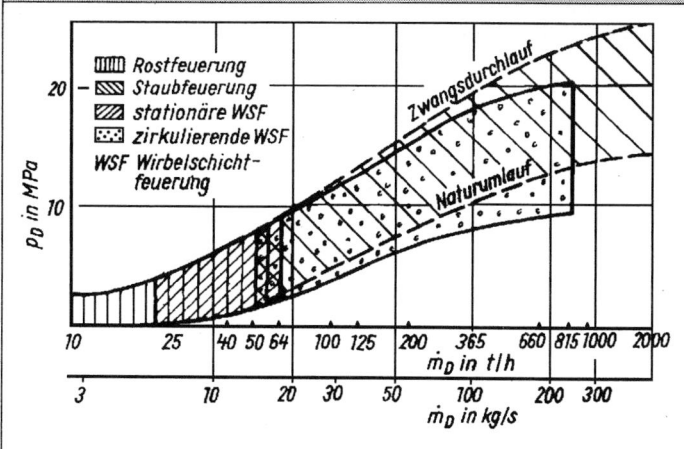

1.3 Dimensionierung der Brennkammer von Dampferzeugern

Die Brennkammer-Auslegung ist ein Optimierungsproblem unter Berücksichtigung der Einflußfaktoren

- Wärmeleistung
- Brenneranordnung
- Brennkammergeometrie
- Aerodynamik der Strömung
- Heizflächengestaltung der Brennkammerwände
- Wärmeübertragung von Rauchgas an die Heizflächen
- Brennstoffeigenschaften, insbesondere Verschlackungsneigung

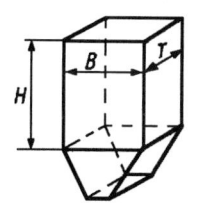

Grobdimensionierung mit Hilfe von Kennziffern

Brennkammer-Querschnittsbelastung

$$q_A = \frac{\dot{Q}_{\text{th,DE}}}{A_{\text{BK}}}$$

Brennkammerquerschnitt

$$A_{\text{BK}} = BT$$

Energietechnik
1 Dampferzeuger

Brennkammer-Volumenbelastung

$$q_V = \frac{Q_{\text{th,DE}}}{V_{\text{BK}}}$$

Brennkammervolumen

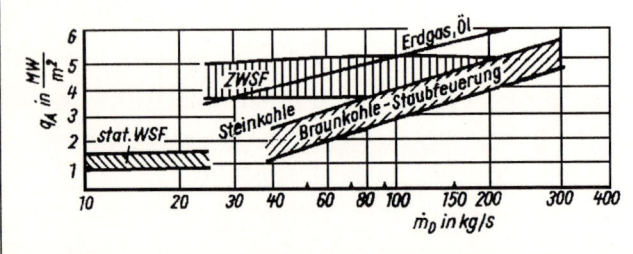

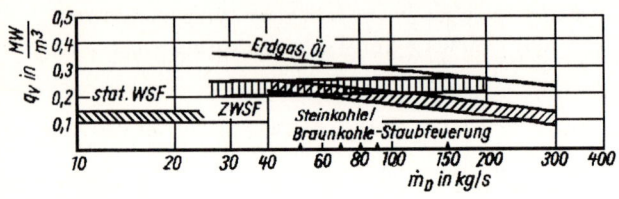

$$V_{\text{BK}} = A_{\text{BK}} H$$

1.4 Energieumwandlung im Feuerraum des Dampferzeugers

Verbrennung unterschiedlicher Brennstoffe

Luftmassenstrom zur Verbrennung des aus der Energiebilanz bestimmten Brennstoffmassenstroms $\dot{m}_{\text{Br}}$

$$\dot{m}_L = n \mu_{\text{L,feucht,min}} \dot{m}_{\text{Br}}$$

Luftverhältnis

$$n = \frac{\text{tatsächlich zugeführter Luftmassenstrom}}{\text{theoretisch benötigter Luftmassenstrom}}$$

Empfohlene Werte für n

Feuerungsart	Brennstoff	n
Kohlefeuerung	Braunkohle	$1,2 \ldots 1,4$
Ölfeuerung	Schweröl	$1,05 \ldots 1,2$
Gasfeuerung	Erdgas	$1,05 \ldots 1,1$

Energietechnik
1 Dampferzeuger

$\mu_{L,feucht,min}$ für die Verbrennung theoretisch benötigte Luftmenge pro kg Brennstoff (stöchiometrischer spezifischer Luftbedarf), ergibt sich nach der Elementaranalyse des Brennstoffs aus der stöchiometrischen Verbrennungsgleichung

$\gamma_C + \gamma_H + \gamma_S + \gamma_O + \gamma_N + \gamma_W + \gamma_A = 1$ $\quad \gamma_i$ Elementarbestandteile in festem oder flüssigem Brennstoff in kg/kg Br

Indizes:
C Kohlenstoff
H Wasserstoff
S Schwefel
O Sauerstoff
N Stickstoff
W Wasser
A Asche

Theoretischer spezifischer Sauerstoffbedarf für Verbrennung

$\mu_{O_2,min} = 2,668\gamma_C + 7,9365\gamma_H + 0,998\gamma_S - \gamma_O$ $\quad \mu_{O_2,min}$ in kg O_2/kg Br

Theoretischer spezifischer Luftbedarf ($n = 1$) für Verbrennung

$\mu_{L,trocken,min} = \dfrac{1}{0,2321}\mu_{O_2,min}$ $\quad \mu_{L,min}$ in kg L/kg Br

$\mu_{L,feucht,min} = \mu_{L,trocken,min}(1 + x_{L,H_2O})$ $\quad x_{L,H_2O}$ Luftfeuchtigkeit in kg H_2O/kg L

Rauchgasmassenstrom und -zusammensetzung

Spezifischer Rauchgasmassenstrom aus Verbrennung

$\mu_{RG,feucht} = \mu_{L,feucht} + 1 - \gamma_A = n\mu_{L,feucht,min} + 1 - \gamma_A$

Rauchgasmassenstrom im Dampferzeuger

$\dot{m}_{RG,feucht} = \dot{m}_{Br}\mu_{RG,feucht}$

Rauchgasbestandteile für verschiedene Brennstoffe

Brennstoff	Luftverhältnis	Bestandteile des feuchten Rauchgases in Vol.-%					
		CO_2	H_2O	O_2	N_2	NO_2	SO_2
Braunkohle	1,3	11,6	18,9	4,0	65,3	0,05	0,35
Steinkohle	1,3	14,1	3,8	4,7	77,3	0,2	0,15
Heizöl	1,1	12,9	10,2	1,8	75,0	0,1	0,10
Erdgas	1,1	8,8	17,1	1,7	72,1	0,07	–

Energietechnik
1 Dampferzeuger

Verbrennungstechnische Daten für feste, flüssige und gasförmige Brennstoffe

Brennstoff	Rohzusammensetzung in %							Heizwert H_u in kJ/kg	$\mu_{L,feucht,min}$ in m³/kg[1]	$\mu_{RG,feucht}$ in m³/kg[1]
	C	H	O	N	S_C	A	W			
Steinkohle	73…83	3,4…5,3	1,8…6,5	1,1	0,9	4…7	3…5	30.000…33.000	7,7…8,3	8,2…8,6
Rohbraunkohle (Lausitz)	26,6	2,4	12,4	0,4	0,2	3	55	9.600	2,6	3,5
B-Brikett (Lausitz)	54	4	21	0,7	0,35	6	14	20.000	5,2	5,7
Holz (luftgetrocknet)	44	5	35	0,5	–	0,5	15	15.490	4,1	4,8
Heizöl (s)								39.700	10,6	11,4
Erdgas (trocken)								33.500	$8,9 \; \dfrac{\text{m}^3 \text{ Luft}^{[1]}}{\text{m}^3 \text{ Gas}}$	$9,9 \; \dfrac{\text{m}^3 \text{ Luft}^{[1]}}{\text{m}^3 \text{ Gas}}$

[1] im Normzustand des Stoffes bei $T_n = 273{,}15$ K und $p_n = 101325$ Pa

2 Dampfturbinen

2.1 Energieumwandlung in der Turbinenstufe (Mittelschnittrechnung)

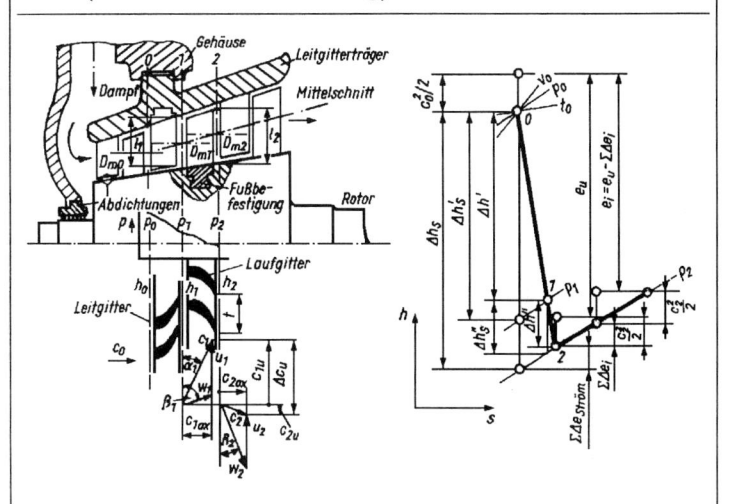

Strömungsgeschwindigkeiten

Leitgitter-Austrittsgeschwindigkeit (Absolutgeschwindigkeit in Ebene 1), Energiegleichung für Ebenen 0 und 1

$$c_1 = \sqrt{2(h_0 - h_1) + c_0^2}$$
$$= \sqrt{2\Delta h' + c_0^2}$$
$$= \sqrt{\eta'}\sqrt{2\Delta h'_s + c_0^2}$$

Δh_s isentrope spezifische Enthalpiedifferenz des Leitgitters
$\Delta h'$ verlustbehaftete spezifische Enthalpiedifferenz des Leitgitters
η' Leitgitterwirkungsgrad
c_0 Leitgitter-Eintrittsgeschwindigkeit, Zuströmgeschwindigkeit

Laufgitter-Eintrittsgeschwindigkeit (Relativgeschwindigkeit in Ebene 1)

$$w_1 = \sqrt{w_{1\mathrm{ax}}^2 + w_{1\mathrm{u}}^2} = \sqrt{c_{1\mathrm{ax}}^2 + (c_{1\mathrm{u}} - u_1)^2}$$
$$= \sqrt{c_1^2 \sin^2 \alpha_1 + (c_1 \cos \alpha_1 - u_1)^2}$$

Energietechnik
2 Dampfturbinen

Index ax Axialkomponente der Geschwindigkeit
Index u Umfangskomponente der Geschwindigkeit
$u_1 = D_{m1}\pi n$ Umfangsgeschwindigkeit am Laufgittereintritt
n Turbinendrehzahl
α_1 Leitgitter-Austrittswinkel (gewählt: $\alpha_1 = 14\ldots28°$)

Laufgitter-Austrittsgeschwindigkeit (Relativgeschwindigkeit in Ebene 2), Energiegleichung für Ebenen 1 und 2

$$w_2 = \sqrt{2(h_1 - h_2) + w_1^2 + u_2^2 - u_1^2}$$
$$= \sqrt{2\Delta h'' + w_1^2 + u_2^2 - u_1^2}$$
$$= \sqrt{\eta''}\sqrt{2\Delta h_s'' + w_1^2 + u_2^2 - u_1^2}$$

$\Delta h_s''$ isentrope spezifische Enthalpiedifferenz des Laufgitters
$\Delta h''$ verlustbehaftete spezifische Enthalpiedifferenz des Laufgitters
η'' Laufgitterwirkungsgrad
$u_2 = D_{m2}\pi n$ Umfangsgeschwindigkeit am Laufgitteraustritt

Stufen-Austrittsgeschwindigkeit (Absolutgeschwindigkeit in Ebene 2)

$$c_2 = \sqrt{c_{2\mathrm{ax}}^2 + c_{2u}^2}$$
$$= \sqrt{w_{2\mathrm{ax}}^2 + (u_2 - w_{2u})^2}$$
$$= \sqrt{w_2^2 \sin^2\beta_2 + (u_2 - w_2 \cos\beta_2)^2}$$
$$\sin\beta_2 = \sin\alpha_1 \frac{\dot{m}_2 v_2 c_1 D_{m1} l_1}{\dot{m}_1 v_1 w_2 D_{m2} l_2}$$

β_2 Laufgitter-Austrittswinkel aus Kontinuitätsgleichung
$\dot{m}_{1,2}$ Massenstrom am Leitgitter- bzw. Laufgitteraustritt
$v_{1,2}$ spezifisches Dampfvolumen am Leitgitter- bzw. Laufgitteraustritt
$D_{m1,2}$ mittlerer Stufendurchmesser am Leitgitter- bzw. Laufgitteraustritt
$l_{1,2}$ Schaufellänge am Leitgitter- bzw. Laufgitteraustritt

Energietechnik
2 Dampfturbinen

Energieumwandlungsverluste

$\eta' \approx \eta'' \approx 0,92\ldots 0,94$	η', η'' Leit($'$)- bzw. Laufgitterwirkungsgrad($''$) zur Berücksichtigung der Strömungsverluste
$\Delta e_{\text{Sp}} = \zeta_{\text{Sp}} \Delta h_{\text{sSt}}$	Δe_{Sp} Spaltverluste durch Spaltströmung
	Δh_{sSt} isentrope Enthalpiedifferenz der Stufe
$\zeta_{\text{Sp}} \lesssim 0,045$	ζ_{Sp} Spaltverlustbeiwert
$\Delta e_{\text{Rad}} = \zeta_{\text{Rad}} \Delta h_{\text{sSt}}$	Δe_{Rad} Radreibungsverluste
$\zeta_{\text{Rad}} < 0,005$	ζ_{Rad} Radreibungsverlustbeiwert
$\Delta e_{\text{V}} = \zeta_{\text{V}} \Delta h_{\text{sSt}}$	Δe_{V} Ventilationsverluste bei teilbeaufschlagten Stufen
$\zeta_{\text{V}} \lesssim 0,02$ bei $\varepsilon \approx 0,7\ldots 0,8$	ζ_{V} Ventilationsverlustbeiwert
$\varepsilon = \dfrac{\text{Beaufschlagter Umfang des Leitgitterkranzes}}{\text{Gesamtumfang des Leitgitterkranzes}}$	ε Beaufschlagungsgrad
$\Delta e_{\text{F}} = \zeta_{\text{F}} \Delta h_{\text{sSt}}$	Δe_{F} Feuchteverluste in Naßdampfstufen
$\zeta_{\text{F}} \lesssim 0,08$	ζ_{F} Feuchteverlustbeiwert

Spezifische Arbeit, Leistung und Wirkungsgrad

$\begin{aligned} e_{\text{u}} &= \Delta h' + \Delta h'' + \dfrac{c_0^2}{2} - \dfrac{c_2^2}{2} \\ &= u_1 c_1 \cos\alpha_1 - u_2 c_2 \cos\alpha_2 \\ &= u_1 c_{1\text{u}} - u_2 c_{2\text{u}} \end{aligned}$	e_{u} spezifische Umfangsarbeit (Arbeit am Radumfang) der Turbinenstufe (nur Strömungsverluste berücksichtigt)
$\begin{aligned} e_{\text{i}} &= \\ & e_{\text{u}} - (\Delta e_{\text{Sp}} + \Delta e_{\text{Rad}} + \Delta e_{\text{V}} + \Delta e_{\text{F}}) \\ &= e_{\text{u}} - \sum \Delta e_{\text{i}} \end{aligned}$	e_{i} spezifische innere Arbeit der Turbinenstufe (sämtliche Verluste berücksichtigt)
$P_{\text{uSt}} = \dot{m} e_{\text{u}}$	P_{uSt} Umfangsleistung der Stufe
	$\dot{m}$ Massenstrom am Stufeneintritt
$P_{\text{iSt}} = \dot{m} e_{\text{i}}$	P_{iSt} innere Leistung der Stufe

Energietechnik
2 Dampfturbinen

$$\eta_u = \frac{e_u}{\Delta h_{sSt} + \frac{c_0^2}{2} - \frac{c_2^2}{2}}$$

η_u Umfangswirkungsgrad der Stufe bei Nutzung der Abströmenergie $c_2^2/2$ in der folgenden Stufe (erste und mittlere Stufen einer Stufengruppe)

$$\eta_u^* = \frac{e_u}{\Delta h_{sSt} + \frac{c_0^2}{2}}$$

η_u^* Umfangswirkungsgrad der Stufe ohne Nutzungsmöglichkeit der Abströmenergie (Endstufe einer Stufengruppe oder Einzelstufe)

$$\eta_i = \frac{e_i}{\Delta h_{sSt} + \frac{c_0^2}{2} - \frac{c_2^2}{2}}$$

η_i innerer Wirkungsgrad bei Nutzung von $c_2^2/2$ in der folgenden Stufe

$$\eta_i^* = \frac{e_i}{\Delta h_{sSt} + \frac{c_0^2}{2}}$$

η_i^* innerer Wirkungsgrad ohne Nutzung von $c_2^2/2$ in der folgenden Stufe

Kriterium für günstige Energieumwandlung

Laufzahl der Stufe

$$\frac{u_2}{c_\Delta} = \frac{u_2}{\sqrt{2\Delta h_{sSt}}} = \frac{1}{\sqrt{\psi}} = 0,4\ldots 0,7$$

c_Δ theoretisch erreichbare Strömungsgeschwindigkeit bei verlustloser Umwandlung der isentropen Enthalpiedifferenz der Stufe Δh_{sSt}

Energieübertragungs- bzw. Druckzahl der Stufe

$$\Psi = \frac{2\Delta h_{sSt}}{u_2^2} = \frac{1}{(u_2/c_\Delta)^2} = 2\ldots 7$$

Hauptabmessungen D_m und l

Aus Kontinuitätsgleichung $\dot V = \dot m v = D_m \pi l c_{ax}$ folgt für

Leitgitteraustritt (Ebene 1): $\quad \dot m_1 v_1 = D_{m1}\pi l_1 c_1 \sin\alpha_1$
Laufgitteraustritt (Ebene 2): $\quad \dot m_2 v_2 = D_{m2}\pi l_2 w_2 \sin\beta_2$

Einfluß der Hauptabmessungen auf Energieumwandlung in der Stufe:

$$\lambda = \frac{D_m}{l} > 8\ldots 10$$

Mittelschnittrechnung ist repräsentativ für Energieumwandlung über gesamter Schaufellänge der Stufe

$\lambda < 8\ldots10$ Mehrschnittrechnung (z. B. im Innen-, Mittel- und Außenschnitt) ist wegen der starken Änderung der Fluidparameter und der Umfangsgeschwindigkeit über der Schaufellänge erforderlich

2.2 Kennwerte der Dampfturbine

Leistungen und Wirkungsgrade

Innere Turbinenleistung

$$P_{iT} = \sum P_{iSt}$$

$$P_{iT} = \eta_{iHD}\dot{m}_{HD}\Delta h_{sHD} \\ + \eta_{iMD}\dot{m}_{MD}\Delta h_{sMD} \\ + \eta_{iND}\dot{m}_{ND}\Delta h_{sND}$$

Index HD,MD,ND Hochdruck-, Mitteldruck-, Niederdruckteil der Turbine

$\dot{m}_{HD,MD,ND}$ unterschiedliche mittlere Dampfmassenströme in HD-, MD- und ND-Teil unter Berücksichtigung der Entnahme von Anzapfdampf zur regenerativen Speisewasservorwärmung oder für Heiz- und Produktionszwecke

Effektive Turbinenleistung (Kupplungsleistung)

$$P_{eT} = P_{iT} - P_{verl} = \eta_m P_{iT}$$

P_{verl} Leistungsverlust durch Lagerreibung, Antrieb von Ölpumpen, Reglern u. a.

η_m mechanischer Wirkungsgrad

Leistung an Generatorklemmen (Klemmenleistung) bei Kraftwerksturbinen

$$P_{Kl} = \eta_{el} P_{eT}$$

η_{el} Generatorwirkungsgrad

Innerer Turbinenwirkungsgrad

$$\eta_{iT} = \frac{\sum P_{iSt}}{\sum(\dot{m}_{St}\Delta h_{sSt})} \approx \frac{P_{iT}}{\sum(\dot{m}\Delta h_s)_{HD,MD,ND}}$$

Energietechnik
2 Dampfturbinen

Übliche Dampfeintrittsparameter

$p_E/t_E = 24(30)$ MPa$/560\ldots 600\,°C$ für überkritische Heißdampfturbosätze

$p_E/t_E = 18$ MPa$/530\ldots 540\,°C$ für unterkritische Heißdampfturbosätze

$p_E/x_E = 4\ldots 7$ MPa$/\approx 1{,}0$ kg/kg   für Sattdampfturbosätze (x = Dampfmassenanteil im Naßdampf)

Übliche Abdampfdrücke

$p_A = 0{,}04\ldots 0{,}2$ MPa   für Gegendruckturbinen mit Nutzung des gesamten Abdampfes als Heiz- oder Prozeßdampf

$p_A \approx 3{,}5$ kPa   für Kondensationsturbinen mit Frischwasserkühlung

$p_A \approx 7$ kPa   für Kondensationsturbinen mit nasser Rückkühlung (Verdunstungskühlturm)

$p_A \approx 9\ldots 12$ kPa   für Kondensationsturbinen mit Luftkühlung (Trockenkühlturm)

Änderung des spezifischen Dampfvolumens zwischen Turbineneintritt und -austritt

$\dfrac{v_{AND}}{v_{EHD}} = 4:1\ldots 60:1$ bei Gegendruckturbinen

$\phantom{\dfrac{v_{AND}}{v_{EHD}}} = 300:1\ldots 1100:1$ bei Sattdampf-Kondensationsturbinen

$\phantom{\dfrac{v_{AND}}{v_{EHD}}} = 900:1\ldots 2500:1$ bei Heißdampf-Kondensationsturbinen

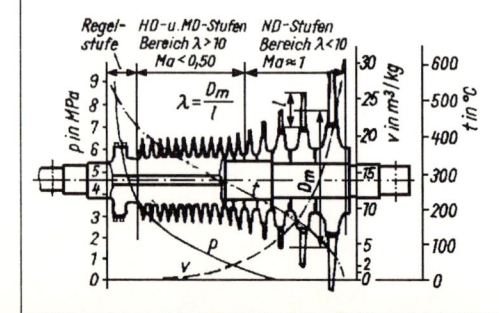

2.3 Kennwerte des Dampfturbinen-Kraftwerksblockes

Kraftwerksblock:

Einheit von Dampferzeuger, Turbosatz (Turbine mit Generator), Kondensator, Speisewasservorwärmer und Hilfsaggregaten

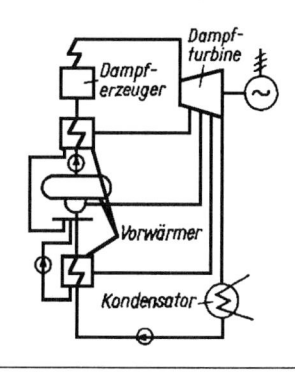

Wirkungsgrade

Bruttowirkungsgrad des Kraftwerksblockes

$\eta_{\text{brutto}} = \eta_{\text{ges}} = \eta_{\text{Kl}}$
$= \dfrac{P_{\text{Kl}}}{Q_{\text{zu}}} \approx 0,34 \ldots 0,44$

$Q_{\text{zu}} = B H_{\text{u}}$ bei konventionellen Kraftwerksblöcken
(B Brennstoffmassenstrom oder -volumenstrom, H_{u} Heizwert des fossilen Brennstoffs)

Q_{zu} im Kernreaktor entstehende und im nuklearen Dampferzeuger übertragene Wärme bei Kernkraftwerksblöcken

Nettowirkungsgrad des Kraftwerksblockes

$\eta_{\text{netto}} = \eta_{\text{brutto}} \eta_{\text{Eig}} \approx 0,32 \ldots 0,40$
$= \underbrace{\underbrace{\eta_{\text{C}} \eta_{\text{g}}}_{\eta_{\text{th}}} \eta_{\text{K}} \eta_{\text{iT}} \eta_{\text{m}} \eta_{\text{V}} \eta_{\text{el}}}_{\eta_{\text{brutto}}} \eta_{\text{Eig}}$

Richtwerte:

$\eta_{\text{C}} \approx 0,60$ bei Heißdampfprozeß
$\eta_{\text{C}} \approx 0,46 \ldots 0,47$ bei Sattdampfprozeß

η_{C} Carnot-Wirkungsgrad

$\eta_\text{g} \approx 0{,}80$ bei Heißdampfprozeß
$\eta_\text{g} \approx 0{,}90$ bei Sattdampfprozeß

$\eta_\text{th} = \dfrac{Q_\text{zu} - Q_\text{ab}}{Q_\text{zu}} \approx 0{,}50$

$\eta_\text{K} \approx 0{,}85 \ldots 0{,}90$ bei konventionellen KW-Blöcken
$\eta_\text{K} \approx 1{,}0$ bei nuklearen KW-Blöcken

$\eta_\text{iT} \approx 0{,}86 \ldots 0{,}88$

$\eta_\text{m} \approx 0{,}995$

$\eta_\text{V} \approx 0{,}99$

$\eta_\text{el} \approx 0{,}98$

$\eta_\text{Eig} \approx 0{,}92 \ldots 0{,}94$

η_g Gütegrad (Annäherung an Carnot-Prozeß)

η_th thermischer Prozeßwirkungsgrad

η_K Dampferzeugerwirkungsgrad

η_iT innerer Turbinenwirkungsgrad

η_m mechanischer Turbosatzwirkungsgrad

η_V Wirkungsgrad zur Berücksichtigung der Strömungs- und Wärmeverluste in Rohrleitungen

η_el Generatorwirkungsgrad

η_Eig Wirkungsgrad zur Berücksichtigung des Eigenbedarfs des Kraftwerksblockes

---

Spezifischer Wärmeverbrauch

$w_\text{eB} = \dfrac{B H_\text{u}}{P_\text{Kl}} = \dfrac{1}{\eta_\text{brutto}}$ in $\dfrac{\text{kJ}}{\text{kWs}}$

$\phantom{w_\text{eB}} = \dfrac{3600}{\eta_\text{brutto}}$ in $\dfrac{\text{kJ}}{\text{kWh}}$

$w_\text{eN} = \dfrac{1}{\eta_\text{netto}} = \dfrac{1}{\eta_\text{brutto}\eta_\text{Eig}}$

w_eB spezifischer Bruttowärmeverbrauch des Kraftwerkblockes

w_eN spezifischer Nettowärmeverbrauch des Kraftwerksblockes

---

3 Gasturbinen- und Gas-Dampf-Anlagen

3.1 Aufbau einer Gasturbinenanlage (GTA)

Einheit von Luftverdichter, Brennkammer, Gasturbine, Starteinrichtung (z. B. Anwurfmotor), Generator, Hilfs- und Nebenanlagen (Ansaug-, Abgas-, Brennstoffaufbereitungssystem)

Energietechnik
3 Gasturbinen- und Gas-Dampf-Anlagen

Offene Gasturbinenanlage: Luftansaugung aus Atmosphäre, Abgasabführung an Atmosphäre

Geschlossene Gasturbinenanlage: geschlossener Fluidkreislauf ohne Brennkammer, Wärmezu- und -abführung über Wärmeübertrager

3.2 Kennwerte des Gasturbinenprozesses

Spezifische Kreisprozeßarbeit

$$e = \frac{P}{\dot{m}} = \Delta h_T - \Delta h_V = f(\pi_V, T_3) \qquad \pi_V = p_2/p_1$$

Nutzleistung der Gasturbine

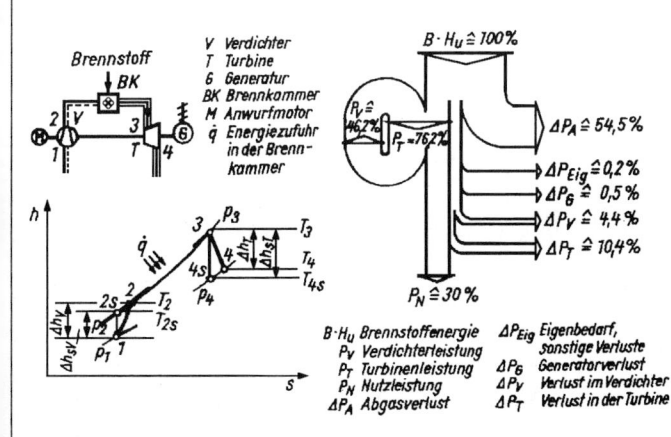

$$P_N = P_T - P_V = \eta_m \eta_{iT} \Delta h_{sT} \dot{m}_T - \frac{1}{\eta_m \eta_{iV}} \Delta h_{sV} \dot{m}_V$$

V Verdichter
T Turbine
G Generator
BK Brennkammer
M Anwurfmotor
$\dot{q}$ Energiezufuhr in der Brennkammer

$B \cdot H_U \cong 100\%$
$P_V \cong 46{,}2\%$
$P_T \cong 76{,}2\%$
$\Delta P_A \cong 54{,}5\%$
$\Delta P_{Eig} \cong 0{,}2\%$
$\Delta P_G \cong 0{,}5\%$
$\Delta P_V \cong 4{,}4\%$
$\Delta P_T \cong 10{,}4\%$
$P_N \cong 30\%$

$B \cdot H_U$ Brennstoffenergie
P_V Verdichterleistung
P_T Turbinenleistung
P_N Nutzleistung
ΔP_A Abgasverlust
ΔP_{Eig} Eigenbedarf, sonstige Verluste
ΔP_G Generatorverlust
ΔP_V Verlust im Verdichter
ΔP_T Verlust in der Turbine

Wirkungsgrad des realen Joule-Prozesses

$$\eta_J = \frac{\eta_{iT} \Delta h_{sT} - \dfrac{1}{\eta_{iV}} \Delta h_{sV}}{h_3 - h_2} = f(\pi_V, T_3)$$

Energietechnik
3 Gasturbinen- und Gas-Dampf-Anlagen

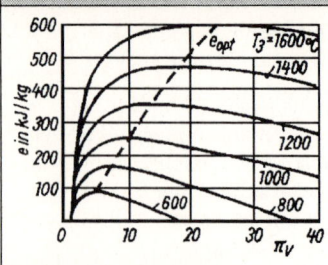

innerer Verdichterwirkungsgrad $\eta_{iV} = 0{,}85$
innerer Turbinenwirkungsgrad $\eta_{iT} = 0{,}88$

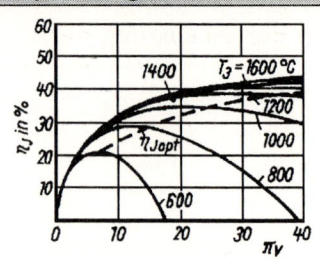

π_V Verdichterdruckverhältnis
T_3 Temperatur am Turbineneintritt

Effektiver Prozeßwirkungsgrad

$$\eta_e = \frac{\text{Nutzleistung der GTA}}{\text{in BK zugef. Wärmeleistung}}$$

$$= \frac{P_N}{P_{BK}} = \frac{P_T - P_V}{P_{BK}}$$

$$= \eta_m \eta_A \frac{\eta_{iT}\Delta h_{sT}\dot m_T - \dfrac{1}{\eta_{iV}}\Delta h_{sV}\dot m_V}{(h_3 - h_2)\dot m_{BK}}$$

$$= \eta_m \eta_A \eta_J \eta_L$$

$\dot m_{T,V}$ Massenstrom durch Turbine bzw. Verdichter
η_m mechanischer Wirkungsgrad
η_A Ausbrandwirkungsgrad der Brennkammer
η_L Wirkungsgrad zur Berücksichtigung der Kühlluft- und Leckverluste

Innerer Turbinenwirkungsgrad

$$\eta_{iT} = \frac{h_3 - h_4}{h_3 - h_{4s}}$$

Innerer Verdichterwirkungsgrad

$$\eta_{iV} = \frac{h_{2s} - h_1}{h_2 - h_1}$$

3.3 Zur Auslegung des Verdichters

Es gelten prinzipiell die Gln. des Abschnitts Turboverdichter. Für GTA werden meist Axialverdichter (großes $\dot m$ bzw. $\dot V$) ausgeführt.

Für Verdichtergitter (Ablösegefahr bei verzögerter Strömung) ist zu beachten:

$w_2/w_1 \geqq 0{,}70 \ldots 0{,}75$

$\pi_{StV} \approx 1{,}1 \ldots 1{,}3 \to$

$z_{StV} = \dfrac{\pi_V}{\pi_{StV}} > z_{StT} = \dfrac{\pi_T}{\pi_{StT}}$

$w_{1,2}$ Relativgeschwindigkeit am Ein- bzw. Austritt des Laufgitters

$\pi_{StV,T}$ Druckverhältnis einer Verdichter- bzw. Turbinenstufe ($\pi_{StT} > \pi_{StV}$ wegen beschleunigter Strömung bei Entspannung)

$z_{StV,T}$ Stufenzahl des Verdichters bzw. der Turbine

Energietechnik
3 Gasturbinen- und Gas-Dampf-Anlagen

3.4 Zur Auslegung der Gasturbine

Es gelten prinzipiell die Gleichungen des Abschnitts Dampfturbinen.

$\dot{m}_T = \dot{m}_V + \dot{m}_B - \dot{m}_K$

- $\dot{m}_B$ Brennstoffmassenstrom
- $\dot{m}_K$ Kühl- und Sperrluftmassenstrom (Bauteilkühlung)
- $\dot{m}_{T,V}$ Massenstrom durch Turbine bzw. Verdichter

$P_T = P_N + P_V \gg P_N$

$P_V \approx \dfrac{2}{3} P_T, \quad P_N \approx \dfrac{1}{3} P_T$

- $P_{T,V}$ Turbinen- bzw. Verdichterleistung
- P_N Nutzleistung der GTA

3.5 Zur Auslegung der Brennkammer

Ausbrandwirkungsgrad

$$\eta_A = \frac{\text{in BK an Fluid übertragene Wärme}}{\text{im Brennstoff zugeführte Energie}}$$

$$= \frac{T_3 - T_2}{T_{3,\text{theor}} - T_2} \approx 0{,}96 \ldots 0{,}98$$

Brennraumbelastung

$q = \dfrac{\dot{m}_B H_u}{V_{BK} p_{BK}}$

- H_u Heizwert des Brennstoffs
- V_{BK} Brennkammervolumen
- p_{BK} Druck in Brennkammer

$q \leqq 10^9 \dfrac{\text{kJ}}{\text{m}^3 \text{ h MPa}}$ für stationäre GTA

$\quad \leqq 4 \cdot 10^9 \dfrac{\text{kJ}}{\text{m}^3 \text{ h MPa}}$ für Flugtriebwerke

3.6 Koppelung von Gas- und Dampfturbinenprozessen

Mögliche Koppelungsarten

Nutzung der Abwärme des GT-Prozesses durch Nachschalten eines DT-Prozesses (GUD-Anlage) oder unterschiedliche Verkettung von GT- und DT-Prozeß (Kombinierte Gas-Dampf-Anlage)

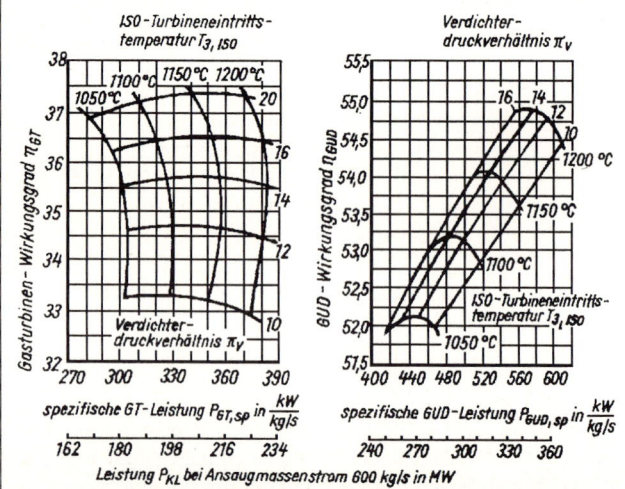

Energietechnik
3 Gasturbinen- und Gas-Dampf-Anlagen

GUD-Anlage mit Abwärmedampferzeuger und nachgeschalteter Dampfturbinenanlage (DTA)

Kombinierte Gas-Dampf-Anlage mit aufgeladenem Dampferzeuger

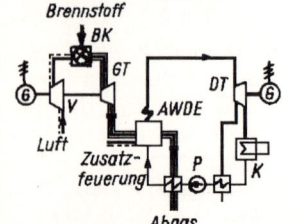

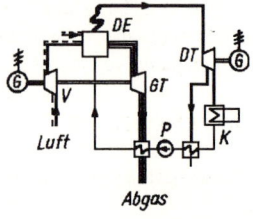

GT Gasturbine
DT Dampfturbine
V Verdichter
G Generator
AWDE Abwärmedampferzeuger
DE aufgeladener Dampferzeuger
BK Brennkammer
P Speisewasserpumpe
K Kondensator

Vorteile der Koppelprozesse

- Kopplung von
  $T_{m,zu,GTA}(\gg T_{m,zu,DTA})$ und $T_{m,ab,DTA}(\ll T_{m,ab,GTA})$
  $T_{m,zu/ab}$ mittlere Temperatur der Wärmezu- oder -abführung

- $\eta_{e(GTA+DTA)} = \dfrac{P_{N,GTA} + P_{DTA}}{P_{BK}(+P_{DE})} > \eta_{e\,GTA}$

- $\dfrac{P_{N,GTA} + P_{DTA}}{\dot{m}_{GTA}} > \dfrac{P_{N,GTA}}{\dot{m}_{GTA}}$

Gasturbinen-Wirkungsgrad η_{GT} vs. spezifische GT-Leistung $P_{GT,sp}$ in $\frac{kW}{kg/s}$; ISO-Turbineneintrittstemperatur $T_{3,ISO}$ (1050 °C, 1100 °C, 1150 °C, 1200 °C); Verdichterdruckverhältnis π_V (10, 12, 14, 16, 20)

GUD-Wirkungsgrad η_{GUD} vs. spezifische GUD-Leistung $P_{GUD,sp}$ in $\frac{kW}{kg/s}$; Verdichterdruckverhältnis π_V (10, 12, 14, 16); ISO-Turbineneintrittstemperatur $T_{3,ISO}$ (1050 °C, 1100 °C, 1150 °C, 1200 °C)

Leistung P_{KL} bei Ansaugmassenstrom 600 kg/s in MW

ISO-Turbineneintrittstemperatur $T_{3,\text{ISO}}$:

Mittlere Temperatur des Heißgasmassenstroms und der Kühlluftmassenströme vor der Turbine, d. h. Annahme einer vollständigen Vermischung des gesamten verfügbaren Kühlluftmassenstroms und des Verbrennungsgases vor der Turbine

4 Wasserturbinen

4.1 Zur Auslegung der (stets einstufigen) Wasserturbinen

Geodätische Fallhöhe

H_{geo} in m

Nutzfallhöhe für Energieumwandlung in der Turbine

$$H_n = H_{\text{geo}} - \frac{c_A^2}{2}g - H_V$$
$$= 1 \dots 2000 \text{ m}$$

c_A Abströmgeschwindigkeit des Wassers am Stufenaustritt

H_V Verlustfallhöhe infolge Reibungsverlusten in der Wasserführung vor und hinter der Turbine

Theoretische Turbinenleistung

$$P_{\text{th}} = \dot{m}gH_n = \varrho\dot{V}gH_n$$

$\dot{m}$ Massenstrom durch die Turbine

$\dot{V}$ Volumenstrom durch die Turbine

ϱ Dichte des Wassers

$g = 9{,}81 \text{ m/s}^2$ Fallbeschleunigung

Erreichbare Turbinenleistung

$$P_T = \eta_T \varrho \dot{V} g H_n \leqq 750 \text{ MW}$$

Turbinenwirkungsgrad

$\eta_T = \eta_h \eta_v \eta_m$

Hydraulischer Wirkungsgrad

$$\eta_h = 1 - \frac{\sum H_{\text{vh}}}{H_n}$$

$\sum H_{\text{vh}}$ Summe der hydraulischen Verluste in der Turbine

Energietechnik
4 Wasserturbinen

Volumetrischer Wirkungsgrad

$\eta_v = 1 - \dfrac{\Delta \dot{V}}{\dot{V}}$

$\Delta \dot{V}$ Spaltverluste, nicht an der Energieumwandlung beteiligter Volumenstrom

Mechanischer Wirkungsgrad

$\eta_m = 1 - \dfrac{\Delta P}{P_{th}}$

ΔP mechanische Verlustleistung (Radseitenreibung, Lagerreibung)

Turbinendrehzahl bei Koppelung mit einem Drehstromgenerator

$n = \dfrac{f}{p} = 62,5 \ldots 1000 \text{ min}^{-1}$

(für $f = 50 \text{ s}^{-1}$)

f Netzfrequenz
$f = 50 \text{ s}^{-1}$, z. B. in Europa
$f = 60 \text{ s}^{-1}$, z. B. in USA
p Polpaarzahl des Generators

Spezifische Drehzahl

$n_q = n \dfrac{(\dot{V}/\dot{V}_M)^{\frac{1}{2}}}{(H_n/H_{nM})^{\frac{3}{4}}}$

Drehzahl, die einem dem realen Wasserturbinen-Laufrad geometrisch ähnlichen Modellrad entspricht, mit
$\dot{V}_M = 1 \text{ m}^3/\text{s}$ Volumenstrom einer definierten Modellturbine
$H_{nM} = 1 \text{ m}$ Fallhöhe einer definierten Modellturbine

---

4.2 Charakteristische Parameter der Wasserturbinen

Einteilung der Wasserturbinen nach spezifischer Drehzahl n_q

$n_q \leq 30 \text{ min}^{-1}$ Langsamläufer

$30 < n_q \leq 70 \text{ min}^{-1}$ Normalläufer

$n_q > 70 \text{ min}^{-1}$ Schnellläufer

Energietechnik
4 Wasserturbinen

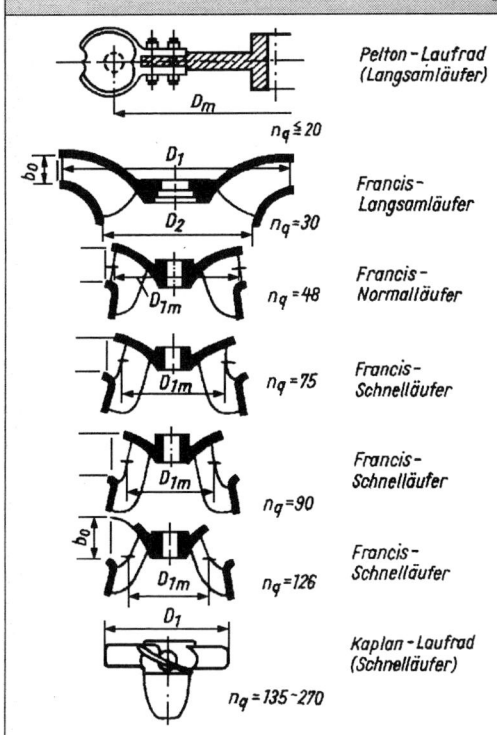

Pelton-Laufrad (Langsamläufer)
D_m
$n_q \leqq 20$

Francis-Langsamläufer
b_0, D_1, D_2
$n_q = 30$

Francis-Normalläufer
D_{1m}
$n_q = 48$

Francis-Schnellläufer
D_{1m}
$n_q = 75$

Francis-Schnellläufer
D_{1m}
$n_q = 90$

Francis-Schnellläufer
b_0, D_{1m}
$n_q = 126$

Kaplan-Laufrad (Schnellläufer)
D_1
$n_q = 135 \sim 270$

Bauarten, Laufradformen und Einsatzbereiche

Pelton- oder Freistrahlturbine

Laufrad mit tangential beaufschlagten becherförmigen Schaufeln

$n_q \leqq 20 \text{ min}^{-1}$
$H_n = 50 \ldots 2000 \text{ m}$
$P_{max} \approx 300 \text{ MW}$

Francis-Turbine

Radial oder diagonal durchströmtes Laufrad

$n_q = 20 \ldots 130 \text{ min}^{-1}$
$H_n = 20 \ldots 700 \text{ m}$
$P_{max} \approx 750 \text{ MW}$

Energietechnik
5 Windturbinen

Kaplan-Turbine

Axial durchströmtes Laufrad
$n_q = 100 \ldots 270 \text{ min}^{-1}$
$H_n = 3 \ldots 80 \text{ m}$
$P_{max} \approx 200 \text{ MW}$

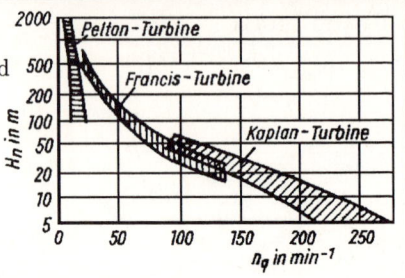

5 Windturbinen

5.1 Zur Auslegung der Windturbinen

Durch Energieumwandlung im Windrad erfolgen eine Änderung der Strömungsgeschwindigkeit und eine Aufweitung der Stromlinien.

Geschwindigkeitsabminderungsbeiwert

$\zeta = \dfrac{c_{ab}}{c_{zu}}$

c_{zu} Zuströmgeschwindigkeit zum Windrad
c_{ab} Abströmgeschwindigkeit weit hinter dem Windrad

Mittlere (axiale) Strömungsgeschwindigkeit in der Windradebene

$c_e = \dfrac{c_{zu} + c_{ab}}{2} = \dfrac{1+\zeta}{2} c_{zu}$

Im optimalen Fall gilt:

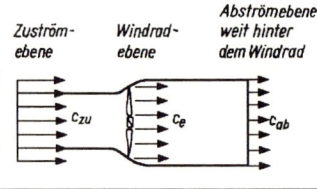

$\zeta_{opt} = \dfrac{1}{3} \rightarrow c_{ab} = \dfrac{1}{3} c_{zu}, \; c_e = \dfrac{2}{3} c_{zu}$

Schnellaufzahl

$\lambda = \dfrac{u}{c_{zu}}$

λ_A Auslegungswert, kennzeichnet den Maschinentyp

$\lambda_A < 2$ Langsamläufer
$\lambda_A \approx 2 \ldots 4$ Mittelschnellläufer
$\lambda_A > 4$ Schnellläufer

u Umfangsgeschwindigkeit am Außenradius des Windrades (Maximalwert $u_{max} \approx 100 \text{ m/s}$)

5 Windturbinen

Luftvolumenstrom durch die Windradfläche

$$\dot{V}_L = \frac{\dot{m}_L}{\varrho_L} = c_e A$$

$$= \frac{c_{zu} + c_{ab}}{2} A = \frac{1+\zeta}{2} c_{zu} A$$

$\dot{m}_L$ Luftmassenstrom durch die Windradfläche
ϱ_L Dichte der Luft

Durchströmte Windradfläche

$$A = \frac{\pi}{4} D^2$$

D Außendurchmesser des Windrades

Zuströmende Windleistung

$$P_W = \dot{m}_L \frac{c_{zu}^2}{2} = \varrho_L \dot{V}_L \frac{c_{zu}^2}{2}$$

$$= \frac{\varrho_L}{2} A c_{zu}^3$$

auf die Windradfläche zuströmende bzw. in der Zuströmebene vor dem Windrad anliegende Windleistung

Theoretische Windturbinenleistung

$$P_{T,th} = \dot{m}_L \frac{c_{zu}^2 - c_{ab}^2}{2}$$

$$= \varrho_L \dot{V}_L \frac{c_{zu}^2 - c_{ab}^2}{2}$$

$$= \varrho_L A c_e \frac{c_{zu}^2 - c_{ab}^2}{2}$$

$$= \varrho_L A \frac{c_{zu} + c_{ab}}{2} \frac{c_{zu}^2 - c_{ab}^2}{2}$$

$$= \frac{\varrho_L}{4} A c_{zu}^3 (1+\zeta)(1-\zeta^2)$$

$$= \frac{1}{2} P_W (1+\zeta)(1-\zeta^2)$$

aus der anliegenden Windleistung P_W theoretisch, d. h. reibungsfrei bzw. verlustlos, an das Windrad übertragbare Leistung unter Berücksichtigung der Abströmgeschwindigkeit $c_{ab} > 0$

Maximale theoretische Windturbinenleistung

$$P_{T,th,max} = \frac{1}{2} P_W (1+\zeta_{opt})(1-\zeta_{opt}^2) = \frac{16}{27} P_W = 0,593 P_W \text{ mit } \zeta_{opt} = \frac{1}{3}$$

Effektive Windturbinenleistung

$$P_T = \eta_e P_{T,th} = c_p P_W$$

η_e effektiver Wirkungsgrad der Windturbine ($\eta_e \approx 0,7\ldots 0,9$)

Energietechnik
5 Windturbinen

Leistungsbeiwert bzw. aerodynamischer Gesamtwirkungsgrad der Windturbine

$$c_P = \frac{P_T}{P_W}$$

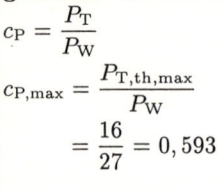

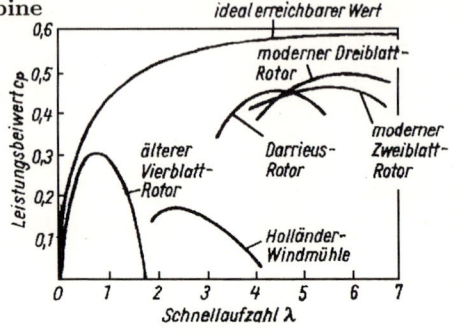

$$c_{P,max} = \frac{P_{T,th,max}}{P_W} = \frac{16}{27} = 0{,}593$$

Diagramm: Leistungsbeiwert c_P über Schnelllaufzahl λ für: idealer erreichbarer Wert, moderner Dreiblatt-Rotor, moderner Zweiblatt-Rotor, Darrieus-Rotor, älterer Vierblatt-Rotor, Holländer-Windmühle.

Mögliche Leistung $P_T = f(D, c_{zu})$ in kW bei $c_P = 0{,}40$

D in m	\multicolumn{6}{c}{Windgeschwindigkeit c_{zu} in m/s}					
	4	8	12	16	20	24
1	0,01	0,1	0,3	0,8	1,6	2,7
3	0,1	0,9	3,0	7,2	14,0	24,2
10	1,3	10,0	33,7	79,8	155,8	269,3
30	11,2	89,8	302,9	718,0	1402,0	2423,0
100	124,7	997,3	3366,0	7978,0	15582,0	26926,0

Achsschub (vom Wind auf Windrad ausgeübte Axialkraft)

$$F_{ax} = \dot{m}_L (c_{zu} - c_{ab}) = \varrho_L A c_e (c_{zu} - c_{ab})$$
$$= \frac{\varrho_L}{2} A (c_{zu}^2 - c_{ab}^2) = \frac{\varrho_L}{2} A c_{zu}^2 (1 - \zeta^2)$$

$$F_{ax,max} = \frac{\varrho_L}{2} A c_{zu}^2 \qquad F_{ax,max} \text{ maximal möglicher Achsschub bei } c_{ab} = 0$$

$$F_{ax,th,max} = \frac{4}{9} \varrho_L A c_{zu}^2 \qquad F_{ax,th,max} \text{ Achsschub bei } P_{T,th,max} \left(\zeta_{opt} = \frac{1}{3}\right)$$

5.2 Bauarten und Einsatzbereiche

Kleinanlagen mit $P_T = 0{,}1 \ldots 30$ kW und Turmhöhe $H \approx (1{,}5 \ldots 2)D$ für autonome Elektroenergieerzeugung, Schöpfwerke, Bewässerung u. a.

Großanlagen mit $P_T \lesssim 4$ MW und $H \approx (0{,}7 \ldots 1)D$ für Elektroenergieerzeugung mit Einspeisung in elektrisches Netz

Energietechnik
5 Windturbinen

Windturbinenbauart	Propellerturbine mit axialer Durchströmung des Flügelgitters			Darrieusturbine mit radialer Durchströmung des Flügelgitters
Technische Daten				
Achsanordnung	horizontal	horizontal	horizontal	vertikal
Anzahl der Flügel	1	2	3	2...3
Leistungsbeiwert c_P	0,40	0,45	0,48	0,48
Rotordurchmesser in m	15...56	12...100	10...60	12...65
Nutzbarer Windgeschwindigkeitsbereich in m/s	5...20	4...24	3...30	4...22
Drehzahl in min^{-1}	120...40	100...18	72...20	100...20
Nennleistung in kW	15...1000	30...3000	25...1200	30...4000
Windanpassung	Blattverstellung	Blattverstellung	variable Drehzahl, Blattverstellung	Anfahrmotor

6 Turboverdichter (Kreiselverdichter)

6.1 Zur Auslegung der Verdichterstufe

Förderstrom

$$\dot{V} = \frac{\dot{m}}{\varrho_{R1}} = \frac{\lambda_d \dot{m}_i}{\varrho_{R1}} = \varphi \frac{\pi}{4} D_2^2 u_2$$

λ_d Dichtheitsgrad
$\dot{m}$ Gesamtmassenstrom
$\dot{m}_i$ innerer Massenstrom
ϱ_{R1} Dichte (Ruhezustand) des Fluids, am Laufradeintritt
$D_2 = 2r_2$ Laufradaußendurchmesser

$$\varphi = \frac{c_{m2}}{u_2}$$

Lieferzahl

Spezifische Laufradarbeit

$\tilde{Y} = u_2 c_{u2} - u_1 c_{u1}$

Eulersche Turbinengleichung $\hateq$ Drehimpulssatz für Kontrollraum zwischen Laufradeintritt 1 und Laufradaustritt 2

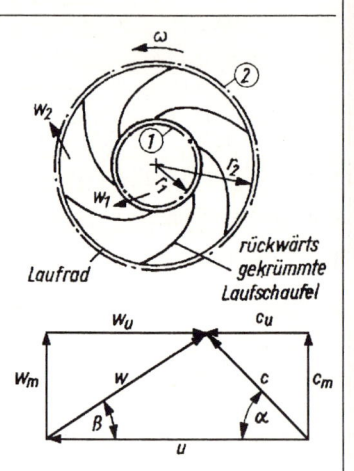

Kinematische Grundgleichung

$\vec{c} = \vec{u} + \vec{w}$

verbindet

- Absolutgeschwindigkeit c
- Umfangsgeschwindigkeit u
- Relativgeschwindigkeit w

6 Turboverdichter (Kreiselverdichter)

Spezifische Förderarbeit

$$Y = \tilde{Y}\eta_h = \Delta h_s = \psi \frac{u_2^2}{2}$$

$$= \psi \frac{Ma_u^2}{2} \varkappa R T_{R1}$$

- η_h hydraulischer Wirkungsgrad
- Δh_s isentrope Enthalpiedifferenz der Verdichterstufe
- Ma_u Umfangs-Machzahl (auf Umfangsgeschwindigkeit bezogen)
- $\varkappa$ Isentropenexponent des Fluids
- R Gaskonstante des Fluids
- T_{R1} Fluidtemperatur (Ruhezustand) am Laufradeintritt

$$\psi = \frac{2\Delta h_s}{u_2^2} \qquad \psi \text{ Druckzahl}$$

Grenzwerte von Druckzahl ψ, Lieferzahl φ, Umfangs-Machzahl Ma_u und Umfangsgeschwindigkeit u_2

Bauart	ψ	φ	Ma_u	u_2
radial	$< 1,5$	$0,005\ldots 0,1$	$< 1\ldots 1,5$	< 450 m/s
axial	$< 0,3\ldots 1$	$0,01\ldots 0,2$	$< 0,65\ldots 1,2$	

Laufradleistung

$$\tilde{P} = \dot{m}_i \tilde{Y} \,\hat{=}\, P_i$$

Radseitenreibungsleistung für Radialräder

$$P_r = \frac{c_m}{32} \varrho \omega^3 D_2^3 \qquad c_m \text{ Reibungsbeiwert}$$
$$(c_m = 0,002\ldots 0,02)$$

Wärmestrom im Kühler

$$\dot{Q} = \sum_{l=1}^{L} P_{i,l} \qquad \text{nach } L \text{ ungekühlten Stufen bei vollständiger Rückkühlung}$$

6.2 Kennwerte des Verdichters

Förderstrom

$$\dot{V} = \frac{\dot{m}}{\varrho_{Rs}} \qquad \text{Index s Saugseite des Verdichters}$$

Energietechnik
7 Kreiselpumpen (Turbopumpen)

Ruhedruckverhältnis

$\pi_R = p_{Rd}/p_{Rs}$ Index d Druckseite des Verdichters

Vergleichsleistung

$P_V = \dot{m} Y_V$ Y_V spezifische Vergleichsarbeit

$Y_V = RT_{Rs} \dfrac{\varkappa}{\varkappa - 1} \left(\pi_R^{\frac{\varkappa-1}{\varkappa}} - 1 \right)$ für ungekühlte Verdichter

$Y_V = RT_{Rs} \ln(\pi_R)$ für gekühlte Verdichter

Kupplungsleistung bei J Stufen

$P_K = \sum\limits_{j=1}^{J} (\dot{m}_{i,j} \tilde{Y}_j + P_{r,j}) + P_m$ P_m mechanische Verlustleistung

Verdichterwirkungsgrad

$\eta = P_V / P_K$

7 Kreiselpumpen (Turbopumpen)

7.1 Zur Auslegung der Pumpenstufe

Für die Stufe einer Kreiselpumpe gelten sinngemäß die gleichen Beziehungen wie für Turboverdichter. Darüber hinaus werden für Kreiselpumpen verwendet:

$n_q = n \dfrac{\left(\dfrac{\dot{V}}{\mathrm{m^3/s}} \right)^{1/2}}{\left(\dfrac{H}{\mathrm{m}} \right)^{3/4}}$ spezifische Drehzahl

Richtwerte für n_q, ψ:

Bauart	n_q in min^{-1}	ψ
radial	10...50	1,3...0,7
diagonal	50...150	0,7...0,25
axial	150...400	0,4...0,1

Energietechnik

7 Kreiselpumpen (Turbopumpen)

Förderhöhe der Pumpenstufe

$H = Y/g$ $\qquad$ g Fallbeschleunigung

Erforderliche Gesamthaltedruckhöhe

$NPSHR = \sigma H$

$\sigma = \dfrac{7,5 \cdot 10^{-4}}{\eta_\text{h}^3} \left(\dfrac{n_\text{q}}{\min^{-1}}\right)^{4/3}$ $\qquad$ σ Kavitationsempfindlichkeit

7.2 Kennwerte der Pumpe

Spezifische Förderarbeit $\qquad$ **Förderhöhe der Pumpe**

$Y = \dfrac{p_\text{d,ges} - p_\text{s,ges}}{\varrho}$ $\qquad$ $H = \dfrac{p_\text{d,ges} - p_\text{s,ges}}{g\varrho} = \dfrac{Y}{g}$

Förderleistung

$P = \dot{m}Y = \dot{V}\varrho H = \dot{V}(p_\text{d,ges} - p_\text{s,ges})$

Kupplungsleistung

$P_\text{K} = J\tilde{P} + P_\text{m}$ $\qquad$ bei J gleichen Stufen
$\qquad\qquad\qquad\qquad$ P_m mechanische Verlustleistung

Pumpenwirkungsgrad

$\eta = P/P_\text{K}$

Veränderung der Förderparameter mit der Drehzahl bei ähnlichen Strömungszuständen:

$\dot{V}_2 = \dot{V}_1 \dfrac{n_2}{n_1}, \quad H_2 = H_1 \left(\dfrac{n_2}{n_1}\right)^2, \quad 1 - \eta_2 = (1 - \eta_1)\left(\dfrac{n_1}{n_2}\right)^{0,1}$

7.3 Kennwerte der Pumpenanlage

Anlagenförderhöhe

$H_\text{a} = H_\text{stat} + H_\text{dyn}$

Statische Förderhöhe

$H_\text{stat} = \dfrac{p_\text{a} - p_\text{e}}{\varrho} + z_\text{a} - z_\text{e}$

Dynamische Förderhöhe

$H_\text{dyn} = \dfrac{c_\text{a}^2 - c_\text{e}^2}{2g} + \zeta \dfrac{\bar{c}^2}{2g}$

$\bar{c}$ Bezugsgeschwindigkeit

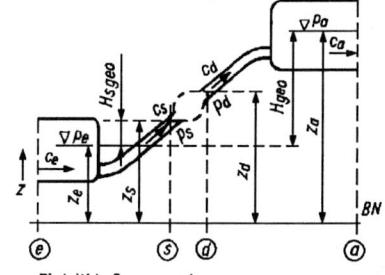

e Eintritt in Pumpenanlage
s Saugstutzen der Pumpe
d Druckstutzen der Pumpe
a Austritt aus Pumpenanlage
BN Bezugsniveau

Energietechnik
8 Verbrennungsmotoren

Gesamtwiderstandsbeiwert

$$\bar{\zeta} = \sum_i \lambda_i (l_i/d_i) \left(\frac{c_i}{\bar{c}}\right)^2 + \sum_j \zeta_j \left(\frac{c_j}{\bar{c}}\right)^2$$

Index i Rohrleitungsabschnitt
Index j Einzelwiderstand
λ Reibungsbeiwert
d Rohrdurchmesser
l Länge des Rohrleitungsabschnittes

Vorhandene Gesamthaltedruckhöhe

$$NPSHA = \frac{p_{s,\text{ges}} - p_t}{g\varrho}$$

p_t Dampfdruck der Förderflüssigkeit

$NPSHA \geq NPSHR$ Kavitationsvermeidung

---

8 Verbrennungsmotoren

8.1 Kreisprozesse der Verbrennungsmotoren

Ideale Kreisprozesse der Verbrennungsmotoren im p, v-Diagramm:

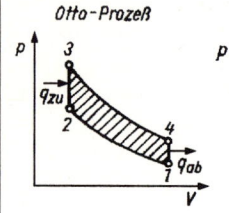

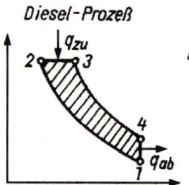

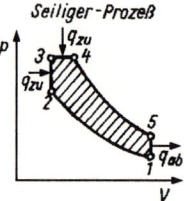

Otto-Prozeß
1-2 isentrope Verdichtung
2-3 isochore Wärmezufuhr
3-4 isentrope Entspannung
4-1 isochore Wärmeabfuhr

Diesel-Prozeß
1-2 isentrope Verdichtung
2-3 isobare Wärmezufuhr
3-4 isentrope Entspannung
4-1 isochore Wärmeabfuhr

Seiliger-Prozeß
1-2 isentrope Verdichtung
2-3 isochore Wärmezufuhr
3-4 isobare Wärmezufuhr
4-5 isentrope Entspannung
5-1 isochore Wärmeabfuhr

Thermischer Wirkungsgrad des idealen Kreisprozesses

$$\eta_{\text{th}} = 1 - \frac{q_{\text{ab}}}{q_{\text{zu}}}$$

$$\eta_{\text{th}} = 1 - \frac{1}{\varepsilon^{\varkappa-1}} \quad \text{für Otto-Prozeß}$$

$$\eta_{\text{th}} = 1 - \frac{1}{\varkappa \varepsilon^{\varkappa-1}} \frac{\varphi^{\varkappa} - 1}{\varphi - 1} \quad \text{für Diesel-Prozeß}$$

$$\eta_{\text{th}} = 1 - \frac{1}{\varepsilon^{\varkappa-1}} \frac{\psi \varrho^{\varkappa} - 1}{\psi - 1 + \varkappa \psi(\varrho - 1)} \quad \text{für Seiliger-Prozeß}$$

$\varkappa$ Isentropenexponent

Energietechnik
8 Verbrennungsmotoren

$\varepsilon = \dfrac{V_1}{V_2}$ — ε Verdichtungsverhältnis

$\varphi = \dfrac{V_3}{V_2}$ — φ Füllungsgrad beim Diesel-Prozeß

$\psi = \dfrac{p_3}{p_2}$ — ψ Drucksteigerungsverhältnis ($\psi = 1$ bei Diesel-Prozeß)

$\varrho = \dfrac{V_4}{V_3}$ — ϱ Volldruckverhältnis beim Seiliger-Prozeß

Mitteldruck des nach dem Idealprozeß arbeitenden Motors

$p_{\text{th}} = \dfrac{\varepsilon}{\varepsilon - 1} \dfrac{q_{\text{zu}} \eta_{\text{th}}}{v_1}$ — v_1 spezifisches Ansaugvolumen

8.2 Kennwerte des vollkommenen Motors

Wirkungsgrad des vollkommenen Motors

$\eta_{\text{v}} = 1 - \dfrac{q_{\text{ab}}}{q_{\text{zu}}} = \dfrac{w_{\text{v}}}{H_{\text{u}}} = \dfrac{P_{\text{v}}}{\dot{m}_{\text{B}} H_{\text{u}}}$

q_{ab} abgeführte Wärme pro kg Frischladung

q_{zu} zugeführte Wärme pro kg Frischladung

w_{v} Arbeit des vollkommenen Motors pro Brennstoffeinheit

$\dot{m}_{\text{B}}$ Brennstoffmassenstrom

H_{u} Heizwert des Brennstoffs pro Brennstoffeinheit

Frischladungsmenge pro Brennstoffeinheit

$m_{\text{G}} = \lambda_{\text{v}} m_{\text{L,min}} + k$

$\lambda_{\text{v}} = \dfrac{m_{\text{L}}}{m_{\text{L,min}}}$

λ_{v} Luftverhältnis

$m_{\text{L,min}}$ theoretischer (stöchiometrischer) Luftbedarf pro Brennstoffeinheit

m_{L} tatsächlicher Luftbedarf pro Brennstoffeinheit

$k = 0$ für Diesel- und Ottomotoren mit Kraftstoffeinspritzung

$k = 1$ kg/kg für Ottomotoren mit Ansaugen des Kraftstoff-Luft-Gemischs

Energietechnik
8 Verbrennungsmotoren

Mitteldruck des vollkommenen Motors

$$p_v = \frac{\varepsilon}{\varepsilon - 1} \varrho_1 q_{zu} \eta_v$$

ϱ_1 Dichte der Zylinderfüllung bei Beginn der Kompression

Leistung des vollkommenen Motors

$$P_v = \frac{2 p_v V_H n}{T}$$

V_H Hubvolumen des Motors
n Motordrehzahl
T Taktzahl pro Arbeitsspiel ($T = 4$ für Viertaktmotoren, $T = 2$ für Zweitaktmotoren)

8.3 Kennwerte des realen Motors

Arbeitsweise der realen Viertakt- und Zweitaktmotoren:

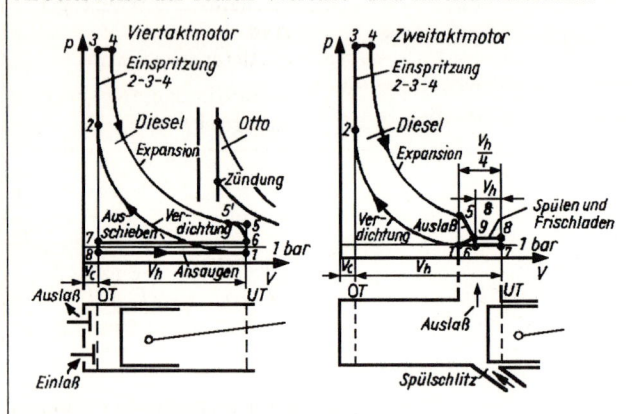

OT oberer Totpunkt der Kolbenbewegung
UT unterer Totpunkt der Kolbenbewegung

Hubvolumen des Motors

$$V_H = z V_h = z \frac{\pi}{4} D^2 s$$

V_h Hubvolumen eines Zylinders
z Zylinderzahl
s Kolbenhub

Hubverhältnis

$$x_h = \frac{s}{D}$$

Mittlere Kolbengeschwindigkeit

$$c_m = 2sn$$

Energietechnik
8 Verbrennungsmotoren

Verdichtungsverhältnis

$$\varepsilon = \frac{V_h + V_c}{V_c}$$

V_c Verdichtungsraum eines Zylinders

Liefergrad

$$\lambda_1 = \frac{m_z}{\varrho_F V_h}$$

m_z Frischladungsmasse eines Zylinders

ϱ_F Dichte der Frischladung im Zustand vor den Einlaßorganen

Mittlerer Nutzdruck

$$p_e = \frac{H_u}{\lambda_v m_{L,min} + k} \lambda_l \varrho_F \eta_e = p_i \eta_m$$

η_e Nutzwirkungsgrad
η_m mechanischer Wirkungsgrad
p_i mittlerer Innendruck

$$\frac{p_e}{\lambda_l \eta_e} = \frac{p_i}{\lambda_l \eta_i} = \frac{\varepsilon - 1}{\varepsilon} \frac{p_v}{\eta_v}$$

η_i innerer (indizierter) Wirkungsgrad

Nutzdrehmoment

$$M_d = \frac{V_H}{\pi T} p_e$$

Innere Leistung

$$P_i = \frac{2 V_H n}{T} p_i = \frac{\pi D^2 s n z}{2T} p_i$$

Nutzleistung

$$P_e = \frac{2 V_H n}{T} p_e = \frac{\pi D^2 s n z}{2T} p_e$$

Mechanischer Wirkungsgrad

$$\eta_m = \frac{P_e}{P_i} = \frac{P_e}{P_e + P_r}$$

P_r Reibleistung und Leistungen für Hilfseinrichtungen (Lader, Spülgebläse u. a.)

Innerer (indizierter) Wirkungsgrad

$$\eta_i = \frac{P_i}{\dot{m}_B H_u} = \eta_g \eta_v$$

$\dot{m}_B$ Brennstoffmassenstrom

Gütegrad

$$\eta_g = \frac{P_i}{P_v} = \frac{p_i}{p_v} = \frac{\eta_i}{\eta_v}$$

Nutzwirkungsgrad

$$\eta_e = \frac{P_e}{\dot{m}_B H_u} = \eta_i \eta_m = \eta_g \eta_v \eta_m = \frac{1}{b_e H_u}$$

Energietechnik
9 Kolbenverdichter (Verdrängerverdichter)

Spezifischer Kraftstoffverbrauch

$$b_e = \frac{\dot{m}_B}{P_e} = \frac{1}{\eta_e h_u}$$

9 Kolbenverdichter (Verdrängerverdichter)

9.1 Kennwerte der Stufen von Hubkolbenverdichtern

Förderstrom

$$\dot{V} = \frac{\dot{m}}{\varrho_s} = V_h n \lambda_h$$

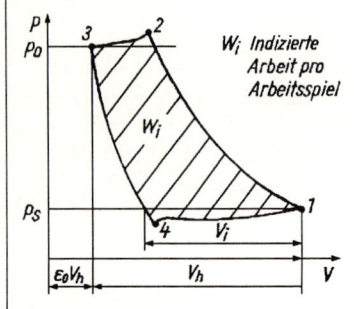

$\dot{m}$ Massenstrom durch Verdichter
ϱ_s Dichte des Fluids im Ansaugzustand
n Verdichterdrehzahl

W_i Indizierte Arbeit pro Arbeitsspiel

Hubvolumen

$$V_h = s A_k$$

s Kolbenhub
A_k wirksame Kolbenfläche

Ausnutzungsgrad

$$\lambda_h = \lambda_i \lambda_T \lambda_d$$

Indizierter Liefergrad

$$\lambda_i = V_i/V_h \approx 1 - \varepsilon_0 \left(\frac{p_3}{p_4}\right)^{\frac{1}{n_r}}$$

ε_0 Schadraumverhältnis
n_r Polytropenexport der Rückexpansion

Aufheizungsgrad

$$\lambda_T = T_s/T_1$$

Dichtheitsgrad

$$\lambda_d = \dot{m}/\dot{m}_i$$

$\dot{m}_i$ innerer Massenstrom

Energietechnik
9 Kolbenverdichter (Verdrängerverdichter)

Ausschubtemperatur

$$T_2 = T_1 \left(\frac{p_2}{p_1}\right)^{\frac{n_c-1}{n_c}}$$

n_c Polytropenexport der Kompression
bei gekühlten Verdichtern:
$n_c, n_r <$ Isentropenexponent $\varkappa$

Innenleistung

$$P_i = n \oint p\, dV = nW_i$$

$$\dot{Q} = P_i$$

Wärmestrom im Zwischenkühler bei vollständiger Rückkühlung

Mittlerer indizierter Kolbendruck

$$p_{mi} = \frac{P_i}{nV_h}$$

9.2 Kennwerte der Stufen von Umlaufkolbenverdichtern

Förderstrom

$$\dot{V} = \frac{\dot{m}}{\varrho_s} = V_u n \lambda_u$$

V_u Umlaufvolumen (bauartspezifisch)

$$V_u < 2\pi b D e$$

für Zellenverdichter
b Gehäusebreite
D Gehäusedurchmesser
e Exzentrizität

$$V_u < A_L h$$

für Schraubenverdichter
A_L Querschnitt der Zahnlücken
h Steigung

Ausnutzungsgrad

$$\lambda_u \approx \lambda_d$$

9.3 Kennwerte des Kolbenverdichters

Kupplungsleistung bei J Stufen

$$P_K = \sum_{j=1}^{J} P_{i,j} + P_m$$

Energietechnik
10 Kolbenpumpen (Verdrängerpumpen)

Wirkungsgrad

$\eta = P_V/P_K$

Vergleichsleistung

$P_V = \dot{m} Y_V$

Y_V spezifische Vergleichsarbeit wie bei Turboverdichter, wobei $\pi_R \approx \pi = p_d/p_s$, weil in der Regel die Unterschiede zwischen Mitstrom- und Ruhewerten der Zustandsgrößen vernachlässigt werden können

10 Kolbenpumpen (Verdrängerpumpen)

Für Verdrängerpumpen aller Bauarten gelten bezüglich Förderhöhe H, Förderleistung P und Wirkungsgrad η die gleichen Beziehungen wie für Kreiselpumpen mit $p_{ges} \approx p$.

10.1 Kennwerte der Hubkolbenpumpen

Förderstrom

$$\dot{V} = \frac{\dot{m}}{\varrho} = V_h n \lambda_h$$

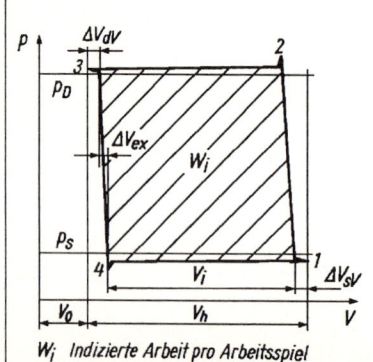

$\dot{m}$ Massenstrom durch Pumpe
ϱ Dichte des Fluids
n Pumpendrehzahl

Hubvolumen

$V_h = s A_k z$

s Kolbenhub
A_k wirksame Kolbenfläche
z Zahl der Arbeitsräume

W_i Indizierte Arbeit pro Arbeitsspiel

Energietechnik
10 Kolbenpumpen (Verdrängerpumpen)

Ausnutzungsgrad

$\lambda_h = \lambda_i \lambda_d$

Indizierter Liefergrad

$\lambda_i = V_i/V_h = \dfrac{\Delta V_{sV} \Delta V_{dV} \Delta V_{ex}}{V_h}$

Dichtheitsgrad

$\lambda_d = \dot{m}/\dot{m}_i$ $\qquad$ $\dot{m}_i$ innerer Massenstrom

Innenleistung

$P_i = n \oint p \, dV = n W_i$

Kupplungsleistung

$P_K = P_i + P_m$ $\qquad$ P_m mechanische Verlustleistung

Erforderliche Gesamthaltedruckhöhe

$NPSHR = \dfrac{\Delta p_{as} + \Delta p_{Vs}}{g \varrho}$
$\qquad \Delta p_{as}$ maximaler Beschleunigungsdruckabfall vor Saugventil
$\qquad \Delta p_{Vs}$ maximale Druckabsenkung im Saugventil

Erforderliches Windkesselvolumen

$V_w = V_{w\,stat} + V_{w\,res}$

Statisches Windkesselvolumen

$V_{w\,stat} = \dfrac{\nu A_k s}{\delta_p}$
$\qquad \nu$ Kennzahl für fluktuierendes Flüssigkeitsvolumen ($\nu = 0{,}55 \ldots 0{,}01$ bauartspezifisch)
$\qquad \delta_p$ zulässige bezogene Schwankung des Druckes ($\delta_p = 0{,}02 \ldots 0{,}1$)

Resonanzwindkesselvolumen

$V_{w\,res} = \dfrac{p_w/\varrho}{(k\omega_p)^2} \sum_i A_i/l_i$
$\qquad p_w$ mittlerer Druck im Windkessel
$\qquad k\omega_p$ Erregerkreisfrequenz der Pumpe

Energietechnik
11 Kältemaschinen und Wärmepumpen

Index i	Rohrleitungsabschnitt
A_i	Querschnitt des Rohrleitungsabschnitts i
l_i	Länge des Rohrleitungsabschnitts i

10.2 Kennwerte der Umlaufkolbenpumpen

Förderstrom

$$\dot{V} = \frac{\dot{m}}{\varrho} = V_{\mathrm{u}} n \lambda_{\mathrm{u}}$$ λ_{u} Ausnutzungsgrad ($\lambda_{\mathrm{u}} \approx \lambda_{\mathrm{d}}$)

Umlaufvolumen (bauartspezifisch)

$V_{\mathrm{u}} \approx 2\pi b m^2 (z + 0{,}256)$ für Zahnradpumpe mit unkorrigierter Außenverzahnung
$\alpha = 20°$
α Profilwinkel
b Zahnradbreite
m Modul
z Zähnezahl

$V_{\mathrm{u}} \approx A_{\mathrm{L}} h$ für Spindelpumpe
A_{L} Querschnitt der Zahnlücken
h Steigung

10.3 Kennwerte der Pumpenanlagen

Für Pumpenanlagen mit Verdrängerpumpen gelten bezüglich Anlagenförderhöhe, vorhandener Gesamthaltedruckhöhe und Kavitationsvermeidung analoge Beziehungen wie für Kreiselpumpen.

11 Kältemaschinen und Wärmepumpen

11.1 Kennwerte von Kältemaschinen und Wärmepumpen

Energiestrombilanz für Kältemaschinen (KM) und Wärmepumpen (WP)

$\dot{Q}_{\mathrm{zu}} + P = \dot{Q}_{\mathrm{ab}}$ P Antriebsleistung

Energietechnik
11 Kältemaschinen und Wärmepumpen

Für KM: $\dot{Q}_{zu} \equiv \dot{Q}_0$ (Kälteleistung);
$T_{zu} \equiv T_0$
Für WP: $\dot{Q}_{ab} \equiv \dot{Q}_W$ (Wärmeleistung);
$T_{ab} \equiv T_W$

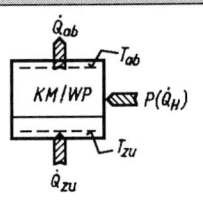

Leistungszahl

$\varepsilon = \dfrac{\text{gewollter Nutzen}}{\text{notwendiger Aufwand}}$ bei Zuführung von Antriebsleistung P

$\varepsilon_{KM} = \dfrac{\dot{Q}_0}{P}, \quad \varepsilon_{WP} = \dfrac{\dot{Q}_W}{P}$

Wärmeverhältnis

$\zeta = \dfrac{\text{gewollter Nutzen}}{\text{notwendiger Aufwand}}$ bei Zuführung von Heizwärme $\dot{Q}_H \rightarrow$ wärmeangetriebene KM und WP

$\rightarrow \zeta_{KM} = \dfrac{\dot{Q}_0}{\dot{Q}_H}, \quad \zeta_{WP} = \dfrac{\dot{Q}_W}{\dot{Q}_H} = \dfrac{\dot{Q}_{zu} + \dot{Q}_H}{\dot{Q}_H}$

$\varepsilon_{C,KM} = \dfrac{T_{zu}}{T_{ab} - T_{zu}}$ $\varepsilon_{C,KM}$ mit Carnot-Kreisprozeß erreichbare ideale Leistungszahl der Kältemaschine

$T_{zu} \equiv T_0$ (tiefe Temperatur)

$\varepsilon_{C,WP} = \dfrac{T_{ab}}{T_{ab} - T_{zu}}$ $\varepsilon_{C,WP}$ mit Carnot-Kreisprozeß erreichbare ideale Leistungszahl der Wärmepumpe

$T_{ab} \equiv T_W$ (hohe bzw. Heiztemperatur)

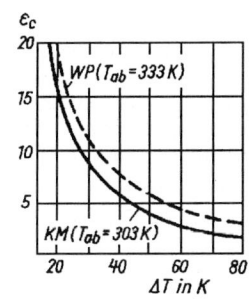

Energietechnik
11 Kältemaschinen und Wärmepumpen

Praktisch erreichbare Leistungszahl

$\varepsilon \approx \nu_C \varepsilon_C$ $\qquad \nu_C$ Gütegrad
$\nu_C \approx 0,45\ldots0,60$ bei
$\Delta T = T_{ab} - T_{zu} \approx 30\ldots70$ K

11.2 Hauptparameter unterschiedlicher Kältemaschinen(KM)- und Wärmepumpen(WP)-Bauarten

Einsatzbereiche und erreichbare Kälteleistungen $\dot{Q}_0$ der wesentlichen KM-Bauarten

KM	t_0	Kälteleistung $\dot{Q}_0$ (Typ, Einsatz)
VKM	$10\ldots-30$ °C	10 W (Haushaltkühlschränke) bis 40 MW (Kaltwassersätze zur Klimatisierung)
	$-100\ldots-150$ °C	100 W bis 3 kW („Kaskaden" für Laborzwecke)
	-162 °C	1 MW bis 100 MW (Erdgasverflüssigung)
EKA	$10\ldots-40$ °C	1 W bis 1 kW
GKM	$-80\ldots-200$ °C	1 W bis 100 kW (Stirling-Maschinen)
	-253 °C	1 W bis 1200 kW (H_2 flüssig)
	-269 °C	1 W bis 12 kW (He flüssig)
DSKM	$10\ldots0$ °C	30 kW bis 3000 kW (Kältemittel H_2O)
AKM	$0\ldots-20$ °C	10 W bis 200 W (Absorberaggregat mit $NH_3/H_2O/H_2$ für Haushaltkühlschränke)
	$10\ldots-65$ °C	10 kW bis 10 MW

VKM Verdichter-Kältemaschine
EKA Elektrothermisches Kälteaggregat
GKM Gaskältemaschine
DSKM Dampfstrahlkältemaschine (wärmeangetrieben)
AKM Absorptionskältemaschine (wärmeangetrieben)

Energietechnik

11 Kältemaschinen und Wärmepumpen

Spezifischer Energiebedarf $l = 1/\varepsilon = P/\dot{Q}_0$ in W/W (Verhältnis von notwendiger Antriebsleistung zu erreichbarer Kälteleistung) für unterschiedliche VKM, EKA und GKM

t_0 in °C	$l = P/\dot{Q}_0$ in W/W [1]	Anlage, Schaltung
0	0,18...0,27	VKM; einstufig
−10	0,23...0,36	VKM; einstufig
−20	0,33...0,53	VKM; einstufig
−30	0,45...0,75	VKM; ein-/zweistufig
−40	0,52...1,25	VKM; ein-/zweistufig
−60	0,92...1,95	VKM; zweistufig
−80	1,70...2,65	VKM; Kaskade
−100	3,45...7,0	VKM; Kaskade
−162	4,10...5,5(10)	VKM; Kaskade/Erdgasverflüssigung
0	1...2	EKA
−20	4...8	EKA
−20	1,3	GKM; Kaltluft-Maschine
−120	2,5...4	GKM; Stirling-Maschine
−150	3,5...5	GKM; Stirling-Maschine
−180	6...8	GKM; Stirling-Maschine
−196	8...80	GKM; Flüssig-N_2
−253	50...400	GKM; Flüssig-H_2
−269	200...2000	GKM; Flüssig-He

Spezifischer Heizwärmebedarf $\dot{Q}_H/\dot{Q}_0 = 1/\zeta$ für AKM

t_0 in °C	$\dot{Q}_H/\dot{Q}_0$ in W/W [2]
5	1,39...1,50
0	1,54...1,72
−10	1,82...2,08
−20	2,13...2,50
−30	2,50...2,85
−40	2,94...3,35

Spezifischer Energieeinsatz $l = \dot{P}/\dot{Q}_W$ für Elektro-WP (VWP)

Δt in K [3]	$P/\dot{Q}_W$ in W/W [4]
30	0,14...0,25
40	0,20...0,29
50	0,24...0,35
60	0,29...0,42
70	0,38...0,50

[1] Basis der Angaben $t_{ab} \approx 30$ °C

[2] Parameter $t_{ab} \approx 30$ °C

[3] $\Delta t = t_W - t_{zu}$; mit Bereichen $t_W \approx 45...80$ °C und $t_{zu} \stackrel{\wedge}{=} t_0 \approx -20...20$ °C

[4] P elektrische Antriebsleistung

Energietechnik
11 Kältemaschinen und Wärmepumpen

11.3 Zur Auslegung von Verdichter-Kältemaschinen (VKM)

Theoretischer Kreisprozeß und Zustandsdiagramme für VKM (am häufigsten eingesetzte Kältemaschine)

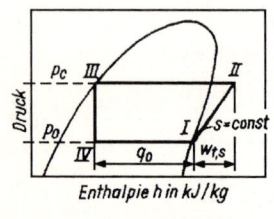

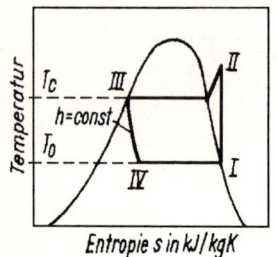

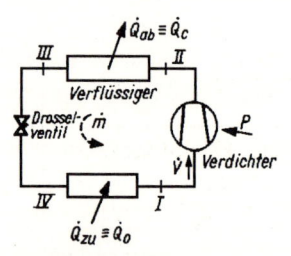

Fließschema einer VKM

Kälteleistung

$$\dot{Q}_0 = \frac{\lambda \dot{V}_{th} q_0}{v}$$

q_0 spezifische Kälteleistung in kJ/kg
v spezifisches Volumen im Ansaugzustand

Theoretischer Förderstrom des Kolbenverdichters

$$\dot{V}_{th} = z A_K s n$$

z Zylinderzahl
A_K Kolbenfläche
s Kolbenhub
n Drehzahl
$\lambda = f(p_c/p_0)$ Liefergrad
p_c Kompressionsenddruck (Verflüssiger)
p_0 Ansaugdruck (Verdampfer)

Energietechnik
11 Kältemaschinen und Wärmepumpen

Umlaufender Massenstrom

$$\dot{m} = \frac{\lambda \dot{V}_{th}}{v} = \frac{\dot{Q}_0}{q_0}$$

Effektive Antriebsleistung an Verdichterwelle bzw. Kupplung $$P_e = \frac{\lambda \dot{V}_{th} w_{t,s}}{v \eta_e}$$	**Leistung des Elektromotors** an (Motorklemmen) $$P_{Kl} = \frac{\lambda \dot{V}_{th} w_{t,s}}{v \eta_e \eta_{el}}$$

Effektiver Wirkungsgrad

$$\eta_e = \frac{P_{th}}{P_e} = \frac{\dot{m} w_{t,s}}{P_e}$$

Theoretische (isentrope) Antriebsleistung des Verdichters

$$P_{th} = \dot{m} w_{t,s}$$

$w_{t,s}$ spezifische isentrope technische Arbeit

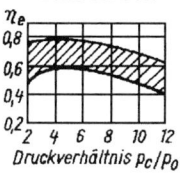

Diagramm: η_e über Druckverhältnis p_c/p_0 (Achse 2 bis 12), Werte 0,2 bis 0,8.

Elektrischer Wirkungsgrad

$$\eta_{el} = \frac{P_e}{P_{Kl}} \approx 0{,}70 \ldots 0{,}95$$

$\eta_{Kl} = \eta_e \eta_{el} = \dfrac{P_{th}}{P_{Kl}}$	Klemmen- bzw. Gesamtwirkungsgrad des Verdichters
$\varepsilon_e = \dot{Q}_0 / P_e = \eta_e q_0 / w_{t,s}$	auf P_e bezogene Leistungszahl
$\varepsilon_{Kl} = \dot{Q}_0 / P_{Kl} = \eta_{Kl} q_0 / w_{t,s}$	auf P_{Kl} bezogene Leistungszahl

Werkzeugmaschinen

Das Kapitel Werkzeugmaschinen in dieser Formelsammlung enthält eine Auswahl spezifischer Formeln zum Fachgebiet. Da Werkzeugmaschinen technische Gebilde mit Führungen, Lagern, Getrieben, Antriebsmotoren usw. sind, gelten natürlich auch hier die beispielsweise in den Kapiteln Maschinenelemente, Technische Mechanik und Elektrotechnik angegebenen Formeln. Ziel ist es, ohne Anspruch auf Vollständigkeit, die Formeln für einige wichtige Zusammenhänge darzustellen.

Werkzeugmaschinenstrukturen werden vorrangig so dimensioniert, daß zulässige Verformungswerte nicht überschritten werden. Übliche Werte der statischen Gesamtsteife von Werkzeugmaschinen sind:

$k = 80\ldots 120$ N/µm

für Standard-Produktionsmaschinen

$k = 250\ldots 300$ N/µm

für Präzisionsmaschinen.

1 Drehzahlstufung

1.1 Arithmetische Drehzahlstufung

Abtriebsdrehzahlen

n_1 n_1 kleinste Abtriebsdrehzahl in min^{-1}

$n_2 = n_1 + a$

$\vdots$

$n_z = n_{z-1} + a = n_1 + (z-1)a$ n_z größte Abtriebsdrehzahl in min^{-1}

z Anzahl der Abtriebsdrehzahlstufen

Arithmetischer Stufenschritt

$$a = \frac{n_z - n_1}{z - 1}$$

Drehzahlabfall in %   Geschwindigkeitsabfall in %

$p_n = \dfrac{n_x - (n_{x-1})}{n_x} \cdot 100\ \%$ $p_v = p_n$

Werkzeugmaschinen

1 Drehzahlstufung

Die arithmetische Drehzahlstufung wird vorrangig für den Leitspindelantrieb von Drehmaschinen eingesetzt, da Gewindesteigungen ebenfalls arithmetisch gestuft sind. Für Hauptgetriebe von Werkzeugmaschinen werden sie nicht eingesetzt. Im Bereich großer Werkzeug- bzw. Werkstückdurchmesser (kleine Drehzahlen) sind der Drehzahlabfall und damit der Geschwindigkeitsabfall sehr groß.

1.2 Geometrische Drehzahlstufung

Drehzahlen

n_1 n_1 kleinste Drehzahl in $\min^{-1}$

$n_2 = n_1 \varphi$

$n_3 = n_2 \varphi = n_1 \varphi^2$ z Anzahl der Drehzahlstufen

$\vdots$

$n_z = n_{z-1} \varphi = n_1 \varphi^{z-1}$ n_z größte Drehzahl in $\min^{-1}$

Drehzahlbereich

$$B = \frac{n_z}{n_1} = \frac{n_{\max}}{n_{\min}}$$

Stufensprung

$$\varphi = \sqrt[z-1]{B} = \sqrt[z-1]{\frac{n_{\max}}{n_{\min}}} = \sqrt[z-1]{\frac{n_z}{n_1}}$$

Drehzahlabfall in % zwischen zwei benachbarten Drehzahlen bei geometrischer Drehzahlstufung   Geschwindigkeitsabfall der Schnittgeschwindigkeit

$$p_n = \frac{n_x - n_{x-1}}{n_x} \cdot 100\ \% \qquad p_v = p_n$$

$$p_n = p_v = \frac{\varphi - 1}{\varphi} \cdot 100\ \%$$

Der Stufensprung φ ist für Stufengetriebe an Werkzeugmaschinen genormt.

R 20 $\varphi = \sqrt[20]{10} = 1{,}12$ R 20 Grundreihe für geometrische Drehzahlstufung an Werkzeugmaschinen

R 20/2 $\varphi = \left(\sqrt[20]{10}\right)^2 = 1{,}25$

R 20/3 $\varphi = \left(\sqrt[20]{10}\right)^3 = 1{,}4$ R 20/2…R 20/6 sind von der Grundreihe R 20 abgeleitet, es wird nur jedes 2., 3., 4. oder 6. Glied der Grundreihe R 20 genutzt

R 20/4 $\varphi = \left(\sqrt[20]{10}\right)^4 = 1{,}6$

R 20/6 $\varphi = \left(\sqrt[20]{10}\right)^6 = 2{,}0$

Werkzeugmaschinen
1 Drehzahlstufung

1	2	3	4	5	6	7	8	9
Vorschübe nach DIN 803 (Auszug)									
Nennwerte						Grenzwerte der Grundreihe R 20 bei			
Grundreihe		Abgeleitete Reihe	Grundreihe R 5	Abgeleitete Reihe R 10/3 (…1…)	mech. Abweichung		mech. u. elektr. Abweichung	
R 20	R 10	R 20/3 (…1…)			−2 %	+3 %	−2 %	+6 %
$\varphi=1{,}12$	$\varphi=1{,}25$	$\varphi=1{,}4$	$\varphi=1{,}6$	$\varphi=2$				
1	1	1	1	1	0,98	1,03	0,98	1,06
1,12		11,2			1,10	1,16	1,10	1,19
1,25	1,25		1,25		1,23	1,30	1,23	1,33
1,4		1,4			1,38	1,45	1,38	1,50
1,6	1,6	16	1,6	16	1,55	1,63	1,55	1,68
1,8	0,18				1,74	1,83	1,74	1,88
2	2	2		2	1,96	2,06	1,96	2,12
2,24		22,4			2,19	2,31	2,19	2,37
2,5	2,5	0,25	2,5	0,25	2,46	2,59	2,46	2,66
2,8		2,8			2,76	2,90	2,76	2,99
3,15	3,15	31,5		31,5	3,10	3,26	3,10	3,35
3,55	0,355				3,48	3,65	3,48	3,76
4	4	4	4	4	3,90	4,10	3,90	4,22
4,5		45			4,38	4,60	4,38	4,73

Werkzeugmaschinen
1 Drehzahlstufung

Vorschübe nach DIN 803 (Auszug); (Fortsetzung)

1	2	3	4	5	6	7	8	9
Nennwerte					Grenzwerte der Grundreihe R 20 bei			
Grundreihe		Abgeleitete Reihe	Grund-reihe	Abgeleitete Reihe	mech. Abweichung		mech. u. elektr. Abweichung	
R 20	R 10	R 20/3 (...1...)	R 5	R 10/3 (...1...)	−2 %	+3 %	−2 %	+6 %
$\varphi=1{,}12$	$\varphi=1{,}25$	$\varphi=1{,}4$	$\varphi=1{,}6$	$\varphi=2$				
5	5			0,5	4,91	5,16	4,91	5,31
5,6		5,6			5,51	5,79	5,51	5,96
6,3	6,3		6,3		6,18	6,50	6,18	6,69
7,1					6,94	7,29	6,94	7,50
		0,71						
8	8	8		8	7,78	8,18	7,78	8,42
9					8,73	9,18	8,73	9,45
		90						
10	10		10		9,80	10,30	9,80	10,60
				63				

Die Reihen R 20, R 10 und R 5 können nach unten und oben durch Teilen und Vervielfachen mit 10, 100 usw. fortgesetzt werden. Die Reihen R 20/3 und R 10/3 sind für drei Dezimalbereiche angegeben, da sich ihre Zahlen erst in jedem vierten Dezimalbereich wiederholen.

Werkzeugmaschinen
1 Drehzahlstufung

Lastdrehzahlen nach DIN 804 (Auszug)

1	2	3	4	5	6	7	8	9	10
Grundreihe	Nennwerte min^{-1}					Grenzwerte min^{-1} der Grundreihe R 20 bei			
R 20	R 20/2	R 20/3 (…2800…)	R 20/4 (…1400…)	R 20/4 (…2800…)	R 20/6 (…2800…)	mech. Abweichung		mech. u. elektr. Abweichung	
$\varphi=1{,}12$	$\varphi=1{,}25$	$\varphi=1{,}4$	$\varphi=1{,}6$	$\varphi=1{,}6$	$\varphi=2$	-2%	$+3\%$	-2%	$+6\%$
100						98	103	98	106
112	112					110	116	110	119
125		125		112	11,2	123	130	123	133
140	140		140			138	145	138	150
160			1400			155	163	155	168
180	180	180		180	180	174	183	174	188
200			2000			196	206	196	212
224	224		224		22,4	219	231	219	237
250		250				246	259	246	266
280	280		2800	280	2800	276	290	276	299
315						310	326	310	335
355	355	355	355		355	348	365	348	376
400			4000			390	410	390	422
450	450			450	45	438	460	438	473
500		500				491	516	491	531

Werkzeugmaschinen
1 Drehzahlstufung

Lastdrehzahlen nach DIN 804 (Auszug); (Fortsetzung)

1	2	3	4	5	6	7	8	9	10
Grund-reihe	Nennwerte min^{-1}					Grenzwerte min^{-1} der Grundreihe R 20 bei			
		Abgeleitete Reihen				mech. Abweichung		mech. u. elektr. Abweichung	
R 20	R 20/2	R 20/3 (...2800...)	R 20/4 (...1400...)		R 20/6 (...2800...)				
						-2%	$+3\%$	-2%	$+6\%$
$\varphi=1{,}12$	$\varphi=1{,}25$	$\varphi=1{,}4$	$\varphi=1{,}6$	$\varphi=1{,}6$	$\varphi=2$				
560	560	5600	560		5600	551	579	551	596
630						618	650	618	669
710	710	710		710	710	694	729	694	750
800			8000			778	818	778	842
900	900	90	900		90	873	918	873	945
1000		1000				980	1030	980	1060

Die Reihen R 20, R 20/2 und R 20/4 können nach unten und oben durch Teilen und Vervielfachen mit 10, 100 usw. fortgesetzt werden. Die Reihen R 20/3 und R 20/6 sind für drei Dezimalbereiche angegeben, da sich ihre Zahlen erst in jedem vierten Dezimalbereich wiederholen.

Werkzeugmaschinen
2 Schaltbare Getriebe

Die geometrische Drehzahlstufung wird für Hauptspindel- und Vorschubantriebe verwendet.

▶ DIN 804 Lastdrehzahlen für Werkzeugmaschinen

Geometrisch gestufte Vorschübe für Werkzeugmaschinen sind in DIN 803 genormt. Die in der Norm angegebenen Zahlenwerte stehen für mm/U, mm/Hub oder mm/min.

▶ DIN 803 Vorschübe für Werkzeugmaschinen

Zusätzlich zur Grundreihe R 20 und den daraus abgeleiteten Reihen stehen die Reihen R 5, R 10 und R 10/3 zur Verfügung.

R 5 $\quad \varphi = \sqrt[5]{10} \quad = 1,6$
R 10 $\quad \varphi = \sqrt[10]{10} \quad = 1,25$
R 10/3 $\varphi = \left(\sqrt[10]{10}\right)^3 = 2$

2 Schaltbare Getriebe

2.1 Drehzahlbild, Getriebeplan, Kraftflußplan, Aufbaunetze

Minimale technologische erforderliche Drehzahl in $\min^{-1}$

$$n_{\min} = \frac{v_{\min} \cdot 1000}{d_{\max} \pi}$$

$v_{\min}$ minimale Schnittgeschwindigkeit in $\frac{m}{\min}$
$d_{\max}$ maximaler Werkzeug/Werkstückdurchmesser in mm

Größte technologisch erforderliche Drehzahl in $\min^{-1}$

$$n_{\max} = \frac{v_{\max} \cdot 1000}{d_{\min} \pi}$$

$v_{\max}$ maximale Schnittgeschwindigkeit in $\frac{m}{\min}$
$d_{\min}$ minimaler Werkzeug/Werkstückdurchmesser in mm

Drehzahlbereich

$$B = \frac{n_{\max}}{n_{\min}}$$

Stufensprung

$$\varphi = \sqrt[z-1]{\frac{n_{\max}}{n_{\min}}} = \sqrt[z-1]{B}$$

Werkzeugmaschinen
2 Schaltbare Getriebe

Im Bild sind Drehzahlbild, Getriebeplan und Kraftflußplan eines sechsstufigen Schieberadgetriebes (III/6-Getriebe mit 3 Getriebewellen und 6 Drehzahlstufen) dargestellt. Durch logarithmische Darstellung der Drehzahlen im Drehzahlbild ergeben sich gleiche Abstände zwischen benachbarten Drehzahlen.

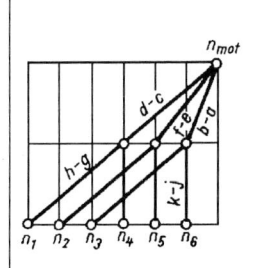

Drehzahlbild

Getriebeplan

Übersetzungsverhältnis für:

1. Teilgetriebe (Welle I/II)

$i_1 = \varphi_{11}; \varphi_{12}; \varphi_{13}$

2. Teilgetriebe (Welle II/III)

$i_2 = \varphi_{21}; \varphi_{22}$

$i_{\text{ges}} = \varphi_{11}\varphi_{21}; \varphi_{12}\varphi_{21}; \varphi_{13}\varphi_{21}$
$= \varphi_{11}\varphi_{22}; \varphi_{12}\varphi_{22}; \varphi_{13}\varphi_{22}$
ergeben sich aus Kombination

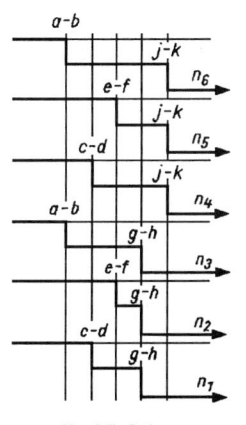

Kraftflußplan

$4 \geqq i_\text{T} \geqq 0,5$ i_T Übersetzungsverhältnis innerhalb eines Teilgetriebes (sollte zwischen 4 und 0,5 liegen)

Gesamtübersetzungsverhältnis

$i_{\text{ges}} = i_1 \cdot i_2 \cdot \ldots \cdot i_n$ $i_1, i_2 \ldots i_n$ Übersetzungsverhältnis der Teilgetriebe

Zur Unterstützung der Aufteilung der Übersetzungen auf die Teil-

Werkzeugmaschinen
2 Schaltbare Getriebe

getriebe dienen Aufbaunetze. Sie sind symmetrisch aufgebaut und zeigen systematische Varianten eines bestimmten Getriebetypes (z. B. III/6-Getriebe in Bild).

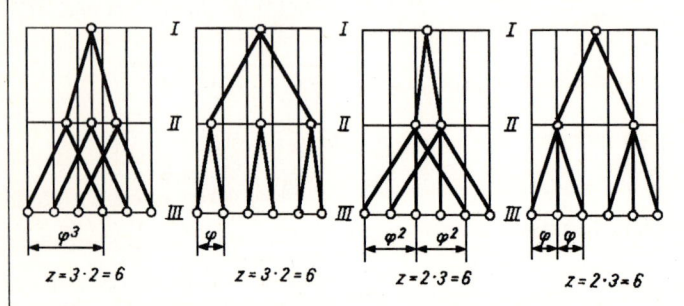

$z = 3 \cdot 2 = 6$ $\qquad$ $z = 3 \cdot 2 = 6$ $\qquad$ $z = 2 \cdot 3 = 6$ $\qquad$ $z = 2 \cdot 3 = 6$

2.2 Kombination stufenloser und gestufter Getriebe

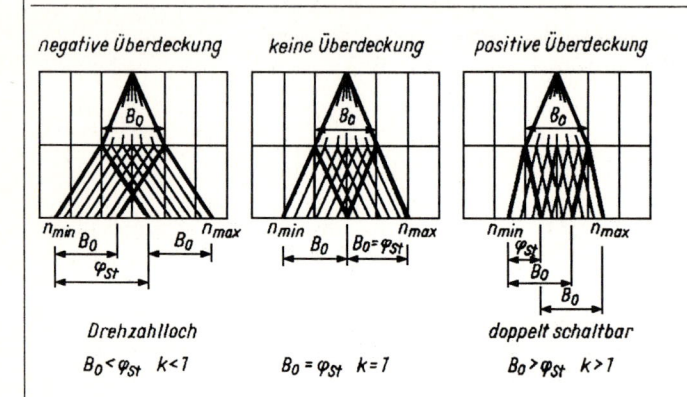

negative Überdeckung $\qquad$ keine Überdeckung $\qquad$ positive Überdeckung

Drehzahlloch $\qquad\qquad\qquad\qquad\qquad\qquad$ doppelt schaltbar

$B_0 < \varphi_{St}$ $\quad k < 1$ $\qquad$ $B_0 = \varphi_{St}$ $\quad k = 1$ $\qquad$ $B_0 > \varphi_{St}$ $\quad k > 1$

Drehzahlüberdeckung

$$k = \frac{B_0}{\varphi_{St}}$$

B_0 Drehzahlbereich des stufenlosen Getriebes
φ_{St} Stufensprung des Stufengetriebes

Während die Drehzahllücke (Drehzahlloch) im Einzelfall wegen einer z. B. größeren Spreizung des Drehzahlbereiches sinnvoll sein kann, ist eine positive Überdeckung in den meisten Fällen wenig zweckmäßig und zu vermeiden.

2.3 Vorschubantrieb einer Drehmaschine mit Leit- und Zugspindel

Leitspindelantrieb

Übersetzungsverhältnis zwischen Haupt- und Leitspindel

$$i_L = \frac{h_L}{h_W}$$

h_L Steigung der Leitspindel
h_W (Gewinde-) Steigung am Werkstück

Vorschubgeschwindigkeit

$$v_f = h_W n_I = h_L n_{II}$$

n_I Drehzahl der Hauptspindel
n_{II} Drehzahl der Leitspindel

Zugspindelantrieb

Übersetzungsverhältnis zwischen Hauptspindel und Ritzel des Zahnstangenantriebes

$$i_Z = i_V i_S = \frac{d_0 \pi}{f}$$

i_V Übersetzungsverhältnis des Vorschubgetriebes im Spindelstock
i_S Übersetzungsverhältnis im Werkzeugschlitten
d_0 Ritzeldurchmesser des Zahnstangenantriebes
f Vorschub

3 Stufenlose Hauptantriebe von Werkzeugmaschinen

3.1 Erforderliche Motorleistung

Aufgabe eines Hauptantriebes ist die Bereitstellung der erforderlichen Schnittleistung in einem bestimmten Drehzahlbereich. Für einen Hauptspindelmotor ergeben sich die im Bild dargestellten charakteristischen Drehzahlen für Leistungs- und Drehmomentenverlauf.

Werkzeugmaschinen
3 Stufenlose Hauptantriebe von Werkzeugmaschinen

Erforderliche mechanische Leistung des Hauptspindelmotors

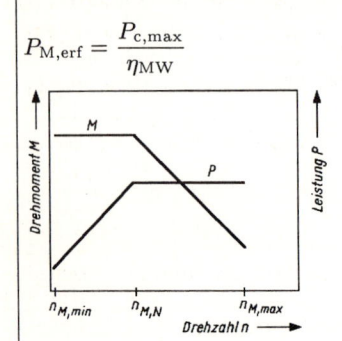

$$P_{M,erf} = \frac{P_{c,max}}{\eta_{MW}}$$

$P_{c,max}$ maximale Schnittleistung infolge technologischer Bedingungen

η_{MW} gesamter mechanischer Wirkungsgrad infolge der Leistungsverluste zwischen Motorwelle und Werkzeug

$n_{M,min}$ minimale Motordrehzahl

$n_{M,N}$ Motornenndrehzahl

$n_{M,max}$ maximale Motordrehzahl

Gesamter Drehzahlbereich des Motors

$$B_M = B_{P const} \cdot B_{M const} = \frac{n_{m,max}}{n_{m,min}}$$

Drehzahlbereich des Motors mit konstanter Leistung

$$B_{P=const} = \frac{n_{M,max}}{n_{M,N}}$$

Drehzahlbereich des Motors mit konstantem Drehmoment

$$B_{M=const} = \frac{n_{M,N}}{n_{M,min}}$$

Technologisch erforderlicher Drehzahlbereich

$$B_c = \frac{n_{c,max}}{n_{c,min}}$$

$n_{c,max}$ größte Hauptspindeldrehzahl

$n_{c,min}$ kleinste Hauptspindeldrehzahl

3.2 Stufenlos regelbarer Motor mit Schaltgetriebe

Ist der Drehzahlbereich des Motors B_M kleiner als der technologisch erforderliche Drehzahlbereich B_c, ist zusätzlich ein Stufengetriebe mit möglichst wenigen Getriebestufen vorzusehen. Im Bild sind Leistungs- und Momentenverlauf an der Hauptspindel einer Drehmaschine mit stufenlos regelbarem Hauptspindelmotor und zweistufigem Schaltgetriebe dargestellt.

Werkzeugmaschinen

3 Stufenlose Hauptantriebe von Werkzeugmaschinen

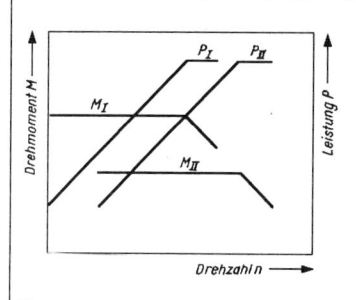

P_I Leistung an der Hauptspindel bei Schaltstellung I
P_{II} Leistung an der Hauptspindel bei Schaltstellung II
M_I Moment an der Hauptspindel bei Schaltstellung I
M_{II} Moment an der Hauptspindel bei Schaltstellung II

Übersetzungsverhältnis zwischen Motorwelle und Hauptspindel bei Schaltstellung I

$$i_I = \frac{n_{M,min}}{n_{c,min}}$$

Übersetzungsverhältnis zwischen Motorwelle und Hauptspindel bei Schaltstellung II

$$i_{II} = \frac{n_{M,max}}{n_{c,max}}$$

Für die Drehbewegung der Hauptspindel ergeben sich mit den Schaltstufen I und II die in der Tabelle dargestellten charakteristischen Drehzahlen.

Charakteristische Drehzahlen der Hauptspindel bei 2 Schaltstufen

	n_{min}	n_N	n_{max}
Motor	$n_{M,min}$	$n_{M,N}$	$n_{M,max}$
Hauptspindel Schaltstufe I	$\dfrac{n_{M,min}}{i_I}$	$\dfrac{n_{M,N}}{i_I}$	$\dfrac{n_{M,max}}{i_I}$
Hauptspindel Schaltstufe II	$\dfrac{n_{M,min}}{i_{II}}$	$\dfrac{n_{M,N}}{i_{II}}$	$\dfrac{n_{M,max}}{i_{II}}$

Die Kurven für das jeweilige Drehmoment ergeben sich aus der Beziehung

$$M = \frac{P}{2\pi n}$$

Für den im Bild dargestellten Getriebeplan des Hauptspindelantriebes einer Drehmaschine mit stufenlos regelbarem Hauptspindelmotor und zweistufigem Hauptgetriebe ergeben sich die Übersetzungen nach Tabelle.

Werkzeugmaschinen
4 Auslegung von Vorschubantrieben

Übersetzungsverhältnis bei 2 Schaltstufen

	Schaltstufe I	Schaltstufe II
Riemenübersetzung	i_{gh}	i_{gh}
Schieberadgetriebe	i_{ab}	i_{cd}
Bodenradübersetzung	i_{ef}	i_{ef}
Gesamtübersetzung	$i_I = i_{gh} i_{ef} i_{ab}$	$i_{II} = i_{gh} i_{ef} i_{cd}$

4 Auslegung von Vorschubantrieben

Die Auswahl von Vorschubmotoren erfolgt nach folgenden Kriterien:
- maximales Lastmoment
- maximale Eilganggeschwindigkeit
- Hochlaufzeit auf Eilganggeschwindigkeit

4.1 Maximales Lastmoment

Lastmoment des Motors

$$M_L = \frac{M_{Sp}}{i \eta_G}$$

i Übersetzungsverhältnis zwischen Vorschubmotor und Gewindespindel

η_G Wirkungsgrad der Kraftübertragung zwischen Vorschubmotor und Gewindespindel

Drehmoment an der Vorschubspindel

$$M_{Sp} = \frac{h_{Sp}}{2\pi \eta_{Sp}}(F_R + F_f)$$

h_{Sp} Spindelsteigung

η_{Sp} Wirkungsgrad der Gewindespindel

F_f maximale Vorschubkraft aus dem Zerspanungsprozeß

$$M_{Sp} = \frac{1}{\eta_{Sp}}(M_R + M_f)$$

M_R Reibmoment an der Spindel

M_f Spindelmoment aus der Vorschubkraft

Reibkraft zwischen Schlitten und Führungsbahn

$$F_R = \mu m_{ges} g$$

μ Reibungskoeffizient der Schlittenführung

m_{ges} gesamte translatorisch bewegte Masse aus Schlitten und Werkstück (oder Werkzeug)

g Fallbeschleunigung

Werkzeugmaschinen
4 Auslegung von Vorschubantrieben

4.2 Erforderliche Drehzahl für Eilganggeschwindigkeit

Motordrehzahl bei Eilganggeschwindigkeit

$$n_M = \frac{v_E i}{h_{Sp}}$$

v_E Eilganggeschwindigkeit
i Übersetzungsverhältnis zwischen Vorschubmotor und Gewindespindel
h_{Sp} Spindelsteigung

4.3 Hochlaufzeit auf Eilganggeschwindigkeit

Beschleunigungsmoment zur Ermittlung der Hochlaufzeit

$$M_B = M_M - M_R$$
$$= J_{ges}\frac{d\omega}{dt} \approx J_{ges} 2\pi \frac{\Delta n}{\Delta t}$$

M_M Motormoment
$\frac{d\omega}{dt}$ Winkelbeschleunigung

Auf die Motorwelle reduziertes Gesamtträgheitsmassenmoment des Antriebes

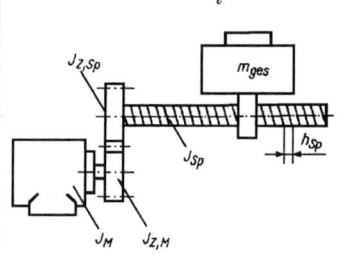

$$J_{ges} = J_M + J_{Z,M} + \frac{1}{i^2}\left(J_{Z,Sp} + J_{Sp} + m_{ges}\left(\frac{h_{Sp}}{2\pi}\right)^2\right)$$

$$= J_M + J_{Z,M} + \frac{1}{i^2}(J_{Z,Sp} + J_{Sp} + J_T)$$

J_M Motorträgheitsmoment
$J_{Z,M}$ Trägheitsmoment der Zahnscheibe auf der Motorseite
$J_{Z,Sp}$ Trägheitsmoment der Zahnscheibe auf der Spindelseite
J_{Sp} Trägheitsmoment der Gewindespindel
m_{ges} Masse des Schlittens mit Werkstück bzw. Werkzeug
J_T äquatoriales Trägheitsmoment des Tisches (mit Werkstück bzw. Werkzeug) auf die Spindel bezogen

Die Kenngrößen zur Ermittlung des Gesamtträgheitsmomentes sind in Bild dargestellt.

Werkzeugmaschinen
4 Auslegung von Vorschubantrieben

Da das Motormoment von der Drehzahl abhängt, wird die Hochlaufzeit in Teilabschnitten berechnet. Innerhalb der einzelnen Drehzahlbereiche kann das Motormoment als konstant angenommen werden (Bild). Im Beispiel wird die Hochlaufzeit aus 2 Teilhochlaufzeiten ermittelt.

Hochlaufzeit des Vorschubantriebes auf Eilganggeschwindigkeit (sollte in der Praxis unter 200 ms liegen)

$\Delta t = \Delta t_1 + \Delta t_2$ $\qquad \Delta t_1, \Delta t_2$ Teilhochlaufzeiten

$\Delta t_1 = J_{ges} 2\pi \dfrac{\Delta n_1}{M_{B1}\eta}$ $\qquad \Delta n_1$ Drehzahldifferenz zwischen $n=0$ und n_1

$\Delta t_2 = J_{ges} 2\pi \dfrac{\Delta n_2}{M_{B2}\eta}$ $\qquad \Delta n_2$ Drehzahldifferenz zwischen n_1 und n_2

$\qquad \eta$ Wirkungsgrad des Vorschubgetriebes

Beschleunigungsmoment innerhalb der Drehzahländerung Δn_1

$M_{B1} = M_{M1} - M_R$ $\qquad M_{M1}$ maximales Motormoment im dynamischen Grenzbereich für die Drehzahländerung Δn_1

Beschleunigungsmoment innerhalb der Drehzahländerung Δn_2

$M_{B2} = M_{M2} - M_R$ $\qquad M_{M2}$ maximales Motormoment im dynamischen Grenzbereich für die Drehzahländerung Δn_2

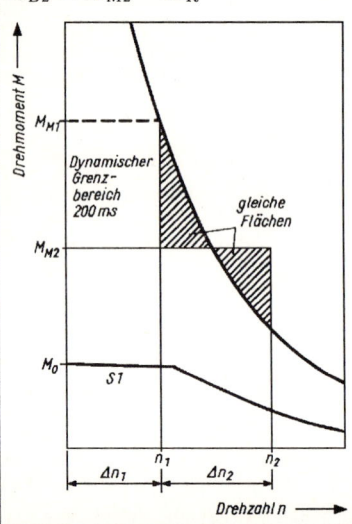

Fertigungstechnik

1 Umformverfahren

1.1 Grundlagen

Volumenkonstanz

$V = h_0 b_0 l_0 = h_1 b_1 l_1$

Die Summe der Umformgrade $= 0$:

$\varphi_h + \varphi_b + \varphi_l = 0$

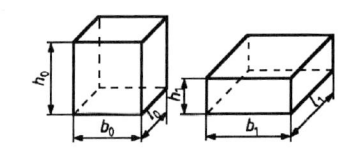

Kenngrößen der Formänderung

Absolute Formänderung
$\Delta h = h_1 - h_0; \quad \Delta b = b_1 - b_0; \quad \Delta l = l_1 - l_0$

Bezogene Formänderung
$\varepsilon_h = \dfrac{\Delta h}{h_0}; \qquad \varepsilon_b = \dfrac{\Delta b}{b_0}; \qquad \varepsilon_l = \dfrac{\Delta l}{l_0}$

Formänderungsverhältnis
$\gamma = \dfrac{h_1}{h_0}; \qquad \beta = \dfrac{b_1}{b_0}; \qquad \lambda = \dfrac{l_1}{l_0}$

Logarithmische Formänderung oder Umformgrad
$\varphi_h = \ln \dfrac{h_1}{h_0}; \qquad \varphi_b = \ln \dfrac{b_1}{b_0}; \qquad \varphi_l = \ln \dfrac{l_1}{l_0}$

Größter Umformgrad $\varphi_g = |\varphi|_{max}$

Die „wahre" Dehnung oder der Umformgrad in Längenrichtung ergibt sich laut Definition beim Zugversuch zu:

$$\varphi_l = \int\limits_{l_0}^{l_1} \dfrac{dl}{l} = \ln \dfrac{l_1}{l_0} = \ln \dfrac{l_0 + \Delta l}{l_0} = \ln(1 + \varepsilon_l)$$

Formänderungsfestigkeit
(auch Umformfestigkeit oder Fließspannung genannt)

$k_f = \dfrac{F}{A_1}$

F gemessene Umformkraft bei einachsigem Zug oder Druck
A_1 wahrer Querschnitt

Fertigungstechnik
1 Umformverfahren

Fließkurven

Darstellung der Verfestigung metallischer Werkstoffe
▶ VDI-Arbeitsblätter 5-3200/3201
▶ DIN 8583 bis 8587
Mit Hilfe der Fließkurven können Umformkräfte und -arbeiten berechnet werden.

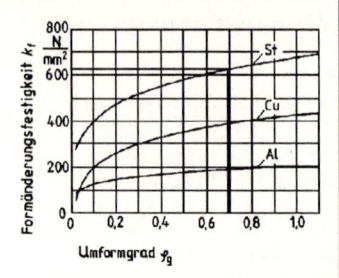

Umformarbeit (ideelle)

$$W_{id} = V \int_0^{\varphi_1} k_f \, d\varphi = V k_{fm} \varphi_1$$

V umgeformtes Werkstoffvolumen

Mittlere Fließspannung

$$k_{fm} = \frac{1}{\varphi_1} \int_0^{\varphi_1} k_f \, d\varphi \approx \frac{k_{f0} + f_{f1}}{2}$$

Formänderungswirkungsgrad (für stationäres Umformen)

$$\eta_F = \frac{W_{id}}{W_{ges}} \quad \text{bzw.} \quad \eta_F = \frac{F_{id}}{F_{ges}}$$

(Werte von 0,4 bis 0,8)

Kraftwirkung

$F_{id} = A_d k_f$

bei unmittelbarer Kraftwirkung: Walzen, Stauchen, Recken
A_d gedrückte Fläche

$F_{id} = A k_{fm} \varphi_g$

bei mittelbarer Kraftwirkung: Fließpressen, Draht- und Tiefziehen
A Kraftangriffsfläche

Temperaturzunahme (adiabatische nach Siebel)

$$\Delta T = \frac{k_{fm} \varphi_g}{\varrho c}$$

k_{fm} mittlere Fließspannung
φ_g größter Umformgrad
c spezifische Wärme
ϱ Dichte des Werkstoffs

Fertigungstechnik
1 Umformverfahren

Warmumformung

▶ DIN 8583 bis 8587 nach Anwärmen des Rohlings (k_f fällt mit steigender Temperatur und steigt mit zunehmender Umformgeschwindigkeit $\dot{\varphi}$!)

Umformgeschwindigkeit

$\dot{\varphi} = d\varphi/dt$

$\dot{\varphi} = 0,4$ bis 6 s^{-1}
  bei hydraulischen Pressen
$\dot{\varphi} = 5$ bis 40 s^{-1}
  bei Exzenterpressen
$\dot{\varphi} = 40$ bis 200 s^{-1}
  bei Gegenschlaghämmern

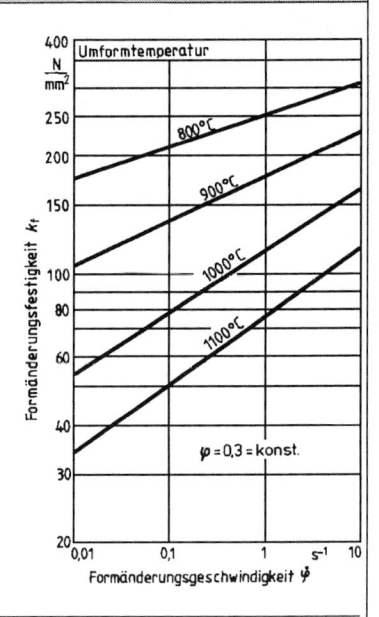

1.2 Druckumformen

Walzen

▶ DIN 8583: Längs-, Quer- und Schrägwalzen.

$W_{id} = 2F_{tid}l_1 = k_{fm}V\varphi$	verlustfreie Arbeit des Walzenpaares
$\varphi_g = \varphi_h = \ln\left(\dfrac{h_1}{h_0}\right)$	größter Umformgrad im Walzspalt
$F_{tid} = 0,5 k_{fm} A_1 \varphi_g$	verlustfreie Umfangskraft/Walze
$A_1 = b_m h_1 = \dfrac{V}{l_1}$	Endquerschnitt des Walzgutes
$\eta = 0,4$ bis $0,7$	Formänderungswirkungsgrad beim Walzen
$F_t = \dfrac{F_{tid}}{\eta_F}$	tatsächliche Umfangskraft der Walze

Fertigungstechnik
1 Umformverfahren

$R = \dfrac{D}{2}$ (Walzenradius)   Hebelarm der tangentialen Walzkraft F_t

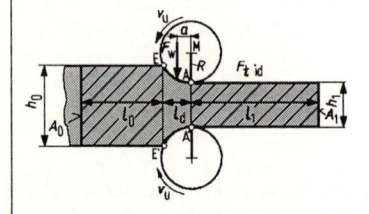

Drehmoment je Walze

$$M = F_t R = k_{fm} A_1 \varphi_h \dfrac{R}{2 \cdot \eta_F} \qquad \text{bzw. } M = F_W \cdot a$$

Erforderliche Walzleistung

$$P = 2M\omega = v_u A_1 \varphi_h \dfrac{k_{fm}}{\eta_F}$$

$$\omega = \dfrac{\pi n}{30} = \dfrac{v_u}{R}$$

v_u Walzen-Umfangsgeschwindigkeit
φ_h Umformgrad der Walzguthöhe
k_{fm} mittlere Fließspannung
ω Winkelgeschwindigkeit

Vertikale Walzkraft (Resultierende der Normalspannungen)

$$F_w = A_d \dfrac{k_f}{\eta_F}$$

Gedrückte Fläche

$$A_d = b_m l_d = \sqrt{R \Delta h} \dfrac{(b_0 + b_1)}{2}$$

$$b_m = \dfrac{(b_0 + b_1)}{2}$$

$$a = \dfrac{l_d}{2}$$

k_f Fließspannung
η_F Formänderungswirkungsgrad
l_d gedrückte Länge
$l_d = \sqrt{R \Delta h}$

mittlere Breite des Walzgutes

Hebelarm $= 0,5 \times$ gedrückte Länge l_d

Schmieden

Schmiedbare Stähle: $0,05$ bis $1,7$ % C.
Freiformschmieden: ohne begrenzende Werkzeugflächen
Gesenkschmieden: Form durch Gesenke (gegeneinander bewegte Hohlformen) vorgegeben.

Fertigungstechnik
1 Umformverfahren

Zum Stauchen im Gesenk erforderliche Umformkraft

$F = A_d k_{we}$

$k_{we} = \dfrac{k_f}{\eta_F}$

A_d gedrückte Fläche (Projektion der Schmiedestückfläche)

k_{we} Formänderungwiderstand am Ende des Schmiedevorgangs

(beim Gesenkschmieden kann k_{we} zwölfmal höher sein als der Anfangswert, je nach Gesenk, Temperatur und Umformgeschwindigkeit)

Umformarbeit beim Stauchen zwischen ebenen Bahnen

$W = V \varphi_h \dfrac{k_{fm}}{\eta_F}$

Reckkraft für Rechteckquerschnitte nach Siebel

$F = A_d k_f \left(1 + \dfrac{1}{2}\mu\dfrac{b}{h} + \dfrac{1}{4}\dfrac{h}{b}\right)$

h Höhe des Schmiedestücks
b Breite des Schmiedestückes
μ Reibungszahl zwischen Schmiedestück und Werkzeug

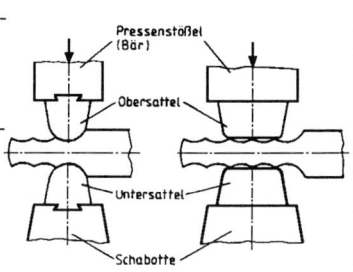

Strangpressen (Durchdrücken)

Werkstoffe: Al und -Legierungen sowie Cu, Zn, Zinn und Stahl

Ideelle Umformkraft

$F_{id} = A_0 k_f \varphi_g$

Reibkraft zwischen Block und Zylinder

$F_R = \mu k_f D_Z \pi \left[h - \dfrac{1}{2}(D_Z - d_1)\right]$

D_z Zylinder-Durchmesser
d_1 Strang-Durchmesser
μ Reibwert zwischen Block und Preßzylinder
h Restblockhöhe

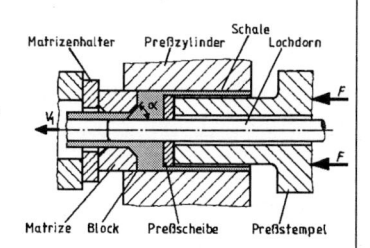

Fertigungstechnik
1 Umformverfahren

Gesamtkraft

$$F_{ges} = F_{id} + F_R + F_{Sch}$$

Kraft für innere Schiebung

$$F_{Sch} = A_0 k_{fm} \left(\frac{3}{2} \tan \alpha\right)$$

Fließpressen (Durchdrückverfahren)

Schmierung für Nichteisenmetalle: mineralische Öle und Fette sowie Metallstearate. Für Stahl: Phosphat-Zwischenschicht (5 bis 10 µm); bei nichtrostenden Stählen dient eine Oxalatschicht als Schmiermittelträger.

Voll-Vorwärts-Fließpressen

$$F_{ges} = F_{id} + F_{Sch} + F_R + F_Z$$
$$= A_0 k_{fm} \varphi_g \left(1 + \frac{2}{3}\frac{\overline{\alpha}}{\varphi_g} + \frac{\mu}{\cos\alpha \sin\alpha}\right)$$
$$+ \pi D_0 h_k \mu k_{fo}$$

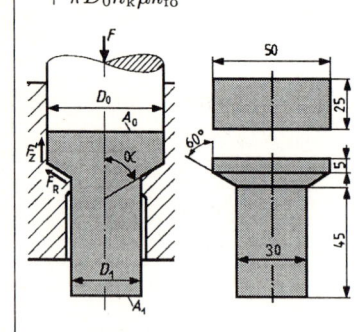

F_{id} ideelle Umformkraft
F_{Sch} Kraft für innere Schiebung
F_R Kraft für Reibung im Matrizentrichter
F_Z Kraft für Reibung im Zylinder
k_{fm} mittlere Fließspannung
φ_g größter Umformgrad
α halber Öffnungswinkel
μ Reibwert $\approx 0,1$
D_0 Zylinder-Durchmesser
h_K Restkopfhöhe
k_{fo} Fließspannung an der Zylinderwand

Formänderungsarbeit

$$W_{ges} = V \varphi_g \frac{k_{fm}}{\eta_F}$$

V umgeformtes Volumen
η_F Formänderungswirkungsgrad

Fertigungstechnik
1 Umformverfahren

Hohl-Rückwärts-Fließpressen (Napfen)

1. Schritt: Stauchen unter dem Stempel von Rohlingshöhe h_0 auf Bodenhöhe h_1

$$F_{\text{Stauch}} = \frac{\pi}{4} D_1^2 k_{f1} \left(1 + \frac{1}{3} \mu \frac{D_1}{h_1}\right)$$

2. Schritt: Ringzylinder auf Wanddicke s umformen

$$F_{\text{Zyl}} = \frac{\pi}{4} D_1^2 k_{f2} \left[1 + \frac{h_1}{s}\left(0,25 + \frac{\mu}{2}\right)\right]$$

$F_{\text{ges}} = F_{\text{Stauch}} + F_{\text{Zyl}}$

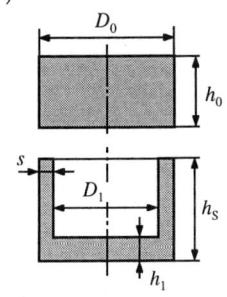

k_{f1} Fließspannung für 1. Schritt
k_{f2} Fließspannung für 2. Schritt

1.3 Zug-Druck-Umformen

Drahtziehen

Ideelle Umformkraft

$F_{\text{id}} = A_1 k_{fm} \varphi_g$

$\varphi_g = \ln \dfrac{A_1}{A_0}$

A_0 Ausgangsquerschnitt
A_1 Endquerschnitt
k_{fm} mittlere Fließspannung
φ_g größter Umformgrad

Reibungsanteil

$F_R = \mu F_D \cong \mu k_{fm} A_1 \varphi_g$ μ Reibungszahl

Axiale Komponente

$F_R' = \mu \dfrac{F_D}{\tan \alpha} = \mu \dfrac{k_{fm} A_1 \varphi_g}{\tan \alpha}$ F_D Druckkräfte

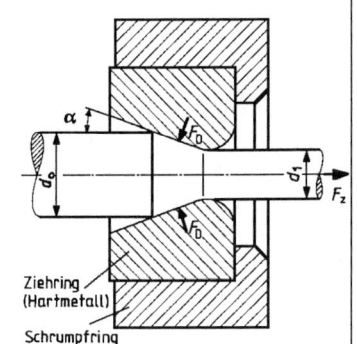

Schiebungsverluste

$F_S = k_{fm} A_1 \dfrac{2}{3} \tan \alpha$

Gesamtziehkraft

$F_Z = F_{\text{ges}} = F_{\text{id}} + F_R' + F_S$

$= k_{fm} A_1 \left[\varphi_g \left(1 + \dfrac{\mu}{\tan \alpha}\right) + \dfrac{2}{3} \tan \alpha\right]$

Ziehring (Hartmetall)
Schrumpfring

Fertigungstechnik
1 Umformverfahren

Tiefziehen

Blechumformung: Massenfertigung von Kfz-Karosserien, Haushaltsgeräten, Blechteilen im Maschinenbau.

▶ DIN 8584: Zugdruckumformen eines Blechabschnitts zu einem Hohlkörper ohne beabsichtigte Änderung der Blechdicke s_0.

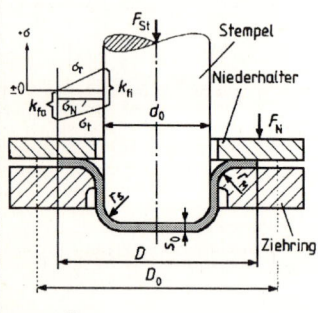

d_0 Stempeldurchmesser
D_0 Rondendurchmesser
D augenblicklicher Rondendurchmesser
r_S Stempelradius ($\approx 0,15 \cdot d_0$)
r_M Ziehringradius ($\approx 8 \cdot s_0$)
σ_r Radialspannung im Flansch
σ_t Tangentialspannung im Flansch

$$\beta_0 = \frac{D_0}{d_0} \qquad \text{Ziehverhältnis (meist} < 2,0)$$

Faltenbildung im Flansch muß durch ausreichenden Niederhalterdruck vermieden werden: $\sigma_N = 1$ bis 10 N/mm²

Niederhalterkraft

$$F_N = A_{Fl}\sigma_N = A_{Fl}\frac{R_m}{400}\left[(\beta_0 - 1)^2 + \frac{d_0}{200 \cdot s_0}\right]$$

A_{Fl} Flanschfläche

Maximale Ziehkraft

$$F_{St\,max} = \pi d_0 s_0 \left[1,1\frac{k_{fm}}{\eta_F}(\ln \beta_0 - 0,25)\right]$$

$F_{St\,max} < F_{Ab} \cong \pi d_0 s_0 R_m$

R_m Zugfestigkeit
β_0 Ziehverhältnis $\dfrac{D_0}{d_0}$
k_{fm} mittlere Fließspannung

$F_{St\,max}$ muß immer kleiner sein als die Bodenabreißkraft F_{Ab}.

Zuschnittermittlung

bei rotationssymmetrischen Teilen nach der Guldin-Regel:

$D_0 = \sqrt{d^2 + 4dh}$ \qquad zylindrisches Ziehteil ohne Bodenrundung mit der Höhe h

Fertigungstechnik
1 Umformverfahren

Platinendurchmesser für rotationssymmetrische Tiefziehteile

	$D_0 =$
	$\sqrt{d^2 + 4dh}$
	$\sqrt{d_2^2 + 4d_1 h}$
	$\sqrt{d_2^2 + 4(d_1 h_1 + d_2 h_2)}$
	$\sqrt{d_3^2 + 4(d_1 h_1 + d_2 h_2)}$
	$\sqrt{d_1^2 + 4d_1 h + 2f(d_1 + d_2)}$
	$\sqrt{d_2^2 + 4(d_1 h_1 + d_2 h_2) + 2f(d_2 + d_3)}$
	$\sqrt{2d^2} = 1,414 d$
	$\sqrt{d_1^2 + d_2^2}$
	$1,414 \sqrt{d_1^2 + f(d_1 + d_2)}$
	$1,414 \sqrt{d^2 + 2dh}$
	$\sqrt{d_1^2 + d_2^2 + 4d_1 h}$
	$1,414 \sqrt{d_1^2 + 2d_1 h + f(d_1 + d_2)}$
	$\sqrt{d_2^2 + 4h^2}$

Fertigungstechnik
1 Umformverfahren

Platinendurchmesser für rotationssymmetrische Tiefziehteile (Fortsetzung)

	$D_0 =$
	$\sqrt{d_2^2 + 4h^2}$
	$\sqrt{d_2^2 + 4(h_1^2 + d_1 h_2)}$
	$\sqrt{d^2 + 4(h_1^2 + d h_2)}$
	$\sqrt{d_1^2 + 4h^2 + 2f(d_1 + d_2)}$
	$\sqrt{d_1^2 + 4\left[h_1^2 + d_1 h_2 + \dfrac{f}{2}(d_1 + d_2)\right]}$
	$\sqrt{d_1^2 + 2s(d_1 + d_2)}$
	$\sqrt{d_1^2 + 2s(d_1 + d_2) + d_3^2 - d_2^2}$
	$\sqrt{d_1^2 + 2\left[s(d_1 + d_2) + 2d_2 h\right]}$
	$\sqrt{d_1^2 + 6{,}28 r d_1 + 8r^2}$ oder $\sqrt{d_2^2 + 2{,}28 r d_2 - 0{,}56 r^2}$
	$\sqrt{d_1^2 + 6{,}28 r d_1 + 8r^2 + d_3^2 - d_2^2}$ oder $\sqrt{d_3^2 + 2{,}28 r d_2 - 0{,}56 r^2}$
	$\sqrt{d_1^2 + 6{,}28 r d_1 + 8r^2 + 4 d_2 h + d_3^2 - d_2^2}$ oder $\sqrt{d_3^2 + 4 d_2 (0{,}57 r + h) - 0{,}56 r^2}$

Fertigungstechnik
1 Umformverfahren

Platinendurchmesser für rotationssymmetrische Tiefziehteile (Fortsetzung)

	$D_0 =$
	$\sqrt{d_1^2 + 6,28rd_1 + 8r^2 + 2f(d_2+d_3)}$ oder $\sqrt{d_2^2 + 2,28rd_2 + 2f(d_2+d_3) - 0,56r^2}$
	$\sqrt{d_1^2 + 6,28rd_1 + 8r^2 + 4d_2h + 2f(d_2+d_3)}$ oder $\sqrt{d_2^2 + 4d_2\left(0,57r + h + \dfrac{f}{2}\right) + 2d_3f - 0,56r^2}$
	$\sqrt{d_1^2 + 4(1,57rd_1 + 2r^2 + hd_2)}$ oder $\sqrt{d_2^2 + 4d_2(h + 0,57r) - 0,56r^2}$

1.4 Biegeumformen

Biegen im V-Gesenk

▶ DIN 8586: Umformen eines festen Körpers durch Biegebeanspruchung.

Massenartikel werden kalt aus Blechen, Drähten und Rohren gebogen.

Biegemoment, bei dem der Werkstoff zu fließen beginnt

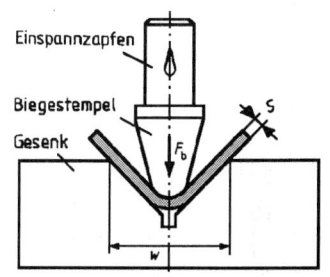

$$M_\mathrm{b} = \frac{F_\mathrm{b} w}{4} = R_\mathrm{m} \frac{bs^2}{4}$$

b Breite des Biegeteils
R_m Zugfestigkeit des Biegeteils

Rückfederungsfaktor

$$k = \frac{\alpha_2}{\alpha_1} = \frac{r_{i1} + 0,5 \cdot s}{r_{i2} + 0,5 \cdot s} < 1$$

α_1 Winkel am Werkzeug
α_2 am Werkstück (nach Entnahme)
r_{i1} Innenradius am Werkzeug
r_{i2} Innenradius am Werkstück

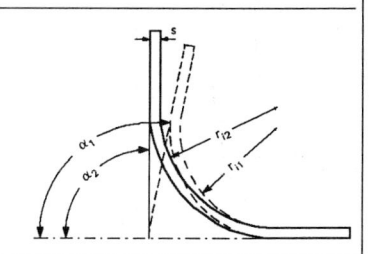

Fertigungstechnik
2 Trennen

Minimaler Biegeradius

$r_{min} = cs$

- s Blechdicke des Biegeteils
- c Mindestrundungsfaktor nach Oehler, nur für Biegevorgänge quer zur Walzrichtung

▶ DIN 6935: Biegelinien parallel zur Walzrichtung erfordern um $0,5 \cdot s$ höhere Werte im Vergleich zur Tabelle.

Mindestrundungsfaktoren verschiedener Werkstoffe

Werkstoff	c-Faktor	Werkstoff	c-Faktor
Stahlblech	0,6	AlMg 9, weich	2,2
Tiefziehblech	0,5	AlMg 9, halbhart	5,0
rostfreier Stahl		AlMgSi, weich	1,2
mart. ferrit.	0,8	AlMgSi, ausgehärtet	2,5
austenitisch	0,5	AlSi, weich	0,8
Kupfer	0,25	AlSi, hart	6,0
Zinnbronze	0,6	AlMn, weich	1,0
Aluminiumbronze	0,5	AlMn, preßhart	1,2
CuZn 28	0,3	AlMn, hart	1,2
CuZn 40	0,35	AlCu, weich	1,0
Zink	0,4	AlCu, ausgehärtet	3,0
Aluminium, weich	0,6	AlCuMg, weich	1,2
Aluminium, halbhart	0,9	AlCuMg, preßhart	1,5
Aluminium, hart	2,0	AlCuMg, ausgehärtet	3,0
AlMg 3, weich	1,0	AlCuNi, geglüht	1,4
AlMg 3, halbhart	1,3	AlCuNi, ungeglüht	3,5
AlMg 7, weich	2,0	MgMn	5,0
AlMg 7, halbhart	3,0	MgAl 6	3,0

2 Trennen

2.1 Zerteilen

Scherschneiden

▶ DIN 8588: alle Blech-Rohteile werden durch Zerteilen hergestellt, oft wird auch das Fertigteil beschnitten.

Fertigungstechnik
2 Trennen

Maximale Schneidkraft

$F_{smax} = l_s s_0 k_s$

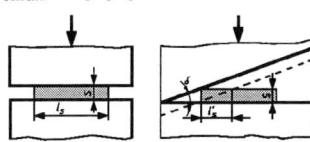

k_s Scherfestigkeit ($\approx 0,8 \cdot R_m$)
l_s Schnittlinienlänge
s_0 Blechdicke

parallele Schneiden schräge Schneiden

Schräge Schneiden:
Schneidlinie l'_s ist verkürzt, die Schneidkraft verringert sich.

Stumpfe Schneidkanten:
Krafterhöhung bis $1,6 \cdot F_{smax}$

Schneidspalt

$u = 0,09 \cdot s_0$

Die Schnittfläche bildet sich relativ glatt aus, wenn die Anrisse direkt aufeinander zulaufen (b).

a) Schneidspalt u zu klein, b) richtig, c) zu goß

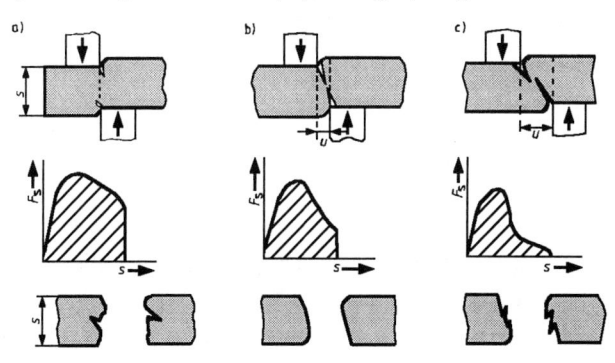

Formfehler am Schnitteil

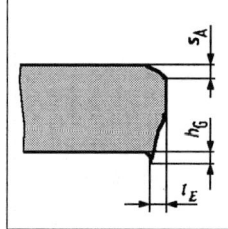

s_A Kanteneinzug
t_E Einrißtiefe
h_G Grathöhe

Fertigungstechnik
2 Trennen

2.2 Spanen mit geometrisch bestimmten Schneiden

Grundlagen

▶ DIN 8589: Trennvorgang, vom Werkstück werden Späne mechanisch abgetrennt.

Spanungsquerschnitt

$A = a_p f = bh$

a_p Schnittiefe
f Vorschub/Umdrehung
b Spanungsbreite $= a_p / \sin \varkappa$
h Spanungsdicke $= f \sin \varkappa$
$\varkappa$ Einstellwinkel
v_f Vorschubgeschwindigkeit

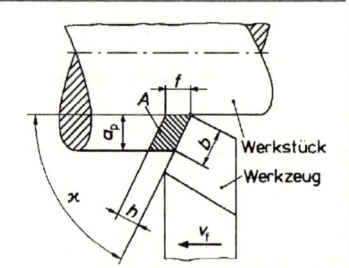

Zeitspanungsvolumen

$Q_w = A v_c = d_m a_p v_f \pi$

v_c Schnittgeschwindigkeit
d_m mittlerer Werkstückdurchmesser
v_f Vorschubgeschwindigkeit

Zerspankraft

$F = \sqrt{F_a^2 + F_p^2}$

$\quad = \sqrt{F_c^2 + F_f^2 + F_p^2}$

F_a Aktivkraft
F_p Passivkraft
F_c Schnittkraft
F_f Vorschubkraft

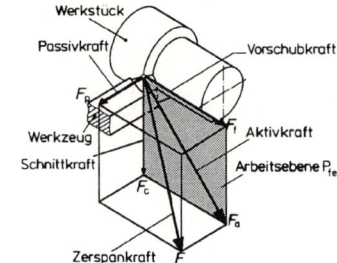

Schnittleistung

$P_c = v_c F_c$

Vorschubleistung

$P_f = v_f F_f$

Gesamtleistung

$P_{ges} = P_c + P_f$

Spezifische Schnittkraft k_c

werkstoffabhängiger Zerspanungswert, hängt von der Spanungsdicke h ab:

Fertigungstechnik
2 Trennen

Je dünner der Span, desto höher k_c! (sog. „Schnittkraft-Phänomen")

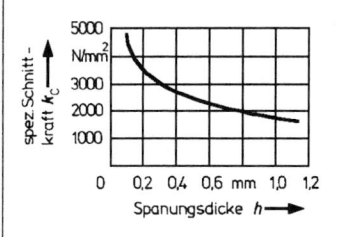

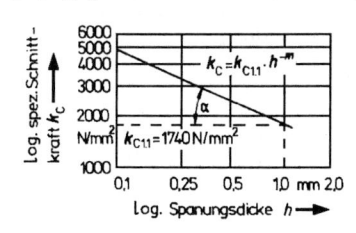

Schnittkraft

$$F_c = a_p f k_c = b h k_c$$
$$= b h^{1-m} k_{c1 \cdot 1}$$

a_p Schnittiefe
f Vorschub/Umdrehung

(nach Kienzle)

Exponent $m = \tan \alpha$ gibt die Steigung der k_c-Kurve in der doppeltlogarithmischen Darstellung an.
Der Wert $k_{c1 \cdot 1}$ gilt für $b = 1$ mm und $h = 1$ mm.

Standzeitkriterien

$T_{VB0,1;200} = 60$ min

T Standzeit bei einer Schnittgeschwindigkeit $v_c = 200$ m/min, als Grenze: Verschleißmarkenbreite $VB = 0,1$ mm

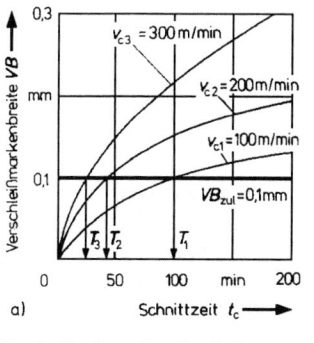

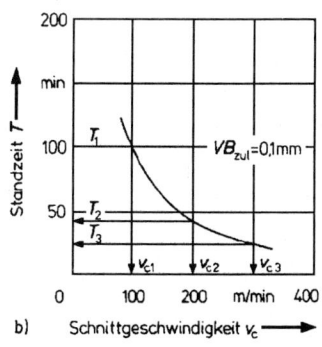

Nach Taylor übt die Schnittgeschwindigkeit den größten Einfluß auf den Werkzeugverschleiß aus.
a) gemessene Verschleißkurven
b) T-v_c-Diagramm, erstellt aus a) für das vorgegebene Kriterium $VB = 1$ mm

Fertigungstechnik
2 Trennen

Taylor-Gleichung

$v_c T^{-\frac{1}{k}} = c_T$
im doppellogarithmischen Maßstab: T-v-Kurve wird eine Gerade, c_T Konstante (Schnittgeschwindigkeit für $T = 1$ min)

$k = \tan \alpha$
Steigung der Taylor-Geraden

(k und c_T hängen nicht mehr von v_c ab, sondern nur noch von der Schneidstoff-Werkstoffpaarung)

Kostenoptimierung

Fertigungskosten je Werkstück

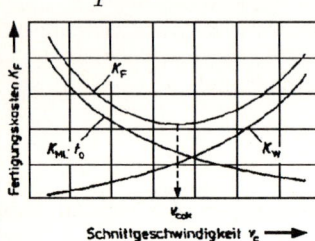

$$K_F = K_{ML} t_h + \frac{t_h}{T}(K_{ML} t_W + K_{WT})$$

K_{ML} Maschinen- und Lohnkostensatz
K_{WT} Werkzeugkosten je Standzeit
T Standzeit
t_W Werkzeugwechselzeit
t_h Hauptzeit

Die Summenkurve zeigt ein Minimum für die kostenoptimale Schnittgeschwindigkeit v_{cok}.

Hauptzeit für das Fertigungsverfahren Drehen

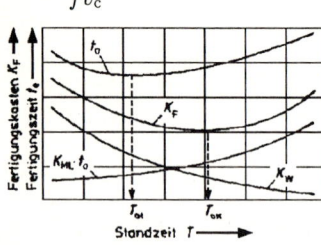

$$t_h = \frac{d_W \pi l_f}{f v_c}$$

d_W Werkstückdurchmesser
l_f Vorschubweg (Weg, den der betrachtete Schneidenpunkt im Werkstück in Vorschubrichtung spanend zurücklegt)
f Vorschub/Umdrehung
v_c Schnittgeschwindigkeit
k Steigung der Taylor-Geraden im doppellogarithmischen T-v_c-Diagramm

Kostenoptimale Standzeit

$$T_{ok} = -(k+1)\left(t_W + \frac{K_{WT}}{K_{ML}}\right)$$

Zeitoptimale Standzeit

$$T_{ot} = -(k+1) t_W$$

Fertigungstechnik
2 Trennen

Spangebende Verfahren

Drehen

▶ DIN 8589 T1: spanendes Fertigungsverfahren mit geschlossener, meist kreisförmiger Schnittbewegung und beliebiger, quer dazu liegender Vorschubbewegung. Die Werkstücke sind Rotationskörper.

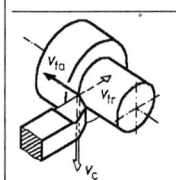

	Verfahrens-Nr.:
Längs-Runddrehen	3.2.1.2.1
	nach DIN 8589

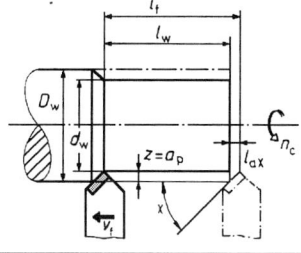

Symbol	Bezeichnung	Formeln
D_w	Werkstückdurchmesser vor dem Drehen	$l_{a\chi} = \dfrac{a_p}{\tan \chi}$
d_w	Werkstück-(Dreh)-Durchmesser	$i = \dfrac{z}{a_p}$
l_w	Werkstücklänge	
z	Bearbeitungszugabe	
a_p	Schnitttiefe	$v_c = d_w \pi n_c$
f	Vorschub	
l_f	Vorschubweg	$v_{fa} = f n_c$
$l_{a\chi}$	Anschnittweg	
v_c	Schnittgeschwindigkeit	$t_c = \dfrac{l_f}{f n_c} i$
v_{fa}	Vorschubgeschwindigkeit (axial)	
t_c	Schnittzeit	$Q = a_p f v_c$
i	Anzahl der Schnitte	
n_c	Drehzahl	
χ	Einstellwinkel	
Q	Zeitspanungsvolumen	

In der Regel führt das Werkstück die umlaufende Schnittbewegung aus, das Werkzeug die erforderliche Vorschub- und Zustellbewegung.

Fertigungstechnik
2 Trennen

Bohren, Senken, Reiben

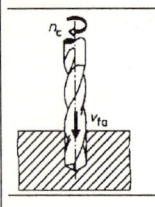

	Rundbohren ins Volle mit symmetrisch angeordneten Hauptschneiden	Verfahrens-Nr.: 3.2.2.2.1.1 nach DIN 8589

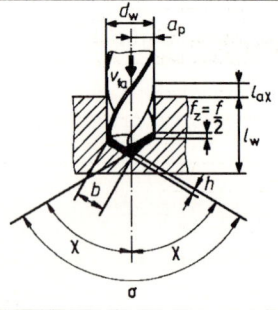

Symbol	Bezeichnung	Formeln
d_w	Bohrdurchmesser	$l_{a\chi} = \dfrac{a_p}{\tan \chi} = \dfrac{d_w}{2 \tan \dfrac{\sigma}{2}}$
l_w	Bohrtiefe	
a_p	Schnittbreite	
b	Spanungsbreite	$v_c = d_w \pi n_c$
h	Spanungsdicke	
v_c	Schnittgeschwindigkeit	$v_{fa} = z f_z n_c$
v_{fa}	Vorschubgeschwindigkeit (axial)	
t_c	Schnittzeit	$t_c = \dfrac{l_w + \dfrac{a_p}{\tan \chi}}{f n_c}$
Q	Zeitspanungsvolumen	
z	Anzahl der Schneiden	
χ	Einstellwinkel	$Q = \dfrac{d_w^2 \pi}{4} f n_c$
σ	Spitzenwinkel	
$l_{a\chi}$	Anschnittweg	$f = z f_z$
n_c	Drehzahl	
$f(f_z)$	Vorschub (Vorschub je Schneide)	

▶ DIN 8589 T2: Bohren ist Spanen mit kreisförmiger Schnittbewegung, bei dem die Drehachse des Werkzeugs und die Achse der zu erzeugenden Innenfläche identisch sind. Die Vorschubbewegung darf nur in Richtung dieser Drehachse verlaufen.

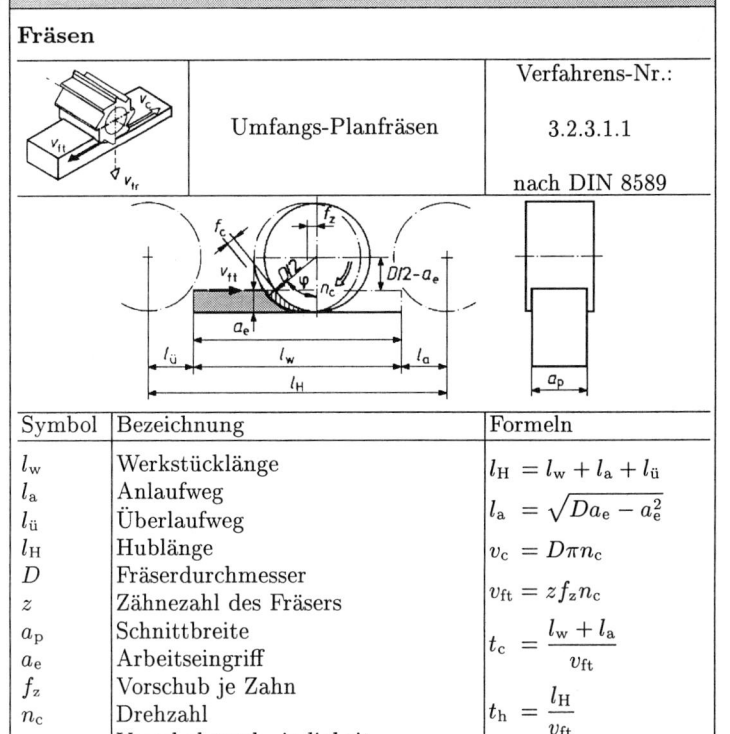

Fertigungstechnik
2 Trennen

Fräsen

	Verfahrens-Nr.:
Umfangs-Planfräsen	3.2.3.1.1
	nach DIN 8589

Symbol	Bezeichnung	Formeln
l_w	Werkstücklänge	$l_H = l_w + l_a + l_ü$
l_a	Anlaufweg	
$l_ü$	Überlaufweg	$l_a = \sqrt{Da_e - a_e^2}$
l_H	Hublänge	$v_c = D\pi n_c$
D	Fräserdurchmesser	
z	Zähnezahl des Fräsers	$v_{ft} = z f_z n_c$
a_p	Schnittbreite	$t_c = \dfrac{l_w + l_a}{v_{ft}}$
a_e	Arbeitseingriff	
f_z	Vorschub je Zahn	
n_c	Drehzahl	$t_h = \dfrac{l_H}{v_{ft}}$
v_{ft}	Vorschubgeschwindigkeit (tangential)	
v_c	Schnittgeschwindigkeit	$f_z = \dfrac{f}{z}$
t_c	Schnittzeit	$f_c \approx f_z \sin \varphi$
f_c	Schnittvorschub	
Q	Zeitspanungsvolumen	$Q = a_e a_p v_{ft}$

▶ DIN 8589 T3: spanendes Fertigungsverfahren, das mit meist mehrzahnigen Werkzeugen bei kreisförmiger Schnittbewegung nahezu beliebig geformte Werkstückformen erzeugen kann.

Der unterbrochene Schnitt führt zu nicht konstanten Spanungsdicken und damit zu Schnittkraftschwankungen.

Beim Umfangsfräsen wird weiter unterteilt in Gleichlauf- und Gegenlauffräsen. Beim Gleichlauffräsen muß der Vorschubantrieb spielfrei sein, weil der Fräser den Maschinentisch in Vorschubrichtung ziehen und das Werkstück aus der Aufspannung reißen könnte.

Fertigungstechnik
2 Trennen

Stirn-Planfräsen ist wirtschaftlicher als Umfangsfräsen

Gründe: $a_e/D = 0,65$ (statt $0,25$), weil mehr Zähne im Eingriff sind; $h_m = 0,88 \cdot f_z \sin \varkappa$ (statt $0,5 \cdot f_z \sin \varkappa$), dadurch k_{cm} kleiner; Schneiden werden mehr geschont; Schnittleistung bis 50 % kleiner.

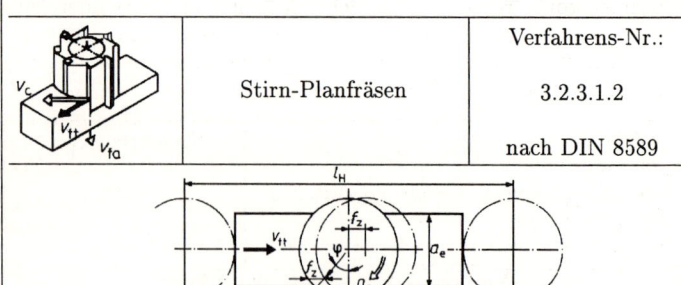

		Verfahrens-Nr.:
	Stirn-Planfräsen	3.2.3.1.2
		nach DIN 8589

Symbol	Bezeichnung	Formeln
l_w	Werkstücklänge	$l_H = l_w + l_a + l_ü$
l_a	Anlaufweg	
$l_ü$	Überlaufweg	$l_a + l_ü = D$
l_H	Hublänge	
D	Fräserdurchmesser	$v_c = D\pi n_c$
z	Zähnezahl des Fräsers	
z_e	Zähnezahl im Eingriff	$v_{ft} = z f_z n_c$
a_p	Schnittiefe	$t_c = \dfrac{l_w + l_H}{v_{ft}}$
a_e	Arbeitseingriff	
f_z	Vorschub je Zahn	$t_h = \dfrac{l_H}{v_{ft}}$
n_c	Drehzahl	
v_{ft}	Vorschubgeschwindigkeit (tangential)	$f_z = \dfrac{f}{z}$
v_c	Schnittgeschwindigkeit	
t_c	Schnittzeit	$f_c \approx f_z \sin \varphi$
f_c	Schnittvorschub	$Q = a_e a_p v_{ft}$
Q	Zeitspanungsvolumen	

Mittlere Gesamtzerspankraft

$$F_{cm} = z_e F_{cZahn} = z \frac{\Delta \varphi}{360°} \frac{a_e}{\sin \alpha} h_m k_{cm}$$

Fertigungstechnik
2 Trennen

Hobeln und Stoßen

Hobeln und Stoßen weisen die gleiche Kinematik auf.

Die Werkzeuge entsprechen in ihrem Aufbau denen beim Drehen. Als Schneidstoff wird vorwiegend Schnellarbeitsstahl verwendet. Hobelwerkzeuge werden zur Bearbeitung von langen, schmalen Plan- und Profilflächen eingesetzt, z. B. Führungen und Aussparungen an Werkzeugmaschinengestellen.

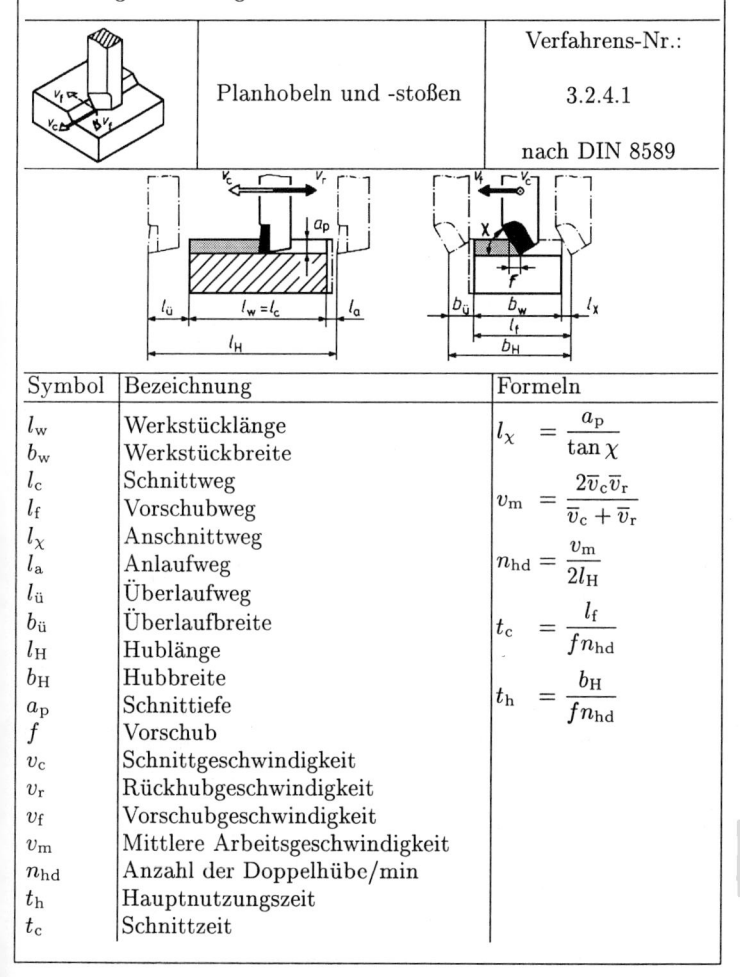

	Planhobeln und -stoßen	Verfahrens-Nr.: 3.2.4.1 nach DIN 8589

Symbol	Bezeichnung	Formeln
l_w	Werkstücklänge	$l_\chi = \dfrac{a_p}{\tan \chi}$
b_w	Werkstückbreite	
l_c	Schnittweg	
l_f	Vorschubweg	$v_m = \dfrac{2\overline{v}_c \overline{v}_r}{\overline{v}_c + \overline{v}_r}$
l_χ	Anschnittweg	
l_a	Anlaufweg	$n_{hd} = \dfrac{v_m}{2l_H}$
$l_ü$	Überlaufweg	
$b_ü$	Überlaufbreite	$t_c = \dfrac{l_f}{f n_{hd}}$
l_H	Hublänge	
b_H	Hubbreite	$t_h = \dfrac{b_H}{f n_{hd}}$
a_p	Schnittiefe	
f	Vorschub	
v_c	Schnittgeschwindigkeit	
v_r	Rückhubgeschwindigkeit	
v_f	Vorschubgeschwindigkeit	
v_m	Mittlere Arbeitsgeschwindigkeit	
n_{hd}	Anzahl der Doppelhübe/min	
t_h	Hauptnutzungszeit	
t_c	Schnittzeit	

Fertigungstechnik
2 Trennen

Räumen

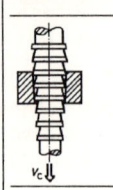	Innenrundräumen	Verfahrens-Nr.: 3.2.5.2.2 nach DIN 8589

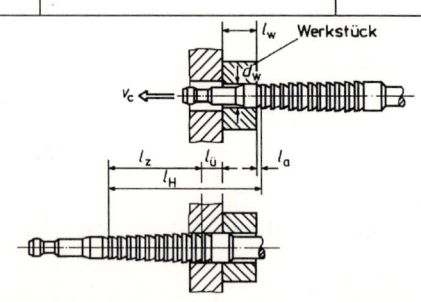

Symbol	Bezeichnung	Formeln
l_w	Werkstücklänge	$l_H = l_w + l_a + l_ü + l_z$
d_w	Werkstückdurchmesser	
l_a	Anlaufweg	$t_c = \dfrac{l_w + l_z}{v_c}$
$l_ü$	Überlaufweg	
l_z	Zahnungslänge	
l_H	Hublänge	$t_h = \dfrac{l_h}{v_c}$
v_c	Schnittgeschwindigkeit	
t_c	Schnittzeit	$z_e = \dfrac{l_w}{t}$
t_h	Hauptnutzungszeit	
z_e	Eingriffszähnezahl	$A = z_e h_z b$
t	Zahnteilung	
A	Spanungsquerschnitt	$b = d_w \pi$
b	Spanungsbreite	
h_z	Spanungsdicke je Zahn	$Q = A v_c$
Q	Zeitspanungsvolumen	

Der Werkstoffabtrag erfolgt durch eine mehrschneidige Räumnadel, deren Schneiden hintereinander liegen und jeweils um eine Spanungsdicke h gestaffelt sind. Dadurch ist der Vorschub quasi im Werkzeug installiert. In einem Durchgang kann eine komplizierte Geometrie erzeugt werden. Durch die kürzeren Schnittzeiten ist es ein Verfahren der Massenfertigung.

▶ DIN 1416: Schneidengeometrie in Abhängigkeit von der Zahnteilung t

Fertigungstechnik
2 Trennen

2.3 Spanen mit geometrisch unbestimmten Schneiden

Schleifen

▶ DIN 8589: Trennen mit vielschneidigem Werkzeug; Schneidenform ist geometrisch unbestimmt. Eine Vielzahl gebundener Schleifkörner tragen mit hoher Geschwindigkeit (bis 200 m/s) den Werkstoff ab.

Schnittgeschwindigkeit

$v_c = v_s = d_s \pi n_s$

v_s Schleifscheiben-Umfangsgeschwindigkeit
d_s Schleifscheiben-Durchmesser
n_s Drehzahl der Schleifscheibe

Zeitspanvolumem (je Zeiteinheit zerspantes Werkstoffvolumen)

$Q = A_{kt} v_{ft} = a_p a_e v_{ft}$

A_{kt} Eingriffsquerschnitt der Schleifscheibe
a_p Eingriffsbreite
a_e Eingriffsdicke
v_{ft} Vorschubgeschwindigkeit
  $v_{ft} = d_w \pi n_w$ beim Außenrund-Einstechschleifen
d_w Werkstückdurchmesser
n_w Werkstückdrehzahl

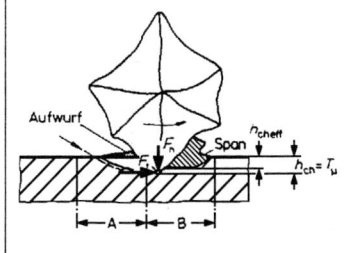

A elastische und plastische Verformung (n. W. König)
B Spanbildung
h_{ch} unverformte Spandicke
h_{cheff} effektive Spandicke
T_μ Schnitteinsatztiefe
F_n Schleifnormalkraft
F_t Schleiftangentialkraft $\widehat{=} F_c$

Schleifkraft F

(Komponenten: Schleifnormalkraft F_n, Schleiftangentialkraft F_t und Schleifvorschubkraft F_f)

Auf die Breite des aktiven Scheibenprofils bezogene Größen erhalten einen Hochstrich:

$F_t \leqq k_{cgrind} A_{kt}$ bzw. $\qquad F_t' \leqq h_{ch} k_{cgrind}$

Fertigungstechnik
2 Trennen

Setzt man vereinfacht für

$$h_{ch} \cong v_{ft}\frac{a_e}{v_c} = \frac{Q'}{v_c}$$

so gilt:

$$F'_t \cong Q'\frac{k_{cgrind}}{v_c} \qquad k_{cgrind} \text{ siehe Tabelle}$$

Kraftverhältnis

$$\mu = \frac{F_n}{F_t} = 2\ldots 3 \qquad \text{je nach Werkstoffpaarung und Kühlschmierbedingungen}$$

Schnittleistung (direkt der Schleiftangentialkraft proportional)

$$P_c = F_t v_c$$

Motorleistung

$$P_M = \frac{P_c}{\eta_{Motor}}$$

Spezifische Schleifkraft k_{cgrind} (Körnung 90; $v_c \approx 40$ m/s)

Werkstoff	k_{cgrind} kN/mm^2	Werkstoff	k_{cgrind} kN/mm^2
St 37, St 42	30,41	15 NiCrMoV (gegl.)	29,75
St 50, C 35	34,03	15 NiCrMoV (verg.)	32,83
St 60	36,08	GG 26	18,98
St 70	38,65	GS 45	26,33
Ck 45, C 45	37,96	GS 52	29,24
Ck 60, C 60	36,42	GTW, GTS	19,32
16 MnCr 5	35,91	Gußbronze	30,44
18 CrN	38,65	Rotguß	10,94
42 CrMo 4	42,75	Messing	13,33
34 CrMo 4	38,30	Al-Guß	10,94
50 CrV 4	37,96	Mg-Legierung	4,79
15 CrMo 5	39,16		

Fertigungstechnik
2 Trennen

Verschleißquotient

$$G = \frac{V_w}{V_s}$$

V_w abgetragenes Werkstückvolumen
V_s Scheibenverschleißvolumen

Schleifkosten für die Bearbeitung eines Werkstücks

$$K_e = K_c + K_w$$

K_c schleifzeitabhängige Kosten
K_w werkzeugabhängige Kosten

$$K_c = k_{pl} t_e = k_{pl}(t_c + t_n)$$

t_e Fertigungszeit für ein Werkstück
t_c Schnittzeit
t_n Nebennutzungszeit
k_{pl} Platzkostensatz

$$K_w = \frac{V_s k_w}{m_T} + Kd$$

V_s Scheibenverlustvolumen
k_w Kosten je Schleifscheiben-Volumeneinheit
m_T Standzahl der gefertigten Werkstücke zwischen zwei Abrichtungen der Schleifscheibe

---

Abrichtkosten je Werkstück

$$K_d = \frac{k_{pl} t_{ed} + V_{sd} k_w}{m_T} + \frac{K_{wd}}{m_{Td}}$$

V_{sd} Schleifscheibenverlustvolumen durch Abrichten
K_{wd} Abrichtwerkzeugkosten
m_{Td} Abrichtstandzahl, die angibt, wieviel mögliche Abrichtvorgänge mit einem Abrichtwerkzeug durchgeführt werden können

Zeit für das Abrichten je Werkstück

$$t_{ed} = t_d + t_{nd}$$

t_d Abrichtzeit
t_{nd} Nebennutzungszeit je Abrichtvorgang

Fertigungstechnik
2 Trennen

Plan-Längsschleifen

Berechnung von Eingriffsquerschnitt, Zeitspanvolumen, Schleif- und Hauptzeit (in Klammern Faktor 2, wenn nach jedem Doppelhub zugestellt wird)

	Plan-Umfangs-Längsschleifen
Eingriffs-querschnitt A_e (mm²)	$A_e = a_e a_p = a_e f_a$
Zeitspan-volumen Q (mm³/s)	$Q = A_e v_{ft} = a_e f_a v_{ft}$
mittleres Zeit-spanvolumen $\overline{Q}$ (mm³/s)	$\overline{Q} = Q \dfrac{l_w}{l_H} \dfrac{b_w}{b_H} \dfrac{1}{(2)}$
Hauptzeit t_h (s)	$t_h = \dfrac{l_H}{l_w} \dfrac{b_H}{b_w} t_c \cdot (2)$
Schleifzeit t_c (s)	$t_c = \dfrac{V_{wi}}{Q} = \dfrac{z_w l_w b_w}{a_e f_a v_{ft}} \cdot (2)$

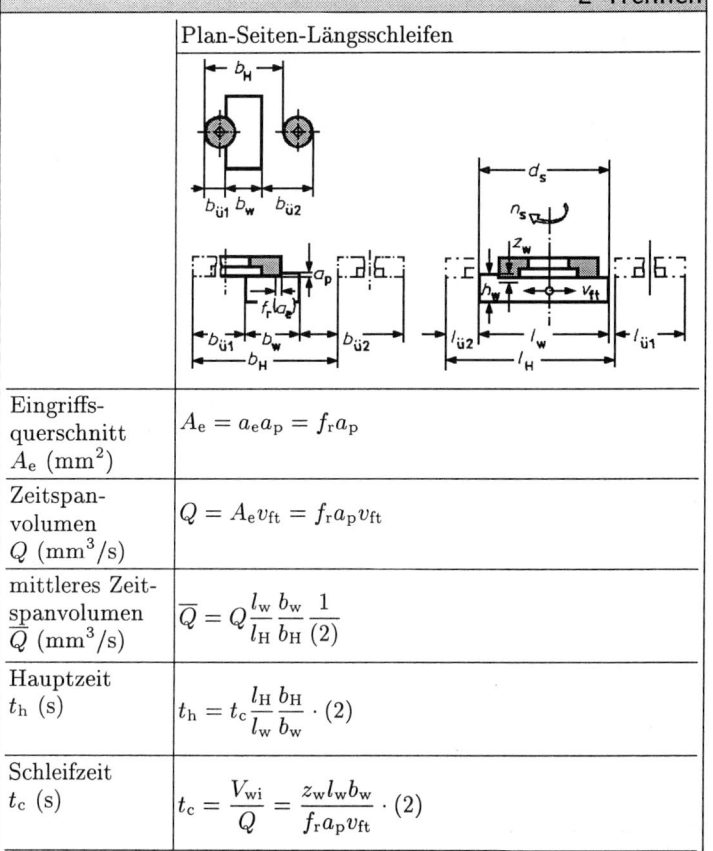

Fertigungstechnik
2 Trennen

Plan-Seiten-Längsschleifen

Eingriffsquerschnitt A_e (mm²)	$A_e = a_e a_p = f_r a_p$
Zeitspanvolumen Q (mm³/s)	$Q = A_e v_{ft} = f_r a_p v_{ft}$
mittleres Zeitspanvolumen $\overline{Q}$ (mm³/s)	$\overline{Q} = Q \dfrac{l_w}{l_H} \dfrac{b_w}{b_H} \dfrac{1}{(2)}$
Hauptzeit t_h (s)	$t_h = t_c \dfrac{l_H}{l_w} \dfrac{b_H}{b_w} \cdot (2)$
Schleifzeit t_c (s)	$t_c = \dfrac{V_{wi}}{Q} = \dfrac{z_w l_w b_w}{f_r a_p v_{ft}} \cdot (2)$

Fertigungstechnik
2 Trennen

Außenrund-Einstechschleifen und Außenrund-Längsschleifen

Berechnung von Eingriffsquerschnitt, Zeitspanvolumen, Schleif- und Hauptzeit (in Klammern Faktor 2, wenn nach jedem Doppelhub zugestellt wird)

	Einstechschleifen	Längsschleifen
Eingriffsquerschnitt A_e (mm²)	$A_e = a_e a_p = f_r b_w$	$A_e = a_e a_p = f_a a_e$
Zeitspanvolumen Q (mm³/s)	$Q = A_e v_\text{ft} = f_r b_w d_w \pi n_w$	$Q = A_e v_\text{ft} = a_e d_w \pi f_a n_w$
mittleres Zeitspanvolumen $\overline{Q}$ (mm³/s)		$\overline{Q} = \dfrac{l_w Q}{l_H} v_\text{fa} = \text{const}$
Hauptzeit t_h (s)		$t_h = \dfrac{z_w b_H (2)}{a_p a_e n_w}$
Schleifzeit t_c (s)	$t_c = \dfrac{V_w}{Q} = \dfrac{z_w}{b_w f_r}$	$t_c = \dfrac{z_w l_w}{a_e f_a n_w}$

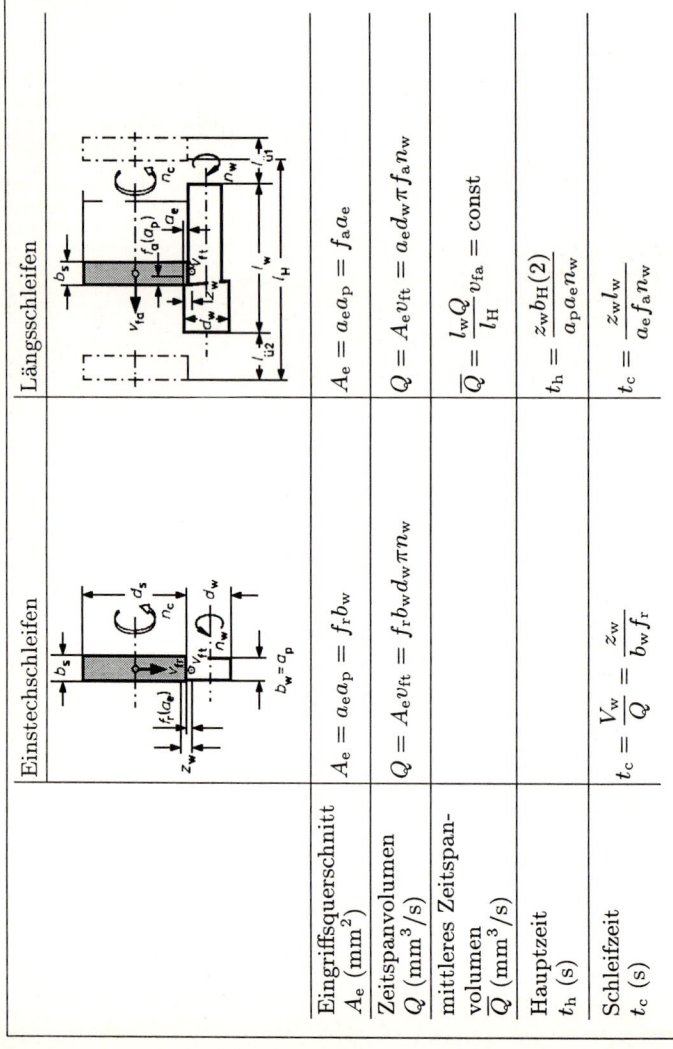

Fertigungstechnik
2 Trennen

Innenrund-Einstechschleifen und Innenrund-Längsschleifen

Berechnung von Eingriffsquerschnitt, Zeitspanvolumen, Schleif- und Hauptzeit

	Einstechschleifen	Längsschleifen
Eingriffsquerschnitt A_e (mm²)	$A = a_e a_p = l_w f_r$	$A_e = a_e a_p = a_e a$
Zeitspanvolumen Q (mm³/s)	$Q = A_e v_{ft} = f_r l_w d_w \pi n_w$	$Q = A_e v_{ft} = a_e f_a d_w \pi n_w$
mittleres Zeitspanvolumen $\overline{Q}$ (mm³/s)		$\overline{Q} = Q \dfrac{l_w}{l_H}$
Hauptzeit t_h (s)	$t_h = \dfrac{z_w}{a_e n_w}$	$t_h = t_c \dfrac{l_H}{l_w}$
Schleifzeit t_c (s)	$t_c = t_h$	$t_c = \dfrac{z_w d_w \pi l_w}{Q}$

Literaturverzeichnis

Größen und Einheiten

Gesetz über Einheiten im Meßwesen vom 2. Juli 1969 (BGBl. I, S. 709) in der Fassung der Bekanntmachung vom 22. Februar 1985 (BGBl. I, S. 408)

Ausführungsverordnung zum Gesetz über Einheiten im Meßwesen vom 13. Dezember 1985 (BGBl. I, S. 2272) und Änderungsverordnung vom 22. März 1991

Mathematik

Algebra und Geometrie für Ingenieure. – 17. Auflage. – Leipzig: Fachbuchverlag, 1991

Analysis für Ingenieure. – 19 Auflage. – Leipzig: Fachbuchverlag, 1991

Bartsch, H.-J.: Taschenbuch mathematischer Formeln. – 16. Auflage. – Leipzig: Fachbuchverlag, 1994

Bronstein, I. N.; Semendjajew, A. K.: Taschenbuch der Mathematik. – 25. Auflage. – Leipzig/Stuttgart: B.G. Teubner, 1991

Burg, K.; Haf, H.; Wille, F.: Höhere Mathematik für Ingenieure. – 2. Bd. – 3. Auflage. – Stuttgart: B.G. Teubner, 1992

Lehr- und Übungsbuch Mathematik. Band I: Mengen – Zahlen – Funktionen – Gleichungen. – 1995. – Band II: Planimetrie, Stereometrie, Trigonometrie der Ebene. – 21. Auflage. – 1991. – Band III: Analytische Geometrie, Vektorrechnung, Infinitesimalrechnung. – 21. Auflage. – 1991. – Band IV: Matrizenrechnung, Linearoptimierung, Wahrscheinlichkeitsrechnung, Mathematische Statistik, Operationsforschung, Praktisches Rechnen. – 21. Auflage. – 1991. – Leipzig: Fachbuchverlag

Mathematik für Techniker. – 2. Auflage. – Leipzig: Fachbuchverlag, 1994

Storm, R.: Wahrscheinlichkeitsrechnung, mathematische Statistik und statistische Qualitätskontrolle. – 10. Auflage. – Leipzig: Fachbuchverlag, 1995

Technische Informatik

Coy, W.: Aufbau und Arbeitsweise von Rechenanlagen. – 2. Auflage. – Wiesbaden: Vieweg, 1992

Kemper, A.; Meyer, M.: Entwurf von Semicustom-Schaltungen. – Berlin: Springer Verlag, 1989

Prince, B.: Semiconductor Memories. – 2. Auflage. – Stuttgart: B.G. Teubner, 1992

Schiffmann, W.; Schmitz, R.: Technische Informatik. – Band 1: Grundlagen der digitalen Elektronik. – 2. Auflage. – Band 2: Grundlagen der Computertechnik. – 2. Auflage. – Berlin – Heidelberg – New York: Springer Verlag, 1993/1994

Werner, D. (Hrsg.): Taschenbuch der Informatik. – 2. Auflage. – Leipzig: Fachbuchverlag, 1995

Physik

Hering, H.; Martin, R.; Stohrer, M.: Physik für Ingenieure. – 3. Auflage. – Düsseldorf: VDI-Verlag, 1989

Kuchling, H.: Taschenbuch der Physik. – 15. Auflage. – Leipzig: Fachbuchverlag, 1995

Stroppe, H.: Physik. – 10. Auflage. – Leipzig: Fachbuchverlag, 1995

Technische Mechanik

Blumenauer, H., Pusch, G.: Technische Bruchmechanik. – Leipzig: Deutscher Verlag für Grundstoffindustrie, 1993

DUBBEL – Taschenbuch für den Maschinenbau. – *Beitz, W.; Küttner, K.-H.* (Hrsg.). – 18. Auflage. – Berlin – Heidelberg – New York: Springer Verlag, 1995

Fischer, K.-F.; Günther, W.: Technische Mechanik. – Leipzig, Stuttgart: B.G. Teubner, 1993

Gross, D.; Hauger, W.; Schnell, W.: Technische Mechanik. – Band 1: Statik. – Band 2: Elastostatik, – Band 3: Kinetik. – Heidelberger Taschenbücher Nr. 215, 216, 217. – Wien: Springer Verlag, 1988/89

Hagedorn, P.: Technische Mechanik. – Band 1: Statik. – Band 2: Festigkeitslehre. – Band 3: Dynamik. – Frankfurt: Verlag Harri Deutsch, 1988

Hahn, H.G.: Technische Mechanik fester Körper. – 2. Auflage. – München, Wien: Carl Hanser Verlag, 1992

HÜTTE – Die Grundlagen der Ingenieurwissenschaften. – *Czichos, H.* (Hrsg.). – 30. Auflage. – Berlin – Heidelberg – New York: Springer Verlag, 1995

Magnus, K.; Müller, H.H.: Grundlagen der Technischen Mechanik. – Stuttgart: B.G. Teubner , 1990

Mönch, E.: Einführungsvorlesung Technische Mechanik. – München, Wien: Oldenbourg Verlag, 1986

Pestel, E.; Wittenburg, J.: Technische Mechanik. – Band 1: Statik. – Band 2: Festigkeitslehre. – Band 3: Kinetik. – Mannheim, Wien, Zürich: Bibliographisches Institut, 1988/92

Literaturverzeichnis

Sähn, S.; Göldner, H.: Bruch- und Beurteilungskriterien in der Festigkeitslehre. – 2. Auflage. – Leipzig: Fachbuchverlag, 1993
Taschenbuch Maschinenbau. – Band 2. – *Fronius, S.; Holzweißig, F.* (Hrsg.). – Berlin: Verlag Technik, 1985
Winkler, J., Aurich, H.: Taschenbuch der technischen Mechanik. – 6. Auflage. – Leipzig: Fachbuchverlag, 1991

Werkstofftechnik

Bargel, H.-J.; Schulze, G.: Werkstoffkunde. – Düsseldorf: VDI Verlag, 1994
Bergmann, W.: Werkstofftechnik. – Teil 1: Grundlagen. – 2. Auflage. – 1989. – Teil 2: Anwendung. – 2. Auflage. – 1991. – München, Wien: Carl Hanser Verlag
Blumenauer, H.: Werkstoffprüfung. – 6. Auflage. – Leipzig: Deutscher Verlag für Grundstoffindustrie, 1994
Hornbogen, E.: Werkstoffe. – 6. Auflage. – Berlin – Heidelberg – New York: Springer Verlag, 1994
Jähniche, W. u. a.: Werkstoffkunde Stahl. – Band 1: Grundlagen. – 1984. – Band 2: Anwendung. – 1985. – Berlin – Heidelberg – New York: Springer Verlag
Merkel, M.; Thomas, K.-H.: Taschenbuch der Werkstoffe. – 4. Auflage. – Leipzig: Fachbuchverlag, 1994
Pfeifer, T.: Qualitätsmanagement. – München, Wien: Carl Hanser Verlag, 1993
Schmitt-Thomas, K.: Metallkunde für das Maschinenwesen. – Band I. – 2. Auflage. – 1990. – Band II. – 1989. – Berlin – Heidelberg – New York: Springer Verlag

Technische Thermodynamik/Wärmetechnik/Fluidmechanik

Baehr, H. D.: Thermodynamik. – 8. Auflage. – Berlin – Heidelberg – New York: Springer Verlag, 1992
Berties, W.: Übungsbeispiele aus der Wärmelehre. – 19. Auflage. – Leipzig: Fachbuchverlag, 1993
Elsner, N.: Grundlagen der Technischen Thermodynamik. – 2. Bd. – Berlin: Akademie-Verlag, 1993
Grigull, U.; Sandner, H.: Wärmeleitung. – Berlin – Heidelberg – New York: Springer Verlag, 1990
Merker, G. P.: Konvektive Wärmeübertragung. – Berlin – Heidelberg – New York: Springer Verlag, 1987
Meyer, G.; Schiffner, E.: Technische Thermodynamik. – 4. Auflage. – Leipzig: Fachbuchverlag, 1989

Siegel, R.; Howell, J. R.; Lohrengel, J.: Wärmeübertragung durch Strahlung. – Berlin – Heidelberg New York: Springer Verlag, 1990
Sigloch, H.: Technische Fluidmechanik. – 2. Auflage. – Düsseldorf: VDI Verlag, 1991

Elektrotechnik/Elektronik

Brosch, P. F.: Moderne Stromrichterantriebe. – Würzburg: Vogel Buchverlag, 1991
Busch, R.: Elektrotechnik und Elektronik. – Stuttgart: B.G. Teubner, 1994
Flegel, G. u. a.: Elektrotechnik für den Maschinenbauer. – 7. Auflage. – München, Wien: Carl Hanser Verlag, 1993
Lindner, H.; Brauer, H.; Lehmann, C.: Taschenbuch der Elektrotechnik und Elektronik. – 6. Auflage. – Leipzig: Fachbuchverlag, 1995
Lindner, H.: Elektro-Aufgaben. – Band I: Gleichstrom. – 26. Auflage. – Band II: Wechselstrom. – 21. Auflage. – Leipzig: Fachbuchverlag, 1994/96
Linse, H.: Elektrotechnik für Maschinenbauer. – 9. Auflage. – Stuttgart: B.G. Teubner, 1992
Lunze, K.: Berechnung elektrischer Stromkreise. – 15. Auflage. – Berlin: Verlag Technik, 1990
Weißgerber, W.: Elektrotechnik für Ingenieure. – Band 1: Gleichstromtechnik und Elektromagnetisches Feld. – 3. Auflage. – 1994. – Band 2: Wechselstromtechnik, Ortskurven, Transformator, Mehrphasensysteme. – 2. Auflage. – 1993. – Wiesbaden: Vieweg

Regelungstechnik

Garbrecht, F. W.: Digitale Regelungstechnik. – Berlin: vde-Verlag, 1991
Isermann, R.: Digitale Regelungssysteme. – Band I. – Berlin – Heidelberg – New York: Springer Verlag, 1987
Reuter, M.: Regelungstechnik für Ingenieure. – Wiesbaden: Vieweg, 1989

Maschinenelemente

Betschon, F. F.: Handbuch der Verschraubungstechnik. – Grafenau: expert Verlag, 1982
DUBBEL – Taschenbuch für den Maschinenbau. – *Beitz, W.; Küttner, K.-H.* (Hrsg.). – 18. Auflage. – Berlin – Heidelberg – New York: Springer Verlag, 1995

Literaturverzeichnis

Fronius, S.: Maschinenelemente, Antriebselemente. – Berlin: Verlag Technik, 1982
Kollmann, F.: Welle-Nabe-Verbindungen. – Berlin: Springer Verlag, 1984
Niemann, G.: Maschinenelemente. – Berlin: Springer Verlag, 1983
Roloff/Matek: Maschinenelemente. – 13. Auflage. – Braunschweig, Wiesbaden: Vieweg, 1994
Ruge, J.: Handbuch der Schweißtechnik. – Berlin: Springer Verlag, 1985
Zirpke, K.: Zahnräder. – 13. Auflage. – Leipzig: Fachbuchverlag, 1989

Energietechnik

Adrian, F. u. a.: Handbuchreihe Energie. – Band 6: Fossil beheizte Dampfkraftwerke. – Gräfelfing: Technischer Verlag Resch / Köln: Verlag TÜV Rheinland, 1986
DUBBEL – Taschenbuch für den Maschinenbau. – *Beitz, W.; Küttner, K.-H.* (Hrsg.). – 18. Auflage. – Berlin – Heidelberg – New York: Springer Verlag, 1995
Jungnickel, H. u. a.: Grundlagen der Kältetechnik. – 3. Auflage. – Berlin: Verlag Technik, 1990
Kehlhofer, R. u. a.: Handbuchreihe Energie. – Band 7: Gasturbinenkraftwerke, Kombikraftwerke, Heizkraftwerke und Industriekraftwerke. – München: Technischer Verlag Resch / Köln: Verlag TÜV Rheinland, 1984
Küttner, K.-M.: Kolbenverdichter. – Berlin – Heidelberg – New York: Springer Verlag, 1991
Pischinger, R. u. a.: Thermodynamik der Verbrennungskraftmaschinen. – Berlin – Wien – New York: Springer Verlag, 1989
Sigloch, H.: Strömungsmaschinen – Grundlagen und Anwendungen. – 2. Auflage. – München, Wien: Carl Hanser Verlag, 1993
Sulzer: Kreiselpumpenhandbuch. – 2. Auflage. – Winterthur: Gebr. Sulzer AG, 1987
Traupel, W.: Thermische Turbomaschinen. – Band 1. – 3. Auflage. – Berlin – Heidelberg – New York: Springer Verlag, 1988

Werkzeugmaschinen

Bruins, D.; Dräger, H.-J.: Werkzeuge und Werkzeugmaschinen für die spanende Metallbearbeitung. – Teil 1: Werkzeuge und Verfahren. – Teil 2: Maschinenteile, Steuerungen, Aufstellung. – München, Wien: Carl Hanser Verlag, 1984

Milberg, J.: Werkzeugmaschinen – Grundlagen. – Berlin – Heidelberg – New York: Springer Verlag, 1992
Tschätsch, H.; Charchut, W.: Werkzeugmaschinen. – 6. Auflage. – München Wien: Carl Hanser Verlag, 1991
Weck, M.: Werkzeugmaschinen, Fertigungssysteme. – Band 1: Maschinenarten, Bauformen und Anwendungsbereiche. – 4. Auflage. – 1991. – Band 2: Konstruktion und Berechnung. – 5. Auflage. – 1994. – Band 3: Automatisierung und Steuerungstechnik. – 4. Auflage. – 1995. – Band 4: Meßtechnische Untersuchungen und Beurteilungen. – 4. Auflage. – 1993. – Düsseldorf: VDI Verlag
Witte, H.: Werkzeugmaschinen. – 7. Auflage. – Würzburg: Vogel Verlag, 1991

Fertigungstechnik

DUBBEL – Taschenbuch für den Maschinenbau. – *Beitz, W.; Küttner, K.-H.* (Hrsg.). – 18. Auflage. – Berlin – Heidelberg – New York: Springer Verlag, 1995
Fritz, A. H.; Schulze, G. (Hrsg.): Fertigungstechnik. – 3. Auflage. – Düsseldorf: VDI-Verlag, 1995
Grünig, K.: Umformtechnik. – 3. Auflage. – Braunschweig, Wiesbaden: Vieweg, 1982
König, W.: Fertigungsverfahren. – Band 1: Drehen, Fräsen, Bohren. – 4. Auflage. – 1990. – Band 2: Schleifen, Honen, Läppen. – 2. Auflage. – 1989. – Band 3: Abtragen. – 2. Auflage. – 1990. – Band 4: Massivumformung. – 4. Auflage.- 1995. – Band 5: Blechumformung. – 3. Auflage. – 1995. – Düsseldorf: VDI Verlag
Lange, K.: Lehrbuch der Umformtechnik. – Band 1: Grundlagen. – 1972. – Band 2: Massivumformung. – 1974. – Band 3: Blechumformung. – 1975. – Berlin – Heidelberg – New York: Springer Verlag
Oehler, G.; Kaiser, F.: Schnitt-, Stanz- und Ziehwerkzeuge. – 6. Auflage. – Berlin – Heidelberg – New York: Springer Verlag, 1973
Spur, G.; Störferle, T.: Handbuch der Fertigungstechnik. Band 1 – 6. – München, Wien: Carl Hanser Verlag, 1979 – 1994

Sachwortverzeichnis

α-Strahlen 159
β^--Strahlen 159
γ-Strahlen 160

Abbesche Zahl 134
Abbildungsgleichung 135 f.
Abbildungsmaßstab 135 f., 140
Abdampfdrücke 482
Abgleichbedingung 355
Abklingkoeffizient 120
Abklingkonstante 391
Abkühlvorgang 380
Ableitungen elementarer Funktionen 59
Ablenkung eines Elektrons 328
Abrichtkosten 553
Abscherfestigkeit 200, 416
Abscherspannung 200
Abscherung 200
Absolutbeschleunigung 230
Absolutgeschwindigkeit 230
Absorptionsgesetze 91, 161
Absorptionskältemaschine 510
Abtastperiode 407
Abtastregelungen 403
Achabstandsverstellung 449
Achsabstand 449, 451 f., 458 f.
Achsen 436
Achsenwinkel 468
Achsschub 494
Addierer mit Übertragsvorausschau 94
Additionstheoreme 40
Admittanz 344
Adreßmultiplex 101
Äquivalentdosis 24, 162
Äquivalentlast 445, 447
Äquivalenz 92
aerodynamischer Gesamtwirkungsgrad 494

Aiken 88
Aktivität 24, 158
ALU-Bitscheibe 95
Aluminium 263
Aluminiumlegierungen 263
Amplitudengang 381–384
Amplitudenreserve 397
Anergie 293
Anfangswertaufgabe 77
Ankerspannungsgleichung 370
Ankerstrom 370
Anlagenförderhöhe 499
Anregelzeit 398
Anreicherungtypen 97
Antivalenz 92
Antriebsleistung
– des Verdichters 513
–, effektive 513
Antriebstechnik 373
Arbeit 21, 112, 116, 241, 289, 306, 350
– der Kräfte 232
– des Walzenpaares 531
–, elektrische 289
–, isentrope 300
–, spezifische 302, 479
–, spezifische innere 479
–, spezifische technische 291, 300
–, technische 291
Arbeitssatz 232, 234, 236, 241 ff.
Archimedisches Prinzip 129
Arcusfunktionen 41
Areafunktionen 42
arithmetische Folge 28
arithmetisches Mittel 85
Aronschaltung 355
Aschegehalt 471
ASCII 87

Sachwortverzeichnis

Assoziativgesetze 91
Asymptoten 56
Asynchronmaschinen 371
atomare Masseneinheit 145
Atomkerne 154
Atommasse 145, 156
–, relative 145
Atommodell 148
–, wellenmechanisches 151
Aufbaunetze 522
Aufheizvorgang 380
Aufladevorgang mit C 352
Auflösungsvermögen 139–141
Auftrieb 129, 320
Ausbrandwirkungsgrad 487
Ausflußgeschwindigkeit 322
Ausflußgesetz 130
Ausgangsleerlaufleitwert 360
Ausgangswiderstand 357, 359 f.
–, differentieller 358
Ausnutzungsgrad 505, 507
Ausregelzeit 398
Ausschaltvorgang mit L 353
Ausscheidungshärten 258
Ausschubtemperatur 505
Aussetzbetrieb 375
Ausströmgeschwindigkeit 130
Austenit 256
Automaten 93
Außenrund-Einstechschleifen 556
Außenrund-Längsschleifen 556
Avogadro-Konstante 146
axiale Massenträgheitsmomente 237
Axialkraft 429, 469
Axialverdichter 486

Bahngleichung 149
Balken 171
Bandbreite 349
Bandpaß 363

barometrische Höhenformel 129, 321
Basisschaltung 357
Bayessche Formel 80
BCD 88
Beanspruchung 213
–, dynamische 416
–, statische 415
Beanspruchungsfall 415
Beaufschlagungsgrad 479
bedingte Wahrscheinlichkeit 80
Belastungskennzahl 447
Beleuchtungsstärke 24, 144
Bernoulli, Hypothese von 200
Bernoullische Gleichung 130, 321 f.
Beschleunigung 21, 107, 226 f., 240
Beschleunigungsmoment 527 f.
Beschleunigungsvektor 108
Bestrahlungsstärke 24, 144
Betriebsarten 374
Beugung 139
Bewegung, ebene 230
–, geradlinige 107
Bewegungsgesetz 231
Bewegungsgleichung 247 f.
Bewegungsinduktion 351
Bewegungsschrauben 447
Bezugsprofile 458
BiCMOS 98
Biegefestigkeit 416
Biegefließgrenze 415
Biegefrequenz 449
biegekritische Drehzahl 439
Biegemoment 200, 215, 539
Biegeradius 540
Biegespannung 201, 425, 431 ff., 437
Biegeumformen 539

Sachwortverzeichnis

Biegung 216
– um zwei Hauptträgheitsachsen 201
–, gerade 201, 205
Binärcode 86
Binärdarstellung 88
Bindungsenergie 157
Binomialkoeffizient 26
Binomialverteilung 82
binomische Formeln 26
Biot-Savartsches Gesetz 340
Bipolartechnologien 96
BK-Temperatur 471
Blattfedern, geschichtete 433
Blindleistung 350
Blindleistungsmessung 355
Blocklänge 435
Blockparität 87
Blocksymbol 379
Bode-Diagramm 381–384
Bodenradübersetzung 526
Bogenlänge 70
Bohren 546
Bohrsches Atommodell 148
Bolzenverbindungen 425
Braggsche Gleichung 153
Brechkraft 24
Brechungsgesetz 133
Brechwert 136
Brechzahl 133
Brennkammer 487
Brennkammer-Auslegung 473
Brennkammer-Querschnittsbelastung 473
Brennkammer-Volumenbelastung 474
Brennkammerquerschnitt 473
Brennkammervolumen 474
Brennraumbelastung 487
Brennstoffe 475, 476
Brennstrahlen 55, 56
Brennweite 134, 135
Brewstersches Gesetz 143

Brinell 270
Brucharten 265
Bruchdehnung 266
Bruchmechanik 272
Bruchzähigkeit 272
Bruttowärmeverbrauch 484
Burgers-Vektor 252

Cache 103
Carnot-Prozeß 302
Castigliano, Satz von 217
Celsius-Temperatur 23
Chien/Hrones/Reswick 401
CMOS-NAND 97
Code 87
Coderedundanz 86
Codesicherungverfahren 87
Codewort 86
Codewortlänge 86
Codierung 86
Compton-Effekt 147
Coriolis-Beschleunigung 227, 231
Coriolis-Kraft 112
Cosinussatz 52
Coulombsches Gesetz 326
CPU 103
CRC 87
Cyclic Redundancy 87

D-Glied 382, 385
$D\text{-}T_1$-Glied 383, 385
d'Alembertsche Trägheitskraft 231
Dalton, Gesetz von 308
Dämpfung 391 f.
Dämpfungskraft 247
Dämpfungsmaß 247 f.
Dampfanteil 299
Dampfeintrittsparameter 482
Dampferzeuger 470
Dampferzeugerwirkungsgrad 470, 484
Dampfstrahlkältemaschine 510

Sachwortverzeichnis

Dampfturbine 477, 481
Dampfvolumen, spezifisches 482
Dauerbetrieb 374
Dauerfestigkeit 437
Dauerfestigkeitsnachweis 416
Dauerfestigkeitsschaubild 268
Dauerschwingfestigkeit 267
De-Broglie-Wellenlänge 146
Dehnung 194, 266
–, thermische 196
Dekrement, logarithmisches 120, 248
DeMorgan-Regeln 91
Determinanten 34
Deviationsmoment 184, 237
Dichte 21, 129
– der feuchten Luft 311
Dichtheitsgrad 507
Dielektrizitätskonstante 23
Diesel-Prozeß 303, 500
Differentationsregeln 59
Differential 58
–, vollständiges 62
Differentialgleichung 76, 379 f.
Differentialquotient 58
Differenzengleichung 406
Differenzenquotient 58
Differenzierer 362
digitale Grundschaltungen 92
Digitalrechner 102
Disjunktion 91
Dispersion 134
Distributivgesetze 91
Doppler-Effekt 128
Dosimetrie 162
Drahtziehen 535
Drehen 545
Drehfeldmaschinen 371
Drehimpuls 21, 116, 233, 235, 236
Drehimpulserhaltungssatz 233, 235
Drehimpulssatz 241, 242

Drehmoment 21, 115, 429
– je Walze 532
–, schaltbares 456
Drehspulinstrumente 336
Drehstabfedern 434
Drehstoß 245
Drehstrom 349, 350
–, gleichgerichteter 76
Drehstrombrückenschaltung 365, 373
Drehstrommittelpunktschaltung 365
Drehstromtransformatoren 369
Drehzahl 21, 110, 372, 515
–, biegekritische 439
–, kritische 439
–, spezifische 490, 498
–, torsionskritische 439, 454
Drehzahlabfall 514
Drehzahlbereich 515
Drehzahlbild 520 f.
Drehzahl der Welle 371
Drehzahllücke 522
Drehzahlstufung 514
–, arithmetische 514
–, geometrische 515
Drehzahlüberdeckung 522
Dreieck 45, 54
Dreieckkurven 74
Dreieckschaltung 349, 369
Dreieckslast 174
Drillung 210
Druck 22, 128, 319
Druckfestigkeit 416
Druckkraft 320
Druckspindeln 448
Druckumformen 531
Druckverlust 324
Druckzahl 480
Durchflutung 339
Durchflutungsgesetz 339
Durchgriff 360
Durchmesseränderung 198

Sachwortverzeichnis

Durchschlagfeldstärke 327
Durchschnitt 25
Duromere 253
Dynamik 110
Dynamikfaktor 464
dynamische
– Beanspruchung 416
– Speicher 101
– Viskosität 22, 131

ebene Bewegung 230
Ebene im Raum 57
ECL 96
EEPROM 100
Effektivwert 343, 353
Eigenkreisfrequenz 246
Eilganggeschwindigkeit 527
Einflußfaktor 417
Eingangsgröße, sinusförmige 378
Eingangskurzschlußwiderstand 359
Eingangswiderstand 357, 359 f.
Eingriffsquerschnitt 554, 556 f.
Einheitssprung 377
Einheitsvektor 30, 165
Einpreßkraft 430
Einschaltvorgang mit L 352
Einspannung 172 f.
Einstellregeln
– nach Chien/Hrones/Reswick 400
– nach Ziegler/Nichols 399
Einweggleichrichterschaltung 364
Einweggleichrichtung 75
Einzelkraft 173
Eisen-Kohlenstoff, System 255
Eisengußwerkstoffe 262
–, Bezeichnung der 260
elastische Linie
– für ausgewählte Tragwerke 203

–, Differentialgleichung der 202
Elastizitätsfaktor 466
Elastizitätsmodul 22, 266
Elastomere 253
elektrische
– Arbeit 289
– Feldkonstante 325
– Feldstärke 23, 325
– Flußdichte 23, 325
– Kapazität 23
– Ladung 23
– Maschinen 366
– Leitfähigkeit 23, 329
– Prüfverfahren 278
– Spannung 22
– Stromstärke 22
elektrischer
– Leitwert 22
– Widerstand 22, 329
elektrisches Potential 22
Elektrizitätsmenge 23
Elektrometerverstärker 361
Elektronvolt 146
elektrothermisches Kälteaggregat 510
Elementarereignisse 79
Elementarladung 325
Elementarzelle 250
Ellipse 47, 55
Ellipsoid 51
Elongation 117, 121, 123
Emitterschaltung 357
Energie 21, 113, 116, 328, 336, 342
–, innere 289, 308
–, kinetische 113, 232, 241, 243
–, potentielle 113, 233
Energiedichte 328, 342
Energiedosis 24, 162
Energiedosisrate 24
Energieerhaltungssatz 113
Energiesatz 233 f., 242

Sachwortverzeichnis 569

Energieumwandlungsverluste 479
Enthalpie 308
– der feuchten Luft 311
–, spezifische 291
Entladevorgang mit C 352
Entropie 292, 298
Entropieänderung 309
EPROM 100
Ereignis, zufälliges 79
Ereignissystem 79
Erregungsgrad 372
Ersatzstirnrad 458, 469
erster Hauptsatz der Thermodynamik 288
Erwartungswert 81
Euler, Knickfälle nach 225
Eulersche Formel 28
Evolventenfunktion 458
Exceß-3 88
Exergie 293
Exergieverlust 293
EXNOR 92
EXOR 92
Exponentialfunktion 39
Exponentialverteilung 82
Extrema 60, 62
Exzentrizität 55 f.
–, relative 441

Fachwerk 175
Fachwerke
–, Stabkräfte in 176
Fachwerkstab 171
Fakultät 26
Falk, Schema von 33
Fallgeschwindigkeit 108
Federkonstante 112, 118
Federkraft 111, 118
Federn 433
Federrate 433
Federschwinger 118
Federsteife 433

Federweg 433
Fehler 280
Fehlerfortpflanzung 63
Fehlerrechnung 62
Feldkonstante
–, elektrische 325
–, magnetische 338
Feldstärke
–, elektrische 23, 325
–, magnetische 23, 338
Fermatsches Prinzip 132
Fernrohr 141
Ferrit 256
Festigkeit 264
Festigkeitshypothesen 214
Festlager 172 f.
Festplatte 104
FET 358
feuchte Luft 310
Feuchteverluste 479
Feuerungssysteme 470
Fläche 20
Flächen 2. Ordnung 57
Flächenladungsdichte 23, 326
Flächenlast 174
Flächenpressung 199, 425 ff., 430, 440
Flächenschwerpunkt 182
Flächenstück, ebenes 70
Flächenträgheitsmomente 183, 186
– bei Drehung 185
–, Transformation von 184
–, axiale 184
Flankenpressung 448, 465, 467
Fließgrenze 415, 420
Fließkurven 530
Fließpressen 534
Fließsicherheit 448
Fließspannung 529 f.
Flipflops 93
Fluiddynamik 321
Fluide 319

Sachwortverzeichnis

Fluidstatik 319
Fluß
–, magnetischer 23, 338
–, verketteter 341
Flußdichte 325
–, elektrische 23, 325
–, magnetische 23, 338
Förderarbeit 499
–, spezifische 497
Förderhöhe 499, 506
– der Pumpenstufe 499
Förderleistung 499
Förderstrom 496 f., 504 ff., 508, 512
Folge
–, arithmetische 28
–, geometrische 29
Formänderung 198, 211, 265, 529
– im Walzspalt 531
Formänderungsenergie 216
Formänderungsenergiedichte 215 f.
Formänderungsfestigkeit 529
Formänderungswirkungsgrad 530
Formfaktor 343, 462
Fourier-Reihen 73
FPGA 106
FPLA 104
Fräsen 547
Francis-Turbine 491
Frauenhofer-Spektrum 134
freier Fall 108
Freistrahlturbine 491
Frequenz 21, 110, 118, 342
Frequenz-Bereich 386
Frequenz des Läuferstromes 371
Frequenzgang 380
Frischladungsmenge 501
Führungsbeschleunigung 230
Führungsgeschwindigkeit 230
Führungsgröße 377
Führungsübertragungsfunktion 390, 391
Führungsverhalten 408
Funktionen
–, ganzrationale 37
–, gebrochenrationale 38
–, hyperbolische 42
–, rationale 37
–, transzendente 39
–, trigonometrische 39, 51 f.
Fußkreisdurchmesser 460

GaAs 98
ganze Zahlen 26
ganzrationale Funktionen 37
Gas-Dampf-Anlage 487
Gas-Dampf-Prozeß 305
Gasgeschwindigkeit 471
Gasgleichung 310
Gaskältemaschine 510
Gaskonstante 308, 310
Gasturbine 487
–, Nutzleistung der 485
Gasturbinenanlage 484
–, geschlossene 485
–, offene 485
Gasturbinenprozeß 485
Gate-Arrays 106
Gauß-Funktion 283
gebrochenrationale Funktion 38
Gefügeuntersuchung 279
Gegendruckturbinen 482
Gegeninduktion 351
Gegeninduktivität 341
Gegenstromwärmeübertrager 317
Gelenk 172
Gemische 307
Generatorwirkungsgrad 484
geometrische Folge 29
geometrisches Mittel 85
Gerade 53
gerade Biegung 201, 205

Sachwortverzeichnis

Gerade im Raum 57
geradlinige Bewegung 107
Gesamthaltedruckhöhe 499 f., 507
Gesamtsicherheit 433
Gesamtträgheitsmassenmoment 527
Gesamtübersetzung 526
Geschwindigkeit 21, 107, 226 f., 240
– eines Elektrons 328
– eines Körperpunktes 229
Geschwindigkeitsabfall 514
Geschwindigkeitsabminderungsbeiwert 492
Geschwindigkeitsvektor 108
Gestaltänderungsenergiehypothese 214
Getriebe, schaltbare 520
Getriebeplan 520 f.
Gewichtsfunktion 378, 380
Gewichtskraft 21, 111
Gewindeanzugsmoment 421
Gitterfehler 252
Gläser, Bezeichnung der 261
Glättung 428
Glaswerkstoffe 254
Gleichanteil 353
Gleichgewicht 166, 170
Gleichgewichtsbedingung 166, 168
Gleichrichterbetrieb 373
Gleichrichterschaltungen 364
Gleichrichtwert 343
gleichschenkliges Dreieck 45
gleichseitiges Dreieck 46
Gleichstrommaschinen 370
Gleichstromwärmeübertrager 317
Gleichungen 43
Gleichungssysteme, lineare 35
Gleichung von de Saint Venant 322
Gleithülse 172

Gleitpunktformat 90
Gleitreibung 179
Gleitreibungsgesetz 179
Gleitreibungskoeffizient 179
Gleitreibungszahl 180
Gleitung 194
Glühen auf kugelige Carbide 257
Glühverfahren 257
goldener Schnitt 47
Graetz-Brücke 365
Grashof-Zahl 315
Grauguß 262
Gravitationskraft 112
Gray 88
Grenzfall, aperiodischer 120
Grenzflächenspannung 319
Grenzschlankheitsgrad 225
Grenzwertsätze 388
Grenzzähnezahl 458
Grobkornglühen 257
Grundintegrale 64
Grundkreisdurchmesser 457
Grundreihe 520
Gruppengeschwindigkeit 125
GUD-Anlage 487
Gütegrad 484
Guldin-Regel 536

Härtbarkeit 273
Härtemessung 269
Härtemeßverfahren 270
Härten 258
Haftreibung 179
Haftreibungsgesetz 179
Haftreibungskoeffizient 179
Haftreibungszahl 180
Haftung 179
Hagen-Poiseuille, Gesetz von 131
Halbwertszeit 158
Halbwinkelsatz 52
Halteglied 404

Sachwortverzeichnis

harmonische Schwingung 245
Hauptdehnungen 194
Hauptdehnungshypothese 214
Hauptnormalspannungen 193, 218
Hauptnormalspannungshypothese 214
Hauptschubspannung 193
Hauptschubspannungshypothese 214
Hauptspannungen 193
Hauptspeicher 104
Hauptträgheitsachse 185
Hauptträgheitsmoment 185
Hauptzeit 554, 556 f.
Heizwert 476
Heizwert des Brennstoffs 487
Heißdampf-Kondensationsturbinen 482
Heißdampfturbosätze 482
Hessesche Normalform 53, 57
Hexadezimaldarstellung 88
Hilfskräfte 217
Hilfsmomente 217
Hobeln 549
Hochlaufzeit 527 f.
Hochpaß 348, 363
Hohl-Rückwärts-Fließpressen 535
Hohlspiegel 134
Hohlzylinder 49
Homogenität 191
Hookesches Gesetz 195, 221, 265 f.
–, verallgemeinertes 219
Hubkolbenpumpen 506
Hubkolbenverdichter 504
Hubverhältnis 502
Hubvolumen 504, 506
Hubvolumen des Motors 502
Hurwitz-Determinante 393, 395
Huygens-Fresnelsches Prinzip 132

hydrodynamische Lager 441
Hydrodynamisches Paradoxon 130
Hyperbel 56
hyperbolische Funktionen 42

I-Glied 382, 385
ideale Gase 288
Idempotenzgesetze 91
Impedanz 344
Impuls 21, 114
Impuls-Laufzeit-Verfahren 274
Impulserhaltungssatz 233, 235
Impulsfunktion 378
Impulsmomentensatz 323
Impulssatz 233, 235, 241 f., 323
Induktion 23
Induktionsgesetz 351
Induktivität 23, 341
Induktivitäten, Zusammenschaltung von 342
Informationsgehalt 86
inkompressible Fluide 321
inkompressible Zustandsänderung 295
Innenleistung 505, 507
Innenrund-Einstechschleifen 557
Innenrund-Längsschleifen 557
Innenrundräumen 550
innere Energie 289, 308
Integral 63
–, ausgewähltes 67
–, bestimmtes 64
–, unbestimmtes 63
Integration
–, numerische 69
–, partielle 65
– rationaler Funktionen 66
Integrierer 362
Interferenz 125, 137 f.
intermetallische Phasen 255
inverse Matrix 33

Sachwortverzeichnis

Ionendosis 24, 162
Irreversibilität 292
Isentropenexponent 296, 309
isentrope Verdichtungsarbeit 301
isentrope Zustandsänderung 296
ISO-Turbineneintrittstemperatur 489
Isobare 155
isobare Zustandsänderung 294
isochore Zustandsänderung 295
isotherme Zustandsänderung 294
Isotone 156
Isotope 155
Isotropie 191

Joule-Prozeß 304
–, Wirkungsgrad des 485

Kälteleistung 509 f., 511 f.
Kältemaschine 302, 306, 508
Kaltdampfprozeß 306
Kaltumformbarkeit 273
Kapazität 326
–, elektrische 23
Kaplan-Turbine 492
kartesische Koordinaten 226
Kaskadenregelung 401
Kavitationsempfindlichkeit 499
Kavitationsvermeidung 500
Kegelrad, Kräfte am 469
Kegelverbindungen 430
Kegelwinkel 468
Keilriemengetriebe 449
–, Kräfte im 450
Keilwellenverbindungen 427
Keplersche Gesetze 117
Kepplersche Faßregel 69
Keramik 253
–, technische 264
Keramiken, Bezeichnung der 261
Kerbschlagarbeit 268
Kerbschlagbiegeversuch 268
Kerbwirkung 193

Kerbwirkungszahl 419
Kernmodelle 155
Kesselgleichung 220
Kettengetriebe, Kräfte im 453
Kettengröße 452
Kinematik 107
kinematische Viskosität 22
kinetische Energie 232, 241, 243
kinetische Energie bei Rotation 236
kinetisches Grundgesetz 231, 235, 240
kinetostatische Methode 235, 241, 243
Kippmoment 372
Kippschlupf 372
Kirchhoffsche Sätze 332
Klirrfaktor 354
Kloßsche Formel 372
Knicken
– von Stäben 225
–, elastisches 225
–, unelastisches 225
Knickfälle nach Euler 225
Knickkraft 225
Knickspannung 225
Knotenpunktsatz 332
Knotenspannungsverfahren 333
Körnung 471
Körper, starrer 171, 229
Körperschwerpunkt 182
Kolbendruck, mittlerer indizierter 505
Kolbengeschwindigkeit 502
Kolbenpumpen 506
Kolbenverdichter 504, 512
Kollektorschaltung 357
Kommutativgesetze 91
Komparator 364
Komplement 91
Komplementwinkelbeziehungen 39
komplexer Leitwert 344

Sachwortverzeichnis

komplexer Widerstand 344
komplexe Zahlen 26, 28
Komponentenschreibweise 166, 169
kompressible Fluide 321
Kompressionsmodul 22
Kondensationsturbinen 482
Kondensator 326
–, realer 345
Kondensatoren
–, Parallelschaltung von 327
–, Reihenschaltung von 327
Konjunktion 91
Kontinuitätsgleichung 130, 290, 321
Kontinuumstheorie 191
Konvektion 315
Koordinatensystem
–, Transformation des 52
Kopfauflagepressung 424
Kopfkreisdurchmesser 459, 469
Kopfkürzung 460
Kopfspiel 458, 460
Kopfwinkel 469
Koppelprozesse 488
Korngrenzen 252
kosmische Geschwindigkeiten 117
Kostenoptimierung 544
Kraft 21, 111
– einer Einzelfeder 435
– einer Schraube 423
– im elektrischen Feld 326
– im Magnetfeld 340
–, Parallelverschiebung einer 167
–, resultierende 169
–, Zerlegung einer 165
Kraft-Kerbaufweitungs-Diagramm 272
Kraftfaktoren 464
Kraftflußplan 520, 521
Kraftstoffverbrauch

–, spezifischer 504
Kraftsystem 165
–, ebenes 165
–, räumliches 169
Kraftvektor 167
Kraftwerksblock 483
–, Bruttowirkungsgrad 483
–, Nettowirkungsgrad 483
Kraftwirkung 530
Kreis 46, 54
Kreisabschnitt 47
Kreisausschnitt 46
Kreisbewegung 110
Kreisel 116
Kreiselpumpen 498
Kreiselverdichter 496
Kreisfrequenz 21, 118, 123, 342, 378
– der gedämpften Schwingung 392
– der ungedämpften Schwingung 391
Kreisgüte 349
Kreiskegel 49
Kreiskegelstumpf 50
Kreisprozeß 500, 512
Kreisprozeßarbeit 485
Kreisring 46
Kreissegment 47
Kreissektor 46
Kreiszylinder 48
Kriechfall 120
Kristallgemische 254
Kristallgitter 251
Kristallstrukturen 252
Kristallsysteme 251
Krümmungseigenschaften 61
Kugel 50
Kugelabschnitt 50
Kugelausschnitt 50
Kugelschicht 50
Kunststoffe 252
Kupfer 263

Sachwortverzeichnis

Kupferlegierungen 263
Kupplung, Wahl einer 455
Kupplungen 454
Kupplungsdrehmoment 454
Kupplungsleistung 481, 498 f., 505, 507
Kupplungsstoß 245
Kurven 2. Ordnung 56
Kurvenstück, ebenes 70
Kurzschluß-Stromübersetzung 360
Kurzzeitbetrieb 374

Ladung 325
–, elektrische 23
Länge 20
Längenänderung 198
Längs-Runddrehen 545
Längskraft 424
Längspreßverbindung 429
Längsschwinger 246, 247
Lager, hydrodynamische 441
Lagerarten 172
Lagerdurchmesser 446
Lagerreaktionen 175
Lagerspiel 441 f.
Lambert-Strahler 144
laminare Strömung 324
Laplace-Transformation 386
Laser 153
Laserbedingungen 154
Lastdrehzahlen 518 ff.
Laufradarbeit, spezifische 496
Laufradleistung 497
Laufzahl 480
Lautstärkepegel 128
Lavalsche Scheibe 222
Lebensdauer 445
Ledeburit 256
Leerlauf-Spannungsübersetzung 360
Legierungsbildung 254

Leistung 21, 113, 116, 232, 236, 241, 291, 336
– des vollkommenen Motors 502
–, innere 479, 503
Leistungsbeiwert 494 f.
Leistungsdichte 336
Leistungsfaktor 350
Leistungsmessung bei Drehstrom 354
Leistungsmessung bei Wechselstrom 354
Leistungsverstärkung 357, 361
Leistungszahl 509
Leistungsziffer 303, 306
Leitfähigkeit 329
–, elektrische 23, 329
Leitspindelantrieb 523
Leitwert
–, elektrischer 22, 329
–, komplexer 344
–, magnetischer 338
Leuchtdichte 23, 144
Lichtgeschwindigkeit 132, 356
lichtmikroskopische Untersuchung 279
Lichtstärke 23, 144
Lichtstrom 24, 144
lichttechnische Größen 144
Liefergrad 503
–, indizierter 504, 507
Lieferzahl 496
lineare
– Differentialgleichung 76
– Gleichung 43
Linienkraft 173
Linienschwerpunkt 183
Linsen 135
logarithmieren 27
logarithmisches Dekrement 248
Logarithmusfunktion 39
Longitudinalwelle 123
Loslager 172
Luftbedarf 475

Sachwortverzeichnis

Luftmassenstrom 474
Luftverhältnis 474
Luftvolumenstrom 493
Lupe 140

Mach-Zahl 323
Magnesiumlegierungen 264
magnetinduktive Prüfverfahren 275
magnetische
– Feldkonstante 338
– Feldstärke 23, 338
– Flußdichte 23, 338
– Prüfverfahren 276
magnetischer
– Fluß 23, 338
– Leitwert 338
– Widerstand 338
Magnetisierungsarten 276
makroskopische Untersuchung 279
Mantelfläche 48
Maschensatz 332
Maschensatz für Magnetkreis 339
Maschenstromverfahren 334
Masse 21
–, molare 24, 287
Massenanteile 307
Massendefekt 156
Massenmittelpunkt 234
Massenstrom 513
Massenträgheitsmoment
–, axiales 235, 237
Massenträgheitsmomente
– ausgewählter Körper 238 f.
Massenzahl 154
mathematisches Pendel 246
Matrix 31
–, inverse 33
Matrizenmultiplikation 32
Maxwell-Wien-Brücke 356
Maxwellsche Gleichung 339, 351

Mealy-Automat 93
mechanische
– Schwingungen 245
– Spannung 22
Mehrschnittrechnung 481
Membranspannungen 220
Membrantheorie 220
Menabrea, Satz von 218
Menge 25
Metalleigenschaften 251
Meßbereichserweiterung 336
Meßtechnik
– bei Gleichstrom 336
– bei Wechsel- und Drehstrom 354
Meßwerk, elektrodynamisches 337
Meßwertwandler 403
Meßzähnezahl 461
Mikrocontroller 103
Mikroprozessor 102
Mikrorechner 102
Mikroskop 141
mikroskopische Untersuchung 279
Mischkristalle 254
Mischungstemperatur 309
Mitteldruck des vollkommenen Motors 502
Mittelpunkt 54
Mittelpunktsgleichung 54 ff.
Mittelschnittrechnung 477, 480
Mittelwert 85, 283, 343, 353
mittlere Codelänge 86
Modulreihe für Zahnräder 457
Mohrscher Spannungskreis 192 f.
Mol 146
molare
– Masse 24, 287
– Wärmekapazität 24
molares Volumen 24

Sachwortverzeichnis

Molekülmasse 145
–, relative 145
Moment 370
– an der Welle 372
– der Restfläche 210
– der Trägheit 235
– einer Kraft 166, 170
–, resultierendes 167, 170
–, statisches 70 f., 183
Momentenvektor 166
Momentenverlauf 178
Monotonie 60
Moore-Automat 93
MOS-Technologien 97
Moseley-Gesetz 153
Motor
–, Drehzahlbereich des 524
–, Lastmoment des 526
– mit Schaltgetriebe 524
–, vollkommener 501
Motorleistung 523
Motormoment 373
Motornenndrehzahl 524
Multivibrator, astabiler 364
Mutternhöhe 448

NAND 92
Napfen 535
natürliche Zahlen 26
Naßdampfgebiet 299
Nebenschlußmaschinen 370
Negation 91 f.
Nennspannung 192
Nettowärmeverbrauch 484
Neutronenzahl 155
Newtonsche
– Axiome 110, 231
– Ringe 138
Newtonsches
– Näherungsverfahren 44
– Reibungsgesetz 131, 319
Nibble-Mode 101

Nichteisenmetalle, Bezeichnung der 260
Nickellegierungen 264
Niederhalterkraft 536
nMOS 97
NOR 92
Normalform 91
–, disjunktive 91
–, konjunktive 91
Normalglühen 257
Normalisierung 90
Normalkraft 179, 469
Normalverteilung 83, 283
–, standardisierte 83
Normdichte 287
Nullstellen 60, 408
Nusselt-Zahl 315
Nutzdrehmoment 503
Nutzdruck
–, mittlerer 503
Nutzfallhöhe 489
Nutzleistung 503
Nutzwirkungsgrad 503
Nyquist-Kriterium 395
–, vereinfachtes 396

Oberfläche 48
Oberflächenspannung 22
Oberwellenanteil 353
ODER 92
Ohmsches Gesetz 329
Oktaldarstellung 88
Operationscharakteristik 285
Operationsverstärker 361
Optimalcode 86
Orts-Zeit-Funktion 117, 119 f., 123, 127
Ortskurve 381 ff.
Ortskurvenverlauf 396
Ortsvektor 167, 226 f.
Oszillator, harmonischer 118
Otto-Prozeß 303, 500

Sachwortverzeichnis

P-Glied 382, 385
P-Regler, digitale 408
$P\text{-}T_1$-Glied 383, 385
$P\text{-}T_2$-Strecke 383
Page-Mode 102
PAL 104
Parabel 54
Parallelbögen 75
Parallelogramm 45
Parallelschaltung von Kondensatoren 327
Parallelschwingkreis 348
Paritätsbit 87
Partialbruchzerlegung 38
Partialsummen 29
partielle
– Ableitungen 61
– Integration 65
Paßfedern 426
Paßtoleranz 428
Peltonturbine 491
Pendel 118
–, mathematisches 119, 246
–, physikalisches 119, 246
Pendelstütze 172
Penetrationsverfahren 277
perfekte Gase 288
Periodendauer 118, 123, 342
periodische Schwingung 245
Perlit 256
Permanentmagnet 338
Permeabilität 23, 338
Permeabilitätszahl 338
Permittivität 23, 325
Permittivitätszahl 325
Phasengang 381–384
Phasengeschwindigkeit 124, 356
Phasenreserve 397
Phasenverschiebung 343, 381
Phasenwinkel 345, 381
Photoeffekt 147
Photometrie 144

photometrisches
– Grundgesetz 145
– Strahlungsäquivalent 145
Photon 147
physikalisches Pendel 246
PI-Regler 384 f.
–, digitale 408
PID-Regler 363, 384, 388
– digitale 407
Pipeline 103
Plan-Längsschleifen 554
Planhobeln 549
Planstoßen 549
Plastomere 253
Platte 171
PML 105
Poissonverteilung 82
Polarisation 142
Polarkoordinaten 227
Pole 408
Polverteilung 391
Polvorgabe 409
Polyaddition 252
Polykondensation 252
Polymerisation 252
Polymerwerkstoffe
–, Bezeichnung der 261
Polymerwerkstoffklassen 253
Polynome 37
Polynomgleichungen 43
polytrope Zustandsänderung 297
Potential 232, 325
–, elektrisches 22
Potentialsondenverfahren 278
potentielle Energie 233
Potenzfunktionen 36
potenzieren 27
Potenzreihen 71
Präzession 116
Prandtl-Zahl 315

Sachwortverzeichnis

Pressung
–, größte 427
–, kleinste 427
Pressungsfaktor 430
Preßverbindungen 427
Prisma 133
Profile, dünnwandige 211
Profilüberdeckung 460
Profilverschiebungsfaktor 458
PROM 99
Prozessorregister 103
Prozeßfähigkeitsindex 284
–, kritischer 284
Prozeßwirkungsgrad 486
Prüfverfahren 272, 275
–, elektrische 278
–, magnetinduktive 275
–, magnetische 276
–, radiographische 276
Pumpe 499
Pumpenanlage 499, 508
Pumpenstufe 498
Punkt, Kinematik des 226
Punktlast 173
Pyramide 49
Pyramidenstumpf 49

Quader 48
quadratische Gleichung 43
quadratischer Mittelwert 343
quadratisches Mittel 85
Qualität 280
Qualitätsmanagement 281
Qualitätsmanagementsystem 281, 282
Qualitätsregelkarten 284
Quantenzahlen 149
Quellenspannung 351, 370
Querdehnung 195
Querkontraktionszahl 195
Querkraftbiegung 200
Querkraftschub 210, 216
Querkraftverlauf 178

Quetschgrenze 415

Radialbeschleunigung 110
Radialkraft 469
Radialstift 426
Radialverschiebung 222 f.
radioaktiver Zerfall 158
Radioaktivität 157
radiographische Prüfverfahren 276
Radius
– des Inkreises 52
– des Umkreises 52
radizieren 27
Radreibungsverluste 479
Radseitenreibungsleistung 497
Räumen 550
RAM 100
Rang einer Matrix 33
Rankine-Prozeß 305
rationale Funktionen 37
rationale Zahlen 26
Rauchgasbestandteile 475
Rauchgasmassenstrom 475
Raumladungsdichte 326
Raumwinkel 20, 145
Rechte-Hand-Regel 167
Rechteck 45
Rechteckimpuls 74
Rechteckkurven 74
Rechtecklast 174
Rechtkant 48
rechtwinkliges Dreieck 45
reelle Zahlen 26
Reflexionsgesetz 132
Regeldifferenz 390
Regelfläche
–, lineare 398
–, quadratische 399
Regelgröße 377, 380
Regelkreis 377, 381

Sachwortverzeichnis

Regelung
–, Qualität einer 398
–, adaptive 411
Regler 377
–, unstetige 402
Reglereinstellkriterien 399
Regula Falsi 44
Reiben 546
Reibkraft 533
Reibkupplung 456
Reibleistung 440
Reibung
– in Führungen 180
– in Gewinden 181
Reibungskegel 180
Reibungskraft 111, 179
Reibungszahl, reduzierte 421
Reibwert 443
Reihen- und Parallelschaltung
–, Umrechnung 346
Reihenschaltung 381
– von Kondensatoren 327
Reihenschlußmaschinen 370
Reihenschwingkreis 348
Reißlänge 197
Rekristallisationsglühen 257
Relativbeschleunigung 231
Relativbewegung 230
Relativgeschwindigkeit 230
Resonanz 121
Resonanzamplitude 249
Resonanzfrequenz 348
Resultierende 165, 168
Reynolds-Zahl 131, 441
Riemenbreite 452
Riemengeschwindigkeit 449, 451
Riemenlänge 451
Riemenwirklänge 449
Ringfeder-Spannverbindungen 429
Rippenberechnung 317
Rißtiefenmessung 278

Rockwell 271
Röntgenstrahlen 152
Rohr, dickwandiges langes 223
Rollenkettengetriebe 452
Rollenlager 172, 173
Rollreibung 181
ROM 99
Rostfeuerung 471
Rotation 53, 109, 115, 229, 240
Rotationskörper 71
rotationssymmetrische Probleme 221
rotierende Scheibe 221
Rückfederungsfaktor 539
Ruhedruckverhältnis 498
Ruheinduktion 351
Rundbohren 546
Rundungsfaktor nach Oehler 540
Rutherfordsches Modell 148

Sägezahnkurven 75
Sättigungsgrad 262
Saint Venant, Hypothese von 207
Sattdampf-Kondensationsturbinen 482
Sattdampfturbosätze 482
Satz von Steiner 115, 184, 237
Sauerstoffbedarf 475
Schale 171
Schalldruck 127
Schallgeschwindigkeit 126, 322
Schallintensität 128
Schallpegel 128
Schallschnelle 127
Schallwelle 126
Schaltalgebra 91
Schaltarbeit 456
schaltbare Getriebe 520
Schaltgetriebe, zweistufiges 524
Schaltstufen 525
Schaltvorgänge 352

Sachwortverzeichnis

Scheibe 171
Scheinleistung 350
Scheinleitwert 344
Scheinwiderstand 344
Scheitelgleichung 54 ff.
Scheitelwert 343
Schema von Falk 33
Scherschneiden 540
Scherspannung 426
Schichtbalken 205
schiefe Ebene 111
Schlankheitsgrad 225, 448
Schleifen 551
Schleifkosten 553
Schleifkraft 551
–, spezifische 552
Schleifzeit 554, 556 f.
Schlupf 371
Schmieden 532
Schmierfilmdicke 443
Schneidkraft 541
Schneidspalt 541
Schnellaufzahl 492
Schnittgeschwindigkeit 551
Schnittkraft 543
–, spezifische 542
Schnittleistung 552
Schnittreaktionen 177 f.
Schnittufer 177
Schrägungsfaktor 463, 467
Schrauben, querbeanspruchte 424
Schraubendruckfedern 434
Schraubenverbindungen 421
Schraubenverdichter 505
Schraubenzusatzkraft 422
Schrödinger-Gleichung 151
Schrumpfmaß 224
Schrumpfpreßverbindung 429
Schrumpfverbindung zweier Rohre 224
Schubfluß 207, 211
Schubmittelpunkt 212
Schubmodul 22
Schubspannung 431 f.
Schubspannungen, Gesetz der Gleichheit 192, 218
Schubspannungsverteilung
– im Querschnitt 210
Schwebung 122, 125
Schweißnahtquerschnitt 430
Schweißverbindungen 430
Schweredruck 129
Schwerpunkt 54, 70, 71
Schwerpunktsatz 234
Schwerpunktsberechnung 182
Schwerpunktslage 186
Schwingfall 120
Schwingkreis 348
Schwingung 117
–, erzwungene 120
–, gedämpfte 119
–, harmonische 117, 245
–, mechanische 245
–, periodische 245
–, Überlagerung einer 121
Schwingungsdauer 248
Schwingungsdifferentialgleichung 246
Schwingungsgröße 245
Sechseck 46
Sechskantsäule 48
Seiliger-Prozeß 500
Seilreibung 181
Selbsthemmung 180
Selbstinduktion 351
Semikunden-IC 106
Senken 546
Sicherheit 415
– für Dauerfestigkeitsnachweis 416
– gegen Überschreiten der Fließgrenze 420
– gegenüber Dauerbruch 424
– gegenüber Fließen 423

Sachwortverzeichnis

Sicherheitsbeiwert 196
Sicherheitsnachweis 432
Simpsonsche Regel 69
Simulation von Regelstrecken 410
Sinusfunktion 41
Sinusimpuls 75
Sinuskurve, gleichgerichtete 75
Sinussatz 52
Skalar 30
Skalarprodukt 31
Smith-Diagramm 268
Sollwertsprung 390
Sommerfeldzahl 443
Spaltenadresse 99
Spaltenvektor 29
Spaltverluste 479
Spanen 542, 551
spangebende Verfahren 545
Spannkraft 429
Spannung 325
–, elektrische 22
–, mechanische 22
–, zulässige 415
Spannungs-Dehnungs-Diagramm 265
Spannungs-Strom-Wandler 363
Spannungs-Zeit-Schaubild 267
Spannungsabfall, magnetischer 339
Spannungsarmglühen 257
Spannungsausschlag 424
Spannungsintensitätsfaktor 272
Spannungskorrekturfaktor 462
Spannungsnullinie 200 f., 213
Spannungsquerschnitt 423
spannungsrichtige Schaltung 337
Spannungsteiler
–, frequenzunabhängiger 346
–, komplexer 346
–, mehrstufiger 347
Spannungsteilerregel 332
Spannungstensor 218
Spannungsübersetzungsverhältnis 366
Spannungsvektor 191
Spannungsverstärkung 357, 359 f.
Spannungsverteilung 197, 201, 205 f., 213, 222 f.
Spannungszustand 191
–, einachsiger 192
–, zweiachsiger 192
Spanungsquerschnitt 542
Spatprodukt 31
Speicher 98
Speichermatrix 99
Speichertiefe 98
Speicherzelle 99
spezifische
– Arbeit 302
– Enthalpie 291
– technische Arbeit 291
– Wärmekapazität 23, 287
spezifischer
– elektrischer Widerstand 22
– Widerstand 329
Spindelpumpe 508
spröde Werkstoffe 415
Sprungantwort 377
Sprungfunktion 377
Sprungüberdeckung 460
Spule, reale 345
SRAM 100
Stab 171
–, stark gekrümmter 206
Stabilität 395, 408
Stabilitätsgüte 397
Stabilitätskriterium
– nach Hurwitz 393
– von Nyquist 395
Stabilitätsprobleme 224
Stablänge, Änderung der 198
Stabwerk 175

Sachwortverzeichnis

Stähle 261
–, Bezeichnung der 259
Stahlsorten 261
Standardabweichung 283
Standardzellen 106
Standby-Modus 100
Standzeit 544
Standzeitkriterien 543
starrer Körper 229
statische
– Beanspruchung 415
– Bestimmtheit 175
– Gesamtsteife 514
statisches Moment 183
Steckstift 425
Steilheit 358
–, statische 360
Steiner, Satz von 115, 184, 237
Stellgröße 377, 380
Stellwertwandler 403
Steradiant 145
Stern-Dreieck-Umwandlung 331
Sternschaltung 349, 369
steuerbarer Widerstand 358
Stichprobenplan 286
Stichprobensysteme 285
Stiftverbindungen 425
Stirling-Prozeß 305
Stirn-Planfräsen 548
Stirneingriffswinkel 457
Stirnmodul 457
Stirnrad, Kräfte am 461
Stirnradgetriebe 457
Störgröße 377, 380
Störübertragungsfunktion 390 f.
Störverhalten 409
Stoffgesetz 194
Stoffmenge 24
Stoffmengenanteile 307
Stokessches Gesetz 131
Stoß 114, 243
–, gerader zentrischer 244

Stoßen 549
Stoßzahl 244
Strahldichte 24, 144
Strahlensätze 47
Strahlenschutz 163
Strahler-Film-Abstand 277
Strahlstärke 24, 144
Strahlungsäquivalent 145
Strahlungsaustausch 318
Strahlungsfluß 144
Strangpressen 533
Streckeneingangsgröße 380
Streckenlast 173
–, Intensität der 177
Streckenverstärkung 378
Streckgrenze 266
Streuung 85
strömende Bewegung 322
Strömung
–, laminare 131, 324
–, turbulente 131, 324
Strömungsgeschwindigkeit 492
Strömungsgeschwindigkeiten 477
Strom-Spannungs-Wandler 363
Stromdichte 22, 329
stromrichtige Schaltung 337
Stromstärke 329
–, elektrische 22
Stromteiler, komplexer 346
Stromteilerregel 332
Stromverstärkung 357, 360
Stromwärmeverlust 371
Struktur, kristalline 250
Strukturbild 412
stufenlose Hauptantriebe 523
Stufensprung 515
Substitution 66
Subtrahierverstärker 362
Summierungspunkt 379
Summierverstärker 362
Superpositionsprinzip 78, 108
Synchrondrehzahl 371

Sachwortverzeichnis

Synchronmaschinen 372
SyncRAM 100
Synthesereaktionen 252
Systemidentifikation 410

Tangenssatz 52
Taylorsche Reihe 72
Teilhochlaufzeiten 528
Teilkreisdurchmesser 457, 468
Tellerfedern 435
Temperatur 23
Temperaturspannung 196
Temperaturverlauf
– in der Kugelschale 314
– in der Rohrwand 313
– in der Wand 313
Temperaturzunahme 530
Temperguß 263
Tetmajer, unelastisches Knicken nach 225
thermischer Auftrieb 320
thermische Zustandsgrößen 298
Thomsonsche Meßbrücke 337
Tiefpaß 347, 362
Tiefziehen 536
Titanlegierungen 264
Toleranz 428
Torricellis Gesetz 130
Torsion 206, 216
Torsionsfedersteife der Welle 439
Torsionsfestigkeit 416
Torsionsfließgrenze 415
torsionskritische Drehzahl 439, 454
Torsionsschubspannung 207
Torsionsschwinger 246
Torsionsspannung 423, 432, 434, 437, 448
Torsionsträgheitsmoment 208 f.
Torsionswiderstandsmoment 208 f.

Torus 49
Totaldruck 321
totale Wahrscheinlichkeit 80
Totalreflexion 133
Totzeit 406
Totzeit-Glied 382, 385
Träger 171, 206
Trägheitsgesetz 231
Trägheitskraft
–, d'Alembertsche 231, 240
Trägheitsmoment 21, 70, 115
–, d'Alembertsches 235, 240
Trägheitstensor 240
Tragfähigkeit 462, 469
–, dynamische 445
–, statische 447
Tragwerke
–, ebene 175
–, räumliche 176
–, statisch unbestimmte 218
Transformator
–, idealer 366
–, realer 366
Transformator
– im Kurzschluß 368
– im Leerlauf 367
– im Nennbetrieb 369
Transformatoren 366
Transistorgrundschaltungen 357
Translation 52, 112, 229, 240
Transversalwelle 123
transzendente
– Funktionen 39
– Gleichungen 44
Trapez 45
Trapezkurve 75
trigonometrische Funktionen 39, 51 f.
TTL 96
Turbinendrehzahl 490

Sachwortverzeichnis

Turbinenleistung 300
–, effektive 481
–, innere 481
–, theoretische 489
Turbinenstufe 477
Turbinenwirkungsgrad 300, 486, 489
–, innerer 481, 484
Turbopumpen 498
Turboverdichter 496
turbulente Strömung 324

Überdeckung 460, 522
Überdeckungsfaktor 462, 466
Übergangsfunktion 377, 380, 385 f.
Überlagerung
– Torsion und Querkraftschub 213
– Zug/Druck und Biegung 213
Überlagerungsprinzip 191
Überlagerungssatz 334
Überlagerungsverfahren 205
Übermaß 224, 428
Überschwingungsweite 398
Übersetzung 457
Übersetzungsverhältnis 525
Übertragungsfaktor 360
Übertragungsfunktion 380, 382–385
– der P-T_1-Strecke 386, 405
– der P-T_2-Strecke 391, 405
– der P-T_m-Strecke 393
– des P-Reglers 389
– des PI-Reglers 389
– des PID-Reglers 389, 394
– eines Haltegliedes 405
Übertragungskennlinie 358
Übertragungskonstante 378, 380
Ultraschallgeschindigkeit 274
Ultraschallprüfung 274
Umfangs-Planfräsen 547

Umfangsarbeit, spezifische 479
Umfangskraft 421, 450, 469
Umfangskraft/Walze 531
Umfangsleistung 479
Umfangswirkungsgrad 480
Umformarbeit 530
Umformgrad 529
Umformkraft 533, 535
Umlaufkolbenpumpen 508
Umlaufkolbenverdichter 505
Umlaufvolumen 505, 508
Umschlingungswinkel 449
UND 92
Unipolartransistoren 358
Unschärferelation 148

Varianz 283
Variationsbreite 85
Variationskoeffizient 85
Vektor 29
Vektordifferenzengleichung 412
Vektorprodukt 31, 167
Ventilationsverluste 479
Verarmungstypen 97
Verbindungsarten 172
Verbindungsreaktionen 175
Verbrennungsmotoren 500
Verdichter 497
Verdichter-Kältemaschine 510, 512
Verdichterstufe 496
Verdichterwirkungsgrad 301, 486, 498
Verdichtungsarbeit, isentrope 301
Verdichtungsverhältnis 503
Verdrängerpumpen 506
Verdrängerverdichter 504
Verdrehwinkel 210, 439
Vereinigung 25
Vergleichsleistung 498
Vergleichsmoment 215

Sachwortverzeichnis

Vergleichsspannung 215, 221, 448
Vergrößerung 140 f.
Vergrößerungsfaktor 456
Vergrößerungsfunktion 249
verketteter Fluß 341
Verlustfaktor 345 f.
Verlustwinkel 345
Verschiebeoperator 405
Verschiebung 23
Verschiebungsfluß 325
Verschiebungsvektor 194
Verschleiß 441
Verschleißgleitlager 440
Verschleißquotient 553
Verstärker
–, invertierender 361
–, nichtinvertierender 361
Verstimmung 349
Verteilungsfunktion 81
Verwölbungen 207
Verzerrungen 194
Verzerrungstensor 219
Verzweigungspunkt 379
Vickers 270
Video-RAM 102
Vierpolparameter 359
Viertaktmotoren 502
Vietascher Wurzelsatz 43
Viskosität
–, dynamische 22
–, kinematische 22
Voll-Vorwärts-Fließpressen 534
Volladdierer 94
Volumen 20, 48
–, molares 24
Volumenänderungsarbeit 289
Volumenanteile 307
Volumendehnung 195, 219
Volumenkonstanz 529
Volumenlast 174
Volumenschwerpunkt 182
Volumenstrom 131

Vorschubantriebe 526
Vorschübe 516 f., 520
Vorspannkraft 421
VRAM 102

Wälzlager 445
Wärme 289, 292
Wärmebilanz 441
Wärmedurchgang 315
Wärmekapazität 309
–, molare 24
–, spezifische 23, 287, 379
Wärmeleistung 470, 509
Wärmeleitfähigkeit 23
Wärmeleitung 313
Wärmemenge 21, 23
Wärmemengenstrom 379
Wärmepumpe 302, 306, 508
Wärmestrahlung 318
Wärmestrom 290, 316 ff., 440 f.
– durch die Kugelschale 314
– durch die Rohrwand 314
– durch die Wand 313
– im Kühler 497
Wärmeübergangskoeffizient 23, 315
Wärmeübergangszahl 379
Wärmeübertrager 317
Wärmeübertragung 314
Wärmeverbrauch, spezifischer 484
Wärmeverhältnis 509
Wahrscheinlichkeit 79
–, bedingte 80
–, totale 80
Walzen 531
Walzkraft, vertikale 532
Walzleistung 532
Wandler 363
Warmumformung 531
Wasserturbinen 489 f.
Wattmeter 337, 354
Wechselrichterbetrieb 373

Sachwortverzeichnis

Wechselstrom 350
Wechselstrommeßbrücken 355
Weg 107
Welle
–, stehende 125
–, Überlagerung einer 124
Welle-Teilchen-Dualismus 146
Wellen 436
Wellenarbeit 289
Wellenausbreitung 122
Wellenkraft 450
Wellenlänge 123, 356
Wellenwiderstand 356
Wellenzahl 123
Welligkeit 354
Wendepunkte 60
Werkstoffaktor 423
Werkstoffe, zähe 415
Werkstoffgruppen 250
Werkstoffkenngrößen 266
Werkstoffkennzeichnung 259
Werkstoffnummern 260
Werkstoffpaarungsfaktor 467
Werkstoffprüfergebnisse 283
Werkstoffprüfung 264
Wheatstonesche Meßbrücke 337
Widerstände
–, Parallelschaltung von 331
–, Reihenschaltung von 331
Widerstand 329
– bei Temperatur 330
–, differentieller 329
– eines umströmten Körpers 324
–, elektrischer 22, 329
–, komplexer 344
–, magnetischer 338
–, spezifischer 329
–, spezifischer elektrischer 22
Widerstandsbeiwert 131
Widerstandsmessung mit Meßbrücken 337
Widerstandsmoment 186
– gegen Biegung 202
Wien-Brücke 356
Wienscher Teiler 346
Windgeschwindigkeitsbereich 495
Windkesselvolumen 507
Windleistung, zuströmende 493
Windradfläche, durchströmte 493
Windturbinen 492
Windturbinenbauart 495
Windturbinenleistung
–, effektive 493
–, theoretische 493
Winkel 20, 51
Winkelbeschleunigung 21, 109, 227, 240
Winkelgeschwindigkeit 21, 109, 119, 227, 240, 370, 443
Wirbelschichtfeuerung 471
Wirkleistung 350, 371
Wirkungsgrad 113, 302–305, 350, 369, 372, 448, 506
– des vollkommenen Motors 501
–, effektiver 513
–, elektrischer 513
–, hydraulischer 489
–, innerer 480, 503
–, mechanischer 490, 503
–, thermischer 500
–, volumetrischer 490
Wirkungslinie 173
Wöhlerkurve 268
Wölbspiegel 135
Wortbreite 98
Würfel 48
Wurf 108, 109
Wurzelfunktionen 37
Wurzelgleichungen 44

z-Übertragungsfunktion 404
– für den PID-Regler 407
– mit Halteglied 406

Sachwortverzeichnis

z-Transformation 404, 405
Zähigkeit 131
Zähnezahlverhältnis 457
Zahlen
–, ganze 26
–, komplexe 26, 28
–, natürliche 26
–, rationale 26
–, reelle 26
Zahlenbereiche 26
Zahlendarstellung im Gleitpunktformat 90
Zahnbreite 468
Zahndicke 460
Zahnfußbiegespannung 465
Zahnfußhöhe 457
Zahnfußnennspannung 462
Zahnfußspannung 463
Zahnkopfhöhe 457, 469
Zahnradpumpe 508
Zahnriemengetriebe 451
Zahnweite 461
Zeilenadresse 99
Zeilenvektor 29
Zeit 21
Zeitbereich 386
Zeitkonstante 352, 380
Zeitspanungsvolumen 542
Zeitspanvolumem 551
Zeitspanvolumen 554, 556 f.
Zellenverdichter 505
Zementit 256
Zentrifugalkraft 112
Zentrifugalmoment 184
Zentripetalbeschleunigung 227
Zerspankraft 542
Zerteilen 540
Ziegler/Nichols 399
Ziehkraft 536
Ziehverhältnis 536
Zifferndarstellung 88
Zonenfaktor 466
ZTU-Schaubilder 258

Zündverzögerung 373
Zufallsvariable 80
Zug-Druck-Spannung 447
Zug-Druck-Umformen 535
Zug/Druck 216
Zugfestigkeit 196, 266, 416
Zugkraft, dynamische 453
Zugriffszeit 99
Zugspannung 266, 423, 431
Zugspindelantrieb 523
Zugversuch 265
Zuschnittermittlung 536
Zustandsänderung
–, adiabate 292
–, inkompressible 295
–, isentrope 292, 296
–, isobare 294
–, isochore 295
–, isotherme 294
–, polytrope 297
Zustandsdiagramme 512
Zustandsgleichung 288
Zustandsregelung 412
Zustandsregler 414
Zustandsschaubilder binärer Systeme 255
Zwangsbedingungen 242
Zweigstromverfahren 333
Zweipoltheorie 335
Zweipunktregler 402
zweistufiges Schaltgetriebe 524
Zweitaktmotoren 502
Zweiter Hauptsatz der Thermodynamik 291
Zweiweggleichrichterschaltung 365
Zweiweggleichrichtung 75
Zykluszeit 99
Zylinderkoordinaten 228

Suchen:

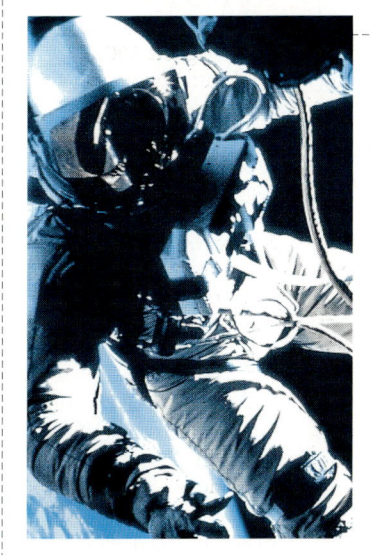

nette, neue Mitglieder, gern aus Wissenschaft + Technik (Erdenbewohner bevorzugt) Bieten: Kompetenz und Schutz für Anspruchsvolle

Sie müssen nicht erst ins All fliegen, um bei uns Mitglied zu werden. Unsere Mitglieder stehen mit beiden Beinen auf der Erde und kommen aus dem wissenschaftlich-technischen Bereich. Deshalb sind wir, als drittgrößte bundesweite Krankenkasse Deutschlands mit über 4,5 Millionen Versicherten, auf die Anforderungen und Wünsche dieser Berufsgruppen spezialisiert. Unser Gründungsgedanke, einem anspruchsvollen Personenkreis zugeschnittene Leistungen zu bieten, ist auch heute noch unser wichtigstes Ziel.

TK-Hotline zum Ortstarif
Mo - Fr 8 - 20 Uhr
01 80 - 2 30 18 18
T-Online * TK # oder
Fax 0 40 - 69 09 - 22 58

TK – konstruktiv und sicher

Techniker Krankenkasse

Nachschlagebücher für Studium und Praxis

Taschenbuch der Elektrotechnik und Elektronik
Von Studiendirektor Helmut Lindner, Dr. Harry Brauer und Prof. Dr. Constans Lehmann
Das Nachschlagebuch für Studium und Praxis: Grundkenntnisse der Elektrotechnik, Halbleiterbauelemente und integrierte Schaltkreise, Analog- und Digitaltechnik
6. Auflage 1995, 704 Seiten, 671 Abbildungen, 14 Tafeln, 98 Tabellen, Broschur, ISBN 3-343-00879-6

Taschenbuch der Physik
Von Oberstudienrat Horst Kuchling
Die wichtigsten physikalischen Gesetzmäßigkeiten und ein umfangreicher Tabellenanhang in unserem bewährten Taschenbuch
16. Auflage 1996, 708 Seiten, 550 Abbildungen, 63 Tabellen, Festeinband, ISBN 3-446-00884-5

Taschenbuch der Informatik
Herausgegeben von Prof. Dr. Dr. Dieter Werner
Grundlagen der Hard- und Software, moderne Anwendungen, zahlreiche Übersichten; für Schüler und Studenten aller Ausbildungsrichtungen mit Informatik im Haupt- und Nebenfach
2., völlig neu bearbeitete Auflage 1995, 776 Seiten, 392 Abbildungen, 12 Programme, 119 Tabellen, 9 Tafeln, Broschur, ISBN 3-343-00892-3

Bitte bestellen Sie unsere Bücher in Ihrer Buchhandlung.

Fachbuchverlag Leipzig
im Carl Hanser Verlag